できる®

Excel マクロ&VBA

エクセル

Office 365/2019/2016/2013/2010 対応

作業の効率化&時短に役立つ本

小舘由典&できるシリーズ編集部

インプレス

できるシリーズは読者サービスが充実！

わからない操作が解決

できるサポート

本書購入のお客様なら無料です！

書籍で解説している内容について、電話などで質問を受け付けています。無料で利用できるので、分からないことがあっても安心です。なお、ご利用にあたっては332ページを必ずご覧ください。

詳しい情報は 332ページへ

ご利用は3ステップで完了！

ステップ1 書籍サポート番号のご確認

対象書籍の裏表紙にある6けたの「書籍サポート番号」をご確認ください。

ステップ2 ご質問に関する情報の準備

あらかじめ、問い合わせたい紙面のページ番号と手順番号などをご確認ください。

ステップ3 できるサポート電話窓口へ

●電話番号（全国共通）

0570-000-078

※月～金　10:00～18:00
　土・日・祝休み
※通話料はお客様負担となります

以下の方法でも受付中！

- インターネット
- FAX
- 封書

操作を見てすぐに理解

できるネット 解説動画

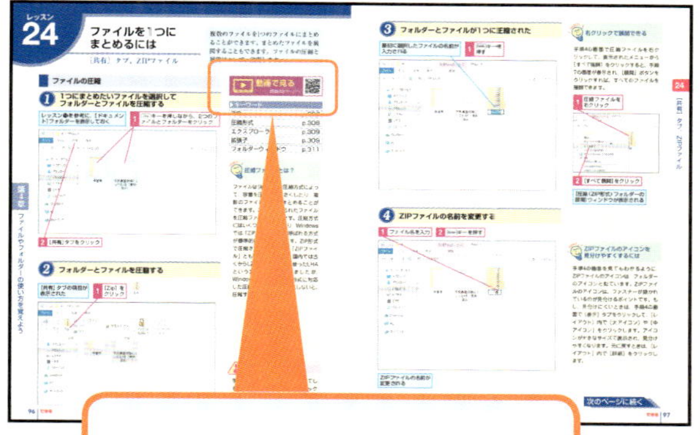

レッスンで解説している操作を動画で確認できます。画面の動きがそのまま見られるので、より理解が深まります。動画を見るには紙面のQRコードをスマートフォンで読み取るか、以下のURLから表示できます。

本書籍の動画一覧ページ
https://dekiru.net/mvba2019

スマホで見る！

パソコンで見る！

最新の役立つ情報がわかる!

できるネット

新たな一歩を応援するメディア

「できるシリーズ」のWebメディア「できるネット」では、本書で紹介しきれなかった最新機能や便利な使い方を数多く掲載。コンテンツは日々更新です!

●主な掲載コンテンツ

- Apple/Mac/iOS
- Windows/Office
- Facebook/Instagram/LINE
- Googleサービス
- サイト制作・運営
- スマホ・デバイス

パソコンはもちろん
スマートフォンでも読みやすい

https://dekiru.net

ご利用の前に必ずお読みください

本書は、2019年2月現在の情報をもとに「Microsoft Excel 2019」の操作方法について解説しています。本書の発行後に「Microsoft Excel 2019」の機能や操作方法、画面などが変更された場合、本書の掲載内容通りに操作できなくなる可能性があります。本書発行後の情報については、弊社のWebページ（https://book.impress.co.jp/）などで可能な限りお知らせいたしますが、すべての情報の即時掲載ならびに、確実な解決をお約束することはできかねます。また本書の運用により生じる、直接的、または間接的な損害について、著者ならびに弊社では一切の責任を負いかねます。あらかじめご理解、ご了承ください。

本書で紹介している内容のご質問につきましては、できるシリーズの無償電話サポート「できるサポート」にて受け付けております。ただし、本書の発行後に発生した利用手順やサービスの変更に関しては、お答えしかねる場合があります。また、本書の奥付に記載されている初版発行日から3年が経過した場合、もしくは解説する製品やサービスの提供会社がサポートを終了した場合にも、ご質問にお答えしかねる場合があります。できるサポートのサービス内容については332ページの「できるサポートのご案内」をご覧ください。なお、都合により「できるサポート」のサービス内容の変更や「できるサポート」のサービスを終了させていただく場合があります。あらかじめご了承ください。

練習用ファイルについて

本書で使用する練習用ファイルは、弊社Webサイトからダウンロードできます。
練習用ファイルと書籍を併用することで、より理解が深まります。

▼練習用ファイルのダウンロードページ
https://book.impress.co.jp/books/1118101148

●用語の使い方

本文中では、「Microsoft Windows 10」のことを「Windows 10」または「Windows」と記述しています。また、「Microsoft Office 2019」のことを「Office 2019」または「Office」、「Microsoft Office Excel 2019」のことを「Excel 2019」または「Excel」と記述しています。また、本文中で使用している用語は、基本的に実際の画面に表示される名称に則っています。

●本書の前提

本書では、「Windows 10」に「Office Professional Plus 2019」がインストールされているパソコンで、インターネットに常時接続されている環境を前提に画面を再現しています。お使いの環境と画面解像度が異なることもありますが、基本的に同じ要領で進めることができます。

まえがき

Excelには、マクロという便利な機能が搭載されています。Excelで行う一連の作業手順を記録して業務を自動化してくれる便利な機能です。Excelを使って、いつも同じ手順を繰り返し行っている仕事は思い当たりませんか？　もしそのような仕事が思いつくのであれば、マクロを使うことをお勧めします。マクロを使えば、Excelの作業を簡単に自動化して、もっと効率的に仕事を進めることができるようになります。手順が複雑で、うっかり間違えて最初からやり直し、なんてことも、マクロで手順を記録しておけば、大丈夫。一度だけ手順を記録しておけば、いつでも記録したマクロをクリックするだけで、同じ手順で、間違いなく正確に作業を進めてくれます。

しかし、そんな簡単に言われても、マクロを使うなんて難しそうだから、と思われる方は多いと思います。はじめから、自分には無理だと思い込んでいる方がほとんどではないでしょうか。でも、Excelのマクロには実際に操作した手順を記録してくれる「マクロの記録」という機能があります。本書では、このマクロの記録を活用した簡単な事例をもとに少しずつマクロの基本的な使い方を紹介しています。実際にExcelを使いながら読み進めていけば、マクロというものがどのようなものであるかを十分に理解することができます。また、マクロを通してVBAを使ったプログラムの世界も紹介していますので、本書を読み終えたときにはVBAの基本的なことも理解していただけます。

本書を作るにあたり、初めてマクロに触れる方や、難しくて一度あきらめてしまった方でも「これならやってみようかな」と思えるように分かりやすい内容にすることを心がけました。レッスンで作成するプログラムは、プログラムリストとともに「コード全文解説」で1行ごとに処理を解説しています。また、各レッスンごとに作成前と作成後の内容を確認できるよう、サンプルファイルを［Before］と［After］のフォルダーに分けて、手順の基になるファイルと完成したファイルをそれぞれ用意してあります。完成したファイルのプログラムには詳細なコメントを付けてあるので、見ただけでも処理内容が理解できるようになっています。練習用ファイルと完成したファイルを参考にすれば、基本から活用方法までがしっかり学べます。

さらに、より実践的な知識が学べるように「ユーザーフォーム」を活用したオリジナルの入力画面フォームを作成するレッスンも新たに追加しました。フォームを利用すれば、Excelの操作に不慣れな人でもマクロの実行やデータ入力などの作業がやりやすくなるので便利です。フォームで専用の入力画面を用意するだけで、より本格的なアプリケーションが作成できます。

Excelを使っている方の中で一人でも多くの方がマクロやVBAの便利さを知っていただけるように、またこれからプログラムの勉強をしようという方が最初の入り口として本書を活用していただければと願っています。

本書がマクロやVBAのプログラムを理解するための手助けになれば幸いです。

2019年2月　小舘由典

できるシリーズの読み方

作成するマクロ

マクロの実行例を［Before］と［After］で紹介。コード全文の意味も分かります。

キーワード

そのレッスンで覚えておきたい用語の一覧です。巻末の用語集の該当ページも掲載しているので、意味もすぐに調べられます。

レッスン

見開き完結を基本に、やりたいことを簡潔に解説

やりたいことが見つけやすいレッスンタイトル

各レッスンには、「○○をするには」や「○○って何？」など、“やりたいこと”や“知りたいこと”がすぐに見つけられるタイトルが付いています。

機能名で引けるサブタイトル

「あの機能を使うにはどうするんだっけ？」そんなときに便利。機能名やサービス名などで調べやすくなっています。

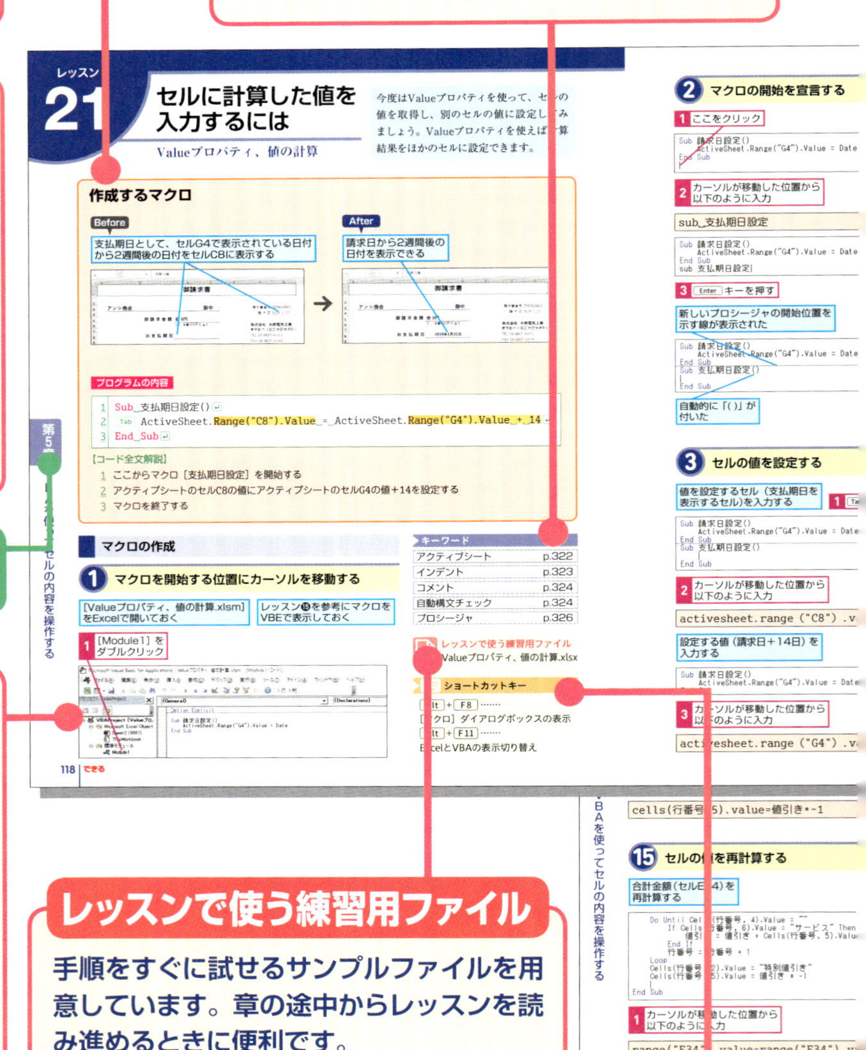

レッスン 21

セルに計算した値を入力するには

Valueプロパティ、値の計算

今度はValueプロパティを使って、セルの値を取得し、別のセルの値に設定してみましょう。Valueプロパティを使えば、計算結果をほかのセルに設定できます。

作成するマクロ

Before：支払期日として、セルG4で表示されている日付から2週間後の日付をセルC8に表示する

After：請求日から2週間後の日付を表示できる

プログラムの内容

```
1 Sub 支払期日設定()
2     ActiveSheet.Range("C8").Value = ActiveSheet.Range("G4").Value + 14
3 End Sub
```

【コード全文解説】

1 ここからマクロ［支払期日設定］を開始する
2 アクティブシートのセルC8の値にアクティブシートのセルG4の値+14を設定する
3 マクロを終了する

マクロの作成

1 マクロを開始する位置にカーソルを移動する

［Valueプロパティ、値の計算.xlsm］をExcelで開いておく

レッスン⑮を参考にマクロをVBEで表示しておく

1 ［Module1］をダブルクリック

キーワード	
アクティブシート	p.322
インデント	p.323
コメント	p.324
自動構文チェック	p.324
プロシージャ	p.326

レッスンで使う練習用ファイル Valueプロパティ、値の計算.xlsx

ショートカットキー

Alt + F8 …… ［マクロ］ダイアログボックスの表示

Alt + F11 …… ExcelとVBAの表示切り替え

118 できる

2 マクロの開始を宣言する

1 ここをクリック

2 カーソルが移動した位置から以下のように入力

sub_支払期日設定

3 Enter キーを押す

新しいプロシージャの開始位置を示す線が表示された

自動的に「()」が付いた

3 セルの値を設定する

値を設定するセル（支払期日を表示するセル）を入力する

2 カーソルが移動した位置から以下のように入力

activesheet.range("C8").v

設定する値（請求日+14日）を入力する

3 カーソルが移動した位置から以下のように入力

activesheet.range("G4").v

15 セルの値を再計算する

合計金額（セルE34）を再計算する

1 カーソルが移動した位置から以下のように入力

range("E34").value=range("E34").v

120 できる

左ページのつめでは、章タイトルでページを探せます。

手順

必要な手順を、すべての画面とすべての操作を掲載して解説

手順見出し

「○○を表示する」など、1つの手順ごとに内容の見出しを付けています。番号順に読み進めてください。

解説

操作の前提や意味、操作結果に関して解説しています。

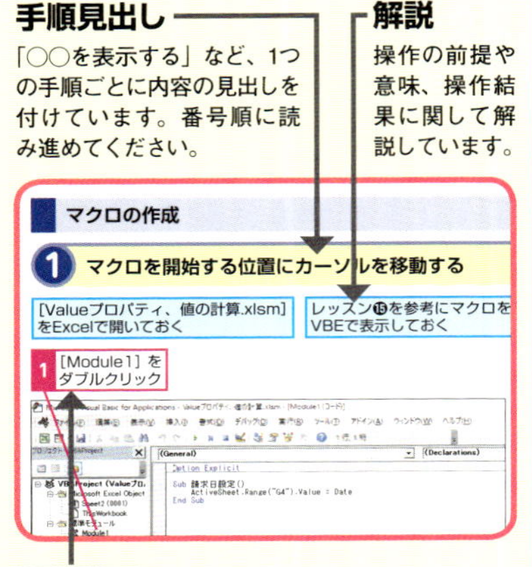

操作説明

「○○をクリック」など、それぞれの手順での実際の操作です。番号順に操作してください。

レッスンで使う練習用ファイル

手順をすぐに試せるサンプルファイルを用意しています。章の途中からレッスンを読み進めるときに便利です。

ショートカットキー

知っておくと何かと便利。キーボードのキーを組み合わせて押すだけで、簡単に操作できます。

HINT!

レッスンに関連したさまざまな機能や、一歩進んだ使いこなしのテクニックなどを解説しています。

間違った場合は？

手順の画面と違うときには、まずここを見てください。操作を間違った場合の対処法を解説してあるので安心です。

右ページのつめでは、知りたい機能でページを探せます。

Point

各レッスンの末尾で、レッスン内容や操作の要点を丁寧に解説。レッスンで解説している内容をより深く理解することで、確実に使いこなせるようになります。

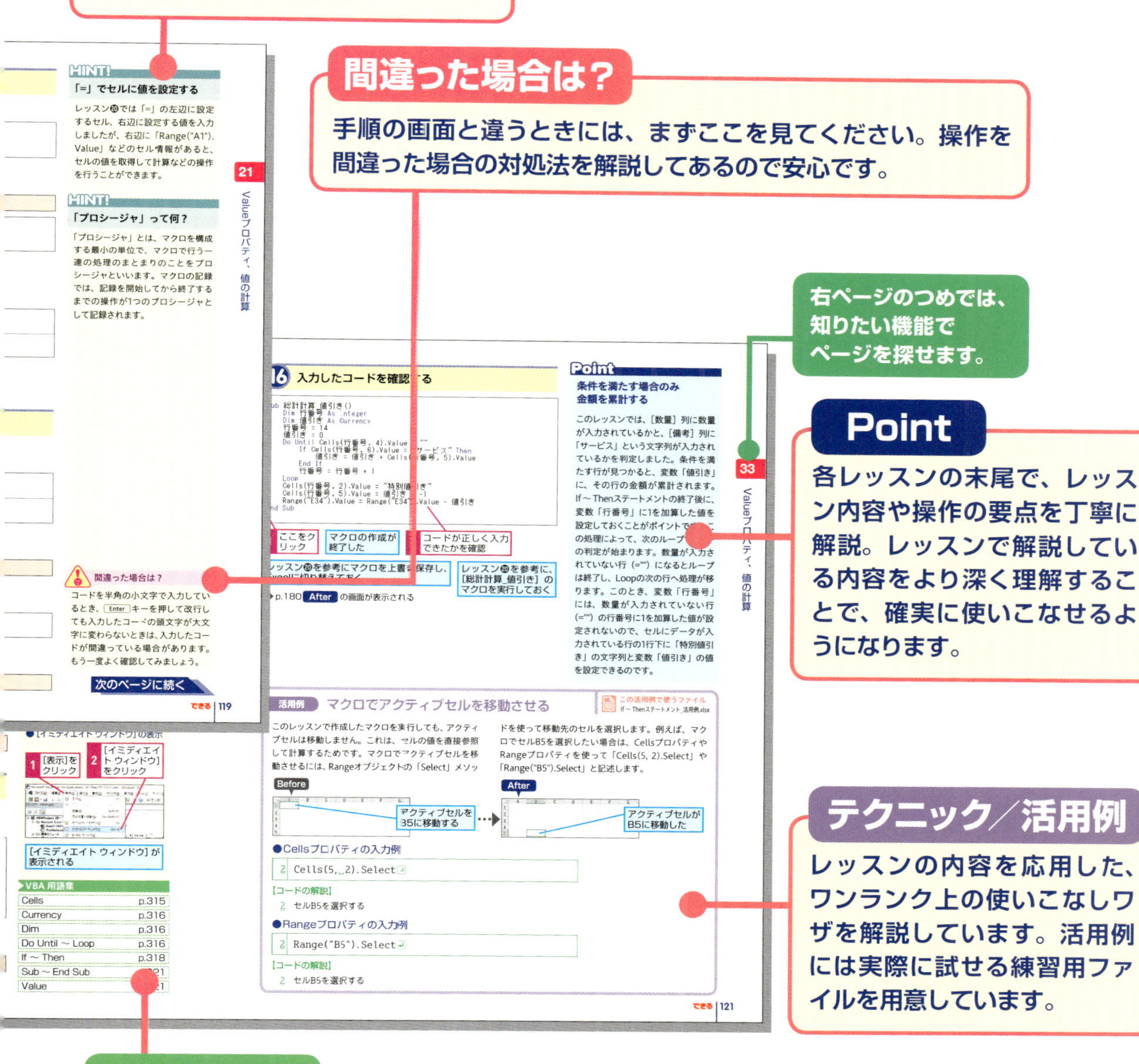

HINT!
「=」でセルに値を設定する
レッスン⑳では「=」の左辺に設定するセル、右辺に設定する値を入力しましたが、右辺に「Range("A1").Value」などのセル情報があると、セルの値を取得して計算などの操作を行うことができます。
HINT!
「プロシージャ」って何？
「プロシージャ」とは、マクロを構成する最小の単位で、マクロで行う一連の処理のまとまりのことをプロシージャといいます。マクロの記録では、記録を開始してから終了するまでの操作が1つのプロシージャとして記録されます。
21
Valueプロパティ、値の計算
間違った場合は？
コードを半角の小文字で入力しているとき、Enterキーを押して改行しても入力したコードの頭文字が大文字に変わらないときは、入力したコードが間違っている場合があります。もう一度よく確認してみましょう。
次のページに続く
できる 119
入力したコードを確認する
ここをクリック
マクロの作成が終了した
コードが正しく入力できたかを確認
p.180 After の画面が表示される
Point
条件を満たす場合のみ金額を累計する
このレッスンでは、[数量] 列に数量が入力されているかと、[備考] 列に「サービス」という文字列が入力されているかを判定しました。条件を満たす行が見つかると、変数「値引き」に、その行の金額が累計されます。If～Thenステートメントの終了後に、変数「行番号」に1を加算した値を設定しておくことがポイントです。この処理によって、次のループの判定が始まります。数量が入力されていない行 ("") になるとループは終了し、Loopの次の行へ処理が移ります。このとき、変数「行番号」には、数量が入力されていない行 ("") の行番号に1を加算した値が設定されないので、セルにデータが入力されている行の1行下に「特別値引き」の文字列と変数「値引き」の値を設定できるのです。
33
Valueプロパティ、値の計算
活用例 マクロでアクティブセルを移動させる
このレッスンで作成したマクロを実行しても、アクティブセルは移動しません。これは、セルの値を直接参照して計算するためです。マクロでアクティブセルを移動させるには、Rangeオブジェクトの「Select」メソッドを使って移動先のセルを選択します。例えば、マクロでセルB5を選択したい場合は、Cellsプロパティや Rangeプロパティを使って「Cells(5, 2).Select」や「Range("B5").Select」と記述します。
Before
After
アクティブセルをB5に移動する
アクティブセルがB5に移動した
●Cellsプロパティの入力例
Cells(5, 2).Select
[コードの解説]
セルB5を選択する
●Rangeプロパティの入力例
Range("B5").Select
[コードの解説]
セルB5を選択する
できる 121
[イミディエイトウィンドウ]の表示
[表示]をクリック
[イミディエイトウィンドウ]をクリック
[イミディエイトウィンドウ]が表示される
VBA用語集
Cells p.315
Currency p.316
Dim p.316
Do Until ～ Loop p.316
If ～ Then p.318
Sub ～ End Sub
Value

テクニック／活用例

レッスンの内容を応用した、ワンランク上の使いこなしワザを解説しています。活用例には実際に試せる練習用ファイルを用意しています。

VBA用語集

レッスンで記述するVBAの要素です。該当ページを引くと命令や処理の意味がすぐに分かります。

※ここに掲載している紙面はイメージです。
実際のレッスンページとは異なります。

目　次

第4章　VBAの基本を知る　85

第5章　VBAを使ってセルの内容を操作する　103

第6章　VBAのコードを見やすく整える　125

第7章　同じ処理を繰り返し実行する　143

第8章　条件を指定して実行する処理を変える　177

第9章　ワークシートとブックを操作する　201

第10章　もっとマクロを使いこなす　247

第11章　マクロでフォームを活用する　279

VBA索引

※アルファベット順

要素名	ページ	機能
ActiveCell	149	アクティブなセル
ActiveSheet	113	アクティブなワークシート
Add	207, 227	オブジェクトを新規に追加する
Application	219	Excelそのものを表す
Cells	166	セルの位置を指定する
ChDir	218	作業フォルダーを変更する
ChDrive	276	作業ドライブを変更する
CInt	204, 222	数値を表す文字列を整数に変換する
ClearContents	167	数式や文字を削除する
ColorIndex	171	色を設定する
ColumnWidth	223	セルの幅を設定する
Copy	205	コピーする
Count	205, 211	オブジェクトの総数
Date	114	その日の日付を設定する
Dim	161, 165	変数名と型の定義を宣言する
Do Until ～ Loop	144, 148	Until以下の条件になるまで処理を繰り返す
Do While ～ Loop	144, 153	While以下の条件に合っている間、処理を繰り返す
Font	228	フォントを設定する
For ～ Next	162, 164, 168	指定した回数処理を繰り返す
Format	205	データに書式を適用して出力する
FreezePanes	231	ウィンドウ枠を固定する
GetOpenFilename	219	[ファイルを開く]ダイアログボックスを表示してファイル名を取得する
GetSaveAsFilename	241	[名前を付けて保存]ダイアログボックスを表示してファイル名を取得する
If ～ Then	178, 180	条件によって処理を変える
If ～ Then ～ ElseIf	188	複数の条件によって処理を変える
InputBox	259	ダイアログボックスにメッセージを表示する
Interior	170	セルやセル範囲の背景
IsDate	158, 260	日付に変換できるデータか調べる
Move	207, 223	ワークシートをブック内のほかの場所に移動する
MsgBox	220, 252	メッセージボックスを表示する
Name	227	ワークシートの名前を取得または設定する
NumberFormatLocal	213	セルの表示形式を設定する
Offset	149, 150	基準となるセルから行、特定の行や列の分だけ移動したセル
Open	221	ブックを開く
Option Explicit	113 172	変数の宣言を強制する
Range	114 229	セル(セル範囲)を指定する
Select	148	選択する
Set	204	オブジェクトへの参照を変数に代入する
Sub ～ End Sub	113	マクロの開始と終了を宣言する
ThisWorkbook	210	このマクロが記述されているブック
Value	114	選択したセルなどの値を設定する
With ～ End With	130	省略できる範囲を指定する
Workbooks	221	ワークブックの参照を取得する
Worksheets	204	ワークシートの参照を取得する

練習用ファイルの使い方

本書では、レッスンの操作をすぐに試せる無料の練習用ファイルを用意しています。Excel 2010以降の初期設定では、ダウンロードした練習用ファイルを開くと、保護ビューで表示される仕様になっています。本書の練習用ファイルは安全ですが、練習用ファイルを開くときは以下の手順で操作してください。

▼ 練習用ファイルのダウンロードページ
https://book.impress.co.jp/books/1118101148

練習用ファイルを利用するレッスンには、練習用ファイルの名前が記載してあります。

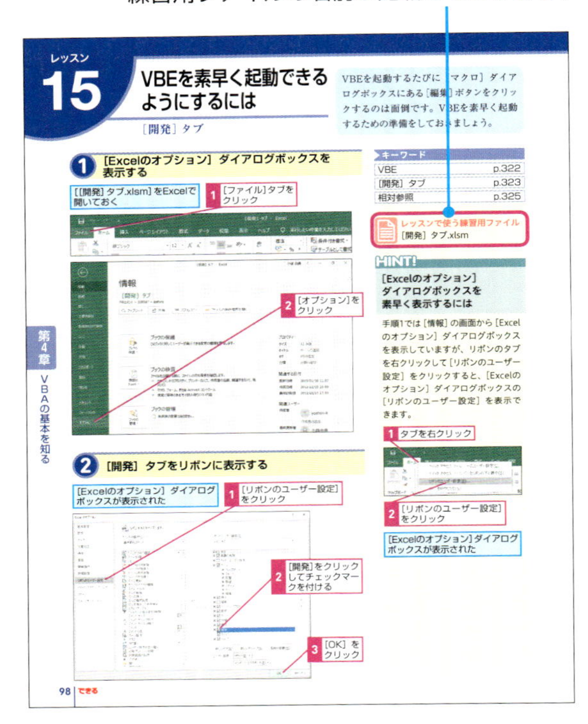
レッスン 15
VBEを素早く起動できるようにするには
[開発] タブ

VBEを起動するたびに［マクロ］ダイアログボックスにある［編集］ボタンをクリックするのは面倒です。VBEを素早く起動するための準備をしておきましょう。

キーワード

VBE	p.322
[開発] タブ	p.323
相対参照	p.325

レッスンで使う練習用ファイル
[開発] タブ.xlsm

1 [Excelのオプション] ダイアログボックスを表示する

[[開発] タブ.xlsm] をExcelで開いておく
1 [ファイル] タブをクリック
2 [オプション] をクリック

2 [開発] タブをリボンに表示する

[Excelのオプション] ダイアログボックスが表示された
1 [リボンのユーザー設定] をクリック
2 [開発] をクリックしてチェックマークを付ける
3 [OK] をクリック

HINT!
[Excelのオプション] ダイアログボックスを素早く表示するには

手順1では [情報] の画面から [Excelのオプション] ダイアログボックスを表示していますが、リボンのタブを右クリックして [リボンのユーザー設定] をクリックすると、[Excelのオプション] ダイアログボックスの [リボンのユーザー設定] を表示できます。

1 タブを右クリック
2 [リボンのユーザー設定] をクリック
[Excelのオプション] ダイアログボックスが表示された

第4章 VBAの基本を知る

98 できる

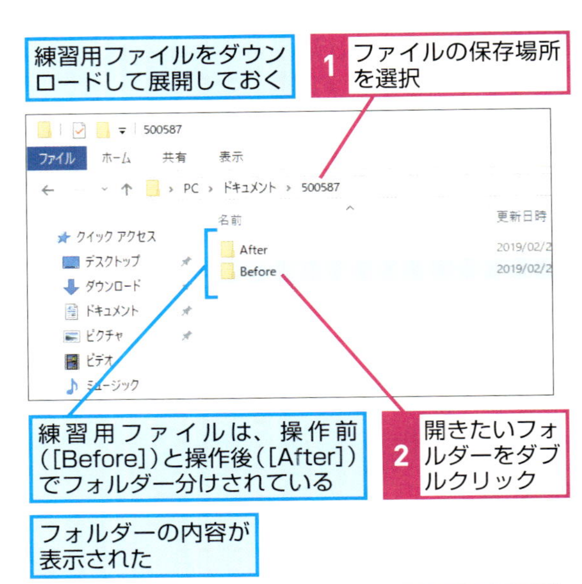

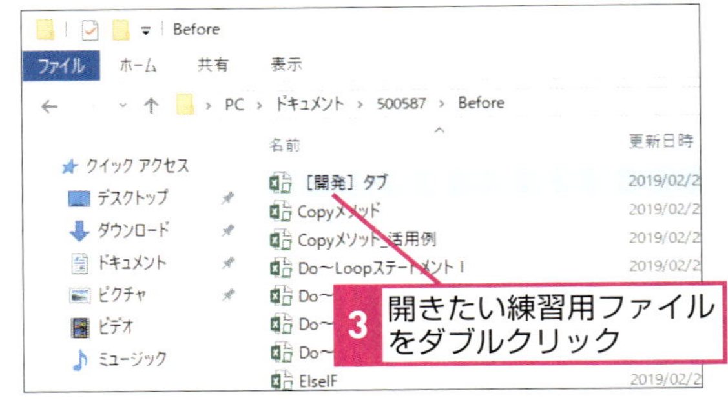

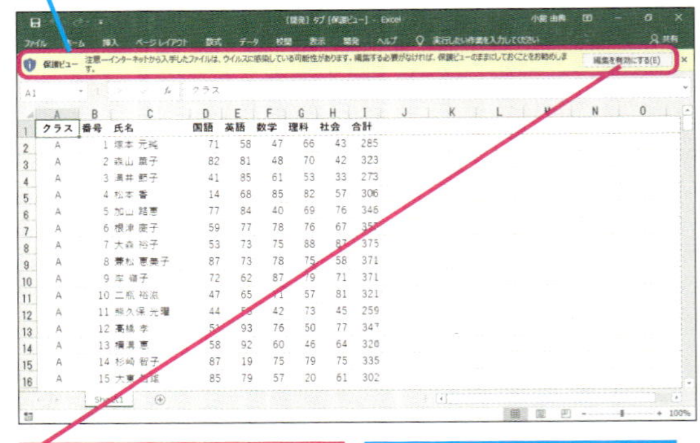

HINT!

何で警告が表示されるの？

Excel 2010以降では、インターネットを経由してダウンロードしたファイルを開くと、保護ビューで表示されます。ウイルスやスパイウェアなど、セキュリティ上問題があるファイルをすぐに開いてしまわないようにするためです。ファイルの入手時に配布元をよく確認して、安全と判断できた場合は、[編集を有効にする] ボタンをクリックしてください。[編集を有効にする]ボタンをクリックすると、次回以降同じファイルを開いたときに保護ビューが表示されません。

第1章 マクロを始める

この章では、Excelが持っているマクロという機能について、どんなことに利用できるのか、どのようにして使うものなのか、そしてどうやって記録するのか実例を交えて分かりやすく解説します。

●この章の内容

レッスン 1

マクロとは

Excelのマクロ

Excelにはマクロという非常に便利な機能が備わっています。マクロを使うとExcelでの操作がより快適になります。ここでは、マクロがどのようなものかを解説します。

キーワード

マクロ	p.327
ワークシート	p.327

単純な繰り返し作業がすぐに終わる

Excelで作業をしているとき、いつも同じ操作での処理を繰り返していることはないでしょうか？　例えば、ワークシートに入力した表を分類別に抽出し、グラフ化して印刷するといった作業を毎月、手作業で行ってはいないでしょうか？　同じ操作の繰り返しなら、マクロを使えば操作が楽になります。
マクロを使うには、まずExcelでいつも行っている一連の操作を「記録」することから始まります。いったんマクロを記録しておけば、いつでも同じようにその操作を再現できます。

いつも行っている操作をマクロに記録しておけばすぐに再現できる

膨大な処理も自動化で時短できる

手順が簡単な作業の組み合わせで、1つ1つの処理に時間がかかるような作業も、マクロを使うと便利です。例えばワークシートを何種類も続けて印刷することをイメージしてください。印刷の操作自体は簡単ですが実行には時間がかかり、次の作業が中断してしまいます。このようなときも、印刷に必要な手順をすべてマクロに記録しておけば、1回のマクロの実行で順次すべてのワークシートが印刷できるので、パソコンの前で待っている必要がなくなります。

HINT!

時間のかかる処理は自動化しておくと便利

売り上げ集計表や請求書の発行など、時間のかかる作業をマクロで自動化しておくと便利です。マクロに記録しておけば、誰が実行しても正確に処理ができるので間違いがありません。

操作の自動化で時間を節約できる

複雑な操作を間違えず正確に実行できる

操作が多くて複雑な作業をマクロに記録しておけば、いつでも操作を間違えることなく実行できます。例えば、学校で学期末の成績集計をするようなときなどに便利です。テストの点数を入力した後は、科目ごとの成績や総合の成績など同じデータを必要に応じて並べ替え、集計をして成績表を印刷することになります。このような作業では、複数の操作を繰り返すため、間違いやすく、やり直しの手間がかかってしまうことがあります。毎日行う作業でなくても複雑な操作をマクロに記録しておけば、いつでも正確に実行できます。

HINT!

いろいろな操作を記録できる

セルの操作やオートフィルターの設定、グラフの作成、印刷など、Excelのさまざまな操作をマクロとして記録できます。

複雑な操作もマクロの記録で解決できる

レッスン 2

簡単なマクロを記録するには

マクロの記録

実際に簡単な操作をマクロに記録してみましょう。ここでは、A～Cのクラスで集計した成績表からクラスBのデータを抽出し、印刷する操作をマクロに記録します。

作成するマクロ

オートフィルターを設定する
（手順４）

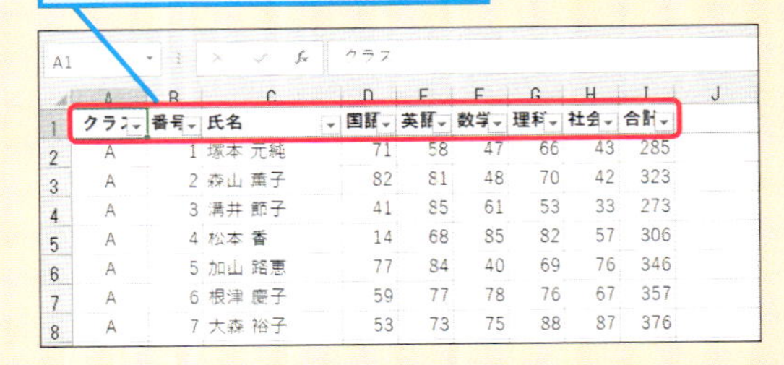

A1 クラス

	A	B	C	D	E	F	G	H	I	J
1	クラス	番号	氏名	国語	英語	数学	理科	社会	合計	
2	A	1	塚本 元純	71	58	47	66	43	285	
3	A	2	森山 薫子	82	81	48	70	42	323	
4	A	3	満井 節子	41	85	61	53	33	273	
5	A	4	松本 香	14	68	85	82	57	306	
6	A	5	加山 路恵	77	84	40	69	76	346	
7	A	6	根津 慶子	59	77	78	76	67	357	
8	A	7	大森 裕子	53	73	75	88	87	376	

クラスＢのデータを抽出する
（手順５～７）

クラスBのデータを抽出する

	A	B	C	D	E	F	G	H	I	J
1	クラス	番号	氏名	国語	英語	数学	理科	社会	合計	
				71	58	47	66	43	285	
				82	81	48	70	42	323	
				41	85	61	53	33	273	
				14	68	85	82	57	306	
				77	84	40	69	76	346	
				59	77	78	76	67	357	
				53	73	75	88	87	376	
				87	73	78	75	58	371	
				72	62	87	79	71	371	

昇順(S)
降順(O)
色で並べ替え(T)
テキスト フィルター(F)
検索
(すべて選択)
A
B

クラスＢのデータを印刷する
（手順８～９）

クラスBのデータが印刷される

クラス	番号	氏名	国語	英語	数学	理科	社会	合計
B	1	小島 きよ子	71	64	41	80	46	302
B	2	日浦 京子	67	79	81	64	86	377
B	3	奥井 光正	67	66	60	86	59	338
B	4	高瀬 美香子	67	98	58	70	50	343
B	5	橋爪 航	78	10	63	66	56	273
	6	中山 由比			65	10		
B			77					335
B	35	森 優佳	66	88	76	71	86	387
B	36	筒井 文明	78	69	88	53	71	359
B	37	小栗 友己江	53	68	72	70	86	349
B	38	栗原 彩	69	60	60	72	69	330
B	39	道沢 真由美	88	70	52	79	60	349

オートフィルターを解除する
（手順10）

オートフィルターを解除する

	A	B	C	D	E	F	G	H	I	J
1	クラス	番号	氏名	国語	英語	数学	理科	社会	合計	
2	A	1	塚本 元純	71	58	47	66	43	285	
3	A	2	森山 薫子	82	81	48	70	42	323	
4	A	3	満井 節子	41	85	61	53	33	273	
5	A	4	松本 香	14	68	85	82	57	306	
6	A	5	加山 路恵	77	84	40	69	76	346	
7	A	6	根津 慶子	59	77	78	76	67	357	
8	A	7	大森 裕子	53	73	75	88	87	376	
9	A	8	兼松 恵美子	87	73	78	75	58	371	
10	A	9	岸 碩子	72	62	87	79	71	371	

このマークが入っている手順は、マクロとして記録されます。
間違えないように操作してください

1 ［マクロの記録］ダイアログボックスを表示する

［マクロの記録.xlsx］をExcelで開いておく

1 ［表示］タブをクリック

2 ［マクロ］をクリック

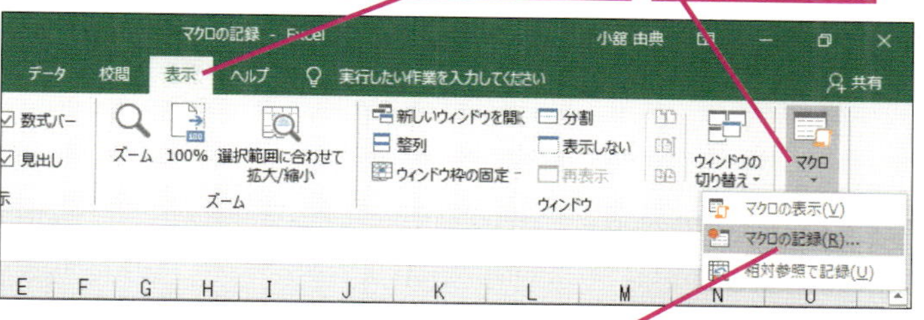

3 ［マクロの記録］をクリック

2 マクロの記録を開始する

［マクロの記録］ダイアログボックスが表示された

マクロの内容が分かる名前を入力する

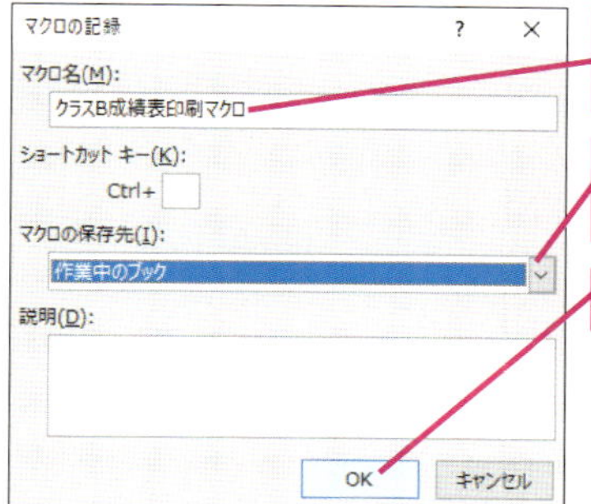

1 「クラスB成績表印刷マクロ」と入力

2 ここをクリックして［作業中のブック］を選択

3 ［OK］をクリック

3 マクロの記録が開始された

◆［記録終了］
マクロの記録が開始されると表示される

8	A	7	大森 裕子	53	73	75	88	87	376
9	A	8	兼松 恵美子	87	73	78	75	58	371
10	A	9	岸 穣子	72	62	87	79	71	371
11	A	10	二瓶 裕滋	47	65	71	57	81	321
12	A	11	熊久保 光曜	44	55	42	73	45	259
13	A	12	高橋 孝	51	93	76	50	77	347
14	A	13	横溝 恵	58	92	60	46	64	320
15	A	14	杉崎 智子	87	19	75	79	75	335
16	A	15	大東 哲雄	85	79	57	20	61	302
17	A	16	福原 文明	69	66	99	84	58	376

Sheet1

キーワード

拡張子	p.323
列	p.327

レッスンで使う練習用ファイル
マクロの記録.xlsx

ショートカットキー

Alt + F8 ……………… ［マクロ］ダイアログボックスの表示
Ctrl + P ……………… 印刷
Ctrl + Shift + L …… オートフィルターの適用

HINT! 操作の速さは記録されない

マクロには、Excelを操作した手順が記録されますが、操作する速さは記録されません。急いで早く操作しても、手順を確認しながらゆっくりと操作しても、記録される内容は同じです。マクロを記録するときは、操作手順を間違えないように1つ1つの操作を確認しながら確実に行うようにしましょう。

間違った場合は？

手順１で間違って［マクロの表示］をクリックしてしまった場合は、表示された［マクロ］ダイアログボックスで［キャンセル］ボタンをクリックして、もう一度手順1からやり直します。

次のページに続く

4 オートフィルターを設定する

ここでは、クラスBのデータを抽出する

1 セルA1をクリックして選択

2 [データ]タブをクリック

3 [フィルター]をクリック

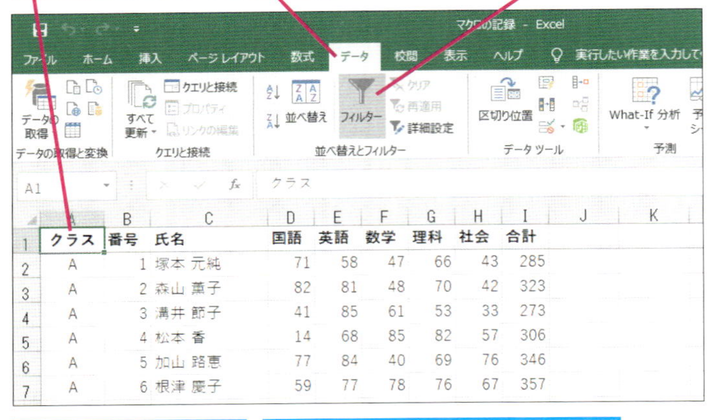

	A	B	C	D	E	F	G	H	I
1	クラス	番号	氏名	国語	英語	数学	理科	社会	合計
2	A	1	塚本 元純	71	58	47	66	43	285
3	A	2	森山 薫子	82	81	48	70	42	323
4	A	3	満井 節子	41	85	61	53	33	273
5	A	4	松本 香	14	68	85	82	57	306
6	A	5	加山 路恵	77	84	40	69	76	346
7	A	6	根津 慶子	59	77	78	76	67	357

オートフィルターが設定された

オートフィルターを設定すると、フィルターボタンが表示される

	A	B	C	D	E	F	G	H	I
1	クラス	番号	氏名	国語	英語	数学	理科	社会	合計
2	A	1	塚本 元純	71	58	47	66	43	285
3	A	2	森山 薫子	82	81	48	70	42	323
4	A	3	満井 節子	41	85	61	53	33	273
5	A	4	松本 香	14	68	85	82	57	306
6	A	5	加山 路恵	77	84	40	69	76	346
7	A	6	根津 慶子	59	77	78	76	67	357
8	A	7	大森 裕子	53	73	75	88	87	376
9	A	8	兼松 恵美子	87	73	78	75	58	371

5 オートフィルターの抽出条件を解除する

オートフィルターの抽出条件を一度解除する

1 [クラス]列のフィルターボタンをクリック

2 [(すべて選択)]をクリックしてチェックマークをはずす

昇順(S)
降順(O)
色で並べ替え(T)
テキスト フィルター(F)
検索
(すべて選択)
A
B
C

国語	英語	数学	理科	社会	合計
71	58	47	66	43	285
82	81	48	70	42	323
41	85	61	53	33	273
14	68	85	82	57	306
77	84	40	69	76	346
59	77	78	76	67	357
53	73	75	88	87	376
87	73	78	75	58	371
72	62	87	79	71	371
47	65	71	57	81	321

HINT! 同じマクロ名で記録するとマクロが上書きされる

記録済みのマクロと同じ名前を付けて記録を開始すると、既存のマクロと置き換えていいかどうかを確認するダイアログボックスが表示されます。ここで、[はい] ボタンをクリックすると、以前のマクロは新しく記録するマクロに置き換えられてしまいます。間違って重要なマクロを置き換えてしまわないように注意してください。

手順2で記録済みのマクロと同じ名前を付けると、置き換えを確認するメッセージが表示される

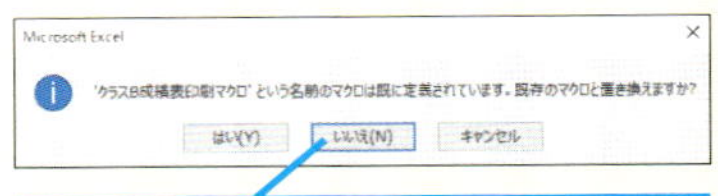

別の名前でマクロを記録するには、[いいえ]をクリックする

HINT! マクロの記録中は操作を間違えないようにする

一度記録したマクロの手順は簡単に修正できません。マクロの記録を開始する前に、まず記録する操作の手順を確認することと、さらに記録中は確認した手順を1つずつ間違いがないように操作することも大切です。記録の途中で間違いに気付かずにそのまま記録を完了すると、最初から新たに記録し直さなくてはなりません。記録し直すときは、上のHINT!にあるように同じ名前のマクロで記録して上書きするか、42ページのHINT!で紹介しているようにマクロを削除してから記録します。

6 クラスBのデータを抽出する 

すべての抽出条件が解除された

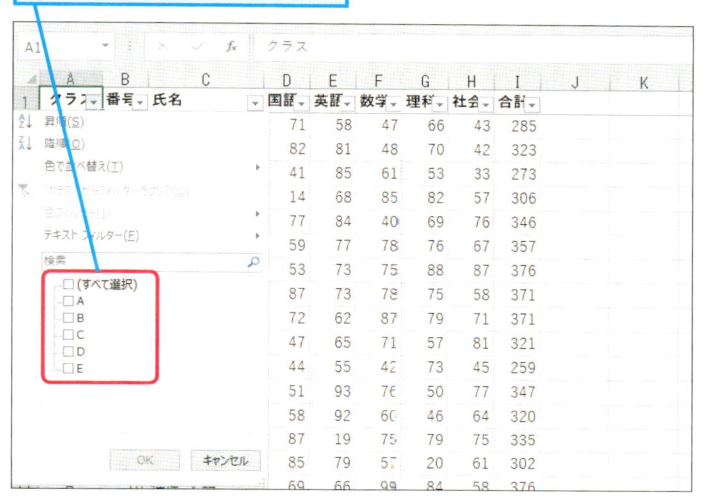

1 [B] をクリックしてチェックマークを付ける

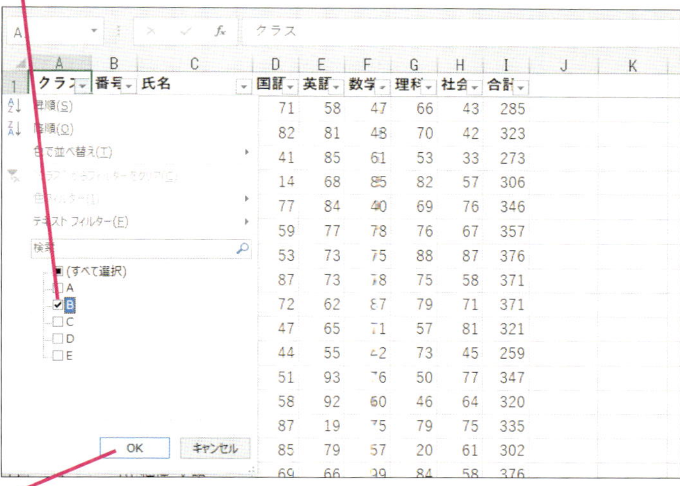

2 [OK]をクリック

HINT! オートフィルターの抽出条件は複数の列に指定できる

このレッスンでは、[クラス] 列のフィルターを1つだけ使用してデータを抽出しますが、同時に複数列のフィルターを使用することもできます。例えば、クラスが「B」で「国語の成績がトップ10」というデータを抽出したいときは、[クラス] と [国語] の列のオートフィルターのそれぞれに、抽出条件を設定します。

HINT! マクロの記録中は[元に戻す] ボタンを使わない

[元に戻す] ボタンをクリックして操作を取り消したマクロを実行すると、取り消したはずの手順の一部が実行されて、マクロが正しく動作しないこともあります。記録した内容を簡単に確認する方法がないので、マクロを記録をするときは [元に戻す] ボタンを使わないように、事前に操作の手順を確認してからマクロを記録しましょう。

間違った場合は？

マクロの記録中に操作を間違えてしまったときは、もう一度最初から記録し直します。[表示] タブの [マクロ] ボタンから [記録終了] をクリックして記録を終了し、前ページにあるHINT!「同じマクロ名で記録するとマクロが上書きされる」のように同じ名前でマクロを上書きして記録します。

次のページに続く

7 抽出条件を設定できた 

クラスBのデータが抽出された

データを抽出するとフィルターボタンの表示が変わる

	クラス	番号	氏名	国語	英語	数学	理科	社会	合計
52	B	1	小畠 きよ子	71	64	41	80	46	302
53	B	2	日浦 京子	67	79	81	64	86	377
54	B	3	奥井 光正	67	66	60	86	59	338
55	B	4	高瀬 美香子	67	98	58	70	50	343
56	B	5	橋爪 航	78	10	63	66	56	273
57	B	6	中山 由比	82	19	65	10	87	263
58	B	7	長谷川 まゆみ	72	13	61	68	45	259
59	B	8	佐藤 直子	83	80	87	62	96	408
60	B	9	梅野 知香	87	50	40	62	30	269
61	B	10	鈴木 司	61	63	10	43	70	247
62	B	11	斉藤 緑	74	87	69	44	70	344
63	B	12	金子 礼子	78	53	70	73	77	351
64	B	13	小谷野 光世	65	56	32	82	63	298
65	B	14	矢向 めぐ美	52	51	73	77	89	342
66	B	15	吉松 尚子	69	69	95	65	61	359
67	B	16	鈴木 真希子	61	73	76	86	75	371

8 印刷プレビューを表示する 

抽出したクラスBのデータを印刷する

1 [ファイル]タブをクリック

2 [印刷]をクリック

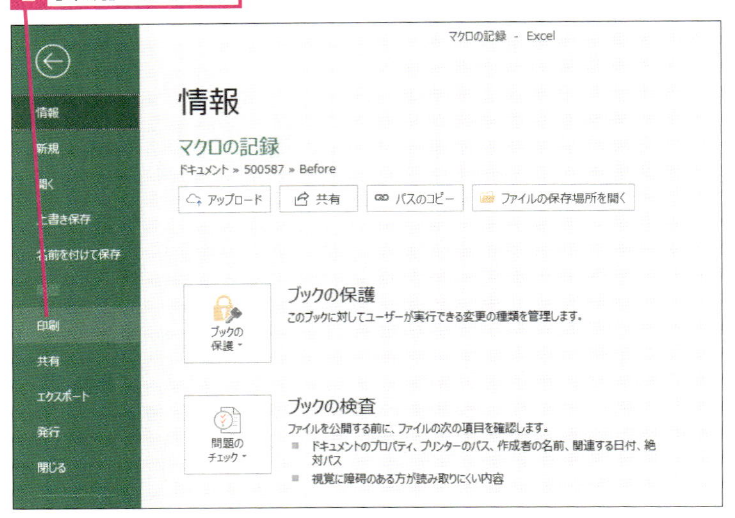

HINT! 部数や印刷の向きなどもマクロに記録される

手順9で、部数や印刷の向きなど、プリンターの設定を変更すると、その変更内容がマクロに記録されます。

HINT! マクロの実行前にブックを保存しておく

マクロを実行した後は［元に戻す］ボタン（ ）をクリックしても、マクロの実行前の状態に戻すことはできません。マクロに問題があって、大切なデータが間違った内容に書き換わってしまっては大変です。そのようなことにならないように、マクロを記録したら、必ずマクロを実行する前のブックを保存しましょう。マクロの実行前のブックを保存しておけば、問題があってもブックを開き直せばいつでも元の状態に戻ることができるので安心です。なお、ブックの保存はこの後の手順12と手順13で解説します。

9 ブックを印刷する 

印刷プレビューが表示された

1 部数や印刷の向きなど、プリンターの設定を確認

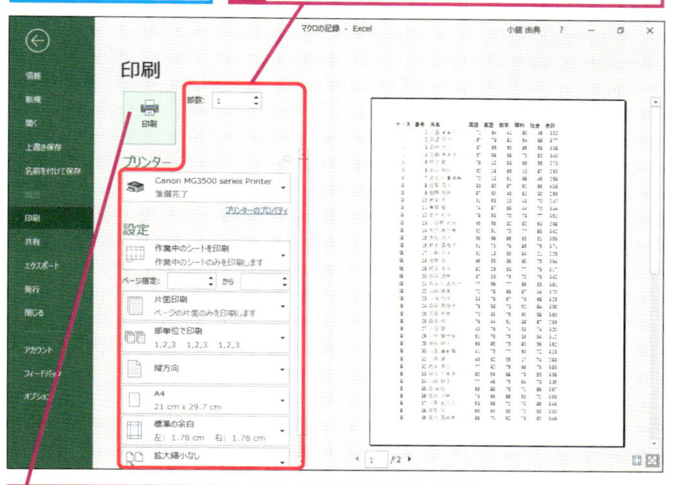

2 [印刷]をクリック

ブックが印刷される

10 オートフィルターを解除する 

クラスBの抽出を解除する

マクロの実行後にオートフィルターが解除された状態にする

1 [データ]タブをクリック

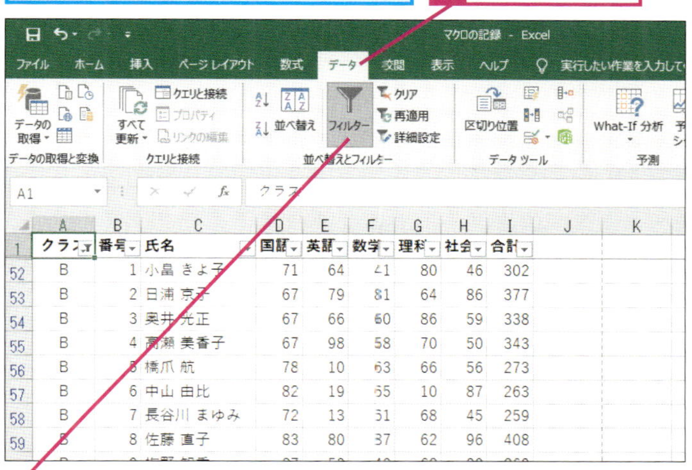

2 [フィルター]をクリック

HINT! オートフィルターを解除してからマクロの記録を終了する

このレッスンで記録するマクロの目的は、成績一覧表から特定のデータを抽出し、抽出したデータのみを印刷することです。記録したマクロを実行すると、データが抽出され、印刷が実行されます。印刷後にすぐにデータを利用できるように、手順10ではオートフィルターを解除する操作を記録し、ワークシートのデータを抽出する前の状態になるようにします。

HINT! マクロに記録されない操作もある

マクロの記録中に間違って操作と関係がないダイアログボックスを表示しても大丈夫です。目的の操作と違うときは、[キャンセル]ボタンをクリックし、ダイアログボックスを閉じておきましょう。何も設定せず、中止した操作はマクロには記録されません。

次のページに続く

11 マクロの記録を終了する

これまで操作したマクロの記録を終了する

1 [表示]タブをクリック

2 [マクロ]をクリック

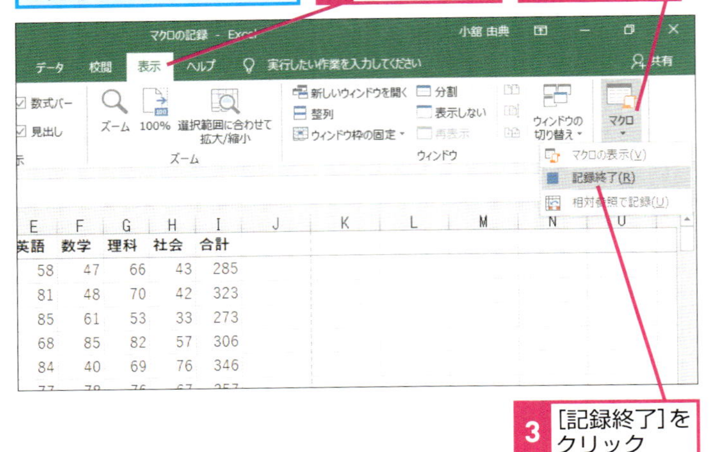

3 [記録終了]をクリック

間違った場合は？

マクロを記録したブックを保存するときに［ファイルの種類］を［Excelマクロ有効ブック］に変更せずに［保存］ボタンをクリックすると、「マクロなしのブックに保存できません」というメッセージが表示されます。そのときは［いいえ］ボタンをクリックし［Excelマクロ有効ブック］に変更してから保存します。

テクニック 拡張子でマクロを見分けよう

Excelでは、マクロを含んだブックを［マクロ有効ブック］というファイル形式で保存します。マクロを含んだブックは、以下のようにほかのファイル形式で保存したブックとアイコンの形が異なります。アイコンの形を参考にして、マクロが含まれているブックか、ほかのファイル形式のブックかを見分けるといいでしょう。併せてファイルの拡張子を表示する設定にしておけば、アイコンの表示を小さくしていてもファイル形式の違いが分かりやすくなります。ファイルの拡張子を表示するには、エクスプローラーの［表示］タブにある[ファイル名拡張子]にチェックマークを付けます。

●ファイル形式によるアイコンの違い

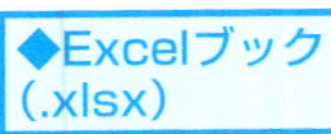

マクロの記録.xlsx

◆Excelマクロ有効ブック
(.xlsm)

マクロの記録_after.xlsm

◆Excelブック(.xls)
Excel 2003/2002で保存されたブックは、マクロを含んでいても拡張子が変わらない

Lesson02.xls

［ファイル名拡張子］をクリックしてチェックマークを付けると、拡張子が表示される

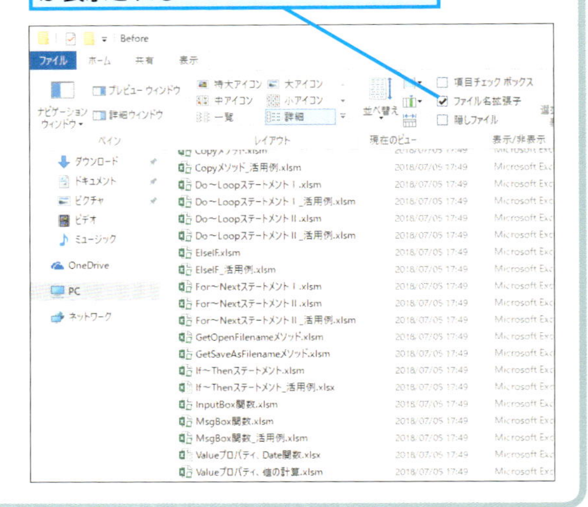

12 [名前を付けて保存]ダイアログボックスを表示する

マクロの記録が終了した

ブックを保存すると記録したマクロも保存される

1 [ファイル]タブをクリック

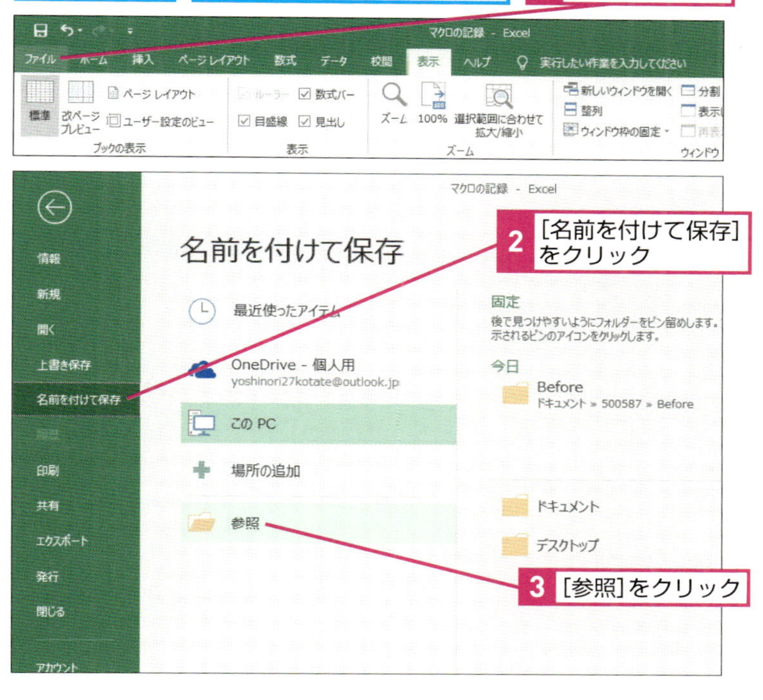

2 [名前を付けて保存]をクリック

3 [参照]をクリック

13 ブックを保存する

[名前を付けて保存]ダイアログボックスが表示された

1 ファイルの保存場所を選択

2 ファイル名を入力

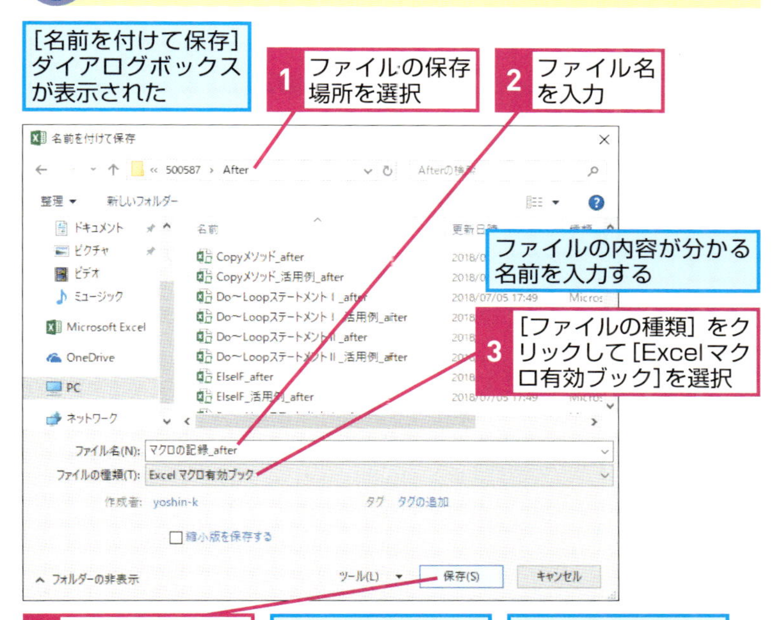

ファイルの内容が分かる名前を入力する

3 [ファイルの種類]をクリックして[Excelマクロ有効ブック]を選択

4 [保存]をクリック

ブックが保存される

ブックを閉じておく

HINT! [Excelマクロ有効ブック]って何？

手順13で選択する［Excelマクロ有効ブック］とは、Excelでマクロをブックに保存するための専用のファイル形式です。［Excelマクロ有効ブック］でブックを保存すると、アイコンが変わり、拡張子が「.xlsm」となります。これ以外のファイル形式ではマクロは保存されません。ただし、［Excelブック］などの形式で保存した場合でも、ブックを閉じるまでは記録したマクロが残っているので、あらためて手順13を参考に［Excelマクロ有効ブック］の形式でブックを保存し直しましょう。

Point マクロの記録中は操作ミスに注意しよう

マクロの記録を行うときは、普段行っている操作をいつも通り1つずつ実行しましょう。ただし、記録中に行った手順はすべてマクロとして記録されるため、間違った操作をしてしまうと、その操作も記録されてしまいます。例えば、このレッスンの操作のように、マクロの記録を開始してから、印刷プレビューで思ったように印刷できないことに気が付いても、間に合いません。複数の操作を記録していても、それまでに記録した内容が無駄になってしまいます。一度記録を終了したマクロを後から修正するのは簡単ではないので、必ず正しい操作を事前に確認した上で、マクロを記録するように注意しましょう。

レッスン

3 マクロを含んだブックを開くには

セキュリティの警告

マクロを含んだブックを開くと、[セキュリティの警告]が表示され、マクロが無効になります。そのままではマクロが実行できないので、マクロを有効にします。

キーワード

セキュリティの警告	p.325
マクロ	p.327

1 マクロを有効にする

1 マクロを含むブックを開く

ここではレッスン❷で保存した[マクロの記録_after.xlsm]を開く

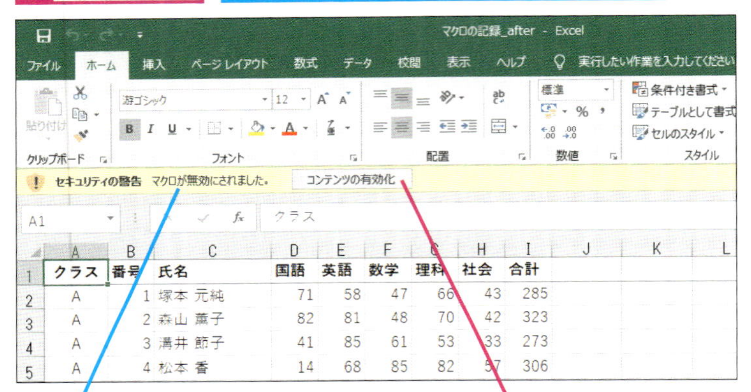

[セキュリティの警告]が表示された

2 [コンテンツの有効化]をクリック

HINT! なぜ[セキュリティの警告]が表示されるの？

すべてのマクロが危険なものではありませんが、間違ってウイルスなどが含まれたマクロを実行してしまわないように[セキュリティの警告]が表示されます。Excelでは、特定のフォルダー以外に保存されたマクロを含んだブック以外はすべてマクロが無効に設定されます。

テクニック マクロのセキュリティを高めるには

[コンテンツの有効化]をしたブックは安全なファイルとみなされ「信頼済みドキュメント」に記録され、次回以降[セキュリティの警告]が表示されなくなります。ただし、一度[信頼済みドキュメント]に記録されると、マクロが書き換えられても[セキュリティの警告]は表示されません。よりセキュリティを高めるには[セキュリティセンター]の[信頼済みドキュメントを無効にする]にチェックマークを付けておきましょう。[信頼済みドキュメント]に記録されたブックも、開くたびに毎回有効化の操作が必要になるので安全です。

レッスン⓯を参考に[Excelのオプション]ダイアログボックスを表示しておく

1 [セキュリティセンター]をクリック

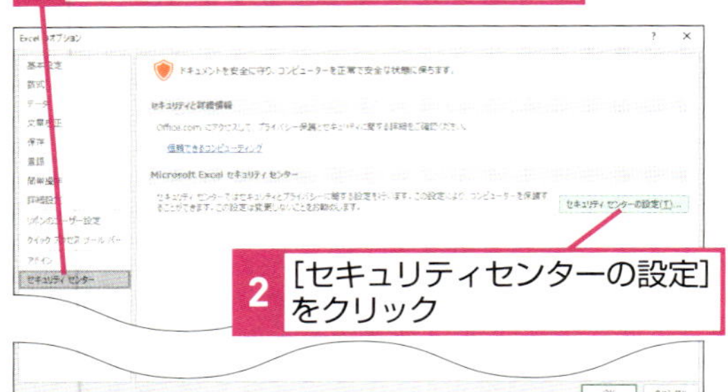

2 [セキュリティセンターの設定]をクリック

[セキュリティセンター]ダイアログボックスが表示された

3 [信頼済みドキュメント]をクリック

4 [信頼済みドキュメントを無効にする]をクリックしてチェックマークを付ける

5 [OK]をクリック

テクニック 信頼済みドキュメントの情報を削除できる

[信頼済みドキュメント] に記録されたブックの情報はすべて削除できます。下の手順にあるように [セキュリティセンター] の [信頼済みドキュメント] にある [クリア] をクリックすると、これまで [信頼済みドキュメント] として記録されたブックの情報がすべて削除され、すべてのブックが信頼されていない状態に戻ります。記録を削除すると、これまで有効化したブックも再度 [セキュリティの警告] が表示されるようになります。

前ページのテクニックを参考に、[信頼済みドキュメント] の画面を表示しておく

[クリア] をクリックすると [信頼済みドキュメント] の記録が削除される

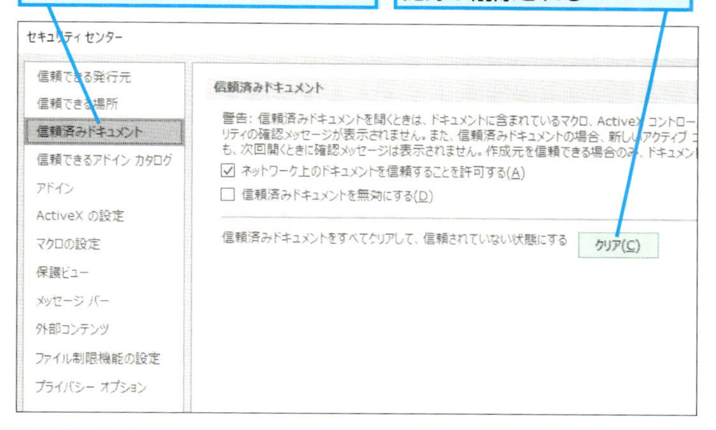

2 マクロが有効になったことを確認する

マクロが有効になった

1 [セキュリティの警告] が非表示になり、マクロが有効になったことを確認

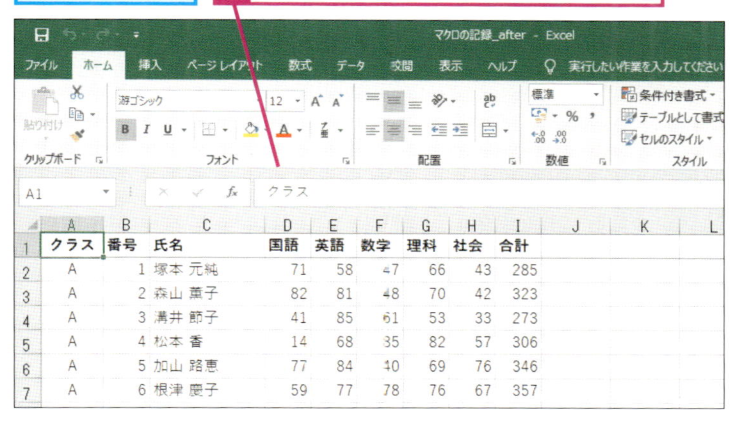

	A	B	C	D	E	F	G	H	I
1	クラス	番号	氏名	国語	英語	数学	理科	社会	合計
2	A	1	塚本 元純	71	58	47	66	43	285
3	A	2	森山 薫子	82	81	48	70	42	323
4	A	3	満井 節子	41	85	61	53	33	273
5	A	4	松本 香	14	68	35	82	57	306
6	A	5	加山 路恵	77	84	40	69	76	346
7	A	6	根津 慶子	59	77	78	76	67	357

HINT! インターネットからブックをダウンロードしたときは

本書の練習用ファイルなど、インターネットからダウンロードしたブックをExcelで開くと、手順1の操作時に [保護ビュー] が表示されます。これはExcelが「安全なブックでない可能性がある」と表示する警告です。ブックの入手先が安全なことを確認して、[編集を有効にする] ボタンをクリックします。すると、手順1の画面が表示されます。本書の練習用ファイルはすべてセキュリティの問題はありません。安心して操作を進めてください。

Point マクロを有効にする作業はよく確認して行う

マクロはさまざまな操作を自動化できる大変便利な機能です。操作を記録して自動化するだけでなく、さまざまなコードを使ってプログラムを作ることもできます。マクロはExcelをより便利に使うために用意されている機能ですが、マクロの機能を利用して悪意のあるウイルスをパソコンに感染させるようなブックも世の中には存在します。このような一部の危険なマクロからパソコンを保護するために、マクロが含まれたブックを開くと自動的にマクロが無効にされるようにExcelが設定されています。自分で作ったマクロや信頼できるところから配布されたマクロであることを確認してからマクロを有効にしてください。

レッスン
4 記録したマクロを実行するには

マクロの実行

ここではレッスン❷で記録したマクロを実際に実行してみましょう。マウスでボタンを1回クリックするだけで、成績表からクラスBの一覧表を印刷できます。

キーワード

VBE	p.322
デバッグ	p.326

1 [マクロ] ダイアログボックスを表示する

レッスン❷で保存したブックを開き、レッスン❸を参考にマクロを有効にしておく

1 [表示]タブをクリック

2 [マクロ] をクリック

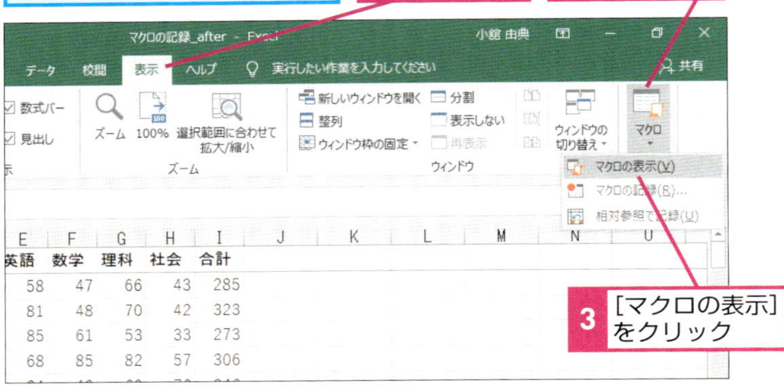

3 [マクロの表示] をクリック

ショートカットキー

Alt + F8 ………………

[マクロ] ダイアログボックスの表示

注意 Excelの多くの操作は[元に戻す]ボタン( ) を使って前の状態に戻せます。しかし、マクロを実行した結果は元に戻せません。レッスン❷で解説したように、マクロの記録が完了したら、マクロの実行前に必ずブックを保存しておきましょう

テクニック ショートカットキーで素早くマクロを実行する

[マクロ] ダイアログボックスでは、すでに記録済みのマクロにショートカットキーを設定できます。マクロにショートカットキーを設定すれば、いちいち [マクロ] ダイアログボックスを表示しなくても、キー操作ですぐにマクロを実行できて便利です。マクロにショートカットキーを設定するには、以下の手順を実行します。なお、Ctrl + C キーや Ctrl + P キーなど、Excelの既定の操作に割り当てられているショートカットキーを、マクロのショートカットキーに登録すると、既定の操作が無効になってしまうので注意しましょう。

手順1を参考に [マクロ] ダイアログボックスを表示しておく

1 ショートカットキーを設定するマクロを選択

2 [オプション] をクリック

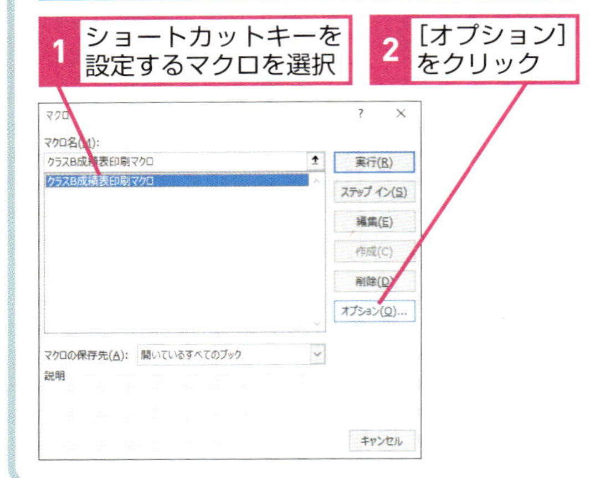

[マクロオプション]ダイアログボックスが表示された

Shift キーを押しながらショートカットキーに登録するキーを押すと、Ctrl + Shift + (任意のキー) を使ったショートカットキーも設定できる

3 ショートカットキーに設定するキーを入力

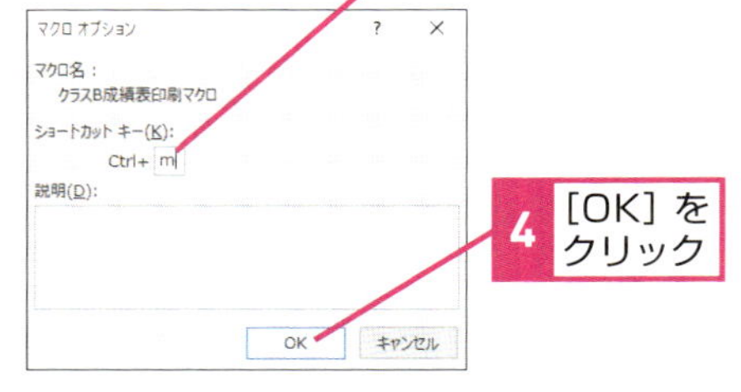

4 [OK] をクリック

2 マクロを実行する

[マクロ]ダイアログボックスが表示された

1 実行するマクロを選択

2 [実行]をクリック

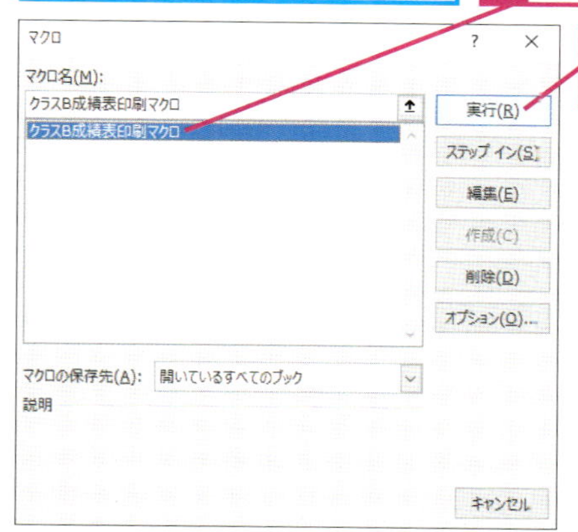

3 マクロの実行結果を確認する

クラスBの成績表が印刷された

1 レッスン❷でマクロを記録したときと同じ内容で印刷が実行されたことを確認

クラス	番号	氏名	国語	英語	数学	理科	社会	合計
B	1	小畠 きよ子	71	64	41	80	46	302
B	2	日浦 京子	67	79	81	64	86	377
B	3	奥井 光正	67	66	60	86	59	338
B	4	高瀬 美香子	67	98	58	70	50	343
B	5	橋爪 航	78	10	63	66	56	273
B	6	中山 由比	82	19	65	10	87	263
B	7	長谷川 まゆみ	72	13	61	68	45	259
B	8	佐藤 直子	83	80	87	62	96	408
B	9	梅野 知香	87	50	40	62	30	269
B	10	鈴木 司	61	63	10	43	70	247
B	11	斉藤 緑	74	87	69	44	70	344
B	12	金子 礼子	78	53	70	73	77	351
B	13	小谷野 光世	65	56	32	82	63	298
B	14	矢向 めぐ美	52	51	73	77	89	342
B	15	吉松 尚子	69	69	95	65	61	359
B	16	鈴木 真希子	61	73	76	86	75	371
B	17	二瓶 文子	61	13	50	84	21	229
B	18	沼野 馨	86	55	98	80	75	394
B	19	橋本 圭子	82	26	53	77	79	317
B	20	増田 満美	87	33	76	70	76	342
B	21	長谷川 真也子	77	69	77	89	69	381
B	22	山崎 雅美	72	78	89	87	44	370
B	23	小池 竜太	33	78	67	79	68	325
B	24	森田 英津子	78	58	73	62	84	355
B	25	高岡 明美	70	93	79	60	58	360
B	26	森本 泉	79	44	51	38	87	299
B	27	小杉 雄一	43	76	74	53	74	320
B	28	小村 慶吉朗	61	76	75	36	64	312
B	29	池田 朋子	66	85	75	80	56	362
B	30	小倉 あかね	41	75	77	50	72	315
B	31	小島 睦	45	92	55	17	74	283
B	32	鈴木 季沙	77	82	79	68	79	385
B	33	田辺 万里子	80	56	88	79	55	358
B	34	川邉 裕子	77	46	75	64	73	335
B	35	森 優佳	66	88	76	71	86	387
B	36	筒井 文明	78	69	88	53	71	359
B	37	小栗 友己江	53	68	72	70	86	349
B	38	栗原 彩	69	60	60	72	69	330
B	39	道沢 真由美	88	70	52	79	60	349

HINT!

記録したマクロ名が表示されないときは

手順2で［マクロ］ダイアログボックスを表示したときに、記録したマクロ名が表示されないときは、マクロが保存されていないブックを開いていることが考えられます。マクロが保存してあるブックを開き直してください。また、マクロの記録後にブックを保存しないで閉じてしまうと、記録したマクロが消えてしまうので注意しましょう。

間違った場合は？

手順2で間違って［ステップイン］ボタンをクリックすると、第4章で紹介するVBE（Visual Basic Editor）が起動します。VBEの画面右上にある［閉じる］ボタンをクリックして、もう一度手順1からやり直してください。なお、VBEのウィンドウを閉じるときに「このコマンドを使うとデバッグは中断します。」とメッセージが表示されるので、［OK］ボタンをクリックします。

Point

マクロの実行で同じ操作を何度でも再現できる

ここではマクロを実行して、マクロの動作と実行結果を確認しました。マクロを記録したときと同じようにクラスBのデータが抽出され、一覧表が印刷されます。さらに実行後はマクロを実行する前の状態に戻っています。このように、操作をマクロに記録しておけば、誰が行っても同じ操作が再現できます。また、マクロ実行中の画面では、記録中に開いたメニューやダイアログボックスは表示されません。これはマクロで記録される内容がマウスやキーボードによる1つ1つの操作ではなく、データに変更が加えられた操作の結果だけを連続して記録しているからです。

この章のまとめ

●マクロでExcelを手軽に自動化できる

この章では、マクロとはどのようものなのか、またマクロを使うと何が便利で、どのようなときにマクロを使うといいかということを紹介しました。さらに、簡単な操作手順を記録し、それを実行してマクロの動作を確認しました。自分で記録したマクロを実行してみることで、意外に簡単なことが理解できたと思います。マクロの記録といっても普段行っているようにExcelを操作するだけです。注意することは、記録する操作を間違えないようにすることです。マクロでは間違った操作もすべて記録されてしまうので、必ず記録する操作を事前に確認してから、1つ1つの手順を確実に操作するのが大事です。また、マクロを含んだブックは、初めて開くときにマクロを有効にする必要があります。これは、悪意のあるマクロウイルスを間違って実行してしまわないようにするためです。すべてのマクロが危険なわけではありませんが、ブックの内容をよく確認してからマクロを有効にしてください。

マクロでExcelを使った仕事が変わる

マクロを使えば、手間のかかる複雑な操作や時間のかかる操作を記録して自動化し、誰でも正確に、効率よく作業を進められる

練習問題

1

練習用ファイルの［第1章_練習問題.xlsm］を開いてマクロを有効にしてみましょう。

●ヒント：マクロを含んだブックを開いてマクロを有効にするには、ブックの内容を確認して［セキュリティの警告］で操作します。

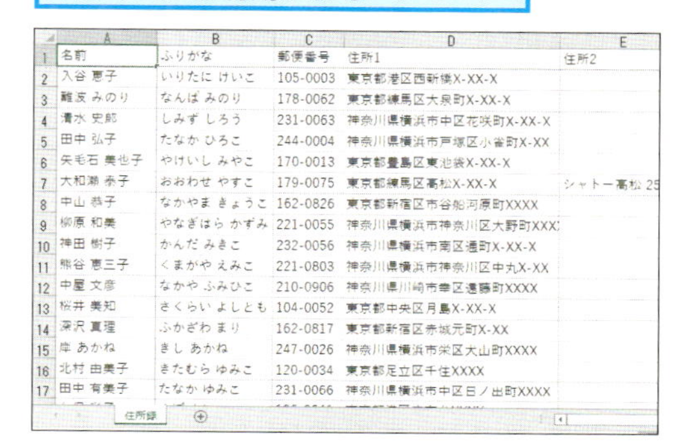
マクロを含んだブックを開くには、
毎回マクロを有効にする
住所録

	A	B	C	D	E
1	名前	ふりがな	郵便番号	住所1	住所2
2	入谷 恵子	いりたに けいこ	105-0003	東京都港区西新橋X-XX-X	
3	難波 みのり	なんば みのり	178-0062	東京都練馬区大泉町X-XX-X	
4	清水 史郎	しみず しろう	231-0063	神奈川県横浜市中区花咲町X-XX-X	
5	田中 弘子	たなか ひろこ	244-0004	神奈川県横浜市戸塚区小雀町X-XX	
6	矢毛石 美也子	やけいし みやこ	170-0013	東京都豊島区東池袋X-XX-X	
7	大和瀬 泰子	おおわせ やすこ	179-0075	東京都練馬区高松X-XX-X	シャトー高松 25
8	中山 恭子	なかやま きょうこ	162-0826	東京都新宿区市谷船河原町XXXX	
9	柳原 和美	やなぎはら かずみ	221-0055	神奈川県横浜市神奈川区大野町XXX	
10	神田 樹子	かんだ みきこ	232-0056	神奈川県横浜市南区通町X-XX-X	
11	熊谷 恵三子	くまがや えみこ	221-0803	神奈川県横浜市神奈川区中丸X-XX	
12	中屋 文彦	なかや ふみひこ	210-0906	神奈川県川崎市幸区遠藤町XXXX	
13	桜井 美知	さくらい よしとも	104-0052	東京都中央区月島X-XX-X	
14	深沢 真理	ふかざわ まり	162-0817	東京都新宿区赤城元町X-XX	
15	岸 あかね	きし あかね	247-0026	神奈川県横浜市栄区大山町XXXX	
16	北村 由美子	きたむら ゆみこ	120-0034	東京都足立区千住XXXX	
17	田中 有美子	たなか ゆみこ	231-0066	神奈川県横浜市中区日ノ出町XXXX	

2

練習用ファイルの［第1章_練習問題.xlsm］に含まれている「五十音並べ替え」マクロを実行してみましょう。

●ヒント：［マクロ］ダイアログボックスを表示して、実行するマクロを選択します。

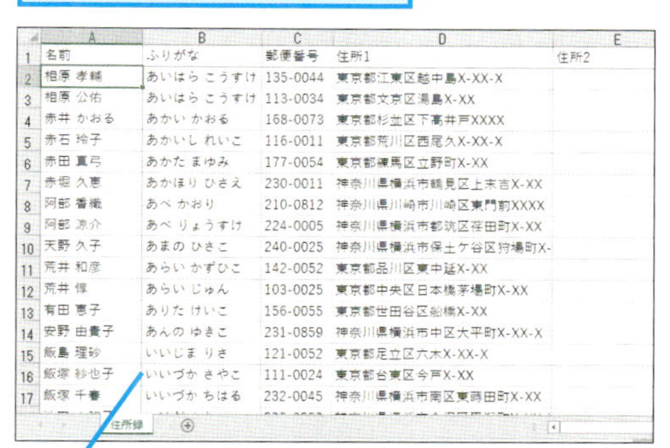
練習用ファイルのデータで
マクロを実行する
住所録
マクロを実行すると、［ふりがな］列を
基準にデータが並べ替わる

	A	B	C	D	E
1	名前	ふりがな	郵便番号	住所1	住所2
2	相原 孝輔	あいはら こうすけ	135-0044	東京都江東区越中島X-XX-X	
3	相原 公佑	あいはら こうすけ	113-0034	東京都文京区湯島X-XX	
4	赤井 かおる	あかい かおる	168-0073	東京都杉並区下高井戸XXXX	
5	赤石 玲子	あかいし れいこ	116-0011	東京都荒川区西尾久X-XX-X	
6	赤田 真弓	あかた まゆみ	177-0054	東京都練馬区立野町X-XX	
7	赤堀 久恵	あかほり ひさえ	230-0011	神奈川県横浜市鶴見区上末吉X-XX	
8	阿部 香織	あべ かおり	210-0812	神奈川県川崎市川崎区東門前XXXX	
9	阿部 涼介	あべ りょうすけ	224-0005	神奈川県横浜市都筑区荏田町X-XX	
10	天野 久子	あまの ひさこ	240-0025	神奈川県横浜市保土ケ谷区狩場町X-	
11	荒井 和彦	あらい かずひこ	142-0052	東京都品川区東中延X-XX	
12	荒井 惇	あらい じゅん	103-0025	東京都中央区日本橋茅場町X-XX	
13	有田 恵子	ありた けいこ	156-0055	東京都世田谷区船橋X-XX	
14	安野 由貴子	あんの ゆきこ	231-0859	神奈川県横浜市中区大平町X-XX-X	
15	飯島 理砂	いいじま りさ	121-0052	東京都足立区六木X-XX-X	
16	飯塚 紗也子	いいづか さやこ	111-0024	東京都台東区今戸X-XX	
17	飯塚 千春	いいづか ちはる	232-0045	神奈川県横浜市南区東蒔田町X-XX	

答えは次のページ

解　答

1

[第1章_練習問題.xlsm]を開いておく

1 マクロが無効になっていることを確認

2 [コンテンツの有効化]をクリック

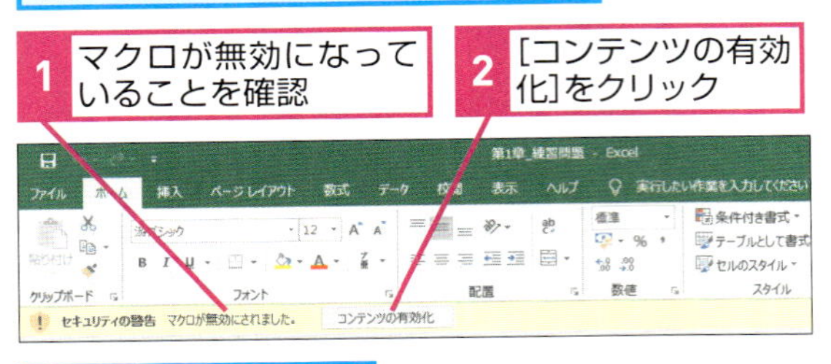

マクロが有効になった

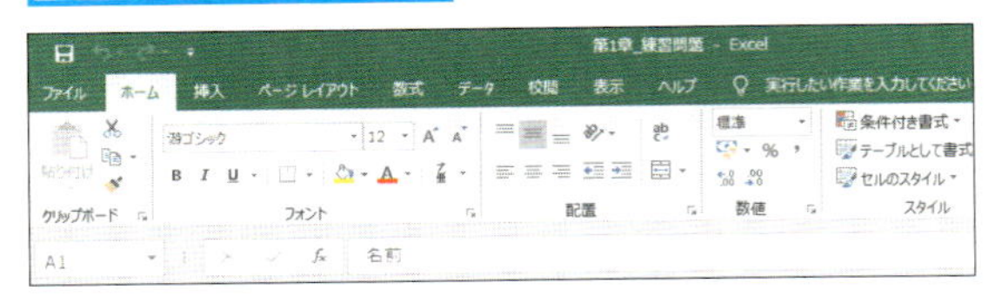

レッスン❸で解説しているように、マクロを含んだExcelブックを開くと、初回だけ［セキュリティの警告］が表示されてマクロが無効になります。マクロを有効にするには、表示されている［セキュリティの警告］にある［コンテンツの有効化］ボタンをクリックします。この操作を行えば次にこのブックを開いても［セキュリティの警告］は表示されなくなります。

2

[五十音並べ替え]マクロを実行する

1 [表示]タブをクリック

2 [マクロ]をクリック

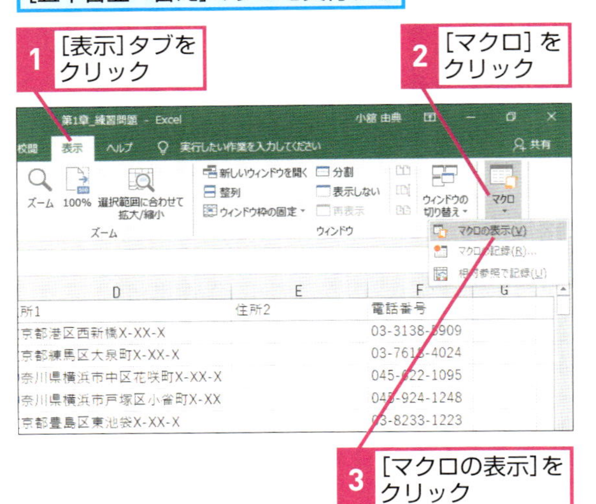

3 [マクロの表示]をクリック

左の手順を参考に操作して、［マクロ］ダイアログボックスを表示します。［マクロ］ダイアログボックスの［マクロ名］の一覧から［五十音並べ替え］を選択して［実行］ボタンをクリックするとマクロが実行されます。

[マクロ]ダイアログボックスが表示された

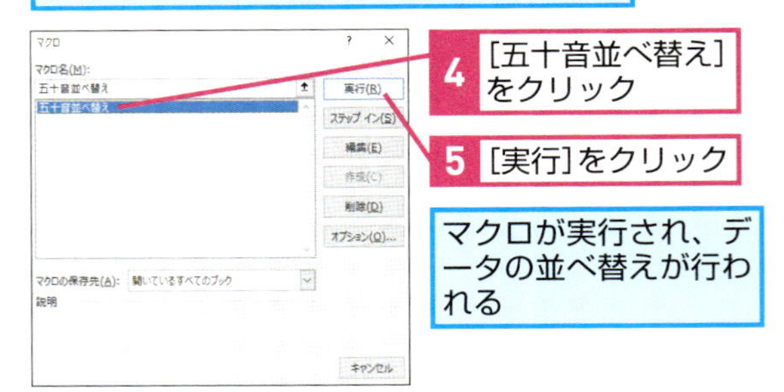

4 [五十音並べ替え]をクリック

5 [実行]をクリック

マクロが実行され、データの並べ替えが行われる

第2章 グラフの作成と印刷を自動化する

第1章では簡単なマクロの記録方法を確認しました。この章では、実用的な手順を考えて、少し複雑なマクロを記録してみます。また、複数のマクロを組み合わせる方法も紹介します。操作の数が多くても、手順通りに操作すれば心配はありません。データの抽出やグラフ化、グラフ印刷の操作をマクロに記録する方法もこの章で解説します。

●この章の内容

レッスン 5

抽出したデータをグラフにして印刷するには

積み上げ縦棒グラフの印刷

ここでは、上期の月別契約件数を本社と支社ごとにまとめた表から本社のデータを抽出し、グラフ化して印刷します。グラフの挿入や印刷の操作もマクロに記録できます。

作成するマクロ

オートフィルターを設定して本社のデータを抽出する（手順3、4）

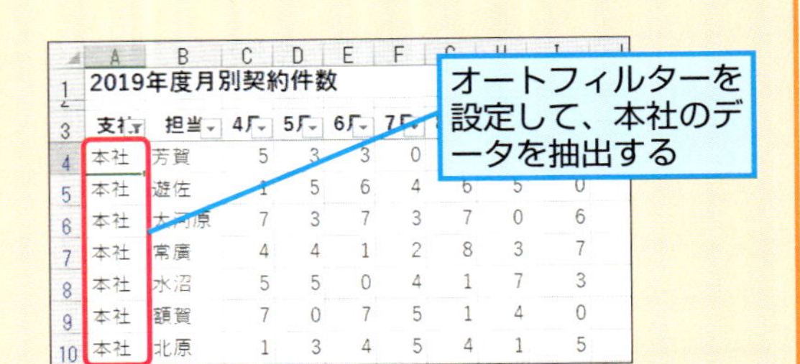

本社のデータをグラフにする（手順5、6）

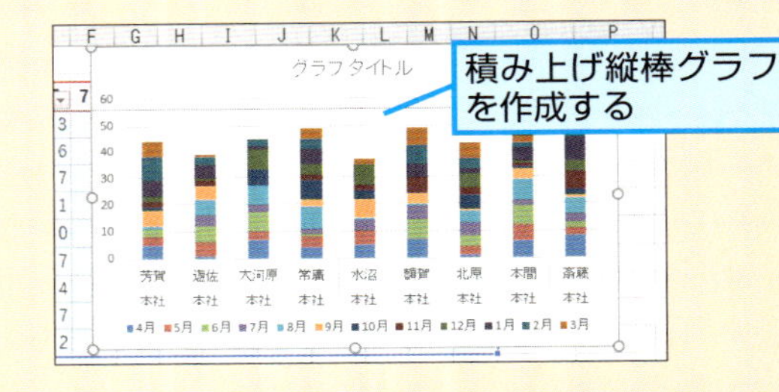

本社のグラフを印刷する（手順7）

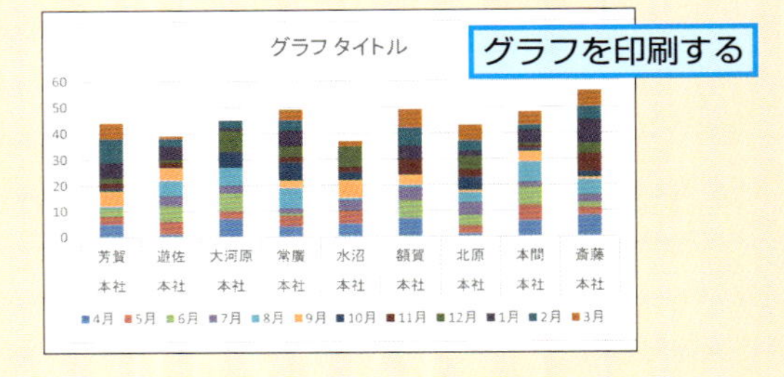

本社のグラフを削除する（手順8）

オートフィルターを解除する（手順9）

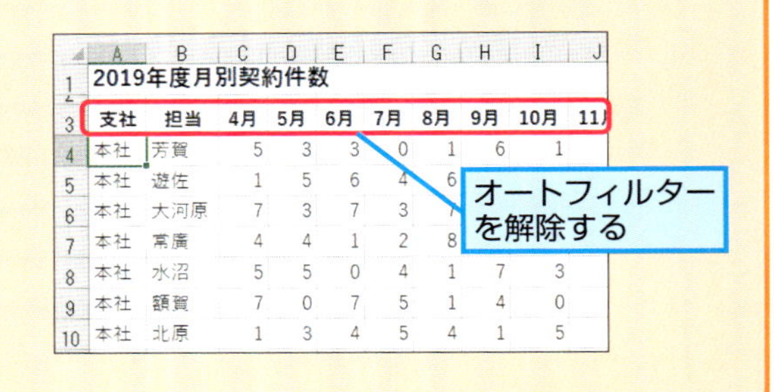

 このマークが入っている手順は、マクロとして記録されます。間違えないように操作してください

マクロの記録

1 [マクロの記録] ダイアログボックスを表示する

[積み上げ縦棒グラフの印刷.xlsx]を開いておく

1 [表示] タブをクリック

2 [マクロ] をクリック

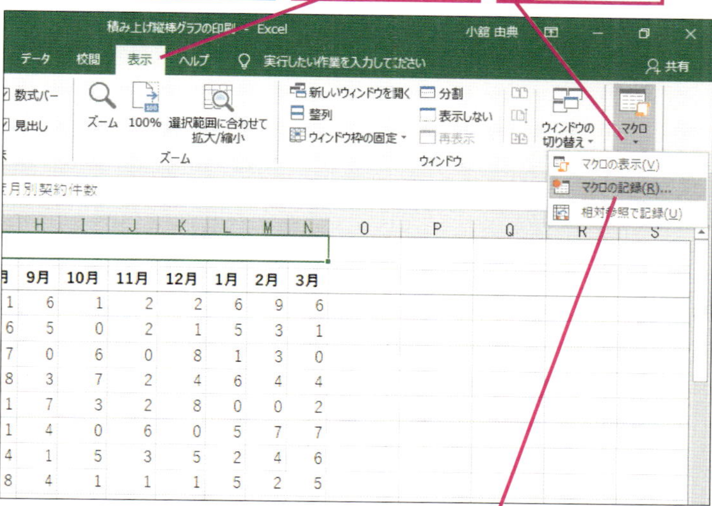

3 [マクロの記録]をクリック

2 マクロの記録を開始する

[マクロの記録] ダイアログボックスが表示された

マクロの内容が分かる名前を入力する

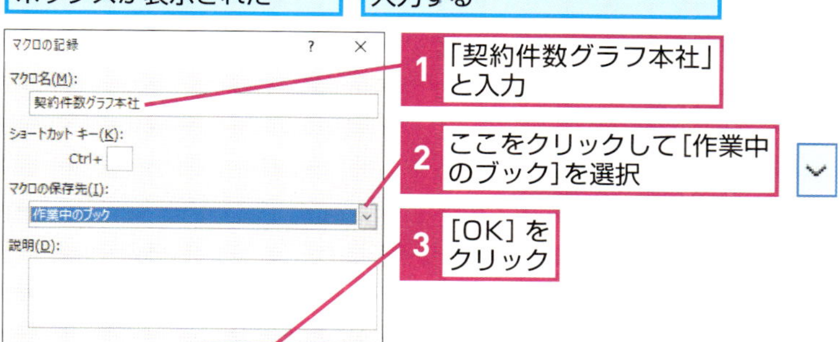

1 「契約件数グラフ本社」と入力

2 ここをクリックして[作業中のブック]を選択

3 [OK] をクリック

キーワード

レッスンで使う練習用ファイル
積み上げ縦棒グラフの印刷.xlsx

ショートカットキー

Alt + F8 …………………
[マクロ] ダイアログボックスの表示

Ctrl + P …………………… 印刷

Ctrl + Shift + L ……
オートフィルターの適用

HINT!

[マクロの保存先] って何？

マクロで記録した操作手順は、Excelが実行できる形式に変換されてブックに保存されます。保存先は、特に指定しない限り [作業中のブック] になります。[マクロの記録] ダイアログボックスにある [マクロの保存先] で、保存先を [新しいブック] や [個人用マクロブック] に変更することもできます。[新しいブック] にすると新規のブックが開いて、そのブックにマクロが保存されます。[個人用マクロブック] は、Excelを起動するたびに自動的に読み込まれる特別なブックで、そこに記録したマクロはいつでも使用できます。

次のページに続く

3 オートフィルターを設定する

本社のデータを抽出できるように
オートフィルターを設定する

1 セルA4をクリックして選択

2 ［データ］タブをクリック

3 ［フィルター］をクリック

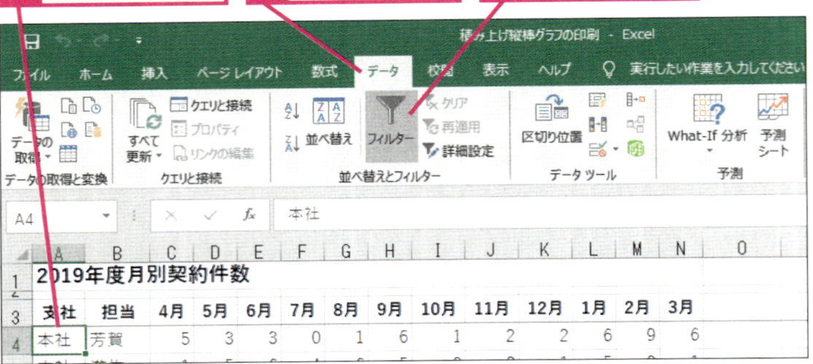

4 本社のデータを抽出する

本社のデータを抽出できるように
オートフィルターを設定する

1 ［支社］列のフィルターボタンをクリック

2 ［(すべて選択)］をクリックしてチェックマークをはずす

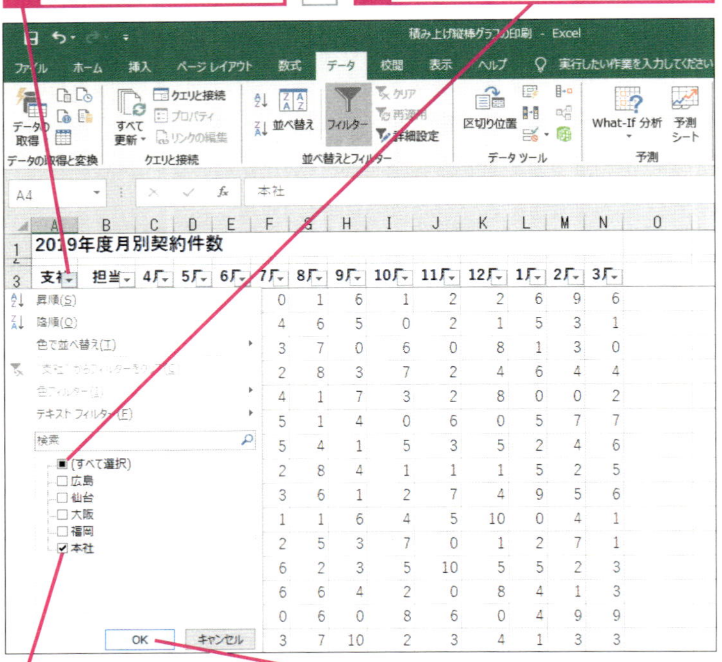

3 ［本社］をクリックしてチェックマークを付ける

4 ［OK］をクリック

HINT! マクロの説明を入力しておくと便利

マクロの使い方など、マクロに関する情報は、手順2の［マクロの記録］ダイアログボックスの［説明］の欄に操作内容を入力しておくといいでしょう。入力した説明は、マクロを実行するときに表示する［マクロ］ダイアログボックスで確認できるので便利です。

［マクロの記録］ダイアログボックスを表示しておく

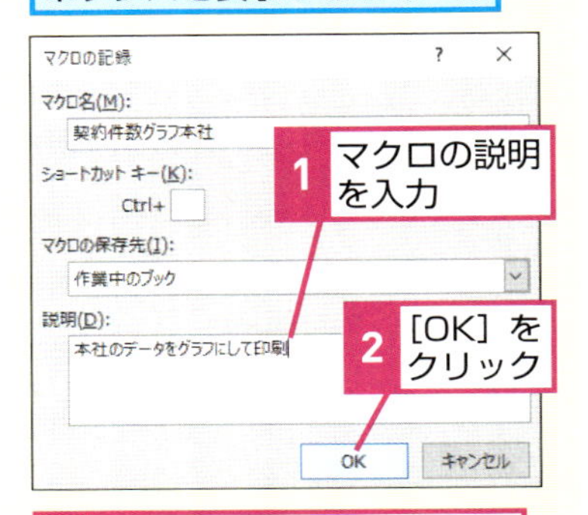

1 マクロの説明を入力

2 ［OK］をクリック

3 手順11を参考に［マクロ］ダイアログボックスを表示

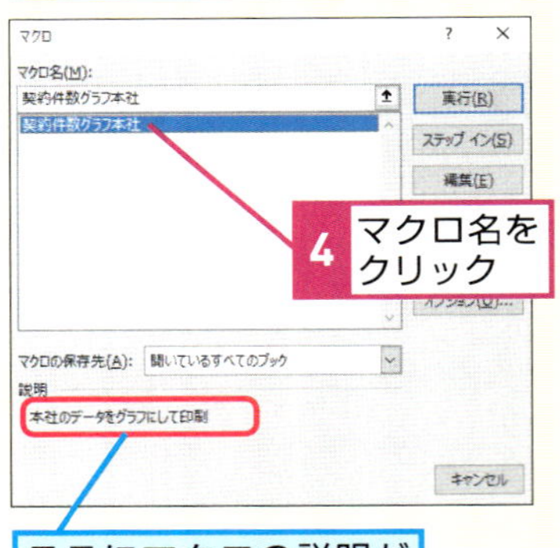

4 マクロ名をクリック

ここにマクロの説明が表示される

間違った場合は？

手順5で間違って［積み上げ縦棒］以外のグラフを選択してしまった場合は、［グラフエリア］と表示されるところをクリックして Delete キーを押し、グラフを削除します。続けて手順5を参考に正しいグラフを選択し直します。

5 グラフを作成する 録

本社のデータが抽出された

ここでは、本社のデータを積み上げ縦棒グラフで表示する

1 ［挿入］タブをクリック

2 ［縦棒グラフの挿入］をクリック

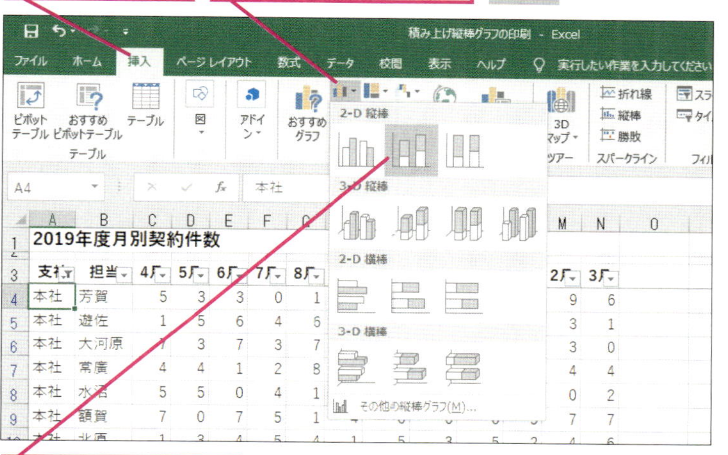

3 ［積み上げ縦棒］をクリック

6 グラフを作成できた 録

抽出した本社のデータで［積み上げ縦棒］のグラフを作成できた

グラフが選択されたままの状態にしておく

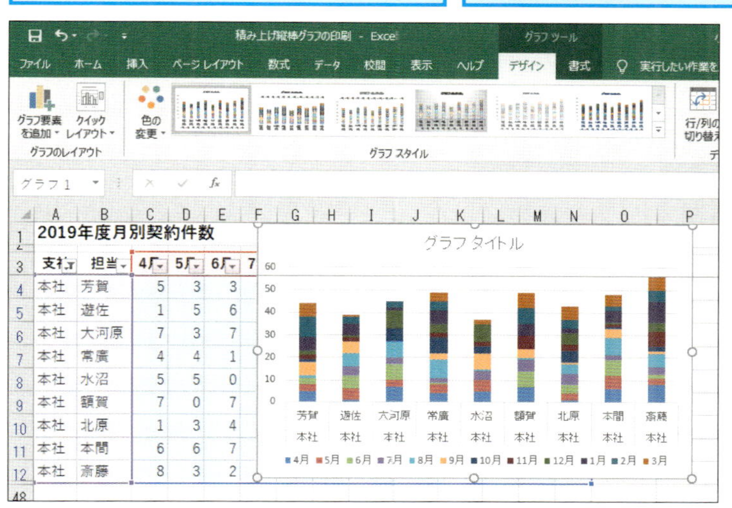

HINT! オートフィルターやグラフの選択操作は取り消しが可能

オートフィルターの設定やデータの抽出、グラフの挿入などで操作を間違った場合、［元に戻す］ボタン（）をクリックすれば操作を取り消して、操作内容をマクロに記録しないようにできます。ただし、［元に戻す］ボタンが利用できない状態（）のときは、操作を取り消せないので、間違った操作がマクロに記録されます。間違った操作をマクロに記録したときは、［表示］タブの［マクロ］ボタンから［記録終了］をクリックして記録を終了します。続いて、22ページのHINT!を参考に同じ名前のマクロで記録して上書きするか、42ページのHINT!を参考にマクロを削除し、もう一度記録し直しましょう。

HINT! マクロの記録では「おすすめグラフ」は使わない

Excel 2013で追加された「おすすめグラフ」は選択されたデータに最適なグラフをExcelが提案してくれる便利な機能ですが、マクロの記録では使わないようにしましょう。「おすすめグラフ」で作成されたグラフが目的のグラフと違うとき、グラフの削除や挿入をする操作もすべて記録されてしまいます。あらかじめどのようなグラフを作るのか十分に検討してからマクロを記録しましょう。

マクロの記録では［おすすめグラフ］を使わない

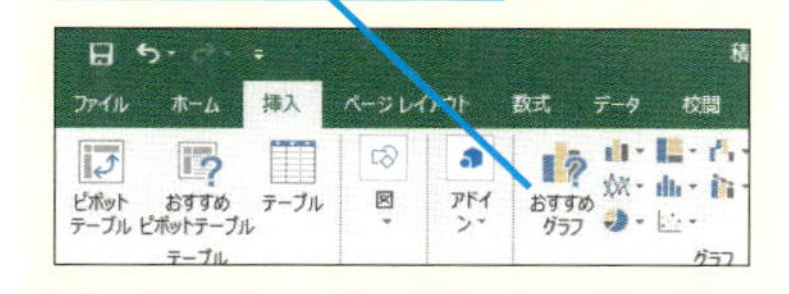

次のページに続く

7 作成したグラフを印刷する

1 [ファイル] タブをクリック

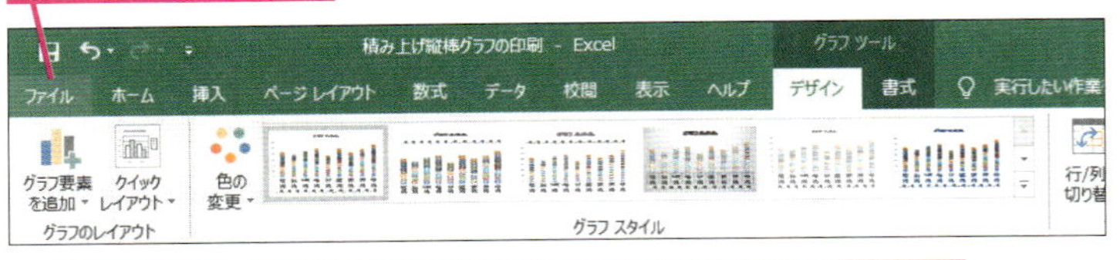

2 [印刷] をクリック

3 部数や印刷の向きなど、プリンターの設定を確認

4 [印刷] をクリック

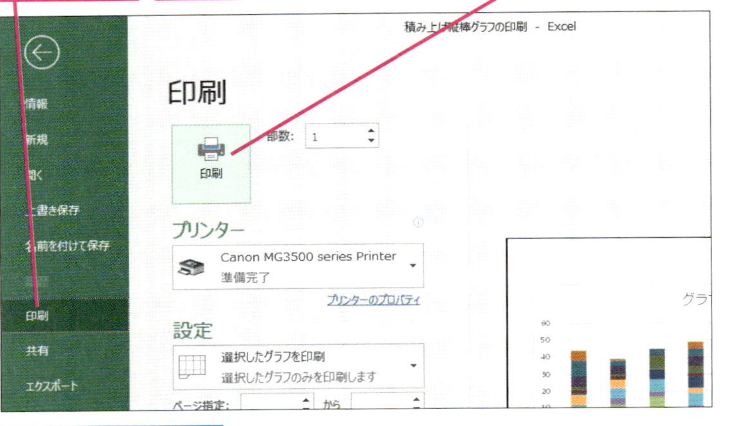

グラフが印刷される

8 作成したグラフを削除する

作成したグラフを保存せずに削除する

1 [グラフエリア] をクリック

2 Delete キーを押す

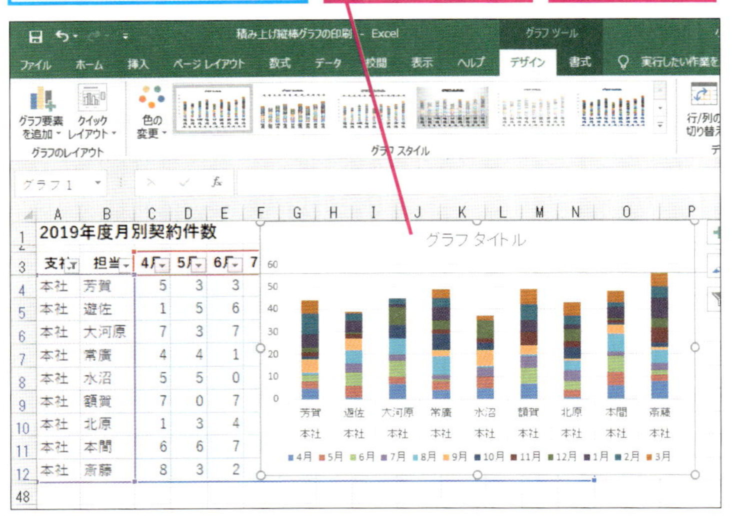

HINT! グラフを選択しておくとグラフのみ印刷される

手順7の手順を実行すると用紙にグラフのみが印刷されます。これはグラフが選択された状態になっていたからで、グラフの挿入直後はグラフ全体が選択された状態になっているためです。グラフの中で[グラフエリア]と表示される以外のところをクリックするか、セルをクリックするとグラフ全体の選択が解除されるので注意しましょう。グラフが選択されていない状態で印刷をするとワークシートのデータも一緒に印刷されます。

[グラフエリア] をクリックするとグラフ全体が選択される

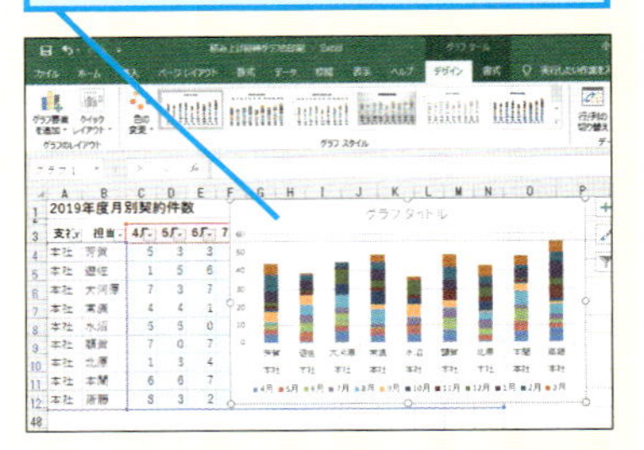

HINT! グラフエリアって何？

Excelで作成したグラフには、グラフの図形や軸、グラフタイトル、凡例など、さまざまな要素があります。グラフを構成するすべての要素を選択できる領域を、グラフエリアといいます。

グラフエリアにマウスポインターを合わせると、[グラフエリア]と表示される

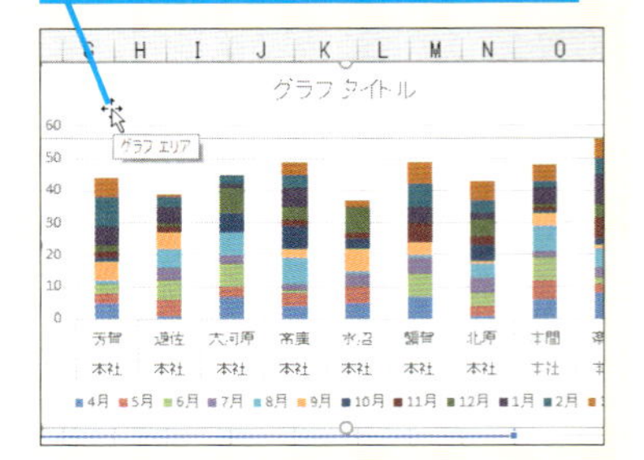

9 オートフィルターを解除する

作成したグラフが削除された

マクロの実行後にオートフィルターが解除された状態にする

1 [データ]タブをクリック

2 [フィルター]をクリック

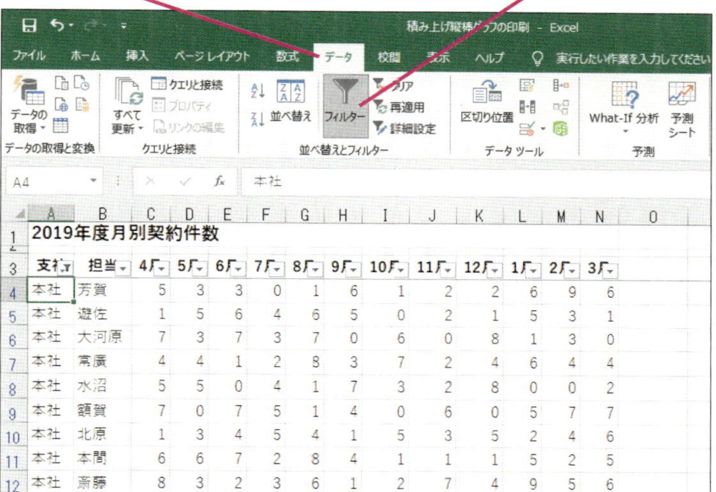

支社	担当	4月	5月	6月	7月	8月	9月	10月	11月	12月	1月	2月	3月
本社	芳賀	5	3	3	0	1	6	1	2	2	6	9	6
本社	遊佐	1	5	6	4	6	5	0	2	1	5	3	1
本社	大河原	7	3	7	3	7	0	6	0	8	1	3	0
本社	常廣	4	4	1	2	8	3	7	2	4	6	4	4
本社	水沼	5	5	0	4	1	7	3	2	8	0	0	2
本社	額賀	7	0	7	5	1	4	0	6	0	5	7	7
本社	北原	1	3	4	5	4	1	5	3	5	2	4	6
本社	本間	6	6	7	2	8	4	1	1	1	5	2	5
本社	斎藤	8	3	2	3	6	1	2	7	4	9	5	6

10 マクロの記録を終了する

オートフィルターが解除された

1 [表示]タブをクリック

2 [マクロ]をクリック

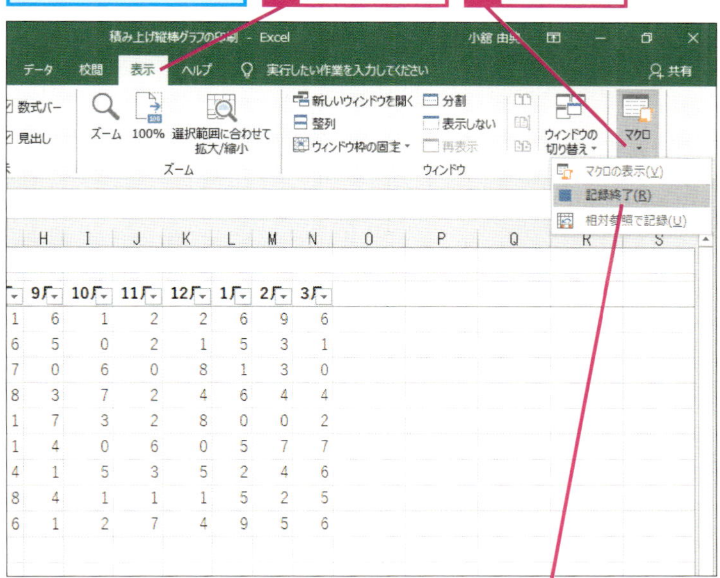

9月	10月	11月	12月	1月	2月	3月
6	1	2	2	6	9	6
5	0	2	1	5	3	1
0	6	0	8	1	3	0
3	7	2	4	6	4	4
7	3	2	8	0	0	2
4	0	6	0	5	7	7
1	5	3	5	2	4	6
4	1	1	1	5	2	5
1	2	7	4	9	5	6

3 [記録終了]をクリック

HINT!

なぜグラフを削除するの？

マクロを実行した後は、マクロの目的に応じて、実行前の状態に戻しておくことも必要です。このレッスンでは、グラフを印刷するためのマクロを記録するので、印刷後に不要となったグラフを手順8で削除します。

HINT!

なぜオートフィルターを解除するの？

このレッスンで作成しているマクロは、本社のデータを抽出し、そのグラフを印刷するマクロです。手順8で、グラフを削除したように、グラフの印刷後は、オートフィルターも不要になります。マクロの記録を終了する前に、オートフィルターを解除して、最初の状態に戻しておきます。

次のページに続く

マクロの確認

11 [マクロ] ダイアログボックスを表示する

手順3～手順10で記録した［契約件数グラフ本社］マクロを実行する

記録したマクロが正しく実行されるか確認する

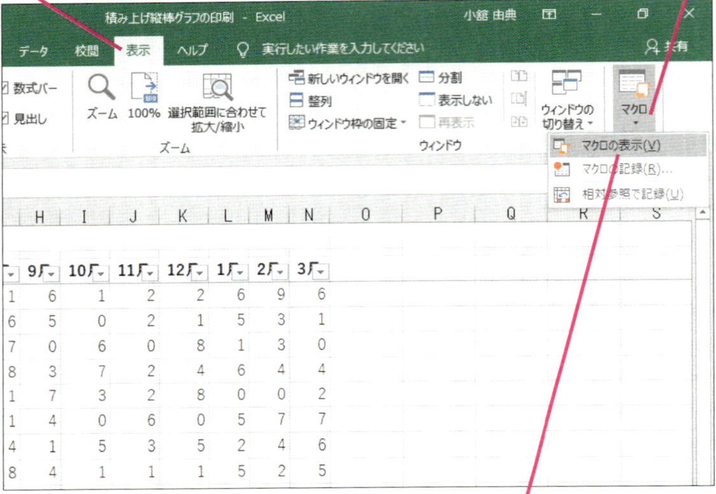

1 [表示] タブをクリック
2 [マクロ]をクリック
3 [マクロの表示]をクリック

12 マクロを実行する

[マクロ] ダイアログボックスが表示された

[契約件数グラフ本社] マクロを実行する

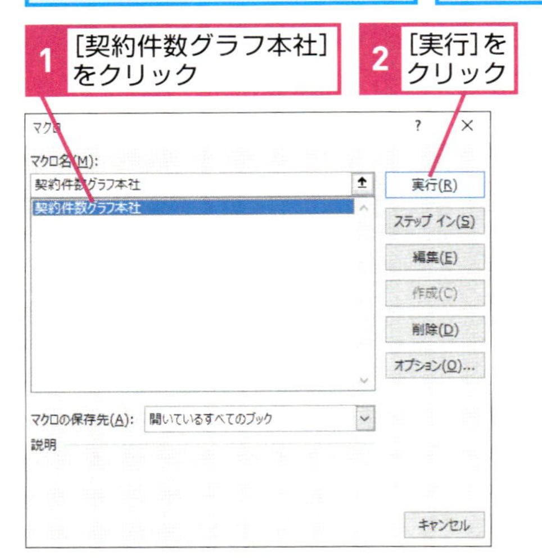

1 [契約件数グラフ本社]をクリック
2 [実行]をクリック

HINT!

マクロを削除するには

記録した操作が間違っていたときや必要でなくなったマクロは削除しておきましょう。手順12の［マクロ］ダイアログボックスで、削除したいマクロを選択し、［削除］ボタンをクリックします。次に表示されるダイアログボックスで［はい］ボタンをクリックすれば、マクロが削除されます。なお、削除したマクロは元に戻せないので、本当に削除してよいか十分に確認してから削除してください。

手順11を参考に[マクロ]ダイアログボックスを表示しておく

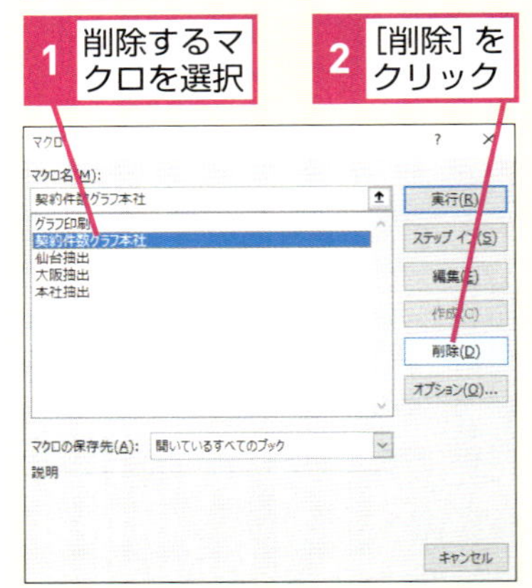

1 削除するマクロを選択
2 [削除] をクリック

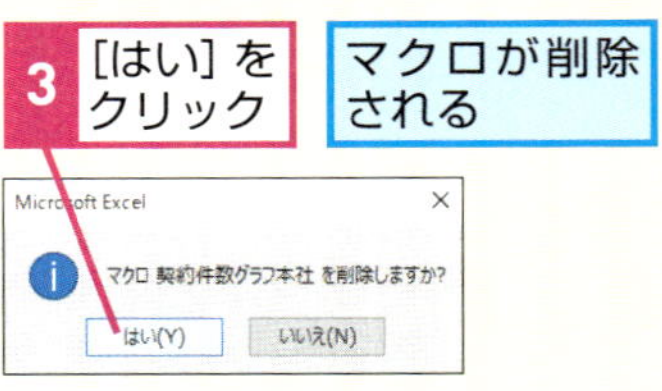

3 [はい] をクリック
マクロが削除される

マクロの削除を取り消したいときは、保存せずにブックを閉じる

第2章 グラフの作成と印刷を自動化する

テクニック 別のブックに含まれるマクロに注意

［マクロ］ダイアログボックスを表示したとき、［マクロ名］の一覧に、ブック名が付いたマクロが表示されることがあります。マクロを含んでいる複数のブックを同時に開いているときは［マクロ名］の一覧に別のブックの名前が表示されます。［マクロ名］の一覧には、同時に開いているすべてのブックにあるマクロが表示されるため、どのブックに含まれるマクロなのかを区別できるように、ブック名が付いて表示されます。ブック名が付いていないマクロは、現在操作しているブックに含まれるマクロです。なお、ほかのブック（名前の付いているブック）に含まれるマクロを選択した場合、現在操作しているブックでそのマクロが実行されます。マクロに記録されているセル参照やワークシート名が、現在のブックと異なっていると、マクロが正常に実行されないこともあるので注意してください。

マクロが含まれるほかのブックを開いているときは、ブック名が表示される

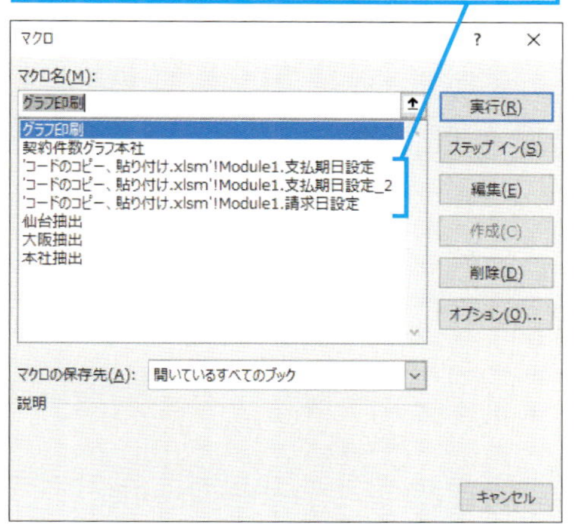

13 マクロの実行結果を確認する

本社のデータが抽出され、グラフが印刷された

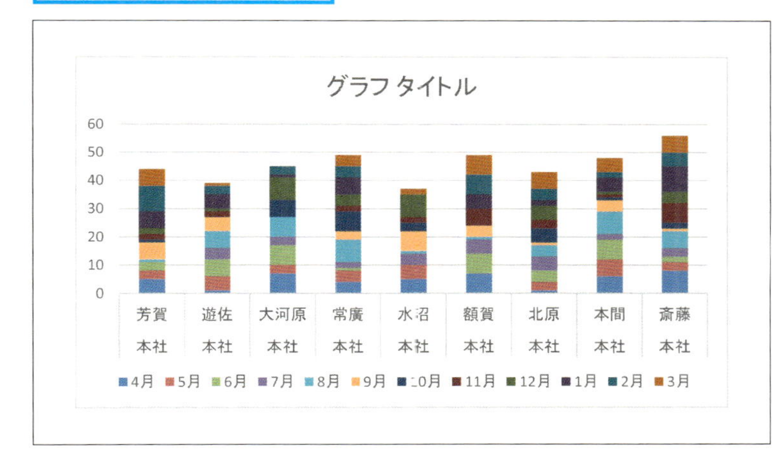

間違った場合は？

マクロが正しく実行されなかった場合は、もう一度同じマクロ名で最初から記録をやり直します。

Point 複雑な操作もマクロで簡単になる

このレッスンで行っているように、オートフィルターでデータを抽出するだけでなく、そのデータからグラフを作成して、さらにそのグラフを印刷するというような一連の操作も、マクロに記録できます。このような複雑な操作をマクロに記録しておけば、マクロを実行するだけで一度にデータの抽出やグラフ化、グラフの印刷ができるので便利です。また、Excelに慣れていない人でもマクロを選択して実行するだけなので、簡単に操作を実行できます。なお、マクロを記録したら、必ず正しく実行されるか確認しておきましょう。特に、記録する操作が多いときは必ずマクロの動作結果を確認するようにします。

レッスン 6

マクロを組み合わせるにはⅠ

組み合わせるマクロの準備

前のレッスンで本社のグラフを印刷したので、今度は各支社のグラフを印刷するマクロを記録しましょう。複数の操作を効率よくマクロに記録する方法を紹介します。

作成するマクロ

本社のデータを抽出する
(手順 3 ~ 5)

大阪支社のデータを抽出する
(手順 7、8)

仙台支社のデータを抽出する
(手順 10、11)

抽出データをグラフにして印刷する
(手順 14 ~ 16)

グラフを削除する
(手順 17)

オートフィルターを解除する
(手順 18)

オートフィルターを設定して本社と大阪支社、仙台支社のデータを抽出する

	A	B	C	D	E	F	G	H	I	J
1	2019年度月別契約件数									
3	支社	担当	4月	5月	6月	7月	8月	9月	10月	11月
4	本社	芳賀	5	3	3	0	1	6	1	2
5	本社	遊佐	1	5	6	4	6	5	0	2
6	本社	大河原	7	3	7	3	7	0	6	0
7	本社	富廣	4	4	1	2	8	3	7	2
8	本社	水沼	5	5	0	4	1	7	3	2
9	本社	額賀	7	0	7	5	1	4	0	6
10	本社	北原	1	3	4	5	4	1	5	3
11	本社	本間	6	6	7	2	8	4	1	1

新しいマクロに仙台支社のグラフを印刷する操作を記録して、後から各支社のグラフを個別に印刷できるようにする

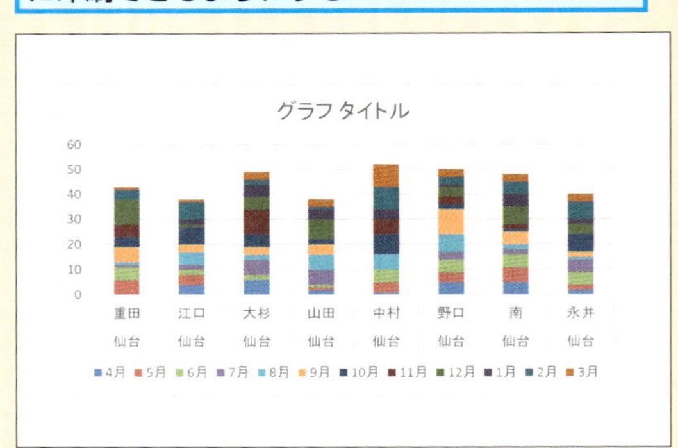

このマークが入っている手順は、マクロとして記録されます。
間違えないように操作してください

本社のデータの抽出

1 ［マクロの記録］ダイアログボックスを表示する

［組み合わせるマクロの準備.xlsx］を開いておく

1 ［表示］タブをクリック

2 ［マクロ］をクリック

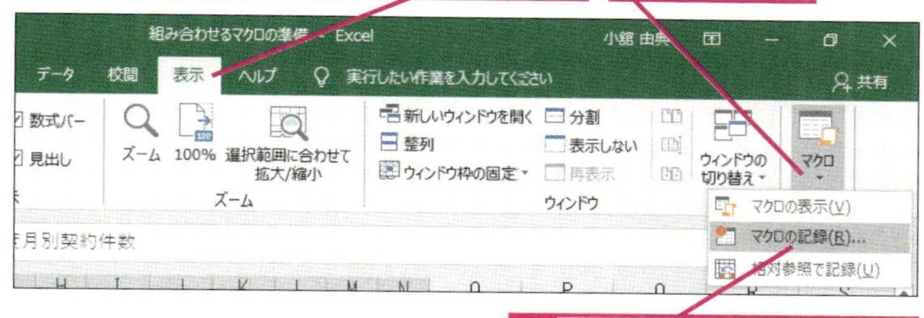

3 ［マクロの記録］をクリック

2 マクロの記録を開始する

［マクロの記録］ダイアログボックスが表示された

マクロの内容が分かる名前を入力する

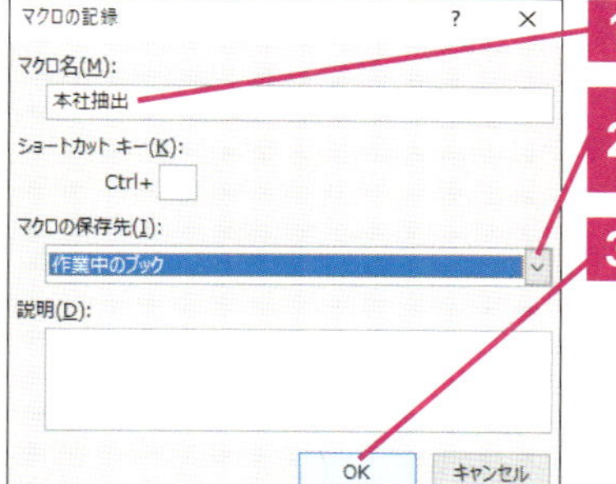

1 「本社抽出」と入力

2 ここをクリックして［作業中のブック］を選択 

3 ［OK］をクリック

3 オートフィルターを設定する 

1 セルA4をクリックして選択

2 ［データ］タブをクリック

3 ［フィルター］をクリック

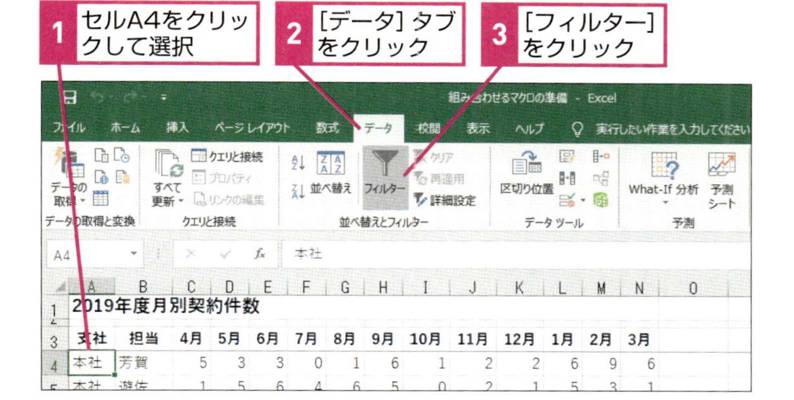

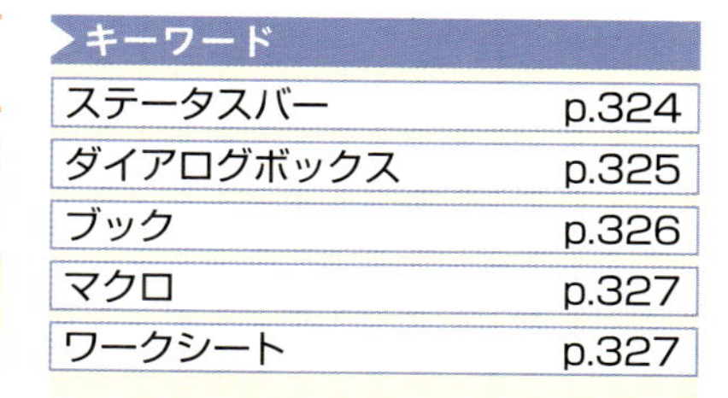
キーワード

レッスンで使う練習用ファイル
組み合わせるマクロの準備.xlsx

ショートカットキー

Alt + F8 ……………… ［マクロ］ダイアログボックスの表示
Ctrl + P …………………… 印刷
Ctrl + Shift + L …… オートフィルターの適用

間違った場合は？

手順2で入力するマクロ名を間違えて［OK］ボタンをクリックしてしまったときは、マクロの記録を終了してもう一度最初から記録を開始します。間違えて記録したマクロは42ページのHINT!を参考に［マクロ］ダイアログボックスを表示し、［削除］ボタンをクリックして削除します。

次のページに続く

4 本社のデータを抽出する

本社のデータを抽出できるように
オートフィルターを設定する

1 [支社] 列のフィルターボタンをクリック

2 [(すべて選択)] をクリックしてチェックマークをはずす

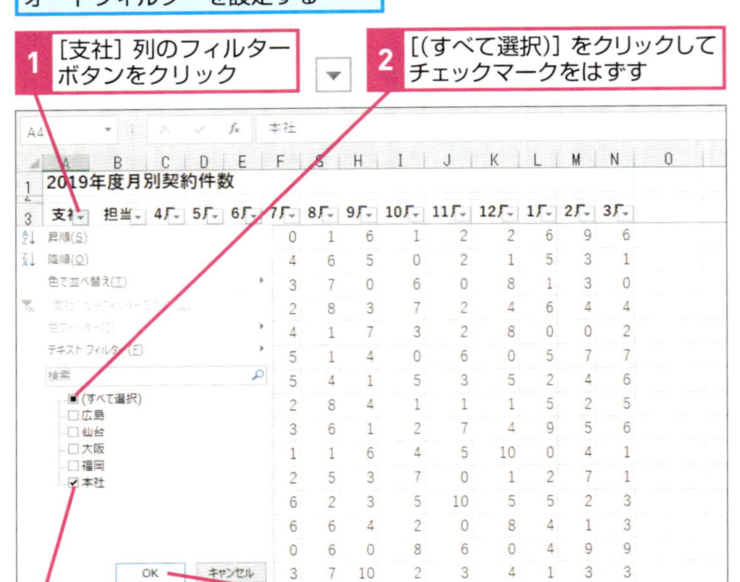

3 [本社]をクリックしてチェックマークを付ける

4 [OK]をクリック

5 マクロの記録を終了する

本社のデータが抽出された

1 [表示]タブをクリック

2 [マクロ]をクリック

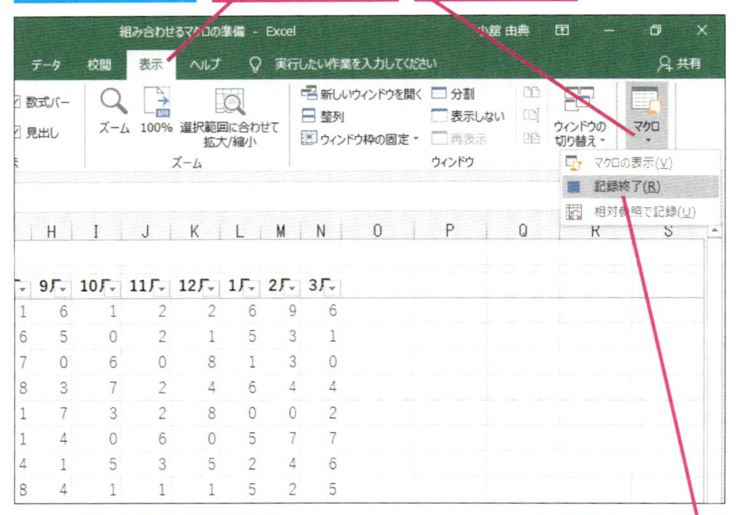

マクロの記録が終了する

3 [記録終了]をクリック

HINT!

長い操作は事前に把握しておく

マクロを記録するときは、事前に操作を把握しておくことが大切です。操作が長くなるときには、44ページのように操作の流れを簡単に書き出しておくとよいでしょう。実際に記録する前に、1つ1つの操作とその結果を確認しながらメモに書き出しておけば、記録するときに間違えることがなくなります。

HINT!

必要な操作だけをマクロに記録する

手順1 ～手順5ではオートフィルターを利用して本社のデータを抽出する操作をマクロに記録します。本社のデータを抽出することが目的なので、手順6のオートフィルターの解除についてはマクロに記録しません。しかし、手順7からは大阪支社のデータを抽出する操作をマクロに記録します。そのため、手順5の後にオートフィルターの解除を行います。

間違った場合は？

手順4で抽出するデータを間違えたときは、もう一度、手順4の画面で［本社］をクリックしてチェックマークを付けます。

6 オートフィルターを解除する

引き続き大阪支社のデータを抽出するため、オートフィルターを一度解除する

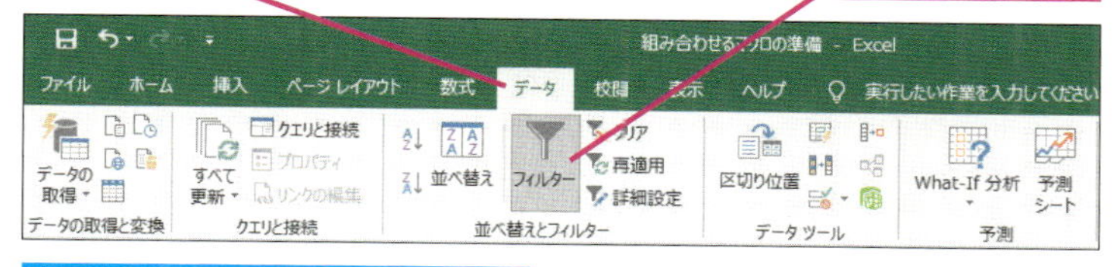

オートフィルターが解除される

大阪支社のデータの抽出

7 大阪支社のデータを抽出するマクロを記録する 録

手順1を参考に[マクロの記録]ダイアログボックスを表示しておく

マクロの内容が分かる名前を入力する

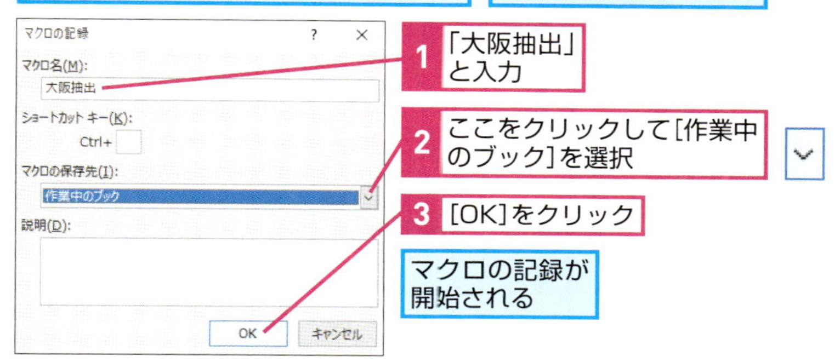

マクロの記録が開始される

8 大阪支社のデータを抽出するマクロの記録を終了する 録

1 手順3～手順4を参考に大阪支社のデータを抽出

2 [表示]タブをクリック

3 [マクロ]をクリック

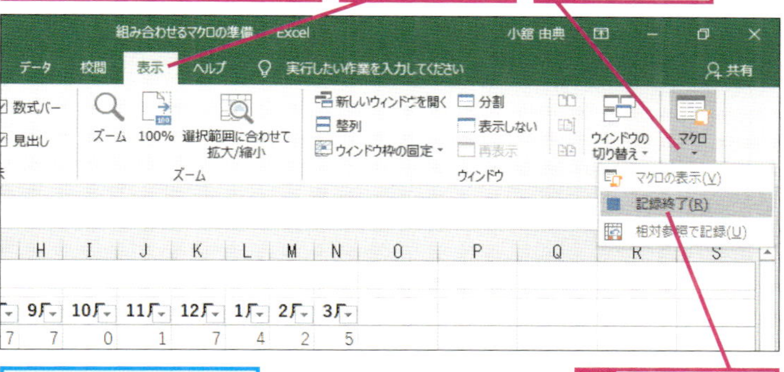

[大阪抽出]マクロが記録される

HINT! マクロの記録と終了を素早く行うには

マクロの記録を行うとステータスバーに[マクロの記録]ボタン( )が表示されますが、Excelを終了すると非表示になります。下の手順でステータスバーに[マクロの記録]ボタンを常に表示しておくと、マクロの記録と終了を素早く行えるので便利です。ステータスバーの[マクロの記録]ボタンをクリックすると、[マクロの記録]ダイアログボックスが表示されて記録が開始され、ステータスバーのボタンが[記録終了]ボタン( )に変わります。

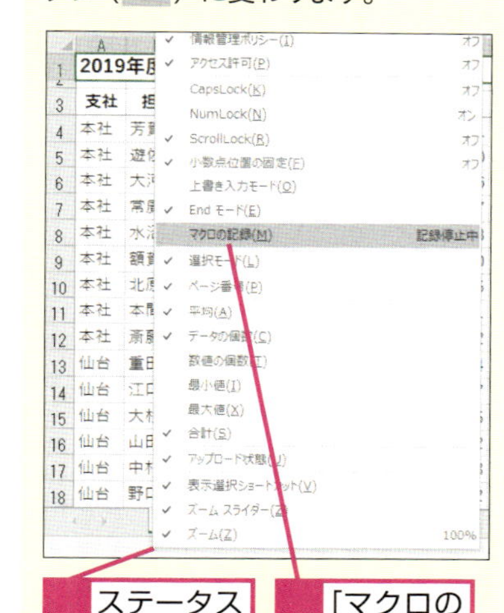

[マクロの記録]が表示された

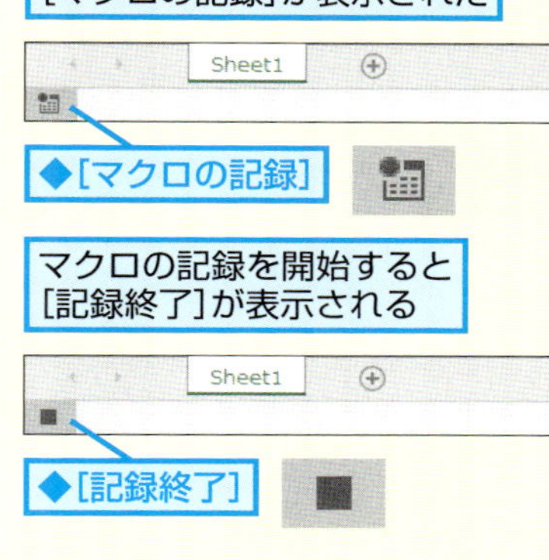

マクロの記録を開始すると[記録終了]が表示される

次のページに続く

9 オートフィルターを解除する

引き続き仙台支社のデータを抽出するため、オートフィルターを一度解除する

1 [データ]タブをクリック

2 [フィルター]をクリック

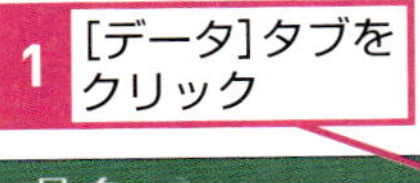

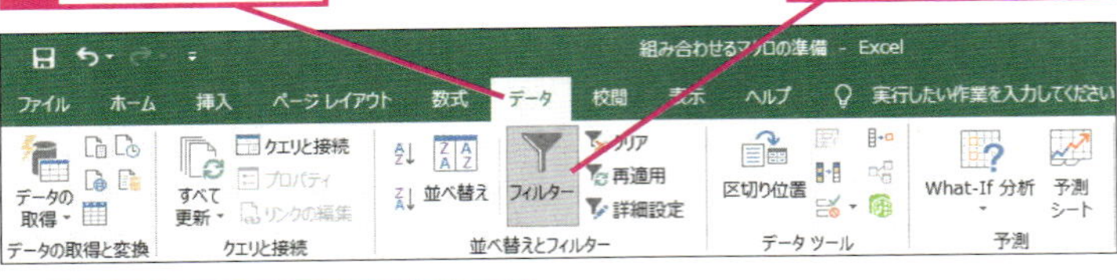

オートフィルターが解除される

仙台支社のデータの抽出

10 仙台支社のデータを抽出するマクロを記録する 録

手順1を参考に[マクロの記録]ダイアログボックスを表示しておく

マクロの内容が分かる名前を入力する

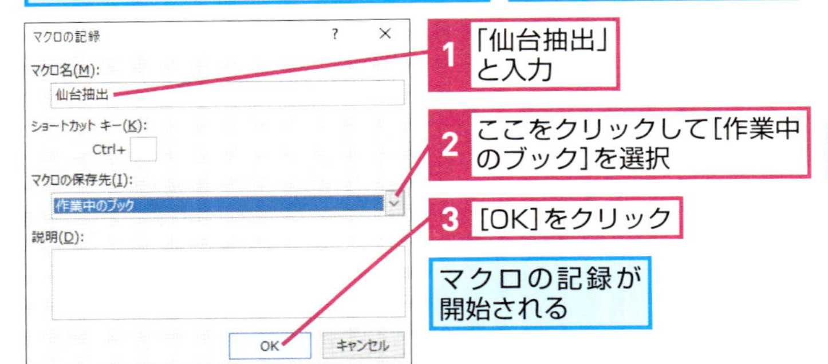

1 「仙台抽出」と入力

2 ここをクリックして[作業中のブック]を選択

3 [OK]をクリック

マクロの記録が開始される

11 仙台支社のデータを抽出するマクロの記録を終了する 録

1 手順3～手順4を参考に仙台支社のデータを抽出

2 [表示]タブをクリック

3 [マクロ]をクリック

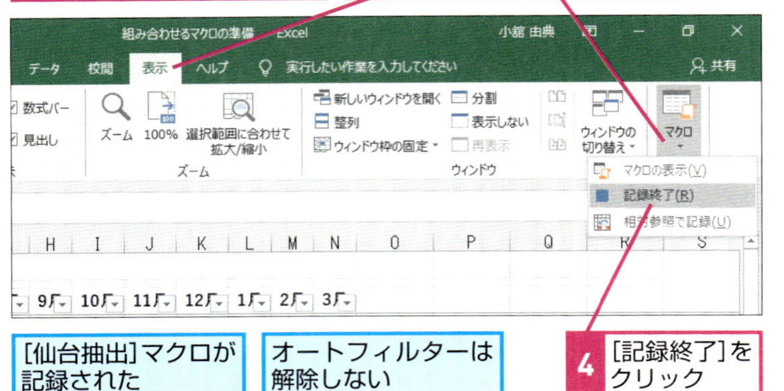

[仙台抽出]マクロが記録された

オートフィルターは解除しない

4 [記録終了]をクリック

HINT! 同じマクロ名で記録しない

手順2や手順7、手順10で、記録するマクロに名前を付けますが、そのブックにすでに記録してあるマクロと同じ名前にすると、すでに記録したマクロが上書きされてしまいます。マクロに名前を付けるときには、同じブック内にあるマクロと同じ名前にならないように気を付けましょう。

間違った場合は？

手順2や手順7、手順10で入力するマクロ名を間違えて［OK］ボタンをクリックしてしまったときは、マクロの記録を終了してもう一度最初から記録を開始します。間違えて記録したマクロは42ページのHINT!を参考に［マクロ］ダイアログボックスを表示し、［削除］ボタンをクリックして削除しましょう。

グラフの印刷

12 [マクロの記録] ダイアログボックスを表示する

抽出したデータから積み上げ縦棒グラフを作成するマクロを記録する

1 [表示]タブをクリック

2 [マクロ]をクリック

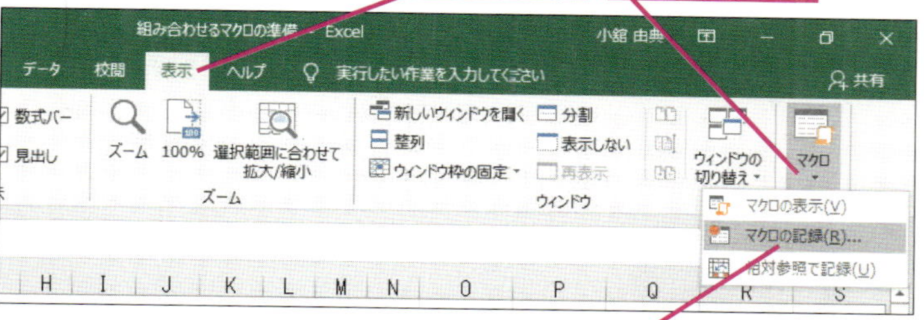

3 [マクロの記録]をクリック

13 マクロの記録を開始する

[マクロの記録]ダイアログボックスが表示された

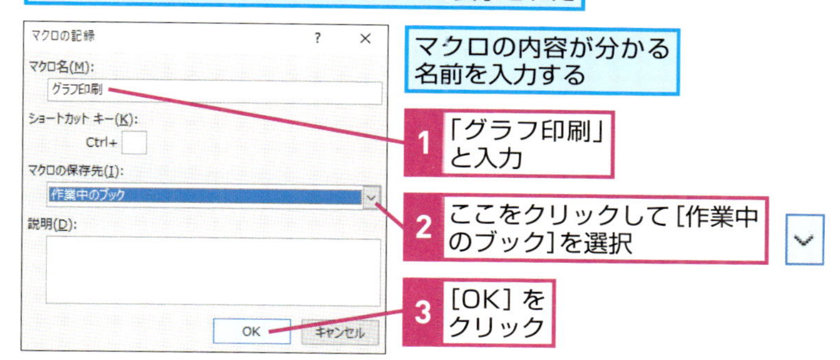

マクロの内容が分かる名前を入力する

1 「グラフ印刷」と入力

2 ここをクリックして[作業中のブック]を選択

3 [OK] をクリック

14 グラフを作成する 録

マクロの記録が開始された

1 [挿入]タブをクリック

2 [縦棒] をクリック

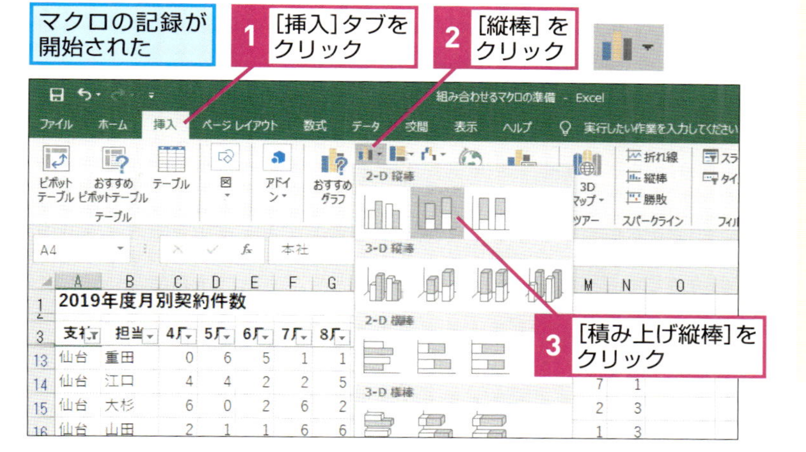

3 [積み上げ縦棒]をクリック

HINT!

オートフィルターの解除を記録するマクロに注意する

複数のマクロを組み合わせて、1つのマクロにするためには、最終的に組み合わせたマクロの目的と、組み合わせるそれぞれのマクロの目的を、十分に検討しておく必要があります。このレッスンの目的は、各支社のグラフを印刷することです。そのために必要なマクロは、「各支社を抽出するマクロ」と「抽出結果のグラフを印刷するマクロ」、そして「印刷後に次の支社を抽出するために抽出結果を解除するマクロ」です。ここでは、最後の抽出結果を解除するマクロは、オートフィルターを解除する手順が1つだけなので、グラフを印刷する [グラフ印刷] マクロに記録しています。

次のページに続く

15 グラフを作成できた 

抽出した仙台支社のデータで［積み上げ縦棒］のグラフを作成できた

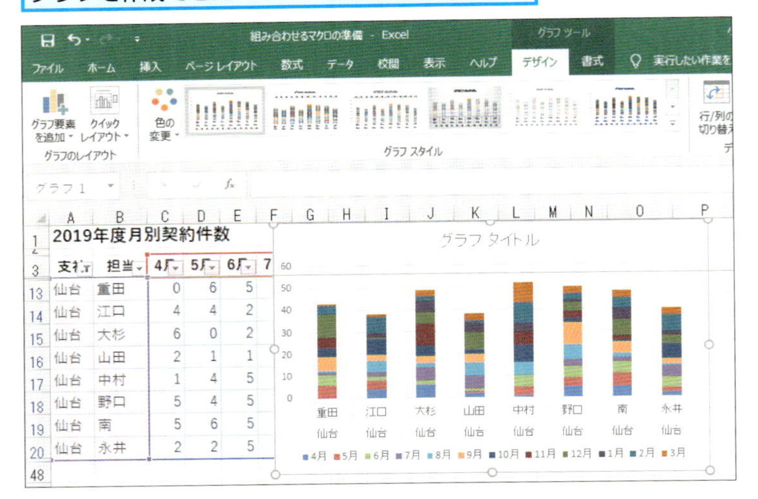

16 作成したグラフを印刷する 

1 ［ファイル］タブをクリック

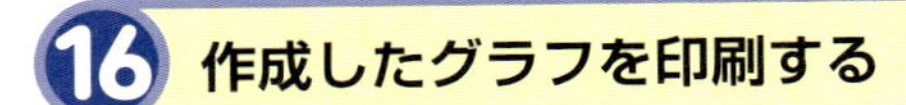

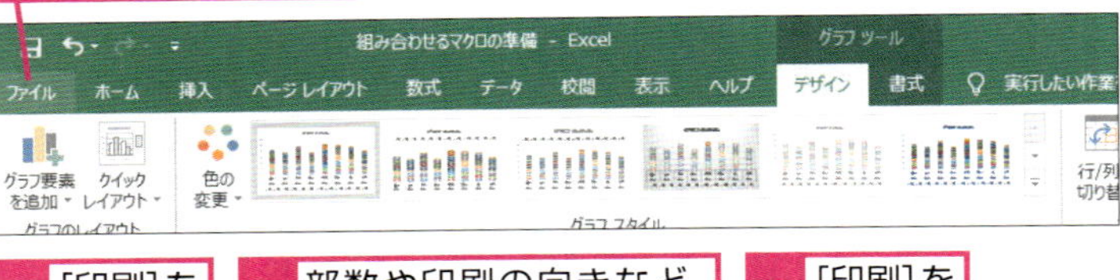

2 ［印刷］をクリック

3 部数や印刷の向きなど、プリンターの設定を確認

4 ［印刷］をクリック

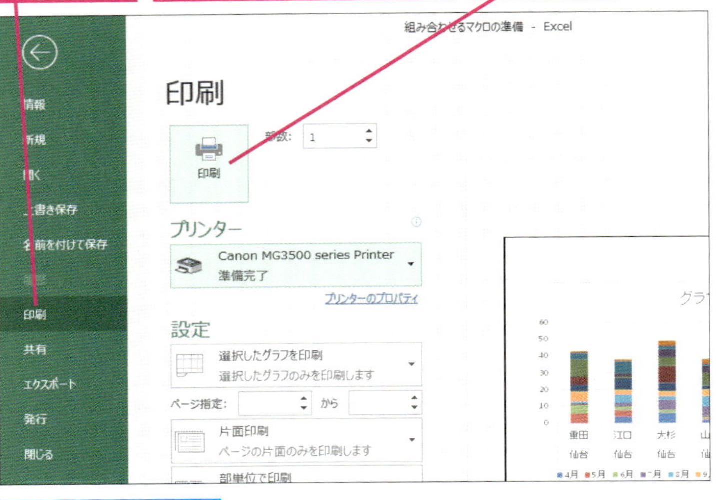

グラフが印刷される

HINT! グラフ印刷の操作は1回だけ記録する

各支社を抽出する手順は、それぞれ3回操作してマクロを記録しましたが、グラフを印刷するマクロは1回だけ記録します。これは、そのときワークシート上で抽出されているデータを基にグラフが作成され、マクロに記録されるからです。マクロを分割して記録すると、同じ操作を何度も記録する手間を省けます。

17 作成したグラフを削除する 

作成したグラフを保存せずに削除する

1 [グラフエリア]をクリック

2 Delete キーを押す

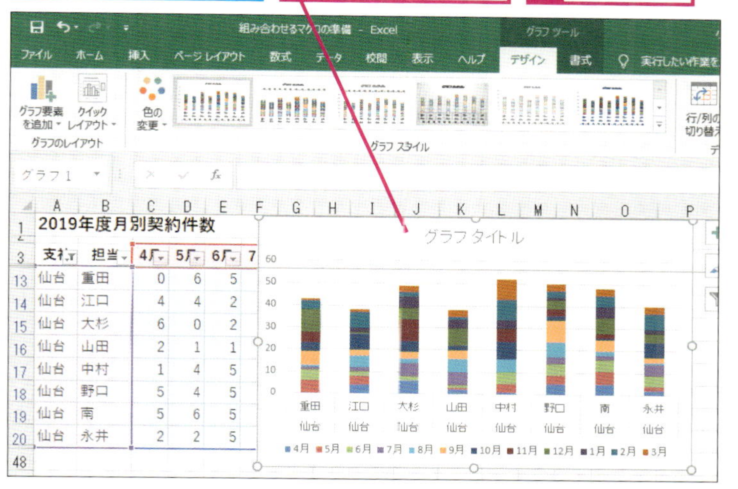

18 オートフィルターを解除する 

作成したグラフが削除された

1 [データ]タブをクリック

2 [フィルター]をクリック

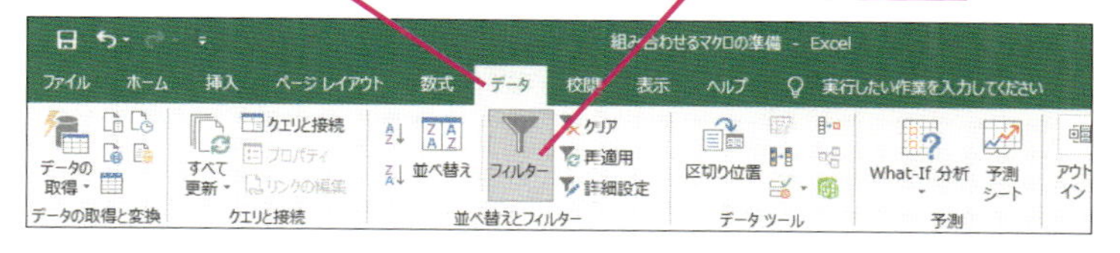

19 マクロの記録を終了する 

オートフィルターが解除された

1 [表示] タブをクリック

2 [マクロ] をクリック

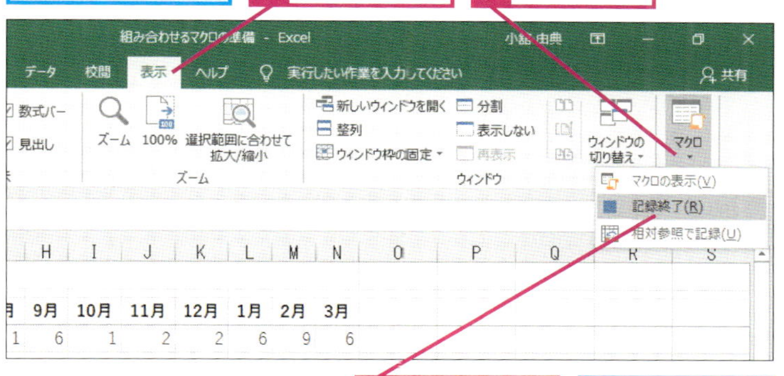

3 [記録終了] をクリック

マクロの記録が終了する

HINT! 表示されているデータがグラフになる

手順15では48ページの手順11で仙台支社のデータを抽出したので、仙台支社のみのグラフが作成されました。同様の手順でグラフにしたい表のデータをオートフィルターで抽出しておけば、表示されている表の内容でグラフを作成できます。

Point 作業全体を小さなマクロに分けて記録する

Excelのマクロでは、複数のマクロを組み合わせて新しい別のマクロを記録できます。複雑で手順の長い操作をマクロに記録するとき、すべての手順を一度に記録するのは大変です。途中で手順を間違えてしまったときにやり直すのは面倒な上、手順の一部を記録し直すこともできません。そんなときはこのレッスンで行ったように、小さなマクロに分けて記録します。複雑で長い操作も小さなマクロに分けて記録すれば、操作を間違った個所だけやり直して、記録し直すことも簡単です。

レッスン 7

マクロを組み合わせるにはⅡ

マクロ実行の自動記録

前のレッスンでマクロを組み合わせる準備が整いました。ここでは複数のマクロを組み合わせて1つのマクロにします。記録途中でマクロを指定するだけなので簡単です。

作成するマクロ

マクロの記録を開始する（手順 1、2）

［本社抽出］マクロと［グラフ印刷］マクロを実行する（手順 3 ～ 6）

マクロの記録を終了する（手順 7）

マクロの記録を開始して、本社のデータを抽出するマクロを実行する

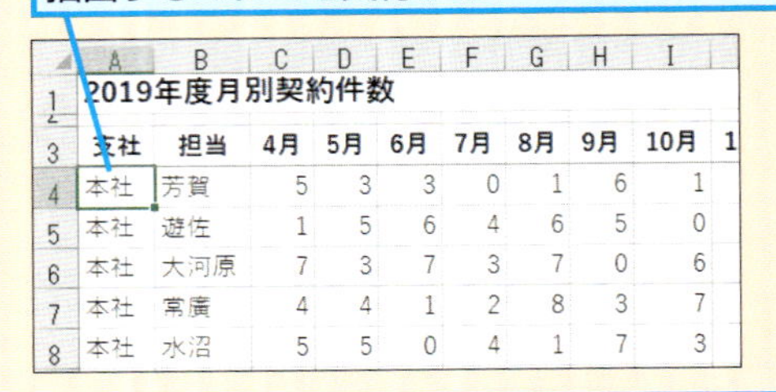

グラフを印刷するマクロを実行して、マクロの記録を終了する

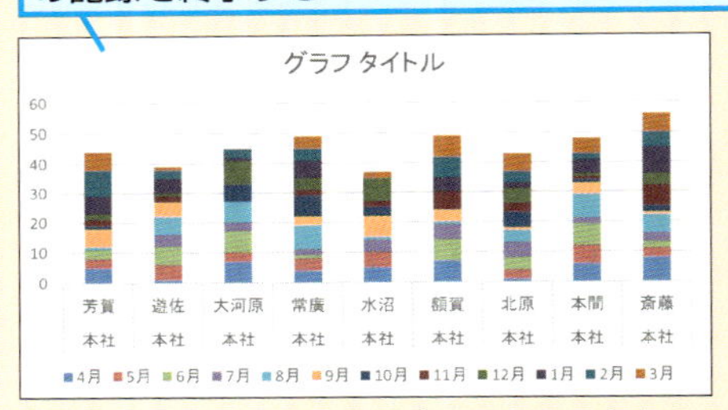

録 このマークが入っている手順は、マクロとして記録されます。間違えないように操作してください

1 ［マクロの記録］ダイアログボックスを表示する

［マクロ実行の自動記録.xlsm］を開いておく

1 ［表示］タブをクリック

2 ［マクロ］をクリック

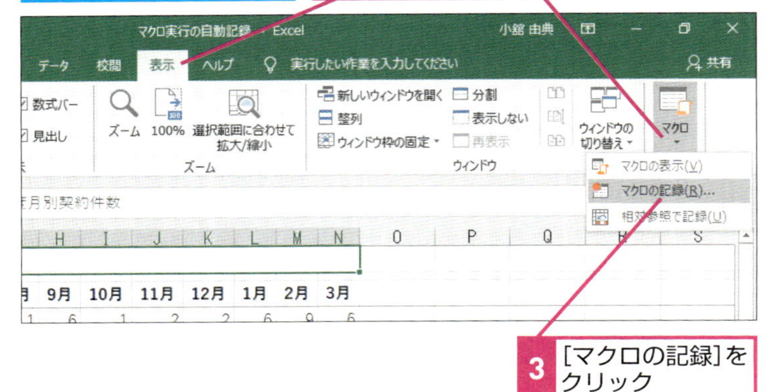

3 ［マクロの記録］をクリック

キーワード

ダイアログボックス	p.325
マクロ	p.327

レッスンで使う練習用ファイル
マクロ実行の自動記録.xlsm

ショートカットキー

Alt + F8 ……………… ［マクロ］ダイアログボックスの表示
Ctrl + P …………………… 印刷
Ctrl + Shift + L …… オートフィルターの適用

❷ マクロの記録を開始する

[マクロの記録] ダイアログボックスが表示された

マクロの内容が分かる名前を入力する

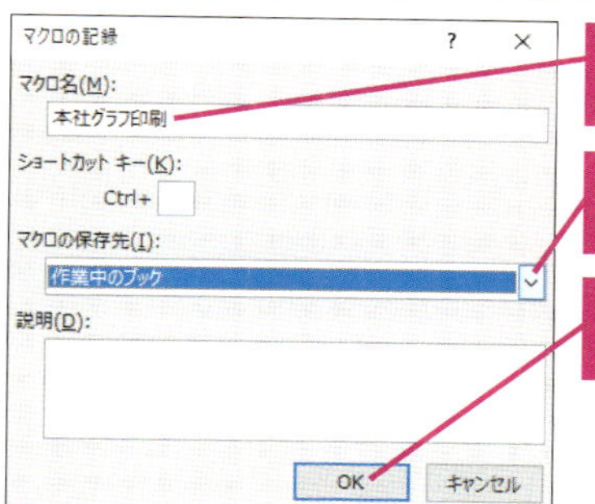

1 「本社グラフ印刷」と入力

2 ここをクリックして[作業中のブック]を選択

3 [OK] をクリック

❸ 1つ目のマクロを実行する

マクロの記録が開始された

1 [表示]タブをクリック

2 [マクロ]をクリック

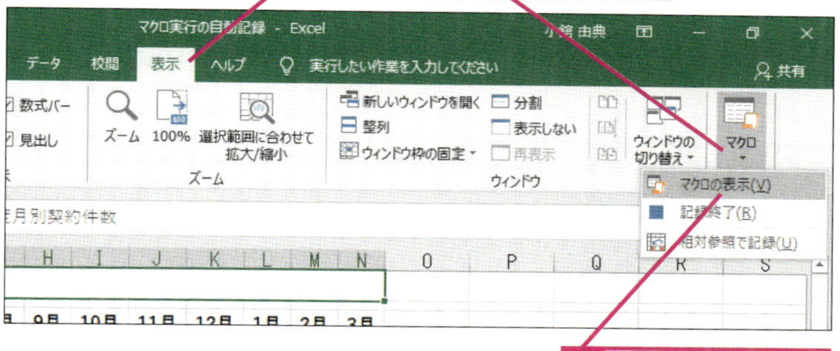

3 [マクロの表示]をクリック

[マクロ] ダイアログボックスが表示された

[本社抽出] マクロを実行して、本社のデータを抽出する

4 [本社抽出] をクリック

5 [実行] をクリック

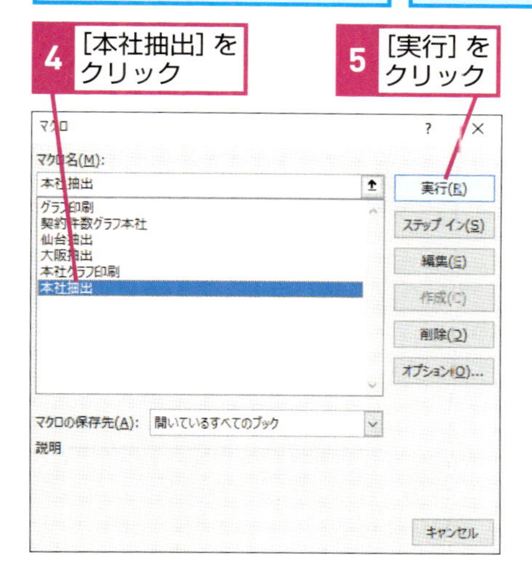

HINT!
マクロを組み合わせる前に基になるマクロを記録しておく

マクロの記録中に、別のマクロを記録することはできないため、基になるマクロは、マクロを組み合わせる前に記録しておきましょう。このレッスンでは、レッスン❻で記録した複数のマクロを連続で実行し、1つのマクロとして記録します。

間違った場合は？

手順2で入力するマクロ名を間違えて[OK]ボタンをクリックしてしまったときは、マクロの記録を終了してもう一度最初から記録を開始します。間違えて記録したマクロは42ページのHINT!を参考に［マクロ］ダイアログボックスを表示し、[削除]ボタンをクリックして削除します。

次のページに続く

1つ目のマクロが実行された

[本社抽出] マクロが実行され、本社のデータが抽出された

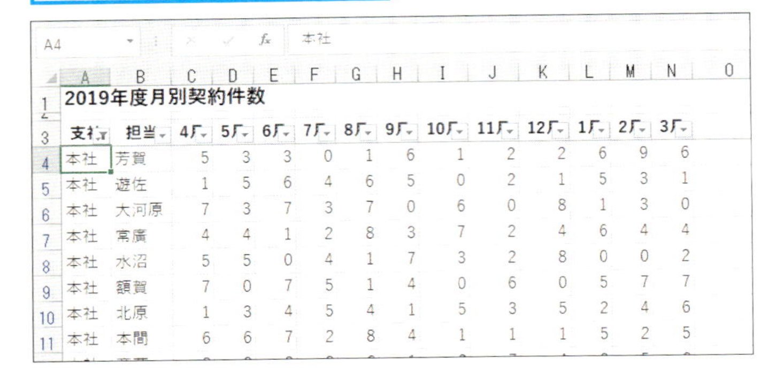

	A	B	C	D	E	F	G	H	I	J	K	L	M	N
1	2019年度月別契約件数													
3	支社	担当	4月	5月	6月	7月	8月	9月	10月	11月	12月	1月	2月	3月
4	本社	芳賀	5	3	3	0	1	6	1	2	2	6	9	6
5	本社	遊佐	1	5	6	4	6	5	0	2	1	5	3	1
6	本社	大河原	7	3	7	3	7	0	6	0	8	1	3	0
7	本社	常廣	4	4	1	2	8	3	7	2	4	6	4	4
8	本社	水沼	5	5	0	4	1	7	3	2	8	0	0	2
9	本社	額賀	7	0	7	5	1	4	0	6	0	5	7	7
10	本社	北原	1	3	4	5	4	1	5	3	5	2	4	6
11	本社	本間	6	6	7	2	8	4	1	1	1	5	2	5

5 2つ目のマクロを実行する

続けてほかのマクロを実行する

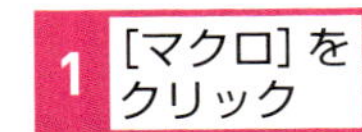

1 [マクロ] をクリック

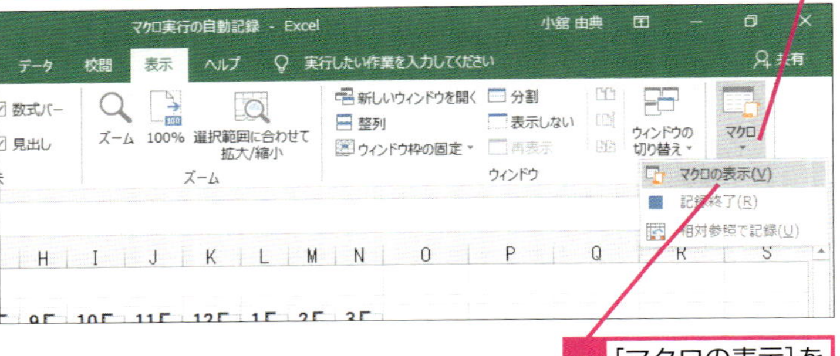

2 [マクロの表示] をクリック

[マクロ] ダイアログボックスが表示された

[グラフ印刷] マクロを実行する

3 [グラフ印刷] をクリック

4 [実行] をクリック

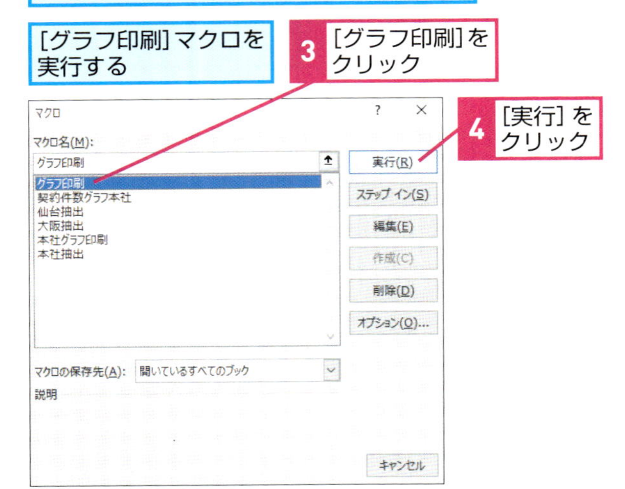

HINT!

マクロは自由に組み合わせられる

このレッスンでは、レッスン❻で作成した [本社抽出] マクロと [グラフ印刷] マクロを組み合わせていますが、そのほかのマクロも自由に組み合わせられます。例えば [本社抽出] マクロと [大阪抽出] マクロ、[仙台支社] マクロを組み合わせてデータの抽出のみに利用することもできます。

このように、単純な機能のマクロを作成しておけば、後から目的に応じてマクロを組み合わせることが可能になります。

間違った場合は？

手順5で選択するマクロ名を間違えて [実行] ボタンをクリックしてしまったときは、マクロの記録を終了してもう一度最初から記録を開始します。間違えて記録したマクロは42ページのHINT!を参考に [マクロ] ダイアログボックスを表示し、[削除] ボタンをクリックして削除します。

6 2つ目のマクロが実行された

［グラフ印刷］マクロが実行され、手順3で抽出した本社のデータが印刷された

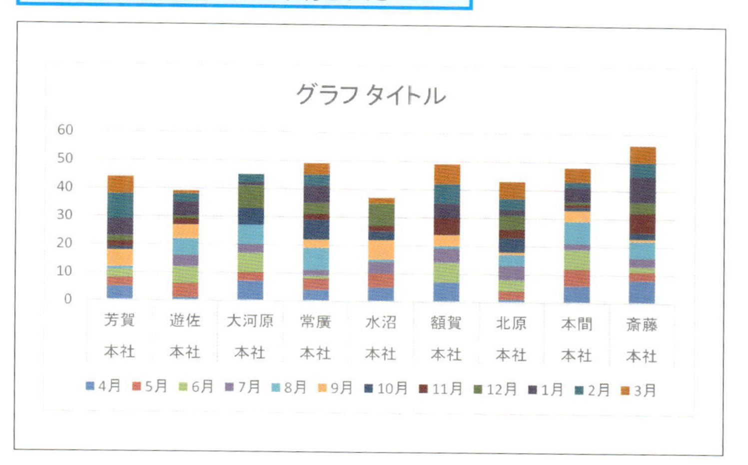

7 マクロの記録を終了する

［グラフ印刷］マクロが実行された

1 ［マクロ］をクリック

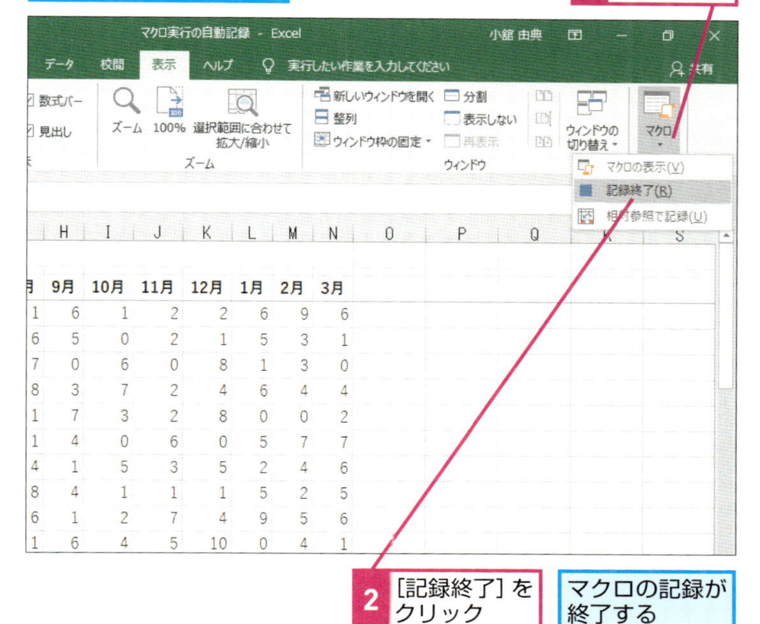

2 ［記録終了］をクリック

マクロの記録が終了する

レッスン❺を参考に、［本社グラフ印刷］のマクロを実行すると本社のデータを抽出したグラフを印刷できる

HINT!

基になるマクロ名がマクロに記録される

記録中に別のマクロを実行したときは、実行したマクロの名前がファイル名と併記して記録されます。そのため、マクロ記録後に基になるマクロを削除したり、ファイル名やマクロ名を変更してしまったりすると、マクロの実行時にそのマクロが見つからずにエラーになってしまいます。もし基になるマクロを削除してしまったときは、同じ名前で同じ内容のマクロをもう一度、記録し直してください。

Point

単純な機能に分割したマクロを組み合わせる

このレッスンでは、レッスン❻で作成したデータ抽出用のマクロとグラフ印刷用のマクロを組み合わせて、1つのマクロにする方法を紹介しました。マクロを組み合わせるといっても、マクロの記録中に［マクロ］ダイアログボックスを表示してマクロを選択し、実行するだけです。なお、組み合わせる1つ1つのマクロは必ず事前に用意しておき、組み合わせる順番もしっかり確認しておきましょう。また、マクロの実行時にエラーが発生してしまうため、組み合わせたブックやマクロの名前を変更したり削除したりしないようにしてください。

この章のまとめ

●長い操作は複数のマクロを組み合わせて自動化する

この章では、第1章で紹介したマクロよりもう少し長い操作をマクロに記録しました。データを抽出してグラフにする作業は、Excelの操作に慣れていないと難しい作業ですが、マクロで記録しておけば、誰が実行しても同じ結果が得られるので便利です。また、この章で紹介しているように複数の操作をマクロにしたいときは、一度にすべての操作を記録するのではなく、処理の区切りごとに、分割してマクロを記録するといいでしょう。作成済みのマクロは、後から簡単に組み合わせることができます。全体の操作をデータの抽出処理、グラフの表示、印刷処理などに分割しておけば、1つ1つの処理操作が短くなるのでマクロの記録が楽になる上、間違えても操作が短ければやり直しも簡単です。また、操作を分割するときに、組み合わせを考えてマクロを記録しておけば、部品のように使うことも可能になり、さらに便利です。

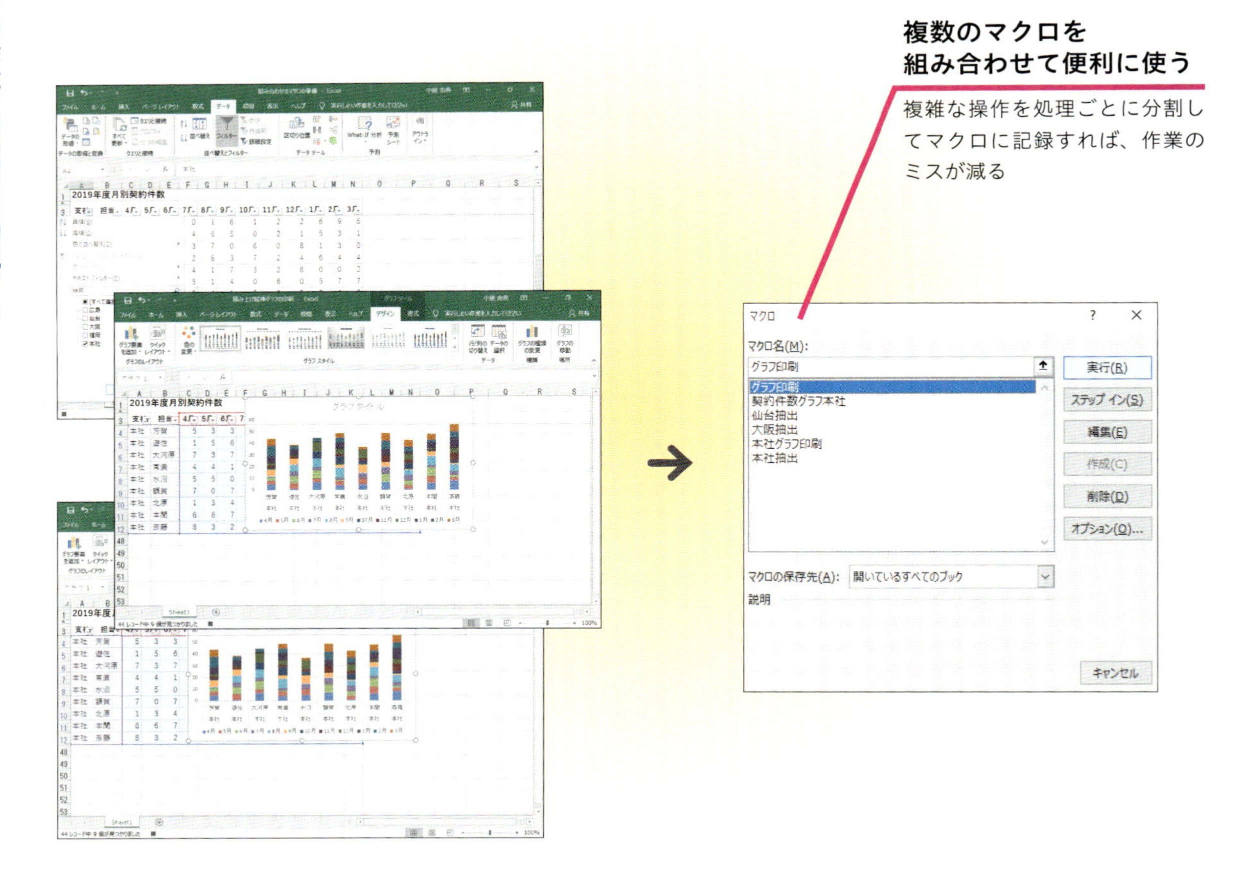

練習問題

1

練習用ファイルの［第2章_練習問題.xlsm］を開きます。ブックに記録されている［大阪抽出］マクロと［グラフ印刷］マクロを組み合わせて「大阪グラフ印刷」という名前のマクロを記録してみましょう。

●ヒント：［マクロ］ダイアログボックスを表示して、組み合わせるマクロを実行します。

マクロの記録中に別のマクロを2つ実行する

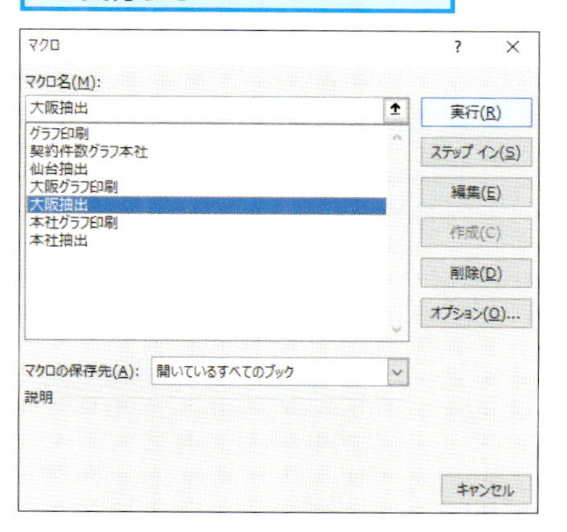

2

練習問題1で作成した［大阪グラフ印刷］マクロを実行してみましょう。

●ヒント：［マクロ］ダイアログボックスを表示して、［大阪グラフ印刷］マクロを実行します。

マクロを実行して大阪支社のデータを抽出、グラフ化して印刷する

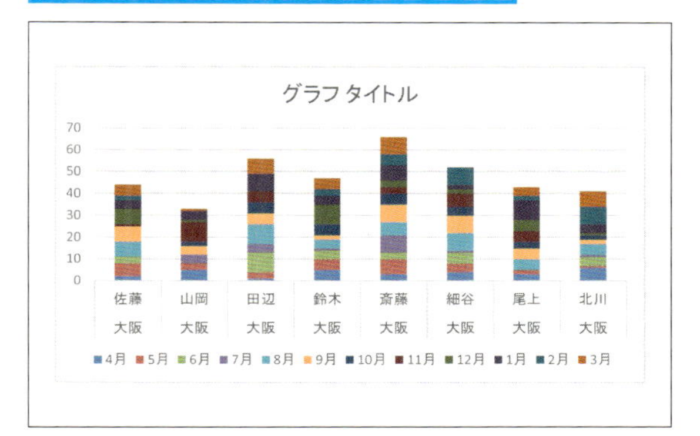

答えは次のページ

解　答

1

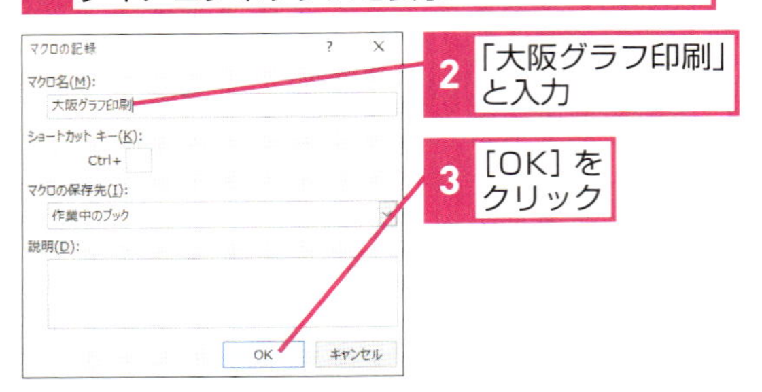

1 レッスン❺の手順1を参考に［マクロの記録］ダイアログボックスを表示
2 「大阪グラフ印刷」と入力
3 ［OK］をクリック

マクロの記録が開始された
4 レッスン❺の手順11を参考に［マクロ］ダイアログボックスを表示
5 ［大阪抽出］をクリック

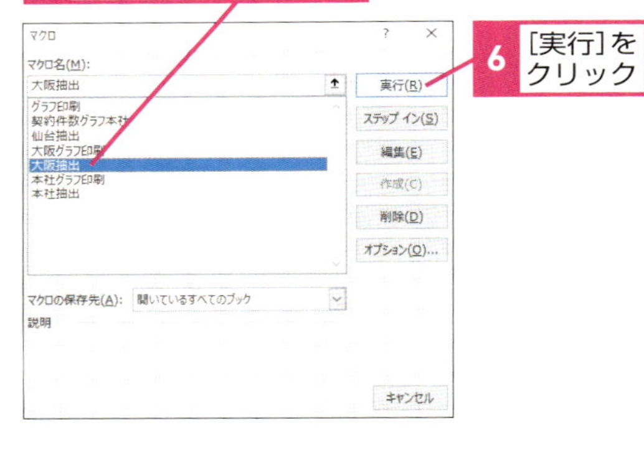

6 ［実行］をクリック

［大阪抽出］マクロが実行された
続けて［グラフ印刷］マクロを実行する
7 レッスン❺の手順11を参考に［マクロ］ダイアログボックスを表示

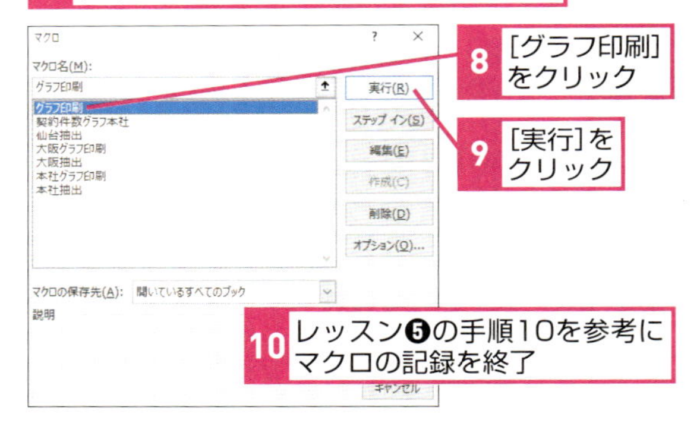

8 ［グラフ印刷］をクリック
9 ［実行］をクリック
10 レッスン❺の手順10を参考にマクロの記録を終了

［マクロの記録］ダイアログボックスを表示して、［マクロ名］に「大阪グラフ印刷」と入力し、［OK］ボタンをクリックするとマクロの記録が開始されます。次に、左の手順を参考に［マクロ］ダイアログボックスを表示します。［マクロ名］の一覧から［大阪抽出］マクロを実行して、続けて［グラフ印刷］マクロを実行し、最後にマクロの記録を終了します。

2

1 レッスン❺の手順11を参考に［マクロ］ダイアログボックスを表示
2 ［大阪グラフ印刷］をクリック

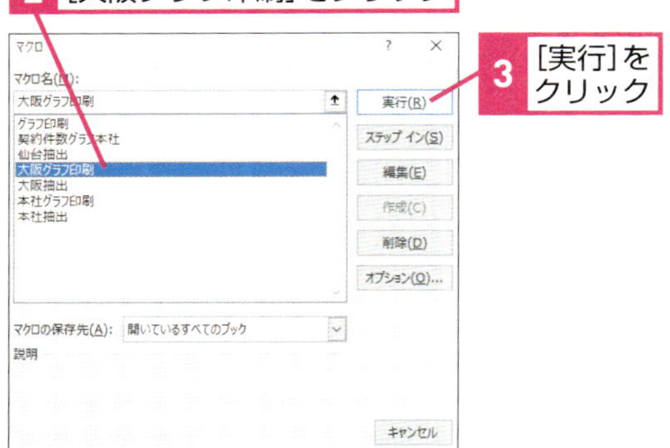

3 ［実行］をクリック

左の手順を参考に［マクロ］ダイアログボックスを表示して、［マクロ名］の一覧から［大阪グラフ印刷］マクロを選択し、［実行］ボタンをクリックします。

第3章 相対参照を使ったマクロを記録する

この章では、「相対参照」と「絶対参照」というセルの参照方法の違いと、それぞれをマクロで記録したときの違いについて解説します。相対参照でマクロを記録すると、行や列方向に同じ処理を繰り返し実行するマクロを、簡単に作成できます。

●この章の内容

レッスン 8

相対参照とは

相対参照と絶対参照

このレッスンでは相対参照と絶対参照についてのおさらいと、マクロの記録中にセルを参照するときの相対参照と絶対参照の違いについて解説します。

相対参照と絶対参照の違い

キーワード

セル参照には「相対参照」と「絶対参照」という2つの方法があります。まずここで2つの参照方法の違いについて、マンションで回覧板を回す例で考えてみましょう。各部屋へ順番に回覧板を回すとき「読んだら隣の部屋に回してください」と書いてあれば、受け取った人は自分の部屋を基点に届ける部屋を決めます。このように、基点からの相対的な位置を表すのが「相対参照」です。一方、回覧板を回すとき、「次は203号室に回してください」と書いてあれば、受け取った人はどの部屋に住んでいても、「203号室」に回覧板を届けます。このように、絶対的な位置を表すのが「絶対参照」です。Excelのセル参照における相対参照と絶対参照もこれと同じ考え方です。例えば、右隣のセルを選択するのは「相対参照」で、無関係に必ず決まったセルを選択するのは「絶対参照」です。

●相対参照の例

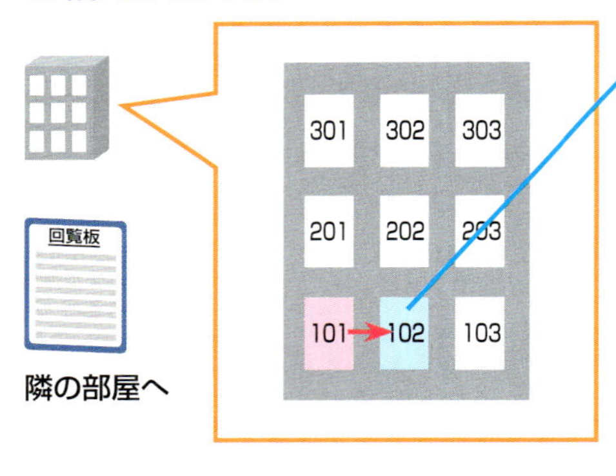

101号室に住んでいる場合、「隣り」は102号室を指す

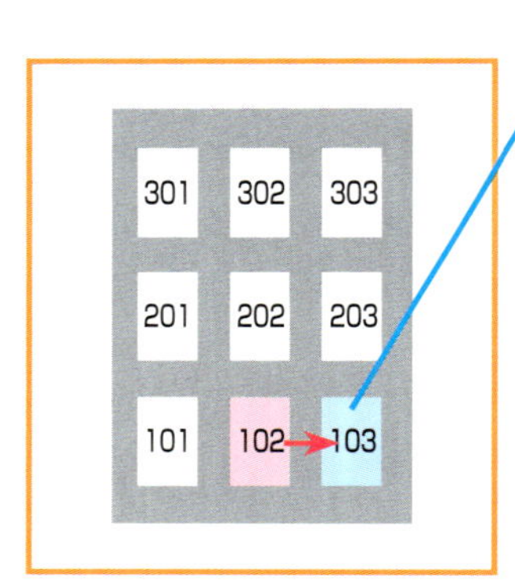

102号室に住んでいる場合、「隣り」は103号室になる

●絶対参照の例

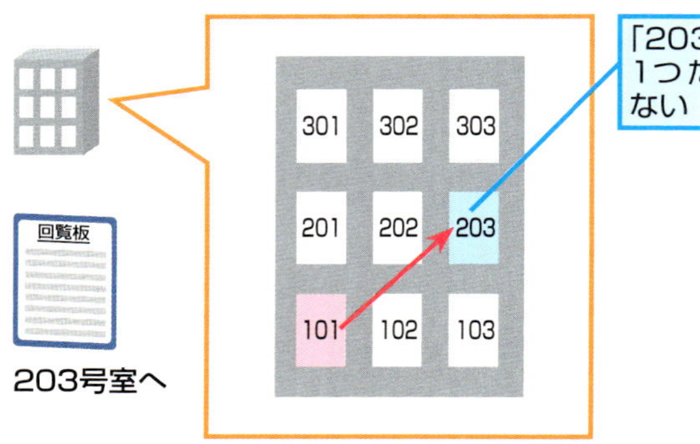

「203号室」は1つだけしかない

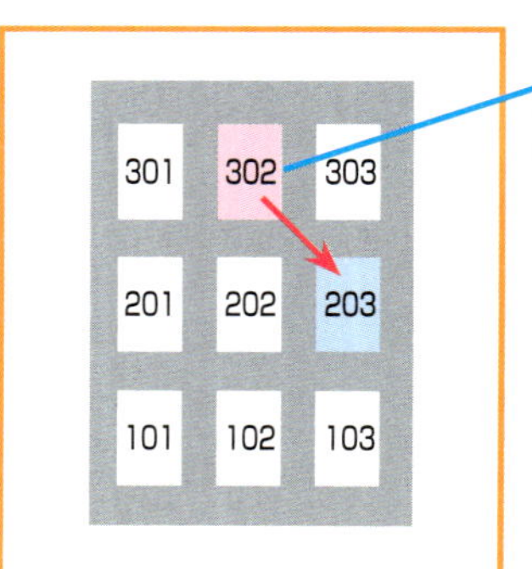

どの部屋からでも、203号室に回覧される

マクロに記録される内容の違い

マクロの記録中に行う操作は、相対参照と絶対参照で違いはありませんが、記録される内容が異なります。相対参照では「選択中のセルから何行何列離れたセルを対象とした操作」として記録されるのに対し、絶対参照では「指定したセルを対象とした操作」として記録されます。
例えば、「セルA1を選択しておき、セルC1の背景色を黄色に変更する操作」を相対参照で記録します。セルA3を選択しておき、記録したマクロを実行すると、セルC3の背景色が黄色に変更されますが、絶対参照では、どのセルを選択した状態からマクロを実行しても、セルC1の背景色が黄色に変更されます。

HINT! セル参照の状態はExcelを終了するまで保持される

マクロでのセル参照の方法は、Excelを起動したときは「絶対参照」になっています。参照方法を「相対参照」に切り替えると、マクロの記録を終了しても自動的に「絶対参照」には戻りません。「絶対参照」に戻すか、Excelを終了して再起動しないと状態は変わりません。詳しくは、レッスン❾やレッスン❿を参照してください。

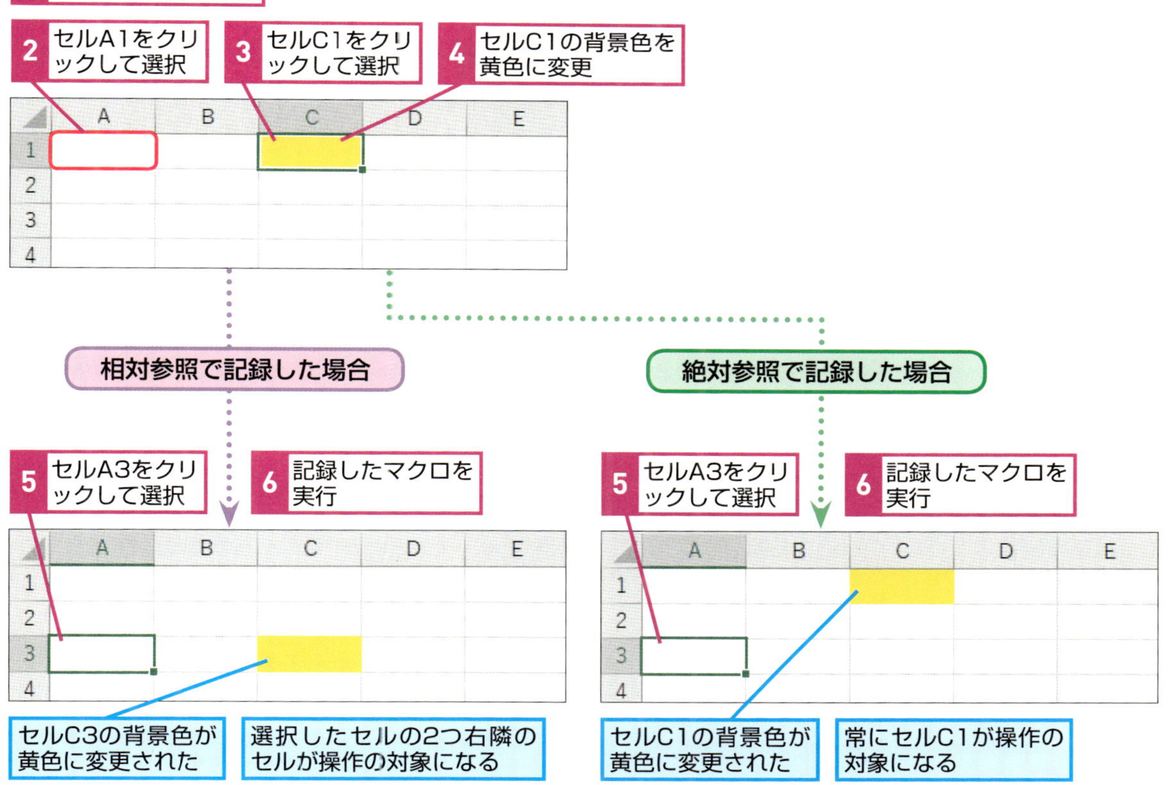

8 相対参照と絶対参照

レッスン 9

四半期ごとに合計した行を挿入するには

相対参照で記録

絶対参照との違いを理解するために、相対参照を使ったマクロを記録してみましょう。ここでは、行を挿入して四半期ごとの売り上げを集計する操作を記録します。

作成するマクロ

相対参照の基準となるセルを選択する（手順 1）

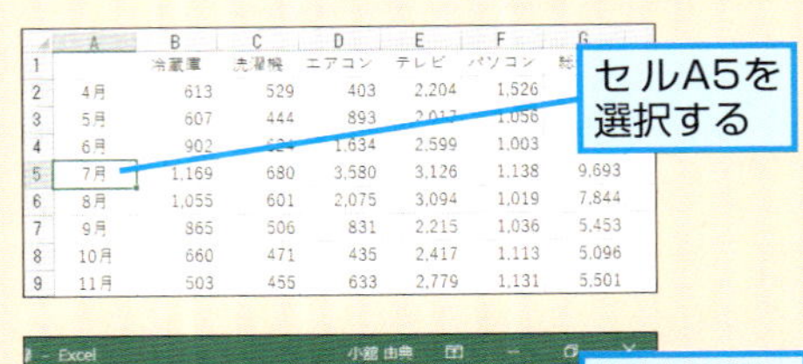

マクロの記録を開始して相対参照に切り替える（手順2～4）

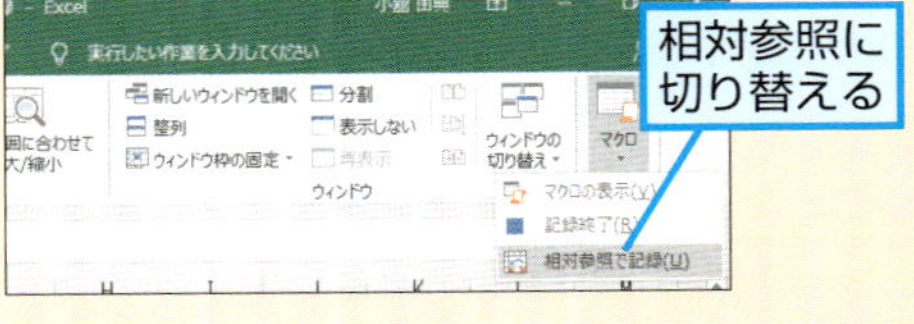

行を挿入して項目名を入力する（手順５～７）

行を挿入して項目名を入力する

セル範囲を合計して数式をコピーする（手順８、９）

入力した数式をコピーする

セル範囲に背景色を付ける（手順 10、11）

四半期の行に色を付ける

次に行を挿入する行のセルを選択する（手順 12）

次に行を挿入するセルを選択する

絶対参照に切り替えてマクロの記録を終了する（手順13、14）

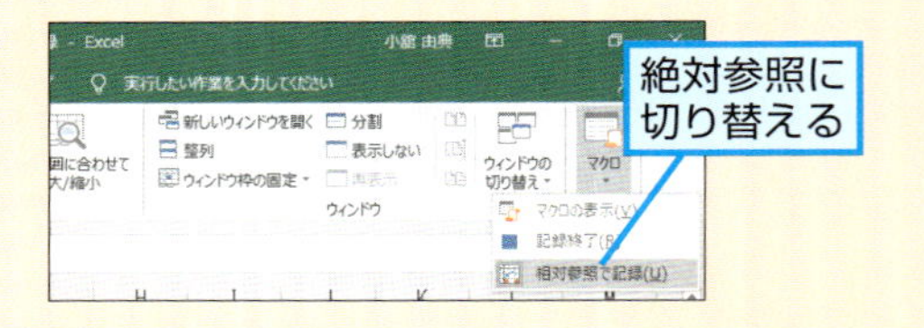

このマークが入っている手順は、マクロとして記録されます。
間違えないように操作してください

マクロの記録

セルを選択する

[相対参照で記録.xlsx]を開いておく

マクロを記録する前に、相対参照の基準となるセルを選択する

	A	B	C	D	E	F	G
1		冷蔵庫	洗濯機	エアコン	テレビ	パソコン	総合計
2	4月	613	529	403	2,204	1,526	5,275
3	5月	607	444	893	2,017	1,056	5,017
4	6月	902	624	1,634	2,599	1,003	6,762
5	7月	1,169	680	3,580	3,126	1,138	9,693
6	8月	1,055	601	2,075	3,094	1,019	7,844
7	9月	865	506	831	2,215	1,036	5,453
8	10月	660	471	435	2,417	1,113	5,096
9	11月	503	455	633	2,779	1,131	5,501
10	12月	738	673	850	4,120	1,291	7,672

ここでは、5行目の行を挿入して四半期ごとの売上合計を求める

1 セルA5をクリックして選択

2 [マクロの記録]ダイアログボックスを表示する

セルA5が選択された

1 [表示]タブをクリック

2 [マクロ]をクリック

マクロ

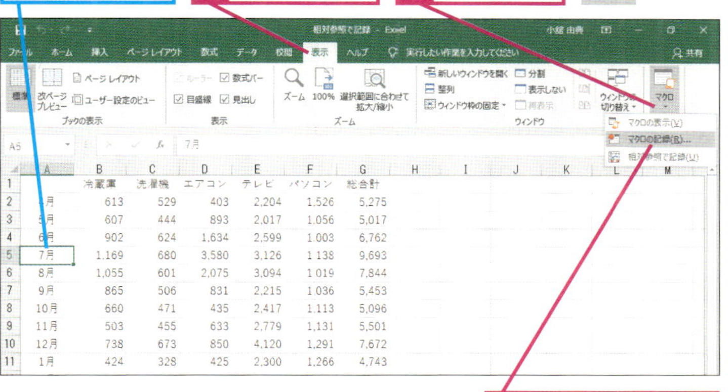

3 [マクロの記録]をクリック

キーワード

関数	p.323
行	p.323
絶対参照	p.325
セル範囲	p.325
相対参照	p.325

レッスンで使う練習用ファイル
相対参照で記録.xlsx

ショートカットキー

Alt + F8 ……
[マクロ]ダイアログボックスの表示

HINT!
相対参照では記録前に選択したセルが基準になる

相対参照でマクロを記録するとき、記録の開始時に選択していたセルが、相対参照の基準となるセルになります。手順1で、セルA5を選択しているのは、そのためです。マクロを相対参照で記録するときは、これから行う作業に適したセルを選択してから記録を始めるようにしましょう。

次のページに続く

❸ マクロの記録を開始する

[マクロの記録] ダイアログボックスが表示された

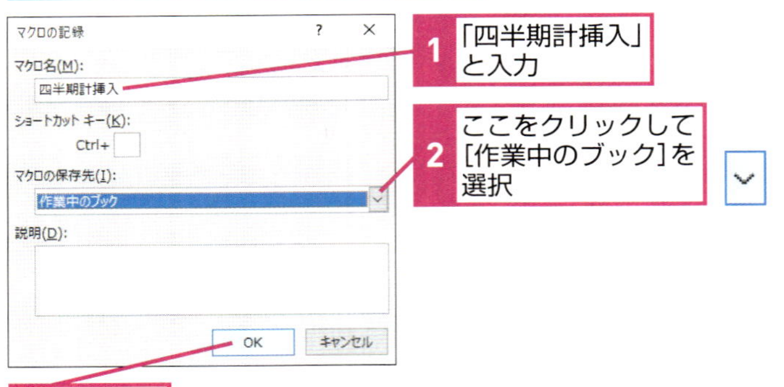

❹ 相対参照に切り替える 録

マクロの記録内容を相対参照に切り替える

ここからの記録内容は相対参照で記録していく

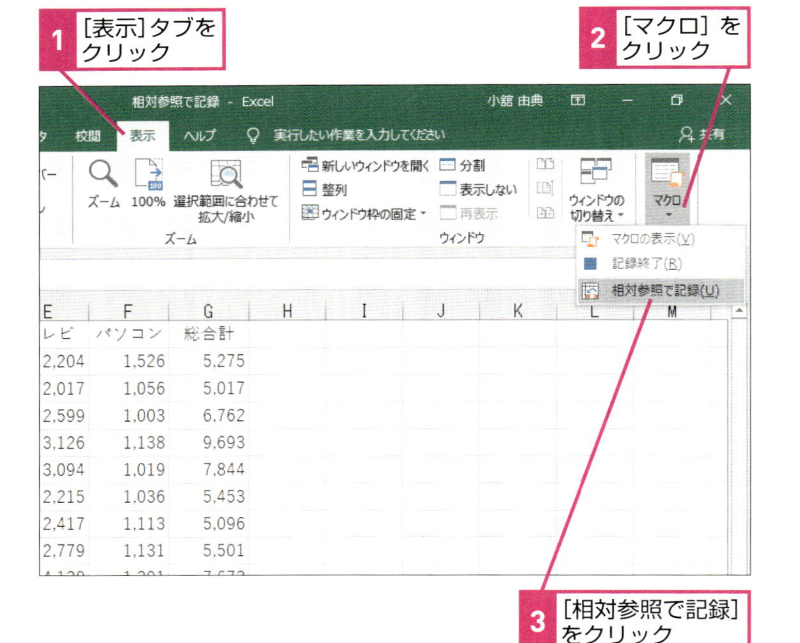

3 [相対参照で記録] をクリック

HINT! 相対参照への切り替えの操作は記録されない

マクロの記録中はすべての操作が記録されますが、[相対参照で記録] を選択する操作は記録されません。もし、手順4で間違えて [相対参照で記録] や [絶対参照で記録] をクリックしてしまったときは、次の操作を行う前に手順4の操作をやり直せば問題ありません。

HINT! ステータスバーの [マクロの記録] ボタンでは参照方法は切り替えられない

レッスン❻のHINT!で紹介したステータスバーの [マクロの記録] ボタンでは参照方法を切り替えられません。ステータスバーの [マクロの記録] ボタンはマクロの記録を開始すると [記録終了] ボタンに切り替わり、ボタンをクリックするとマクロの記録が終了します。参照方法の切り替えなどマクロに関するメニューが表示されるわけではないので注意してください。参照方法の状態を見分けるには69ページのHINT!で解説している [相対参照で記録] ボタンを使うと判断しやすくなります。

間違った場合は？

手順4で [相対参照で記録] がすでにクリックされていた場合は、そのまま記録を続けます。マクロの記録を終了したら [相対参照で記録] をクリックして絶対参照に戻しておきましょう。

5 行を選択する

相対参照に切り替えられた

相対参照に切り替わっても画面の表示は特に変わらない

A5　7月

	A	B	C	D	E	F	G	H
1		冷蔵庫	洗濯機	エアコン	テレビ	パソコン	総合計	
2	4月	613	529	403	2,204	1,526	5,275	
3	5月	607	444	893	2,017	1,056	5,017	
4	6月	902	624	1,634	2,599	1,003	6,762	
5	7月	1,169	680	3,580	3,126	1,138	9,693	
6	8月	1,055	601	2,075	3,094	1,019	7,844	
7	9月	865	506	831	2,215	1,036	5,453	
8	10月	660	471	435	2,417	1,113	5,096	
9	11月	503	455	633	2,779	1,131	5,501	

1 行番号5をクリック

5行目が選択された

A5　7月

	A	B	C	D	E	F	G	H
1		冷蔵庫	洗濯機	エアコン	テレビ	パソコン	総合計	
2	4月	613	529	403	2,204	1,526	5,275	
3	5月	607	444	893	2,017	1,056	5,017	
4	6月	902	624	1,634	2,599	1,003	6,762	
5	7月	1,169	680	3,580	3,126	1,138	9,693	
6	8月	1,055	601	2,075	3,094	1,019	7,844	
7	9月	865	506	831	2,215	1,036	5,453	
8	10月	660	471	435	2,417	1,113	5,096	
9	11月	503	455	633	2,779	1,131	5,501	

相対参照に切り替わったため、マクロには「5行目」ではなく「選択されている行」と記録される

6 行を挿入する

5行目に行を挿入する

1 [ホーム]タブをクリック

2 [挿入]をクリック

	A	B	C	D	E	F	G
1		冷蔵庫	洗濯機	エアコン	テレビ	パソコン	総合計
2	4月	613	529	403	2,204	1,526	5,275
3	5月	607	444	893	2,017	1,056	5,017
4	6月	902	624	1,634	2,599	1,003	6,762
5	7月	1,169	680	3,580	3,126	1,138	9,693
6	8月	1,055	601	2,075	3,094	1,019	7,844
7	9月	865	506	831	2,215	1,036	5,453
8	10月	660	471	435	2,417	1,113	5,096
9	11月	503	455	633	2,779	1,131	5,501
10	12月	738	673	850	4,120	1,291	7,672

HINT! セル範囲の選択はやり直せる

手順5で選択する行を間違えても、行の挿入や背景色の変更などといったセルの操作を行う前であれば、選択の操作をやり直せます。マクロの記録でセルの選択が記録されるのは、セルを選択する操作に続けてほかの操作を行ったときです。例えば、マクロの記録中にセルA1、セルA2、セルA3を順番に選択して、セルを挿入した場合、マクロに記録される内容は最後の「セルA3の選択」だけです。相対参照でも絶対参照でも同じようにセルやセル範囲の選択をやり直せます。

HINT! ショートカットメニューで行の挿入を素早く行うには

手順6では［ホーム］タブの［挿入］ボタンで新しい行を挿入していますが、ショートカットメニューを使うと素早く行えます。手順5で行番号を右クリックして、［挿入］を選択すれば行が挿入されます。このときマクロには新しい行が挿入されたという操作手順だけが記録され、リボンのコマンドかショートカットメニューなのかといった操作内容は記録されません。

1 行番号5を右クリック

2 [挿入]をクリック

行が挿入される

次のページに続く

7 項目名を入力する

5行目に行が挿入された

挿入された行に項目名を入力する

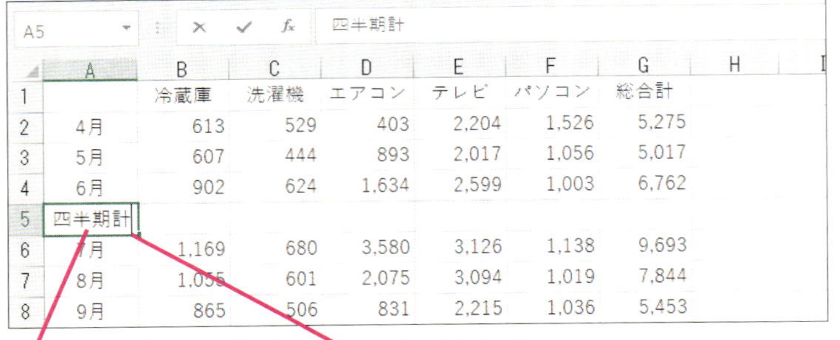

A5 | 四半期計

	A	B	C	D	E	F	G	H
1		冷蔵庫	洗濯機	エアコン	テレビ	パソコン	総合計	
2	4月	613	529	403	2,204	1,526	5,275	
3	5月	607	444	893	2,017	1,056	5,017	
4	6月	902	624	1,634	2,599	1,003	6,762	
5	四半期計							
6	7月	1,169	680	3,580	3,126	1,138	9,693	
7	8月	1,055	601	2,075	3,094	1,019	7,844	
8	9月	865	506	831	2,215	1,036	5,453	

1 セルA5をクリックして選択

2 「四半期計」と入力

8 4月～6月の売り上げを合計する

セルB2～B4の売り上げを合計する

1 セルB5をクリックして選択

B5

	A	B	C	D	E	F	G	H
1		冷蔵庫	洗濯機	エアコン	テレビ	パソコン	総合計	
2	4月	613	529	403	2,204	1,526	5,275	
3	5月	607	444	893	2,017	1,056	5,017	
4	6月	902	624	1,634	2,599	1,003	6,762	
5	四半期計							
6	7月	1,169	680	3,580	3,126	1,138	9,693	
7	8月	1,055	601	2,075	3,094	1,019	7,844	
8	9月	865	506	831	2,215	1,036	5,453	

2 [合計]をクリック

Σ

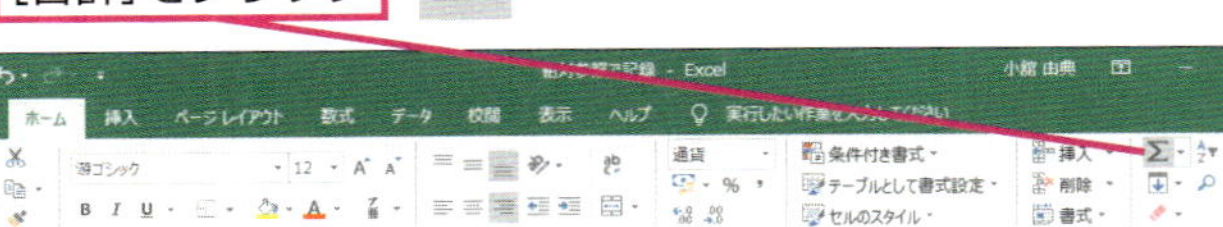

「=SUM(B2:B4)」と自動的に入力された

3 Enter キーを押す

SUM | =SUM(B2:B4)

	A	B	C	D	E	F	G	H
1		冷蔵庫	洗濯機	エアコン	テレビ	パソコン	総合計	
2	4月	613	529	403	2,204	1,526	5,275	
3	5月	607	444	893	2,017	1,056	5,017	
4	6月	902	624	1,634	2,599	1,003	6,762	
5	=SUM(B2:B4)							
6	SUM(数値1, [数値2], ...)		680	3,580	3,126	1,138	9,693	
7	8月	1,055	601	2,075	3,094	1,019	7,844	
8	9月	865	506	831	2,215	1,036	5,453	

HINT! セルに入力したデータもマクロに記録される

マクロの記録では、Excelの操作だけでなく、セルへの入力操作も記録できます。手順7では、セルA5に「四半期計」の文字列を入力しています。この手順では［相対参照で記録］になっているので、「現在選択しているセルに『四半期計』という文字列を入力する」という操作が記録されます。

HINT! ボタンをクリックする操作が記録されるわけではない

手順8の操作で、セル範囲の合計を求める「SUM関数」が自動的に入力されます。マクロには「セルにSUM関数を入力する」という操作が記録されます。「ボタンをクリックする」という操作が記録されるわけではありません。

9 入力した数式をコピーする 

セルB2 ～ B4の合計が求められた

セルC5 ～ G5に数式をコピーする

1 セルB5をクリックして選択

2 セルB5のフィルハンドルにマウスポインターを合わせる

B5 =SUM(B2:B4)

	A	B	C	D	E	F	G	H
1		冷蔵庫	洗濯機	エアコン	テレビ	パソコン	総合計	
2	4月	613	529	403	2,204	1,526	5,275	
3	5月	607	444	893	2,017	1,056	5,017	
4	6月	902	624	1,634	2,599	1,003	6,762	
5	四半期計	2,122						
6	7月	1,169	680	3,580	3,126	1,138	9,693	
7	8月	1,055	601	2,075	3,094	1,019	7,844	
8	9月	865	506	831	2,215	1,036	5,453	
9	10月	660	471	435	2,417	1,113	5,096	

マウスポインターの形が変わった ＋

3 セルG5までドラッグ

B5 =SUM(B2:B4)

	A	B	C	D	E	F	G	H
1		冷蔵庫	洗濯機	エアコン	テレビ	パソコン	総合計	
2	4月	613	529	403	2,204	1,526	5,275	
3	5月	607	444	893	2,017	1,056	5,017	
4	6月	902	624	1,634	2,599	1,003	6,762	
5	四半期計	2,122						
6	7月	1,169	680	3,580	3,126	1,138	9,693	
7	8月	1,055	601	2,075	3,094	1,019	7,844	
8	9月	865	506	831	2,215	1,036	5,453	
9	10月	660	471	435	2,417	1,113	5,096	

10 背景色を付けるセル範囲を選択する 

[四半期計] の行に背景色を付ける

1 セルA5にマウスポインターを合わせる

2 セルG5までドラッグ

A5 四半期計

	A	B	C	D	E	F	G	H
1		冷蔵庫	洗濯機	エアコン	テレビ	パソコン	総合計	
2	4月	613	529	403	2,204	1,526	5,275	
3	5月	607	444	893	2,017	1,056	5,017	
4	6月	902	624	1,634	2,599	1,003	6,762	
5	四半期計	2,122	1,597	2,930	6,820	3,585	7,054	
6	7月	1,169	680	3,580	3,126	1,138	9,693	
7	8月	1,055	601	2,075	3,094	1,019	7,844	
8	9月	865	506	831	2,215	1,036	5,453	
9	10月	660	471	435	2,417	1,113	5,096	

HINT!

オートフィルを使うと数式を簡単にコピーできる

セルのフィルハンドル（■）をドラッグすると、セルの内容が簡単にコピーできます。コピーするセルに数式が入力されていれば、セル参照もコピー先の各セルに応じて、自動的に修正されます。マクロの記録中に手順9の操作を実行すると、「セルの数式や書式などをドラッグしたセル範囲にコピーする」という内容が記録されます。

間違った場合は？

マクロの記録中に操作を間違えてしまったときは、マクロの記録を終了し、42ページのHINT!を参考にマクロを削除してから、もう一度記録し直しましょう。

次のページに続く

11 塗りつぶしの色を選択する

セルA5～G5が選択された

1 ［塗りつぶしの色］のここをクリック

2 ［黄］をクリック

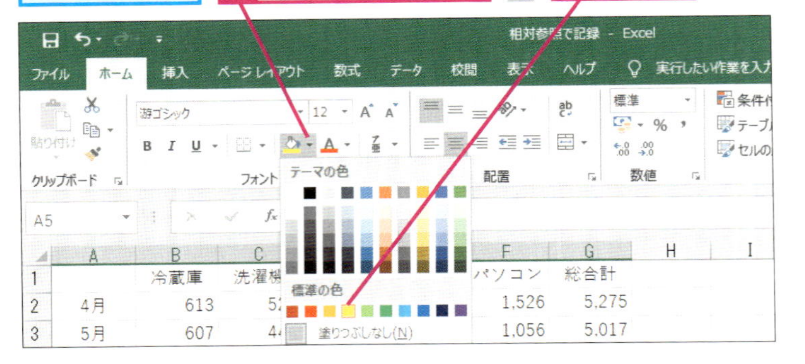

12 行を選択する位置を選択する

セルA5～G5の背景色が変更された

マクロを実行したときに3行下の行（8行目と9行目の間）に行を挿入できるようにする

	A	B	C	D	E	F	G
1		冷蔵庫	洗濯機	エアコン	テレビ	パソコン	総合計
2	4月	613	529	403	2,204	1,526	5,275
3	5月	607	444	893	2,017	1,056	5,017
4	6月	902	624	1,634	2,599	1,003	6,762
5	四半期計	2,122	1,597	2,930	6,820	3,585	17,054
6	7月	1,169	680	3,580	3,126	1,138	9,693
7	8月	1,055	601	2,075	3,094	1,019	7,844
8	9月	865	506	831	2,215	1,036	5,453
9	10月	660	471	435	2,417	1,113	5,096

1 セルA9をクリックして選択

相対参照の場合、マクロには「セルA9」ではなく「選択したセル」と記録される

13 絶対参照に切り替える

セルA9が選択された

相対参照の記録を終了する

1 ［表示］タブをクリック

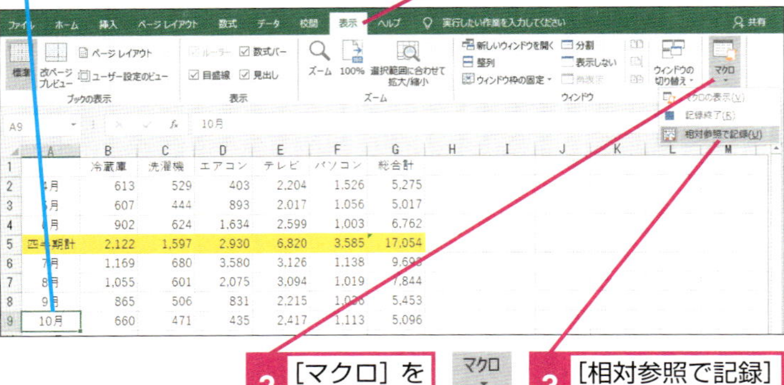

2 ［マクロ］をクリック

マクロ

3 ［相対参照で記録］をクリック

HINT!

記録終了前に選択したセルは次にマクロを実行するときの基準になる

相対参照で記録したマクロでは、マクロを実行するときに選択しているセルを基準にして、次に選択するセルが決まります。手順12でセルA9を選択しているのはマクロの実行後に、次にマクロを実行する対象を決めるためです。このようにしておけば、マクロを実行するだけで3行ごとに四半期計の行が次々に挿入できます。

マクロの記録を終了する

絶対参照に切り替わった

絶対参照に切り替わっても画面の表示は特に変わらない

マクロの記録を終了するときは絶対参照に切り替える

1 [マクロ]をクリック

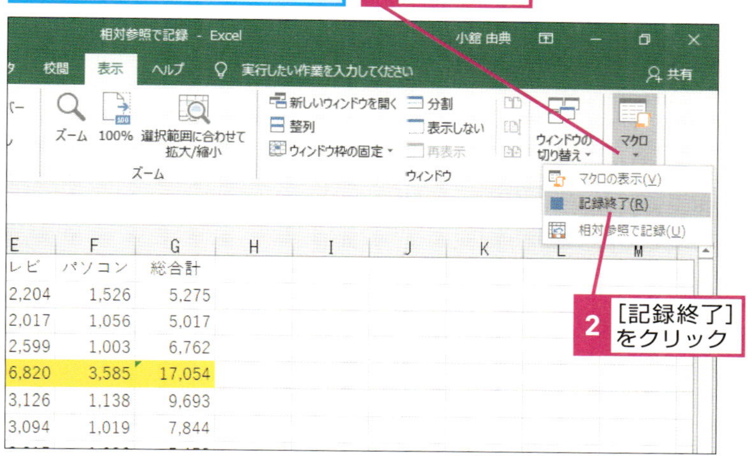

2 [記録終了]をクリック

レッスン❷を参考にマクロを含むブックを保存しておく

マクロの確認

[マクロ] ダイアログボックスを表示する

記録した[四半期計挿入]マクロを実行する

1 セルA9が選択されていることを確認

2 [表示]タブをクリック

3 [マクロ]をクリック

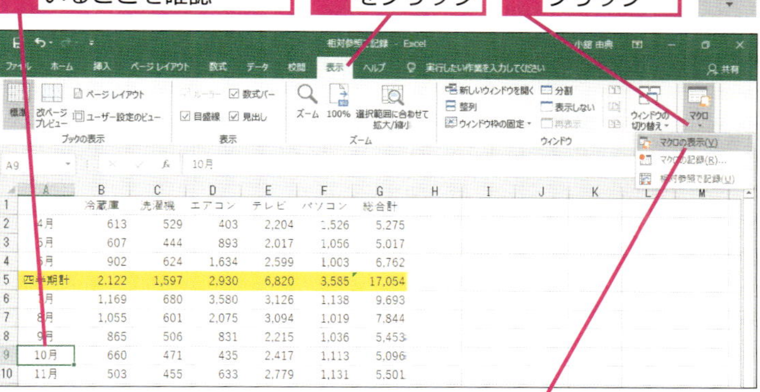

4 [マクロの表示]をクリック

HINT!

ボタンで相対参照を見分けよう

クイックアクセスツールバーに[相対参照で記録]ボタンを追加しておくと、参照方法の切り替えが簡単にできて便利です。また、設定されている参照方法もひと目で確認できます。ボタンを追加するには、[相対参照で記録]を右クリックしてから[クイックアクセスツールバーに追加]を選択します。

1 [表示]タブをクリック

2 [マクロ]をクリック

3 [相対参照で記録]を右クリック

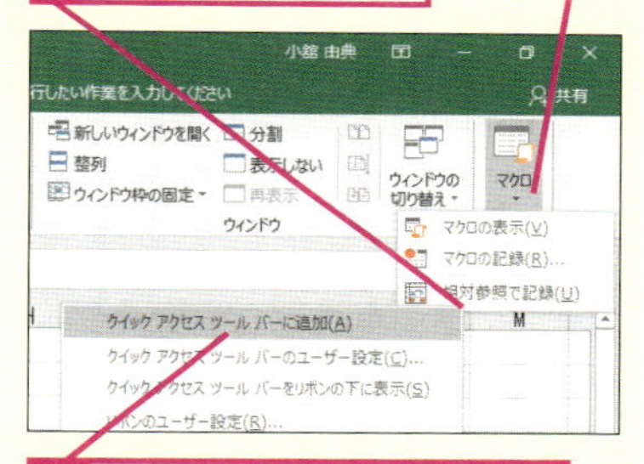

4 [クイックアクセスツールバーに追加]をクリック

クイックアクセスツールバーにボタンが追加された

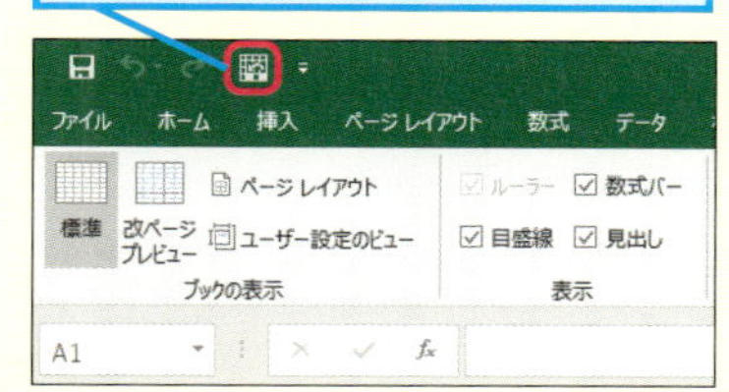

間違った場合は？

マクロが正しく実行されなかったときは、42ページのHINT!を参考にマクロを削除し、もう一度最初から記録し直しましょう。

次のページに続く

16 相対参照で記録したマクロを実行する

[マクロ] ダイアログボックスが表示された

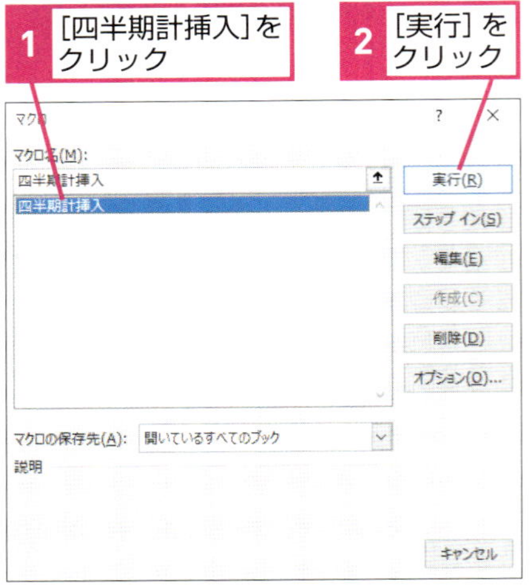

17 マクロの実行結果を確認する

マクロが実行された

1 四半期を合計した行が挿入され色が付いたことを確認

A13 1月

	A	B	C	D	E	F	G	H
1		冷蔵庫	洗濯機	エアコン	テレビ	パソコン	総合計	
2	4月	613	529	403	2,204	1,526	5,275	
3	5月	607	444	893	2,017	1,056	5,017	
4	6月	902	624	1,634	2,599	1,003	6,762	
5	四半期計	2,122	1,597	2,930	6,820	3,585	17,054	
6	7月	1,169	680	3,580	3,126	1,138	9,693	
7	8月	1,055	601	2,075	3,094	1,019	7,844	
8	9月	865	506	831	2,215	1,036	5,453	
9	四半期計	3,089	1,787	6,486	8,435	3,193	22,990	
10	10月	660	471	435	2,417	1,113	5,096	
11	11月	503	455	633	2,779	1,131	5,501	
12	12月	738	673	850	4,120	1,291	7,672	
13	1月	424	328	425	2,300	1,266	4,743	
14	2月	396	370	325	1,691	952	3,734	
15	3月	778	720	419	2,813	1,627	6,357	

2 次に四半期の行を挿入するセルが選択されたことを確認

HINT! 結合されたセルに注意しよう

マクロを実行中、選択されたセルが記録時になかった結合セルであるときは、その後のセル選択でセル参照がずれたり、エラーになったりすることがあります。逆に記録時に結合されていたセルが、マクロの実行時にセルの結合が解除されているときも、セル参照がずれてしまうことがあります。マクロを記録した後は、関連する場所のセルを結合したりセルの結合を解除したりしないようにしましょう。

Point 相対参照で記録するときはセルの選択から始める

マクロを相対参照で記録するときは、記録を開始する前に相対参照の基準となるセルを選択しておく必要があります。記録を始めてから基準のセルを選択すると、その操作も記録され、マクロを実行したときにいつも同じセルが基準になってしまいます。また、記録を終了する前に次に基準となるセルを選択しておくことも大切です。これは、基準のセルをマクロの記録前に選択して、マクロの終了時に続けて実行できるための準備です。なお、マクロの記録が終了したら手順13の操作で絶対参照に切り替えておきましょう。

テクニック マクロをツールバーのボタンに登録して便利に使う

Excelの画面にボタンを追加して、マクロを登録できます。クイックアクセスツールバーやリボンによく使うマクロを専用のボタンに登録しておけば、実行するたびにダイアログボックスを表示しなくてもいいので便利です。なお、追加したボタンは、いつでも削除できます。

1 [クイックアクセスツールバーのユーザー設定]をクリック

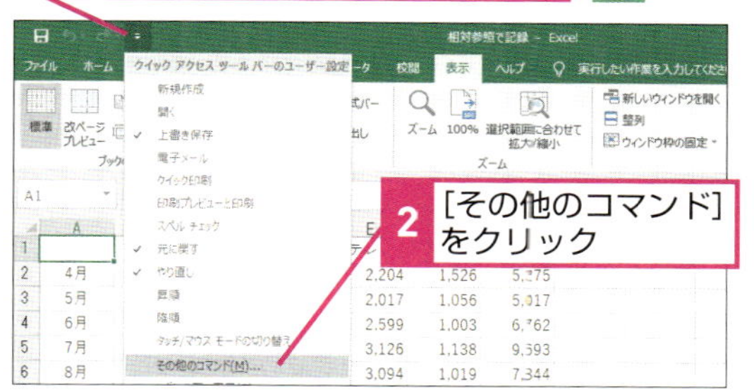

2 [その他のコマンド]をクリック

[Excelのオプション] ダイアログボックスが表示された

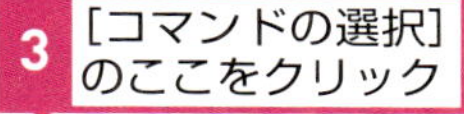

3 [コマンドの選択]のここをクリック

4 [マクロ]をクリック

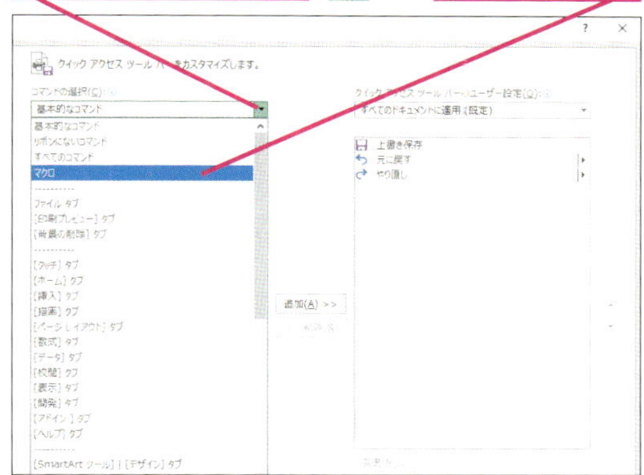

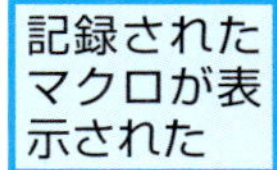

記録されたマクロが表示された

5 [クイックアクセスツールバーのユーザー設定]のここをクリック

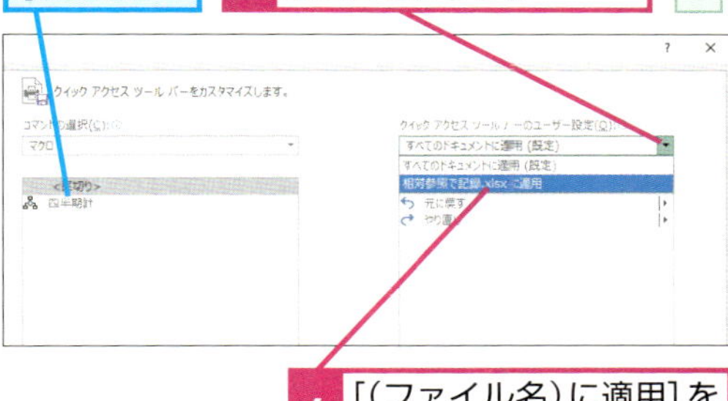

6 [(ファイル名)に適用]をクリック

7 クイックアクセスツールバーに表示するマクロをクリック

8 [追加]をクリック

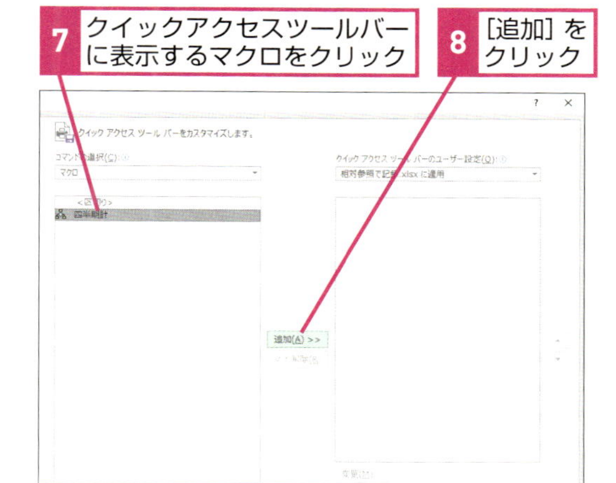

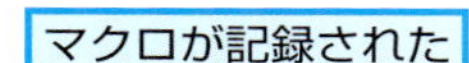

マクロが記録された

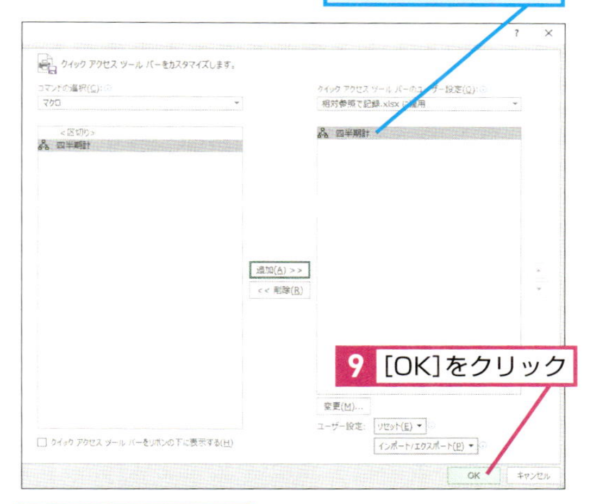

9 [OK]をクリック

マクロのボタンが追加された

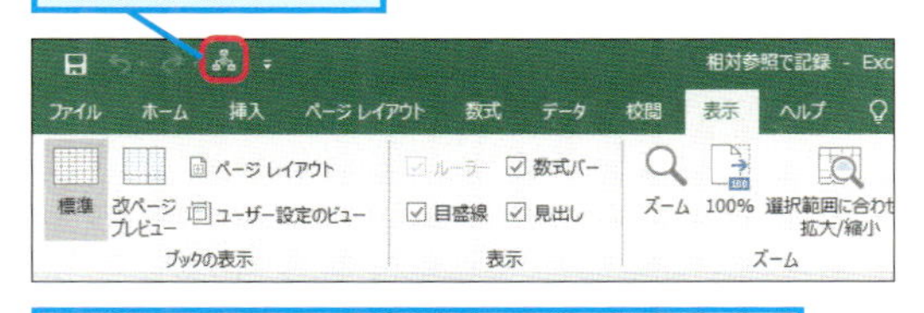

追加したボタンを削除するには、ボタンを右クリックして[クイックアクセスツールバーから削除]を選択する

レッスン

10 別のワークシートにデータを転記するには

相対参照と絶対参照の切り替え

相対参照を使ってワークシート間でデータをコピーする操作をマクロに記録します。このレッスンでは、マクロの記録中に参照方法を切り替える方法を解説します。

作成するマクロ

相対参照の基準となるセルを選択する（手順 1） 絶対参照

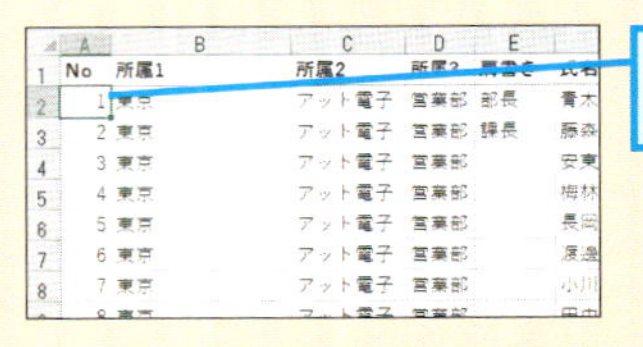

セルA2を選択する

マクロの記録を開始して相対参照に切り替える（手順 2 ～ 4） 相対参照

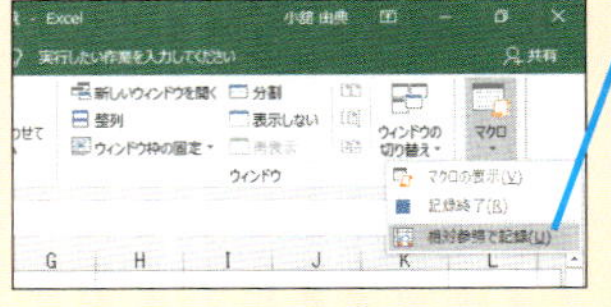

相対参照に切り替える

選択したセル範囲をコピーしてワークシートを切り替える（手順 5 ～ 7） 相対参照

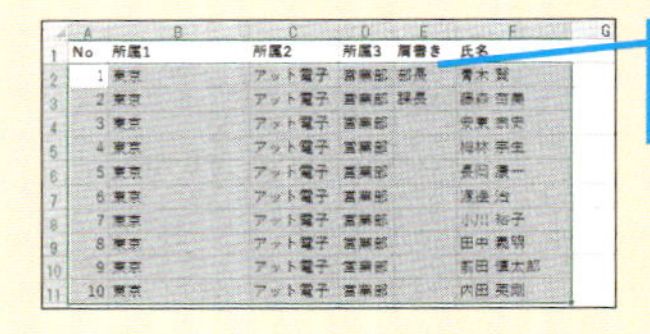

セル範囲をコピーする

絶対参照に切り替えてデータを貼り付け、あて名を印刷する（手順 8 ～ 12） 絶対参照

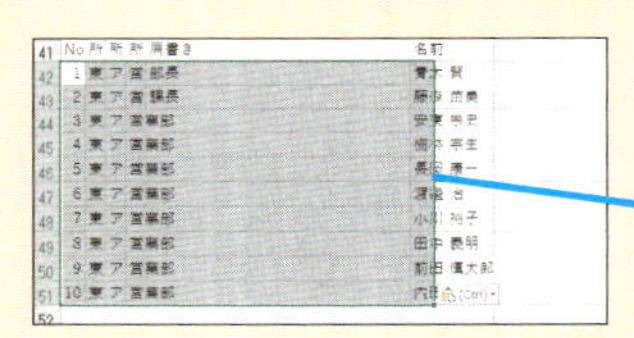

絶対参照に切り替える

ワークシートを切り替えて、データを貼り付ける

ワークシートを切り替えて相対参照に切り替える（手順 13、14） 相対参照

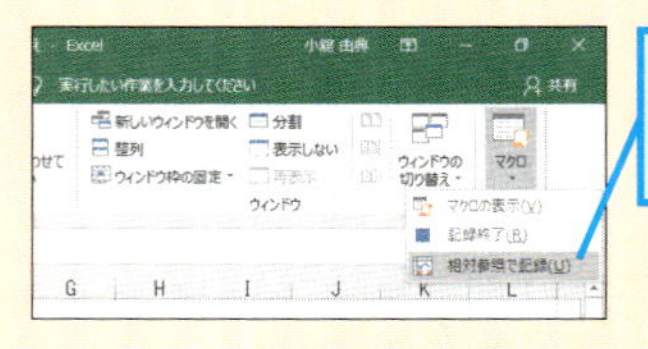

ワークシートを切り替えて、相対参照に切り替える

次に印刷する行のセルを選択する（手順 15） 相対参照

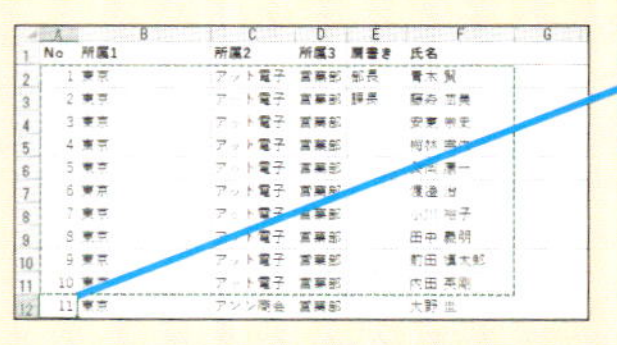

セルA12を選択する

絶対参照に切り替えてマクロの記録を終了する（手順 16、17） 絶対参照

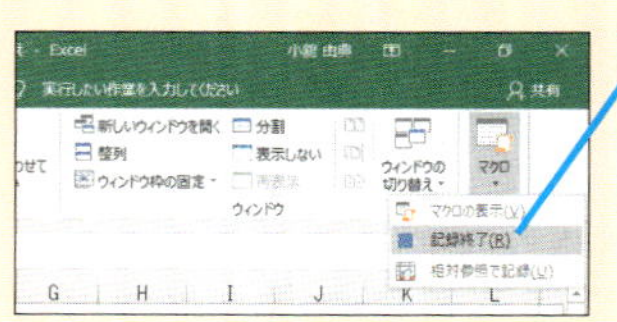

絶対参照に切り替えて、マクロの記録を終了する

このマークが入っている手順は、マクロとして記録されます。
間違えないように操作してください

マクロの記録

セルを選択する

［相対参照と絶対参照の切り替え.xlsx］を開いておく

マクロを記録する前に、相対参照の基準となるセルを選択する

1 セルA2をクリックして選択

A1 No

	A	B	C	D	E	F
1	No	所属1	所属2	所属3	肩書き	氏名
2	1	東京	アット電子	営業部	部長	青木 賢
3	2	東京	アット電子	営業部	課長	藤森 苗美
4	3	東京	アット電子	営業部		安東 崇史
5	4	東京	アット電子	営業部		梅林 宗生
6	5	東京	アット電子	営業部		長岡 康一
7	6	東京	アット電子	営業部		渡邊 治
8	7	東京	アット電子	営業部		小川 裕子
9	8	東京	アット電子	営業部		田中 義明
10	9	東京	アット電子	営業部		前田 慎太郎
11	10	東京	アット電子	営業部		内田 英剛
12	11	東京	アンシ商会	営業部		大野 圭
13	12	東京	アンシ商会	営業部		大河原 言宣
14	13	東京	アンシ商会	営業部	部長	苅部 真帆
15	14	東京	アンシ商会	営業部		中村 明莉沙
16	15	東京	アンシ商会	営業部	課長	伊熊 直人
17	16	東京	アンシ商会	営業部		岩崎 司

参加者名簿　名札

2 ［マクロの記録］ダイアログボックスを表示する

セルA2が選択された

1 ［表示］タブをクリック

2 ［マクロ］をクリック

マクロ

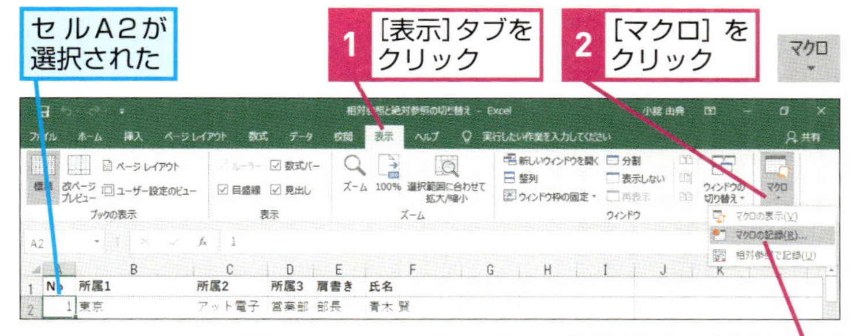

3 ［マクロの記録］をクリック

キーワード

レッスンで使う練習用ファイル
相対参照と絶対参照の切り替え.xlsx

ショートカットキー

Alt ＋ F8 ……［マクロ］ダイアログボックスの表示
Ctrl ＋ C …………コピー
Ctrl ＋ V …………貼り付け

間違った場合は？

手順1で基準のセルを間違って選択してマクロの記録を開始してしまった場合は、マクロの記録を中止してください。次に、正しいセルを選択し、もう一度同じマクロ名で最初から記録をやり直します。

次のページに続く

3 マクロの記録を開始する

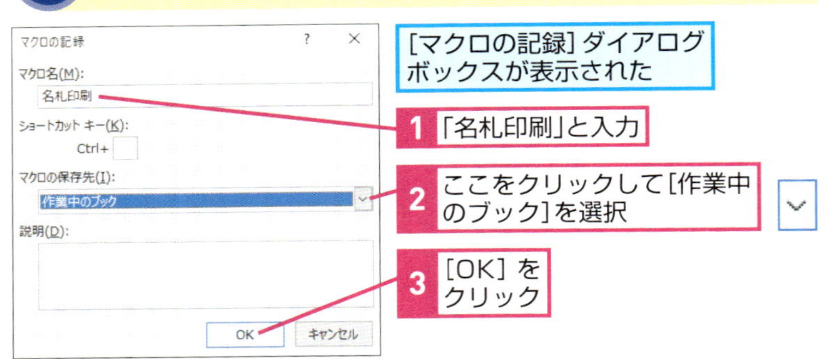

［マクロの記録］ダイアログボックスが表示された

1 「名札印刷」と入力

2 ここをクリックして［作業中のブック］を選択

3 ［OK］をクリック

4 相対参照に切り替える

マクロの記録が開始された

ここからの記録内容は相対参照で記録していく

1 ［表示］タブをクリック

2 ［マクロ］をクリック

3 ［相対参照で記録］をクリック

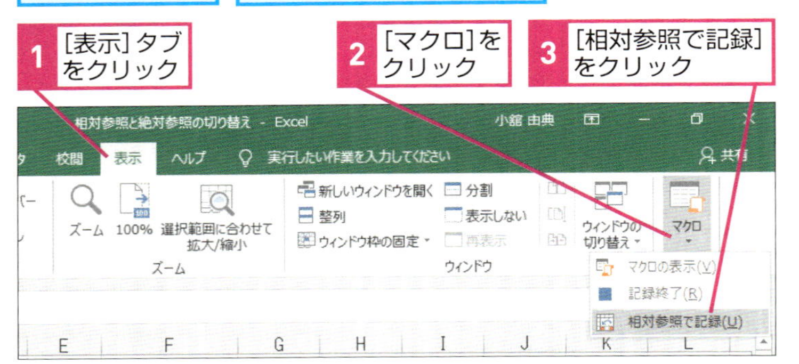

5 セル範囲を選択する

相対参照に切り替わった

相対参照に切り替わっても画面の表示は特に変わらない

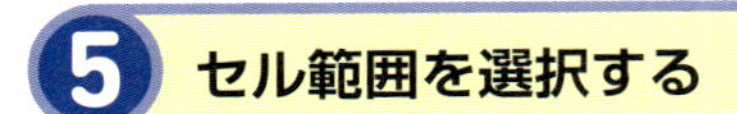

2行目のあて名データを選択する

1 セルA2にマウスポインターを合わせる

2 セルF11までドラッグ

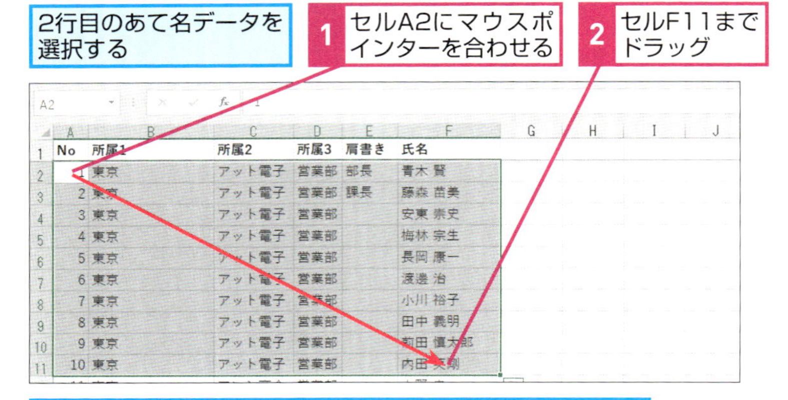

No	所属1	所属2	所属3	肩書き	氏名
1	東京	アット電子	営業部	部長	青木 賢
2	東京	アット電子	営業部	課長	藤森 苗美
3	東京	アット電子	営業部		安東 崇史
4	東京	アット電子	営業部		梅林 宗生
5	東京	アット電子	営業部		長岡 康一
6	東京	アット電子	営業部		渡邊 治
7	東京	アット電子	営業部		小川 裕子
8	東京	アット電子	営業部		田中 義明
9	東京	アット電子	営業部		前田 慎太郎
10	東京	アット電子	営業部		内田 [illegible]

相対参照に切り替わったためマクロには「セルA2～F11」ではなく、「選択したセル範囲」と記録される

HINT!
現在のセル参照の状態を確認するには

マクロの記録中は、セルの参照方法の状態が画面上に表示されません。現在の状態が絶対参照と相対参照のどちらかを確認するには、手順4のように操作して確認します。表示された一覧の［相対参照で記録］の項目が反転表示になっているときは相対参照になっています。

HINT!
セル範囲の選択はやり直しができる

選択したセル範囲がマクロに記録されるのは、セルやセル範囲を選択する操作に続けて、Excelのコマンド操作を行ったときです。例えば、手順5でセルA2～F11を選択した時点では、セルの選択範囲はマクロに記録されず、手順6で［コピー］ボタンをクリックしたときに、「選択したセル範囲と、そのセル範囲をコピーする」という操作がマクロに記録されます。そのため、セル範囲の選択を間違えたときは、次の操作を行う前に選択し直すことができるのです。

6 セル範囲をコピーする 

セルA2～F11が選択された

1 ［ホーム］タブをクリック

2 ［コピー］をクリック 

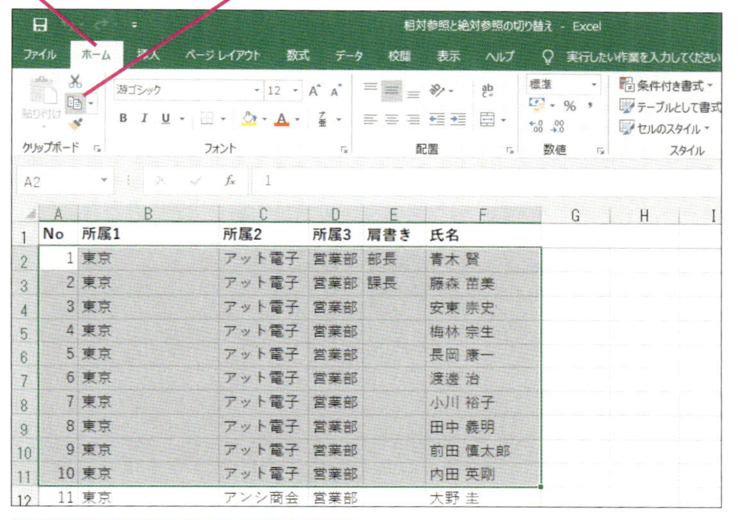

セルA2～F11がコピーされる

7 ［名札］シートを表示する 

コピーしたあて名データを［名札］シートのセルに貼り付ける

	A	B	C	D	E	F
1	No	所属1	所属2	所属3	肩書き	氏名
2	1	東京	アット電子	営業部	部長	青木 賢
3	2	東京	アット電子	営業部	課長	藤森 苗美
4	3	東京	アット電子	営業部		安東 崇史
5	4	東京	アット電子	営業部		梅林 宗生
6	5	東京	アット電子	営業部		長岡 康一
7	6	東京	アット電子	営業部		渡邊 治
8	7	東京	アット電子	営業部		小川 裕子
9	8	東京	アット電子	営業部		田中 義明
10	9	東京	アット電子	営業部		前田 慎太郎
11	10	東京	アット電子	営業部		内田 英剛
12	11	東京	アンシ商会	営業部		大野 圭
13	12	東京	アンシ商会	営業部		大河原 吉宣
14	13	東京	アンシ商会	営業部	部長	苅部 真帆
15	14	東京	アンシ商会	営業部		中村 明莉沙
16	15	東京	アンシ商会	営業部	課長	伊熊 直人
17	16	東京	アンシ商会	営業部		岩崎 司

参加者名簿 名札

平均: 5.5 データの個数: 52 合計: 55

1 ［名札］シートをクリック

HINT! 選択したセル範囲がマクロに記録される

複数のセル範囲を選択する操作で、マクロに記録されるのは選択したセル範囲です。手順5では、セルA2からセルF11のセル範囲を選択しているので、記録されるのは、「セル範囲A2:F11を選択」という内容です。セルA2からセルF11までマウスをドラッグした操作が記録されるわけではありません。

HINT! ワークシート名はそのままマクロに記録される

ワークシートの操作は、相対参照や絶対参照に関係なく、常にそのワークシート名が記録されます。複数のワークシートを切り替える操作を記録するときも、「2つ隣のシート」のような相対的な位置関係で記録されるわけではありません。

間違った場合は？

手順7で［参加者名簿］シートをクリックしてしまったときは、［名札］シートをクリックし直します。

次のページに続く

8 絶対参照に切り替える

[名札]シートが表示された

マクロの記録内容を絶対参照に切り替える

1 [表示]タブをクリック

2 [マクロ]をクリック

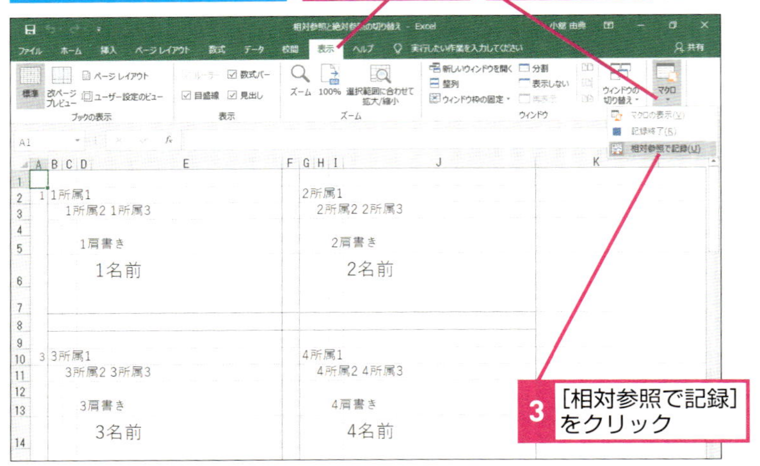

3 [相対参照で記録]をクリック

9 セルを選択する

絶対参照に切り替わった

絶対参照に切り替わっても画面の表示は特に変わらない

1 スクロールバーを下にドラッグしてスクロール

コピーしたあて名データを貼り付けるセルを選択する

2 セルA42をクリックして選択

HINT! 転記先はセル参照を使う

このレッスンで利用する[名札]シートでは、セルA42～F51に入力したデータを参照するように設定しています。各項目のセルにデータを1つずつ直接転記することもできますが、セル参照を使うとデータの転記が1回でできます。

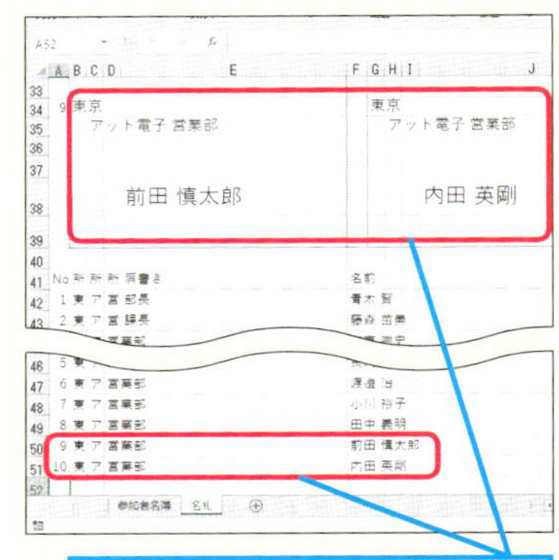

セルA42～F51を参照する数式が入力されている

間違った場合は？

マクロの記録中に操作を間違えてしまったときは、マクロの記録を終了し、42ページのHINT!を参考にマクロを削除してから、もう一度記録し直しましょう。

10 名簿データを貼り付ける 録

セルA42が選択された

横方向の名簿データを貼り付ける

1 [ホーム] タブをクリック

2 [貼り付け] をクリック

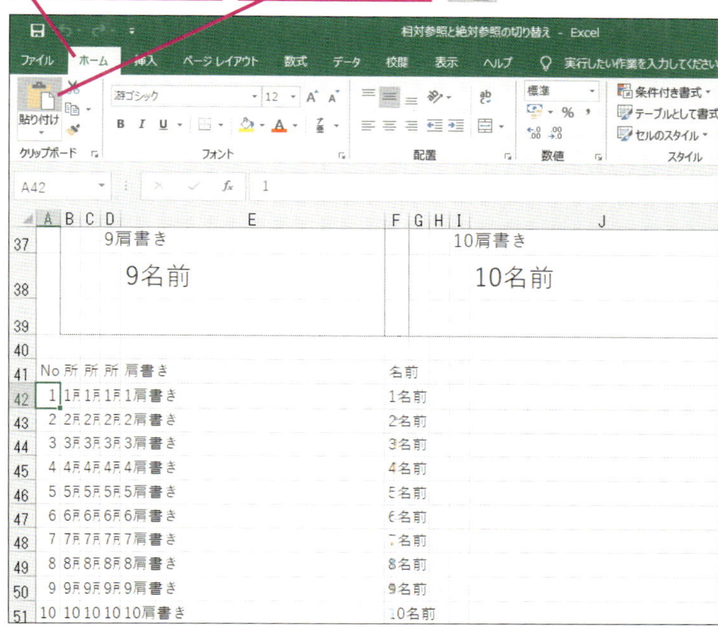

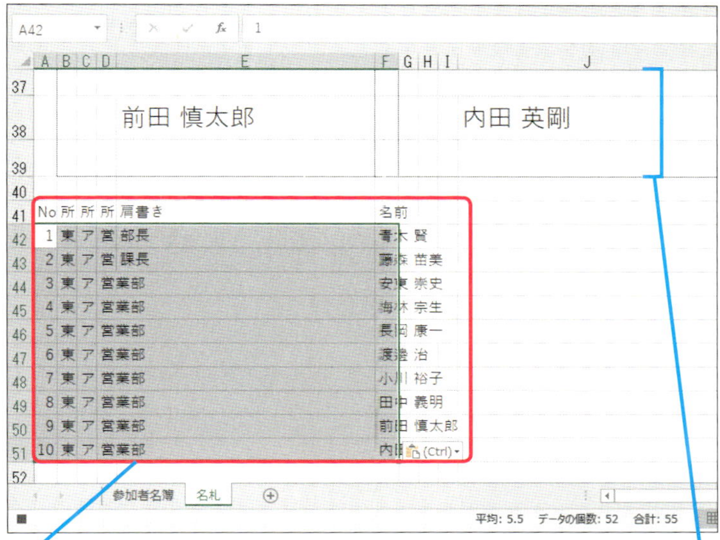

あて名データが貼り付けられた

あらかじめ数式を入力してあるため、貼り付けたあて名データがここに表示される

HINT!

ショートカットキーやショートカットメニューで操作しても記録内容は変わらない

本書ではマクロを記録するときの操作はすべてリボンからコマンドを選択しています。Excelを操作するコマンドにはショートカットキーやセルを右クリックしたときに表示されるショートカットメニューから実行できるコマンドもあります。マクロの記録で記録される内容は、リボンから実行してもショートカットキーやショートカットメニューから実行しても同じなので、いつも使っている操作で記録しても大丈夫です。

次のページに続く

11 名札を印刷する 録

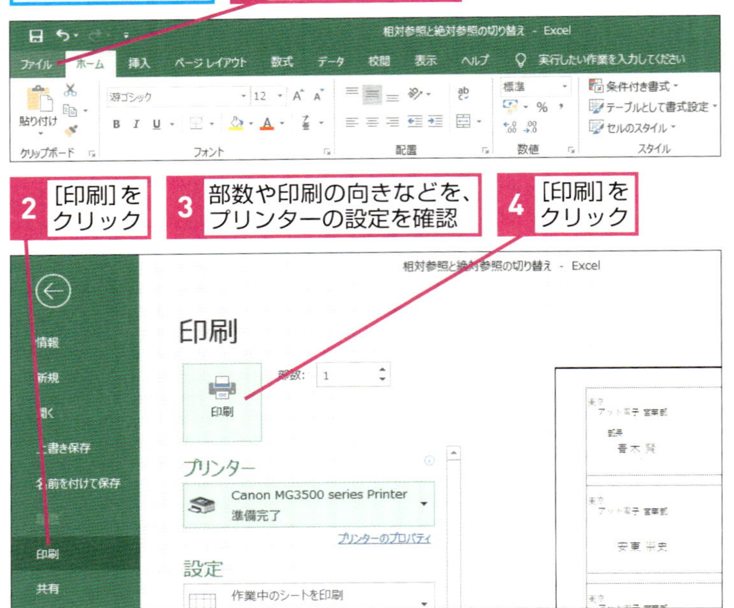

12 名札を印刷できた 録

名札を用紙に印刷できた

HINT! 印刷の設定も記録される

マクロの記録では、印刷設定の内容も一緒に記録されます。例えば、マクロを記録するときに、部数を「5」にして印刷すると、実行時に5部印刷されます。そのほか、印刷するページの指定や、用紙の向きなど、変更した設定内容が、マクロに記録されます。なお、出力先のプリンターを変更しても、その手順は記録されません。マクロの実行時に、設定されているプリンターに出力されるため、マクロの記録時とは異なる環境でマクロを実行しても、正しく動作します。

13 [参加者名簿] シートを表示する 

再び印刷する行を選択するため[参加者名簿]シートを表示する

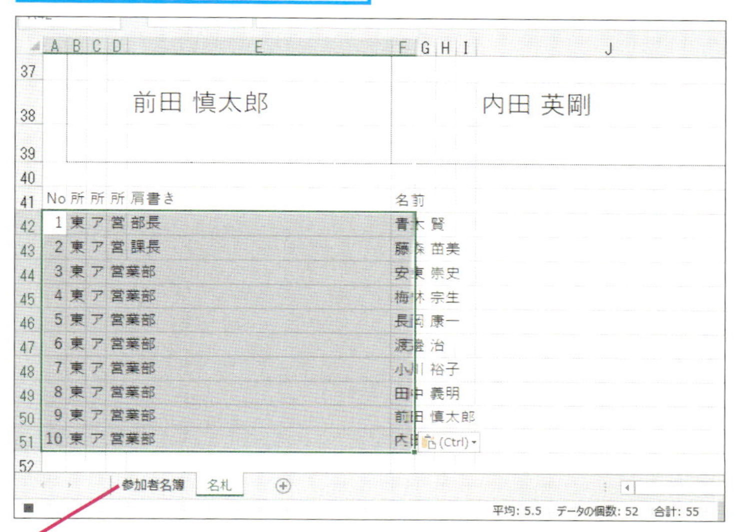

1 [参加者名簿] シートをクリック

14 相対参照に切り替える 

[参加者名簿] シートが表示された

絶対参照の記録を終了する

1 [表示] タブをクリック

2 [マクロ] をクリック

マクロ

3 [相対参照で記録] をクリック

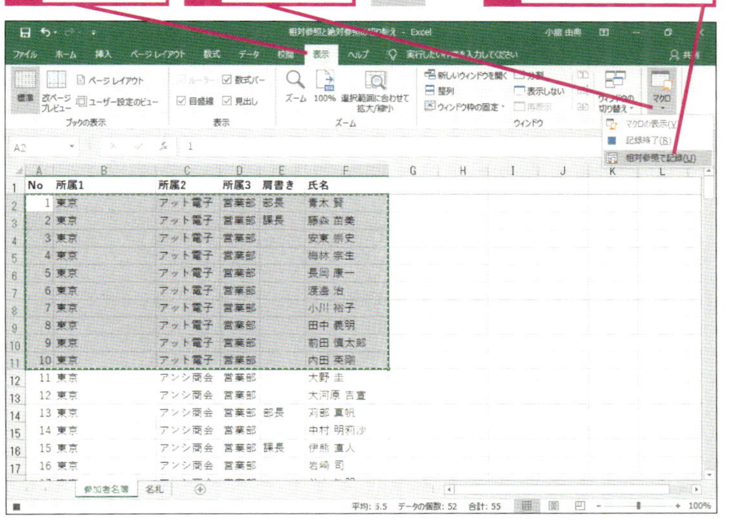

HINT! 転記先のワークシート名は変更しない

ワークシートを切り替える操作を記録したときには、マクロの記録後にワークシートの名前を変更しないようにしましょう。なぜなら、ワークシートの操作では、ワークシート名が記録されているため、ワークシート名を変更してしまうとマクロの実行時にエラーが発生してしまうからです。

間違った場合は？

マクロの記録中に操作を間違えてしまったときは、マクロの記録を終了し、42ページのHINT!を参考にマクロを削除してから、もう一度記録し直しましょう。

次のページに続く

セルを選択する

相対参照に切り替わった

相対参照に切り替わっても画面の表示は特に変わらない

はじめに印刷する行を選択しておく

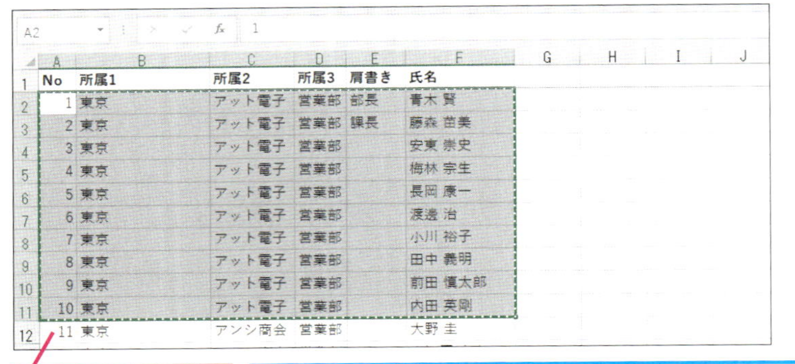

1 セルA12をクリックして選択

相対参照に切り替わったためマクロには「セルA12」ではなく、「選択されているセル」と記録される

16 再び絶対参照に切り替える 録

セルA12が選択された

相対参照の記録を終了する

1 [表示]タブをクリック

2 [マクロ]をクリック

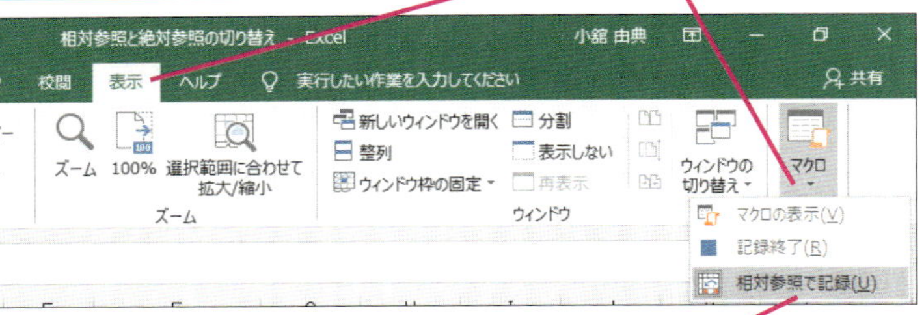

3 [相対参照で記録]をクリック

17 マクロの記録を終了する

絶対参照に切り替わった

1 [表示]タブをクリック

2 [マクロ]をクリック

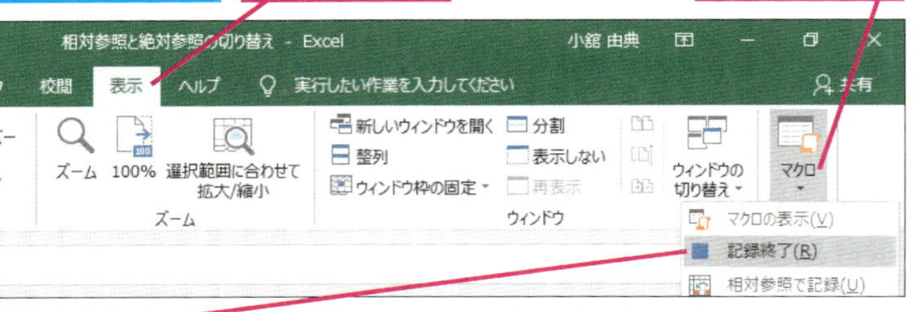

3 [記録終了]をクリック

レッスン❷を参考にマクロを含むブックを保存しておく

Esc キーを押して、セルの選択を解除しておく

HINT! マクロの記録を終了する前に絶対参照に戻しておく

マクロの記録でのセル参照は、Excelを起動した直後は「絶対参照」になっています。参照方法を「相対参照」に切り替えると、マクロの記録を終了しても自動的に「絶対参照」には戻りません。再度クリックして「絶対参照」に戻すか、Excelを終了して再起動するまでは、状態は変わりません。次にマクロを記録するときに、参照方法を間違って記録しないように、マクロの記録を終了するときには、最後に絶対参照に戻しておきましょう。

HINT! [開発]タブでマクロの相対参照と絶対参照を見分けられる

[開発]タブにある[相対参照で記録]ボタンの状態を見れば、記録中の参照方法を確認できます。[相対参照で記録]ボタンがクリックされた状態であれば相対参照で、クリックされていなければ絶対参照で記録されます。

[相対参照で記録]がクリックされていない状態のときは、絶対参照で記録される

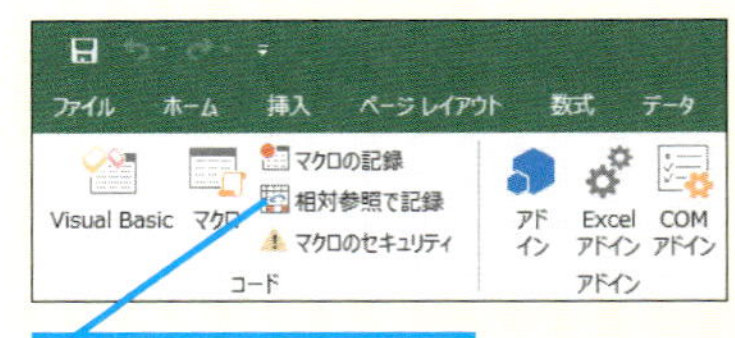

◆[相対参照で記録]

[相対参照で記録]がクリックされている状態(反転表示)のときは、相対参照で記録される

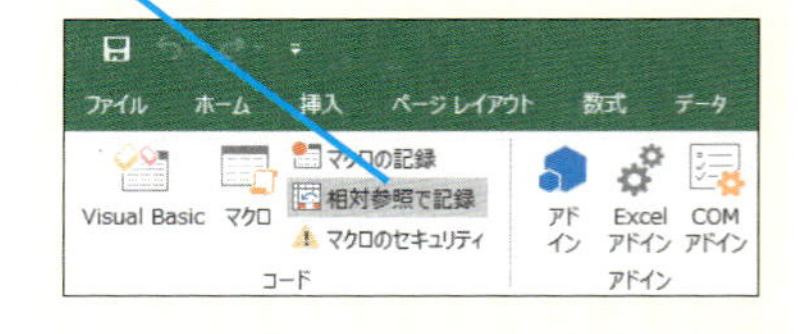

マクロの確認

18 [マクロ] ダイアログボックスを表示する

保存した[名札]マクロを実行する

印刷したい行のセルが選択されていることを確認しておく

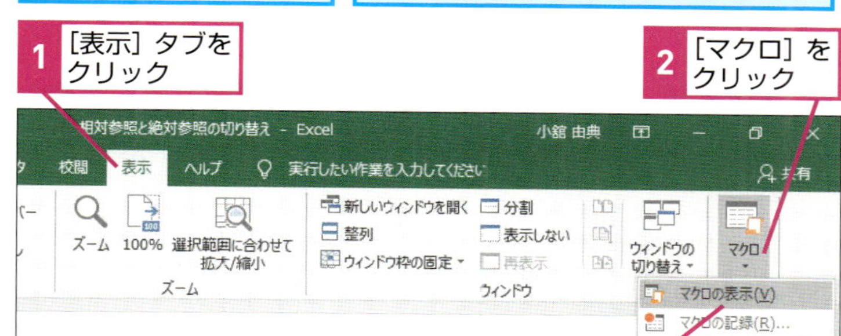

19 マクロを実行する

[マクロ] ダイアログボックスが表示された

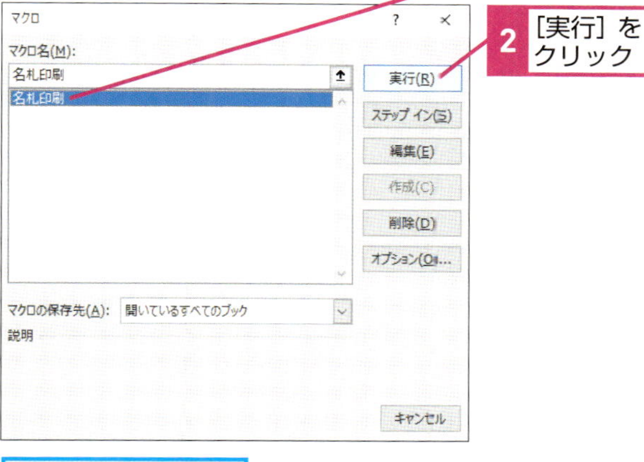

マクロが実行される

手順15で選択したセルの名札のデータが用紙に印刷される

間違った場合は？

マクロが正しく実行されなかったときは、42ページのHINT!を参考にマクロを削除し、もう一度最初から記録し直しましょう。

Point

セルのクリックでセル参照が記録される

このレッスンでは、相対参照と絶対参照を切り替えながら、名簿のデータを10行ずつまとめて転記して、名札を印刷するマクロを作成しました。参照方法を切り替えると、マクロに記録される、セル参照の方法が変わります。絶対参照では、選択したセル参照が、そのまま記録されます。相対参照では、直前に選択されていたセルからの、相対的な位置情報に変換されて記録されます。記録されるタイミングは、マウスでセルをクリックして選択したときで、参照方法に応じて、その内容がマクロに記録されます。このレッスンでは、手順5と手順9、手順15でセルを選択したときです。セルの選択後に参照方法を変更しても、すでに記録されたセルの位置情報は変更されないので、注意してください。

この章のまとめ

●セルを相対的な位置関係で操作できる

この章では、マクロを記録するときのセル参照に、絶対参照と相対参照の2種類があることを紹介しました。相対参照でマクロを記録すると、記録の開始時に選択しているセルを基準に相対的な位置関係でセル参照を記録できるので、行方向や列方向に移動しながら処理を行うマクロを記録できます。ワークシート間でのデータ転記と組み合わせると、さらに応用範囲が広がります。レッスン❾では売り上げ一覧表に四半期計を挿入するマクロ、さらにレッスン❿では、名簿の一覧から名札を印刷するマクロを紹介しました。相対参照を利用した記録と絶対参照を利用した記録を組み合わせると、マクロをさらに活用できるようになります。さまざまなマクロの記録に挑戦してみてください。

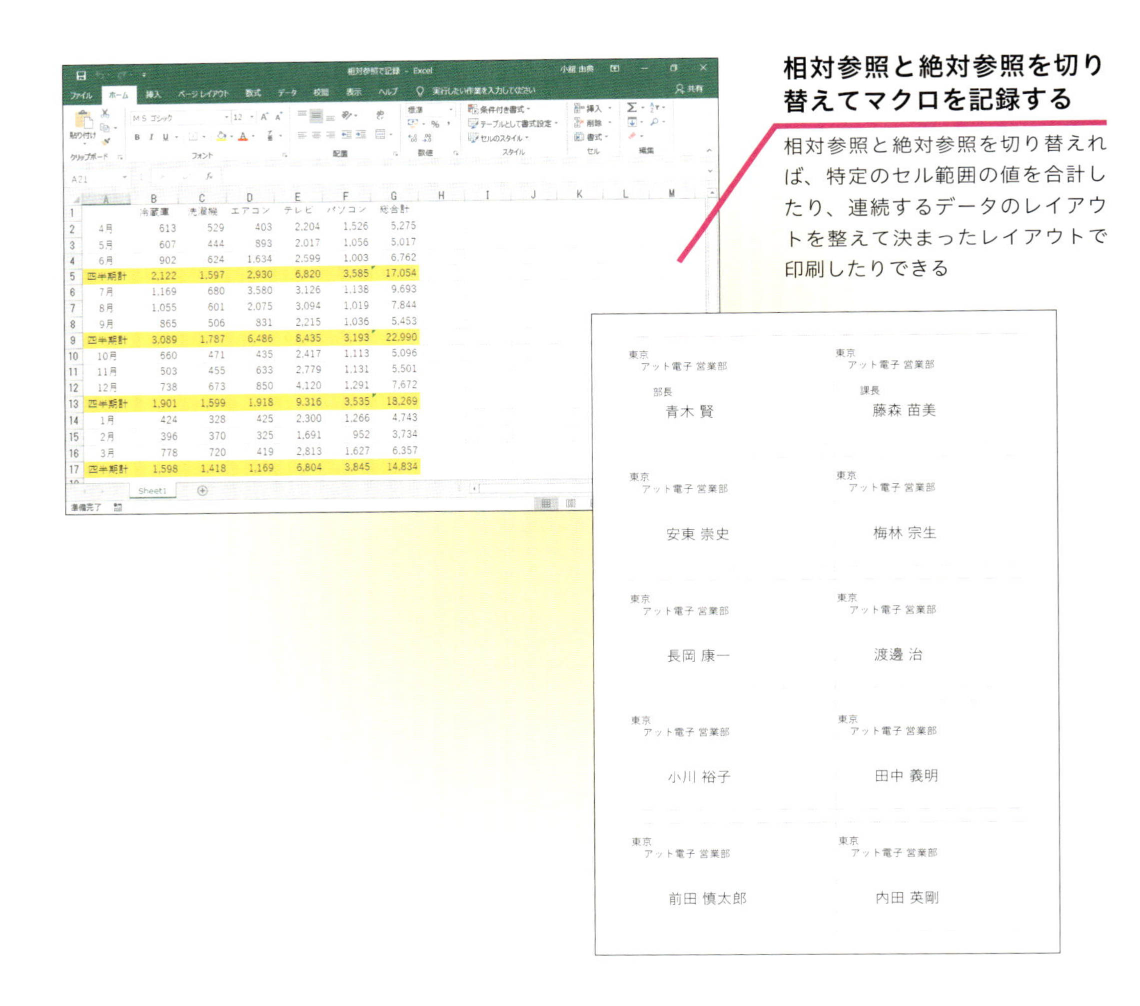

相対参照と絶対参照を切り替えてマクロを記録する

相対参照と絶対参照を切り替えれば、特定のセル範囲の値を合計したり、連続するデータのレイアウトを整えて決まったレイアウトで印刷したりできる

練習問題

1

練習用ファイルの［第3章_練習問題.xlsx］を開いて、3行目から1行ごとにセルA3～F3を［薄い緑］に塗りつぶすマクロを記録しましょう。

●ヒント：レッスン❾を参考にして操作します。まず、マクロの記録を開始する前に、セルA3を選択しておきましょう。マクロ名は「行の塗りつぶし」にします。塗りつぶしの設定後にセルA5を選択して、マクロの記録を終了してください。

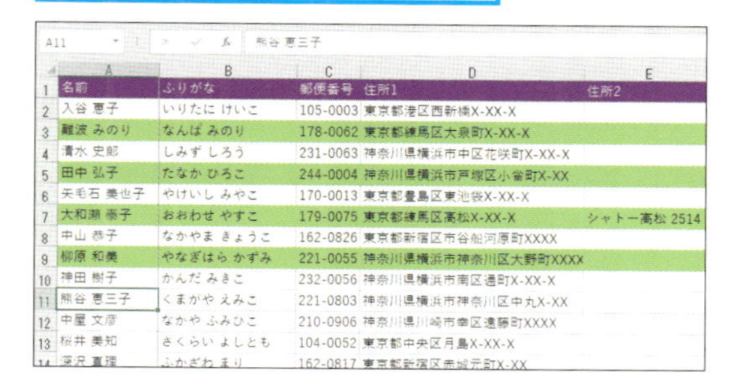
3行目から1行ごとにセル範囲の背景色を変更する
A11
熊谷 恵三子

	A	B	C	D	E
1	名前	ふりがな	郵便番号	住所1	住所2
2	入谷 恵子	いりたに けいこ	105-0003	東京都港区西新橋X-XX-X	
3	難波 みのり	なんば みのり	178-0062	東京都練馬区大泉町X-XX-X	
4	清水 史郎	しみず しろう	231-0063	神奈川県横浜市中区花咲町X-XX-X	
5	田中 弘子	たなか ひろこ	244-0004	神奈川県横浜市戸塚区小雀町X-XX	
6	矢毛石 美也子	やけいし みやこ	170-0013	東京都豊島区東池袋X-XX-X	
7	大和瀬 泰子	おおわせ やすこ	179-0075	東京都練馬区高松X-XX-X	シャトー高松 2514
8	中山 恭子	なかやま きょうこ	162-0826	東京都新宿区市谷船河原町XXXX	
9	柳原 和美	やなぎはら かずみ	221-0055	神奈川県横浜市神奈川区大野町XXXX	
10	神田 樹子	かんだ みきこ	232-0056	神奈川県横浜市南区通町X-XX-X	
11	熊谷 恵三子	くまがや えみこ	221-0803	神奈川県横浜市神奈川区中丸X-XX	
12	中屋 文彦	なかや ふみひこ	210-0906	神奈川県川崎市幸区遠藤町XXXX	
13	桜井 美知	さくらい よしとも	104-0052	東京都中央区月島X-XX-X	
14	深沢 真理	ふかざわ まり	162-0817	東京都新宿区赤城元町X-XX	

この章のまとめ・練習問題

答えは次のページ

解　答

1

マクロの記録を開始する前に、最初に塗りつぶす行のセルA3をクリックします。［マクロの記録］ダイアログボックスを表示して、［マクロ名］に「行の塗りつぶし」と入力し、［OK］ボタンをクリックするとマクロの記録が開始されます。次に左の手順を参考にして、相対参照に切り替えます。セルA3～F3を［薄い緑］で塗りつぶしましょう。続けて、次に色を塗りつぶす行としてセルA5をクリックしてから、左の手順を参考に絶対参照に切り替えて、マクロの記録を終了します。

［第3章_練習問題.xlsx］をExcelで開いておく

1 セルA3をクリックして選択

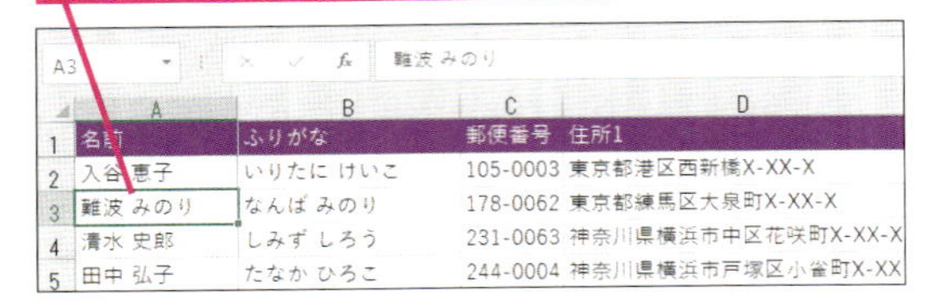

2 レッスン❼の手順1を参考に［マクロの記録］ダイアログボックスを表示

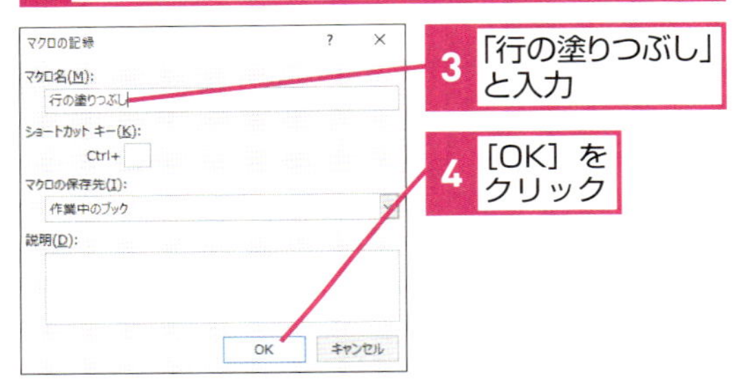

3 「行の塗りつぶし」と入力

4 ［OK］をクリック

マクロの記録が開始された

5 ［表示］タブをクリック

6 ［マクロ］をクリック

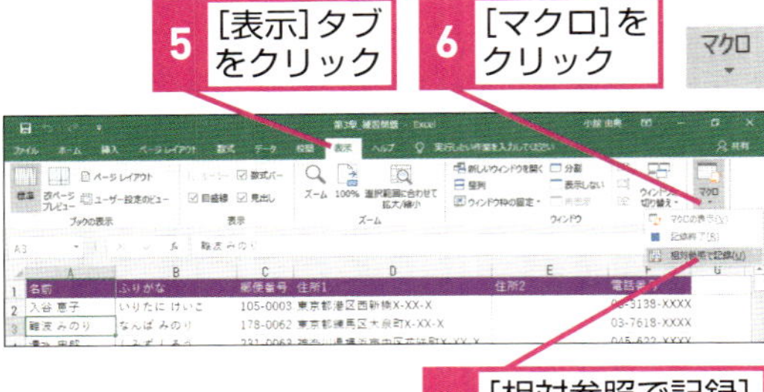

7 ［相対参照で記録］をクリック

8 セルA3にマウスポインターを合わせる

9 セルF3までドラッグ

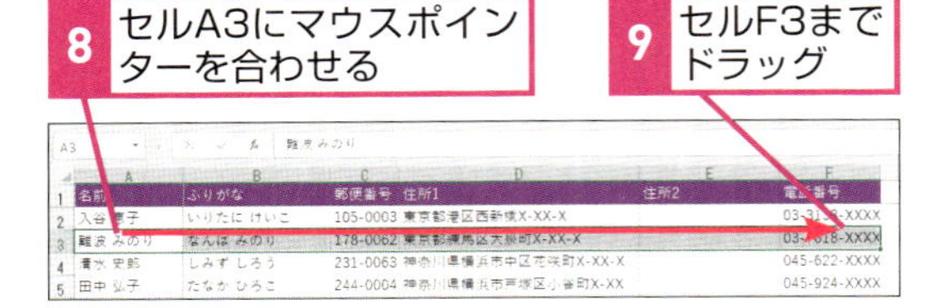

相対参照に切り替わったためマクロには「セルA3～F3」ではなく、「選択したセル範囲」と記録される

10 ［ホーム］タブをクリック

11 ［塗りつぶしの色］のここをクリック

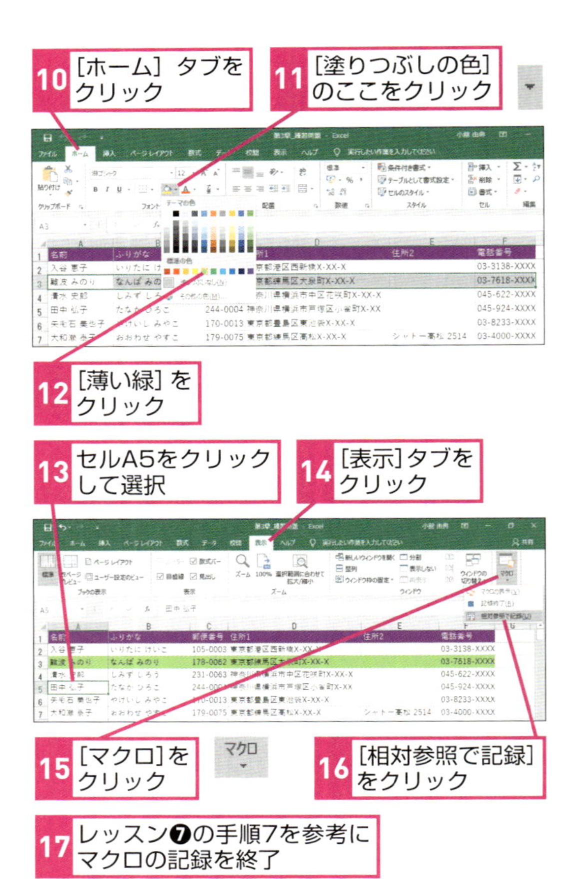

12 ［薄い緑］をクリック

13 セルA5をクリックして選択

14 ［表示］タブをクリック

15 ［マクロ］をクリック

16 ［相対参照で記録］をクリック

17 レッスン❼の手順7を参考にマクロの記録を終了

第3章 相対参照を使ったマクロを記録する

第4章 VBAの基本を知る

この章ではVBAとはどのようなものなのか、そして、マクロの記録とどのように関係しているかを解説します。また、VBEを利用してマクロで記録した内容を編集する方法も紹介します。VBAについて知っておくと、マクロをさらに使いこなせるようになります。VBAの基本をマスターしましょう。

●この章の内容

レッスン

11 VBAとは

Excel VBA

「VBA」(ブイビーエー)とはいったい何でしょうか? 実はマクロとVBAには密接な関係があります。このレッスンではVBAがどういうものなのかを説明します。

マクロの記録とVBAの関係

VBAとは「Visual Basic for Applications」の略で、ExcelなどOffice製品の操作を自動化するためのマイクロソフトのプログラミング言語です。マクロの記録では、Excelの操作手順をExcelが理解できる形に変換されて記録されます。この「Excelが理解できる形」というものが、VBAのコードで記述されたプログラムなのです。今まで行っていたマクロの記録とは、Excelを操作することで、自動的にVBAのコードを生成してプログラムを作成する作業だったのです。VBAのコードを直接記述することで、マクロの修正や新しいマクロの作成もできます。

●記録したマクロとVBAの内容

セルA1を選択する ▶ オートフィルターを設定する ▶ クラスBのデータを抽出する

A1 fx クラス

	A	B	C	D	E	F	G	H	I
1	クラス	番号	氏名	国語	英語	数学	理科	社会	合計
52	B	1	小畠 きよ子	71	64	41	80	46	302
53	B	2	日浦 京子	67	79	81	64	86	377
54	B	3	奥井 光正	67	66	60	86	59	338
55	B	4	高瀬 美香子	67	98	58	70	50	343
56	B	5	橋爪 航	78	10	63	66	56	273
57	B	6	中山 由比	82	19	65	10	87	263

マクロの記録により自動的にVBAのプログラム(コード)が作成される

◆VBA
マクロに記録した操作はVBAというプログラミング言語に置き換えられて記録される

セルA1を選択する ▶ オートフィルターを設定する ▶ クラスBのデータを抽出する

```
Range("A1").Select
Selection.AutoFilter
ActiveSheet.Range("$A$1:$I$251").AutoFilter Field:=1, Criteria1:="B"
```

キーワード

HINT!

コードって何?

「コード」とは、VBAに記述されている文字や記号、または命令などのことを指します。本来コードとは「記号」や「暗号」といった意味の言葉で、コンピューターが理解できるように作られた「言葉」を表すために使われています。マクロの記録で作成したVBAの内容を「マクロコード」と呼ぶこともあります。

繰り返し処理が可能

レッスン❾では、四半期の合計を求めてセル範囲の色を変更する操作をマクロに記録しました。レッスン❿では、参加者名簿のデータを名札用にレイアウトした別のワークシートにコピーし、名札を印刷するマクロを記録しました。もし、ブック全体でこれらの作業を実行するときは何度も続けてマクロを実行する必要があります。しかし、VBAを利用すれば、同じ処理の繰り返し（ループ）を設定できるため、1回の実行で必要な回数だけ繰り返して処理できます。

四半期の合計を求める処理をマクロで簡単に繰り返せる

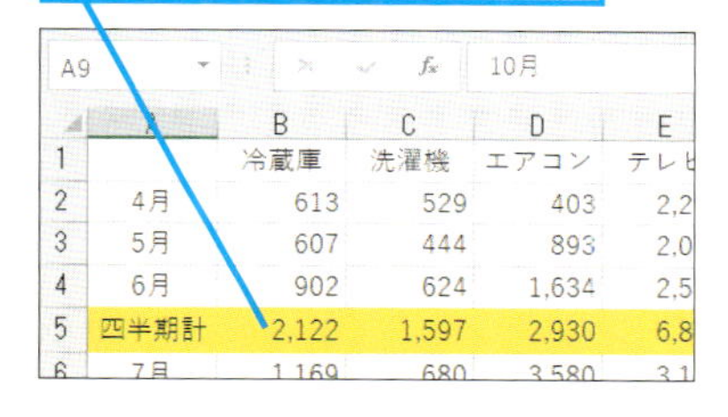

	A	B	C	D	E
1		冷蔵庫	洗濯機	エアコン	テレビ
2	4月	613	529	403	2,2
3	5月	607	444	893	2,0
4	6月	902	624	1,634	2,5
5	四半期計	2,122	1,597	2,930	6,8
6	7月	1,169	680	3,580	3,1

繰り返し処理の例1

四半期の合計を計算する行を挿入する

繰り返し処理の例2

四半期の合計を計算して数式をコピーし、セル範囲の背景色を変更する

指定した条件による処理の変更

「操作の途中で条件によって処理を変える」といったマクロを作成するときは、まず操作を分けてマクロを記録し、その都度、状況に応じたマクロを選択して実行する必要があります。しかし、VBAを利用すれば、マクロの実行中に指定した条件ごとに、それぞれ異なる処理が行えます。データや条件が違っても同じ1つのマクロで目的の結果が得られます。

データが「7」なら青、「8」なら赤、「9」なら黄色の背景色を付ける操作も1つのマクロで実行できる

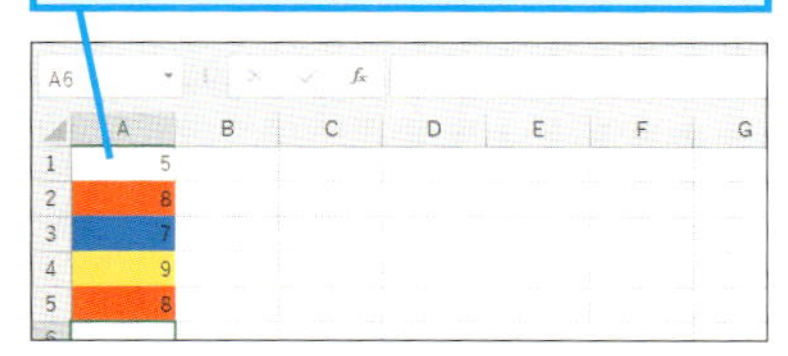

	A
1	5
2	8
3	7
4	9
5	8

条件分岐の例1

セルに入力されているデータを判断して、別々の背景色を付ける

条件分岐の例2

セルに入力されている数値や数式などを判断して、小計や合計、端数処理するなどの計算を行う

指定した条件で、送料の加算や値引きなどの計算ができる

16	3	洗濯機 全自動6Kg	50,000	3	150,000	工場直
17	4	洗濯機 ドラム式4Kg	55,000	6	330,000	
18	5	洗濯機 ドラム式8Kg	80,000	3	240,000	
19	6	冷蔵庫 250L	40,000	3	120,000	
20	7	BDレコーダー HDD 500G	43,000	3	129,000	
21	8	BDメディア 5枚パック 10パック入り	5,000	2	10,000	サービ
22		特別値引き			-10,000	
23		配送料			1,800	

HINT!
VBAでより高度な操作を自動化できる

マクロの記録で、セルの書式設定やコピーなどの操作は簡単にできますが、セルの値の計算や日付の操作はできることに限りがあります。マクロの記録では難しい操作も、VBAを使えば解決できます。

Point
VBAのコードを直接記述すればExcelがもっと便利に使える

これまで紹介してきたマクロの記録というのは、Excelの操作を自動的にVBAのコードに変換してVBAのプログラムを作成する作業を行っていたのです。第4章からはこれまで自動で作成されていたVBAのコードを直接記述してVBAのプログラムを作成していきます。VBAのコードを直接記述することで、マクロの記録では実現できなかったことが可能になります。慣れるまでは少し戸惑うこともあるかもしれませんが、VBAのコードを記述してプログラムを作ることができるようになれば、Excelがもっと便利なツールとして使えるようになります。

レッスン
12 記録したマクロの内容を表示するには

VBEの起動、終了

レッスン⓫では、マクロの記録によって、自動的にVBAのプログラムが作成されることを解説しました。このレッスンでは、マクロの内容をVBEで見てみましょう。

VBE（Visual Basic Editor）の起動

1 ［マクロ］ダイアログボックスを表示する

［VBEの起動、終了.xlsm］をExcelで開いておく

1 ［表示］タブをクリック

2 ［マクロ］をクリック

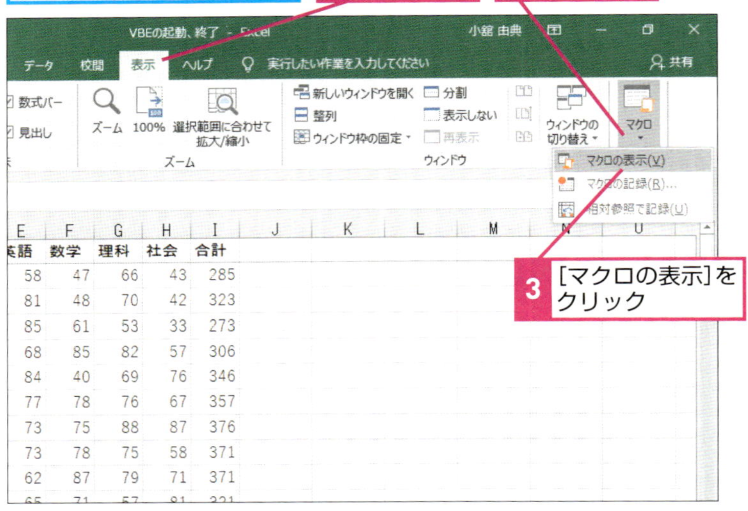

3 ［マクロの表示］をクリック

2 VBEを起動する

［マクロ］ダイアログボックスが表示された

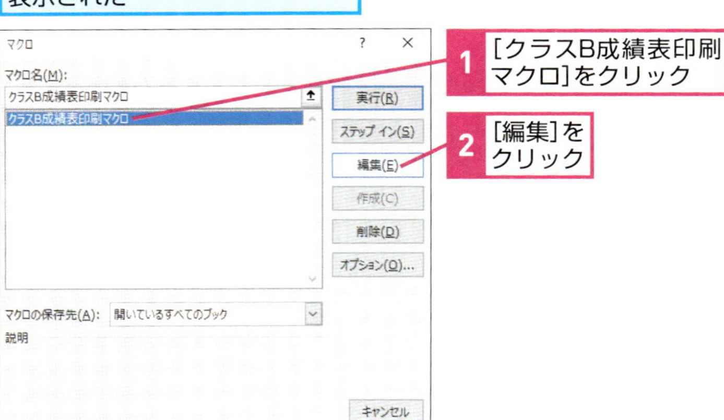

1 ［クラスB成績表印刷マクロ］をクリック

2 ［編集］をクリック

キーワード

VBA	p.322
VBE	p.322
コード	p.323
コードウィンドウ	p.323
コメント	p.324
モジュール	p.327

レッスンで使う練習用ファイル
VBEの起動、終了.xlsm

ショートカットキー

Alt + F8 ……
［マクロ］ダイアログボックスの表示

Alt + F11 ……
ExcelとVBEの表示切り替え

HINT!

VBAはVBEで編集する

VBEとは「Visual Basic Editor」の略で、VBA（マクロ）の編集や新規作成をするためのツールです。VBEはExcelの画面から起動します。手順2では、マクロを選択してから［編集］ボタンをクリックして、VBEを起動しています。VBEを素早く起動したいときは、［開発］タブを利用します。詳しくは、レッスン⓯を参照してください。

間違った場合は？

手順3のプロジェクトエクスプローラーのウィンドウ内に［標準モジュール］がないときは、マクロが記録されていないブックを開いています。［閉じる］ボタンをクリックしてVBEを終了してから目的のブックを開き、手順1から操作をやり直しましょう。

3 コードウィンドウを最大化する

VBEが起動し、マクロの内容が表示された

コードを編集しやすいようにVBEのウィンドウとコードウィンドウを最大化する

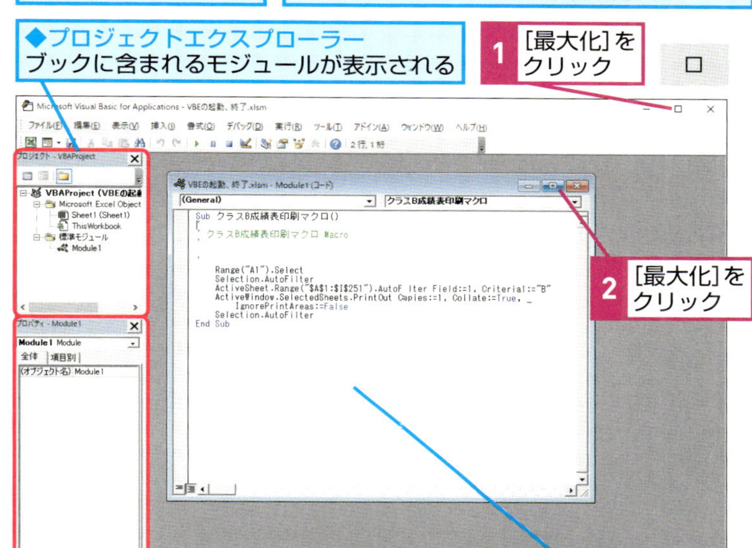

◆プロジェクトエクスプローラー
ブックに含まれるモジュールが表示される
1 [最大化]をクリック
□
2 [最大化]をクリック
◆プロパティウィンドウ
プロジェクトエクスプローラーで選択した項目の名前や属性が表示される
◆コードウィンドウ
マクロに記録した内容がコードとして表示される

4 コードウィンドウが最大化された

VBEのウィンドウとコードウィンドウが最大化された

マクロに記録されたコードが表示されている

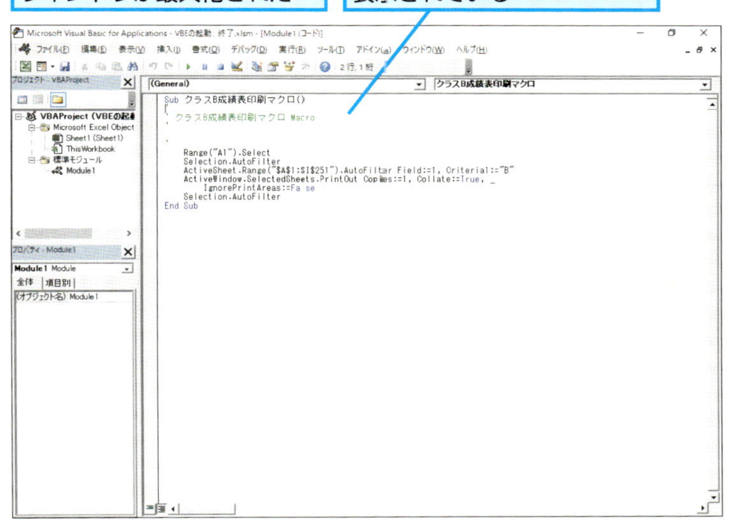

HINT! VBEはExcelに搭載されている

VBAの作成や編集には、このレッスンで紹介している「Visual Basic Editor」（VBE）を利用しますが、VBEはExcelに搭載されている機能なので、あらためてソフトウェアを用意する必要はなく、インストールなどの必要もありません。

HINT! 画面の表示が異なるときは

VBEのウィンドウの左側に表示されているプロジェクトエクスプローラーやプロパティウィンドウを間違って閉じてしまったときは、［表示］メニューの［プロジェクトエクスプローラー］や［プロパティウィンドウ］をクリックします。また、コードウィンドウ内にある、モジュールのウィンドウを閉じてしまったときは、プロジェクトエクスプローラーの［標準モジュール］にある［Module1］など、表示したいモジュールをダブルクリックすれば、もう一度ウィンドウが表示されます。

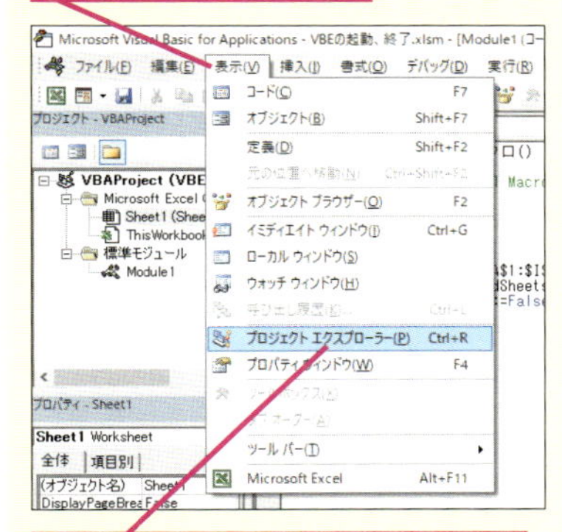

1 [表示]をクリック
2 [プロジェクトエクスプローラー]をクリック
プロジェクトエクスプローラーが表示される

次のページに続く

モジュールとプロシージャの関係

VBEの画面に表示されたVBAコードの意味をすぐに理解するのは難しいと思うので、はじめにVBAを構成する「モジュール」と「プロシージャ」の2つの要素を覚えておきましょう。プロシージャは1つのマクロが成り立つ最小の単位です。1つ以上のプロシージャが集まって1つのモジュールが構成されます。1つのマクロを記録するとプロシージャが1つ作成されます。なお、1つのブックには複数のモジュールを保存でき、1つのモジュールに複数のプロシージャを記述できます。マクロで記録した処理内容はVBAでは、「Sub」と「End Sub」でくくられます。

HINT!

緑色の行はコードの説明文を表す

VBEでコードを表示すると、記録日やユーザー名などが緑色で表示されている行があります。この行は「コメント」と呼ばれ、マクロの実行時には無視されます。VBAでは「'」(シングルクォーテーション) 以降がコメント(説明文)として認識されます。コメントは、コードの自由な位置に記述でき、追記も可能です。処理の説明文として、コードの途中に書いておけば、後からマクロを見たときに分かりやすくなるので便利です。

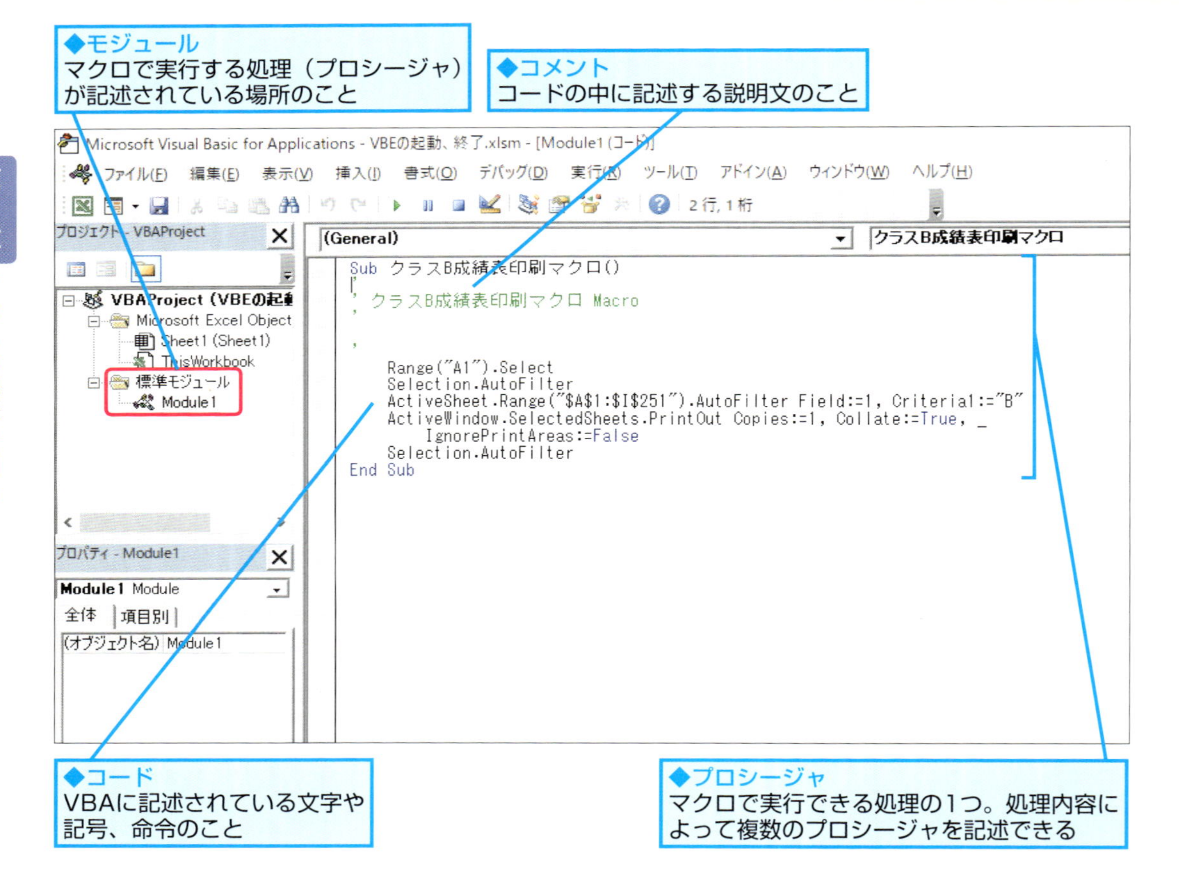

VBEの終了

5 VBEを終了する

マクロの内容を表示できたのでVBEの画面を閉じる

1 [閉じる] をクリック

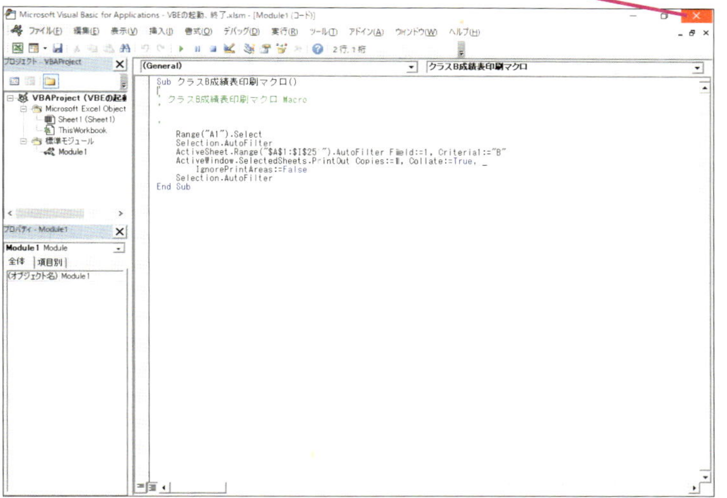

6 VBEが終了した

VBEが終了し、Excelの画面が表示された

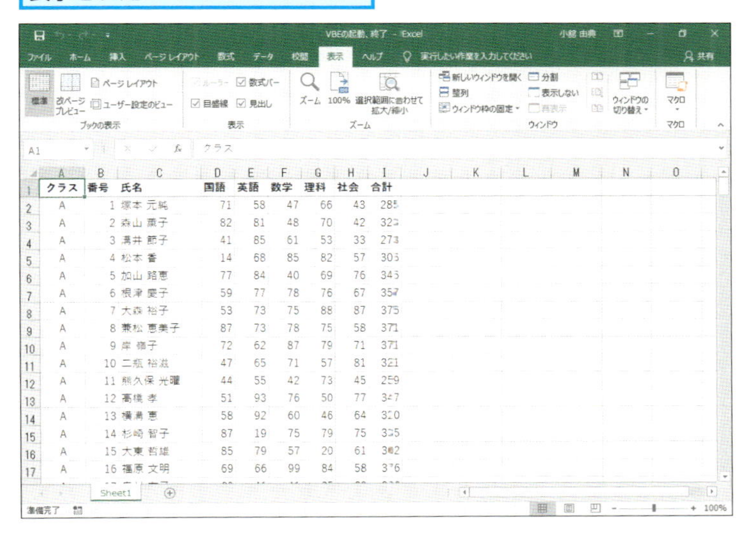

	A	B	C	D	E	F	G	H	I
1	クラス	番号	氏名	国語	英語	数学	理科	社会	合計
2	A	1	塚本 元紀	71	58	47	66	43	285
3	A	2	森山 薫子	82	81	48	70	42	323
4	A	3	溝井 節子	41	85	61	53	33	273
5	A	4	松本 香	14	68	85	82	57	306
6	A	5	加山 路恵	77	84	40	69	76	346
7	A	6	根津 慶子	59	77	78	76	67	357
8	A	7	大森 裕子	53	73	75	88	87	376
9	A	8	兼松 恵美子	87	73	78	75	58	371
10	A	9	岸 徳子	72	62	87	79	71	371
11	A	10	二瓶 裕滋	47	65	71	57	81	321
12	A	11	熊久保 光曜	44	55	42	73	45	259
13	A	12	高橋 孝	51	93	76	50	77	347
14	A	13	横溝 恵	58	92	60	46	64	320
15	A	14	杉崎 智子	87	19	75	79	75	335
16	A	15	大東 哲雄	85	79	57	20	61	302
17	A	16	福原 文明	69	66	99	84	58	376

HINT! 保存に関するメッセージが表示されたときは

VBEのウィンドウを表示したときに、誤ってコードに何らかの変更をしてしまうと、Excelでブックを閉じようとしたときに、ブックへの変更を保存するか確認するダイアログボックスが表示されることがあります。コードの変更などの操作を意図的に行っていないのであれば、[保存しない] ボタンをクリックしましょう。

コードに変更を加えてブックを閉じると、保存を確認するメッセージが表示される

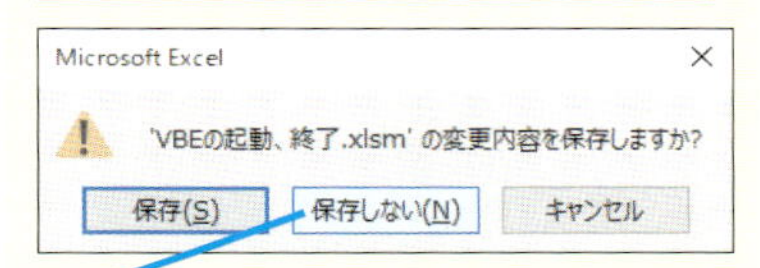

コードの変更をブックに反映しないときは、[保存しない] をクリックする

Point VBEを起動してマクロの内容を表示する

このレッスンでは、マクロの内容を確認するためにVBEを起動しました。VBEは最初からExcelに搭載されている、VBA（マクロ）の編集や作成ができる専用のツールです。マクロが含まれているブックをVBEで表示すると、マクロの内容がコードで表示されます。VBAは「モジュール」と「プロシージャ」の2つの要素から構成されていることを覚えておきましょう。なお、1つのモジュールに複数のプロシージャを記述することも可能ですが、1回のマクロの記録で自動的に作成されるプロシージャは1つです。

レッスン

13 VBAを入力する画面を確認しよう

Visual Basic Editor

レッスン⓬で起動したVBEの操作画面について詳しく見てみましょう。VBAを習得するために、VBEの操作画面に慣れておきましょう。

VBEの画面構成

VBEの画面にマクロの内容がコードで表示されることはレッスン⓬で解説しました。このレッスンでは、VBEの画面の主な名称と役割を解説します。VBEを起動した直後は標準で、画面左側にプロジェクトエクスプローラーとプロパティウィンドウが表示され、画面中央にはコードを編集できるコードウィンドウが表示されます。各部の名称と役割を覚えておきましょう。

キーワード

VBA	p.322
VBE	p.322
コードウィンドウ	p.323
タイトルバー	p.325
プロジェクトエクスプローラー	p.327
プロパティ	p.327
プロパティウィンドウ	p.327
モジュール	p.327

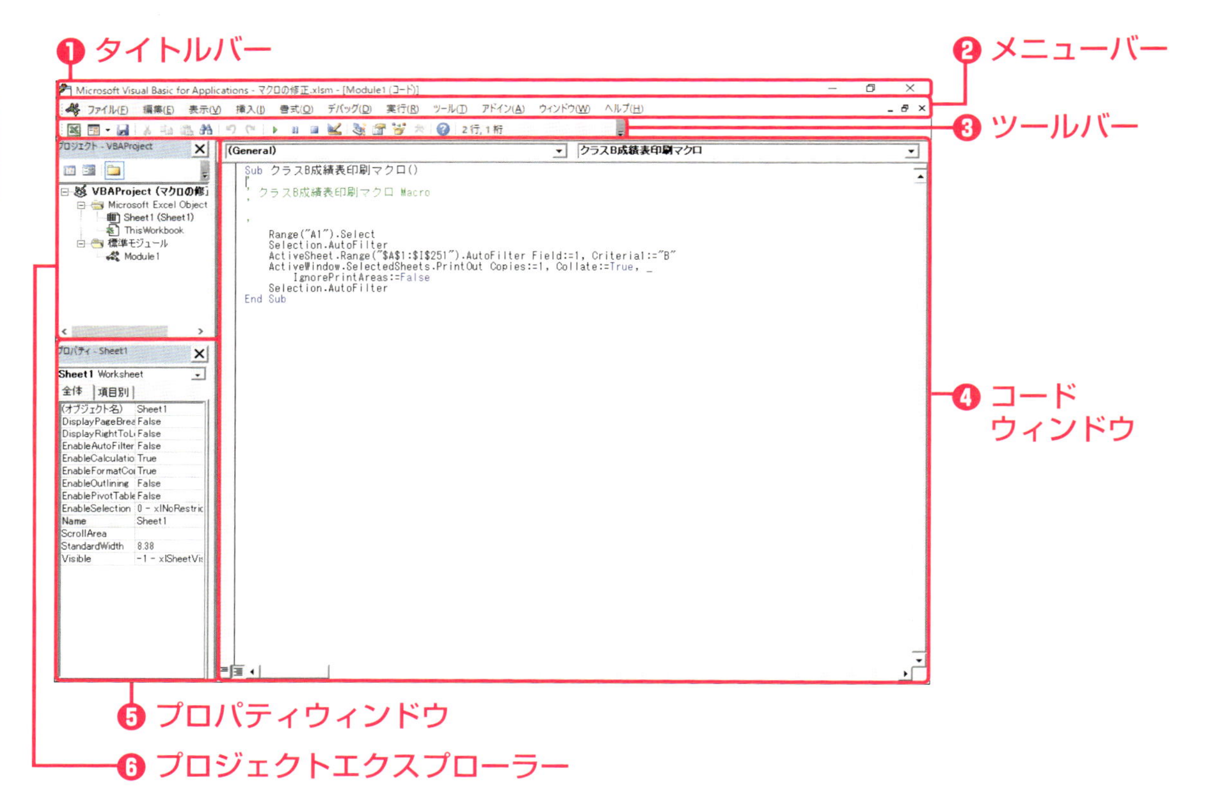

注意 ワイド画面のディスプレイを使っている場合などは、表示状態が異なります

❶タイトルバー

マクロが記録されているブック名やモジュール名など、VBEで表示しているコードの名前が表示される領域。

作業中のブック名やモジュール名が表示される

Microsoft Visual Basic for Applications - マクロの修正.xlsm - [Module1 (コード)]

❷メニューバー

作業の種類によって、操作がメニューにまとめられている。必要なメニューをクリックすると操作の一覧が表示される。

ウィンドウやツールバーを閉じてしまったときは、メニューバーから再表示できる

ファイル(F) 編集(E) 表示(V) 挿入(I) 書式(O) デバッグ(D) 実行(R) ツール(T) アドイン(A) ウィンドウ(W) ヘルプ(H)

❸ツールバー

Excelの画面への切り替えやコードの保存など、よく使う機能がボタンで表示される領域。カーソルの位置も確認できる。

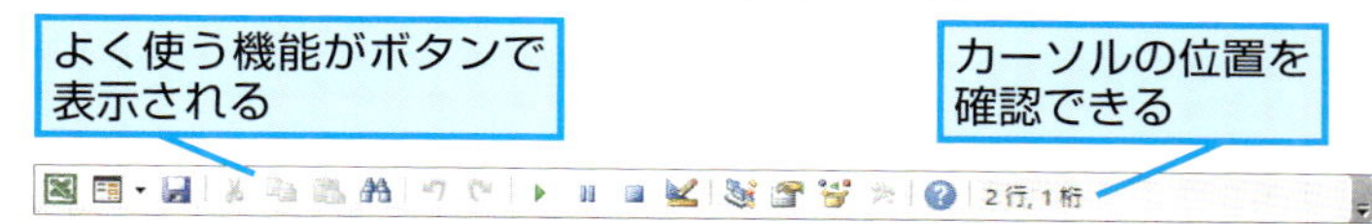

❹コードウィンドウ

プロジェクトエクスプローラーで選択したモジュールのコードが表示される。コードの修正や追記はこのウィンドウで行う。

❺プロパティウィンドウ

プロジェクトエクスプローラーで選択した項目の名前やディスプレイの表示状態など、オブジェクトのプロパティが表示される。

❻プロジェクトエクスプローラー

現在開いているExcelのブックや、そこに含まれるワークシートなどのオブジェクトが一覧で表示される。項目をダブルクリックすれば、該当のコードをコードウィンドウに表示できる。

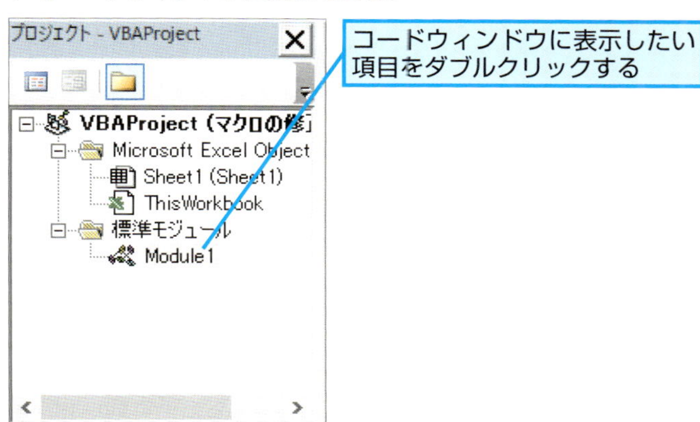

HINT!

複数のブックを開いているときは

複数のブックを開いているときにVBEを起動すると、プロジェクトエクスプローラーには複数のオブジェクトが表示されます。[VBAProject (ブック名)] と太字で表示されている項目が1つ1つのブックのオブジェクトになります。

複数のブックを開いているときは、複数のオブジェクトが表示される

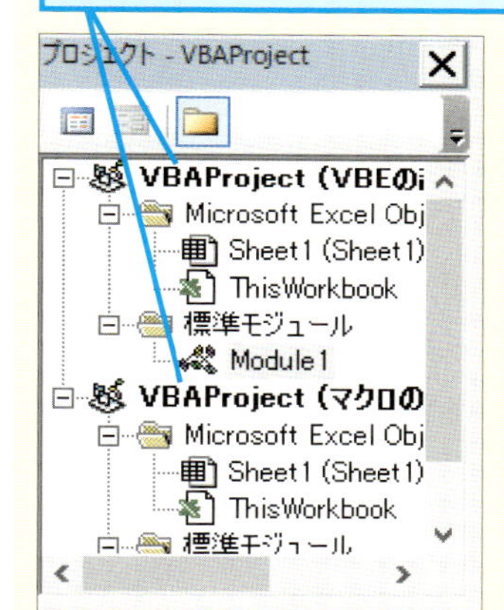

レッスン

14 VBEでマクロを修正するには

マクロの修正

レッスン⓫で解説したように、マクロで記録した操作はVBAの命令に置き換えられて作成されます。ここでは、その一部を書き換えてマクロを修正してみましょう。

マクロの修正

1 修正個所にカーソルを移動する

［マクロの修正.xlsm］をExcelで開いておく

レッスン⓬を参考にマクロをVBEで表示しておく

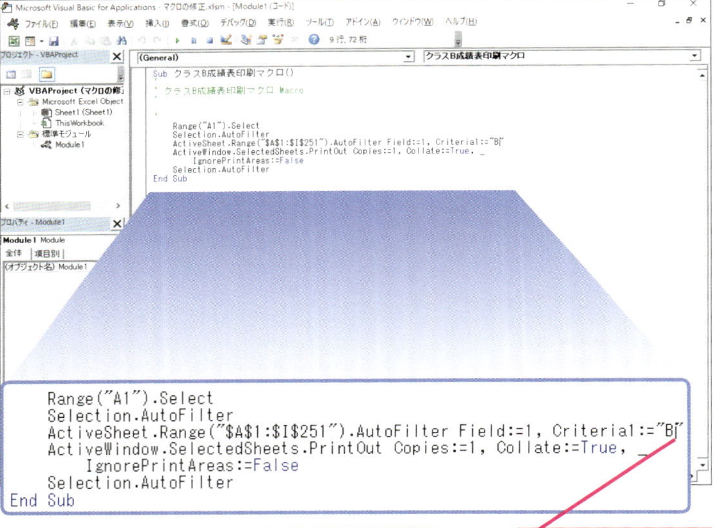

```
    Range("A1").Select
    Selection.AutoFilter
    ActiveSheet.Range("$A$1:$I$251").AutoFilter Field:=1, Criteria1:="B"
    ActiveWindow.SelectedSheets.PrintOut Copies:=1, Collate:=True, _
        IgnorePrintAreas:=False
    Selection.AutoFilter
End Sub
```

成績表からクラスBのデータを抽出して印刷するマクロを修正する

1 ［B］の後ろをクリック

2 文字を削除する

1 Back space キーを押す

文字が削除された

```
    Range("A1").Select
    Selection.AutoFilter
    ActiveSheet.Range("$A$1:$I$251").AutoFilter Field:=1, Criteria1:=""
    ActiveWindow.SelectedSheets.PrintOut Copies:=1, Collate:=True, _
        IgnorePrintAreas:=False
    Selection.AutoFilter
End Sub
```

キーワード

VBA	p.322
VBE	p.322
コード	p.323
プロシージャ	p.326
マクロ	p.327
モジュール	p.327

レッスンで使う練習用ファイル
マクロの修正.xlsm

ショートカットキー

Alt + F8 ……［マクロ］ダイアログボックスの表示
Alt + F11 ……ExcelとVBEの表示切り替え
Ctrl + S …………ブックの保存

HINT!

Enter キーはむやみに押さない

コードの修正中には、Enter キーをむやみに押さないようにしましょう。手順3のように、「C」の後ろにカーソルがある状態で Enter キーを押してしまうと、「"」の前で改行されます。次の行の先頭に「"」がある状態でカーソルを移動するとエラーメッセージが表示されます。［OK］ボタンをクリックして、エラーメッセージを閉じ、余分な改行や「"」を削除してからコードを元の状態に戻してください。

第4章 VBAの基本を知る

3 文字を入力する

新しく抽出するデータを入力する

データを抽出するときに選択する項目名にする

```
    Range("A1").Select
    Selection.AutoFilter
    ActiveSheet.Range("$A$1:$I$251").AutoFilter Field:=1, Criteria1:="C"
    ActiveWindow.SelectedSheets.PrintOut Copies:=1, Collate:=True, _
        IgnorePrintAreas:=False
    Selection.AutoFilter
End Sub
```

ここでは、クラスCのデータを抽出するので「C」と入力する

1 半角で「C」と入力

4 マクロ名を変更する

1 ここを「C」に修正

```
Sub クラスC成績表印刷マクロ()
'
' クラスC成績表印刷マクロ Macro
'

'
```

コメントの内容も修正しておく

2 ここを「C」に修正

5 ブックを保存する

マクロを記録したときと同様にブックを保存する

1 [上書き保存]をクリック

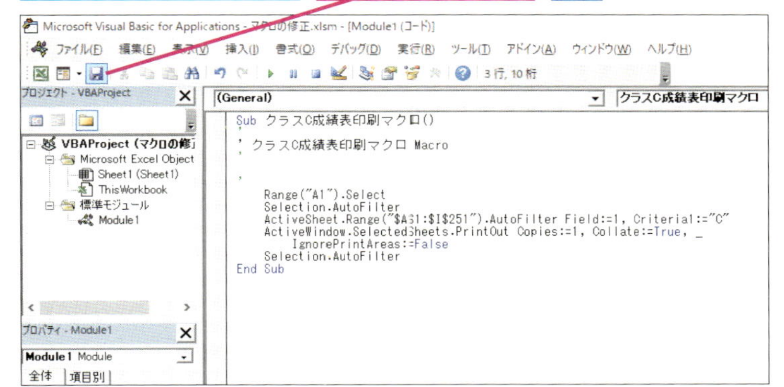

HINT! 修正前のブックを別名で保存しておく

VBEでマクロを修正する前にブックをExcelで別名で保存しておくと、修正したマクロが思い通りに動かなかったり、間違った修正をしてデータがおかしくなってしまったりしたときも安心です。

HINT! ブックも同時に保存される

手順5のように、VBEの画面で［上書き保存］ボタンをクリックしてモジュールを保存すると、マクロはブックと同じファイルに保存されます。

HINT! 自動で記録されるコードはExcelのバージョンによって異なる場合がある

Excelはバージョンが新しくなるごとに、より便利な機能が追加されています。マクロの記録で新しく追加された機能を使って手順を記録すると、古いバージョンでは使用できないコードが記録されることがあります。記録したマクロはExcelのバージョンが同じ、もしくはより新しいバージョンで実行するときは問題ありませんが、古いバージョンのExcelで実行するときは注意が必要です。マクロを記録するときは、実行するExcelのバージョンに注意して機能を検討してから記録しましょう。

間違った場合は？

修正を間違ったまま保存してしまった場合は、マクロが正しく動作しません。対象個所を修正して保存し直してください。

次のページに続く

6 Excelの画面に切り替える

Excelの画面を表示する

1 [表示 Microsoft Excel]をクリック

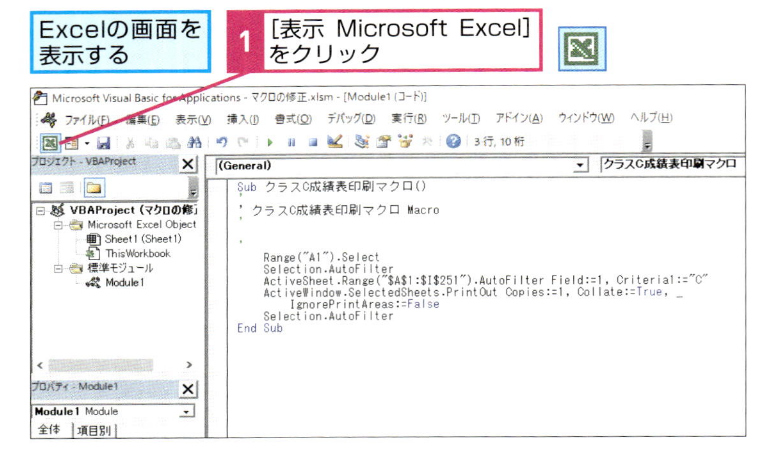


```
Sub クラスC成績表印刷マクロ()
'
' クラスC成績表印刷マクロ Macro
'
'
    Range("A1").Select
    Selection.AutoFilter
    ActiveSheet.Range("$A$1:$I$251").AutoFilter Field:=1, Criteria1:="C"
    ActiveWindow.SelectedSheets.PrintOut Copies:=1, Collate:=True, _
        IgnorePrintAreas:=False
    Selection.AutoFilter
End Sub
```

HINT! VBEの画面は閉じてもいい

手順6ではVBEの画面からExcelの画面に切り替えていますが、VBEの画面右上にある［閉じる］ボタンをクリックして、VBEの画面を閉じても構いません。VBEで修正したマクロは、手順7以降の操作で表示や実行ができます。

マクロの確認

7 ［マクロ］ダイアログボックスを表示する

Excelの画面に切り替わった

1 [表示]タブをクリック

2 [マクロ]をクリック

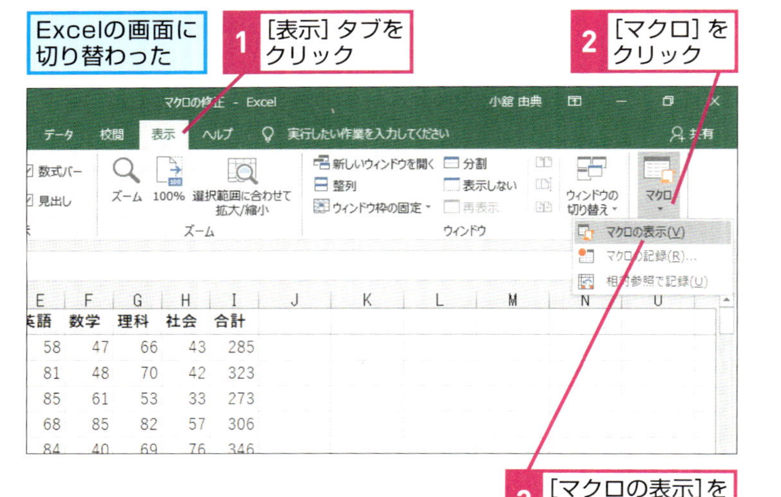

3 [マクロの表示]をクリック

HINT! マクロを修正したら実行結果を確認をする

このレッスンでは、「成績表からクラスBのデータを抽出して印刷する」という機能を記録したマクロを編集しています。手順3で「B」を「C」と書き換えるだけで、クラスCのデータが抽出され、印刷が実行されるマクロが完成します。VBEでマクロの内容を変更した後は手順7～手順9のように必ずマクロを実行して、正しく動作するかを確認しておきましょう。

8 マクロを実行する

[マクロ] ダイアログボックスが表示された

1 [クラスC成績表印刷マクロ] をクリック

2 [実行] をクリック

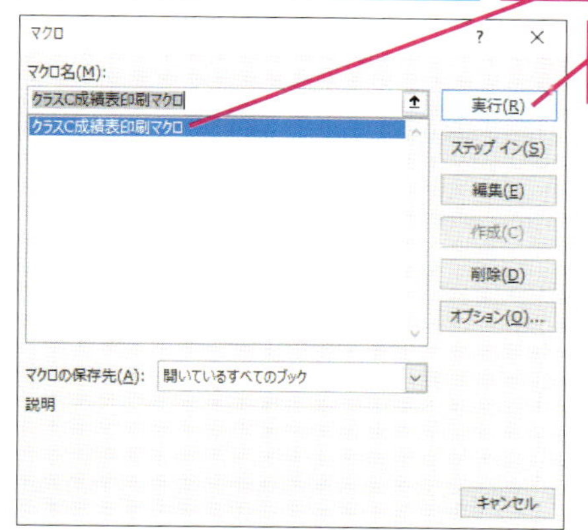

9 マクロの実行結果を確認する

クラスCの成績表が印刷されたことを確認する

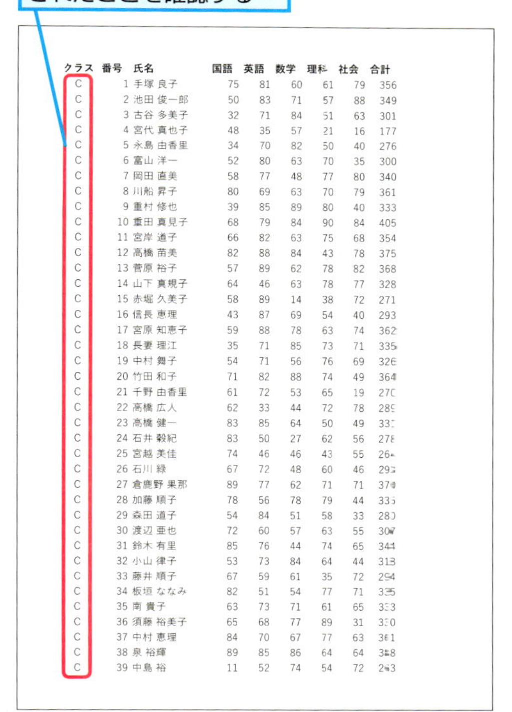

クラス	番号	氏名	国語	英語	数学	理科	社会	合計
C	1	手塚 良子	75	81	60	61	79	356
C	2	池田 俊一郎	50	83	71	57	88	349
C	3	古谷 多美子	32	71	84	51	63	301
C	4	宮代 真也子	48	35	57	21	16	177
C	5	永島 由香里	34	70	82	50	40	276
C	6	富山 洋一	52	80	63	70	35	300
C	7	岡田 直美	58	77	48	77	80	340
C	8	川船 昇子	80	69	63	70	79	361
C	9	重村 修也	39	85	89	80	40	333
C	10	重田 真見子	68	79	84	90	84	405
C	11	宮岸 道子	66	82	63	75	68	354
C	12	高橋 苗美	82	88	84	43	78	375
C	13	菅原 裕子	57	89	62	78	82	368
C	14	山下 真規子	64	46	63	78	77	328
C	15	赤堀 久美子	58	89	14	38	72	271
C	16	信長 恵理	43	87	69	54	40	293
C	17	宮原 知恵子	59	88	78	63	74	362
C	18	長妻 理江	35	71	85	73	71	335
C	19	中村 舞子	54	71	56	76	69	326
C	20	竹田 和子	71	82	88	74	49	364
C	21	千野 由香里	61	72	53	65	19	270
C	22	高橋 広人	62	33	44	72	78	289
C	23	高橋 健一	83	85	64	50	49	331
C	24	石井 毅紀	83	50	27	62	56	278
C	25	宮越 美佳	74	46	46	43	55	264
C	26	石川 緑	67	72	48	60	46	293
C	27	倉鹿野 果那	89	77	62	71	71	370
C	28	加藤 順子	78	56	78	79	44	335
C	29	森田 道子	54	84	51	58	33	280
C	30	渡辺 亜也	72	60	57	63	55	307
C	31	鈴木 有里	85	76	44	74	65	344
C	32	小山 律子	53	73	84	64	44	318
C	33	藤井 順子	67	59	61	35	72	294
C	34	板垣 ななみ	82	51	54	77	71	335
C	35	南 貴子	63	73	71	61	65	333
C	36	須藤 裕美子	65	68	77	89	31	330
C	37	中村 恵理	84	70	67	77	63	361
C	38	泉 裕輝	89	85	86	64	64	388
C	39	中島 裕	11	52	74	54	72	263

HINT! プロシージャの名前がマクロの名前になる

「Sub」キーワードに続いて記述されている、プロシージャの名前がマクロの名前になります。修正したマクロは、処理の内容に合わせて、適切な名前に変更しましょう。手順8の[マクロ] ダイアログボックスで表示されるマクロの名前は、手順4で変更したプロシージャの名前になっています。

間違った場合は？

手順8の実行結果でクラスCのデータが抽出されていないときは、マクロをVBEで表示し、手順3～手順4で修正した内容を確認してください。

Point マクロの修正がプログラミングの近道

VBEを使えば、記録したマクロの修正が簡単にできます。コードを最初からすべて自分で記述することもできますが、マクロの記録を使って自動的に作成されたコードをほんの少し修正したり、ちょっと命令を追加したりすれば簡単にマクロの内容を変えることができるのです。VBAを利用したプログラミングは、記録したマクロに修正を加えたり、別の命令を追加したりすることから始めるといいでしょう。

レッスン 15

VBEを素早く起動できるようにするには

[開発] タブ

VBEを起動するたびに [マクロ] ダイアログボックスにある [編集] ボタンをクリックするのは面倒です。VBEを素早く起動するための準備をしておきましょう。

キーワード

VBE	p.322
[開発] タブ	p.323
相対参照	p.325

レッスンで使う練習用ファイル
[開発] タブ.xlsm

1 [Excelのオプション] ダイアログボックスを表示する

[[開発] タブ.xlsm] をExcelで開いておく

1 [ファイル] タブをクリック

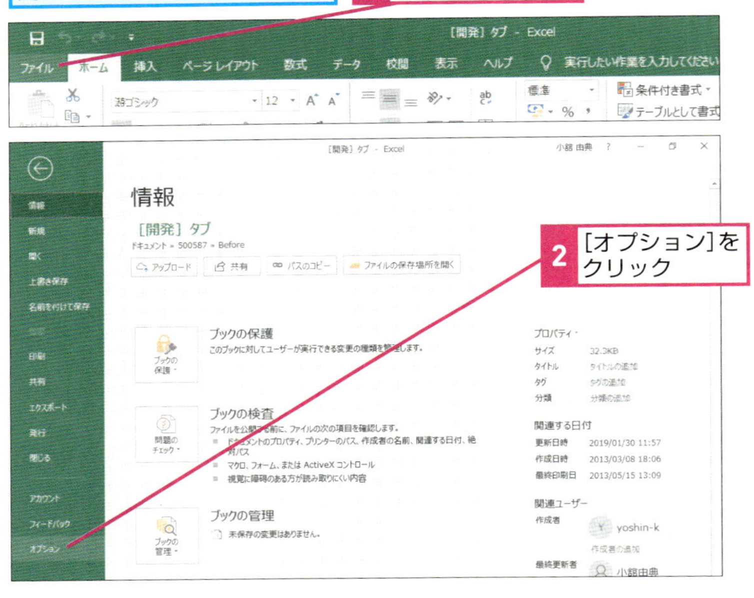

2 [オプション] をクリック

2 [開発] タブをリボンに表示する

[Excelのオプション] ダイアログボックスが表示された

1 [リボンのユーザー設定] をクリック

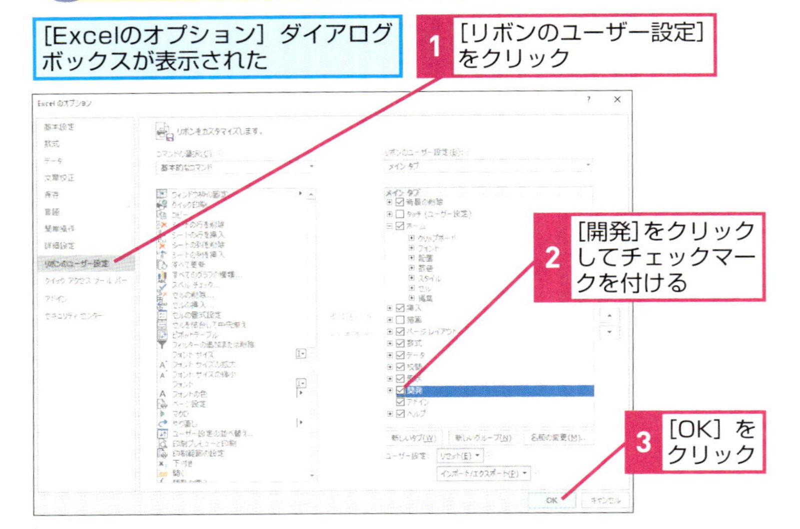

2 [開発] をクリックしてチェックマークを付ける

3 [OK] をクリック

HINT!

[Excelのオプション] ダイアログボックスを素早く表示するには

手順1では [情報] の画面から [Excelのオプション] ダイアログボックスを表示していますが、リボンのタブを右クリックして [リボンのユーザー設定] をクリックすると、[Excelのオプション] ダイアログボックスの [リボンのユーザー設定] を表示できます。

1 タブを右クリック

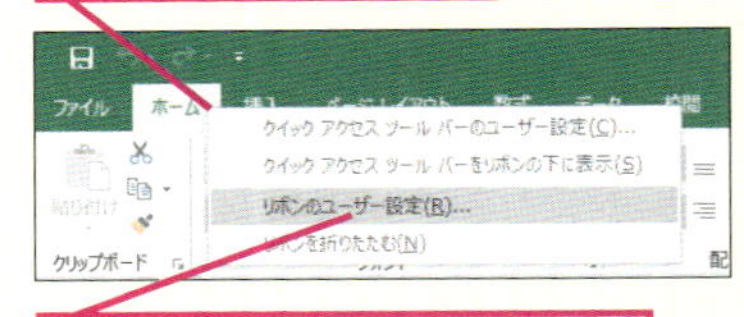

2 [リボンのユーザー設定] をクリック

[Excelのオプション] ダイアログボックスが表示された

3 VBEを起動する

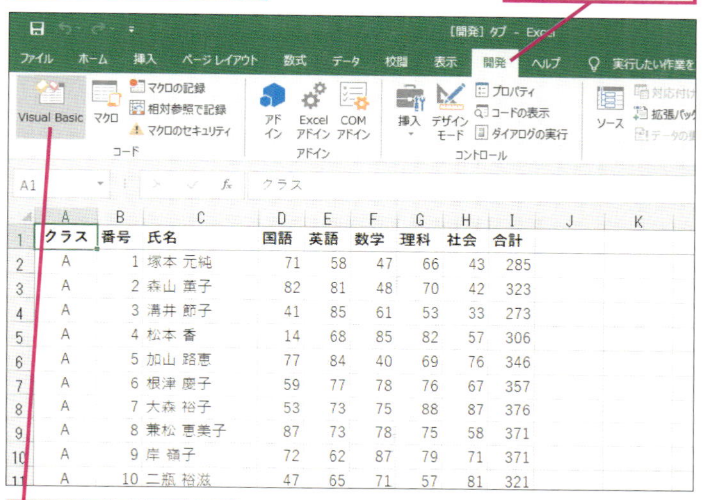

[開発] タブがリボンに表示された
1 [開発] タブをクリック
2 [Visual Basic] をクリック

4 VBEを起動できた

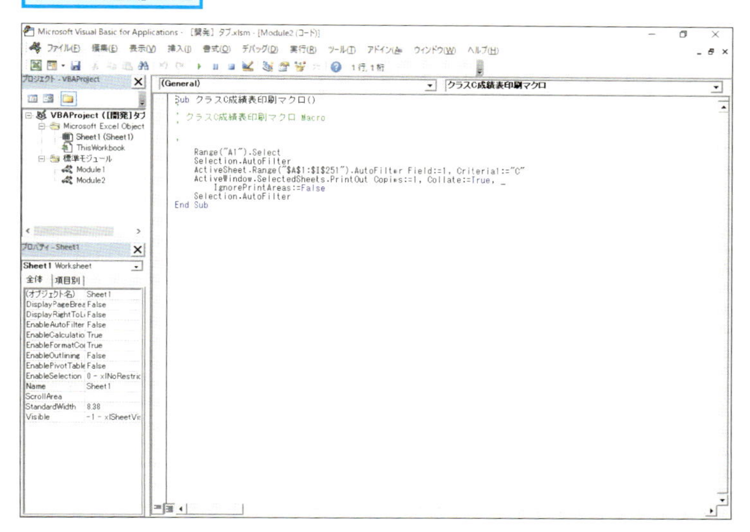

VBEが起動した

HINT!

VBEをワンクリックで起動できる

[開発] タブが表示されていればVBEを簡単に表示できますが、クイックアクセスツールバーにVisual Basicのボタンを追加すると、ワンクリックでVBEを起動できて便利です。

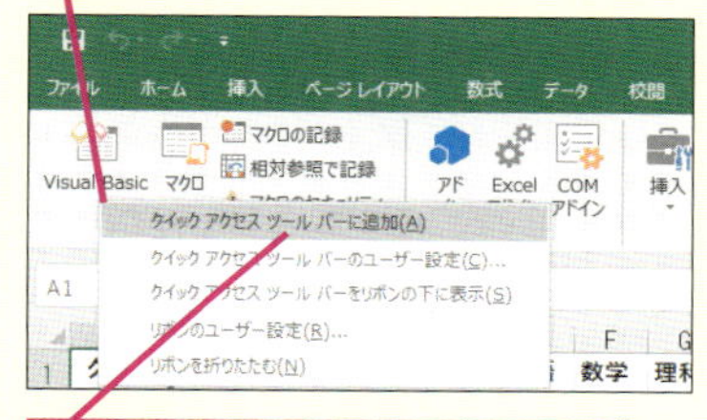

[開発] タブを表示しておく
1 [Visual Basic] を右クリック
2 [クイックアクセスツールバーに追加] をクリック

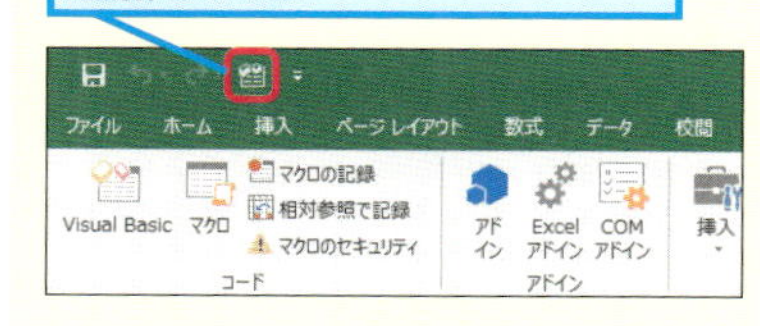

クイックアクセスツールバーにVisual Basicのボタンが追加された

Point

VBEを使用する前にタブやツールバーを表示しておく

標準の状態ではVBEを起動するためのメニューがExcelの画面に用意されていません。VBEを起動するには [開発] タブを利用します。なお、[開発] タブや [Visual Basic] ツールバーは同様の手順で非表示にすることもできます。VBEでコードの編集や作成をするときは、このレッスンの操作でVBEを素早く起動させるためのメニューを表示しておきましょう。

この章のまとめ

● VBA の仕組みを知れば準備万端

この章では、マクロの記録とVBAの関係をはじめ、VBAを利用するメリットを解説しました。また、プログラム（コード）を編集・作成するためのVBEというツールについて紹介してきました。

「マクロの記録」では記録した手順を1つずつ順に実行するだけでしたが、VBAを使うと同じ処理を繰り返したり、条件によって処理を分岐させたりするなど、「処理の流れ」を変えることができます。このようにVBAを使えばマクロの利用範囲が大きく広がるので、ぜひ覚えてみましょう。最初は「プロパティ」や「メソッド」など聞き慣れない言葉が出てくるので戸惑うこともあると思いますが、これらの言葉を理解しなくても、コードを記述することはできます。第5章以降では、VBAの構文や複雑なコードの記述方法を学んでいきます。まずは、簡単な命令から覚えていきましょう。気が付けば少しずつVBAを理解できるようになります。

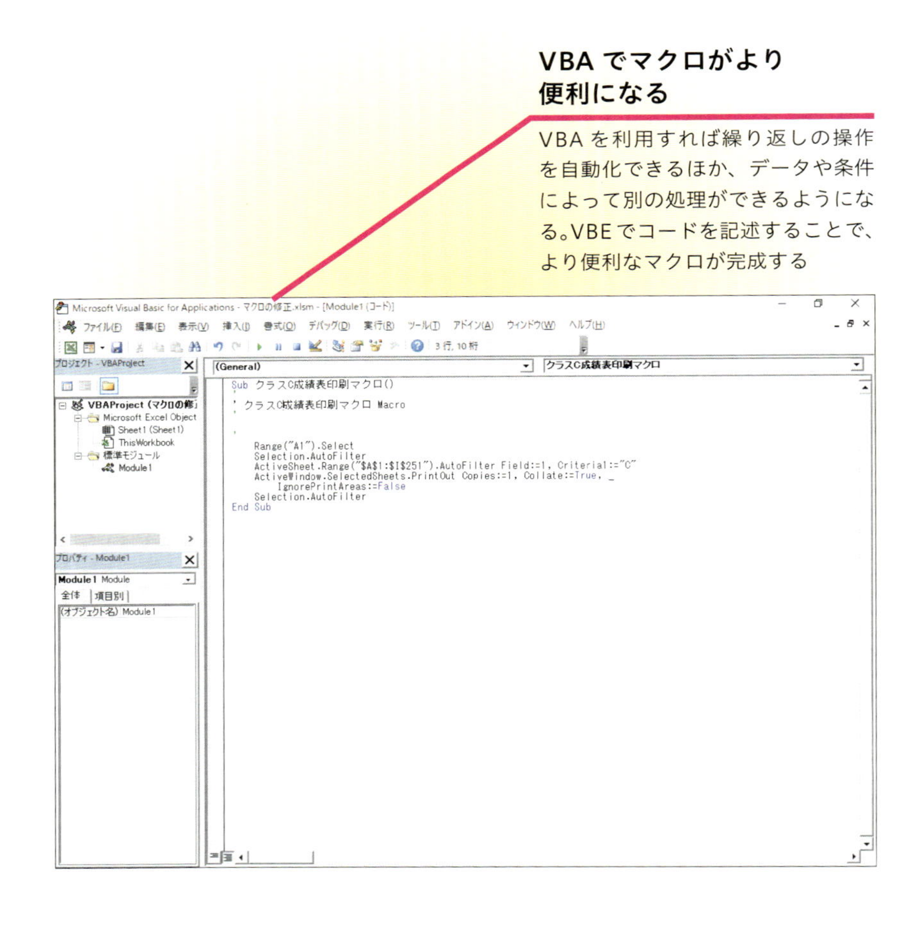

練習問題

1

練習用ファイルの[第4章_練習問題.xlsm]をExcelで開いてマクロを有効にし、[本社抽出] マクロの内容をVEEで表示してみましょう。

●ヒント：マクロが含まれているブックをExcelで有効にしてからVBEを起動します。

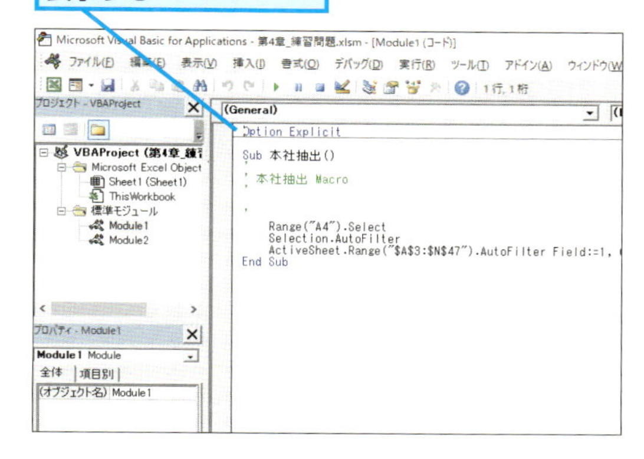

2

練習問題1で開いた［本社抽出］マクロの内容をVBEで修正して「本社」ではなく「大阪」の上期月別契約件数のデータを抽出するマクロを作成しましょう。

●ヒント：抽出条件の「"本社"」を「"大阪"」に修正します。

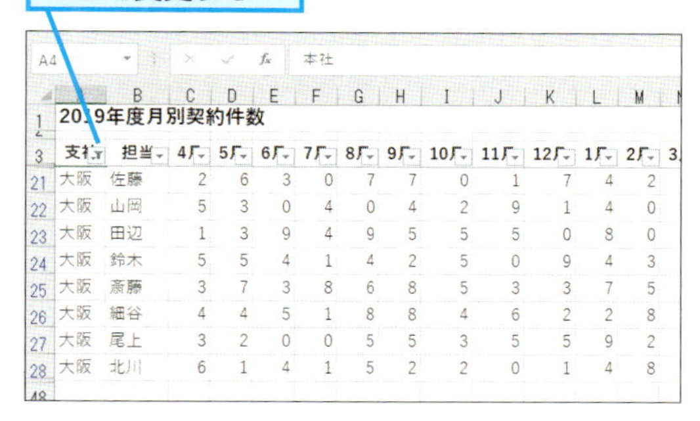

	支社	担当	4月	5月	6月	7月	8月	9月	10月	11月	12月	1月	2月
21	大阪	佐藤	2	6	3	0	7	7	0	1	7	4	2
22	大阪	山岡	5	3	0	4	0	4	2	9	1	4	0
23	大阪	田辺	1	3	9	4	9	5	5	5	0	8	0
24	大阪	鈴木	5	5	4	1	4	2	5	0	9	4	3
25	大阪	斎藤	3	7	3	8	6	8	5	3	3	7	5
26	大阪	細谷	4	4	5	1	8	8	4	6	2	2	8
27	大阪	尾上	3	2	0	0	5	5	3	5	5	9	2
28	大阪	北川	6	1	4	1	5	2	2	0	1	4	8

答えは次のページ

解答

1

[第4章_練習問題.xlsm]を Excelで開いておく

レッスン⓯を参考に[開発]タブを表示しておく

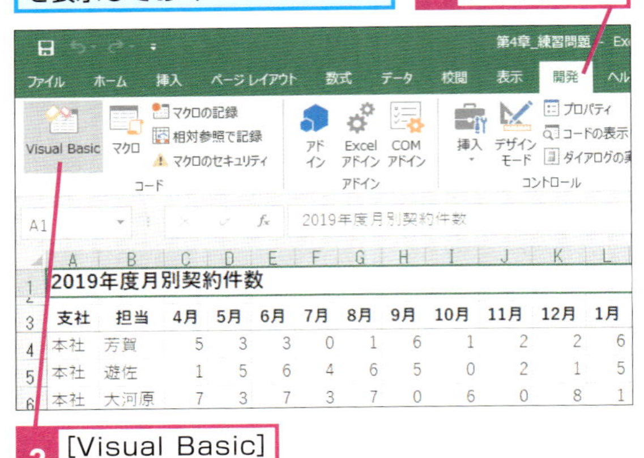

まず、レッスン❸を参考にしてマクロを有効にします。続いて、レッスン⓯で表示した[開発]タブにある[Visual Basic]ボタンをクリックします。

VBEが起動した

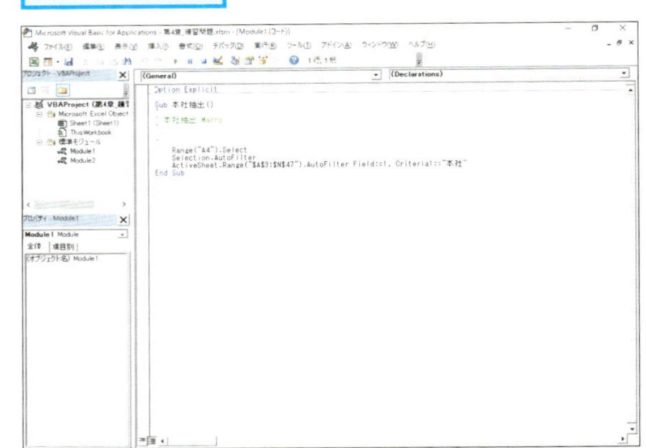

2

「本社」ではなく「大阪」のデータを抽出できるように修正する

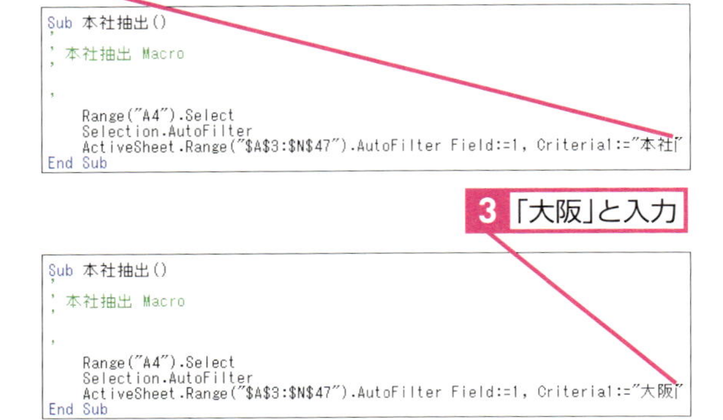

練習問題1で表示した[本社抽出]マクロの内容を変更します。VBEでプロシージャの最後の行にある「"本社"」を「"大阪"」に書き換えます。次にレッスン⓮の手順4を参考にマクロ名を変更し、VBEでマクロを保存します。

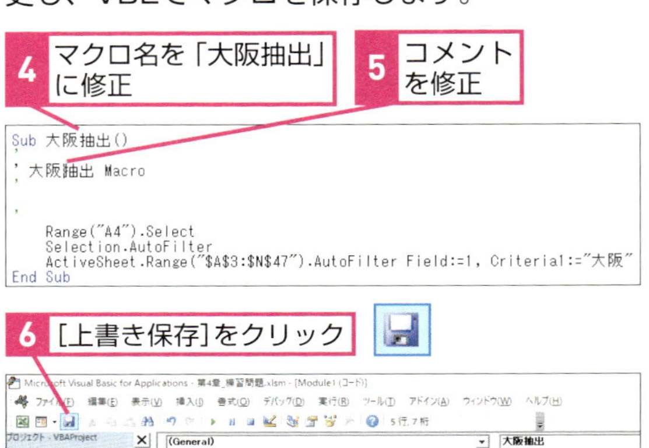

第4章 VBAの基本を知る

第5章

VBAを使ってセルの内容を操作する

この章では、VBAの構文や「プロパティ」や「メソッド」という命令の構成など、コードの記述方法を解説します。さらに、実際にコードを記述して、セルの内容を操作する方法も紹介します。VBEを使ったプログラミングの第一歩となるので、しっかりと理解しましょう。

●この章の内容

レッスン

16 VBAの構文を知ろう

VBAの構文

コードの意味を理解するために、VBAの基本的な構文を理解しましょう。このレッスンでは、オブジェクトと操作や処理の命令について解説します。

キーワード

VBE	p.322
オブジェクト	p.323
コード	p.323
条件	p.324
ステートメント	p.324
プロパティ	p.327
分岐	p.327
メソッド	p.327

一般的なVBAの構文

VBAのプログラムは、構文に沿ってコードを記述する必要があります。セルを選択したり、フォントの色を変更したりするには、操作の対象と命令を「.」（ピリオド）で区切って記述します。VBAでは、Excelのブックやワークシート、セル、さらにセルのフォントや背景色など、命令の対象となるものを「オブジェクト」と呼びます。また、オブジェクトに対する操作の命令を「メソッド」、オブジェクトの情報の参照や設定を行う命令を「プロパティ」と呼びます。

●構文の記述例

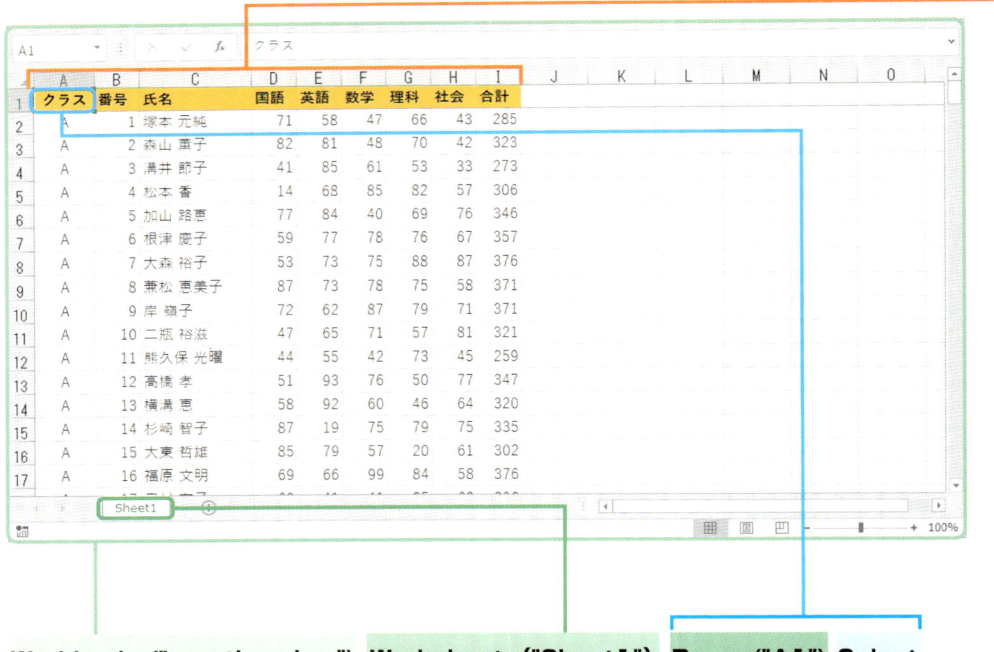

クラス	番号	氏名	国語	英語	数学	理科	社会	合計
A	1	塚本 元純	71	58	47	66	43	285
A	2	森山 薫子	82	81	48	70	42	323
A	3	溝井 節子	41	85	61	53	33	273
A	4	松本 香	14	68	85	82	57	306
A	5	加山 路恵	77	84	40	69	76	346
A	6	根津 慶子	59	77	78	76	67	357
A	7	大森 裕子	53	73	75	88	87	376
A	8	兼松 恵美子	87	73	78	75	58	371
A	9	岸 嶺子	72	62	87	79	71	371
A	10	二瓶 裕滋	47	65	71	57	81	321
A	11	熊久保 光曜	44	55	42	73	45	259
A	12	高橋 孝	51	93	76	50	77	347
A	13	横溝 恵	58	92	60	46	64	320
A	14	杉崎 智子	87	19	75	79	75	335
A	15	大東 哲雄	85	79	57	20	61	302
A	16	福原 文明	69	66	99	84	58	376

```
Workbooks("practice.xlsm").Worksheets("Sheet1").Range("A1").Select
```

ブック［practice.xlsm］の ワークシート［Sheet1］の セルA1 を 選択する

```
Workbooks("practice.xlsm").Worksheets("Sheet1").Range("A1:I1").Interior.ColorIndex
```

ブック［practice.xlsm］の ワークシート［Sheet1］の セルA1～I1の 背景色

操作の命令「メソッド」

「メソッド」とは、ワークシートやセルなどのオブジェクトに対する操作の命令のことです。VBAではセルの選択やコピーなど、さまざまな操作を指定できますが、対象となるオブジェクトを正確に記述できるのがポイントです。

●メソッドの記述例

オブジェクト . メソッド
オブジェクトを　○○する

Range("A1") . Select
セル A1　を　選択する

Range("B2") . Copy
セル B2　を　コピーする

Range("A1:E6") . PrintOut
セル A1～E6を　印刷する

情報の参照や設定の命令「プロパティ」

「プロパティ」とは、「属性」や「特性」という意味で、オブジェクトの状態を参照したり、値を設定したりするために利用します。プロパティで扱える内容は、セルの内容や背景色、フォントサイズなどさまざまです。

●プロパティの記述例

オブジェクト . プロパティ
オブジェクトの　○○

Range("A1") . Font.FontSize
セル A1　の　フォントサイズ

Range("B2") . Interior.ColorIndex
セル B2　の　背景色

Range("D4") . Interior.Pattern
セル D4　の　背景のパターン

HINT!

オブジェクトによって選択できるメソッドが異なる

ここで紹介しているメソッドは、ほんの一例です。「Select」や「Copy」以外にも、さまざまなメソッドがありますが、操作の対象となるオブジェクトによって選択できるメソッドは異なります。

HINT!

プログラムを制御する命令はステートメント

VBAには、このレッスンで紹介しているメソッドやプロパティなど、Excelのオブジェクトに使う命令以外に、「ステートメント」と呼ばれる種類の命令もあります。「ステートメント」とは、同じ処理の繰り返しや条件による処理の分岐など、マクロの処理の流れを制御したり、キーボードからデータの入力を受け取ったりする命令です。このレッスンで紹介するオブジェクト操作とは命令の種類が異なります。

▶VBA用語集

ColorIndex	p.316
Font	p.317
FontSize	p.317
Interior	p.319
Pattern	p.320
PrintOut	p.320
Range	p.320
Select	p.320
Workbooks	p.321
Worksheets	p.321

レッスン

17 セルやセル範囲の指定をするには

Rangeプロパティ

VBAでセルやセル範囲を指定するには、Rangeプロパティを使います。Rangeプロパティは、いろいろな場面で利用するので使い方を覚えておきましょう。

Rangeプロパティ

「Range（レンジ）」プロパティは、1つのセルやセル範囲、行、列を表すときに使うプロパティであることを覚えておきましょう。セルやセル範囲は「"」でくくって指定します。例えば、セルB2を指定するときは「Range("B2")」と記述します。メソッドやそのほかのプロパティを利用する対象がセルやセル範囲の場合は、下の例のようにRangeプロパティを使います。

●1つのセルを表す

セルB2を表す

Range("B2")

●セル範囲を表す

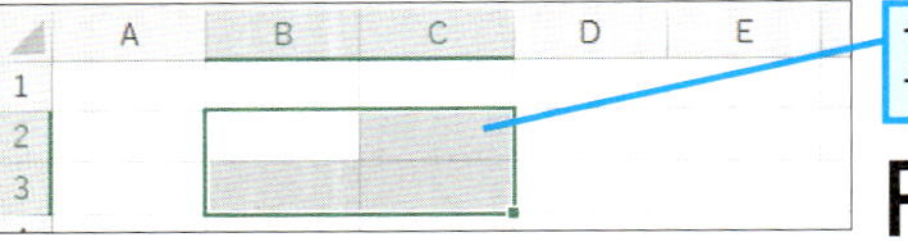

セルB2 ～ C3のセル範囲を表す

Range("B2:C3")

●行全体を表す

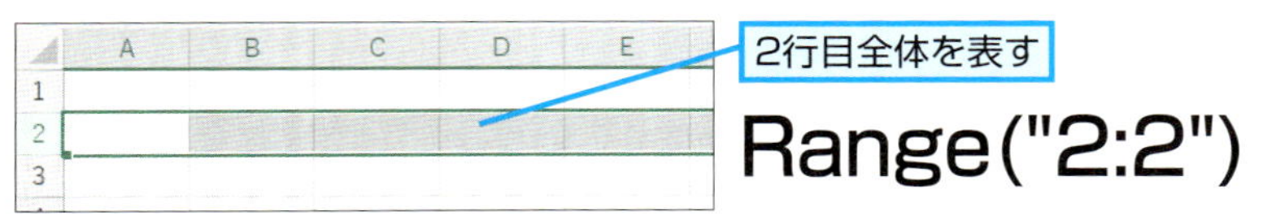
2行目全体を表す
Range("2:2")

●列全体を表す

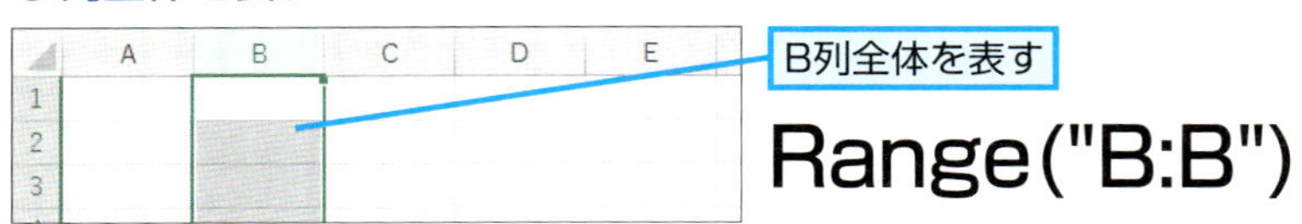
B列全体を表す
Range("B:B")

キーワード

セル範囲	p.325
プロパティ	p.327
メソッド	p.327

HINT!

Rangeプロパティと同時に使えるプロパティ

Rangeプロパティと同時に指定できるプロパティとして、WorkbooksプロパティやWorksheetsプロパティがあります。例えば「ブック[practice.xlsm］のワークシート［Sheet1］のセルA1」は「Workbooks("practice.xlsm").Worksheets（"Sheet1"）.Range("A1")」と表せます。Rangeプロパティだけでセルを表したときは、そのとき表示しているワークシートのセルを指定したことになります。

HINT!

値を設定するには「=」を使う

プロパティを利用して値を設定するには「=」(イコール)を使います。数学で利用する等号とは意味が異なり、「『=』を挟んで左辺に右辺の値を設定する」という意味になります。

VBA用語集

Copy	p.316
Font	p.317
FontSize	p.317
Range	p.320
Select	p.320
Value	p.321

Rangeプロパティの利用例

Rangeプロパティは、指定したセルのフォントや書式の変更、印刷など、セルやセル範囲を対象とした操作を指定するときに利用します。なお、ここで紹介するRangeプロパティの利用例以外にもさまざまなものがあります。

●メソッドとの組み合わせ

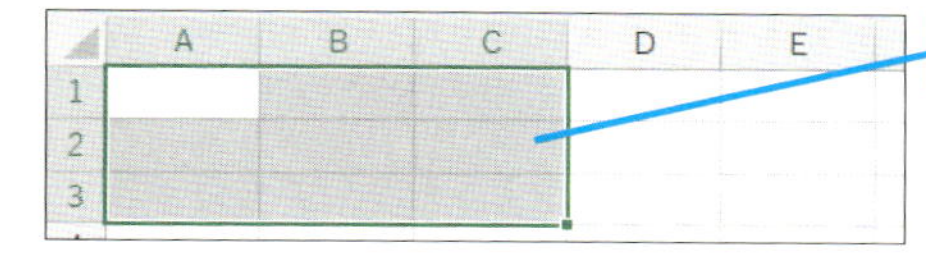

セルA1 ~ C3を選択する

```
Range("A1:C3").Select
```

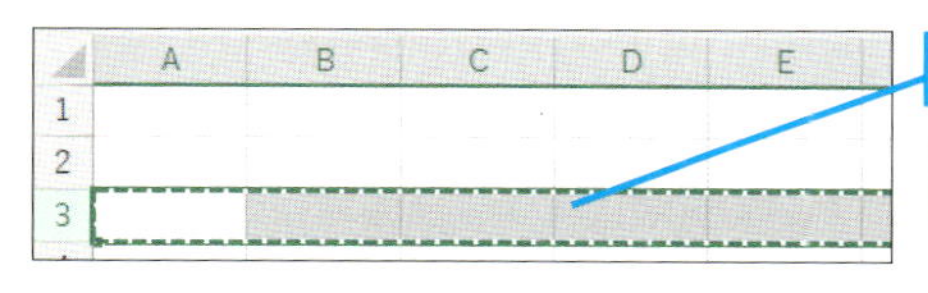

3行目をコピーする

```
Range("3:3").Copy
```

●プロパティとの組み合わせ

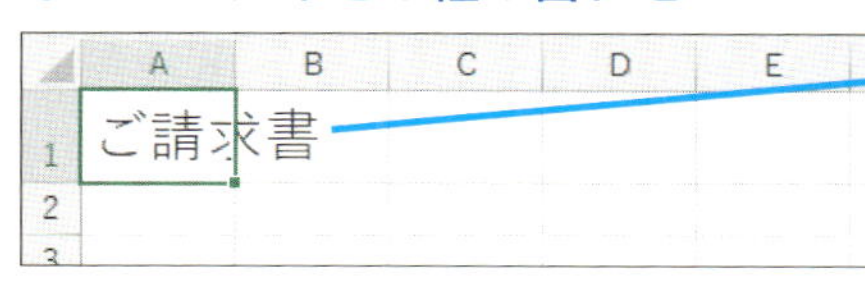

セルA1のフォントサイズを20に設定する

```
Range("A1").Font.FontSize = 20
```

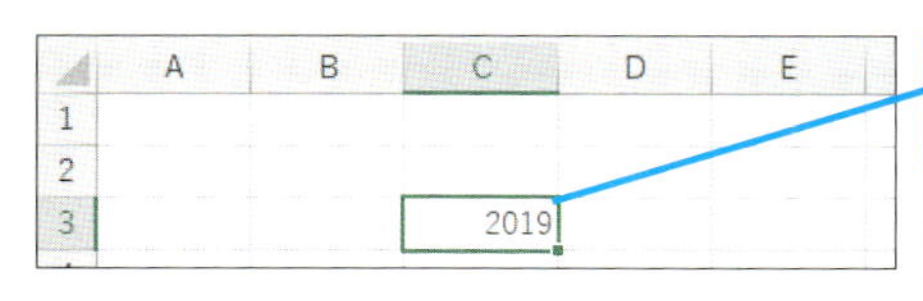

セルC3の値を「2019」にする

```
Range("C3").Value = "2019"
```

レッスン
18 VBEでコードを記述する準備をするには
変数の宣言を強制する

VBEでコードを記述する前に、VBEの設定を変更しておきましょう。VBEでコードを記述するための重要な設定なので、忘れないようにしてください。

1 VBEを起動する

[変数の宣言を強制する.xlsx] をExcelで開いておく

1 [開発] タブをクリック

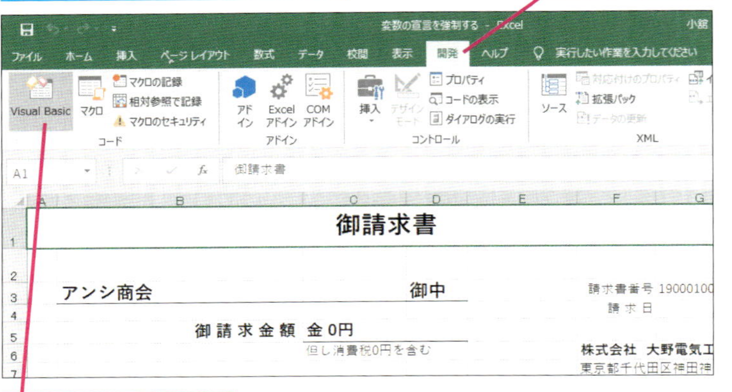

2 [Visual Basic] をクリック

キーワード

レッスンで使う練習用ファイル
変数の宣言を強制する.xlsx

ショートカットキー

Alt + F11 ……
ExcelとVBAの表示切り替え

間違った場合は？

手順1でリボンに［開発］タブが表示されていないときは、レッスン⑮を参考にして［開発］タブを表示します。

テクニック コードを色分けして見やすくできる

手順3の［オプション］ダイアログボックスは、コードの表示方法の設定もできます。［オプション］ダイアログボックスの[エディターの設定]タブにある[コードの表示色］で、コードの種類ごとに色やフォントの書式、サイズなどを設定しておけば、コードを編集するときに違いが分かりやすくなります。なお、標準では［構文エラーの文字］が赤、[コメント］が緑、[キーワード]が青に設定されています。[エディターの設定] タブでは、コードをどう表示するかということだけを設定するので、色の違いとマクロの動作には関係がありません。

[エディターの設定] タブでコードの種類ごとに書式を設定できる

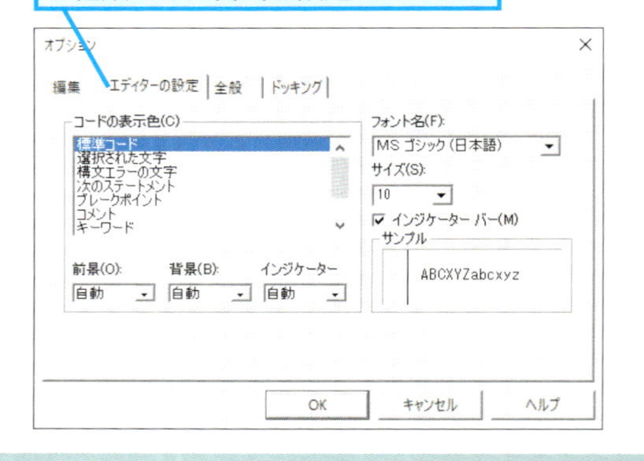

2 ［オプション］ダイアログボックスを表示する

VBEが起動した

1 ［ツール］をクリック

2 ［オプション］をクリック

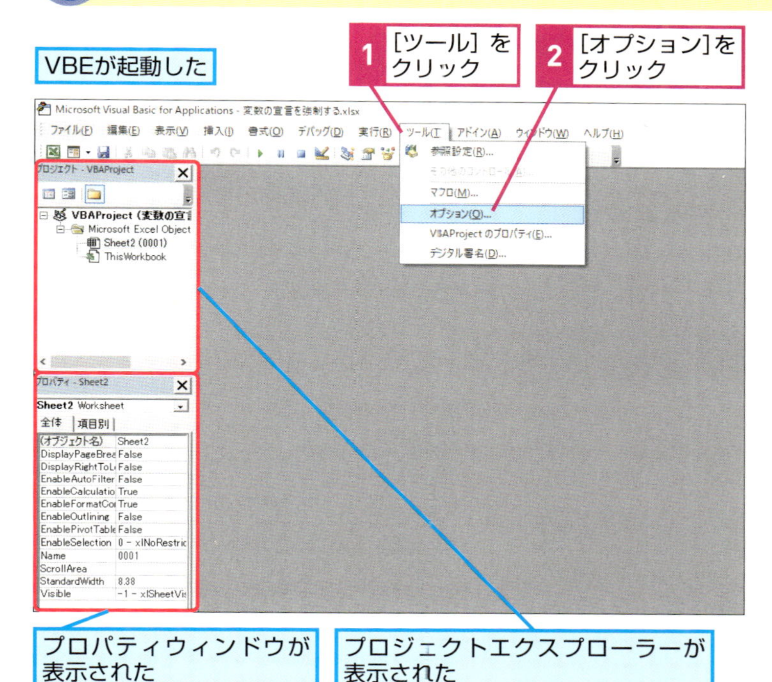

プロパティウィンドウが表示された

プロジェクトエクスプローラーが表示された

3 コードの設定を変更する

［オプション］ダイアログボックスが表示された

変数の宣言を強制するようにVBEの設定を変更する

1 ［編集］タブをクリック

2 ［変数の宣言を強制する］をクリックしてチェックマークを付ける

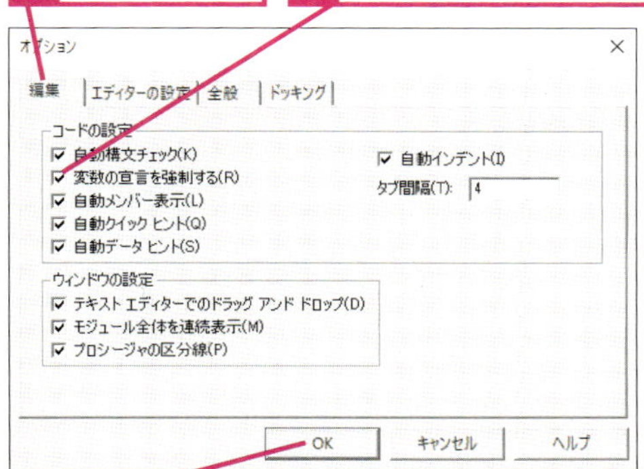

3 ［OK］をクリック

VBEの設定が変更された

［表示 Microsoft Excel］をクリックしてExcelに切り替えておく 

HINT!

「変数の宣言」って何？

変数とは、データを格納できる「入れ物」と考えてください。コードの中で変数を使うときは、あらかじめコードの先頭部分に、使用する変数の名前や種類（型）を記述しておきます。これを「変数の宣言」といいます。詳しくは、レッスン㉘を参照してください。

HINT!

［オプション］ダイアログボックスでVBEの設定を決める

［オプション］ダイアログボックスにはいくつかの設定項目があります。これらの設定項目はすべてVBEの環境を設定するためのもので、このレッスンの設定を行っても、VBEやExcelの画面に変化はありませんが、コードを記述する上で非常に重要です。手順3の画面と同じになるように設定しておいてください。なお、VBEに慣れてきたら前ページのテクニックを参考にコードの表示色を変更してもいいでしょう。

Point

変数の宣言は必ず強制しておく

このレッスンでは［変数の宣言を強制する］という項目を有効に設定しました。これは、第7章以降で解説する「変数」に関する重要な設定です。変数とはデータを格納しておく入れ物のことで、「宣言」をしなくても任意に作成できますが、むやみに作成してしまうと、コードが分かりにくくなってしまいます。さらに、マクロが正常に動作しない原因にもなりかねないため、必ず変数の「宣言」をするように設定しておきます。また、このレッスンで設定すると、新規に追加したモジュールの先頭に「Option Explicit」というコードが自動で挿入されます。

レッスン 19

新しくモジュールを追加するには

モジュールの挿入

レッスン⑫で紹介したようにVBAのコードはモジュールに記述します。初めてコードを記述するときは、ブックに新しくモジュールを追加する必要があります。

1 VBEを起動する

[モジュールの挿入.xlsx] をExcelで開いておく

1 [開発] タブをクリック

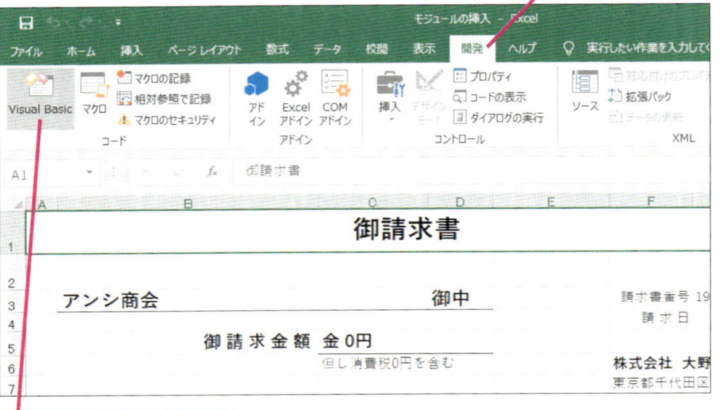

2 [Visual Basic] をクリック

2 ブックを選択する

モジュールの挿入先のブックを選択する

1 [VBAProject (モジュールの挿入.xlsx)]をクリック

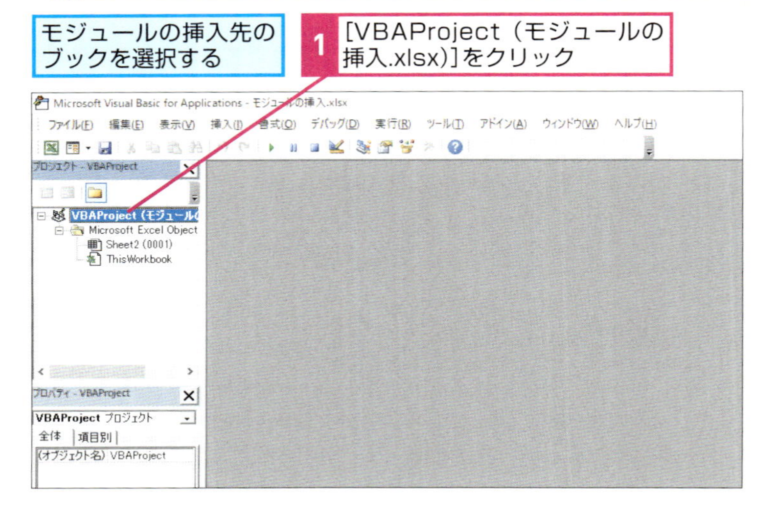

キーワード

VBE	p.322
コードウィンドウ	p.323
モジュール	p.327

レッスンで使う練習用ファイル
モジュールの挿入.xlsx

HINT!

[挿入] ボタンのアイコンは最後に選択したものになる

VBEを起動した直後の [挿入] ボタンのアイコンは [ユーザーフォームの挿入] () になっています。一度 [標準モジュール] を選択すると、次からはアイコンが [新しい標準モジュール] () に変わり、次にほかのものを選択するまで、[新しい標準モジュール] ボタンをクリックするだけでモジュールを挿入できます。

1 [ユーザーフォームの挿入]のここをクリック

2 [標準モジュール] をクリック

[新しい標準モジュール] にボタンが変わった

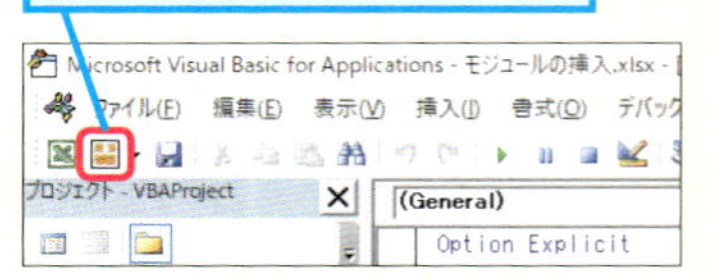

間違った場合は？

手順1でリボンに [開発] タブが表示されていないときは、レッスン⑮を参考にして [開発] タブを表示します。

3 モジュールを挿入する

1 [ユーザーフォームの挿入]のここをクリック

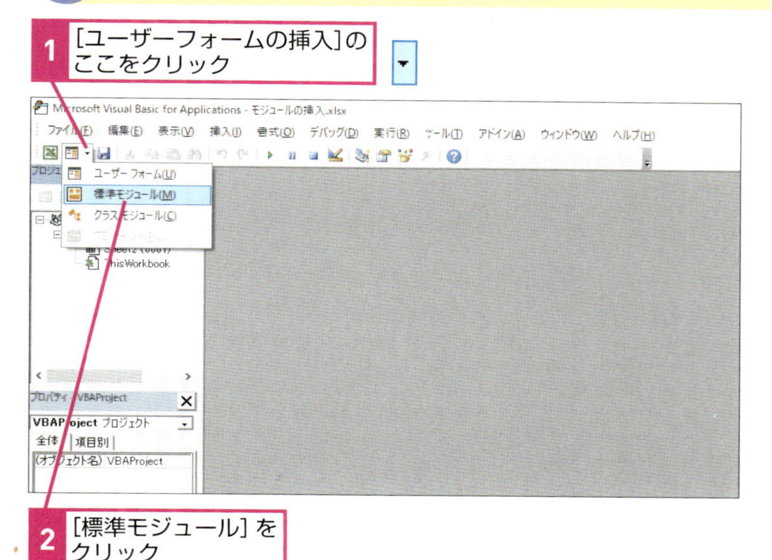

2 [標準モジュール]をクリック

4 モジュールが挿入された

モジュールが挿入された

コードウィンドウ にモジュールの内容が表示された

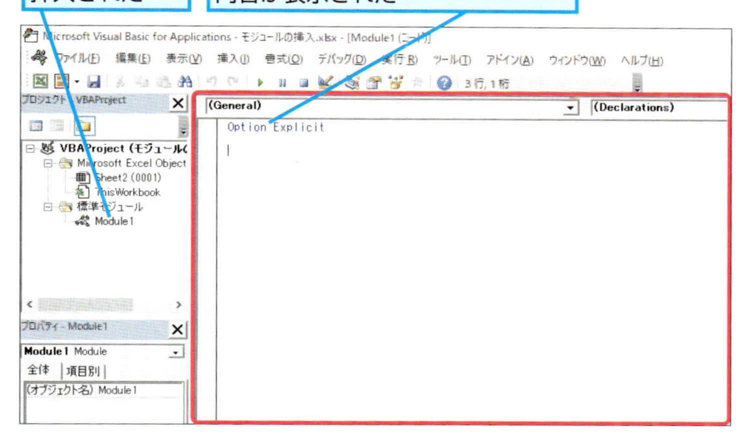

HINT!

不要なモジュールを削除するには

間違えて挿入してしまったモジュールや使わなくなったモジュールは必要に応じていつでも削除できます。モジュールを削除するには以下のように操作します。表示されたダイアログボックスで、[はい] ボタンをクリックすると、モジュールの内容をファイルに書き出せるので、後からメモ帳などで内容を確認できます。

削除するモジュールを選択しておく

1 [ファイル]をクリック

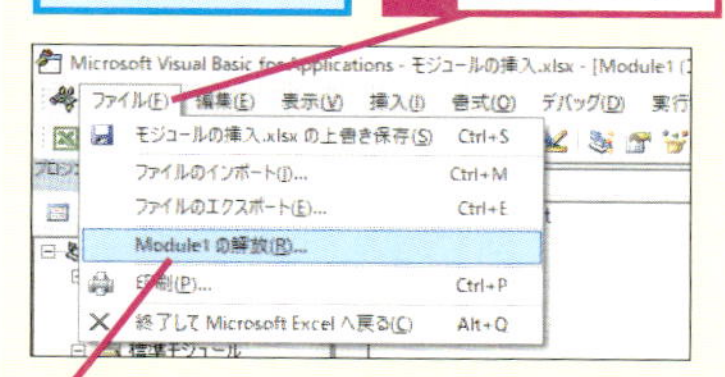

2 [(モジュール名)の解放]をクリック

表示されるダイアログボックスで [いいえ] をクリックするとモジュールが削除される

Point

作業のまとまりごとにモジュールを分けよう

モジュールとはコードを収納するために用意されている場所のことで、VBAでマクロを作成するときは、モジュールにコードを記述します。マクロの記録で作成されたコードも、このモジュールに記述されます。マクロの記録時にモジュールがないときは自動的に挿入されます。モジュールではワープロのように自由に文字が書けますが、ここはコードを記述する場所なので、VBAの命令などを規則に沿って記述しなければなりません。

レッスン 20

セルに今日の日付を入力するには

Valueプロパティ、Date関数

実際にVBEを使ってマクロを作成してみましょう。このレッスンでは、Rangeプロパティと Valueプロパティを使ってセルに値を設定するコードを記述します。

作成するマクロ

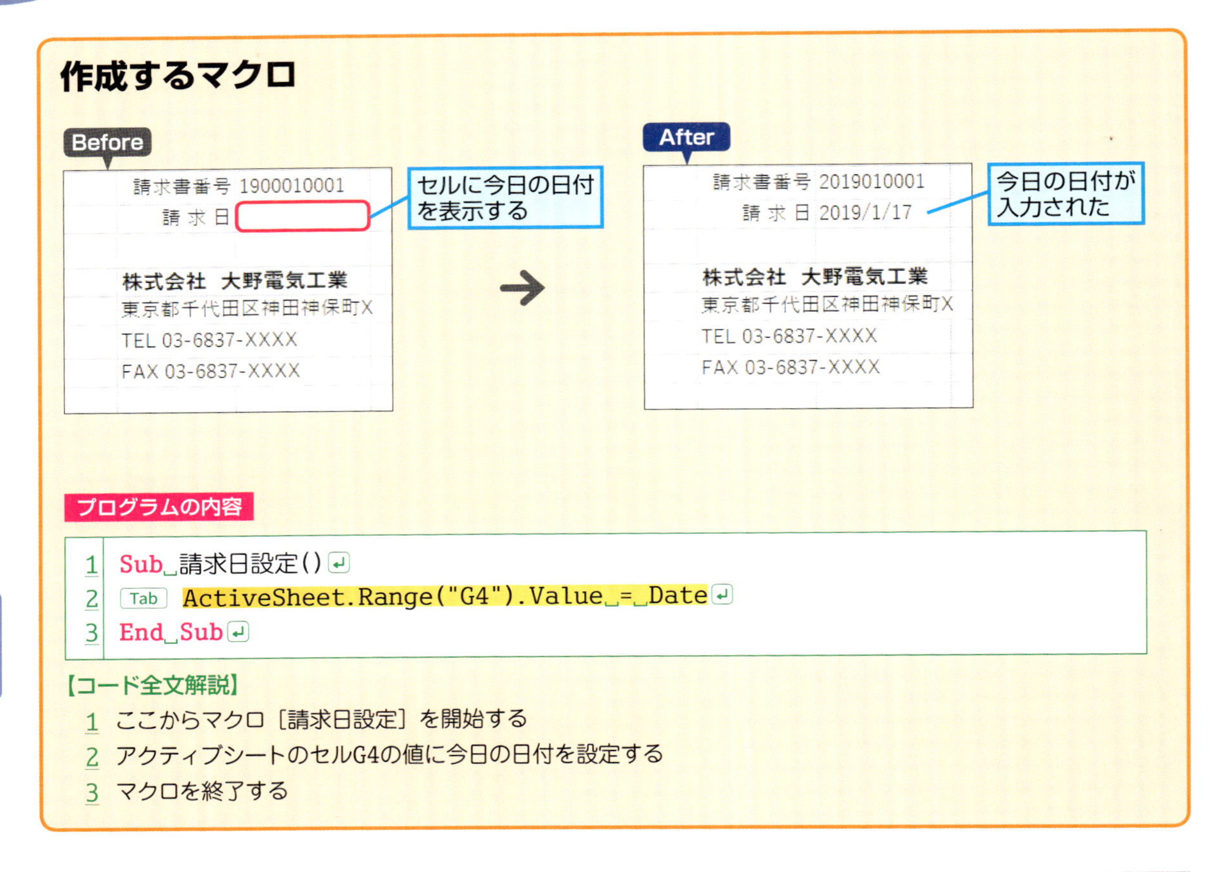

プログラムの内容

```
1 Sub 請求日設定()
2     ActiveSheet.Range("G4").Value = Date
3 End Sub
```

【コード全文解説】

1 ここからマクロ［請求日設定］を開始する
2 アクティブシートのセルG4の値に今日の日付を設定する
3 マクロを終了する

マクロの作成

1 マクロを開始する位置にカーソルを移動する

[Valueプロパティ、Date関数.xlsx]をExcelで開いておく

レッスン⑲を参考にしてモジュールを追加しておく

1 [Module1] をダブルクリック

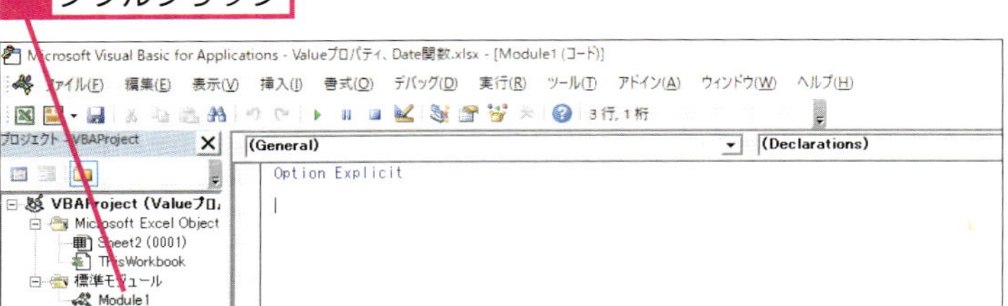

キーワード

Option Explicit	p.322
自動クイックヒント	p.324
引数	p.326
プロパティ	p.327

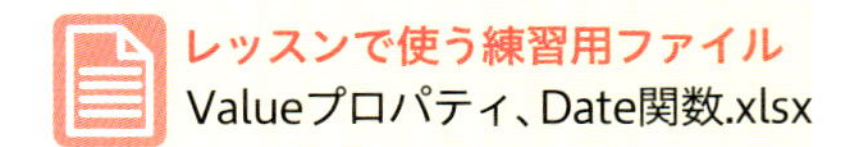

レッスンで使う練習用ファイル
Valueプロパティ、Date関数.xlsx

ショートカットキー

Alt + F8 ……
［マクロ］ダイアログボックスの表示

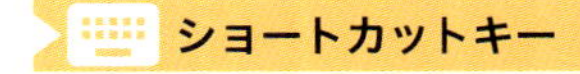

Alt + F11 ……
ExcelとVBAの表示切り替え

第5章 VBAを使ってセルの内容を操作する

2 マクロの開始を宣言する

1 ここをクリック

ここからコードを入力していく

```
Option Explicit
|
```

2 カーソルが移動した位置から以下のように入力

```
sub␣請求日設定
```

◆Sub ○○
マクロの開始の宣言と、マクロ名を設定する。「これから○○という名前のマクロを開始します」という意味

```
Option Explicit

sub 請求日設定|
```

3 Enter キーを押す

自動的に「s」が大文字になった

自動的に「( )」が付いた

```
Sub 請求日設定()
|
End Sub
```

自動的に「End Sub」が入力された

◆End Sub
マクロの終わりを意味する。「Sub ○○で開始したマクロはここまでです」という意味

3 ActiveSheetプロパティを入力する

コードを見やすくするために行頭を字下げする

1 Tab キーを押す

```
Sub 請求日設定()
    |
End Sub
```

行頭が字下げされた

ここからは半角で入力する

半角/全角キーを押して、入力モードを[半角英数]に切り替えておく

2 カーソルが移動した位置から以下のように入力

```
activesheet.
```

◆ActiveSheet
アクティブシート（そのとき表示されているシート）を表す

HINT! 「Option Explicit」って何？

レッスン⑱の手順3の操作を実行すると、新規に追加したモジュールに「Option Explicit」という文字が挿入されます。これはレッスン㉘で紹介する「変数」を使うときに必要です。詳しくは、172ページのテクニックを参照してください。

HINT! コードは小文字で入力する

コードは英数字の小文字で記述した方が、コードの間違いにすぐに気付けます。正しいコードを記述していれば、自動的にプロパティなどの命令の頭文字が大文字に変換されたり、適切な位置に空白が挿入されたりします。もし、記述したコードが小文字のままであれば、コードの入力間違いの可能性があります。

HINT! VBEでマクロの名前を指定する

手順2では、マクロ（プロシージャ）の始まりを宣言する「Sub」に続いて、マクロの名前を記述しています。この名前が［マクロ］ダイアログボックスの一覧に表示されるので、処理の内容を表す名前を指定しておくといいでしょう。

HINT! Tab キーを押すのはなぜ？

手順3で Tab キーを押しているのは、コードの行頭に字下げ（インデント）を設定するためです。字下げを設定しなくても、コード内容が間違いになることはありません。詳しくはレッスン㉒で解説しますが、処理のまとまりで字下げしておいた方が、コードが見やすくなります。

次のページに続く

4 Rangeプロパティを入力する

```
Sub 請求日設定()
    activesheet.|
End Sub
```

1 カーソルが移動した位置から以下のように入力

◆Range ("○○")
セルの範囲を表すプロパティ。「○○」にはセルやセル範囲を指定する

```
range ("G4").
```

5 Valueプロパティを入力する

```
Sub 請求日設定()
    activesheet.range("G4").|
End Sub
```

1 カーソルが移動した位置から以下のように入力

◆Value = ○
選択したセルなどの値を設定するプロパティ。「○」には数値や文字列を入力できる

```
value=
```

6 値を設定する

```
Sub 請求日設定()
    activesheet.range("G4").value=|
End Sub
```

1 カーソルが移動した位置から以下のように入力

◆Date
その日の日付を表す関数。日付を入力しなくても、パソコンに設定されている日付を入力できる

```
date
```

```
Sub 請求日設定()
    activesheet.range("G4").value=date|
End Sub
```

HINT!

引数の情報が表示されることがある

コードを入力していると、黄色いチップが表示されることがあります。これは「自動クイックヒント」といって、命令に必要な引数の内容や順序を表示するものです。引数が複数あり、それぞれが何を設定するものか分からないときなどに確認できるので便利です。なお、この機能も下のテクニックで紹介する「自動メンバー表示」と同じ方法で解除できます。

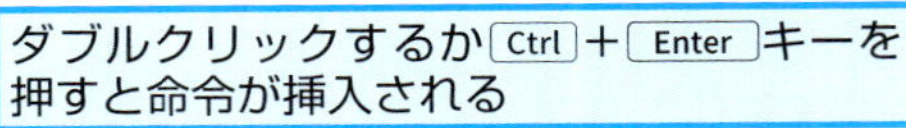

```
Sub 請求日設定()
    range(|
End  Range(Cell1, [Cell2]) As Range
```

◆自動クイックヒント
引数についての情報が表示される

HINT!

Valueプロパティって何？

Valueプロパティは、対象となるオブジェクトの値を表します。Valueプロパティはオブジェクトの値を設定したり取得したりするときに使用する命令で、レッスン⑰で解説したセルやセル範囲を表すRangeプロパティなどの命令と一緒に使用します。例えば、セルA1の値を知りたいときには「Range("A1").Value」と記述します。

テクニック

一覧から命令を選択できる

コード中で「.」を記述すると、次に続く可能性の高いプロパティやメソッドなどの命令の一覧が表示されることがあります。これは「自動メンバー表示」と呼ばれる機能です。挿入したい命令をクリックすれば、その命令が挿入されます。次に挿入する命令のスペルを忘れたときなどに利用すると便利です。なお、この機能を解除するには、メニューの［ツール］-［オプション］をクリックして、［オプション］ダイアログボックスを表示し、［編集］タブで［自動メンバー表示］をクリックしてチェックマークをはずしておきます。

ダブルクリックするか Ctrl ＋ Enter キーを押すと命令が挿入される

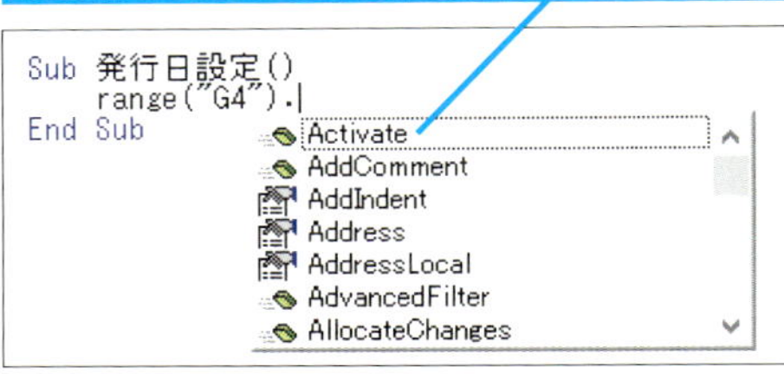

第5章 VBAを使ってセルの内容を操作する

テクニック VBAで日付データを入力するには

VBAのプログラムで特定の日付を日付データとして指定するときは、日付の前後に「#」を入力します。例えば「2019年1月15日」という日付を、VBAで日付のデータとして認識させる場合は「#2019/1/15#」と入力しましょう。入力を確定して Enter キーを押すと、「#1/15/2019#」と表示が変わり入力した内容が日付データとして認識されます。また、年号を省略して「#1/15#」と入力すると、パソコンの日付情報から現在の年号が補完され「#1/15/2019#」と表示されます。なお、確定した日付の表示形式が「月/日/年」となっているのは、Excelを開発したマイクロソフトがアメリカの会社のため、VBAの内部仕様としてアメリカで利用されている日付の「月日年」が表示順に採用されているためです。

7 入力したコードを確認する

1 ここをクリック

マクロの作成が終了した

```
Sub 請求日設定()
    ActiveSheet.Range("G4").Value = Date
End Sub
```

各語の頭文字が自動的に大文字になり、半角の空白で命令が区切られた

2 コードが正しく入力できたかを確認

8 作成したマクロを保存する

マクロを保存する

1 [上書き保存]をクリック

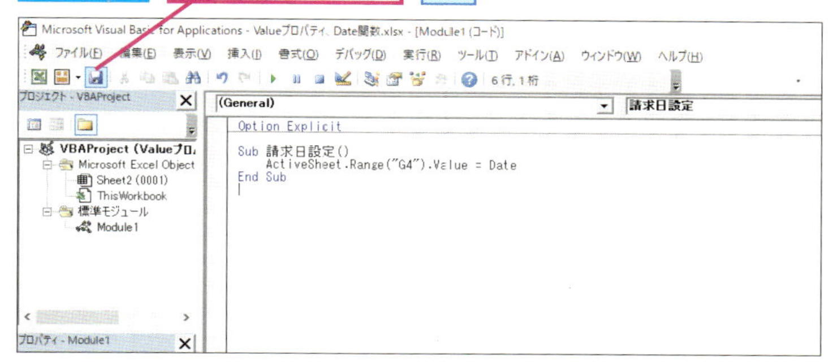

9 [名前を付けて保存] ダイアログボックスを表示する

「次の機能はマクロなしのブックに保存できません」というメッセージが表示された

ここではマクロを含むブックとして保存する

1 [いいえ] をクリック

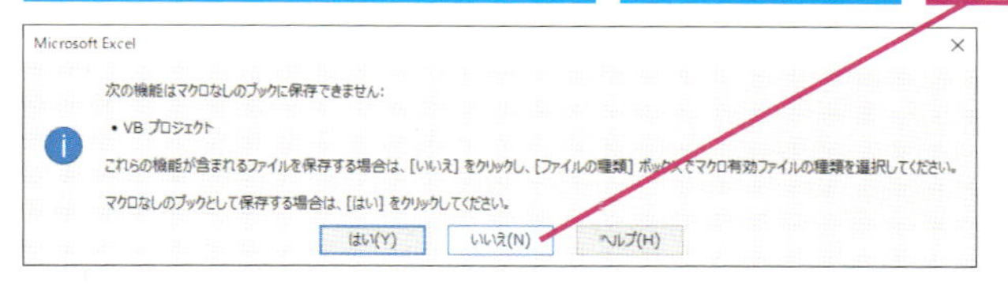

HINT! Date関数は日付を調べる

手順6で入力したDate関数はVBAが利用できる関数で、パソコンの日付を調べて今日の日付を知るために使います。ExcelのTODAY関数と同じような働きをします。

間違った場合は？

コードを半角の小文字で入力しているとき、Enter キーを押して改行しても入力したコードの頭文字が大文字に変わらないときは、入力したコードが間違っている場合があります。もう一度よく確認してみましょう。

次のページに続く

10 ブック名を入力する

[名前を付けて保存] ダイアログボックスが表示された

保存先のフォルダーを選択しておく

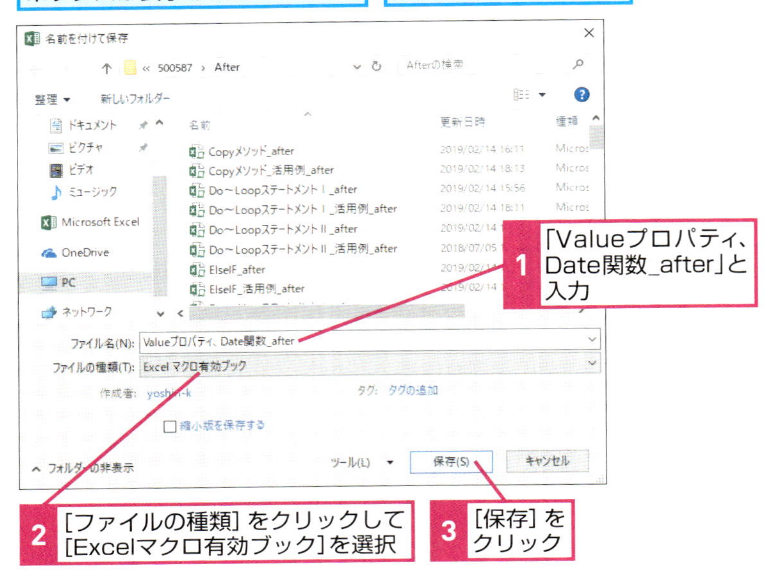

1 「Valueプロパティ、Date関数_after」と入力

2 [ファイルの種類] をクリックして [Excelマクロ有効ブック] を選択

3 [保存] をクリック

マクロの確認

11 Excelに切り替える

マクロを含んだブックが保存された

1 [表示 Microsoft Excel] をクリック

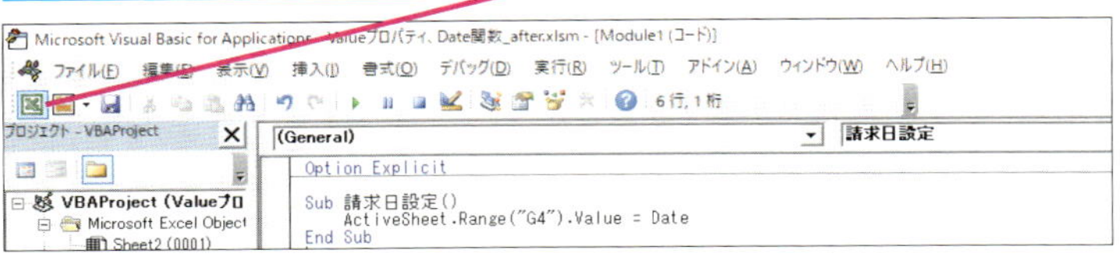

12 [マクロ] ダイアログボックスを表示する

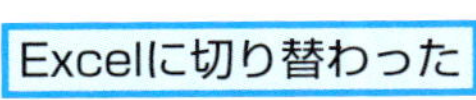

1 [開発] タブをクリック

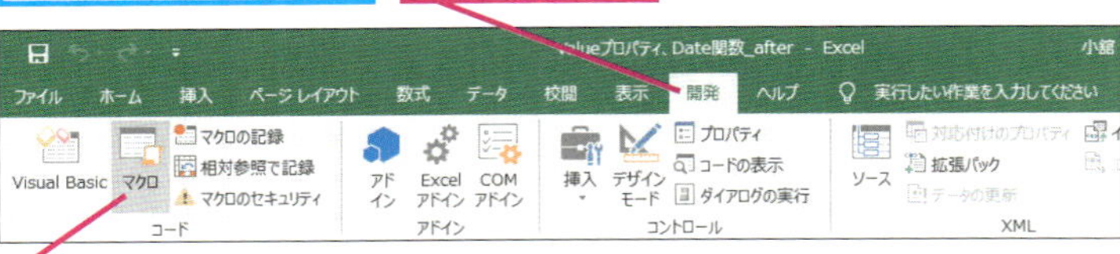

2 [マクロ] をクリック

HINT! ブックを保存するときにダイアログボックスが表示される場合は

マクロを含んだブックを保存するときに、前ページ手順9のダイアログボックスが表示されることがあります。これは、マクロを含んでいるブックを初めて保存するときに表示されます。Excelでは、マクロが含まれるブックを保存するときは、ファイルの形式を [Excelマクロ有効ブック] 形式で保存する必要があるためです。

13 マクロを実行する

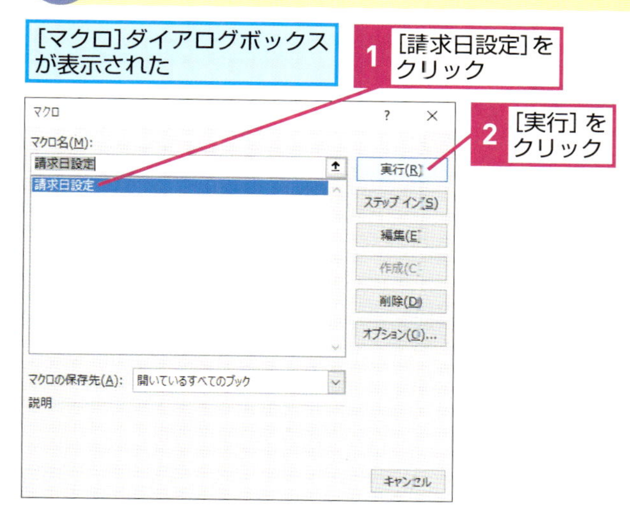

14 マクロの実行結果を確認する

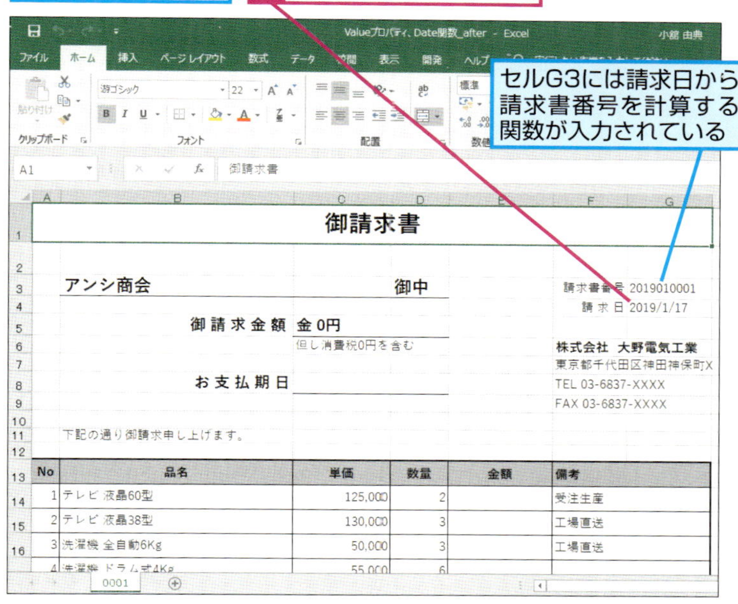

HINT!

Rangeプロパティのセル番号は大文字で入力する

Rangeプロパティのセル番号など、「"」でくくられた文字列は自動的に大文字には変換されません。セル番号を小文字で「"a1"」と入力してもエラーにはなりませんが、セル番号であることが分かるように大文字で入力するようにしましょう。

間違った場合は？

マクロが正しく実行されなかったときは、手順13の［マクロ］ダイアログボックスでマクロを選択した後、［編集］ボタンをクリックして、コードを修正します。

VBA用語集

ActiveSheet	p.315
Date	p.316
Option Explicit	p.320
Range	p.320
Sub ～ End Sub	p.321
Value	p.321

Point

値を設定するには Valueプロパティを使う

Valueプロパティを使うとセルに値を設定できます。このレッスンでは、セルを表すRangeプロパティを使って、セルG4に今日の日付を入力しました。値を設定するときには「=」を使い、左辺に設定するセル、右辺に設定する値を書きます。また、Rangeプロパティの前に「ActiveSheet」を付けて、「アクティブなシートのセル」ということを示しています。なお、Valueプロパティは、セルに値を設定する以外にも、セルに入力されている値を調べるときにも使用します。

レッスン
21 セルに計算した値を入力するには

Valueプロパティ、値の計算

今度はValueプロパティを使って、セルの値を取得し、別のセルの値に設定してみましょう。Valueプロパティを使えば計算結果をほかのセルに設定できます。

作成するマクロ

Before

支払期日として、セルG4で表示されている日付から2週間後の日付をセルC8に表示する

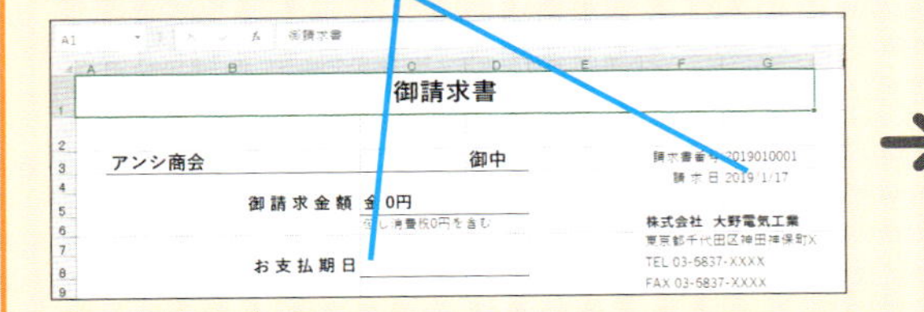

After

請求日から2週間後の日付を表示できる

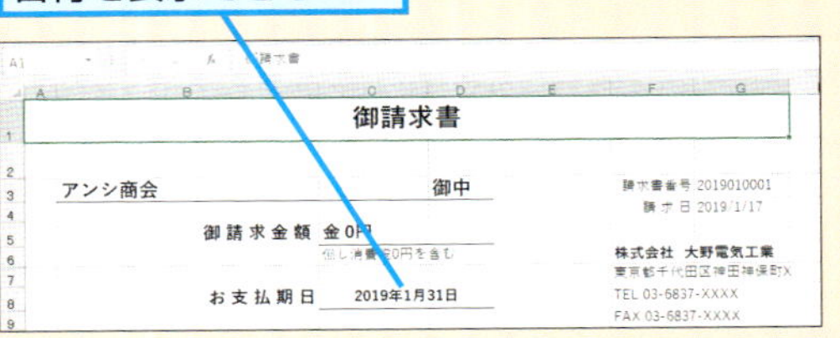

プログラムの内容

```
1 Sub 支払期日設定()
2     ActiveSheet.Range("C8").Value = ActiveSheet.Range("G4").Value + 14
3 End Sub
```

【コード全文解説】

1 ここからマクロ［支払期日設定］を開始する

2 アクティブシートのセルC8の値にアクティブシートのセルG4の値＋14を設定する

3 マクロを終了する

マクロの作成

1 マクロを開始する位置にカーソルを移動する

［Valueプロパティ、値の計算.xlsm］をExcelで開いておく

レッスン⓯を参考にマクロをVBEで表示しておく

1 ［Module1］をダブルクリック

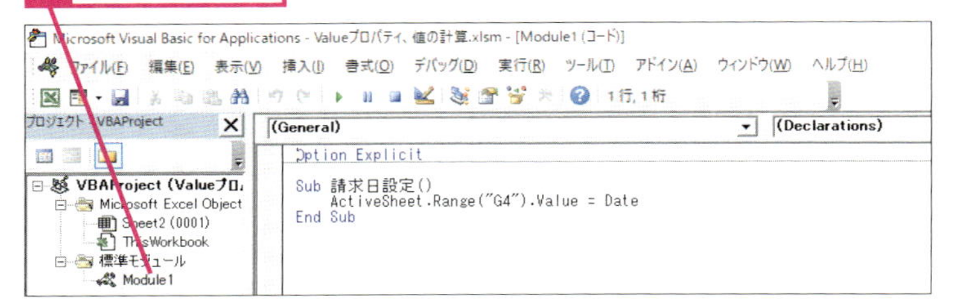

キーワード

レッスンで使う練習用ファイル
Valueプロパティ、値の計算.xlsx

ショートカットキー

Alt + F8 ……… ［マクロ］ダイアログボックスの表示

Alt + F11 ……… ExcelとVBAの表示切り替え

第5章 VBAを使ってセルの内容を操作する

2 マクロの開始を宣言する

1 ここをクリック

```
Sub 請求日設定()
    ActiveSheet.Range("G4").Value = Date
End Sub
|
```

2 カーソルが移動した位置から以下のように入力

```
sub␣支払期日設定
```

```
Sub 請求日設定()
    ActiveSheet.Range("G4").Value = Date
End Sub
sub 支払期日設定|
```

3 Enter キーを押す

新しいプロシージャの開始位置を示す線が表示された

```
Sub 請求日設定()
    ActiveSheet.Range("G4").Value = Date
End Sub
Sub 支払期日設定()
|
End Sub
```

自動的に「( )」が付いた

3 セルの値を設定する

値を設定するセル（支払期日を表示するセル）を入力する

1 Tab キーを押す

```
Sub 請求日設定()
    ActiveSheet.Range("G4").Value = Date
End Sub
Sub 支払期日設定()
    |
End Sub
```

2 カーソルが移動した位置から以下のように入力

```
activesheet.range("C8").value=
```

設定する値（請求日＋14日）を入力する

```
Sub 請求日設定()
    ActiveSheet.Range("G4").Value = Date
End Sub
```

3 カーソルが移動した位置から以下のように入力

```
activesheet.range("G4").value+14
```

HINT! 「=」でセルに値を設定する

レッスン⑳では「=」の左辺に設定するセル、右辺に設定する値を入力しましたが、右辺に「Range("A1").Value」などのセル情報があると、セルの値を取得して計算などの操作を行うことができます。

HINT! 「プロシージャ」って何？

「プロシージャ」とは、マクロを構成する最小の単位で、マクロで行う一連の処理のまとまりのことをプロシージャといいます。マクロの記録では、記録を開始してから終了するまでの操作が1つのプロシージャとして記録されます。

間違った場合は？

コードを半角の小文字で入力しているとき、Enter キーを押して改行しても入力したコードの頭文字が大文字に変わらないときは、入力したコードが間違っている場合があります。もう一度よく確認してみましょう。

次のページに続く

4 入力したコードを確認する

1 ここをクリック

各語の頭文字が自動的に大文字になり、半角の空白で命令が区切られた

```
Sub 支払期日設定()
    ActiveSheet.Range("C8").Value = ActiveSheet.Range("G4").Value + 14
End Sub
```

マクロの作成が終了した

2 コードが正しく入力できたかを確認

5 作成したマクロを保存する

マクロを保存する

1 [上書き保存]をクリック

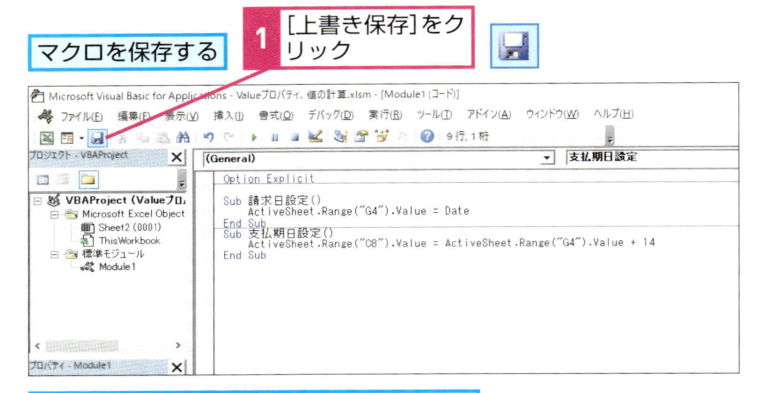

すでにマクロを含むブックとして保存してあるので、[名前を付けて保存] ダイアログボックスは表示されない

マクロの確認

6 Excelに切り替える

マクロを含んだブックが保存された

1 [表示 Microsoft Excel] をクリック

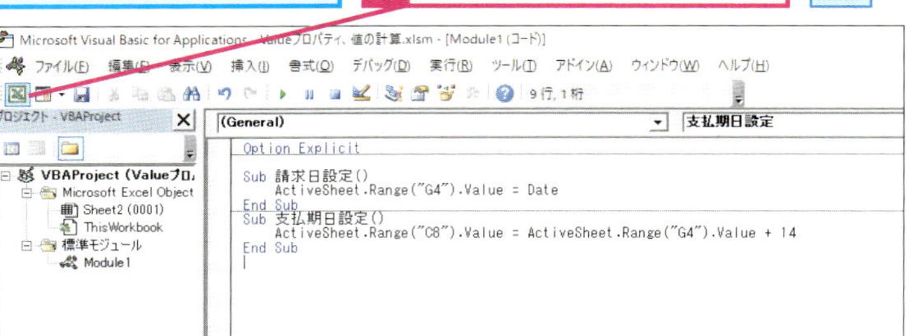

HINT! 入力中にエラーが表示されたときは

コードを入力中、その構文に間違いがあったときには、その場でエラーメッセージが表示されます。これは「自動構文チェック」という機能で、改行してその行の入力を確定したときに、自動的に構文がチェックされます。間違った構文の文字が青色で表示され、間違いの内容がダイアログボックスに表示されるので、修正点をすぐに確認できます。

◆自動構文チェック
エラーメッセージが表示され、間違った部分が青で表示される

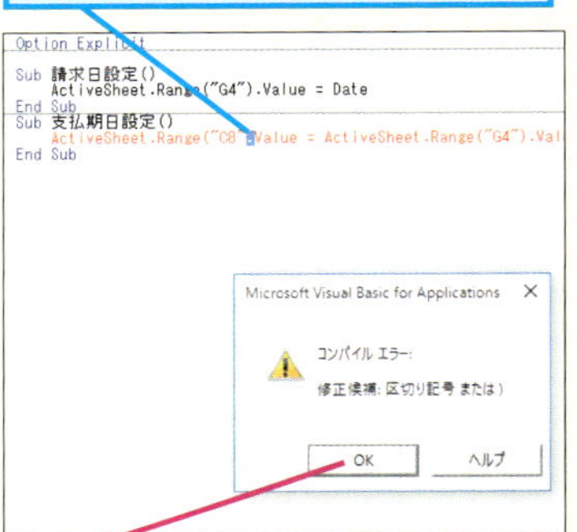

1 [OK] をクリック

2 エラーを修正

HINT! マクロを含むブックを保存すると拡張子が変更される

Excelでマクロを含むブックを保存すると、ブックの拡張子が「.xlsx」から「.xlsm」に変更されます。これはセキュリティ強化のために、マクロウイルスなど悪意のあるマクロを含んだブックを安易に開いてしまわないようにするためです。

7 [マクロ] ダイアログボックスを表示する

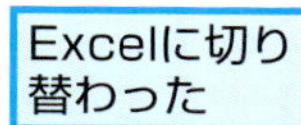
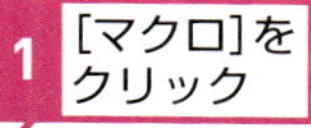
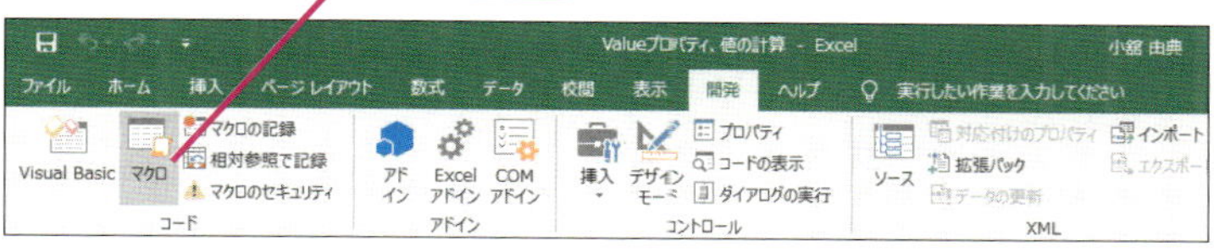

8 マクロを実行する

[マクロ] ダイアログボックスが表示された

1 [支払期日設定]をクリック

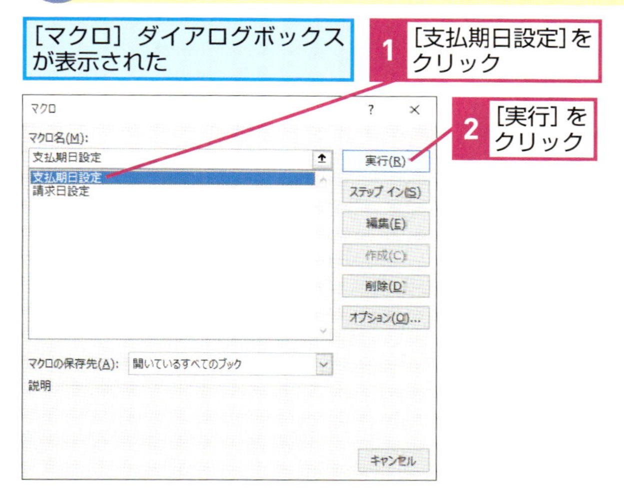

2 [実行] をクリック

9 マクロの実行結果を確認する

マクロが実行された

1 請求日から2週間後の日付が入力されたことを確認

2 [閉じる]をクリック

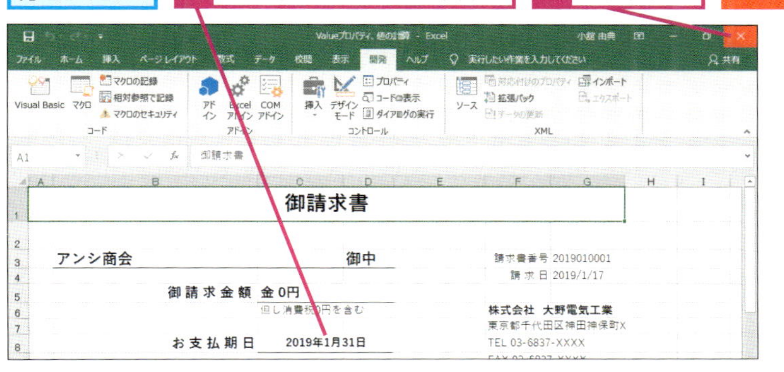

ブックを保存する

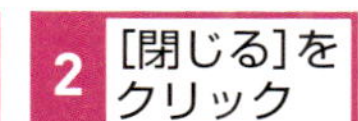

3 [保存]をクリック

HINT! マクロの実行後にブックを閉じるときはブックを保存する

手順5でマクロを保存することでブックも保存されます。しかし、手順9でブックを閉じると、ブックの変更内容を保存するかどうかを確認するダイアログボックスが表示されます。これはマクロを実行したことでブックの内容が変更されたためです。前のレッスン⑳では続けてマクロを作成するためにブックを閉じなかったので、マクロ実行後のブックの状態は保存されていません。

間違った場合は？

マクロが正しく実行されなかったときは、手順8の［マクロ］ダイアログボックスでマクロを選択した後、［編集］ボタンをクリックして、VBEでマクロを修正します。

VBA用語集

ActiveSheet	p.315
Date	p.316
Range	p.320
Sub ～ End Sub	p.321
Value	p.321

Point Valueプロパティを使って計算もできる

このレッスンでは「支払期日」として請求日から2週間（14日）後の日付を計算し、セルC8の値に設定しています。セルの値が数値であれば、Valueプロパティでセルの値を使った計算もできるので、ワークシートで数式を使って行うような計算を、VBAでも同様に行うことができます。このように計算に使われる値は、実際に計算が実行されたときにセルに表示されている値が使われます。そのため、このレッスンでは手順3において、レッスン⑳で設定した発行日（今日の日付）を元に計算を行っています。

この章のまとめ

● VBE の操作とコードの記述方法を覚えよう

この章では、VBAの構文とセルやセル範囲の指定方法を中心に解説しました。レッスン⑰で解説したセルやセル範囲を表すRangeプロパティは、マクロを作成する上で必ず必要になるプロパティの1つです。また、レッスン⑳とレッスン㉑で解説したセルやセル範囲の値を参照・設定できるValueプロパティも欠かせません。セルやセル範囲の操作方法をしっかりと覚えておきましょう。

なお、レッスン⑲では、新規のモジュールの追加方法、レッスン⑳では、既存のモジュールにコードを追記する方法も紹介しています。モジュールの追加や修正は、今後も必要になるので、VBEの操作とコードの記述に慣れておきましょう。

VBE の操作と
コードの基本を覚える

モジュールの追加・修正など、VBE の操作に慣れる。セルやセル範囲を操作する Range プロパティや Value プロパティの扱い方を覚えておく

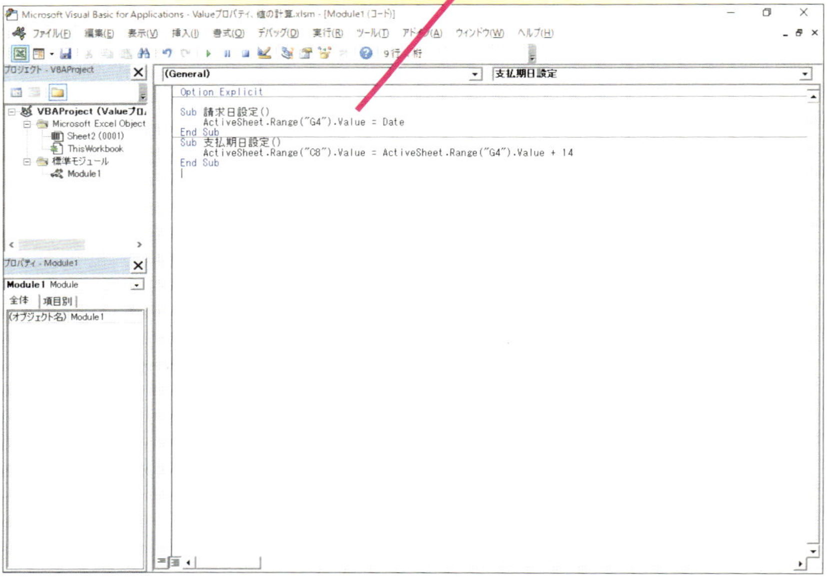

練習問題

1

練習用ファイルの［第5章_練習問題.xlsx］を開いて、新しいモジュールを挿入してください。

●ヒント：モジュールの挿入はVBEで行います。

新しいモジュールを挿入する

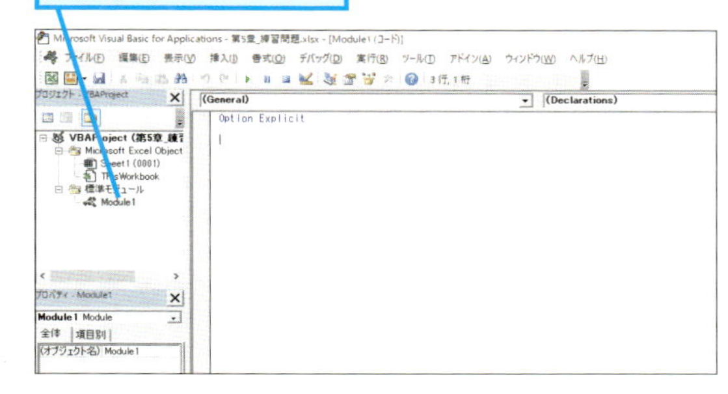

2

練習問題1で挿入したモジュールに「日付設定」という名前のマクロを作成しましょう。セルG4の「請求日」には今日の日付を設定し、セルC8の「支払期日」には請求日から2週間後の日付を設定します。

●ヒント：今日の日付を求めるにはDate関数を使います。レッスン⑳とレッスン㉑を参考に、2つのマクロをまとめて1つのプロシージャに記述します。

支払期日を請求日から2週間後に設定する

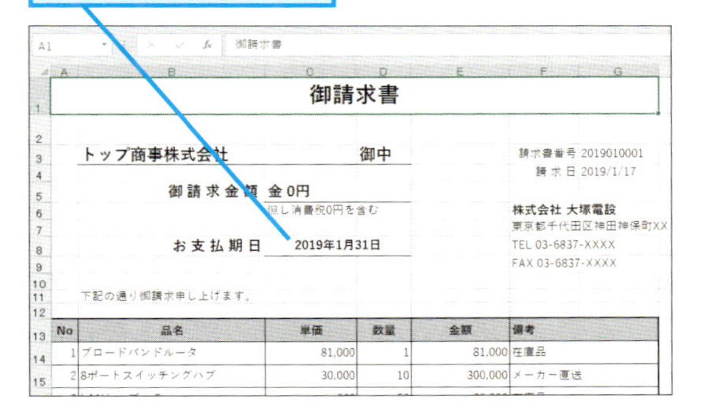

答えは次のページ

解　答

1

[第5章_練習問題.xlsx] をExcelで開いておく

1 レッスン⑮を参考にVBEを起動

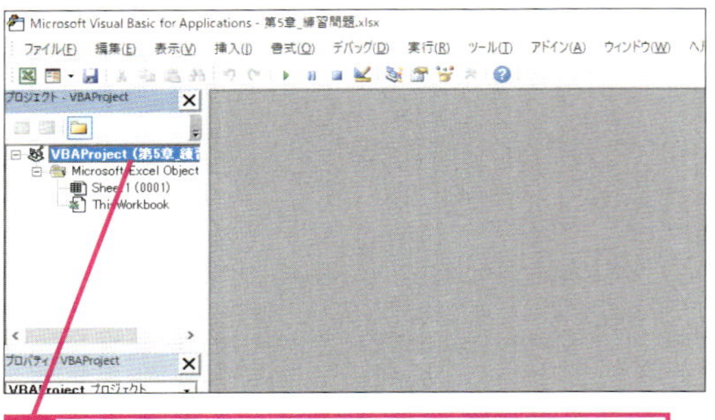

2 [VBAProject (第5章_練習問題.xlsx)] をクリック

練習用ファイルをExcelで開いて、レッスン⑮を参考にVBEを起動します。プロジェクトエクスプローラーの [VBAProject (第5章_練習問題.xlsx)] を選択し、[ユーザーフォームの挿入] ボタンの▼をクリックして [標準モジュール] をクリックします。

3 [ユーザーフォームの挿入]のここをクリック

4 [標準モジュール]をクリック

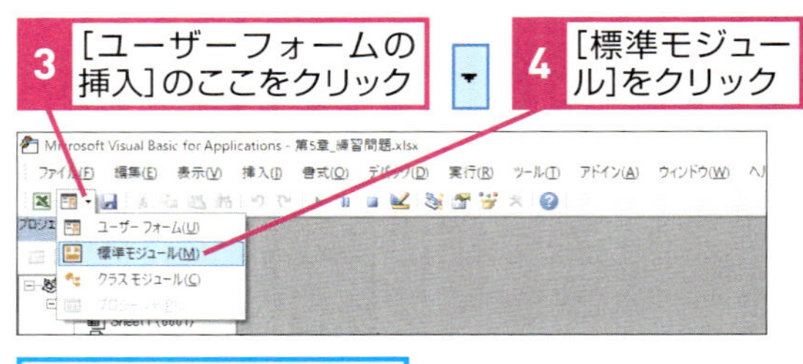

モジュールが追加される

2

練習問題1を参考にモジュールを追加しておく

マクロの開始を宣言する

1 「sub 日付設定」と入力　2 Enter キーを押す

```
Option Explicit

sub 日付設定
```

セルG4に今日の日付を設定する

3 Tab キーを押す

4 「activesheet.range("G4").value=」と入力

```
Option Explicit

Sub 日付設定()
    activesheet.range("G4").value=date
End Sub
```

5 「date」と入力

6 Enter キーを押す

セルG4の値に14を加算した値をセルC8に設定する

7 「activesheet.range("C8").value=」と入力

8 「activesheet.range("G4").value+14」と入力

```
Option Explicit

Sub 日付設定()
    ActiveSheet.Range("G4").Value = Date
    activesheet.range("C8").value=activesheet.range("G4").value+14
End Sub
```

9 ここをクリック

マクロを保存して実行しておく

練習問題1で追加したモジュールにコードを記述します。宣言するマクロ名は「日付設定」とします。手順を参考にして、セルG4にはDate関数の値を設定し、セルC8には「セルG4 + 14」の値を設定します。

第6章 VBAのコードを見やすく整える

この章では、VBAでプログラミングするとき、より効率が良く見やすいコードを記述する方法を紹介します。マクロの動作に影響はありませんが、見やすいコードにするのは大切なことです。しっかりと理解して、身に付けておきましょう。

●この章の内容

レッスン

22 コードを見やすく記述するには

インデント、分割、省略

コードを記述するときには、できるだけ見やすくすることが大切です。このレッスンでは、インデントの設定や行の分割、重複個所の省略について解説します。

誰が見ても理解しやすいコードを書く

●乱雑なコード

プログラムのコードは、構文に沿って記述してあれば、どのような書き方でも動作に影響はありません。しかし、好き勝手に記述すると、後から見直したときに、プログラムの内容が分かりにくくなってしまいます。以下のようなコードは、どのような動作をするのか読み解くことが困難なことが分かると思います。

各コードが何の処理をするのかが分かりづらい

インデント(字下げ)されていないので、処理の区切りが分かりづらい

1行が長く、読みづらい

```
Sub クラス別成績表_読みにくいコード()
Dim クラス As String
Range("A2").Select
Selection.AutoFilter
Do
クラス = InputBox("印刷するクラスを入力してください", "クラスの入力", クラス)
If クラス = "" Then
If MsgBox("終了しますか？", vbYesNo) = vbYes Then
Exit Do
End If
End If
If クラス <> "" Then
ActiveSheet.Range("$A$1:$I$251").AutoFilter Field:=1, Criteria1:=クラス
ActiveSheet.PrintOut Copies:=1, Collate:=True, IgnorePrintAreas:=False
End If
Loop
MsgBox "クラス別成績表印刷を終了します。"
Selection.AutoFilter
End Sub
```

重複個所がそのままになっているので入力が煩雑になる

●整形されたコード

プログラムのコードを書くときは、誰が見ても内容が分かるように書式を整えることが大切です。以下の例のように、プログラムの説明文（コメント）や大まかな処理のまとまり（ブロック）ごとに空行で区切るといいでしょう。また、命令のまとまりごとにコードをインデント（字下げ）することも重要です。以下のコードは、左ページと同じ内容です。比較してどちらが見やすいかを確認してください。

各コードのメモがあるので、何の処理をするのかがすぐに分かる

1行が分割されているので読みやすい

```
' クラス別成績表印刷マクロ
' 2018.12.14 小舘　作成
'
' 入力したクラスを抽出して成績表を印刷
' クラスを入力しないと処理を終了する
'
' 2019.1.21 修正 小舘
'
' クラスが入力されなかったときに終了の確認を追加
'
Sub クラス別成績表_分かりやすいコード()
    Dim クラス As String     ' 印刷するクラスを格納する変数

    ' 前処理
    '
    Range("A2").Select       ' フィルターを適用するデータ範囲内を選択
    Selection.AutoFilter     ' オートフィルターを設定

    ' 主処理
    '
    ' ここから繰り返し開始
    Do
        ' 印刷するクラス名の入力
        クラス = InputBox("印刷するクラスを入力してください", _
                         "クラスの入力", _
                         クラス)
        ' 2019.1.21 修正
        ' クラス名が入力されなかったとき
        If クラス = "" Then
            ' マクロの終了確認で「はい」ボタンがクリックされたとき
            If MsgBox("終了しますか？", vbYesNo) = vbYes Then
                ' 繰り返しを抜ける
                Exit Do
            End If
        End If

        ' クラス名が入力されているとき
        If クラス <> "" Then
            ' 現在のシートに対して処理を行う
            With ActiveSheet
                ' オートフィルターで入力されたクラスを抽出
                .Range("$A$1:$I$251").AutoFilter Field:=1, _
                                                Criteria1:=クラス
                ' 抽出結果を印刷
                .PrintOut Copies:=1, _
                          Collate:=True, _
                          IgnorePrintAreas:=False
            End With
        End If
    ' ここまで繰り返し
    Loop

    ' 後処理
    '
    ' 処理終了のメッセージ表示
    MsgBox "クラス別成績表印刷を終了します。"
    ' オートフィルターの解除
    Selection.AutoFilter
End Sub
```

ブロックごとにインデント（字下げ）されているので、コードの処理が分かりやすい

重複個所がすっきりとまとめられている

HINT!

マクロを実行するとコメントや空行は無視される

コメントや空行、インデントの空白はマクロの実行時にすべて無視されます。プログラムを読みやすくするためにコメントを詳細に記述しても動作には影響がないので、できるだけ分かりやすいコメントを記述しておくように心がけましょう。本書では、完成例の練習用ファイルを［After］フォルダーに用意しています。［After］フォルダーの練習用ファイルをVBEで開き、コメントを確認してください。

次のページに続く

理解しやすいコードを書くためのポイント

●インデントの設定

VBAのコードを分かりやすく記述するには、インデント（字下げ）の設定が重要です。例えば、第7章以降で解説するような、マクロの繰り返し（ループ）などの複雑なコードの場合、どこまでが処理の区切りなのかが分かりにくくなります。インデントを設定しなくても、コードの動作に影響はありませんが、コードを見やすくするために、Tabキーを押してコードにインデントを設定しておきましょう。

インデント（字下げ）を設定すれば、処理の区切りが分かりやすくなる

複数の処理を連携している場合は、処理の中でさらにインデントを設定しておく

```
Do Until ActiveCell.Offset(0, -1).Value = ""
    With ActiveCell
        .Value = .Offset(0, -2).Value _
          * .Offset(0, -1).Value
        .Offset(1, 0).Select
    End With
Loop
```

●行の分割

基本的にVBAのコードは1行で記述するため、複数のセルを参照して1行が長くなることがあります。このようなときは、行を分割して見やすくしましょう。半角の空白と「_」（アンダーバー）を組み合わせて行の途中に挿入すれば、1行を複数の行に分けて記述できます。ただし、行を分割できるのは「.」や「=」、「,」の前後になります。例えば、「Range("A1")」のコードを「Ra」と「nge("A1")」のようには分割できません。

```
Range("A1").Value _
  = Range("B2").Value * Range("C2").Value
```

半角の空白と「_」を続けて入力すれば、複数の行が1行と見なされる

HINT!

ステートメントには インデントが必須

左の例にある「Do ～ Loop」や「With ～ End With」は「ステートメント」と呼ばれる命令です。ステートメントとは、同じ処理の繰り返しやコードの省略など、主に処理の流れを制御するもので、オブジェクトの操作とは関係のない命令になります。ステートメントを記述する際には、コードを見やすくするためにインデントの設定が重要になります。

HINT!

インデントは簡単に戻せる

インデントを設定するとき、Tabキーを押しすぎてしまったときは、Shift+Tabキーを押してインデントのレベルを、1つずつ戻しましょう。

HINT!

複数の行にまとめて インデントを設定するには

複数の行をまとめて、一度にインデントを設定できます。インデントを設定したい複数の行をまとめて選択して、Tabキーを押すと、選択している行全体にインデントが設定されます。同様にShift+Tabキーを押せば、インデントのレベルをまとめて戻せます。

HINT!

「_」を入力するには

行分割のための記号「_」（アンダーバー）を入力するには、Shiftキーを押しながらキーボード右下の[＼ろ]キーを同時に押します。

●重複個所の省略

ワークシートやセルなどを操作する処理では、「ActiveSheet」などのプロパティを何回も記述することがあります。コードが分かりにくい上、間違いの原因にもなるので、「Withステートメント」を使って、重複個所を省略しておくといいでしょう。「With」と「End With」でくくられるまとまりがWithステートメントになります。Withステートメント内で、省略したプロパティなどを記述するときは「.」から入力しましょう。詳しくは、レッスン㉓で解説します。

「ActiveSheet」を省略して入力できる範囲は、「With」と「End With」の間のみになる

省略する個所は「.」から入力する

```
With ActiveSheet
    .Range("B2").Value = .Range("B3").Value
    .Range("C3").Value = 3
End With
```

●コメントの挿入

「コメント」とは、コードの説明文です。モジュール内のどこにでも記述でき、マクロの実行時には無視されるので動作には影響しません。詳細なコメントがあれば、コードを後から見直すときや修正するときなどに役立ちます。例えば、プロシージャの先頭にはマクロ全体の概要、コードの途中にはその処理の説明などを記述します。第7章以降では、さらに複雑なコードを紹介するので、コメントの重要性がよく分かると思います。なお、本書ではコメントを記述する手順を紹介していませんが、[After]フォルダーの練習用ファイルに処理の内容を細かく記述しています。

処理の内容をコメントしておけば、コードを後から見直すときや修正するときに役立つ

```
' レッスン22
'
' 見積発行日の設定マクロ
'
Sub 発行日設定()

    'セルG4（見積発行日）に今日の日付を代入
    ActiveSheet.Range("G4").Value = Date
End Sub
```

HINT!

プロパティの一部は省略できない

複数のプロパティを指定する場合、プロパティの一部分は省略できません。例えば、「ActiveSheet.Range("A1").Select」の「Range("A1")」を省略しようとして、「With Range("A1")」と「End With」でくくって「ActiveSheet..Select」とは入力できないので気を付けましょう。

Point

誰が見ても分かるように書く

プログラムは、Excel（コンピューター）が理解できればいいというわけではありません。誰が見ても、容易にプログラムの内容が分かるように書式を整えて書くことが大切です。乱雑な書き方をしたプログラムだと、作った直後は分かっているつもりでも、しばらく時間を置くと作った本人ですら内容を理解できなくなることがあります。プログラムを作った本人だけでなく、ほかの人にも理解しやすいコードを書くことを心がけましょう。

コードの一部を省略するには

Withステートメント

レッスン㉒で解説したWithステートメントを実際に使ってみましょう。このレッスンでは、Withステートメントを使って「ActiveSheet」プロパティを省略します。

作成するマクロ

Before

```
Sub 支払期日設定()
    ActiveSheet.Range("C8").Value = ActiveSheet.Range("G4").Value + 14
End Sub
```

先頭の「ActiveSheet」が同じなので省略する

After

省略する部分を「With」の後ろに入力する

```
Sub 支払期日設定_2()
    With ActiveSheet
        .Range("C8").Value = .Range("G4").Value + 14
    End With
End Sub
```

「With ActiveSheet」と「End With」の間で「ActiveSheet」を省略できる

省略した部分は「.」から入力する

プログラムの内容

```
1 Sub␣支払期日設定_2()↵
2 Tab With␣ActiveSheet↵
3 Tab Tab .Range("C8").Value␣=␣.Range("G4").Value␣+␣14↵
4 Tab End␣With↵
5 End␣Sub↵
```

【コード全文解説】

1 ここからマクロ［支払期日設定_2］を開始する
2 以下の構文の文頭にある「ActiveSheet」を省略する（Withステートメントを開始する）
3 （アクティブシートの）セルC8の値に（アクティブシートの）セルG4の値+14を設定する
4 Withステートメントを終了する
5 マクロを終了する

マクロの開始を宣言する

[Withステートメント.xlsm] をExcelで開いておく

レッスン⑮を参考にマクロをVBEで表示しておく

1 [Module1] をダブルクリック

2 ここをクリック

ここからコードを入力していく

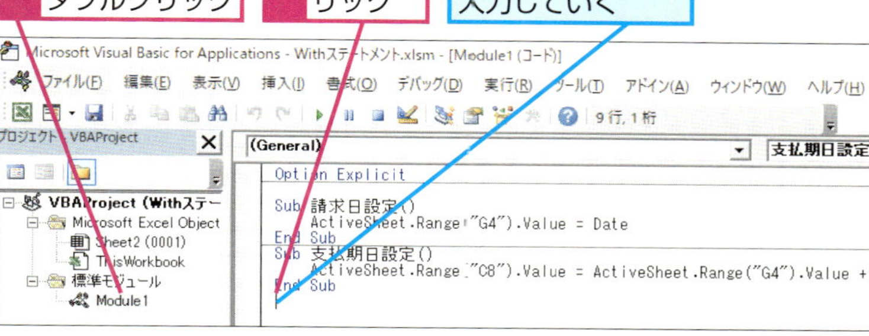


```
End Sub
|
```

3 カーソルが移動した位置から以下のように入力

4 Enter キーを押す

```
sub␣支払期日設定_2
```

```
End Sub
Sub 支払期日設定_2()
|
End Sub
```

自動的に「( )」が付いた

プロシージャの区切りを表す線が表示された

2 Withステーメントを入力する

1 Tab キーを押す

```
Sub 支払期日設定_2()
    |
End Sub
```

2 カーソルが移動した位置から以下のように入力

3 Enter キーを押す

```
with␣activesheet
```

◆With ○○
「With ○○」と「End With」の間は、「○○」の部分を省略できる

```
Sub 支払期日設定_2()
    With ActiveSheet
    |
End Sub
```

「With」の文字が青色に変わった

キーワード

レッスンで使う練習用ファイル
Withステートメント.xlsm

ショートカットキー

Alt + F11 ……… ExcelとVBEの表示切り替え

HINT! 操作対象を考えれば省略する部分を把握できる

コードを入力するときは、まず「操作を行いたい対象が何か」ということを考えながら入力しましょう。この先何を対象にどのような操作を行うかということをイメージしておけば、Withステートメントを使う場所や省略する部分を把握できます。

HINT! 省略する部分も小文字で入力できる

プロパティやメソッドを小文字で入力しても、入力を確定すると自動的に大文字に変換されるのと同じように、Withステートメントで省略する部分についても、小文字で入力できます。

間違った場合は？

コードを半角の小文字で入力しているとき、Enter キーを押して改行しても入力したコードの頭文字が大文字に変わらないときは、入力したコードが間違っている場合があります。もう一度よく確認してみましょう。

次のページに続く

3 「.」を入力する

コードを見やすくするために行頭を字下げする

1 Tab キーを押す

```
Sub 支払期日設定_2()
    With ActiveSheet
        |
End Sub
```

2 カーソルが移動した位置から以下のように入力

「ActiveSheet」の部分が省略されるので「.」から入力する

```
.
```

4 セルを設定する

```
Sub 支払期日設定_2()
    With ActiveSheet
        .|
End Sub
```

1 カーソルが移動した位置から以下のように入力

```
range("C8").value=
```

5 セルの値を設定する

「ActiveSheet」の部分が省略されるので手順3と同様に「.」から入力する

```
Sub 支払期日設定_2()
    With ActiveSheet
        .range("C8").value=|
End Sub
```

1 カーソルが移動した位置から以下のように入力

```
.
```

```
Sub 支払期日設定_2()
    With ActiveSheet
        .range("C8").value=.|
End Sub
```

2 カーソルが移動した位置から以下のように入力

3 Enter キーを押す

```
range("G4").value+14
```

HINT! セキュリティに関する通知のダイアログボックスが表示されたときは

VBEのウィンドウが開いた状態だと、レッスン❸で解説した［セキュリティの警告］ではなく、［Microsoft Excelのセキュリティに関する通知］ダイアログボックスが開きます。マクロを使うときは［マクロを有効にする］ボタンをクリックしてください。

VBEの起動中は、下のダイアログボックスが表示される

Microsoft Excel のセキュリティに関する通知

セキュリティに影響を及ぼす可能性のある問題点が検知されました。

警告: このコンテンツの発行元が信頼できるかどうかを確認することはできません。このコンテンツが重要な機能を備えており、発行元が信頼できる場合を除き、このコンテンツは無効のままにしてください。

ファイルのパス: C:¥Users¥小舘由典.LAPTOP-IMNHCD13.000¥Documents¥500587¥Before¥Withステートメン

マクロが無効にされました。これらのマクロには、ウイルスが含まれているか、その他セキュリティ上の危険性がある可能性があります。このファイルの発行元が信頼できない場合は、このコンテンツを有効にしないでください。

詳細情報

マクロを有効にする(E)　マクロを無効にする(D)

マクロを使うときは、［マクロを有効にする］をクリックする

HINT! 省略せずに入力できる

Withステートメント内では、「.」で始まる語はその前に宣言した部分が省略されていることを表しますが、「ActiveSheet.Range("C8")」のように、省略されている部分をステートメント内で入力しても問題ありません。

HINT! インデントの間隔を変えるには

Tab キーを押すごとに移動するインデントの間隔は、自由に変更できます。メニューの［ツール］-［オプション］をクリックして［オプション］ダイアログボックスを表示します。次に［編集］タブにある［タブ間隔］の値を変えると、Tab キーを押したときのインデントの間隔を変更できます。

6 Withステートメントを終了する

各語の頭文字が自動的に大文字になった

「ActiveSheet」を省略するのはここまでなので、インデントのレベルを1つ戻す

1 キーを押す

```
Sub 支払期日設定_2()
    With ActiveSheet
        .Range("C8").Value = .Range("G4").Value + 14
        |
End Sub
```

カーソルがここに移動した

```
Sub 支払期日設定_2()
    With ActiveSheet
        .Range("C8").Value = .Range("G4").Value + 14
    |
End Sub
```

2 カーソルが移動した位置から以下のように入力

```
end_with
```

7 入力したコードを確認する

1 ここをクリック

マクロの作成が終了した

```
Sub 支払期日設定_2()
    With ActiveSheet
        .Range("C8").Value = .Range("G4").Value + 14
    End With
End Sub
|
```

「End With」の色が変わった

2 コードが正しく入力できたかを確認

8 作成したマクロを保存する

マクロを保存する

1 ［上書き保存］をクリック

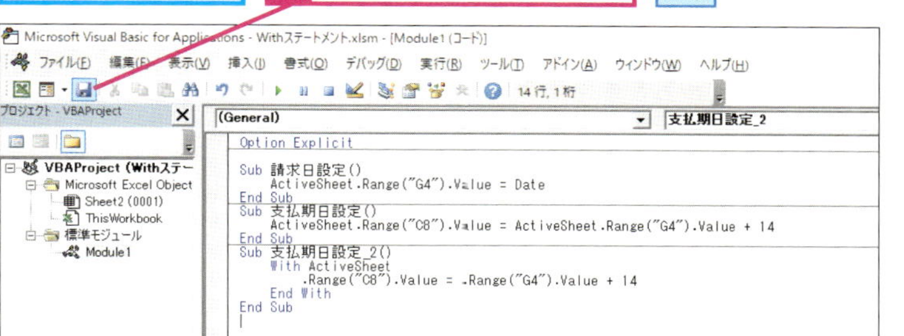

レッスン⑳を参考にExcelに切り替えておく

レッスン⑳を参考に、［請求日設定］と［支払期日設定_2］のマクロを実行しておく

→レッスン㉑ After の画面が表示される

HINT! 複数の語を省略できる

このレッスンでは「ActiveSheet」を省略しましたが、「ActiveSheet.Range("A1").Font」など、操作の対象となるもので、かつ「.」でつながっていれば、複数の語でも省略できます。ただし「Value」や「ColorIndex」などのように、その後に「=」が必要になるプロパティは、省略できません。また、1つのWithステートメントで省略できるのは、1種類だけです。例えば、「ActiveSheet.Range("A1")」と「ActiveSheet.Range("A2")」というコードは、一度に省略できません。

間違った場合は？

［支払期日設定_2］マクロが正しく動作しない場合は、［請求日設定］マクロを実行したかどうかを確認してください。

VBA 用語集

ActiveSheet	p.315
Range	p.320
Sub ～ End Sub	p.321
Value	p.321
With ～ End With	p.321

Point 省略すればコードが見やすくなる

Withステートメントを使ってもマクロの実行結果が変わるわけではありません。大事なのは、「Withステートメントを使うと、コードが見やすくなる」ということです。長いコードになったときほど、効果も大きく便利です。省略できる部分は、できるだけWithステートメントを使うようにしましょう。なお、Withステートメントを記述する際には、レッスン㉒で解説したようにインデントも設定しておきます。Withステートメントで省略された個所がより分かりやすくなります。

レッスン 24 効率良くコードを記述するには

コードのコピー、貼り付け

Valueプロパティで値を取得して計算することができます。入力する内容が多くなりますが、最初の行をコピーすれば、後は行番号の書き換えだけです。

作成するマクロ

Before

No	品名	単価	数量	金額	備考
1	テレビ 液晶60型	125,000	2		受注生産
2	テレビ 液晶38型	130,000	3		工場直送
3	洗濯機 全自動6Kg	50,000	3		工場直送
4	洗濯機 ドラム式4Kg	55,000	6		
5	洗濯機 ドラム式8Kg	80,000	3		
6	冷蔵庫 250L	40,000	3		
7	BDレコーダー HDD 500G	43,000	3		
8	BDメディア 5枚パック 10パック入り	5,000	2		サービス

商品の単価と数量を入力しておく

After

No	品名	単価	数量	金額	備考
1	テレビ 液晶60型	125,000	2	250,000	受注生産
2	テレビ 液晶38型	130,000	3	390,000	工場直送
3	洗濯機 全自動6Kg	50,000	3	150,000	工場直送
4	洗濯機 ドラム式4Kg	55,000	6	330,000	
5	洗濯機 ドラム式8Kg	80,000	3	240,000	
6	冷蔵庫 250L	40,000	3	120,000	
7	BDレコーダー HDD 500G	43,000	3	129,000	
8	BDメディア 5枚パック 10パック入り	5,000	2	10,000	サービス

[金額]欄に各商品の合計額を表示できる

プログラムの内容

```
1  Sub 合計計算()
2      With ActiveSheet
3          .Range("E14").Value = .Range("C14").Value * .Range("D14").Value
4          .Range("E15").Value = .Range("C15").Value * .Range("D15").Value
5          .Range("E16").Value = .Range("C16").Value * .Range("D16").Value
6          .Range("E17").Value = .Range("C17").Value * .Range("D17").Value
7          .Range("E18").Value = .Range("C18").Value * .Range("D18").Value
8          .Range("E19").Value = .Range("C19").Value * .Range("D19").Value
9          .Range("E20").Value = .Range("C20").Value * .Range("D20").Value
10         .Range("E21").Value = .Range("C21").Value * .Range("D21").Value
11     End With
12 End Sub
```

【コード全文解説】

1 ここからマクロ［合計計算］を開始する
2 以下の構文の文頭にある「ActiveSheet」を省略する（Withステートメントを開始する）
3 （アクティブシートの）セルE14の値に（アクティブシートの）セルC14の値×セルD14の値を設定する
4 （アクティブシートの）セルE15の値に（アクティブシートの）セルC15の値×セルD15の値を設定する
5 （アクティブシートの）セルE16の値に（アクティブシートの）セルC16の値×セルD16の値を設定する
6 （アクティブシートの）セルE17の値に（アクティブシートの）セルC17の値×セルD17の値を設定する
7 （アクティブシートの）セルE18の値に（アクティブシートの）セルC18の値×セルD18の値を設定する
8 （アクティブシートの）セルE19の値に（アクティブシートの）セルC19の値×セルD19の値を設定する
9 （アクティブシートの）セルE20の値に（アクティブシートの）セルC20の値×セルD20の値を設定する
10 （アクティブシートの）セルE21の値に（アクティブシートの）セルC21の値×セルD21の値を設定する
11 Withステートメントを終了する
12 マクロを終了する

1 マクロの開始を宣言する

[コードのコピー、貼り付け.xlsm]をExcelで開いておく

レッスン⑮を参考にしてマクロをVBEで表示しておく

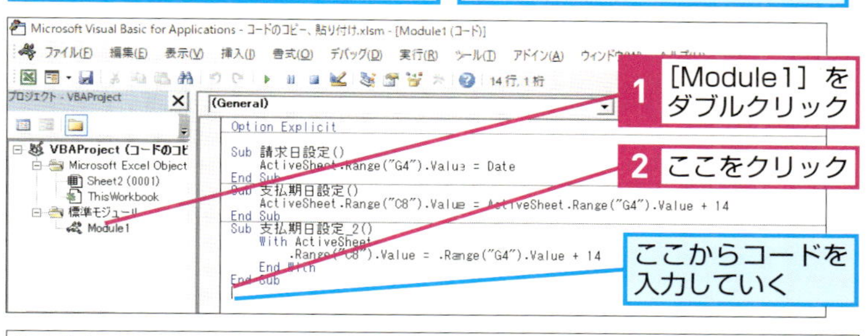
1 [Module1]をダブルクリック
2 ここをクリック
ここからコードを入力していく

```
End Sub
|
```

3 カーソルが移動した位置から以下のように入力　4 Enter キーを押す

```
sub␣合計計算
```

```
End Sub
Sub 合計計算()
|
End Sub
```

自動的に「( )」が付いた

プロシージャの区切りを表す線が表示された

2 Withステートメントを入力する

1 Tab キーを押す

```
Sub 合計計算()
    |
End Sub
```

2 カーソルが移動した位置から以下のように入力　3 Enter キーを押す

```
with␣activesheet
```

```
Sub 合計計算()
    With ActiveSheet
    |
End Sub
```

次の行からEnd Withまでの間は「ActiveSheet」を省略する

3 セルを設定する

1 Tab キーを押す

インデントが設定された

```
Sub 合計計算()
    With ActiveSheet
        |
End Sub
```

2 カーソルが移動した位置から以下のように入力

```
.range("E14").value=
```

キーワード

レッスンで使う練習用ファイル
コードのコピー、貼り付け.xlsm

ショートカットキー

Ctrl + C …………コピー
Ctrl + V …………貼り付け
Alt + F8 ……
[マクロ]ダイアログボックスの表示
Alt + F11 ……
ExcelとVBEの表示切り替え

HINT! セルに入力されているデータに注意しよう

Valueプロパティで値を取得するときは、基本的にそのときセルに表示されている内容が値になります。ただし、セルの値を使って計算するとき、計算されるセルに「A」「B」「C」や「あ」「い」「う」「え」「お」などの文字列が入力されているとマクロの実行時にエラーになるので注意してください。

HINT! 入力モードを［半角英数］にしておく

コードを入力するときは、入力モードを［半角英数］にしておきましょう。VBEがコードと判断して全角の文字を半角に変換する場合もありますが、入力を間違えやすいので、日本語などを入力する以外は必ず入力モードを［半角英数］にしておきましょう。

次のページに続く

4 セルの値を設定する

```
Sub 合計計算()
    With ActiveSheet
        .range("E14").value=|
End Sub
```

1 カーソルが移動した位置から以下のように入力

2 Enter キーを押す

```
.range("C14").value*.range("D14").value
```

5 入力したコードをコピーする

この後同じような内容が続くので、最初のコードをコピーする

```
Sub 合計計算()
    With ActiveSheet
        .Range("E14").Value = .Range("C14").Value * .Range("D14").Value
End Sub
```

1 ここにマウスポインターを合わせる

2 ここまでドラッグ

3 [コピー]をクリック

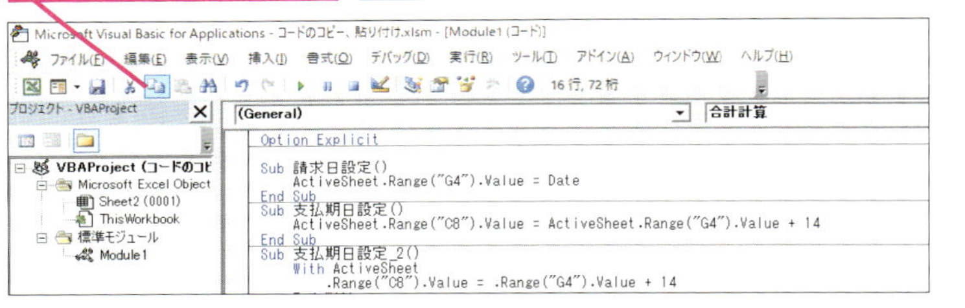

6 コードを貼り付ける位置を指定する

```
Sub 合計計算()
    With ActiveSheet
        .Range("E14").Value = .Range("C14").Value * .Range("D14").Value

End Sub
```

コードを貼り付ける位置を指定する

1 ここをクリック

カーソルがここに移動した

```
Sub 合計計算()
    With ActiveSheet
        .Range("E14").Value = .Range("C14").Value * .Range("D14").Value
        |
End Sub
```

HINT!

ショートカットキーでコピーと貼り付けができる

手順5や手順7ではツールバーからコピーと貼り付けを行いましたが、VBEのコードウィンドウ上でコピーや貼り付けを行うときも、ExcelやWindowsなどでの操作と同様に Ctrl + C キーや Ctrl + V キーといったショートカットキーを利用できます。

HINT!

プロシージャ全体をコピーして別のマクロを簡単に作成できる

このレッスンでは、行をコピーして入力の手間を省く方法を紹介しましたが、「Sub」と「End Sub」でくくられたプロシージャ全体をコピーすることで、新しいプロシージャを簡単に作成できます。ただし、プロシージャの名前もそのままコピーされているので、必ずプロシージャ名を変えておきましょう。

コピーするプロシージャのコード全体を選択しておく

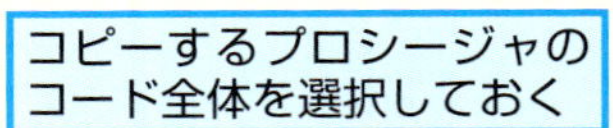

1 [コピー]をクリック

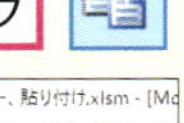

2 ここをクリック

3 [貼り付け]をクリック

4 プロシージャ名を「合計計算_2」に修正

コピーしたプロシージャを基に「合計計算_2」のプロシージャを作成できた

テクニック [デバッグ]ボタンでエラーの原因を調べる

入力したコードが正しくてもセル範囲の指定などを間違えていると、マクロの実行時にエラーメッセージが表示されることがあります。例えば、このレッスンでは、ワークシートの14 ～ 20行にあるC列とD列の数値で掛け算をしていますが、セル番号を間違えて「C13」や「F14」と入力しても、VBAの文法上では、間違いではありません。しかし、セルC13やF14に入力されているデータが数値ではなく文字列なので、マクロを実行すると「データ型が正しくないので処理ができない」という意味のエラーメッセージが表示されてしまいます。このようなときは、[デバッグ] ボタンをクリックします。マクロが「中断モード」になり、VBEが起動してエラーの原因となった行が黄色く反転します。その行をよく調べて問題を修正したら、VBEのツールバーにある [リセット] ボタン（■）をクリックして [中断モード] を解除しましょう。

エラーダイアログボックスが表示されたら、[デバック] をクリックする

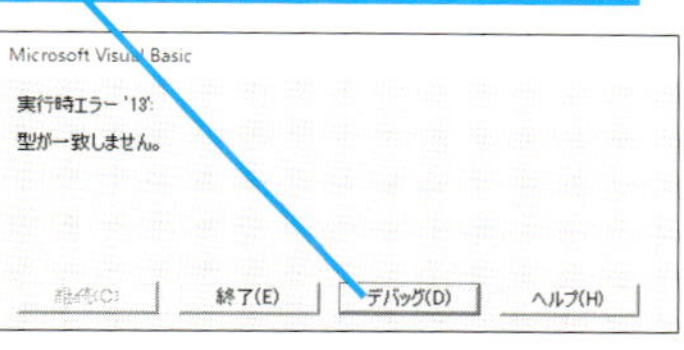

[リセット]をクリックすれば、[中断モード]を解除できる

エラーの原因の行が別色で表示される

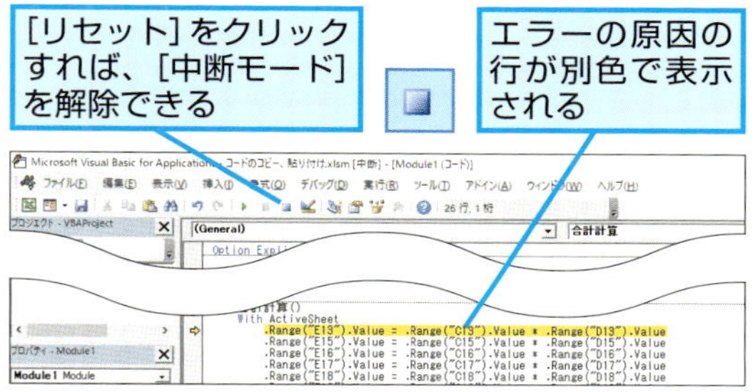

7 コードを貼り付ける

1 [貼り付け]をクリック

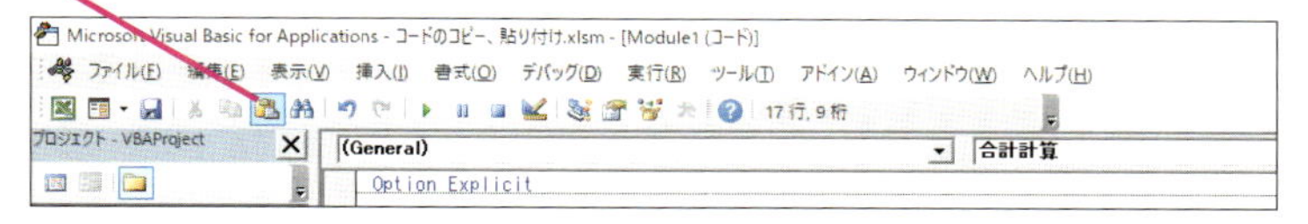

8 セル番号を修正する

コードが貼り付けられた

```
Sub 合計計算()
    With ActiveSheet
        .Range("E14").Value = .Range("C14").Value * .Range("D14").Value
        .Range("E14").Value = .Range("C14").Value * .Range("D14").Value
End Sub
```

値を計算するときに参照するセル番号を修正する

隣りのセルの値を計算するので行番号をそろえる

1 ここを「E15」に修正

2 ここを「C15」に修正

3 ここを「D15」に修正

```
Sub 合計計算()
    With ActiveSheet
        .Range("E14").Value = .Range("C14").Value * .Range("D14").Value
        .Range("E15").Value = .Range("C15").Value * .Range("D15").Value
End Sub
```

4 ここをクリック

5 Enter キーを押す

HINT! カーソル移動のショートカットキーを覚えておこう

コードの修正でカーソルキーを使うと作業が楽になりますが、ショートカットキーを覚えておくとさらに便利です。Ctrl + ← キーまたは → キーで単語単位に左右に移動、Home キーで行頭、End キーで行末に移動できます。また、Shift キーを押しながらカーソルを移動すると移動範囲を選択できます。

間違った場合は？

コードを半角の小文字で入力しているとき、Enter キーを押して改行しても入力したコードの頭文字が大文字に変わらないときは、入力したコードが間違っている場合があります。もう一度よく確認してみましょう。

次のページに続く

9 続けてコードを貼り付けて修正する

1 手順5～8と同様にコードを6回貼り付けて、それぞれセル番号を16～21に修正

セル番号を修正できた

```
Sub 合計計算()
    With ActiveSheet
        .Range("E14").Value = .Range("C14").Value * .Range("D14").Value
        .Range("E15").Value = .Range("C15").Value * .Range("D15").Value
        .Range("E16").Value = .Range("C16").Value * .Range("D16").Value
        .Range("E17").Value = .Range("C17").Value * .Range("D17").Value
        .Range("E18").Value = .Range("C18").Value * .Range("D18").Value
        .Range("E19").Value = .Range("C19").Value * .Range("D19").Value
        .Range("E20").Value = .Range("C20").Value * .Range("D20").Value
        .Range("E21").Value = .Range("C21").Value * .Range("D21").Value
End Sub
```

10 Withステートメントを終了する

1 ここをクリック

2 Enter キーを押す

```
Sub 合計計算()
    With ActiveSheet
        .Range("E14").Value = .Range("C14").Value * .Range("D14").Value
        .Range("E15").Value = .Range("C15").Value * .Range("D15").Value
        .Range("E16").Value = .Range("C16").Value * .Range("D16").Value
        .Range("E17").Value = .Range("C17").Value * .Range("D17").Value
        .Range("E18").Value = .Range("C18").Value * .Range("D18").Value
        .Range("E19").Value = .Range("C19").Value * .Range("D19").Value
        .Range("E20").Value = .Range("C20").Value * .Range("D20").Value
        .Range("E21").Value = .Range("C21").Value * .Range("D21").Value
        |
End Sub
```

3 Back space キーを押す

Withステートメントを終了するのでインデントのレベルを1つ戻す

4 カーソルが移動した位置から以下のように入力

```
end_with
```

11 入力したコードを確認する

```
Sub 合計計算()
    With ActiveSheet
        .Range("E14").Value = .Range("C14").Value * .Range("D14").Value
        .Range("E15").Value = .Range("C15").Value * .Range("D15").Value
        .Range("E16").Value = .Range("C16").Value * .Range("D16").Value
        .Range("E17").Value = .Range("C17").Value * .Range("D17").Value
        .Range("E18").Value = .Range("C18").Value * .Range("D18").Value
        .Range("E19").Value = .Range("C19").Value * .Range("D19").Value
        .Range("E20").Value = .Range("C20").Value * .Range("D20").Value
        .Range("E21").Value = .Range("C21").Value * .Range("D21").Value
    End With
End Sub
```

1 ここをクリック

マクロの作成が終了した

2 コードが正しく入力できたかを確認

HINT! 貼り付けは連続して行える

コピーした内容は、次にコピー操作を行うまではクリップボードに内容が残ります。手順9でコードを入力するときは、先に手順5でコピーしたコードを6行分貼り付けてから作業をすると効率よく作業できます。なお、手順8の後にコピー作業をすると、クリップボードの内容が変わってしまうので注意しましょう。

HINT! モジュールを別のブックにコピーするには

完成したマクロは、モジュールごと別のブックにコピーできます。最初に、コピー元のブックと、コピー先のブックを開いておきましょう。次に、VBEのプロジェクトエクスプローラー内で、コピーしたいモジュールを、コピー先のブックのプロジェクトにドラッグします。なお、コピー先に「標準モジュール」がないときは、自動的に追加されます。

コピーしたいモジュールをコピー先のブックのプロジェクトにドラッグする

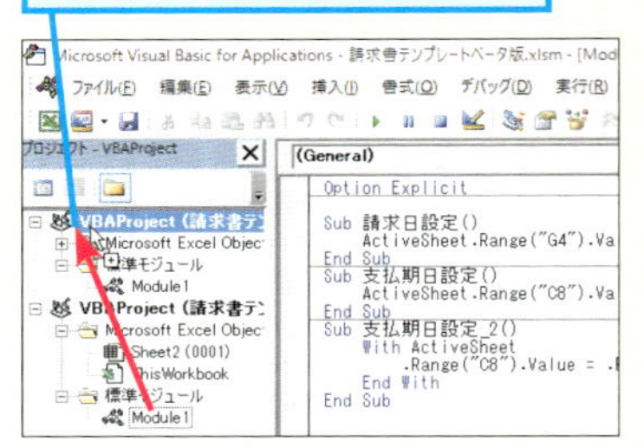

HINT! マクロは自動で再計算されない

Excelの数式は、数式が参照しているセルの内容を変えると、その数式を参照しているセルも含めてすべて自動的に再計算が行われます。しかし、マクロで計算を行ったセルは、計算の基になったセルの内容を修正しても自動的には計算されません。必要に応じてマクロを実行してください。

テクニック 複数行をまとめて字下げする

コードを入力後、複数の行をまとめてインデントを設定できます。インデントのレベルを下げるときは、以下のように設定したい行の範囲を選択してから Tab キーを押しましょう。また、Shift キーを押しながら Tab キーを押せば、インデントのレベルを1つ戻せます。

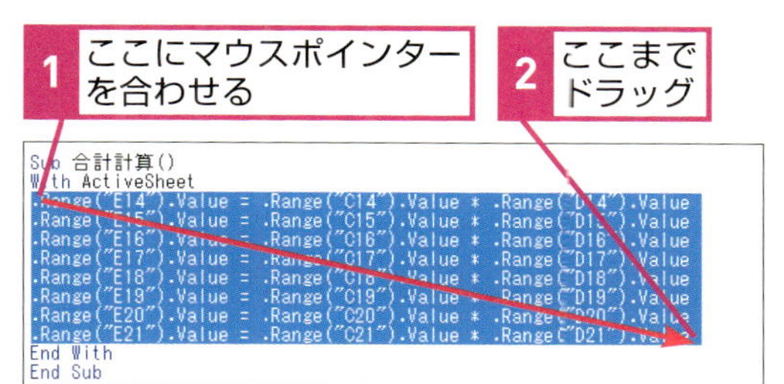

3 Tab キーを押す

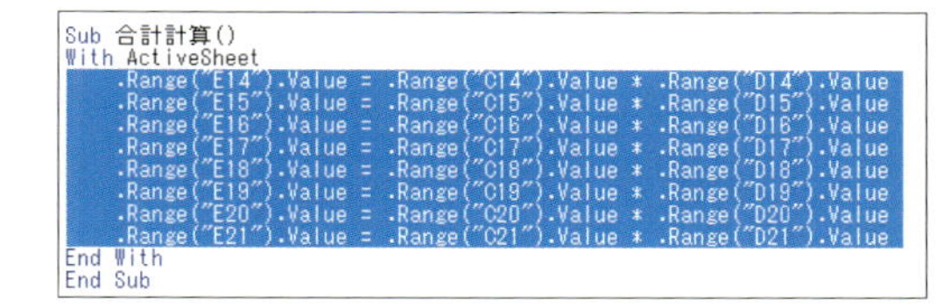

12 作成したマクロを保存する

マクロを保存する

1 [上書き保存]をクリック

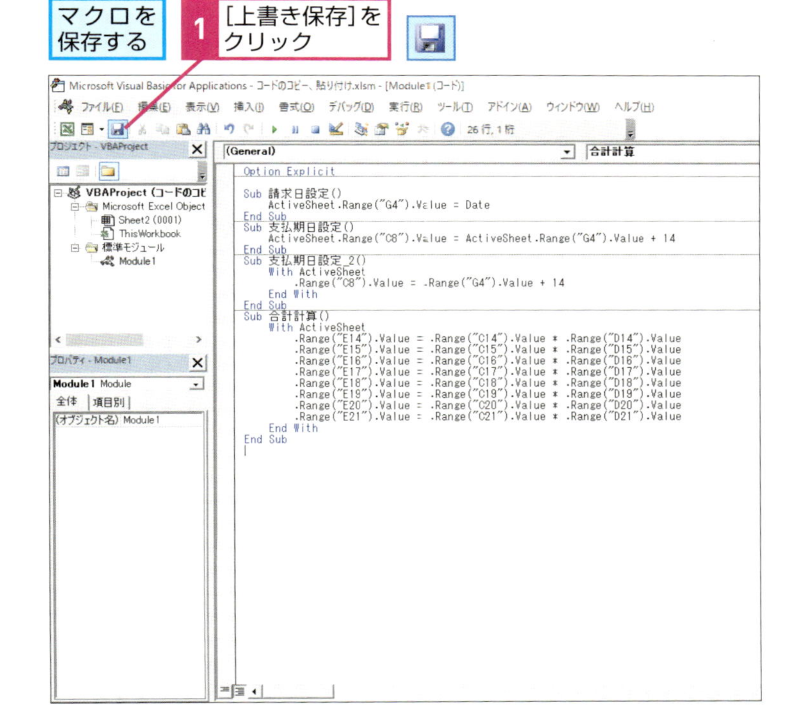

レッスン⓴を参考にExcelに切り替えておく

レッスン⓴を参考に、[合計計算]のマクロを実行しておく

→p.134 After の画面が表示される

VBA 用語集

ActiveSheet	p.315
Range	p.320
Sub ～ End Sub	p.321
Value	p.321
With ～ End With	p.321

Point コードもコピーと貼り付けができる

コードウィンドウでは、ワープロソフトで文章を入力しているときと同じように、一部分をコピーして別の個所に貼り付けることができます。このレッスンでは、商品ごとの合計額を計算するコードを作成しましたが、列は同じで行番号が異なる数式になっています。このようなときは、最初の行の数式をコピーし、残りの行の数だけ貼り付けて、セル番号を書き換えれば入力の手間を省けます。なお、このレッスンで紹介した例のように同じ計算を繰り返すときは、マクロを利用してさらに便利な処理を実行できます。次の章では、同じマクロを繰り返し実行するときに便利な方法を解説します。

この章のまとめ

● VBA のコードは見やすく記述しよう

コードを記述するときは、間違いのないように入力するだけでなく、誰が見ても分かりやすいように「見やすさ」も意識しましょう。マクロを作成するとき、見やすさを意識せずに入力していると、時間がたってあらためてコードを見たときに、内容が分かりにくくなってしまいます。コードを修正するときに、手間がかからないように、後から見ても簡単に内容が把握できるよう、インデントの機能やWithステートメントを利用して、できるだけ見やすいコードを記述することを心がけましょう。また、レッスン㉒で解説しているようにコメントも、分かりやすいコードを作る上で重要な要素になります。マクロの内容を見たときに、詳細なコメントがあれば、コードの内容や処理の流れを理解する手助けになります。自分だけが利用するマクロでも、見やすく、適切なコメントを付けることが大切です。何事も最初が肝心なので、コードは「見やすく記述するのが基本」ということを覚えてください。

```
Do Until ActiveCell.Offset(0, -1).Value = ""
    With ActiveCell
        .Value = .Offset(0, -2).Value _
          * .Offset(0, -1).Value
        .Offset(1, 0).Select
    End With
Loop
```

見やすいコードを記述することを心がける

インデントや行の分割、重複個所の省略を活用して、見やすいコードを入力するように心がける。「コメント」も利用すれば、後からコードの内容や処理の流れをすぐに把握できる

```
With ActiveSheet
      .Range("B2").Value = .Range("B3").Value
      .Range("C3").Value = 3
End With
```

練習問題

1

練習用ファイルの[第6章_練習問題.xlsm]をExcelで開いてマクロを有効にし、[合計計算]のマクロをインデントとWithステートメントを使って、見やすいコードに修正してみましょう。

●ヒント：インデントを設定するには、Tab キーを使います。練習用ファイルのコードには「ActiveSheet」が何度も使われているのでWithステートメントで省略します。

インデントとWithステートメントを使って見やすいコードにする

```
Sub 合計計算()
ActiveSheet.Range("E14").Value = ActiveSheet.Range("C14").Value * ActiveSheet.Range("D14").Value
ActiveSheet.Range("E15").Value = ActiveSheet.Range("C15").Value * ActiveSheet.Range("D15").Value
ActiveSheet.Range("E16").Value = ActiveSheet.Range("C16").Value * ActiveSheet.Range("D16").Value
ActiveSheet.Range("E17").Value = ActiveSheet.Range("C17").Value * ActiveSheet.Range("D17").Value
ActiveSheet.Range("E18").Value = ActiveSheet.Range("C18").Value * ActiveSheet.Range("D18").Value
ActiveSheet.Range("E19").Value = ActiveSheet.Range("C19").Value * ActiveSheet.Range("D19").Value
ActiveSheet.Range("E20").Value = ActiveSheet.Range("C20").Value * ActiveSheet.Range("D20").Value
End Sub
```

答えは次のページ

解　答

1

左の手順で「ActiveSheet」を省略します。Withステートメントで省略されている部分を含む個所は「.」から入力することを忘れないようにしましょう。ここではインデントを設定する行を選択して、Tab キーを2回押します。

[第6章_練習問題.xlsm]をExcelで開いておく

[合計計算]マクロの「ActiveSheet」を省略する

1 ここをクリック

2 Enter キーを押す

3 Tab キーを押す

```
Sub 合計計算()
    with activesheet
ActiveSheet.Range("E14").Value = ActiveSheet.Range("C14").Value * ActiveSheet.Range("D14").Value
ActiveSheet.Range("E15").Value = ActiveSheet.Range("C15").Value * ActiveSheet.Range("D15").Value
ActiveSheet.Range("E16").Value = ActiveSheet.Range("C16").Value * ActiveSheet.Range("D16").Value
ActiveSheet.Range("E17").Value = ActiveSheet.Range("C17").Value * ActiveSheet.Range("D17").Value
ActiveSheet.Range("E18").Value = ActiveSheet.Range("C18").Value * ActiveSheet.Range("D18").Value
ActiveSheet.Range("E19").Value = ActiveSheet.Range("C19").Value * ActiveSheet.Range("D19").Value
ActiveSheet.Range("E20").Value = ActiveSheet.Range("C20").Value * ActiveSheet.Range("D20").Value
End Sub
```

4 「with activesheet」と入力

5 Withステートメント内の「ActiveSheet.」を「.」に修正

すべての行の「ActiveSheet」を削除できた

6 ここをクリック

7 Enter キーを押す

Withステートメントを終了するのでインデントを設定する

8 Tab キーを押す

```
Sub 合計計算()
    With ActiveSheet
.Range("E14").Value = .Range("C14").Value * .Range("D14").Value
.Range("E15").Value = .Range("C15").Value * .Range("D15").Value
.Range("E16").Value = .Range("C16").Value * .Range("D16").Value
.Range("E17").Value = .Range("C17").Value * .Range("D17").Value
.Range("E18").Value = .Range("C18").Value * .Range("D18").Value
.Range("E19").Value = .Range("C19").Value * .Range("D19").Value
.Range("E20").Value = .Range("C20").Value * .Range("D20").Value
    end with
End Sub
```

9 「end with」と入力

10 ここにマウスポインターを合わせる

11 ここまでドラッグ

12 Tab キーを2回押す

```
Sub 合計計算()
    With ActiveSheet
.Range("E14").Value = .Range("C14").Value * .Range("D14").Value
.Range("E15").Value = .Range("C15").Value * .Range("D15").Value
.Range("E16").Value = .Range("C16").Value * .Range("D16").Value
.Range("E17").Value = .Range("C17").Value * .Range("D17").Value
.Range("E18").Value = .Range("C18").Value * .Range("D18").Value
.Range("E19").Value = .Range("C19").Value * .Range("D19").Value
.Range("E20").Value = .Range("C20").Value * .Range("D20").Value
    End With
End Sub
```

複数行にインデントを設定できた

```
Sub 合計計算()
    With ActiveSheet
        .Range("E14").Value = .Range("C14").Value * .Range("D14").Value
        .Range("E15").Value = .Range("C15").Value * .Range("D15").Value
        .Range("E16").Value = .Range("C16").Value * .Range("D16").Value
        .Range("E17").Value = .Range("C17").Value * .Range("D17").Value
        .Range("E18").Value = .Range("C18").Value * .Range("D18").Value
        .Range("E19").Value = .Range("C19").Value * .Range("D19").Value
        .Range("E20").Value = .Range("C20").Value * .Range("D20").Value
    End With
End Sub
```

ここをクリックして行の選択を解除しておく

第7章 同じ処理を繰り返し実行する

データ全体で計算を行うときなど、行や列ごとに同じような処理を繰り返すことはよくあります。この章では、VBAを使って同じ処理を繰り返すマクロを作成します。いろいろな繰り返し処理の方法を覚えておきましょう。

●この章の内容

レッスン
25 条件を満たすまで処理を繰り返すには
ループ

同じ処理を繰り返すVBAの命令の1つに、Do ～ Loopステートメントがあります。このレッスンでは、Do ～ Loopステートメントの使い方や処理内容について解説します。

キーワード

Do ～ Loopステートメントの使い方

同じ処理を繰り返すとき、繰り返す回数分VBAのコードを記述する必要はありません。Do ～ Loopステートメントの「Do」と「Loop」の間に処理を記述すれば、その処理を繰り返すことができます。VBAでは、この繰り返し処理のことを「ループ」と呼んでいます。
ループは、何も指定しないといつまでも繰り返して処理を続けます。そのために、Do ～ Loopステートメントにはループを終了するための条件を指定します。指定の方法は、Doの後ろにWhileまたはUntilと、「真（True）」か「偽（False）」を判定する論理式を入力します。

●Do ～ Loopステートメントの構文

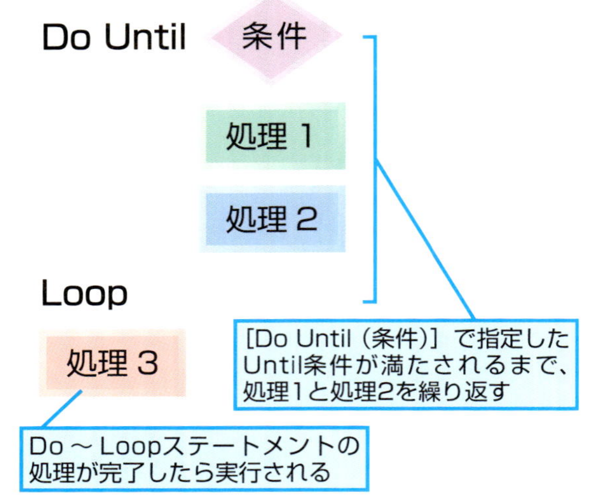

●Do ～ Loopステートメントの動作

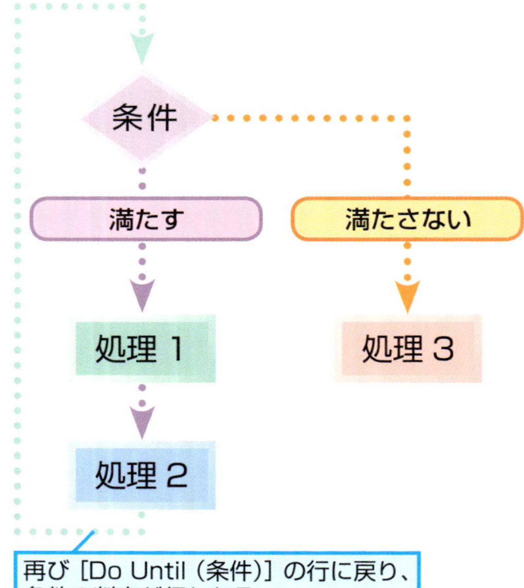

Do ～ Loopステートメントで行う処理

行方向や列方向に並んだ複数のセルの１つ１つに同じ処理を繰り返し行うときはDo ～ Loopステートメントでループを使います。Do ～ Loopステートメントによるループは、「このセルからこのセルまで」と決められた範囲ではなく、ループを終了する条件が指定できる処理に利用すると便利です。例えば「空のセルに到達するまで」「『合計』と入力されているセルに到達するまで」といった条件です。Do ～ Loopステートメントを使えば、以下の例のように、「アクティブセルの値が『2』になるまで文字色を赤に設定する」という処理ができます。以下の記述例と処理について確認してください。

●Do ～ Loopステートメントの記述例

◆条件
アクティブセルの値が「2」になるまで、以下の処理を繰り返す

◆処理1
アクティブセルの文字色を赤(3)に設定する

```
Do Until ActiveCell.Value = "2"
   ActiveCell.Font.ColorIndex = 3
   ActiveCell.Offset(1,0).Select
Loop
```

◆Loop
[Do Until (条件)] の行に戻る

◆処理2
アクティブセルの1行下のセルを選択する

●Do ～ Loopステートメントによる書式の設定

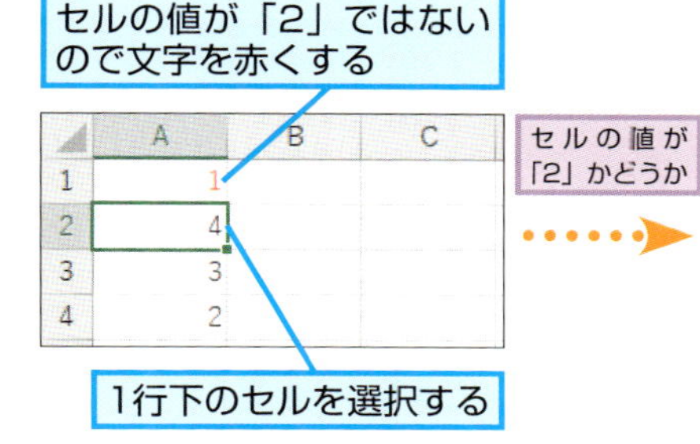
セルの値が「2」ではないので文字を赤くする
A
B
C
1
2
3
4
1
4
3
2
1行下のセルを選択する

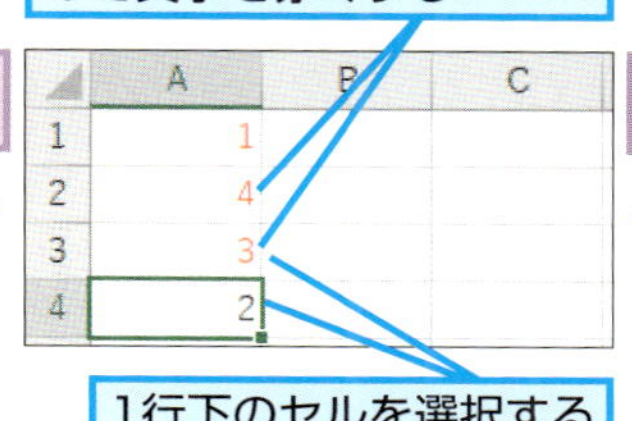
セルの値が「2」かどうか
セルの値が「2」ではないので文字を赤くする
A
B
C
1
4
3
2
1行下のセルを選択する

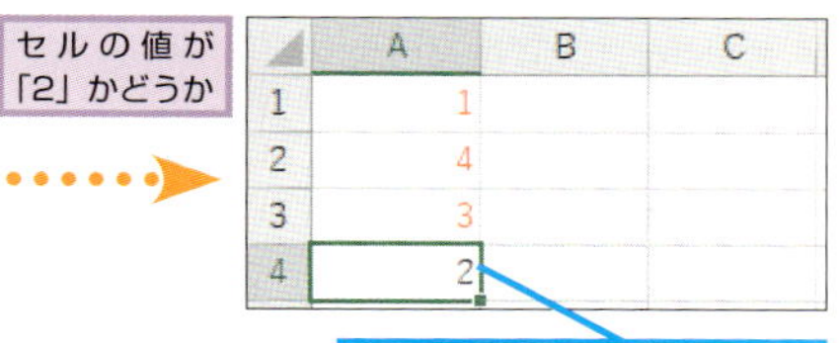
セルの値が「2」かどうか
A
B
C
1
4
3
2
セルの値が「2」なので処理を止める

HINT!

条件はLoopの後ろにも指定できる

前ページの図では、Do ～ Loopステートメントの条件をDoの後ろに指定する構文を解説していますが、Do ～ Loopステートメントでは Loopの後ろにも条件を入力できます。ただし、条件が入力できるのは必ずDoかLoopのどちらか一方だけです。両方に入力するとエラーになってしまいます。Doの後ろに条件があるとループ内の処理をする前に条件が判断されるので、場合によっては一度も処理をすることなくループが終了します。一方、Loopの後ろに条件があると、ループ内の処理を行ってから判断されるので、条件に合わなくても最低1回はループ内の処理が実行されます。

HINT!

「Do Until」と「Do While」の違いとは

Do Untilが「条件を満たすまで」ループを繰り返すのに対し、Do Whileのときは「条件を満たしている間」ループを繰り返します。例えば、後ろに「ActiveCell.Value=2」という条件があったときは、Do Untilだと「2になるまで繰り返す」となりますが、Do Whileだと「2である間は繰り返す」となります。

レッスン

26 行方向に計算を繰り返すには

Do ～ Loopステートメント I

レッスン㉔では、売上金額を求めるマクロを作成しました。ここでは、Do ～ Loopステートメントを使って、値が入力されていない行で処理を求めるマクロを作ります。

作成するマクロ

Before

No	品名	単価	数量	金額
1	テレビ 液晶60型	125,000	2	
2	テレビ 液晶38型	130,000	3	
3	洗濯機 全自動6Kg	50,000	3	
4	洗濯機 ドラム式4Kg	55,000	6	
5	洗濯機 ドラム式8Kg	80,000	3	
6	冷蔵庫 250L	40,000	3	
7	BDレコーダー HDD 500G	43,000	3	
8	BDメディア 5枚パック 10パック入り	5,000	2	

［数量］列に値が入力されている行の金額を計算し、［金額］列に表示する

After

No	品名	単価	数量	金額
1	テレビ 液晶60型	125,000	2	250,000
2	テレビ 液晶38型	130,000	3	390,000
3	洗濯機 全自動6Kg	50,000	3	150,000
4	洗濯機 ドラム式4Kg	55,000	6	330,000
5	洗濯機 ドラム式8Kg	80,000	3	240,000
6	冷蔵庫 250L	40,000	3	120,000
7	BDレコーダー HDD 500G	43,000	3	129,000
8	BDメディア 5枚パック 10パック入り	5,000	2	10,000

［数量］列に値が入力されていない行になったら計算を止める

プログラムの内容

```
1  Sub 合計計算_2()
2  	Range("E14").Select
3  	Do Until ActiveCell.Offset(0, -1).Value = ""
4  		With ActiveCell
5  			.Value = .Offset(0, -2).Value _
6  				* .Offset(0, -1).Value
7  			.Offset(1, 0).Select
8  		End With
9  	Loop
10 End Sub
```

【コード全文解説】

1 ここからマクロ［合計計算_2］を開始する
2 セルE14を選択する
3 アクティブセルの1つ左隣のセルの値がなくなる（="")まで処理を繰り返す
4 以下の構文で文頭の「ActiveCell」を省略する（Withステートメントを開始する）
5 （アクティブセルの）値に（アクティブセルの）2つ左隣のセルの値
6 上の値に（アクティブセルの）1つ左隣のセルを掛けた値を設定する
7 （アクティブセルの）1行下のセルを選択する
8 Withステートメントを終了する
9 Do ～ Loopステートメントを終了する
10 マクロを終了する

モジュールを追加する

[Do ~ Loopステートメント I .xlsm]をExcelで開いておく

レッスン⑮を参考にマクロをVBEで表示しておく

モジュールを追加するブックを選択する

1 [VBAProject (Do ~ Loopステートメント I .xlsm)]をクリック

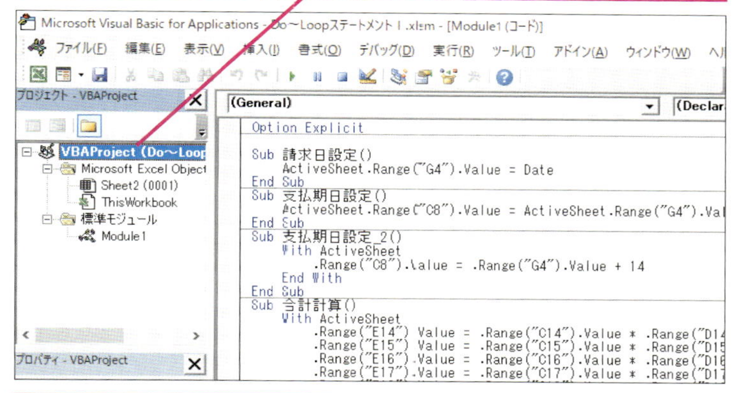

2 [ユーザーフォームの挿入]のここをクリック

3 [標準モジュール]をクリック

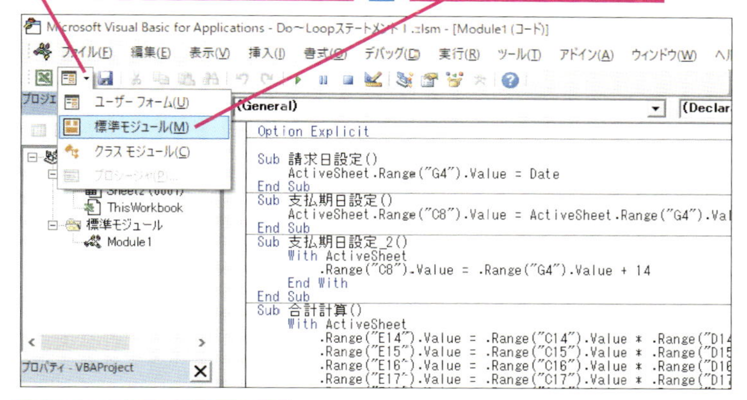

モジュールが挿入された

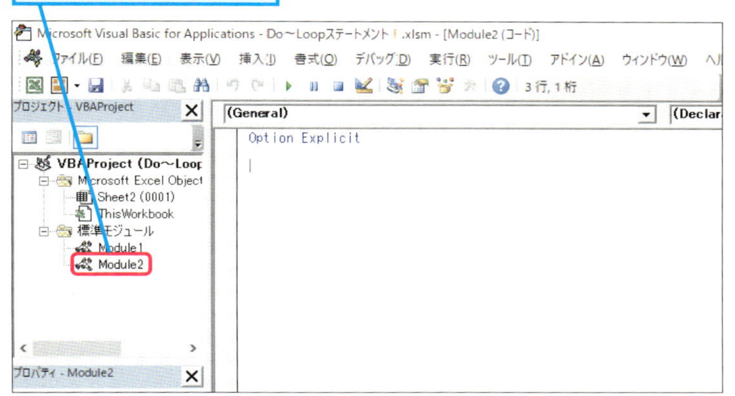

キーワード

レッスンで使う練習用ファイル

Do ~ Loopステートメント I .xlsm

ショートカットキー

Alt + F8 ……
[マクロ] ダイアログボックスの表示

Alt + F11 ……
ExcelとVBEの表示切り替え

HINT!

処理の内容によってモジュールを分ける

このレッスンでは、新しいモジュールを追加して、コードを記述していきます。すでにあるモジュールにコードを書き足すこともできますが、使用する目的や処理の内容ごとにモジュールを分けておくと管理しやすくなります。

間違った場合は？

手順1でモジュールを挿入するブックを間違えてしまったときは、もう一度目的のブックにモジュールを挿入します。間違って挿入したモジュールは、111ページのHINT!を参考にして削除(解放)しておきます。

次のページに続く

2 マクロの開始を宣言する

1 [Module2]をダブルクリック

2 ここをクリック

ここからコードを入力していく

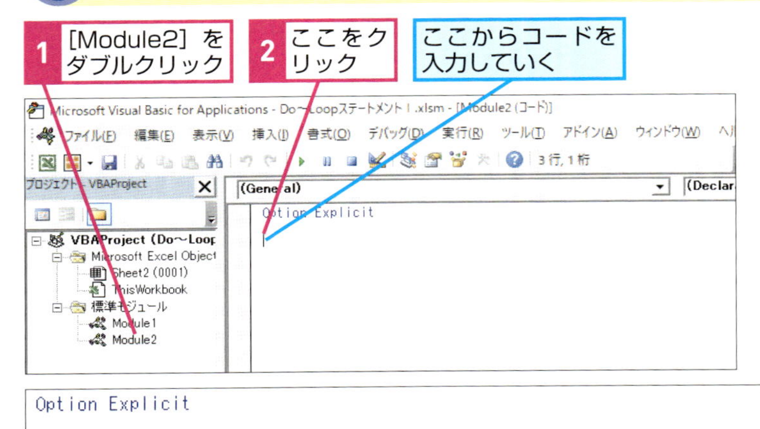


```
Option Explicit

|
```

3 カーソルが移動した位置から以下のように入力

4 Enter キーを押す

```
sub␣合計計算_2
```

3 選択するセルを設定する

1 Tab キーを押す

```
Sub 合計計算_2()
    |
End Sub
```

2 カーソルが移動した位置から以下のように入力

3 Enter キーを押す

```
range("E14").select
```

◆Select
「選択する」という意味のメソッド。ここでは、「Range("E14").Select」で「セルE14を選択する」という意味

4 Do ~ Loopステートメントを入力する

```
Sub 合計計算_2()
    Range("E14").Select
    |
End Sub
```

1 カーソルが移動した位置から以下のように入力

```
do␣until␣
```

◆Do Until ○○
「○○の状態になるまで以下の操作を繰り返す」という意味のステートメント

HINT! テキストファイルから「モジュール」を読み込める

VBAのコードが記述されているテキストファイルを、モジュールとして読み込むことができます。メニューの[ファイル] - [ファイルのインポート]をクリックすると[ファイルのインポート]ダイアログボックスが開きます。拡張子が「*.bas」のVBファイルを選択すると、新しいモジュールとして追加されます。メニューの[ファイル] - [ファイルのエクスポート]で書き出したファイルや、111ページのHINT!で解説したようにモジュールを削除するときに書き出したファイルを、別のブックで読み込んで使えるので便利です。

HINT! VBEにはコードの間違いを減らす機能が搭載されている

コードの記述に間違いがある場合、マクロが途中で止まってしまったり、最後まで実行されても思っていたような結果にならなかったりすることがあります。このような間違いを「バグ」と呼びます。バグを修正することを「デバッグ」と呼びます。VBEではコードの記述中に文法の間違いがあるとメッセージが表示されるほか、エラーの原因がどこにあるかを表示します。VBEには、バグの発生が少なくなるような工夫やデバッグをより楽に行うための機能がいくつか用意されています。

[修正候補:]にエラーの原因が表示される

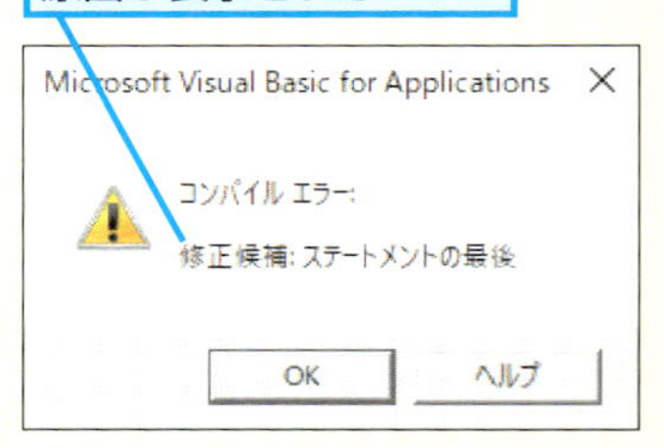

5 繰り返し処理の条件を入力する

アクティブセルの1つ左隣のセルを指定する

```
Sub 合計計算_2()
    Range("E14").Select
    do until |
End Sub
```

1 カーソルが移動した位置から以下のように入力

◆ActiveCell
現在選択されているセルを表すプロパティ

```
activecell.offset (0,-1) .
```

◆Offset
特定のセルを基準とした位置関係を表すプロパティで「Range ("E14") .Offset (0,-1) .Select」で「セルE14の1つ左隣のセルを選択する」という意味

6 セルの値を設定する

セルに何も入力されていなければ処理を止めるように設定する

```
Sub 合計計算_2()
    Range("E14").Select
    do until activecell.offset(0,-1).|
End Sub
```

1 カーソルが移動した位置から以下のように入力

2 Enter キーを押す

```
value=""
```

「値がない」ということを表す「""」を入力する

7 Withステートメントを入力する

ここからActiveCellをWithステートメントで省略する

Do ～ Loopステートメント内なので行頭を字下げする

1 Tab キーを押す

```
Sub 合計計算_2()
    Range("E14").Select
    Do Until ActiveCell.Offset(0, -1).Value = ""
        |
End Sub
```

2 カーソルが移動した位置から以下のように入力

3 Enter キーを押す

```
with activecell
```

HINT!

ループの条件文を考える

［数量］の列に何も入力されていないかどうかは、「ActiveCell.Offset(0, -1).Value」の値を調べます。何も入力されていないということは、セルの値がないということです。VBAでは「Value = ""」と記述します。つまり「ActiveCell.Offset(0, -1).Value = ""」は「左のセル（Offset(0, -1)）に何も入力されていない状態になるまでループを繰り返す」という意味になります。このとき、「"」と「"」の間に空白を入れないようにしましょう。

HINT!

マクロが止まらなくなってしまったときは

ループを使用したマクロを実行したときに、アクティブセルが移動せず、いくら待っても何も変化しないことがあります。このとき、マウスポインターが待ち状態（○や⌛）のままのときは、プログラムが永久に止まらない「永久ループ」になっている可能性があります。このようなときは、Esc キーを押してループ処理を中止しましょう。表示されたダイアログボックスで［終了］ボタンをクリックすれば、永久ループになったマクロを止められます。

永久ループになったマクロを停止する

1 Esc キーを押す

2 ［終了］をクリック

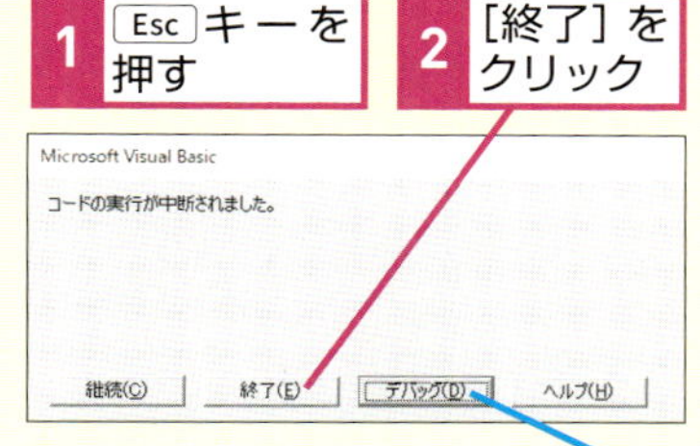

［デバッグ］をクリックするとVBEを表示できる

次のページに続く

8 繰り返す処理を入力する

Do Until以下の条件になるまで繰り返す処理を入力する

Withステートメント内なので さらに行頭を字下げする

1 Tab キーを押す

```
Sub 合計計算_2()
    Range("E14").Select
    Do Until ActiveCell.Offset(0, -1).Value = ""
        With ActiveCell
            |
End Sub
```

2 カーソルが移動した位置から以下のように入力

「ActiveCell」が省略されているので「.」から入力する

```
.value=.offset(0,-2).value
```

HINT! Offsetプロパティを使って行を移動する

手順10では、1行計算できたら次の行へアクティブセルを移動するように記述しています。次の行へ移動するということは、次の行の基準になるセルを選択することになります。ここでは1つ下のセルへ移動するため、Offsetプロパティを使って「ActiveCell.Offset(1,0).Select」と記述します。

間違った場合は？

コードを半角の小文字で入力しているとき、Enter キーを押して改行しても入力したコードの頭文字が大文字に変わらないときは、入力したコードが間違っている場合があります。もう一度よく確認してみましょう。

テクニック Offsetプロパティなら相対的な位置関係を指定できる

Offsetプロパティは「基点のセル.Offset(行の差分,列の差分)」と入力し、セルを表します。「行の差分」とは正の数が下方向、負の数が上方向の行数の差を表します。「列の差分」とは正の数が右方向、負の数が左方向の列数の差を表します。「0」のときは、それぞれ同じ行と列を表します。「Offset(1, -1)」で、「(基点のセルから) 1行下、1つ左隣のセル」という意味です。このレッスンでは、「Range("E14").Select」をコードに記述して、最初にセルE14を選択するようにしました。したがって、最初の基点のセルは、セルE14です。2つ左のセルC14 (Offset(0,-2)) の値と1つ左のセルD14 (Offset(0,-1)) の値を掛けた値をセルE14に設定し、1行下のセルE15 (Offset(1,0)) を選択しています。次の基点のセルは、セルE15になるので、Offsetプロパティでセルの位置を指定しておけば、同じ処理を繰り返すだけで、明細行の金額をすべて計算できるというわけです。

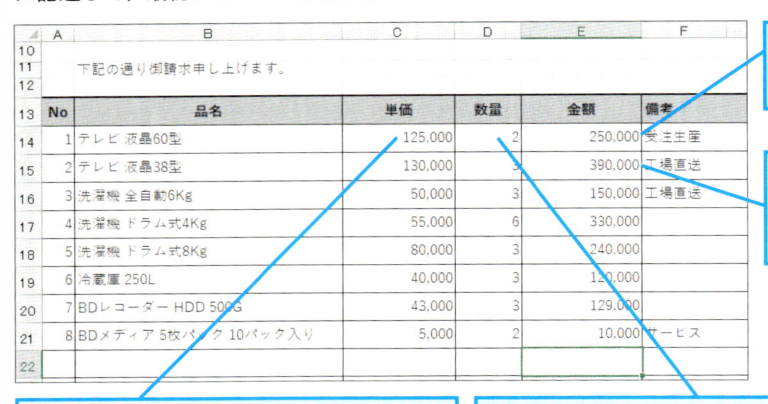
◆セルE14
最初に選択する基点となるセル
◆セルE15
セルE14を基点として「Offset(1,0)」はセルE15となる
◆セルC14
セルE14を基点として「Offset(0,-2)」はセルC14となる
◆セルD14
セルE14を基点として「Offset(0,-1)」はセルD14となる

	A	B	C	D	E	F
10						
11		下記の通り御請求申し上げます。				
12						
13	No	品名	単価	数量	金額	備考
14	1	テレビ 液晶60型	125,000	2	250,000	受注生産
15	2	テレビ 液晶38型	130,000	3	390,000	工場直送
16	3	洗濯機 全自動6Kg	50,000	3	150,000	工場直送
17	4	洗濯機 ドラム式4Kg	55,000	6	330,000	
18	5	洗濯機 ドラム式8Kg	80,000	3	240,000	
19	6	冷蔵庫 250L	40,000	3	120,000	
20	7	BDレコーダー HDD 500G	43,000	3	129,000	
21	8	BDメディア 5枚パック 10パック入り	5,000	2	10,000	サービス
22						

9 行を分割する

1行が長くなるので、行を分割して見やすくする

1 半角の空白を入力

2 「_」を入力

```
Sub 合計計算_2()
    Range("E14").Select
    Do Until ActiveCell.Offset(0, -1).Value = ""
        With ActiveCell
            .value = .offset(0, -2).value _
End Sub
```

3 Enterキーを押す

上の行から続いていることを表すために行頭を字下げする

4 Tabキーを押す

```
Sub 合計計算_2()
    Range("E14").Select
    Do Until ActiveCell.Offset(0, -1).Value = ""
        With ActiveCell
            .Value = .Offset(0, -2).Value _
                |
End Sub
```

5 カーソルが移動した位置から以下のように入力

6 Enterキーを押す

```
*.offset(0,-1).value
```

掛け算を表す「*」を入力する

10 選択するセルを設定する

1 Back spaceキーを押す

```
Sub 合計計算_2()
    Range("E14").Select
    Do Until ActiveCell.Offset(0, -1).Value = ""
        With ActiveCell
            .Value = .Offset(0, -2).Value _
                * .Offset(0, -1).Value
            |
End Sub
```

2 カーソルが移動した位置から以下のように入力

3 Enterキーを押す

```
.offset(1,0).select
```

HINT! 行を分割するには

レッスン㉒で紹介したように、長すぎて読みにくいコードは分割して記述できます。行末に半角の空白と「_」（アンダーバー）を記述すれば、VBAはコードが次の行に続いていることを認識します。ただし、行を分割できるのは「.」や「=」、「,」の前後です。キーワードの途中では行を分割できません。

HINT! 「Loop」を忘れないようにしよう

手順4～手順12では、Do Untilの後ろにループの処理を入力し、最後にLoopを入力しますが、先に「Do Until」と「Loop」を入力しておき、その間にループの処理を入力していくこともできます。Do ～ Loopステートメント内の処理が長いときなどは、最後のLoopを入れ忘れたりしないように、先にLoopを入力しておくと便利です。

手順6に続けて以下のように操作する

1 「Loop」と入力

```
Sub 合計計算_2()
    Range("E14").Select
    Do Until ActiveCell.Offset(0, -1).Value = ""
    Loop|
End Sub
```

2 ここをクリック

```
Sub 合計計算_2()
    Range("E14").Select
    Do Until ActiveCell.Offset(0, -1).Value = ""|
    Loop
End Sub
```

3 Enterキーを押す

4 手順7～11を参考にコードを入力

```
Sub 合計計算_2()
    Range("E14").Select
    Do Until ActiveCell.Offset(0, -1).Value = ""
        |
    Loop
End Sub
```


次のページに続く

11 Withステートメントを終了する

Withステートメントはここまでなので インデントのレベルを1つ戻す

1 Back space キーを押す

```
Sub 合計計算_2()
    Range("E14").Select
    Do Until ActiveCell.Offset(0, -1).Value = ""
        With ActiveCell
            .Value = .Offset(0, -2).Value _
                * .Offset(0, -1).Value
            .Offset(1, 0).Select
        |
End Sub
```

2 カーソルが移動した位置から以下のように入力

3 Enter キーを押す

```
end_with
```

12 Do ～ Loopステートメントを終了する

Do ～ Loopステートメントはここまでなので インデントのレベルを1つ戻す

1 Back space キーを押す

```
Sub 合計計算_2()
    Range("E14").Select
    Do Until ActiveCell.Offset(0, -1).Value = ""
        With ActiveCell
            .Value = .Offset(0, -2).Value _
                * .Offset(0, -1).Value
            .Offset(1, 0).Select
        End With
    |
End Sub
```

2 カーソルが移動した位置から以下のように入力

```
loop
```

13 入力したコードを確認する

```
Sub 合計計算_2()
    Range("E14").Select
    Do Until ActiveCell.Offset(0, -1).Value = ""
        With ActiveCell
            .Value = .Offset(0, -2).Value _
                * .Offset(0, -1).Value
            .Offset(1, 0).Select
        End With
    Loop
End Sub
|
```

1 ここをクリック

マクロの作成が終了した

2 コードが正しく入力できたかを確認

レッスン⑳を参考にマクロを上書き保存し、Excelに切り替えておく

レッスン⑳を参考に、[合計計算_2]のマクロを実行しておく

→p.146 After の画面が表示される

VBA用語集

Point

ループするごとにセル参照を移動させる

このレッスンでは、Do ～ Loopステートメントを利用して、同じ処理を繰り返すコードを記述しました。繰り返しの処理でセル参照を使っている場合は、1回のループごとに参照するセルを移動させることを忘れないようにしてください。このようにしないと、常に同じセルだけを処理し続けることになってしまいます。手順10ではループの最後に「.Offset(1,0).Select」と入力することで、ループするごとにアクティブセルの1行下のセルを選択するように記述しています。セル参照の処理にDo ～ Loopステートメントを使うときには、次のセルを参照するための命令を忘れないようにしましょう。

活用例 条件を満たしている間だけ処理を繰り返す

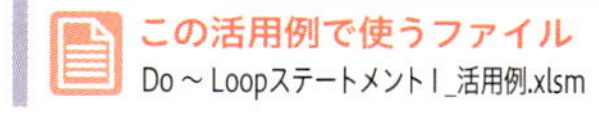

Do Untilを使った繰り返しの条件をDo Whileに置き換えることもできます。このレッスンで使用したDo Untilは条件を満たすまで繰り返しますが、Do Whileの場合は条件を満たしている間だけ繰り返します。したがって、UntilとWhileでは条件の設定が逆になります。UntilとWhileのどちらを使うかは、条件の指定がどちらの方が分かりやすいかを考えて決めましょう。

Before

```
Sub 合計計算_2()
    Range("E14").Select
    Do Until ActiveCell.Offset(0, -1).Value = ""
```

「""」で表した値がないという条件を、値があるという条件に置き換える

After

```
Sub 合計計算_3()
    Range("E14").Select
    Do While ActiveCell.Offset(0, -1).Value <> ""
```

「Do Until」を「Do While」に書き換える

「=」を右辺と左辺が等しくないことを表す「<>」に書き換える

プログラムの内容

```
3 Do While ActiveCell.Offset(0, -1).Value <> ""
```

【コードの解説】

3 現在選択している金額（E列）の1つ左のセル（数量）が空欄でない間繰り返し

活用例 複数の条件で繰り返しを設定するには

この活用例で使うファイル
Do～LoopステートメントI_活用例.xlsm

繰り返しの条件として、複数の条件もまとめて指定できます。下の例のように複数の条件をそれぞれ「And」や「Or」という論理演算子でつなげて条件を記述してください。「And」は指定した条件がすべて満たされるときに使います。「Or」は条件のどれか1つが満たされればいいときに使いましょう。

Before

```
Sub 合計計算_2()
    Range("E14").Select
    Do Until ActiveCell.Offset(0, -1).Value = ""
```

複数の条件をまとめて指定する

After

```
Sub 合計計算_2()
    Range("E14").Select
    Do While ActiveCell.Offset(0, -1).Value <> "" And ActiveCell.Offset(0, 1).Value <> "サービス"
```

「Do Until」を「Do While」に書き換える

「And」で複数の条件を指定する

プログラムの内容

```
3 Do While ActiveCell.Offset(0, -1).Value <> "" And ActiveCell.Offset(0, 1).Value <> "サービス"
```

【コードの解説】

3 現在選択している金額（E列）の1つ左のセル（数量）が空欄でなく、かつ1つ右のセル（備考）が「サービス」ではない間繰り返す

レッスン 27

ループを使って総合計を求めるには

Do ～ LoopステートメントⅡ

もう一度Do ～ Loopステートメントを使ったコードを記述して、ループの使い方を理解しましょう。今度はループを使って合計金額を求めるマクロを作成します。

作成するマクロ

Before

［金額］列の売上金額を合計する

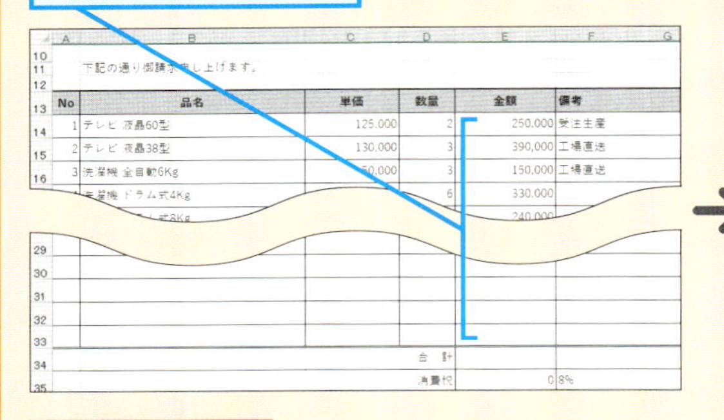

After

［数量］列に値が入力されている行の金額を合計し、セルE34に表示する

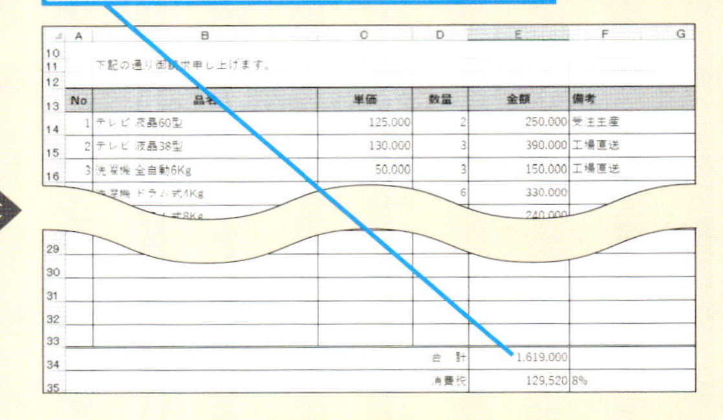

プログラムの内容

```
1  Sub␣総計計算()↵
2  Tab Range("E34").Value␣=␣0↵
3  Tab Range("E14").Select↵
4  Tab Do␣Until␣ActiveCell.Offset(0,␣-1).Value␣=␣""↵
5  Tab Tab With␣ActiveCell↵
6  Tab Tab Tab Range("E34").Value␣=␣Range("E34").Value␣+␣.Value↵
7  Tab Tab Tab .Offset(1,␣0).Select↵
8  Tab Tab End␣With↵
9  Tab Loop↵
10 End␣Sub↵
```

【コード全文解説】

1 ここからマクロ［総計計算］を開始する
2 セルE34の値に0を設定する
3 セルE14を選択する
4 アクティブセルの1つ左隣のセルの値がなくなるまで以下の処理を繰り返す
5 以下の構文で文頭の「ActiveCell」を省略する（Withステートメントを開始する）
6 セルE34の値に、セルE34の値+（アクティブセルの値）を設定する
7 （アクティブセルの）1行下のセルを選択する
8 Withステートメントを終了する
9 Do ～ Loopステートメントを終了する
10 マクロを終了する

❶ マクロの開始を宣言する

[Do ～ LoopステートメントⅡ.xlsm]をExcelで開いておく

レッスン⓯を参考にしてマクロをVBEで表示しておく

1 [Module2] をダブルクリック

2 ここをクリック

ここからコードを入力していく

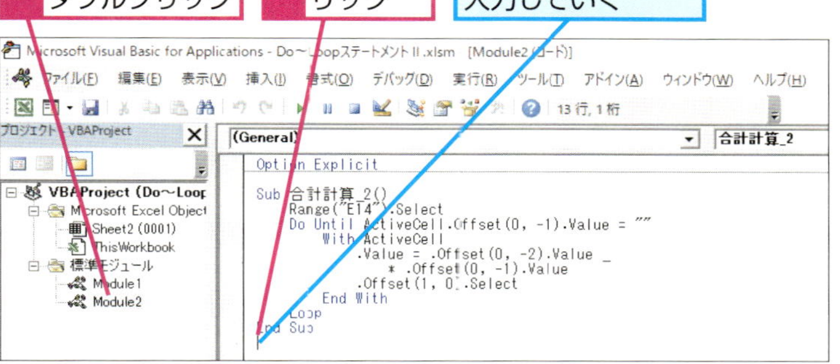

```
End Sub
|
```

3 カーソルが移動した位置から以下のように入力

4 Enter キーを押す

```
sub␣総計計算
```

❷ セルの値を設定する

プロシージャの区切りを表す線が表示された

1 Tab キーを押す

```
End Sub
Sub 総計計算()
    |
End Sub
```

2 カーソルが移動した位置から以下のように入力

3 Enter キーを押す

```
range("E34").value=0
```

総計を求めるセル（セルE34）の値を「0」に設定する

❸ 選択するセルを設定する

[金額]列の最初のセル(セルE14)を選択する

```
Sub 総計計算()
    Range("E34").Value = 0
    |
End Sub
```

1 カーソルが移動した位置から以下のように入力

2 Enter キーを押す

```
range("E14").select
```

キーワード

レッスンで使う練習用ファイル
Do ～ LoopステートメントⅡ.xlsm

ショートカットキー

Alt + F8 ……
[マクロ] ダイアログボックスの表示

Alt + F11 ……
ExcelとVBEの表示切り替え

HINT!

セルE34に「0」を設定するのはなぜ？

手順2でセルE34に「0」を格納していますが、このような処理を初期化といいます。このレッスンのループでは、セルE34の値にアクティブセルの値を加算していきます。最初にセルE34に何らかの値が格納されていると、そこから計算が始まってしまうので、正しい結果が求められなくなってしまいます。そのためにセルE34を「0」で初期化します。

次のページに続く

Do ～ Loop ステートメントを入力する

アクティブセルの1つ左隣のセル（[数量] 列）に何も入力されていなければ、そこで処理を止める

```
Sub 総計計算()
    Range("E34").Value = 0
    Range("E14").Select
    |
End Sub
```

1 カーソルが移動した位置から以下のように入力

2 Enter キーを押す

```
do_until_activecell.offset(0,-1).value=""
```

Withステートメントを入力する

Do ～ Loopステートメント内なので行頭を字下げする

1 Tab キーを押す

```
Sub 総計計算()
    Range("E34").Value = 0
    Range("E14").Select
    Do Until ActiveCell.Offset(0, -1).Value = ""
        |
End Sub
```

2 カーソルが移動した位置から以下のように入力

3 Enter キーを押す

```
with_activecell
```

セルの値を設定する

Withステートメント内なので行頭を字下げする

1 Tab キーを押す

セルE34にループ中のアクティブセルの値を加算する

```
Sub 総計計算()
    Range("E34").Value = 0
    Range("E14").Select
    Do Until ActiveCell.Offset(0, -1).Value = ""
        With ActiveCell
            |
End Sub
```

2 カーソルが移動した位置から以下のように入力

3 Enter キーを押す

```
range("E34").value=range("E34").value+.value
```

「.value」でアクティブセルを表している

HINT!

マクロの名前を修正するには

VBAを編集して修正したマクロの名前を変えたいときは、プロシージャの先頭にある「Sub」のすぐ後ろのマクロ名を修正します。なお、マクロ名の後ろにある「()」はVBAに置き換わるときに自動的に付くものなので、マクロ名を修正するときに入力する必要はありません。

HINT!

自動インデントを解除するには

VBEでコードを記述するとき、標準の設定ではインデントが自動的に設定されます。しかし、インデントの階層が深くなると、自動的にインデントが設定されるのが煩わしくなることもあります。自動インデントの設定を解除するには、レッスン⑱で紹介した［オプション］ダイアログボックスの［編集］タブで、［自動インデント］をクリックしてチェックマークをはずします。

HINT!

「.Value」って一体何を表しているの？

Valueプロパティはオブジェクトの「中身」の情報を表します。必ず情報を知りたい対象となるオブジェクトとセットで使用します。例えば、セルA1の値を知りたいときには、Rangeプロパティとセットで使って「Range("A1").Value」のように記述します。手順6ではWithステートメントで「ActiveCell」を省略しているので、「.value」のみを記述しています。

7 選択するセルを設定する

値を加算したら、次（1行下）のセルに進むようにする

```
Sub 総計計算()
    Range("E34").Value = 0
    Range("E14").Select
    Do Until ActiveCell.Offset(0, -1).Value = ""
        With ActiveCell
            Range("E34").Value = Range("E34").Value + .Value
            |
End Sub
```

1 カーソルが移動した位置から以下のように入力

2 Enter キーを押す

```
.offset(1, 0).select
```

8 Withステートメントを終了する

Withスタートメントはここまでなのでインデントのレベルを1つ戻す

1 Back space キーを押す

```
Sub 総計計算()
    Range("E34").Value = 0
    Range("E14").Select
    Do Until ActiveCell.Offset(0, -1).Value = ""
        With ActiveCell
            Range("E34").Value = Range("E34").Value + .Value
            .Offset(1, 0).Select
        |
End Sub
```

2 カーソルが移動した位置から以下のように入力

3 Enter キーを押す

```
end with
```

9 Do ～ Loopステートメントを終了する

Do ～ Loopステートメントはここまでなのでインデントのレベルを1つ戻す

1 Back space キーを押す

```
Sub 総計計算()
    Range("E34").Value = 0
    Range("E14").Select
    Do Until ActiveCell.Offset(0, -1).Value = ""
        With ActiveCell
            Range("E34").Value = Range("E34").Value + .Value
            .Offset(1, 0).Select
        End With
    |
End Sub
```

2 カーソルが移動した位置から以下のように入力

```
loop
```

HINT! コピーと貼り付けを上手に使おう

Rangeプロパティやvalueプロパティなどは、入力する回数が多いので、コピーと貼り付けを上手に使えば効率的に作業を進められます。コードのコピーと貼り付けについては、136ページを参照してください。

HINT! セルの書式はあらかじめ設定しておく

請求書や見積者など、書式が決まっているワークシートを使うときは、あらかじめセルに書式を設定しておきましょう。セルの書式設定は、マクロでもできますが、どのように設定されるかは、マクロを実行しないと分かりません。ワークシート上で設定すれば、いつでも簡単に設定が変更できます。ただし、行や列、セルの配置を変更してしまうと、マクロが正しく処理できなくなるので、注意してください。

VBA 用語集

次のページに続く

10 入力したコードを確認する

```
Sub 総計計算()
    Range("E34").Value = 0
    Range("E14").Select
    Do Until ActiveCell.Offset(0, -1).Value = ""
        With ActiveCell
            Range("E34").Value = Range("E34").Value + .Value
            .Offset(1, 0).Select
        End With
    Loop
End Sub
```

1 ここをクリック

マクロの作成が終了した

2 コードが正しく入力できたかを確認

レッスン⑳を参考にマクロを上書き保存し、Excelに切り替えておく

レッスン⑳を参考に、[総計計算]のマクロを実行しておく

→p.154 After の画面が表示される

Point

Do ～ Loopステートメントで計算を繰り返す

このレッスンでは、Do ～ Loopステートメントを使って、行方向への繰り返しの計算を行いました。このコードのループ処理で、各商品の金額を足していく数式は「セルE34の値＝セルE34の値＋その商品の合計額」となります。VBAではこの数式を「セルE34の値と各商品の金額を足して、セルE34の値として新たに設定する」と解釈するため、結果として累計が求められます。指定されたセル範囲にある値の合計値をループを使って計算する場合は、このような累計を求める数式がよく使われるので覚えておきましょう。

テクニック セルの内容を調べるさまざまな関数

VBAにはデータの種類を調べるためにさまざまな関数が用意されています。下の表にある関数を使うと、セルに入力されている内容を調べられます。次ページの活用例では、IsEmpty関数の具体的な使い方を紹介していますが、第8章で紹介する条件分岐の条件式などでよく使われます。例えば、数値が入力されたセルを調べて文字や日付のセルを計算の対象から除外できます。また日付を入力する必要があるセルに正しく日付が入力されているかを調べたり、選択範囲が単一のセルなのか複数のセル範囲なのかを判断したりするといった高度な処理も可能になるのです。

●Is関数と内容

関数名	調べる内容	調べた結果	記述例
IsArray 関数	選択した個所が複数のセル範囲	複数セルのときは「真（TRUE）」、単一セルのときは「偽（FALSE）」	IsArray(Selection)
IsDate 関数	セルに入力されているデータが日付として識別できるか	セルのデータが日付として識別できるデータのときは「真（TRUE）」、それ以外は「偽（FALSE）」	IsDate(Range("E5"))
IsEmpty 関数	セルに何も入力されていないか	セルに何も入力されていないときは「真（TRUE）」、何か入力されているときは「偽（FALSE）」（「 」（空白）が入力されていても「偽（FALSE）」となる）	IsEmpty(Range("B2"))
IsError 関数	セルの数式がエラーか	セルの数式がエラーのとは「真（TRUE）」、エラーでないときは「偽（FALSE）」	IsError(Range("A5"))
IsNumeric 関数	セルのデータが数値として識別できるか	セルのデータが数値として識別できるデータのときは「真（TRUE）」、それ以外は「偽（FALSE）」（日付が入力されているときは「偽（FALSE）」となる）	IsNumeric(Range("C3"))

活用例 セルの内容が空かどうかをチェックできる

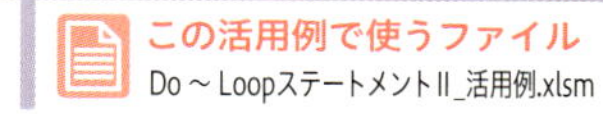

この活用例で使うファイル
Do ～ LoopステートメントII_活用例.xlsm

VBAのIsEmpty関数を使えば、セルの内容が空かどうかを調べられます。IsEmpty関数ではセルの内容が空のときに「真（True）」になりますが、このレッスンで利用したDo Untilと組み合わせて以下のように記述できます。また、Do Whileを使って記述した場合の例も合わせて紹介します。UntilとWhileでは条件の判定が逆になるので、Whileでは「Not」を付けて判定を逆転させます。

●Do Untilを使用した場合

Before

```
Sub 合計計算_2()
    Range("E14").Select
    Do Until ActiveCell.Offset(0, -1).Value = ""
```

セルの内容が空かどうかを調べる

After

```
Sub 合計計算_3()
    Range("E14").Select
    Do Until IsEmpty(ActiveCell.Offset(0, -1).Value)
```

IsEmpty関数でセルの内容を調べる

プログラムの内容

```
3 Do Until IsEmpty(ActiveCell.Offset(0, -1).Value)
```

【コードの解説】

3 現在選択している金額（E列）の1つ左のセル（数量）が空欄になるまで繰り返す

●Do Whileを使用した場合

Before

```
Sub 合計計算_2()
    Range("E14").Select
    Do Until ActiveCell.Offset(0, -1).Value = ""
```

セルの内容が空かどうかを調べる

After

```
Sub 合計計算_3()
    Range("E14").Select
    Do While Not IsEmpty(ActiveCell.Offset(0, -1).Value)
```

「Do Until」を「Do While」に書き換える

IsEmpty関数でセルの内容を調べる

プログラムの内容

```
3 Do While Not IsEmpty(ActiveCell.Offset(0, -1).Value)
```

【コードの解説】

3 現在選択している金額（E列）の1つ左のセル（数量）が空欄でない間繰り返す

レッスン

28 変数を利用するには

変数

VBAでコードを入力するときに「変数」を使うと、非常に便利です。このレッスンでは、変数とはどのようなものか、その使い方や利用方法について解説します。

変数を使うメリット

変数とは、値（データ）を格納できる「入れ物」と考えるといいでしょう。変数に数値が格納してあれば、通常の数値と同じように計算できます。例えば、売り上げの計算では、8%の値引率と消費税8%の計算をするとき、数値をそのまま使うよりも変数を使った方が分かりやすいコードを記述できます。下の例を見てください。1つ目のコードには「0.08」という数値が記述されていますが、「値引率」と「消費税」がどちらも同じ「0.08」のため、区別が付きにくくなっています。後から値引率を10%（0.1）に変えたいときも、どの「0.08」が値引率なのか分かりにくく修正が大変です。2つ目のコードのように、変数を利用して「値引率」と「消費税」を記述すれば、修正も簡単になる上、どこで何の計算を行っているのかが分かりやすくなります。

キーワード

ステートメント	p.324
データ型	p.325
プロシージャ	p.326
変数	p.327

HINT!

変数って絶対必要なの？

VBAで選択するセルや参照する値を正しく入力すれば、変数を使わなくても目的のマクロを作成できます。しかし、後からコードを修正することになった場合、どこを変更すればいいのか分からなくなってしまいます。適切な名前を付けた変数を用意しておけば、コードが理解しやすくなるほか、変更も簡単になります。

●変数を使わないコードの例

```
Range("A1").Value = 3000*0.08
Range("A2").Value = 3000 - Range("A1").Value
Range("A3").Value = Range("A2").Value*0.08
Range("B1").Value = Range("A2").Value + Range("A3").Value
```

値引率を8%から10%に変更するとき、どちらが値引率なのか分かりにくい

●変数を使ったコードの例

変数「値引率」と変数「消費税」を用意しておけば、コードの確認や修正が簡単になる

```
値引率 = 0.08
消費税率 = 0.08
Range("A1").Value = 3000*値引率
Range("A2").Value = 3000 - Range("A1").Value
Range("A3").Value = Range("A2").Value*消費税率
Range("B1").Value = Range("A2").Value + Range("A3").Value
```

変数の利用

変数を前もって用意するには、使用する変数をプロシージャの先頭で宣言します。変数を宣言するときは、「Dim」ステートメントを使って変数名と扱う「型」（データ型）を明示します。データ型が通貨型の変数「合計金額」を宣言するときは、以下の例のように記述します。「Dim」「変数名」「As」「型」は、それぞれ半角の空白で区切ります。

●変数の宣言の構文

Dim 変数名 As 型

●変数を宣言する場所

変数を使用するプロシージャの先頭に記述しておくといい

```
Sub 合計計算()
   Dim 合計金額 As Currency
      ⋮
End Sub
```

変数の「型」とは

変数は、そこに入れる値の種類や大きさによって、さまざまな「型」（データ型）に分類されます。変数の「型」の定義とは、入れる値に応じて、「入れ物」の大きさを決めることと考えればいいでしょう。

●よく使うデータ型

データ型	別名	値の種類	利用例
Integer	整数型	整数	セル参照のための変数やループカウンターなど、あまりけた数の大きくない整数を扱うときに利用する
Currency	通貨型	けた数の大きい数値	主に金額の計算などに利用されることが多い。小数点第４位まで扱えるため、誤差の少ない計算を行いたいときにも利用できる
Date	日付型	日付	日付データを扱うときに利用する
String	文字列型	文字列	英字や日本語などの文字列を扱うときに利用する。商品コード番号（例えば「09102235」）など、見ための数値であっても、文字列として扱いたいときにも利用できる

HINT! 変数名には日本語も使える

変数名には、マクロ名と同じく英数字、漢字、ひらがな、カタカナと「_」（アンダーバー）が使えます。ただし、空白や「!」「?」「@」といった記号は使えません。また、変数名の先頭は英字や漢字、ひらがな、カタカナのいずれかしか使えません。なお、変数名の長さは半角で255文字までです。

HINT! VBAに用意されている用語は変数名には使えない

変数名には、「Value」や「ActiveCell」など、VBAにあらかじめ用意されている用語そのものは使えません。ただし、「セルB1のValue」や「ActiveCellの値」など、変数名の一部として使うのは問題ありません。

HINT! 変数の型を指定しないとVariant型になる

型指定のない変数は、自動的にVariant型になります。Variant型は文字や数値などあらゆる型のデータを格納できるデータ型です。便利なデータ型ですが、間違って計算に使う変数に文字列を入れることもできるため、エラーが起きたときに原因が分かりにくくなります。必ず必要なデータ型を指定するようにしましょう。

●そのほかのデータ型

型	値の種類
Byte	小さな正の整数
Boolean	論理数
Long	けた数の大きい数値
Single	小数を含む数値
Double	小数を含む数値
Object	オブジェクト
Variant	代入された値によって変化

レッスン
29 回数を指定して処理を繰り返すには

回数を指定したループ

処理を繰り返すには、For ～ Nextというステートメントでも行えます。このレッスンでは、For ～ Nextステートメントをどういう場面で使えばいいかを解説します。

For ～ Nextステートメントの使い方

Do ～ Loopステートメントは何回ループを繰り返すかが決まっていません。したがって、いつまでも条件に合わないと永久にループを繰り返します。一方、For ～ Nextステートメントはループを繰り返す回数を指定できます。処理を何回繰り返すかが決まっているときには、For ～ Nextステートメントを使います。For ～ Nextステートメントは、Forの後ろにループ回数を数える変数（ループカウンター）と、ループ開始時の初期値、ループ終了の条件になる最終値を設定します。

キーワード

アクティブセル	p.322
初期値	p.324
ステートメント	p.324
変数	p.327
ループ	p.327
ループカウンター	p.327

●For ～ Nextステートメントの構文

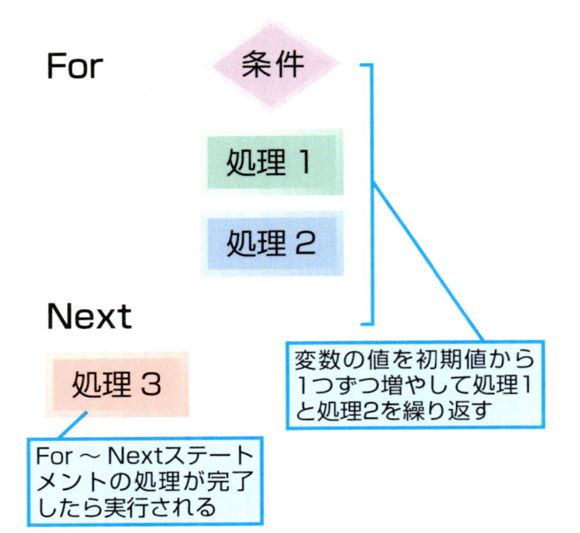

●For ～ Nextステートメントの動作

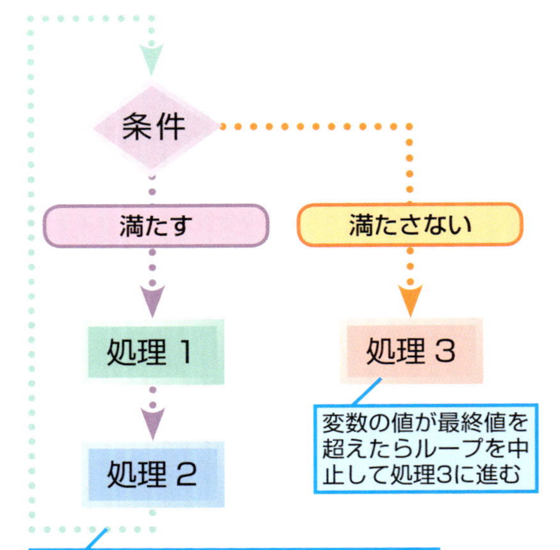

For ～ Nextステートメントで行う処理

ループカウンターの値と最終値との比較はループの先頭にあるForで行われます。以下の例を見てください。For ～ Nextステートメントが開始されると、まずループカウンターに利用する変数「回数」の初期値「1」が、最終値の「2」と比較されます。1は2より小さいので、ループの処理が実行され、Nextのところで先頭のForへ戻ります。2回目のループでループカウンターは「2」に増えますが、2になった段階ではまだ最終値を超えていません。次に「3」になったときにループが終了し、Nextの次の処理へ移動します。つまりFor ～ Nextステートメントの終了後、ループカウンターには「最終値+1」の値が設定されているのです。

HINT!
ループの中でループカウンターの値を変化させない

For ～ Nextステートメントで使っているループカウンターも、普通の変数と同じなので、ループ終了後でも計算などに使うことができます。ただし、「For」に続くループカウンターの処理以外で、ループ中にループカウンターの値を変えてしまうと、意図した回数分ループされず、マクロが正しく動作しなくなることがあります。ループカウンターの値が変わってしまうような処理はしないようにしましょう。

●For ～ Nextステートメントの記述例

◆変数「回数」
ループカウンターに利用する変数「回数」を定義する

◆条件
変数「回数」の初期値に「1」を設定して、「2」になるまで以下の処理を繰り返す

```
Dim 回数 As Integer
For 回数 = 1 To 2
    ActiveCell.Font.ColorIndex = 3
    ActiveCell.Offset(1,0).Select
Next 回数
```

◆処理1
アクティブセルの文字色を赤(3)にする

◆処理2
アクティブセルの1行下のセルを選択する

◆Next
「For (条件)」の行に戻る

●For ～ Nextステートメントによる書式の設定

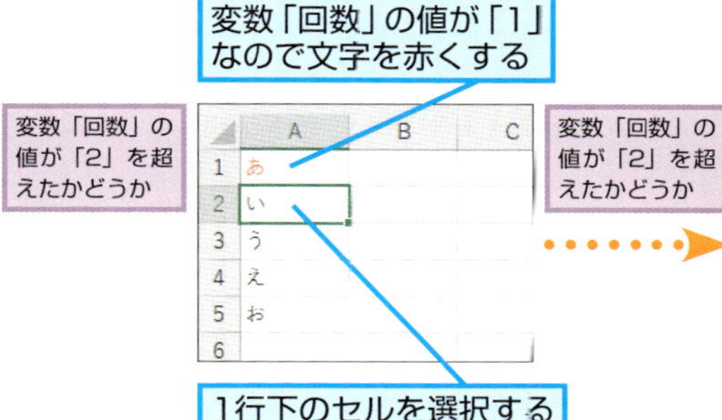

変数「回数」の値を1つ増やす

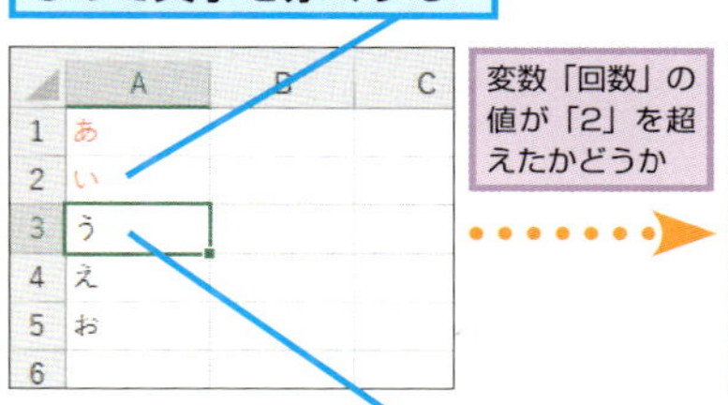

変数「回数」の値が「2」なので文字を赤くする

変数「回数」の値を1つ増やす

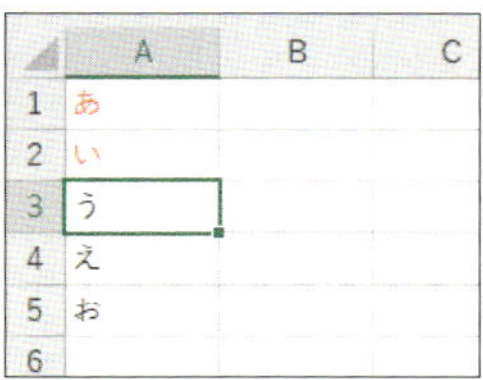

変数「回数」の値が「3」なので処理を止める

レッスン
30 指定したセルの値を順番に削除するには

For ～ Nextステートメント I

このレッスンでは、決まったセル範囲で特定の処理を行うコードを記述します。マクロを実行すると、請求書の［金額］列にある値だけが削除されます。

作成するマクロ

Before

単価	数量	金額	備考
125,000	2	250,000	受注生産
130,000	3	390,000	工場直送
50,000	3	150,000	工場直送
55,000	6	330,000	
80,000	3	240,000	
40,000	3	120,000	
43,000	3	129,000	
5,000	2	10,000	サービス

［金額］列（E14～E33）に入力されている値を削除する

After

単価	数量	金額	備考
125,000	2		受注生産
130,000	3		工場直送
50,000	3		工場直送
55,000	6		
80,000	3		
40,000	3		
43,000	3		
5,000	2		サービス

セルE14～E33の値が削除された

プログラムの内容

```
1 Sub 合計欄クリア()
2     Dim 行番号 As Integer
3     For 行番号 = 14 To 33
4         Cells(行番号, 5).ClearContents
5     Next 行番号
6 End Sub
```

【コード全文解説】

1 ここからマクロ［合計欄クリア］を開始する
2 ループカウンターとして変数「行番号」を整数型に定義する
3 変数「行番号」の値が14から33になるまで値を1つずつ増やしながら処理を繰り返す
4 行番号が変数「行番号」、列番号が5（5列目、つまり［金額］列）のセルの文字と数式を削除する
5 変数「行番号」の値を1つ増やして3行目に戻って条件を比較する
6 マクロを終了する

1 マクロの開始を宣言する

[For ~ Nextステートメント I .xlsm]をExcelで開いておく

レッスン⓯を参考にしてマクロをVBEで表示しておく

1 [Module2] をダブルクリック

2 ここをクリック

ここからコードを入力していく

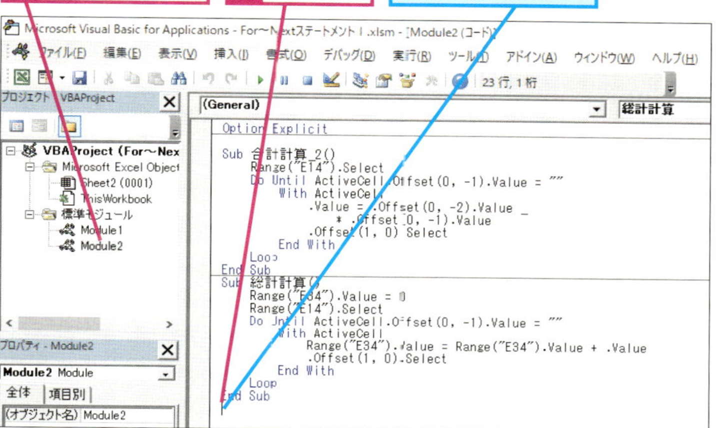

```
End Sub
|
```

3 カーソルが移動した位置から以下のように入力

4 Enter キーを押す

```
sub␣合計欄クリア
```

2 変数を定義する

プロシージャの区切りを表す線が表示された

1 Tab キーを押す

```
End Sub
Sub 合計欄クリア()
    |
End Sub
```

2 カーソルが移動した位置から以下のように入力

3 Enter キーを押す

```
dim␣行番号␣as␣integer
```

◆Dim ○○ As ~
「Dim ○○ As Integer」で、「変数「○○」を整数型に定義する」という意味になる

レッスンで使う練習用ファイル
For ~ Nextステートメント I.xlsm

ショートカットキー

Alt + F8 ……
[マクロ] ダイアログボックスの表示

Alt + F11 ……
ExcelとVBEの表示切り替え

HINT!

変数名は半角英数文字の方が扱いやすい

本書ではプログラムの見やすさを重視して、変数名やプロシージャ名に全角文字（日本語）を使用しています。VBAで全角文字を利用することに問題はありませんが、VBAのコードはすべて半角文字（アルファベット）が使われています。入力モードを頻繁に切り替えるのは面倒なので、コードの入力に慣れてきたら、変数名やプロシージャ名に半角英数文字を使うといいでしょう。

HINT!

なぜIntegerを使うの？

手順2では変数「行番号」をInteger（整数型）にしています。行番号を表すために使う変数で、整数しか扱わないので、Integerにしています。ほかにも、小さな整数を扱うデータ型「Byte」もありますが、Byteは特別な用途で使うために用意されているので、一般的に整数にはIntegerを使います。

次のページに続く

3 For ～ Nextステートメントを入力する

```
Sub 合計欄クリア()
    Dim 行番号 As Integer
    |
End Sub
```

1 カーソルが移動した位置から以下のように入力

2 Enter キーを押す

```
for␣行番号=14␣to␣33
```

◆For 変数=初期値 To 最終値
「変数の値が初期値から最終値になるまでの処理を繰り返す」という意味のステートメント

4 セルの位置を設定する

For ～ Nextステートメント内なので行頭を字下げする

1 Tab キーを押す

```
Sub 合計欄クリア()
    Dim 行番号 As Integer
    For 行番号 = 14 To 33
        |
End Sub
```

2 カーソルが移動した位置から以下のように入力

```
cells (行番号,5) .
```

◆Cells (行,列)
セルの位置を表すプロパティ。「Cells(1,1).Select」で「1行目・1列目のセル(セルA1)を選択する」という意味となる

HINT! 処理するセル範囲を指定してループする

このレッスンでは、レッスン㉙で解説したFor ～ Nextステートメントを利用して、セルの値をクリアします。金額が入力されるセル範囲はセルE14 ～ E33なので、手順3でループカウンターを「For 行番号 = 14 To 33」として、手順4ではセルの位置を「Cells (行番号,5)」のように指定しました。変数「行番号」が14 ～ 33までループし、A列から数えて5番目のE列、つまりセルE14 ～ E33のセル範囲を指定したことになります。

HINT! 計算を実行する前にセルをクリアしておく

手順5で入力するClearContentsメソッドで、セルの値をクリアできます。マクロで計算を行うときには、計算を実行する前に結果が入力されるセルの内容をクリアするようにしましょう。Excelの数式と違って、マクロではセルの内容が変わっても再計算されないので、計算結果が残っています。そのままマクロを実行すると、表示されている明細と合計が異なってしまうことがあるので、計算を実行する前にクリアするようにしておくと安全です。

テクニック Cellsプロパティなら行と列を数値で指定できる

手順4では、セルの位置を表すプロパティにCellsプロパティを利用しています。CellsプロパティはRangeプロパティと同様にセルの位置を指定するプロパティで、Rangeオブジェクトを返します。使い方は「Cells (行番号,列番号)」となっていて[行番号]には行の番号、[列番号]にはA列から数えた列の番号を数値で指定します。例えば、セルC2は「Cells(2, 3)」と記述します。このレッスンでは1行ずつセルの内容を判定して処理を進めたいので、Cellsプロパティに指定する「行」の数値として、変数に「行番号」を使っています。「列」の数値として、「5」を指定しているのは、E列の[金額]の内容を参照するためです。Cellsプロパティはループの処理でよく使われるので、覚えておいてください。

◆Cellsプロパティ
2行目、3列目のセルを指定するときは「Cells(2,3)」とする

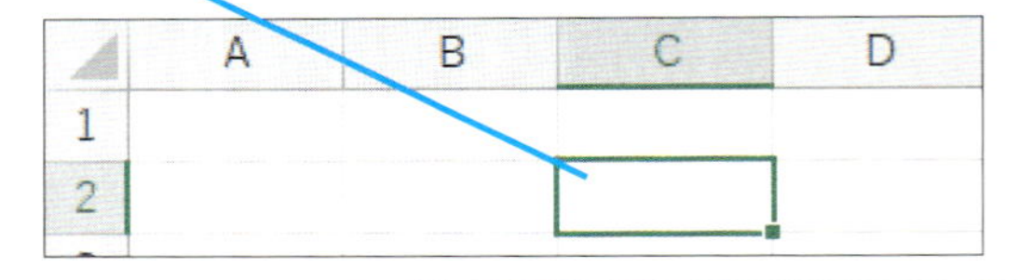

5 ClearContentsメソッドを入力する

```
Sub 合計欄クリア()
    Dim 行番号 As Integer
    For 行番号 = 14 To 33
        cells(行番号,5).|
End Sub
```

1 カーソルが移動した位置から以下のように入力

2 Enter キーを押す

```
clearcontents
```

◆ClearContents
「〜の文字と数式を削除する」という意味のメソッド。「Range("A1").ClearContents」で「セルA1の文字と数式を削除する」という意味となる

6 For 〜 Nextステートメントを終了する

For 〜 Nextステートメントはここまでなのでインデントのレベルを1つ戻す

1 キーを押す

```
Sub 合計欄クリア()
    Dim 行番号 As Integer
    For 行番号 = 14 To 33
        Cells(行番号, 5).ClearContents
    |
End Sub
```

2 カーソルが移動した位置から以下のように入力

```
next␣行番号
```

7 入力したコードを確認する

```
Sub 合計欄クリア()
    Dim 行番号 As Integer
    For 行番号 = 14 To 33
        Cells(行番号, 5).ClearConterts
    Next 行番号
End Sub
|
```

1 ここをクリック

マクロの作成が終了した

2 コードが正しく入力できたかを確認

レッスン⑳を参考にマクロを上書き保存し、Excelに切り替えておく

レッスン⑳を参考に、[合計欄クリア]のマクロを実行しておく

→p.164 After の画面が表示される

HINT! オーバーフローが発生したときは

作成したマクロを実行したとき、「オーバーフローしました。」というエラーが発生することがあります。原因としては、変数の宣言で型を間違えていることが考えられます。以下の手順でコードを確認してみましょう。

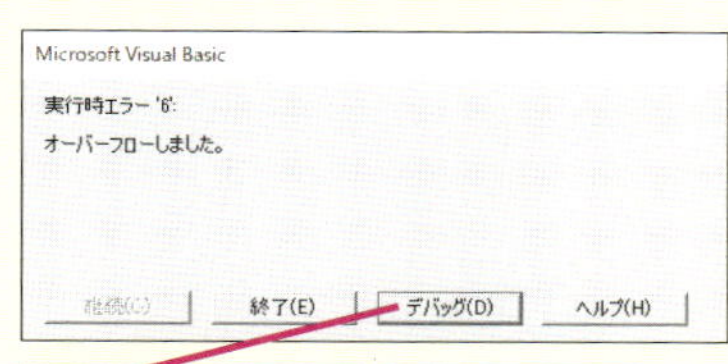

1 [デバッグ]をクリック

コードを確認する

VBA 用語集

Point 行番号にループカウンターを使う

このレッスンのように、繰り返し処理を行うセル範囲が決まっていて、ループを終了する条件を判断する必要がない場合は、For 〜 Nextステートメントが適しています。For 〜 Nextステートメントでは、「ループカウンター」と呼ばれる変数を利用するので、ループしたいセル範囲を指定する際に、Cellsプロパティにも同じ変数を指定しておくのがポイントです。1回のループごとに変数の値が1ずつ増えるため、1つ下のセルを選択できるようになるからです。なお、ループカウンターには、任意の数値が指定できるので、セル範囲が分かりやすいように処理の対象となる行番号を指定しておくといいでしょう。

レッスン

31 指定したセル範囲で背景色を設定するには

For ～ NextステートメントⅡ

今度はFor ～ Nextステートメントを使って、1行置きに背景色を付けてみます。このようなときにはループカウンターの増分値を指定してループの処理を行います。

作成するマクロ

Before

13	No	品名	単価	数量
14	1	テレビ 液晶60型	125,000	2
15	2	テレビ 液晶38型	130,000	3
16	3	洗濯機 全自動6Kg	50,000	3
17	4	洗濯機 ドラム式4Kg	55,000	6
18	5	洗濯機 ドラム式8Kg	80,000	3
19	6	冷蔵庫 250L	40,000	3
20	7	BDレコーダー HDD 500G	43,000	3
21	8	BDメディア 5枚パック 10パック入り	5,000	2
22				
23				
24				
25				
26				

0001

1行置きに行の背景色を変更する

After

13	No	品名	単価	数量
14	1	テレビ 液晶60型	125,000	2
15	2	テレビ 液晶38型	130,000	3
16	3	洗濯機 全自動6Kg	50,000	3
17	4	洗濯機 ドラム式4Kg	55,000	6
18	5	洗濯機 ドラム式8Kg	80,000	3
19	6	冷蔵庫 250L	40,000	3
20	7	BDレコーダー HDD 500G	43,000	3
21	8	BDメディア 5枚パック 10パック入り	5,000	2
22				
23				
24				
25				
26				

0001

1行置きに背景色が付いた

プログラムの内容

```
1  Sub␣行の背景色設定()↵
2  [Tab] Dim␣行番号␣As␣Integer↵
3  [Tab] For␣行番号␣=␣14␣To␣33␣Step␣2↵
4  [Tab] [Tab] Range(Cells(行番号,␣1),␣Cells(行番号,␣6)).Interior.␣_↵
   [Tab] [Tab] ColorIndex␣=␣36↵
5  [Tab] Next␣行番号↵
6  End␣Sub↵
```

【コード全文解説】

1 ここからマクロ［行の背景色設定］を開始する
2 ループカウンターとして変数「行番号」を整数型に定義する
3 変数「行番号」の値が14から33になるまで値を2つずつ増やしながら処理を繰り返す
4 セル（行番号、1）からセル（行番号、6）の範囲の背景の色を36（薄い黄色）に設定する
5 変数「行番号」の値を2つ増やして3行目に戻って条件を比較する
6 マクロを終了する

1 マクロの開始を宣言する

[For ～ NextステートメントⅡ.xlsm]をExcelで開いておく

レッスン⑮を参考にしてマクロをVBEで表示しておく

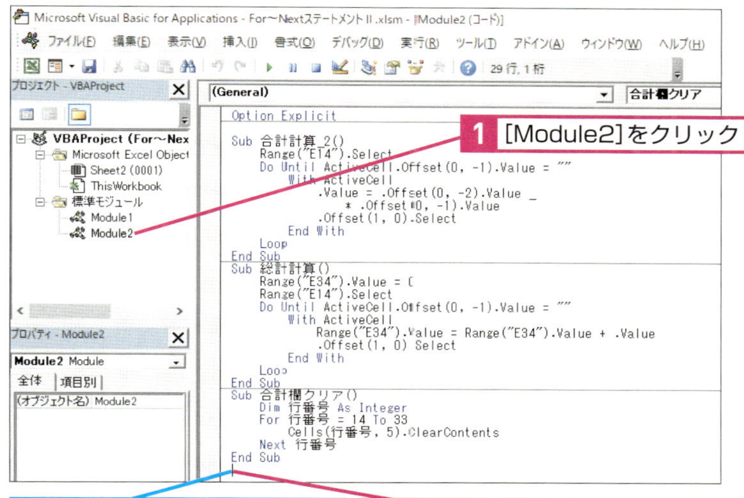


```
End Sub
|
```

3 カーソルが移動した位置から以下のように入力

4 Enter キーを押す

```
sub␣行の背景色設定
```

2 変数を定義する

プロシージャの区切りを示す線が表示された

1 Tab キーを押す

```
Sub 行の背景色設定()
    |
```

2 カーソルが移動した位置から以下のように入力

3 Enter キーを押す

```
dim␣行番号␣as␣integer
```

3 For ～ Nextステートメントを入力する

```
Sub 行の背景色設定()
    Dim 行番号 As Integer
    |
End Sub
```

1 カーソルが移動した位置から以下のように入力

変数「行番号」の値を14 ～ 33に設定する

```
for␣行番号=14␣to␣33
```

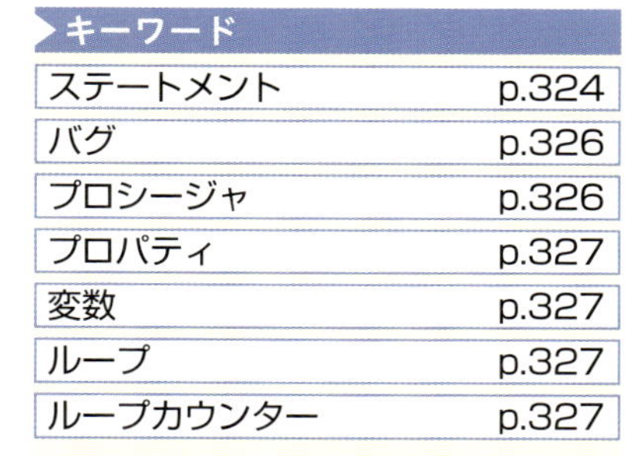

キーワード

ステートメント	p.324
バグ	p.326
プロシージャ	p.326
プロパティ	p.327
変数	p.327
ループ	p.327
ループカウンター	p.327

レッスンで使う練習用ファイル
For ～ NextステートメントII.xlsm

ショートカットキー

Alt + F8 ……
[マクロ] ダイアログボックスの表示

Alt + F11 ……
ExcelとVBEの表示切り替え

HINT!

入力済みのコードを再利用してもいい

For ～ Nextステートメントは、セルの値入力やクリア、書式設定などを繰り返すことが多いので、プロシージャが異なっていても、似たような内容を記述することになります。例えば、レッスン㉚で入力した［合計欄クリア］のプロシージャをコピーして編集した方が簡単な場合もあります。VBAのコードに慣れてきたら、コピーと貼り付けを実行して、コードを編集してみてもいいでしょう。

間違った場合は？

コードを半角の小文字で入力しているとき、Enter キーを押して改行しても入力したコードの頭文字が大文字に変わらないときは、入力したコードが間違っている場合があります。もう一度よく見て確認しましょう。

次のページに続く

4 ループカウンターの増分値を設定する

1 半角の空白を入力

```
Sub 行の背景色設定()
    Dim 行番号 As Integer
    for 行番号=14 to 33 |
End Sub
```

2 カーソルが移動した位置から以下のように入力

3 Enter キーを押す

```
step␣2
```

変数「行番号」が14から16、18、20と2つずつ増えるように設定する

5 セルの開始位置と終了位置を設定する

For～Nextステートメント内なので行頭を字下げする

1 Tab キーを押す

```
Sub 行の背景色設定()
    Dim 行番号 As Integer
    For 行番号 = 14 To 33 Step 2
        |
End Sub
```

2 カーソルが移動した位置から以下のように入力

```
range(cells(行番号,1),cells(行番号,6)).
```

背景色を変更する最初のセルと最後のセルの位置をCellsプロパティで指定する

6 Interiorプロパティを入力する

```
Sub 行の背景色設定()
    Dim 行番号 As Integer
    For 行番号 = 14 To 33 Step 2
        range(cells(行番号,1),cells(行番号,6)).|
End Sub
```

1 カーソルが移動した位置から以下のように入力

```
interior.
```

◆Interior
「背景」という意味のプロパティ。「Range("A1").Interior」で「セルA1の背景」という意味となる

HINT! ループカウンターの増分値は変更できる

手順4で入力している「step 2」は、ループカウンターの増分値です。例えば、2行置きにするときは「For 行番号 = 14 To 33 Step 3」と記述します。ループカウンター「行番号」は、「14、17、20、23、26、29」と増加し、「34」になると「行番号」が最終値の「33」を超えるので、ループが終了します。

HINT! ループカウンターの増分値には負の値も指定できる

ループカウンターの増分値には、負の値や小数も指定できます。負の値の場合、ループカウンターの値が最終値より小さくなるとループが終了します。例えば、「For ループカウンター = 10 To 1 Step -1」とすると、ループカウンターが1ずつ減算され、「0」になるとループが終了します。なお、増分値に小数を指定するときはループカウンターも小数を扱える「Single」型などにする必要があります。

HINT! Cellsプロパティを使ってセル範囲を指定する

手順5ではRangeプロパティで、Cellsプロパティを使用してセル範囲を指定しています。Rangeプロパティは「Range(セル1,セル2)」で、「セル1」、「セル2」を対角とするセル範囲が選択できます。例えば、セル範囲「B2:D5」を選択するには、「B2」は「Cells(2,2)」、「D5」は「Cells(5,4)」なので、「Range(Cells(2,2),Cells(5,4))」となります。ここではループカウンターの変数「行番号」の行にあるA列（1列目）からF列（6列目）のセル範囲を選択するので「Range(Cells(行番号,1), Cells(行番号,6))」と記述しています。

7 行を分割する

1行が長くなるので行を分割して見やすくする

1 半角の空白を入力

2 「_」を入力

```
Sub 行の背景色設定()
    Dim 行番号 As Integer
    For 行番号 = 14 To 33 Step 2
        range(cells(行番号,1),cells(行番号,6)).interior. _
End Sub
```

3 Enter キーを押す

8 ColorIndexプロパティを入力する

```
Sub 行の背景色設定()
    Dim 行番号 As Integer
    For 行番号 = 14 To 33 Step 2
        range(cells(行番号,1),cells(行番号,6)).interior. _
        |
End Sub
```

1 カーソルが移動した位置から以下のように入力

2 Enter キーを押す

```
colorindex=36
```

◆ColorIndex
カラー パレットのインデックス番号で色を指定するプロパティ

ここでは36番を指定して背景色を薄い黄色に設定する

9 For ～ Nextステートメントを終了する

For ～ Nextステートメントはここまでなのでインデントのレベルを1つ戻す

1 Back space キーを押す

```
Sub 行の背景色設定()
    Dim 行番号 As Integer
    For 行番号 = 14 To 33 Step 2
        Range(Cells(行番号, 1), Cells(行番号, 6)).Interior. _
        ColorIndex = 36
    |
End Sub
```

2 カーソルが移動した位置から以下のように入力

```
next␣行番号
```

HINT! 複数行のセル範囲に背景色を設定するには

このレッスンでは、1行置きに背景色を設定していますが、連続する2行に背景色を設定するにはどうしたらいいでしょうか。そんなときは、Cellsプロパティの中で計算してみましょう。
連続する2行に背景色を設定するには、対角にセルを選択する必要があります。例えばこのレッスンで、セルA14 ～ F15を選択する場合は「Range (Cells (行番号,1) ,Cells (行番号+1,6))」のように記述します。

HINT! 変数を使って色を変更する

手順8では、ColorIndexプロパティに色番号を直接指定しています。セルの背景色やフォントの色を変更する場合、1つずつ色番号を指定しても構いませんが、「色を後からまとめて変更したい」といったときには、色番号を指定するための変数を用意しておくと便利です。色番号は1 ～ 56までなので、「Dim 色番号 As Integer」のように、Integer型で宣言します。変数「色番号」を利用するには、「Range ("A1") . Font.ColorIndex = 色番号」などと記述します。

●色番号の対応図

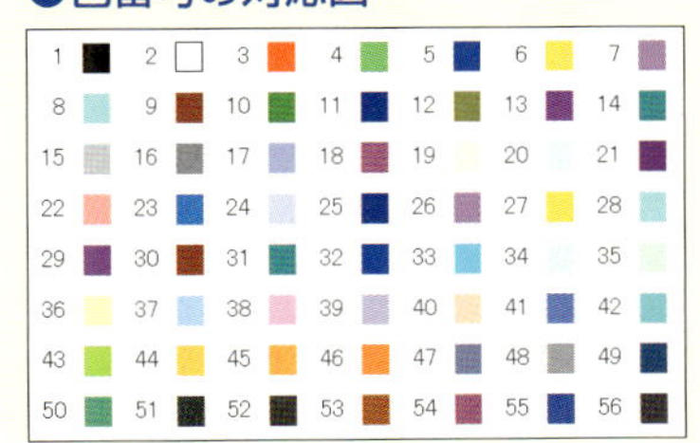

次のページに続く

10 入力したコードを確認する

```
Sub 行の背景色設定()
    Dim 行番号 As Integer
    For 行番号 = 14 To 33 Step 2
        Range(Cells(行番号, 1), Cells(行番号, 6)).Interior. _
        ColorIndex = 36
    Next 行番号
End Sub
```

1 ここをクリック

マクロの作成が終了した

2 コードが正しく入力できたかを確認

レッスン⑳を参考にマクロを上書き保存し、Excelに切り替えておく

レッスン⑳を参考に、[行の背景色設定]のマクロを実行しておく

→p.168 After の画面が表示される

HINT! ループが終了するタイミング

For ～ Nextステートメントで増分値を指定した場合、ループカウンターの値が最終値と一致しないことがありますが、ループは正常に終了します。例えば、「For (ループカウンター) = 1 To 10 Step 4」では、ループカウンターが「1、5、9、13」となり、最終値の「10」と一致しません。しかし「13」になった時点で「10」を超えるため、このタイミングでループが終了します。

テクニック 変数の宣言を強制する「Option Explicit」

このレッスンでコードを追記している［Module2］の先頭には、レッスン⑱の設定により、「Option Explicit」という文字列が挿入されています。ここまでのレッスンではこの文字列の効果が実感できなかったかもしれませんが、このレッスンで使用している変数「行番号」を例に解説します。

「Option Explicit」が挿入されていないときに「for 行番号 14 to 33」を「for 番号 14 to 33」と間違えて入力してもコードの内容は問題ありません。しかし、変数「番号」は定義されないまま使用されることになります。そのためマクロの実行時に、次の行の「cells (行番号,5)) . clearcontents」にある「行番号」に代入する値が存在せず、エラーが発生してしまいます。また、変数によっては、エラーが発生せず、見ためも問題ないように見えるコードになることもあります。このような間違い（バグ）を未然に防ぐために、変数の宣言を強制する「Option Explicit」が必ず入力されるように、レッスン⑱で解説した［変数の宣言を強制する］を設定しておきましょう。

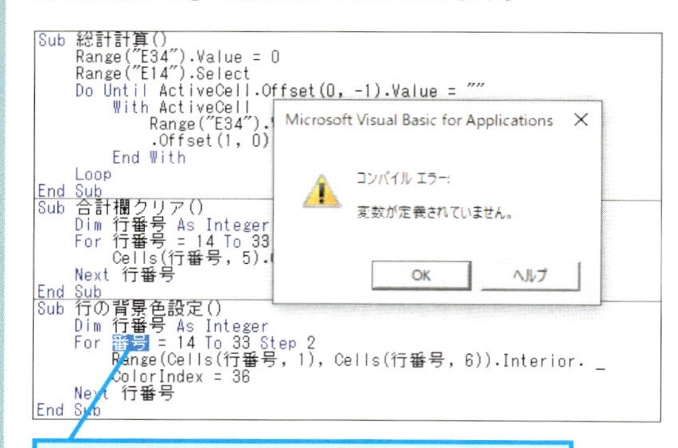

変数の宣言を強制しておけば、マクロの実行時に定義していない変数がチェックされてエラーが表示される

VBA 用語集

Point 「Step」でループカウンターの増分を指定する

このレッスンでは1行置きに背景色を設定しています。1行置きということは、行番号は2つずつ増えることになります。このようなときは、For ～ NextステートメントでStepを使います。Stepは、Forでループカウンターの値を増やすときの増分値です。手順4では2行下を参照するように「Step 2」と記述しました。Stepの増分は負の値や小数などの値も設定できますが、初期値と最終値の関係をよく考えて、正しくループするように設定しましょう。初期値より最終値が小さいのにStepの増分が正の値だと、一度もループ内の処理が実行されません。さらに増分に「0」を指定してしまうと永久ループになってしまいます。

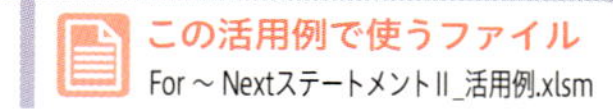

活用例 列方向へ処理を繰り返せる

Cellsプロパティを使えば、行と列を数値で指定できるので、ループを使って列方向の処理を繰り返すこともできます。さらにループは入れ子にして多重化することができます。行方向のループの中に列方向のループを入れて2重ループにすると、セル範囲のすべてのセルが処理できます。下の例では、外側のループで縦方向（行）、内側のループで各行の横方向（列）を繰り返します。最初に外側のループで範囲の先頭行を対象にして内側のループに入ります。内側のループで、同じ行の先頭列から列方向に範囲の端まで処理を繰り返して内側のループを抜けます。次に、外側の行のループに戻り次の行に移動します。これを繰り返すことで縦、横にセル範囲全体の処理を行います。

Before

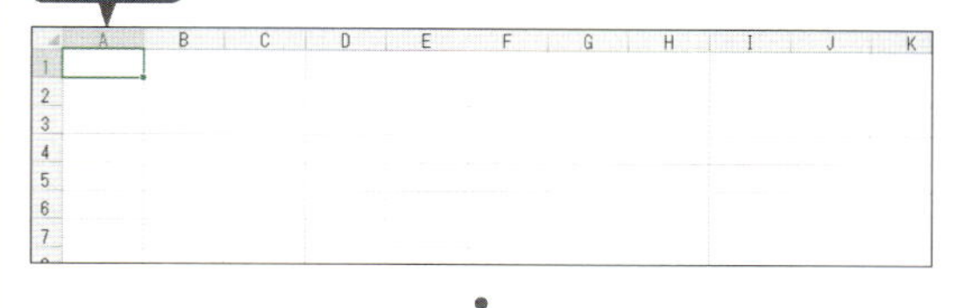

縦、横に処理を繰り返して九九の表を作成する

After

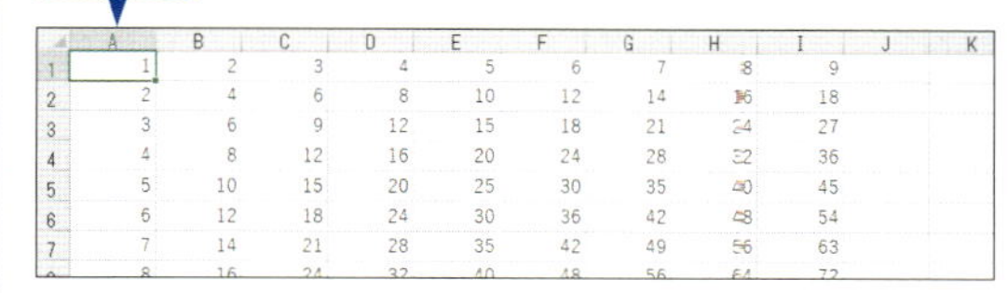

	A	B	C	D	E	F	G	H	I	J	K
1	1	2	3	4	5	6	7	8	9		
2	2	4	6	8	10	12	14	16	18		
3	3	6	9	12	15	18	21	24	27		
4	4	8	12	16	20	24	28	32	36		
5	5	10	15	20	25	30	35	40	45		
6	6	12	18	24	30	36	42	48	54		
7	7	14	21	28	35	42	49	56	63		

Cellsプロパティを使うと、行と列の値を数値で指定できるので、ループを使って列方向に処理を繰り返すことができる

プログラムの内容

```
1 Sub 九九の表()
2     Dim 縦の段 As Integer
3     Dim 横の段 As Integer
4     For 縦の段 = 1 To 9
5         For 横の段 = 1 To 9
6             Cells(縦の段, 横の段) = 縦の段 * 横の段
7         Next 横の段
8     Next 縦の段
9 End Sub
```

【コードの解説】

1 ここからマクロ［九九の表］を開始する
2 変数「縦の段」を整数型に定義する
3 変数「横の段」を整数型に定義する
4 変数「縦の段」の値が1から9になるまで処理を繰り返す
5 変数「横の段」の値が1から9になるまで処理を繰り返す
6 現在の行の各列に九九の計算結果を入力する
7 変数「横の段」のループカウンターを1つ増やして処理を繰り返す
8 変数「縦の段」のループカウンターを1つ増やして処理を繰り返す
9 マクロを終了する

この章のまとめ

●繰り返しの内容に応じて2つのループを使い分けよう

この章では、同じ処理を繰り返す「ループ」を紹介しました。ループには「Do ～ Loopステートメント」と「For ～ Nextステートメント」の2種類があります。どちらを使っても、同じように繰り返しの処理を記述できますが、それぞれ使い方に特徴があります。毎回、処理するデータの範囲が変わるようなときは、処理を何回繰り返せばいいのかが分かりません。データ範囲の終わりまで、処理を繰り返すことは分かるので、「データの終わりとして、空のセルになるまで、処理を繰り返す」ということが終了条件になります。このように、終了条件が決まっているときはDo ～ Loopステートメントが適しています。一方、請求書や見積書のようなワークシートでは、明細行などの行数が決まっています。行数が決まっていれば、繰り返す回数が分かるので、ループの回数をカウントしながら繰り返すFor ～ Nextステートメントが適しています。ループカウンターに行番号や列番号を使えば、さらにコードも分かりやすくなります。このように、2つのループを処理の内容に応じて使い分けるといいでしょう。

```
Option Explicit

Sub 合計計算_2()
    Range("E14").Select
    Do Until ActiveCell.Offset(0, -1).Value = ""
        With ActiveCell
            .Value = .Offset(0, -2).Value _
                * .Offset(0, -1).Value
            .Offset(1, 0).Select
        End With
    Loop
End Sub
Sub 総計計算()
    Range("E34").Value = 0
    Range("E14").Select
    Do Until ActiveCell.Offset(0, -1).Value = ""
        With ActiveCell
            Range("E34").Value = Range("E34").Value + .Value
            .Offset(1, 0).Select
        End With
    Loop
End Sub
Sub 合計欄クリア()
    Dim 行番号 As Integer
    For 行番号 = 14 To 33
        Cells(行番号, 5).ClearContents
    Next 行番号
End Sub
Sub 行の背景色設定()
    Dim 行番号 As Integer
    For 行番号 = 14 To 33 Step 2
        Range(Cells(行番号, 1), Cells(行番号, 6)).Interior. _
        ColorIndex = 36
    Next 行番号
End Sub
```

変数を使うと計算内容が分かりやすくなる

Do ～ Loop ステートメントとFor ～ Next ステートメントのどちらを使う場合でも、変数に数値を格納しておけば、どこで何の計算を行っているのかが分かりやすくなる

練習問題

1

練習用ファイルの［第7章_練習問題.xlsm］の［合計欄クリア］マクロをVBEで表示し、［金額］列と合計の値が削除されるようにコードを修正してください。

●ヒント：削除する行数を設定しているループカウンターの値を変えます。

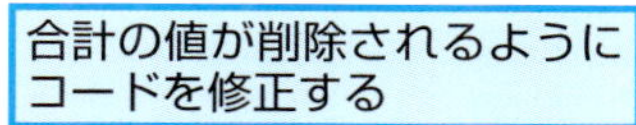

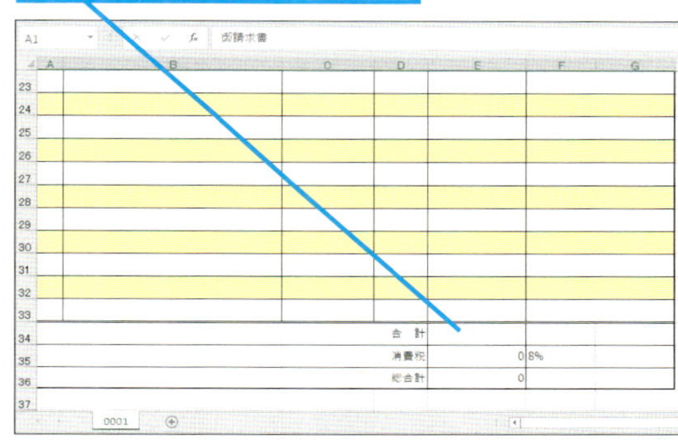

2

［行の背景色設定］マクロをVBEで表示し、14行目から33行目まですべての行の背景色を変えるように修正してください。

●ヒント：背景色を1行ずつ変えるようにループカウンターの増分値を変更します。

14行目から33行目まですべての
行の背景色を変える

No	品名	単価	数量	金額	備考
1	テレビ 液晶60型	125,000	2		受注生産
2	テレビ 液晶38型	130,000	3		工場直送
3	洗濯機 全自動6Kg	50,000	3		工場直送
4	洗濯機 ドラム式4Kg	55,000	6		
5	洗濯機 ドラム式8Kg	80,000	3		
6	冷蔵庫 250L	40,000	3		
7	BDレコーダー HDD 500G	43,000	3		
8	BDメディア 5枚パック 10パック入り	5,000	2		サービス

この章のまとめ・練習問題

答えは次のページ

解　答

1

[第7章_練習問題.xlsm] をExcelで開いておく

ループカウンターの最終値を「34」に修正する

1 ここを「34」に修正

```
Sub 合計欄クリア()
    Dim 行番号 As Integer
    For 行番号 = 14 To 33
        Cells(行番号, 5).ClearContents
    Next 行番号
End Sub
```

ループカウンターの最終値が「34」に修正された

```
Sub 合計欄クリア()
    Dim 行番号 As Integer
    For 行番号 = 14 To 34
        Cells(行番号, 5).ClearContents
    Next 行番号
End Sub
```

[合計欄クリア] マクロのFor ～ Nextステートメントのループカウンターの最終値が「33」のままでは、34行目にある合計の手前の行までしか値が削除されません。ループカウンターの最終値を合計の「34」に修正します。

2

[第7章_練習問題.xlsm] をExcelで開いておく

ループカウンターの増分値の設定を削除する

1 ここにマウスポインターを合わせる

2 ここまでドラッグ

```
Sub 行の背景色設定()
    Dim 行番号 As Integer
    For 行番号 = 14 To 33 Step 2
        Range(Cells(行番号, 1), Cells(行番号, 6)).Interior. _
        ColorIndex = 36
    Next 行番号
End Sub
```

3 Back space キーを押す

ループカウンターの増分値の設定が削除されて、増分値が標準の「1」に修正された

```
Sub 行の背景色設定()
    Dim 行番号 As Integer
    For 行番号 = 14 To 33
        Range(Cells(行番号, 1), Cells(行番号, 6)).Interior. _
        ColorIndex = 36
    Next 行番号
End Sub
```

[行の背景色設定] マクロのFor ～ Nextステートメントが「Step 2」の場合、1行ずつ背景色が変わります。すべての行の背景色を変えるには、ループカウンターの増分値を「1」にします。「Step」で増分値を設定しなければ、自動で増分値が「1」になるので、[Step 2] を削除します。

第8章 条件を指定して実行する処理を変える

この章では、条件によってマクロの処理を変える方法を解説します。セルの値などを判定して、その結果によって異なる処理を実行できるようになると、マクロを活用できる操作の幅がより広がります。

●この章の内容

レッスン 32

条件を指定して処理を変えるには

条件分岐

条件によってマクロの処理を変えたいときには、If ～ Thenステートメントを使います。このレッスンでは、If ～ Thenステートメントの仕組みと使い方を解説します。

キーワード

条件	p.324
ステートメント	p.324
分岐	p.327
マクロ	p.327

If ～ Thenステートメントによる条件の分岐

マクロの実行中に、条件によって異なる処理をしたいときは、If ～ Thenステートメントを利用します。条件を満たすときに「真(True)」、条件を満たさないときに「偽（False)」となるような論理式を指定し、条件が「真（True)」のときだけ処理が実行されます。例えば、「セルの値が指定した値と等しいかどうか」や「セルに値が入力されているかどうか」という条件を指定できます。

●If ～ Thenステートメントの構文

If 条件 Then
処理 1
End If
処理 2

●If ～ Thenステートメントの動作

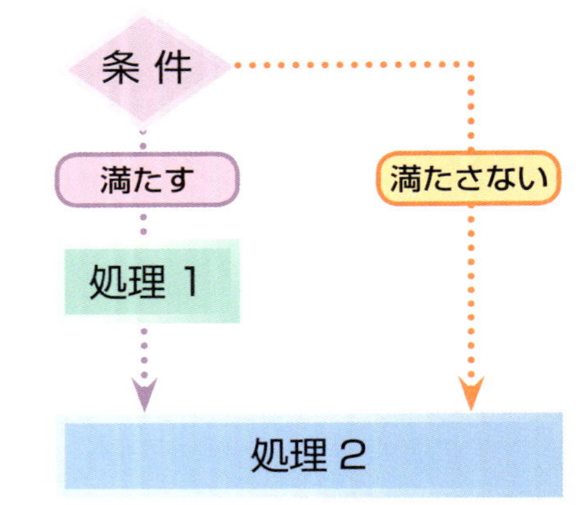

●If ～ Thenステートメントの記述例

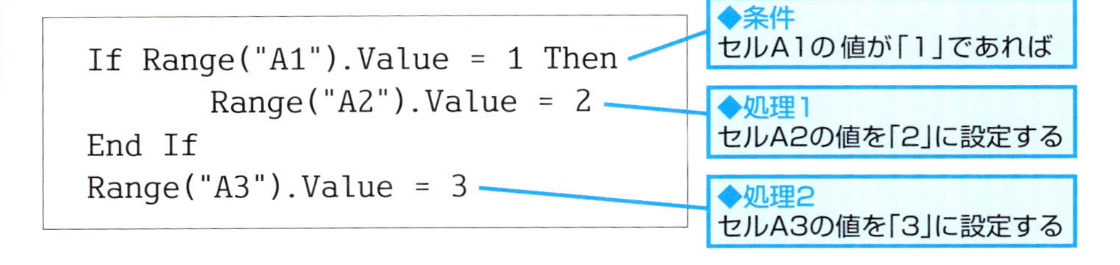

複数条件の指定

指定したい条件が複数ある場合は、If ～ Thenステートメントの中で「ElseIf」を使います。ElseIfで指定した複数の条件は上から順番に判定されます。条件を満たした場合、対応する処理が実行され、それ以降は条件が判定されません。下の例を見てみましょう。「条件1」と「条件2」があるとき、両方の条件を満たす場合は「条件1」を満たした「処理1」のみ行われ、「条件2」は判定されず「End If」以降の処理に進みます。

HINT!
すべての条件に合わないときの処理は「Else」を使う

複数の条件を指定するには「ElseIf」を利用しますが、「どの条件も満たさない」という条件で処理を実行させるには「Else」を記述します。Else以下の処理は、条件を満たさないときの処理になるため、Elseの後には条件を入力できません。

●ElseIfの構文 ●ElseIfの動作

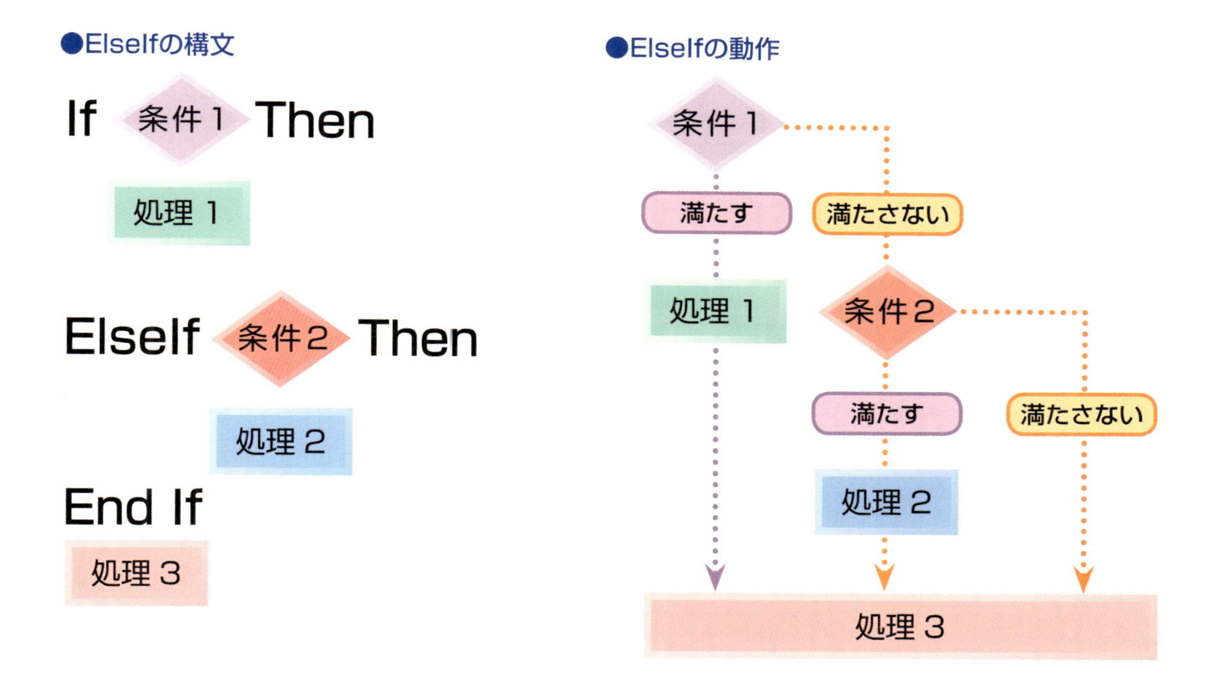

●ElseIfの記述例

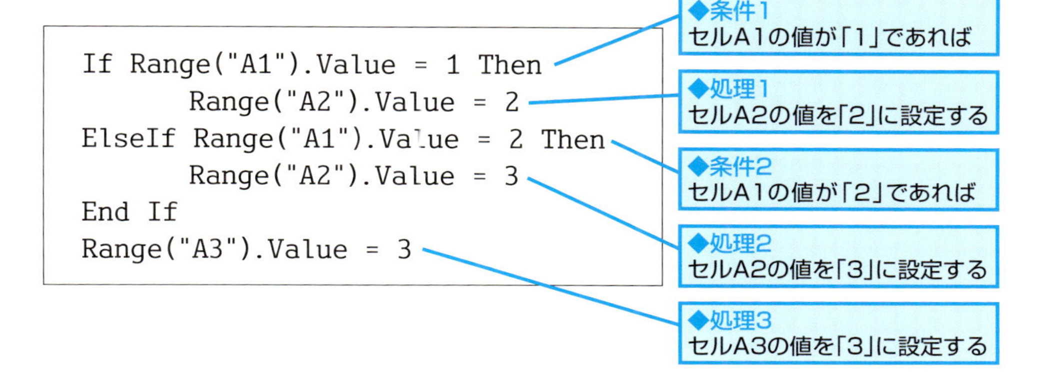
```
If Range("A1").Value = 1 Then
      Range("A2").Value = 2
ElseIf Range("A1").Value = 2 Then
      Range("A2").Value = 3
End If
Range("A3").Value = 3
```

レッスン

33 セルの値によって処理を変えるには

If ～ Thenステートメント

このレッスンでは、指定した条件を満たすときに処理を実行するマクロを作成します。If ～ Thenステートメントの使い方や条件の記述方法などを理解しましょう。

作成するマクロ

Before

No	品名	単価	数量	金額	備考
1	テレビ 液晶60型	125,000	2	250,000	受注生産
2	テレビ 液晶38型	130,000	3	390,000	工場直送
3	洗濯機 全自動6Kg	50,000	3	150,000	工場直送
4	洗濯機 ドラム式4Kg	55,000	6	330,000	
5	洗濯機 ドラム式8Kg	80,000	3	240,000	
6	冷蔵庫 250L	40,000	3	120,000	
7	BDレコーダー HDD 500G	43,000	3	129,000	
8	BDメディア 5枚パック 10パック入り	5,000	2	10,000	サービス

[備考]列に「サービス」と入力されている行の金額を値引きする

[品名]列の最後の行に「特別値引き」と表示する

After

No	品名	単価	数量	金額	備考
1	テレビ 液晶60型	125,000	2	250,000	受注生産
2	テレビ 液晶38型	130,000	3	390,000	工場直送
3	洗濯機 全自動6Kg	50,000	3	150,000	工場直送
4	洗濯機 ドラム式4Kg	55,000	6	330,000	
5	洗濯機 ドラム式8Kg	80,000	3	240,000	
6	冷蔵庫 250L	40,000	3	120,000	
7	BDレコーダー HDD 500G	43,000	3	129,000	
8	BDメディア 5枚パック 10パック入り	5,000	2	10,000	サービス
	特別値引き			-10,000	

値引きする金額が表示された

値引きの金額を表示する行に「特別値引き」という文字列が表示された

プログラムの内容

```
1  Sub␣総計計算_値引き()↵
2  Tab Dim␣行番号␣As␣Integer↵
3  Tab Dim␣値引き␣As␣Currency↵
4  Tab 行番号␣=␣14↵
5  Tab 値引き␣=␣0↵
6  Tab Do␣Until␣Cells(行番号,␣4).Value␣=␣""↵
7  Tab Tab If␣Cells(行番号,␣6).Value␣=␣"サービス"␣Then↵
8  Tab Tab Tab 値引き␣=␣値引き␣+␣Cells(行番号,␣5).Value↵
9  Tab Tab End If↵
10 Tab Tab 行番号␣=␣行番号␣+␣1↵
11 Tab Loop↵
12 Tab Cells(行番号,␣2).Value␣=␣"特別値引き"↵
13 Tab Cells(行番号,␣5).Value␣=␣値引き␣*␣-1↵
14 Tab Range("E34").Value␣=␣Range("E34").Value␣-␣値引き↵
15 End␣Sub↵
```

【コード全文解説】

1 ここからマクロ［総計計算_値引き］を開始する
2 変数「行番号」を整数型に定義する
3 変数「値引き」を通貨型に定義する
4 変数「行番号」に14を設定する
5 変数「値引き」に0を設定する
6 値が入力されていない（="")セル（行番号、4）まで、以下の処理を繰り返す
7 もし、セル（行番号、6）の値が「サービス」であれば、
8 変数「値引き」に、変数「値引き」の値+セル（行番号、5）の値を設定する
9 If 〜 Thenステートメントを終了する
10 変数「行番号」に、変数「行番号」+1の値を設定する
11 Do 〜 Loopステートメントを終了する
12 セル（行番号、2）の値に、「特別値引き」の文字列を設定する
13 セル（行番号、5）の値に、変数「値引き」×-1の値を設定する
14 セルE34の値から変数「値引き」の値を減算してセルE34に設定する
15 マクロを終了する

次のページに続く

1 モジュールを追加する

[If～Thenステートメント.xlsm]をExcelで開いておく

レッスン⑮を参考にマクロをVBEで表示しておく

モジュールを追加したいブックを選択しておく

1 [VBA Project (If～Thenステートメント.xlsm)]をクリック

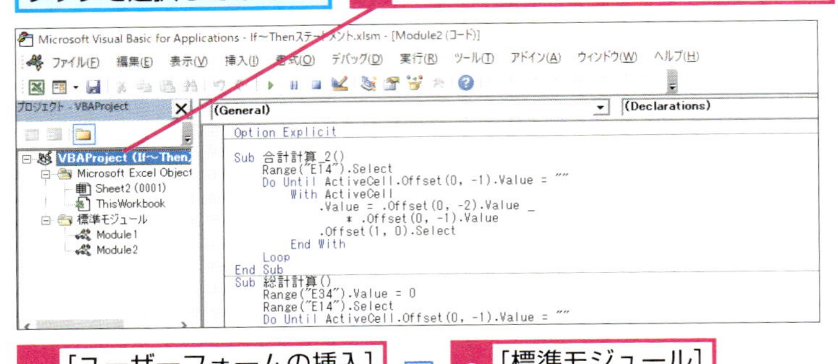

2 [ユーザーフォームの挿入]のここをクリック

3 [標準モジュール]をクリック

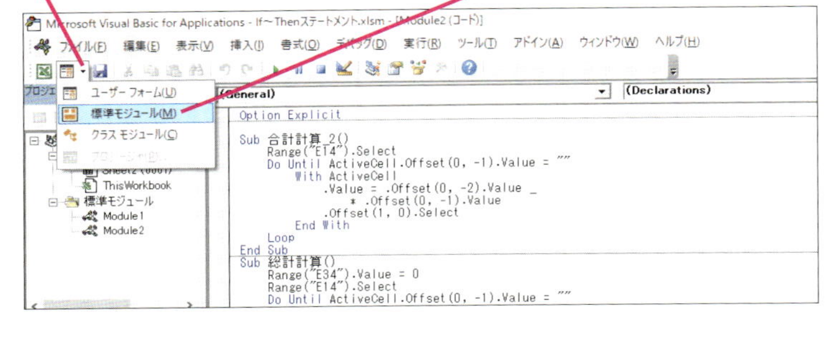

2 マクロの開始を宣言する

モジュールが挿入された

ここからコードを入力していく

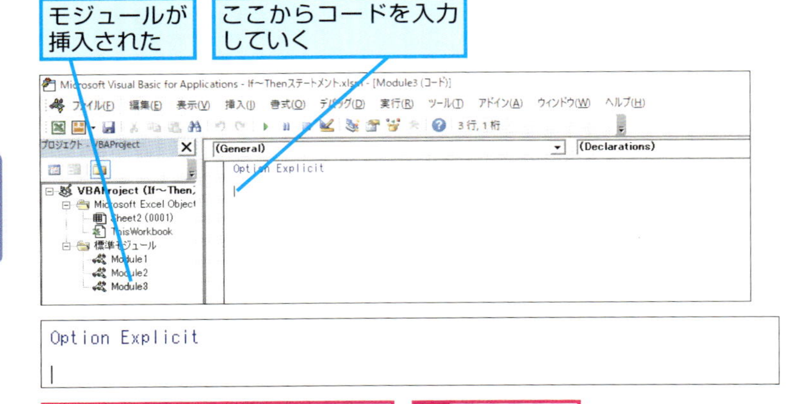

1 カーソルが移動した位置から以下のように入力

2 Enter キーを押す

sub_総計計算_値引き

キーワード

レッスンで使う練習用ファイル
If～Thenステートメント.xlsm

ショートカットキー

Alt + F8 ……
[マクロ] ダイアログボックスの表示

Alt + F11 ……
ExcelとVBEの表示切り替え

HINT!

モジュール名を変更するには

手順1では、値引き用のマクロを記述するためにモジュールを追加しました。追加したモジュールは、自動的に「Module2」「Module3」のような連番が振られるので、そのままではマクロの内容が分かりにくいことがあります。以下のように操作して、モジュール名を変更しておくといいでしょう。

1 名前を変更するモジュールをクリック

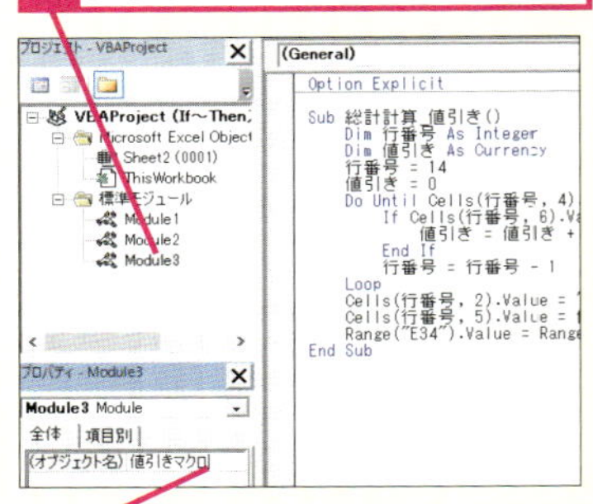

2 [オブジェクト名]を修正

3 Enter キーを押す

条件を指定して実行する処理を変える 第8章

3 変数「行番号」を定義する

1 Tab キーを押す

```
Sub 総計計算_値引き()
    |
End Sub
```

2 カーソルが移動した位置から以下のように入力

3 Enter キーを押す

```
dim␣行番号␣as␣integer
```

4 変数「値引き」を定義する

```
Sub 総計計算_値引き()
    Dim 行番号 As Integer
    |
End Sub
```

1 カーソルが移動した位置から以下のように入力

2 Enter キーを押す

```
dim␣値引き␣as␣currency
```

5 変数「行番号」に値を設定する

参照する値が入力されているセル範囲は、14行目から始まるので変数「行番号」に14を設定する

```
Sub 総計計算_値引き()
    Dim 行番号 As Integer
    Dim 値引き As Currency
    |
End Sub
```

1 カーソルが移動した位置から以下のように入力

2 Enter キーを押す

```
行番号=14
```

6 変数「値引き」に値を設定する

誤った値引きがされないように、変数「値引き」に0を設定する

```
Sub 総計計算_値引き()
    Dim 行番号 As Integer
    Dim 値引き As Currency
    行番号 = 14
    |
End Sub
```

1 カーソルが移動した位置から以下のように入力

2 Enter キーを押す

```
値引き=0
```

HINT!

変数はプロシージャの先頭でまとめて宣言しよう

プロシージャで使用する変数は、変数を使用する処理の前に宣言してあれば問題ありませんが、コードを見やすく記述するという観点から、プロシージャの先頭で宣言することを習慣付けましょう。変数をまとめて宣言することにより、プロシージャで使用する変数をすぐに把握できます。

HINT!

変数の型を選択する基準とは

手順3と手順4では、変数「行番号」をInteger（整数型）、変数「値引き」をCurrency（通貨型）で宣言しています。このレッスンでは、「変数『行番号』はループカウンターに利用する」「変数『値引き』は値引きの金額を設定する」というように、変数の利用目的がはっきりしているため、誤った値が設定されたり、計算の誤差が生じたりしないように型を使い分けています。

次のページに続く

7 Do ～ Loopステートメントを入力する

値が入力されていないセルになったらループを止める条件を設定する

```
Sub 総計計算_値引き()
    Dim 行番号 As Integer
    Dim 値引き As Currency
    行番号 = 14
    値引き = 0
    |
End Sub
```

1 カーソルが移動した位置から以下のように入力

2 Enterキーを押す

```
do␣until␣cells(行番号,4).value=""
```

8 If ～ Thenステートメントを入力する

Do ～ Loopステートメント内なので行頭を字下げする

1 Tabキーを押す

```
Sub 総計計算_値引き()
    Dim 行番号 As Integer
    Dim 値引き As Currency
    行番号 = 14
    値引き = 0
    Do Until Cells(行番号, 4).Value = ""
        |
End Sub
```

参照するセル([備考]列のセル)に「サービス」と入力されている場合のみ、Then以下の処理を行う

2 カーソルが移動した位置から以下のように入力

3 Enterキーを押す

```
if␣cells(行番号,6).value="サービス"then
```

9 条件を満たす場合の処理を入力する

If ～ Thenステートメント内なのでさらに行頭を字下げする

1 Tabキーを押す

```
Sub 総計計算_値引き()
    Dim 行番号 As Integer
    Dim 値引き As Currency
    行番号 = 14
    値引き = 0
    Do Until Cells(行番号, 4).Value = ""
        If Cells(行番号, 6).Value = "サービス" Then
            |
End Sub
```

変数「値引き」にその行の商品の[金額]を加算して設定する

2 カーソルが移動した位置から以下のように入力

3 Enterキーを押す

```
値引き=値引き+cells(行番号,5).value
```

HINT! コード中の文字列は「"」でくくる

コードの中で文字列を表すときは、「"」でくくる必要があります。手順8で「="サービス"」と入力しているのは、「サービス」という文字列がセルに入力されているかどうかを判定するためです。「"」でくくられていない文字列は、変数と認識され、逆に変数を「"」でくくると、文字列として認識されます。どちらの場合も、マクロの実行時にエラーとなる可能性があるので注意してください。

HINT! 条件式の中では比較演算子を使用する

手順8では、「各行の6列目のセルの値が『サービス』という文字列であれば」という条件を「Cells(行番号,6)= "サービス"」で指定しています。ここで記述する「=」は「Cells(行番号,6)」に「サービス」という文字列を設定するということではなく、「セルの内容が『サービス』と等しい」ということを表しています。このように2つの内容を比較するときに使う記号（演算子）を「比較演算子」といい、主に以下のようなものがあります。

●条件式で使用する比較演算子

比較演算子	演算子の意味
=	左辺と右辺は等しい
>	左辺は右辺より大きい
<	左辺は右辺より小さい
>=	左辺は右辺より大きいか等しい
<=	左辺は右辺より小さいか等しい
<>	左辺と右辺は等しくない

10 If ～ Thenステートメントを終了する

If ～ Thenステートメントはここまでなので
インデントのレベルを1つ戻す

1 Back space キーを押す

```
Sub 総計計算_値引き()
    Dim 行番号 As Integer
    Dim 値引き As Currency
    行番号 = 14
    値引き = 0
    Do Until Cells(行番号, 4).Value = ""
        If Cells(行番号, 6).Value = "サービス" Then
            値引き = 値引き + Cells(行番号, 5).Value
        |
End Sub
```

2 カーソルが移動した位置から以下のように入力

3 Enter キーを押す

```
end_if
```

11 変数「行番号」に値を設定する

次のループで今より1行下を参照するので、
変数「行番号」に1を加算する

```
Sub 総計計算_値引き()
    Dim 行番号 As Integer
    Dim 値引き As Currency
    行番号 = 14
    値引き = 0
    Do Until Cells(行番号, 4).Value = ""
        If Cells(行番号, 6).Value = "サービス" Then
            値引き = 値引き + Cells(行番号, 5).Value
        End If
        |
End Sub
```

1 カーソルが移動した位置から以下のように入力

2 Enter キーを押す

```
行番号=行番号+1
```

12 Do ～ Loopステートメントを終了する

Do ～ Loopステートメントはここまで
なのでインデントのレベルを1つ戻す

1 Back space キーを押す

```
Sub 総計計算_値引き()
    Dim 行番号 As Integer
    Dim 値引き As Currency
    行番号 = 14
    値引き = 0
    Do Until Cells(行番号, 4).Value = ""
        If Cells(行番号, 6).Value = "サービス" Then
            値引き = 値引き + Cells(行番号, 5).Value
        End If
        行番号 = 行番号 + 1
    |
End Sub
```

2 カーソルが移動した位置から以下のように入力

3 Enter キーを押す

```
loop
```

HINT! 「行番号 = 行番号 +1」を忘れずに

手順11では、「行番号 = 行番号+1」という数式を記述しています。これは、Do ～ Loopステートメントで次のループの処理を行う際に、1行下のセルを処理するため、変数「行番号」に1を足した値を、変数「行番号」に設定し直しているのです。この数式を記述し忘れてしまうと、同じセルばかり参照してしまい、ループの処理が終わらなくなってしまいます。数式を忘れずに入力しておきましょう。

HINT! コードの記述の途中でもブックを保存できる

これまではマクロを作成して、マクロの実行前にブックを保存する手順を紹介していましたが、コードの記述途中でもブックの保存は可能です。長いコードを記述しているときや、途中で作業を中断するときなどは、マクロの完成前でもブックを保存しておきましょう。作業を再開するときは、保存したブックを開いて、作業途中のモジュールを表示します。

間違った場合は？

コードを半角の小文字で入力しているとき、Enter キーを押して改行しても入力したコードの頭文字が大文字に変わらないときは、入力したコードが間違っている場合があります。もう一度よく確認してみましょう。

次のページに続く

13 セルに文字列を設定する

最後に参照したセルの1行下のセルに「特別値引き」という文字列を表示する

```
    Do Until Cells(行番号, 4).Value = ""
        If Cells(行番号, 6).Value = "サービス" Then
            値引き = 値引き + Cells(行番号, 5).Value
        End If
        行番号 = 行番号 + 1
    Loop
    |
End Sub
```

1 カーソルが移動した位置から以下のように入力

2 Enter キーを押す

```
cells(行番号,2).value="特別値引き"
```

14 セルに変数「値引き」の値を設定する

値引きする金額に「-」(マイナス)を付けて表示するため、変数「値引き」に-1を掛けた値を設定する

```
    Do Until Cells(行番号, 4).Value = ""
        If Cells(行番号, 6).Value = "サービス" Then
            値引き = 値引き + Cells(行番号, 5).Value
        End If
        行番号 = 行番号 + 1
    Loop
    Cells(行番号, 2).Value = "特別値引き"
    |
End Sub
```

1 カーソルが移動した位置から以下のように入力

2 Enter キーを押す

```
cells(行番号,5).value=値引き*-1
```

15 セルの値を再計算する

合計金額(セルE34)を再計算する

```
    Do Until Cells(行番号, 4).Value = ""
        If Cells(行番号, 6).Value = "サービス" Then
            値引き = 値引き + Cells(行番号, 5).Value
        End If
        行番号 = 行番号 + 1
    Loop
    Cells(行番号, 2).Value = "特別値引き"
    Cells(行番号, 5).Value = 値引き * -1
    |
End Sub
```

1 カーソルが移動した位置から以下のように入力

```
range("E34").value=range("E34").value-値引き
```

HINT! マクロの実行中の状況を確認する

マクロの実行結果が思い通りにならなかったときには、マクロの問題点を見つけ出して修正する「デバッグ」という作業を行います。デバッグでは、マクロの実行中にセルや変数の内容がどのようになっているか、実行中の状況を確認してみましょう。VBAの「Debug.Print」命令を使うと、マクロの実行中にセルや変数の内容をVBEの[イミディエイト ウィンドウ]に表示できます。「Debug.Print」に続けて、Rangeオブジェクトや変数名を記述すれば、その内容が[イミディエイト ウィンドウ]に表示されます。

●コードの入力

◆Debug.Print
セルや変数の内容を[イミディエイト ウィンドウ]に表示できる

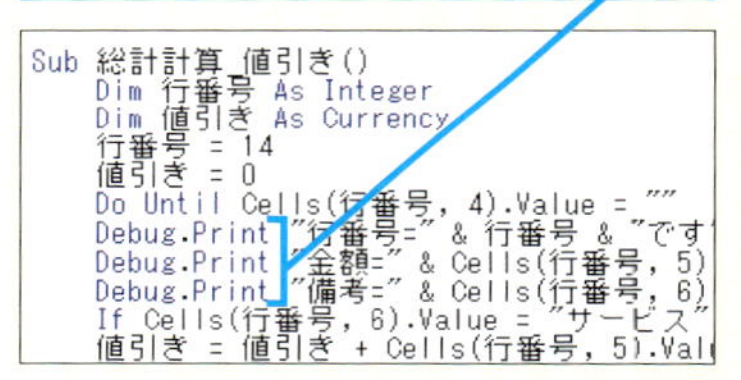

●[イミディエイト ウィンドウ]の表示

1 [表示]をクリック

2 [イミディエイト ウィンドウ]をクリック

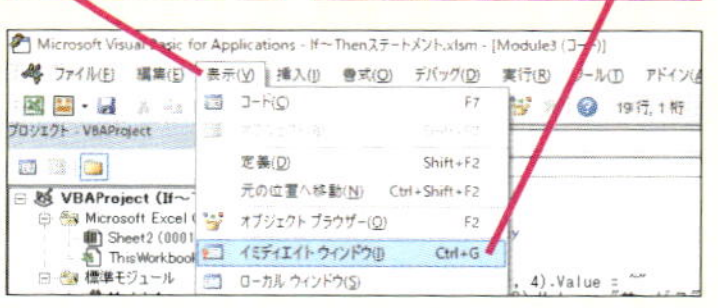

[イミディエイト ウィンドウ]が表示される

VBA用語集

Cells	p.315
Currency	p.316
Dim	p.316
Do Until ～ Loop	p.316
If ～ Then	p.318
Sub ～ End Sub	p.321
Value	p.321

16 入力したコードを確認する

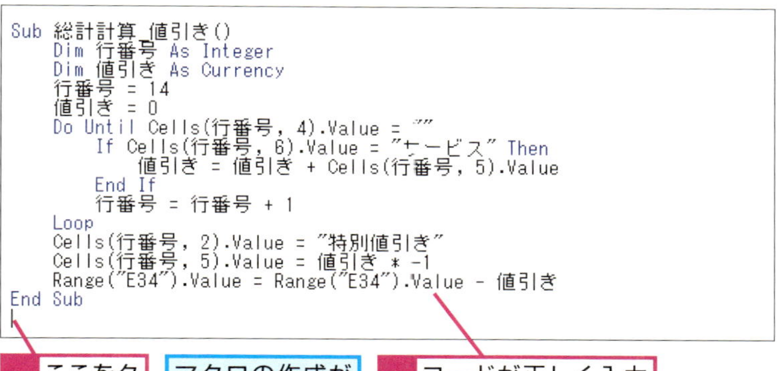

```
Sub 総計計算_値引き()
    Dim 行番号 As Integer
    Dim 値引き As Currency
    行番号 = 14
    値引き = 0
    Do Until Cells(行番号, 4).Value = ""
        If Cells(行番号, 6).Value = "サービス" Then
            値引き = 値引き + Cells(行番号, 5).Value
        End If
        行番号 = 行番号 + 1
    Loop
    Cells(行番号, 2).Value = "特別値引き"
    Cells(行番号, 5).Value = 値引き * -1
    Range("E34").Value = Range("E34").Value - 値引き
End Sub
```

1 ここをクリック

マクロの作成が終了した

2 コードが正しく入力できたかを確認

レッスン⑳を参考にマクロを上書き保存し、Excelに切り替えておく

レッスン⑳を参考に、[総計計算_値引き]のマクロを実行しておく

→p.180 After の画面が表示される

Point
条件を満たす場合のみ金額を累計する

このレッスンでは、[数量]列に数量が入力されているかと、[備考]列に「サービス」という文字列が入力されているかを判定しました。条件を満たす行が見つかると、変数「値引き」に、その行の金額が累計されます。If～Thenステートメントの終了後に、変数「行番号」に1を加算した値を設定しておくことがポイントです。この処理によって、次のループで1行下の判定が始まります。数量が入力されていない行（="")になるとループは終了し、Loopの次の行へ処理が移ります。このとき、変数「行番号」には、数量が入力されていない行(="")の行番号に1を加算した値が設定されないので、セルにデータが入力されている行の1行下に「特別値引き」の文字列と変数「値引き」の値を設定できるのです。

活用例 マクロでアクティブセルを移動させる

この活用例で使うファイル
If～Thenステートメント_活用例.xlsx

このレッスンで作成したマクロを実行しても、アクティブセルは移動しません。これは、セルの値を直接参照して計算するためです。マクロでアクティブセルを移動させるには、Rangeオブジェクトの「Select」メソッドを使って移動先のセルを選択します。例えば、マクロでセルB5を選択したい場合は、CellsプロパティやRangeプロパティを使って「Cells(5, 2).Select」や「Range("B5").Select」と記述します。

Before

アクティブセルをB5に移動する

After

アクティブセルがB5に移動した

●Cellsプロパティの入力例

```
2  Cells(5, 2).Select
```

【コードの解説】

2 セルB5を選択する

●Rangeプロパティの入力例

```
2  Range("B5").Select
```

【コードの解説】

2 セルB5を選択する

レッスン

34 複数の条件を指定して処理を変えるには

ElseIF

今度は、If ～ Thenステートメントを使って、2つの条件があるコードを作成してみましょう。複数の条件で処理を分岐するには「ElseIf」を使います。

作成するマクロ

Before

No	品名	単価	数量	金額	備考
1	テレビ 液晶60型	125,000	2	250,000	受注生産
2	テレビ 液晶38型	130,000	3	390,000	工場直送
3	洗濯機 全自動6Kg	50,000	3	150,000	工場直送
4	洗濯機 ドラム式4Kg	55,000	6	330,000	
5	洗濯機 ドラム式8Kg	80,000	3	240,000	
6	冷蔵庫 250L	40,000	3	120,000	
7	BDレコーダー HDD 500G	43,000	3	129,000	
8	BDメディア 5枚パック 10パック入り	5,000	2	10,000	サービス
	特別値引き			-10,000	

[備考] 列の内容によって、配送料を変えて加算する

[備考] 列に「受注生産」という文字列があるときは、配送料800円を加算する

[備考] 列に「工場直送」という文字列があるときは、配送料500円を加算する

After

No	品名	単価	数量	金額	備考
1	テレビ 液晶60型	125,000	2	250,000	受注生産
2	テレビ 液晶38型	130,000	3	390,000	工場直送
3	洗濯機 全自動6Kg	50,000	3	150,000	工場直送
4	洗濯機 ドラム式4Kg	55,000	6	330,000	
5	洗濯機 ドラム式8Kg	80,000	3	240,000	
6	冷蔵庫 250L	40,000	3	120,000	
7	BDレコーダー HDD 500G	43,000	3	129,000	
8	BDメディア 5枚パック 10パック入り	5,000	2	10,000	サービス
	特別値引き			-10,000	
	配送料			1,800	

配送料が表示された

最後の行に「配送料」という文字列が表示された

プログラムの内容

```
1 Sub 総計計算_送料()
2     Dim 行番号 As Integer
3     Dim 工場直送送料 As Currency
4     Dim 受注生産送料 As Currency
5     Dim 送料合計 As Currency
6     行番号 = 14
7     送料合計 = 0
8     工場直送送料= 500
9     受注生産送料= 800
```

```
10 	Do Until Cells(行番号, 4).Value = ""
11 		If Cells(行番号, 6).Value = "工場直送" Then
12 			送料合計 = 送料合計 + 工場直送送料
13 		ElseIf Cells(行番号, 6).Value = "受注生産" Then
14 			送料合計 = 送料合計 + 受注生産送料
15 		End If
16 		行番号 = 行番号 + 1
17 	Loop
18 	If Cells(行番号, 5).Value <> "" Then
19 		行番号 = 行番号 + 1
20 	End If
21 	Cells(行番号, 2).Value = "配送料"
22 	Cells(行番号, 5).Value = 送料合計
23 	Range("E34").Value = Range("E34").Value + 送料合計
24 End Sub
```

【コード全文解説】

1 ここからマクロ［総計計算_送料］を開始する
2 変数「行番号」を整数型に定義する
3 変数「工場直送送料」を通貨型に定義する
4 変数「受注生産送料」を通貨型に定義する
5 変数「送料合計」を通貨型に定義する
6 変数「行番号」に14を設定する
7 変数「送料合計」に0を設定する
8 変数「工場直送送料」に500を設定する
9 変数「受注生産送料」に800を設定する
10 値が入力されていない（="")セル（行番号、4）まで、以下の処理を繰り返す
11 もし、セル（行番号、6）の値が「工場直送」であれば、
12 変数「送料合計」に、変数「送料合計」＋ 変数「工場直送送料」の値を設定する
13 もし、セル（行番号、6）の値が「受注生産」であれば、
14 変数「送料合計」に、変数「送料合計」＋ 変数「受注生産送料」の値を設定する
15 If ～ Thenステートメントを終了する
16 変数「行番号」に、変数「行番号」+1の値を設定する
17 Do ～ Loopステートメントを終了する
18 もし、セル（行番号、5）に値が入力されている（<>""）のであれば、
19 変数「行番号」に、変数「行番号」+1の値を設定する
20 If ～ Thenステートメントを終了する
21 セル（行番号、2）の値に「配送料」の文字列を設定する
22 セル（行番号、5）の値に、変数「送料合計」の値を設定する
23 セルE34の値に変数「送料合計」の値を加算してセルE34に設定する
24 マクロを終了する

次のページに続く

1 マクロの開始を宣言する

[ElseIF.xlsm] をExcelで開いておく

レッスン⑮を参考にマクロをVBEで表示しておく

1 [Module3] をダブルクリック

ここからコードを入力していく

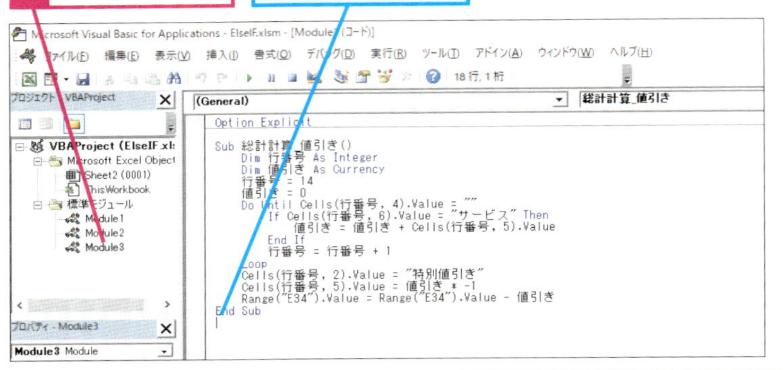

```
End Sub
|
```

2 カーソルが移動した位置から以下のように入力

3 Enter キーを押す

```
sub␣総計計算␣送料
```

2 変数を定義する

1 Tab キーを押す

```
Sub 総計計算_送料()
    |
End Sub
```

2 カーソルが移動した位置から以下のように入力

3 Enter キーを押す

```
dim␣行番号␣as␣integer
dim␣工場直送送料␣as␣currency
dim␣受注生産送料␣as␣currency
dim␣送料合計␣as␣currency
```

キーワード

VBE	p.322
条件	p.324
ステートメント	p.324
定数	p.326
プロシージャ	p.326
分岐	p.327
変数	p.327
マクロ	p.327
モジュール	p.327
ループ	p.327

レッスンで使う練習用ファイル
ElseIF.xlsm

ショートカットキー

Alt + F8 ……
[マクロ] ダイアログボックスの表示

Alt + F11 ……
ExcelとVBEの表示切り替え

HINT! 定数の宣言と値の設定は最初に行う

183ページのHINT!でも解説しましたが、変数の宣言と値の設定は、プロシージャの先頭で行いましょう。変数は使用する直前までに宣言しておけば、マクロの動作には問題ありませんが、コードの途中で変数を宣言したり、値を設定したりするとコードが分かりにくくなってしまいます。

間違った場合は？

コードの命令を半角の小文字で入力しているとき、Enter キーを押して改行しても入力したコードの頭文字が大文字に変わらないときは、入力したコードが間違っている場合があります。もう一度よく確認してみましょう。

3 変数に値を設定する

参照する値が入力されているセル範囲は、14行目から始まるので変数「行番号」に14を設定する

```
Sub 総計計算_送料()
    Dim 行番号 As Integer
    Dim 工場直送送料 As Integer
    Dim 受注生産送料 As Currency
    Dim 送料合計 As Currency
    |
End Sub
```

1 カーソルが移動した位置から以下のように入力

2 Enter キーを押す

```
行番号=14
```

誤った送料が加算されないように、変数「送料合計」には0を設定する

変数「工場直送送料」には500、変数「受注生産送料」には800を設定する

```
Sub 総計計算_送料()
    Dim 行番号 As Integer
    Dim 工場直送送料 As Integer
    Dim 受注生産送料 As Currency
    Dim 送料合計 As Currency
    行番号 = 14
    |
End Sub
```

3 カーソルが移動した位置から以下のように入力

4 Enter キーを押す

```
送料合計=0
工場直送送料=500
受注生産送料=800
```

4 Do ～ Loopステートメントを入力する

値の入力されていないセルになったらループを止めるように条件を設定する

```
Sub 総計計算_送料()
    Dim 行番号 As Integer
    Dim 工場直送送料 As Integer
    Dim 受注生産送料 As Currency
    Dim 送料合計 As Currency
    行番号 = 14
    送料合計 = 0
    工場直送送料 = 500
    受注生産送料 = 800
    |
End Sub
```

1 カーソルが移動した位置から以下のように入力

2 Enter キーを押す

```
do␣until␣cells(行番号,4).value=""
```

HINT!

変数に値を設定して「定数」として扱う

手順3では変数「工場直送送料」に「500」、変数「受注生産送料」に「800」を設定しています。これら2つの変数は、ほかの変数と異なり、コード中で値が更新されることはありません。このように最初に設定したら、コードの最後まで同じ値のままで使用するものを「定数」と呼びます。

HINT!

定数を使うメリットとは

このレッスンで作成するマクロでは、変数「工場直送送料」と変数「受注生産送料」を定数として利用しています。これは、将来的に「送料」が変更された場合、コードの修正個所が少なくなるように考慮しているためです。該当の「送料」に、直接数値を指定することもできますが、後で「送料」が変更された場合、該当する個所をすべて修正するのが面倒です。定数を使えれば、最初に設定している部分を1個所修正するだけでいいので、便利です。

HINT!

定数の値を変更しないように注意しよう

定数として利用するために用意した変数は、コードの中で変更してしまわないように注意してください。せっかく値を設定してあるのに、コードの途中で値を変更してしまっては、定数の意味がなくなってしまいます。

次のページに続く

5 If ～ Thenステートメントを入力する

Do ～ Loopステートメント内なので行頭を字下げする

1 Tab キーを押す

```
    行番号 = 14
    送料合計 = 0
    工場直送送料 = 500
    受注生産送料 = 800
    Do Until Cells(行番号, 4).Value = ""
        |
End Sub
```

2 カーソルが移動した位置から以下のように入力

3 Enter キーを押す

参照するセル([備考] 列のセル)に「工場直送」と入力されている場合に、Then以下の処理を行う

```
if␣cells(行番号,6).value="工場直送"then
```

6 1つ目の条件を満たす場合の処理を入力する

If ～ Thenステートメント内なのでさらに行頭を字下げする

1 Tab キーを押す

```
    送料合計 = 0
    工場直送送料 = 500
    受注生産送料 = 800
    Do Until Cells(行番号, 4).Value = ""
        If Cells(行番号, 6).Value = "工場直送" Then
            |
End Sub
```

変数「送料合計」に変数「工場直送送料」の値(500)を加算する

2 Tab キーを押す

3 カーソルが移動した位置から以下のように入力

4 Enter キーを押す

```
送料合計=送料合計+工場直送送料
```

7 If ～ Thenステートメントの 2つ目の条件を設定する

もう1つの条件を設定するのでインデントのレベルを1つ戻す

1 Back space キーを押す

```
    工場直送送料 = 500
    受注生産送料 = 800
    Do Until Cells(行番号, 4).Value = ""
        If Cells(行番号, 6).Value = "工場直送" Then
            送料合計 = 送料合計 + 工場直送送料
        |
End Sub
```

参照するセル([備考] 列のセル)に「受注生産」と入力されている場合に、Then以下の処理を行う

2 カーソルが移動した位置から以下のように入力

3 Enter キーを押す

```
elseif␣cells(行番号,6).value="受注生産"then
```

HINT! 変数と文字列を混同しないようにしよう

ここでは特定の文字列を条件にしているので、文字列を「"」でくくっています。変数を条件にする場合は、「"」でくくりません。変数を「"」でくくると文字列になってしまいます。正しく使い分けないとエラーとなるので注意しましょう。

HINT! 定数として利用する変数には分かりやすい名前を付けておく

手順3で定数として値を設定した変数「工場直送送料」と「受注生産送料」を、手順6と手順8で利用します。手順6では「工場直送送料」、手順8では「受注生産送料」を変数「送料合計」に、それぞれの定数の値を「送料」として加算しています。このように定数として利用する変数には利用目的に応じて、分かりやすい名前を付けるようにしましょう。

HINT! 複数の「ElseIf」で条件を指定しても「End If」は1つだけ記述する

If ～ Thenステートメントで複数の条件を指定するには、手順7のように「ElseIf」を使います。「ElseIf」を複数指定して条件をいくつでも指定できますが、「End If」は最後に1つだけ記述します。「If ～ Then」と「End If」は対になっているので、間にElseIfがいくつあっても関係ありません。

ElseIfが複数あってもEnd Ifは1つでいい

```
If␣条件1␣Then↵
Tab 処理1↵
ElseIf␣条件2␣Then↵
Tab 処理2↵
ElseIf␣条件3␣Then↵
Tab 処理3↵
End␣If↵
```

条件を指定して実行する処理を変える 第8章

2つ目の条件を満たす場合の処理を入力する

2つ目の条件を満たす場合の処理を記述するので行頭を字下げする

1 Tab キーを押す

```
    Do Until Cells(行番号, 4).Value = ""
        If Cells(行番号, 6).Value = "工場直送" Then
            送料合計 = 送料合計 + 工場直送送料
        ElseIf Cells(行番号, 6).Value = "受注生産" Then
            |
End Sub
```

変数「送料合計」に変数「受注生産」の値(800)を加算する

2 カーソルが移動した位置から以下のように入力

3 Enter キーを押す

```
送料合計=送料合計+受注生産送料
```

If ～ Thenステートメントを終了する

If ～ Thenステートメントはここまでなのでインデントのレベルを1つ戻す

1 Back space キーを押す

```
    Do Until Cells(行番号, 4).Value = ""
        If Cells(行番号, 6).Value = "工場直送" Then
            送料合計 = 送料合計 + 工場直送送料
        ElseIf Cells(行番号, 6).Value = "受注生産" Then
            送料合計 = 送料合計 + 受注生産送料
        |
End Sub
```

2 カーソルが移動した位置から以下のように入力

3 Enter キーを押す

```
end␣if
```

変数「行番号」に値を設定する

次のループで今より1行下を参照するので、変数「行番号」に1を加算する

```
        End If
        |
End Sub
```

1 カーソルが移動した位置から以下のように入力

2 Enter キーを押す

```
行番号=行番号+1
```

HINT!

If ～ Thenステートメントの条件式が短いときは

手順9では、If ～ Thenステートメントを終了するために「End If」と入力していますが、この「End If」は省略できます。条件式や処理の内容が短いときは、If ～ Thenステートメントを1行にまとめて入力し、「Aが1ならばXを1、1でなければXを0にする」という条件を「If A = 1 Then X = 1 Else X = 0」と記述してもいいでしょう。なお、1行にまとめて入力したときは、「End If」や「ElseIf」は使えません。

HINT!

コードを印刷して確認するには

記述したコードはプリンターで印刷することもできます。長いコードの場合、紙で確認した方が間違いを見つけやすいこともあります。印刷したいモジュールを表示しておき、メニューの［ファイル］-［印刷］をクリックして、［印刷］ダイアログボックスを表示しましょう。［印刷範囲の選択］で［カレントモジュール］を選択すると表示中のモジュールを、［カレントプロジェクト］を選択すると同じブックに含まれるすべてのモジュールを一度に印刷できます。

◆［印刷］ダイアログボックス

次のページに続く

11 Do ～ Loopステートメントを終了する

Do ～ Loopステートメントはここまでなのでインデントのレベルを1つ戻す

1 Back space キーを押す

```
        End If
        行番号 = 行番号 + 1
    |
End Sub
```

2 カーソルが移動した位置から以下のように入力

3 Enter キーを押す

```
loop
```

12 もう1つのIf ～ Thenステートメントを入力する

参照するセル（[金額] 列のセル）に値が入力されている場合に、Then以下の処理を行う

```
        End If
        行番号 = 行番号 + 1
    Loop
    |
End Sub
```

1 カーソルが移動した位置から以下のように入力

2 Enter キーを押す

```
if␣cells(行番号,5).value<>""then
```

If ～ Thenステートメント内なので行頭を字下げする

3 Tab キーを押す

値が入力されている行の1行下に文字列と値を表示するので、変数「行番号」に1を加算する

```
    Loop
    If Cells(行番号, 5).Value <> "" Then
        |
End Sub
```

4 カーソルが移動した位置から以下のように入力

5 Enter キーを押す

```
行番号=行番号+1
```

If ～ Thenステートメントはここまでなのでインデントのレベルを1つ戻す

6 Back space キーを押す

```
    If Cells(行番号, 5).Value <> "" Then
        行番号 = 行番号 + 1
    |
End Sub
```

7 カーソルが移動した位置から以下のように入力

8 Enter キーを押す

```
end␣if
```

HINT! 「< >」は「等しくない」を表す比較演算子

手順12の条件にある「< >」は、左辺と右辺の値が「等しくない」ことを表す比較演算子です。左辺と右辺が等しくない(一致しない)ときに「真(True)」になり、等しいとき（一致するとき）に「偽（False)」になります。「""」はセルに何も入力されていない状態（空のセル）を表します。ここでは、セルの内容と「""」が、等しくないかどうかを比較しているので、セルに何らかのデータが入力されていているとき、条件は「真(True)」となり、Then以下の処理が実行されます。

HINT! セルを確認して上書きしないようにする

手順12ではループの終了後にもう一度、セルが空の状態（<>""）かどうかを判定しています。これは、ループの終了後の変数「行番号」に設定されている値に相当する「行」にデータが入力されているかどうかの判定です。このレッスンでは、ループの終了時の変数「行番号」は22となっているため、そのままでは最後の行([特別値引き］の行）が上書きされてしまいます。セルの上書きを避けるため、データが入力されているかどうかを判定し、入力されているなら、「行番号=行番号+1」で変数「行番号」の値を設定し直しているわけです。

テクニック 数式で計算できないときはコードでセルに値を設定する

このレッスンで利用する練習用ファイルでは、セルE35に「=E34*F35」、セルE36に「=E34+E35」という数式を入力してあります。これらの数式の代わりにマクロで計算を行って、セルに値を設定することもできます。このレッスンの例では、セルの数式でも、マクロで計算しても特に変わりはありませんが、例えば「[備考]に『送料サービス』と入力されていたら、送料を加算しない」とか「一定金額以上だと定額の値引きを行う」というように、数式だけでは計算できない条件があるときは、マクロで計算してセルに値を設定しましょう。

```
Sub 総計計算_値引き()
    Dim 行番号 As Integer
    Dim 値引き As Currency
    行番号 = 14
    値引き = 0
    Do Until Cells(行番号, 4).Value = ""
        If Cells(行番号, 6).Value = "サービス" Then
            値引き = 値引き + Cells(行番号, 5).Value
        End If
        行番号 = 行番号 + 1
    Loop
    Cells(行番号, 2).Value = "特別値引き"
    Cells(行番号, 5).Value = 値引き * -1
    Range("E34").Value = Range("E34").Value - 値引き
    Range("E35").Value = Range("E34").Value * Range("F35").Value
    Range("E36").Value = Range("E34").Value + Range("E35").Value
End Sub
```

[合計](セルE34)から変数「値引き」の値を引いた値を[合計](セルE34)に設定する

[合計](セルE34)に[消費税](セルF35)を掛けた値を[消費税](セルE35)に設定する

[合計](セルE34)に[消費税](セルE35)を足した値を[総合計](セルE36)に設定する

13 セルの値を設定する

最後に参照したセルの1行下のセルに「配送料」という文字を表示させる

送料として、変数「送料合計」の値を表示させる

```
    Loop
    If Cells(行番号, 5).Value <> "" Then
        行番号 = 行番号 + 1
    End If

End Sub
```

1 カーソルが移動した位置から以下のように入力

2 Enter キーを押す

```
cells(行番号,2).value="配送料"
cells(行番号,5).value=送料合計
```

14 セルの値を再計算する

合計金額(セルE34)を再計算する

```
    If Cells(行番号, 5).Value <> "" Then
        行番号 = 行番号 + 1
    End If
    Cells(行番号, 2).Value = "配送料"
    Cells(行番号, 5).Value = 送料合計

End Sub
```

1 カーソルが移動した位置から以下のように入力

```
range("E34").value=range("E34").value+送料合計
```

VBA 用語集

Cells	p.315
Currency	p.316
Dim	p.316
Do Until ～ Loop	p.316
If ～ Then ～ ElseIf	p.319
Sub ～ End Sub	p.321
Value	p.321

次のページに続く

15 入力したコードを確認する

```
Sub 総計計算_送料()
    Dim 行番号 As Integer
    Dim 工場直送送料 As Integer
    Dim 受注生産送料 As Currency
    Dim 送料合計 As Currency
    行番号 = 14
    送料合計 = 0
    工場直送送料 = 500
    受注生産送料 = 800
    Do Until Cells(行番号, 4).Value = ""
        If Cells(行番号, 6).Value = "工場直送" Then
            送料合計 = 送料合計 + 工場直送送料
        ElseIf Cells(行番号, 6).Value = "受注生産" Then
            送料合計 = 送料合計 + 受注生産送料
        End If
        行番号 = 行番号 + 1
    Loop
    If Cells(行番号, 5).Value <> "" Then
        行番号 = 行番号 + 1
    End If
    Cells(行番号, 2).Value = "配送料"
    Cells(行番号, 5).Value = 送料合計
    Range("E34").Value = Range("E34").Value + 送料合計
End Sub
```

1 ここをクリック

マクロの作成が終了した

2 コードが正しく入力できたかを確認

レッスン⑳を参考にマクロを上書き保存し、Excelに切り替えておく

レッスン⑳を参考に、[総計計算_送料]のマクロを実行しておく

→p.188 After の画面が表示される

Point

If ～ Thenステートメントの条件は上から順番に判定される

If ～ Thenステートメントの中で「ElseIf」を使い、複数の条件による処理の分岐をするとき、条件の判定は上から順に行われ、条件が最初に満たされた個所の処理が実行されます。このレッスンでは、[備考] 列に「工場直送」という文字列が入力されていれば、500円、「受注生産」という文字列が入力されていれば、800円を送料として加算するマクロを作成しました。「工場直送」の場合、その後「受注生産」かどうか、という条件判定は行われず、送料を足す処理のみを行って次の処理（Loop）に進みます。つまり「受注生産」になっているかどうかという判定が行われるのは、「工場直送」と入力されていないセルのみ、ということになります。コードをよく見て、全体の流れを理解するようにしましょう。

活用例 Select Caseステートメントで条件を判定する

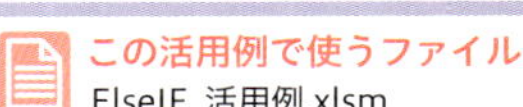
この活用例で使うファイル
ElseIF_活用例.xlsm

Select Caseステートメントを使うと、複数の条件による分岐を簡単に記述できます。以下のように、指定した変数の内容と一致する処理を1つずつ記述できるので、コードを整理しやすいメリットもあります。「Case (変数の内容)」は、いくつでも指定ができますが、上から順番に判定され、最初に一致した処理の実行後は、それ以降の処理が無視されます。最後に「Case Else」と記述しておくと、どの条件とも一致しなかったときに その処理が実行されます。なお、条件を判定する変数は1つしか指定できません。

Before

[備考] 列の内容によって、配送料を変えて加算する

13	No	品名	単価	数量	金額	備考
14	1	テレビ 液晶60型	125,000	2	250,000	受注生産
15	2	テレビ 液晶38型	130,000	3	390,000	工場直送
16	3	洗濯機 全自動6Kg	50,000	3	150,000	工場直送
17	4	洗濯機 ドラム式4Kg	55,000	6	330,000	
18	5	洗濯機 ドラム式8Kg	80,000	3	240,000	
19	6	冷蔵庫 250L	40,000	3	120,000	
20	7	BDレコーダー HDD 500G	43,000	3	129,000	
21	8	BDメディア 5枚パック 10パック入り	5,000	2	10,000	サービス
22						
23						

[備考] 列に「受注生産」という文字列があるときは、配送料800円を加算する

[備考] 列に「工場直送」という文字列があるときは、配送料500円を加算する

13	No	品名	単価	数量	金額	備考
14	1	テレビ 液晶60型	125,000	2	250,000	受注生産
15	2	テレビ 液晶38型	130,000	3	390,000	工場直送
16	3	洗濯機 全自動6Kg	50,000	3	150,000	工場直送
17	4	洗濯機 ドラム式4Kg	55,000	6	330,000	
18	5	洗濯機 ドラム式8Kg	80,000	3	240,000	
19	6	冷蔵庫 250L	40,000	3	120,000	
20	7	BDレコーダー HDD 500G	43,000	3	129,000	
21	8	BDメディア 5枚パック 10パック入り	5,000	2	10,000	サービス
22		配送料			1,800	
23						
24						

最後の行に「配送料」という文字列が表示された

配送料が表示された

プログラムの内容

```
1 Do Until Cells(行番号, 4).Value = ""
2 	Select Case Cells(行番号, 6).Value
3 		Case "工場直送"
4 			送料合計 = 送料合計 + 工場直送送料
5 		Case "受注生産"
6 			送料合計 = 送料合計 + 受注生産送料
7 	End Select
8 	行番号 = 行番号 + 1
9 Loop
```

【コードの解説】

1 セル（行番号、4）の内容が空欄になるまで繰り返す
2 セル（行番号、6）の内容によって処理を行う
3 セル（行番号、6）の内容が「工場直送」の場合
4 変数「送料合計」に変数「工場直送送料」の値を集計する
5 セル（行番号、6）の内容が「受注生産」のとき
6 変数「送料合計」に変数「受注生産送料」の値を集計する
7 Select Caseステートメントを終了する
8 変数「行番号」に、変数「行番号」+1の値を設定する
9 マクロを終了する

この章のまとめ

●処理の流れを理解して分岐する

この章では、「条件によって処理を変える」命令として、If ～ Thenステートメントを使いました。同時に、Do ～ Loopステートメントを組み合わせて「条件を判断して処理を繰り返す」処理も行いました。セルの内容や計算結果によって「次の操作を行うか」、あるいは「どのような操作を行うのか」というように、処理を変えたいときがあります。このようなときはIf ～ Thenステートメントを使って、プログラムの流れを正しく変えることが重要になってきます。もちろん、条件の判断が正しく行われるようにプログラムの流れをきちんと把握しておかなければなりません。いくつもの条件を使った複雑な条件分岐が必要なときは「何をどうするのか」という処理の流れを、図に書いてみるといいでしょう。以下に紹介するような図は「フローチャート」と呼ばれ、プログラムの設計書として利用されています。

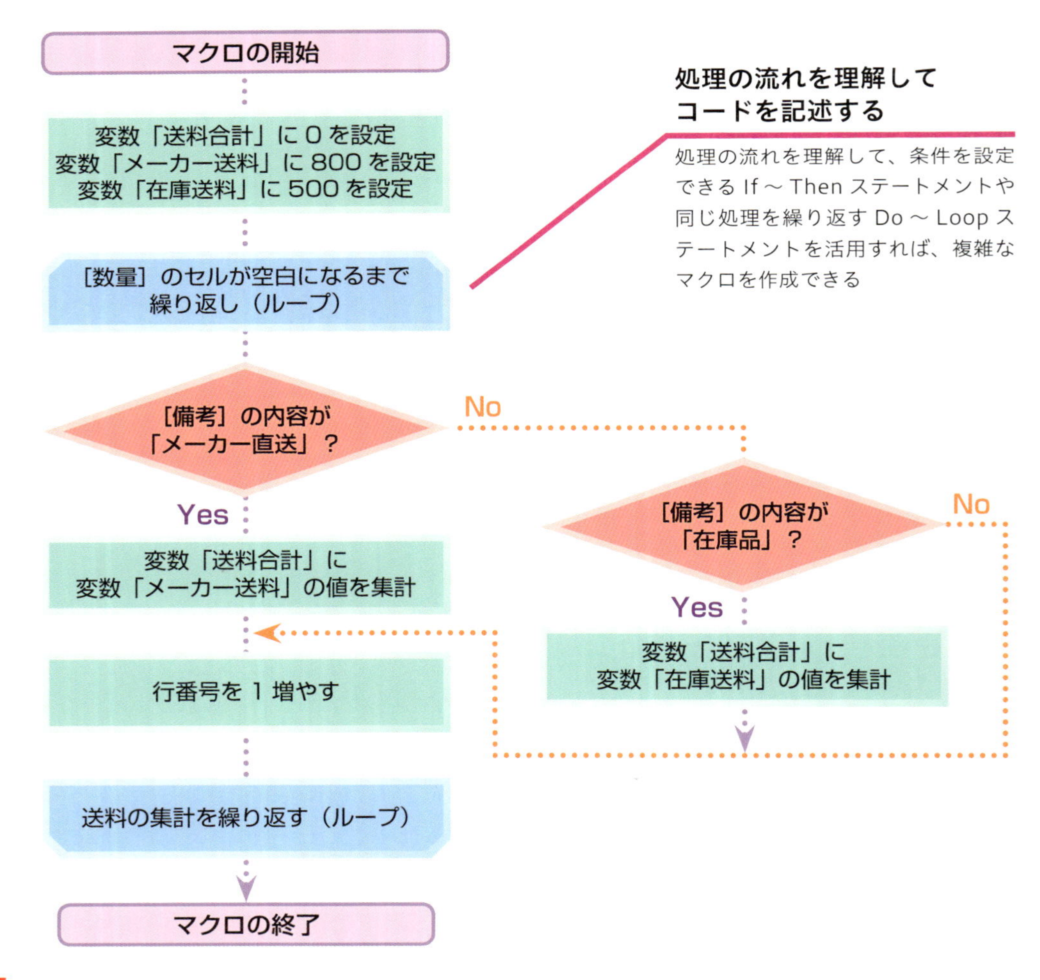

処理の流れを理解してコードを記述する

処理の流れを理解して、条件を設定できる If ～ Then ステートメントや同じ処理を繰り返す Do ～ Loop ステートメントを活用すれば、複雑なマクロを作成できる

練習問題

1

練習用ファイルの［第8章_練習問題.xlsm］を開き、「総計計算_送料」マクロの［ブロードバンドルータ］の行に該当する［備考］列のセルを「受注品」に変更してください。その後、変数「受注品送料」を通貨型で定義する記述と、その変数に送料として1000（円）を代入する記述を追加してください。

●ヒント：変数はDimステートメントで定義します。

［備考］列に「受注品」と入力された項目の送料を1000円に設定する

F15 メーカー直送

下記の通り御請求申し上げます。

No	品名	単価	数量	金額	備考
1	ブロードバンドルータ	81,000	1	81,000	受注品
2	8ポートスイッチングハブ	30,000	10	300,000	メーカー直送
3	LANケーブル 5m	600	50	30,000	在庫品
4	LANケーブル 10m	750	10	7,500	在庫品
5	LANケーブル 20m	1,200	5	6,000	サービス
6	ルータ設定作業	30,000	1	30,000	
7	ネットワーク設置工事	120,000	1	120,000	
8	特別値引き			-6,000	
9	配送料			1,800	
10					

2

「［備考］列のセルに『受注品』と入力されている場合は、変数『送料合計』に変数『受注品送料』の値を加算する。」という条件をコードに追加してください。

●ヒント：複数の条件を設定するときはElseIfを使います。

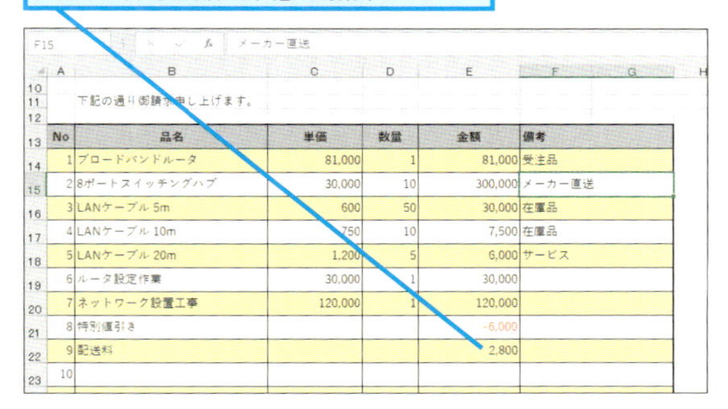
複数の条件を追加して、配送料の金額に「受注品送料」を加算する
F15 メーカー直送
下記の通り御請求申し上げます。

No	品名	単価	数量	金額	備考
1	ブロードバンドルータ	81,000	1	81,000	受注品
2	8ポートスイッチングハブ	30,000	10	300,000	メーカー直送
3	LANケーブル 5m	600	50	30,000	在庫品
4	LANケーブル 10m	750	10	7,500	在庫品
5	LANケーブル 20m	1,200	5	6,000	サービス
6	ルータ設定作業	30,000	1	30,000	
7	ネットワーク設置工事	120,000	1	120,000	
8	特別値引き			-6,000	
9	配送料			2,800	
10					

答えは次のページ

解　答

1

[第8章_練習問題.xlsm] を
Excelで開いておく

1 セルF14に「受注品」と入力

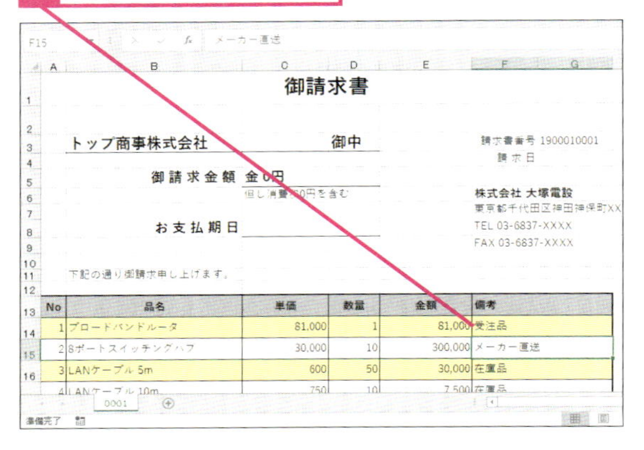

変数を通貨型で定義するときはCurrencyを使います。また変数を定数として利用するときは、プロシージャの先頭で値を設定しておきます。

レッスン⓯を参考にマクロをVBEで表示しておく

2 レッスン㉞を参考に［総計計算_送料］マクロのコードを表示

3 「Dim 受注品送料 As Currency」と入力

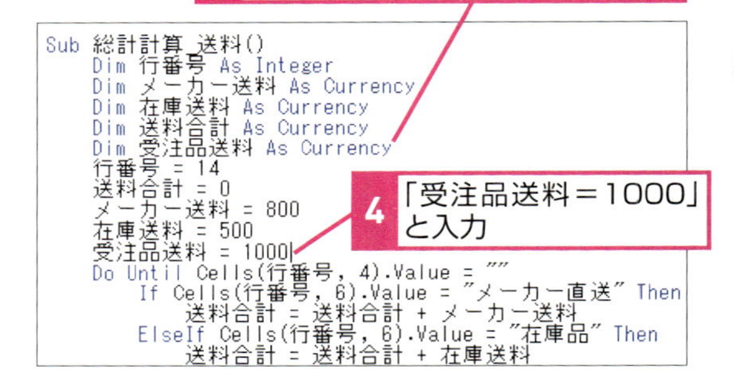

```
Sub 総計計算_送料()
    Dim 行番号 As Integer
    Dim メーカー送料 As Currency
    Dim 在庫送料 As Currency
    Dim 送料合計 As Currency
    Dim 受注品送料 As Currency
    行番号 = 14
    送料合計 = 0
    メーカー送料 = 800
    在庫送料 = 500
    受注品送料 = 1000
    Do Until Cells(行番号, 4).Value = ""
        If Cells(行番号, 6).Value = "メーカー直送" Then
            送料合計 = 送料合計 + メーカー送料
        ElseIf Cells(行番号, 6).Value = "在庫品" Then
            送料合計 = 送料合計 + 在庫送料
```

4 「受注品送料＝1000」と入力

2

複数の条件で処理を変えるときはIf ～ Thenステートメントの中でElseIfを使います。ElseIfで条件を指定できたら、条件を満たす処理をして記述します。なおIf ～ Thenステートメントの中でElseIfを何度使っても、End Ifは1回入力するだけです。

練習問題1で修正したプロシージャ中に以下のコードを記述する

1 「ElseIf Cells（行番号,6）.Value="受注品" Then」と入力

```
    Do Until Cells(行番号, 4).Value = ""
        If Cells(行番号, 6).Value = "メーカー直送" Then
            送料合計 = 送料合計 + メーカー送料
        ElseIf Cells(行番号, 6).Value = "在庫品" Then
            送料合計 = 送料合計 + 在庫送料
        ElseIf Cells(行番号, 6).Value = "受注品" Then
            送料合計 = 送料合計 + 受注品送料
        End If
        行番号 = 行番号 + 1
    Loop
    If Cells(行番号, 5).Value <> "" Then
        行番号 = 行番号 + 1
    End If
    Cells(行番号, 2).Value = "配送料"
    Cells(行番号, 5).Value = 送料合計
    Range("E34").Value = Range("E34").Value + 送料合計
End Sub
```

2 「送料合計＝送料合計＋受注品送料」と入力

第9章

ワークシートとブックを操作する

マクロを使えばワークシートやブックも簡単に操作できます。この章では、複数のワークシートを操作する方法や、別のブックを操作する方法を紹介します。これまでのセルと同じように、ワークシートやブックといったオブジェクトにもさまざまなメソッドやプロパティが用意されています。

●この章の内容

レッスン
35 ワークシートをコピーするには

Copyメソッド

マクロでワークシートを操作することも簡単にできます。このレッスンでは例として、Copyメソッドを使って請求書のワークシートをコピーする手順を解説します。

作成するマクロ

Before

No	品名	単価	数量	金額

フォーム 0001 0002 0003 0004 0005

ワークシートをコピーして続き番号を付ける

After

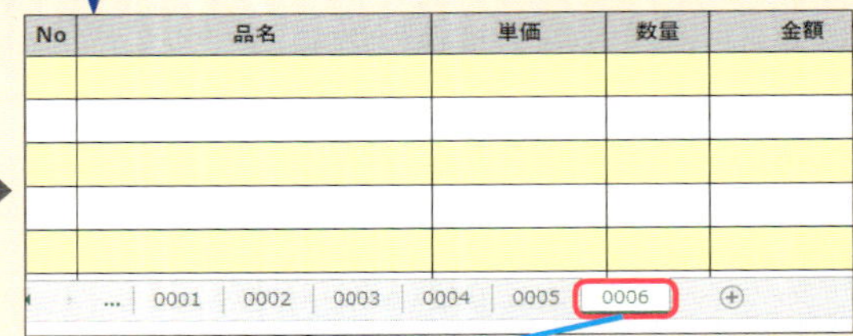

続き番号の付いたワークシートが新しく作成された

プログラムの内容

```
Sub 新規請求書追加()
	Dim フォームシート As Worksheet
	Dim 請求番号 As Integer
	Dim 請求書シート名 As String
	Set フォームシート = Worksheets("フォーム")
	請求番号 = CInt(Worksheets(Worksheets.Count).Name) + 1
	請求書シート名 = Format(請求番号, "0000")
	フォームシート.Copy After:=Worksheets(Worksheets.Count)
	ActiveSheet.Name = 請求書シート名
End Sub
```

【コード全文解説】

1 ここからマクロ［新規請求書追加］を開始する
2 変数「フォームシート」をWorksheet型に定義する
3 変数「請求番号」をInteger型に定義する
4 変数「請求書シート名」をString型に定義する
5 ［フォーム］シートを参照するために変数「フォームシート」を代入する
6 ブックの右端にある最後のワークシートの請求番号に1を加算する
7 請求番号を「0006」のように先頭に0を付けた文字列に変換する
8 ［フォーム］シートをコピーしてブックの右端に貼り付ける
9 現在選択されているワークシートの名前を変更し、追加したワークシートをアクティブにする
10 マクロを終了する

1 モジュールを追加する

[Copyメソッド.xlsm] をExcelで開いておく

レッスン⓯を参考にマクロをVBEで表示しておく

モジュールを追加したいブックを選択しておく

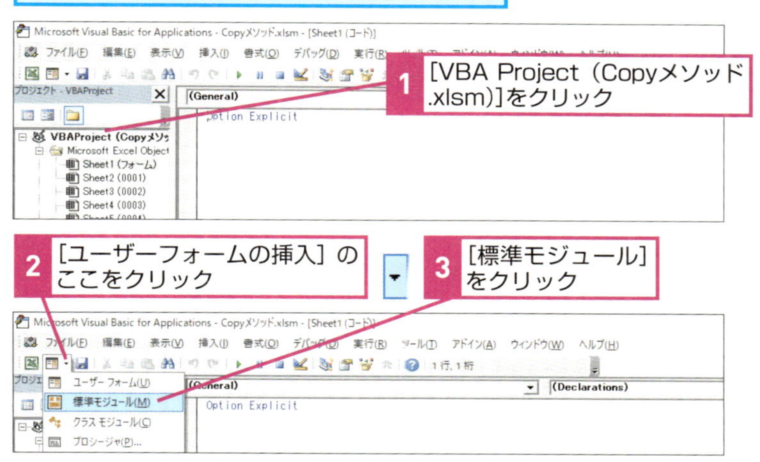

1 [VBA Project（Copyメソッド.xlsm)]をクリック
2 [ユーザーフォームの挿入] のここをクリック
3 [標準モジュール] をクリック

2 マクロの開始を宣言する

モジュールが挿入された

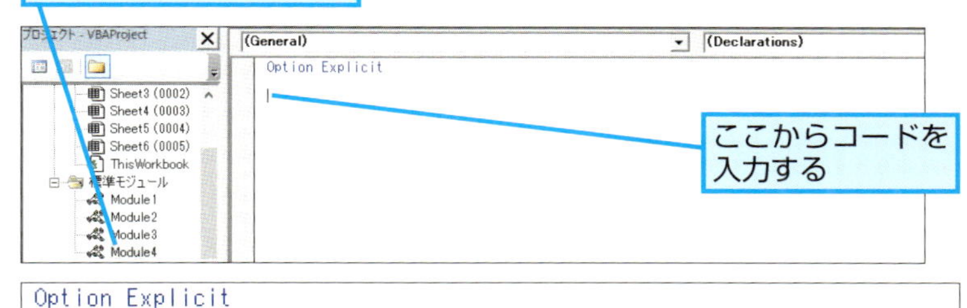

ここからコードを入力する

```
Option Explicit
|
```

1 カーソルが移動した位置から以下のように入力

2 Enter キーを押す

```
sub␣新規請求書追加
```

3 変数「フォームシート」を定義する

1 Tab キーを押す

```
Sub 新規請求書追加()
|
End Sub
```

2 カーソルが移動した位置から以下のように入力

3 Enter キーを押す

```
dim␣フォームシート␣as␣worksheet
```

キーワード

オブジェクト	p.323
変数	p.327
モジュール	p.327

レッスンで使う練習用ファイル
Copyメソッド.xlsm

HINT!

ワークシートの操作はWorksheetオブジェクトを使う

レッスン⓰で解説したように、VBAでExcelを操作するときのワークシートやブック、セルを「オブジェクト」といいます。セルはCellsプロパティやRangeプロパティを使って、Rangeオブジェクトを操作しました。ワークシートはWorksheetsプロパティやSheetsプロパティを使ってWorksheetオブジェクトを操作します。

HINT!

ワークシートを操作するときはオブジェクト変数を使う

手順3ではワークシートを操作するために、操作の対象となるワークシートの参照を格納する変数を宣言しています。変数は格納する内容に合わせた型を指定するので、ワークシートを扱うときはWorksheet型の変数を用意します。ワークシートはオブジェクトなのでWorksheet型の変数はオブジェクト変数と呼ばれます。

HINT!

オブジェクト変数って何？

ワークシートやブック、セル範囲などのオブジェクトも変数に格納して扱えます。このようなオブジェクトを格納する変数を「オブジェクト変数」といいます。数値や文字を格納する変数には、値のコピーが格納されてますが、オブジェクト変数にはオブジェクトを参照するための情報が格納されます。

次のページに続く

4 変数を定義する

```
Sub 新規請求書追加()
    Dim フォームシート As Worksheet
    |
End Sub
```

1 カーソルが移動した位置から以下のように入力

2 Enter キーを押す

```
dim␣請求番号␣as␣integer
dim␣請求書シート名␣as␣string
```

5 参照するワークシートを設定する

［フォーム］シートを参照するために変数「フォームシート」を代入する

```
Sub 新規請求書追加()
    Dim フォームシート As Worksheet
    Dim 請求番号 As Integer
    Dim 請求書シート名 As String
    |
End Sub
```

1 カーソルが移動した位置から以下のように入力

2 Enter キーを押す

```
set␣フォームシート=worksheets("フォーム")
```

◆Set 変数名=値
ワークシートを参照する変数「フォームシート」に［フォーム］シートの参照を代入するという意味

◆Worksheeets
ワークシートの参照を取得するプロパティ

6 変数「請求番号」に値を設定する

変数「請求番号」に、ブックの右端にあるワークシートの請求番号に1を加算した数字を設定する

```
Sub 新規請求書追加()
    Dim フォームシート As Worksheet
    Dim 請求番号 As Integer
    Dim 請求書シート名 As String
    Set フォームシート = Worksheets("フォーム")
    |
End Sub
```

1 カーソルが移動した位置から以下のように入力

2 Enter キーを押す

```
請求番号=cint(worksheets(worksheets.count).name)+1
```

◆CInt
数値を表す文字列を整数に変換する関数。ワークシートの名前を整数に変換するという意味

HINT! オブジェクト変数に値を代入するには

これまでのレッスンでは、変数に値を代入するときに「=」を使っていました。手順4でオブジェクト変数に代入するときには、さらに「Set」ステートメントを使用します。例えばWorksheet型のオブジェクト変数「Sh」に［Sheet1］シートへの参照を代入するときは「Set Sh = Worksheets("Sheet1")」と記述します。

HINT! オブジェクト変数の参照を初期化するには

オブジェクト変数の参照先をクリアするときはNothingキーワードを使用します。例えばWorksheet型のオブジェクト変数「Sh」に［Sheet1］シートへの参照が代入されているとき、Sheet1への参照をクリアするには「Set Sh = Nothing」と記述します。文字型変数をクリアするように「Set Sh =""」と記述するとエラーになるので注意してください。

HINT! 同じオブジェクトの集まりを「コレクション」と呼ぶ

ブックやワークシートなど、同じオブジェクトが複数集まったものを「コレクション」と呼んでいます。ブックには複数のワークシートがあるので、「ワークシートコレクション」を持っています。また、Excelは同時に複数のブックを開けるので、「ブックコレクション」を持っているといえます。

テクニック 「After」か「Before」でコピー先を指定できる

Copyメソッドで「After」か「Before」キーワードを使うと、ワークシートのコピー先の位置が指定できます。ここではAfterキーワードを使って、指定したワークシートの直後にコピーしました。Beforeキーワードを使うと、指定したワークシートの直前にコピーできます。なお、コピー先を指定しないと新規ブックが作成され、そのブック内にコピーされます。

7 変数「請求書シート名」に値を設定する

「0006」のように先頭に0を付けた文字列に請求番号を変換する

```
Sub 新規請求書追加()
    Dim フォームシート As Worksheet
    Dim 請求番号 As Integer
    Dim 請求書シート名 As String
    Set フォームシート = Worksheets("フォーム")
    請求番号 = CInt(Worksheets(Worksheets.Count).Name) + 1
    |
End Sub
```

1 カーソルが移動した位置から以下のように入力

2 Enter キーを押す

```
請求書シート名=format(請求番号,"0000")
```

◆Format(引数,書式)
請求番号の先頭に「0」を付けて4けたの文字列に変換するという意味

8 [フォーム]シートのコピーを貼り付ける場所を設定する

[フォーム]シートのコピーをブックの右端に貼り付けるように設定する

```
Sub 新規請求書追加()
    Dim フォームシート As Worksheet
    Dim 請求番号 As Integer
    Dim 請求書シート名 As String
    Set フォームシート = Worksheets("フォーム")
    請求番号 = CInt(Worksheets(Worksheets.Count).Name) + 1
    請求書シート名 = Format(請求番号, "0000")
    |
End Sub
```

1 カーソルが移動した位置から以下のように入力

2 Enter キーを押す

```
フォームシート.copy after:=worksheets(worksheets.count)
```

◆Copy After
ワークシートを指定したシートの後ろにコピーするメソッド

◆Count
オブジェクトの総数を表すプロパティ。「WorkSheet.Count」はブックにあるワークシートの数という意味

HINT! WorksheetとWorksheetsはどう違うの？

Worksheetはブックにある1つのワークシートを表しますが、Worksheetsはブックにあるすべてのワークシートのコレクションを表します。特定のワークシートの参照を格納する変数は、同時に1つしか参照しないので、Worksheetを使って「Dim Sh as Worksheet」と記述します。ブック内の特定のワークシートを1つ指定するときはWorksheetsを使って「Worksheets("Sheet1")」と記述します。慣れるまで分かりにくいかもしれませんが、英語の複数形を表わす「s」があると複数を表していると覚えておきましょう。

HINT! コレクションの数を求めるには

Countプロパティは、コレクションに含まれるオブジェクトの数を表すプロパティです。例えば開いているブックの数や、1つのブックにあるワークシートの数を調べるときにCountプロパティを使います。Countプロパティはコレクションに使うので、WorkbooksやWorksheetsなどに使用します。WorkbookやWorksheetに使うと、マクロの実行時にエラーになるので注意しましょう。

次のページに続く

9 変数「請求書シート名」の名前を変更する

コピーしたワークシートの名前を変更する

```
Sub 新規請求書追加()
    Dim フォームシート As Worksheet
    Dim 請求番号 As Integer
    Dim 請求書シート名 As String
    Set フォームシート = Worksheets("フォーム")
    請求番号 = CInt(Worksheets(Worksheets.Count).Name) + 1
    請求書シート名 = Format(請求番号, "0000")
    フォームシート.Copy after:=Worksheets(Worksheets.Count)
    |
End Sub
```

1 カーソルが移動した位置から以下のように入力

```
activesheet.name=請求書シート名
```

コピーしたワークシートの名前を0006

10 入力したコードを確認する

```
Sub 新規請求書追加()
    Dim フォームシート As Worksheet
    Dim 請求番号 As Integer
    Dim 請求書シート名 As String
    Set フォームシート = Worksheets("フォーム")
    請求番号 = CInt(Worksheets(Worksheets.Count).Name) + 1
    請求書シート名 = Format(請求番号, "0000")
    フォームシート.Copy after:=Worksheets(Worksheets.Count)
    ActiveSheet.Name = 請求書シート名
End Sub
|
```

1 ここをクリック

マクロの作成が終了した

2 コードが正しく入力できたかを確認

レッスン⑳を参考にマクロを上書き保存し、Excelに切り替えておく

レッスン⑳を参考に、[新規請求書追加]のマクロを実行しておく

→p.202 After の画面が表示される

HINT!

ワークシートの名前を設定するには

オブジェクトの名前はNameプロパティで調べられます。アクティブなワークシートの名前は、「ActiveSheet.Name」で求められます。またオブジェクトがワークシートの場合は、Nameプロパティに値を設定することで、シートタブの名前を変更できます。アクティブなワークシートの名前を「新しいシート」に変更するときは「ActiveSheet.Name = "新しいシート"」としましょう。

VBA 用語集

Point

ワークシートをコピーしてブックに追加できる

Copyメソッドを使えば、簡単にワークシートをコピーしてブックに追加できます。このレッスンでは、請求書フォームのワークシートをコピーして、空白の請求書シートを追加する手順を紹介しました。毎回同じ書式のワークシートを使って作業をする場合は、すでに入力された請求書のワークシートをコピーして、内容を書き換えれば同じようなことはできます。しかし、前のデータを消し忘れてしまうこともあるので注意が必要です。このレッスンで紹介したように、あらかじめ書式を整えた入力用のフォームを用意しておくと、コピーするだけで簡単に作業を進められて便利です。

活用例 新規のワークシートを追加するには

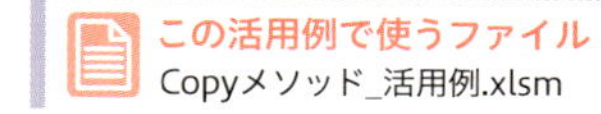
この活用例で使うファイル
Copyメソッド_活用例.xlsm

ブックに空白のワークシートを新規に追加するときは、Addメソッドを使います。Copyメソッドと同じように、AfterキーワードとBeforeキーワードを使って追加する位置を指定します。なお、AddメソッドではAfterとBeforeのどちらも指定しないと、アクティブシートの直前に追加されます。

Before

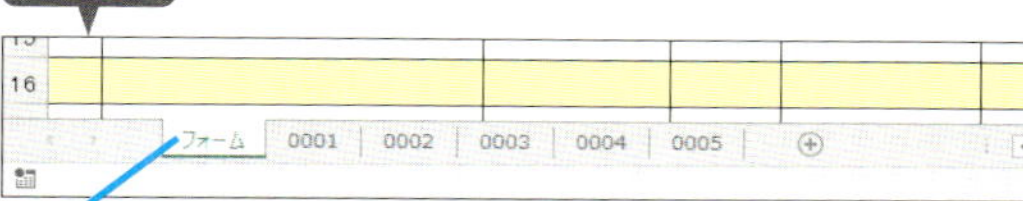

新しくワークシートを追加する

After

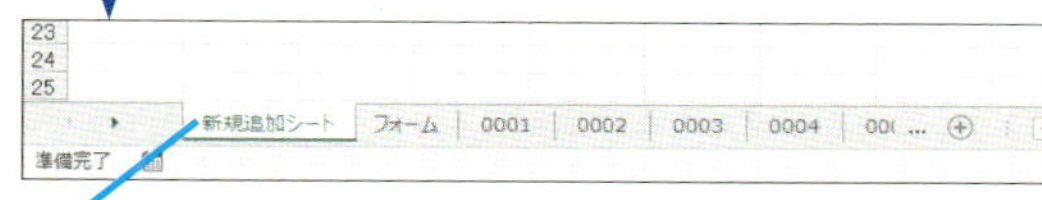

新しい空白のワークシートが追加された

プログラムの内容

```
1 Sub␣新規ワークシートの追加()↵
2 Tab Worksheets.Add␣Before:=Worksheets(1)↵
3 Tab ActiveSheet.Name␣=␣"新規追加シート"↵
4 End␣Sub↵
```

【コードの解説】

1 ここからマクロ［新規ワークシートの追加］を開始する
2 空白のワークシートをブックの左端に追加する
3 追加したワークシートがアクティブになるので、現在選択されているワークシートの名前を変更する
4 マクロを終了する

活用例 ワークシートの位置を移動するには

この活用例で使うファイル
Copyメソッド_活用例.xlsm

上の活用例では新しくワークシートを追加しましたが、ブックにあるワークシートの位置を移動するにはMoveメソッドを使います。Copyメソッドと同じようにAfterとBeforeのキーワードを使って移動先を指定します。なお、Moveメソッドでは、AfterとBeforeのどちらも指定していないと新規のブックが作成されます。

Before

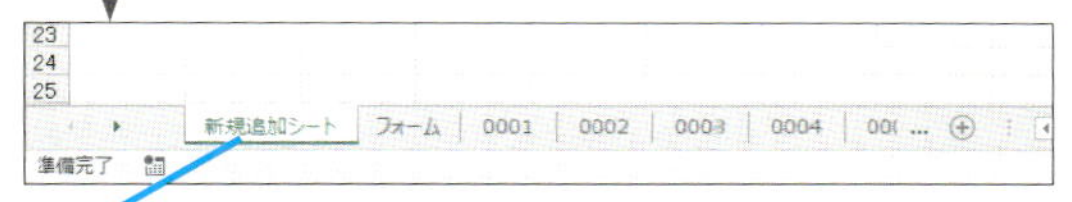

ワークシートの位置を移動する

After

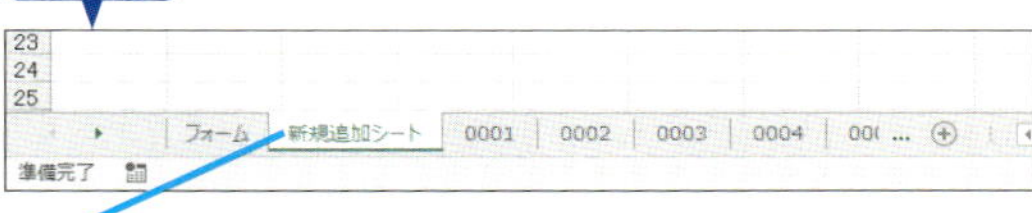

ワークシートが2番目の位置に移動した

プログラムの内容

```
1 Sub␣ワークシートの移動()↵
2 Tab Worksheets("新規追加シート").Move␣After:=Worksheets(2)↵
3 End␣Sub↵
```

【コードの解説】

1 ここからマクロ［ワークシートの移動］を開始する
2 空白のワークシートをブックの左から2番目の位置に移動する
3 マクロを終了する

複数のワークシートの値を集計するには

Worksheetsオブジェクト

ブックにある複数のワークシートから請求番号や請求先などを集計して一覧表を作成してみます。ここでは、マクロを使ってワークシートを参照してみましょう。

作成するマクロ

Before

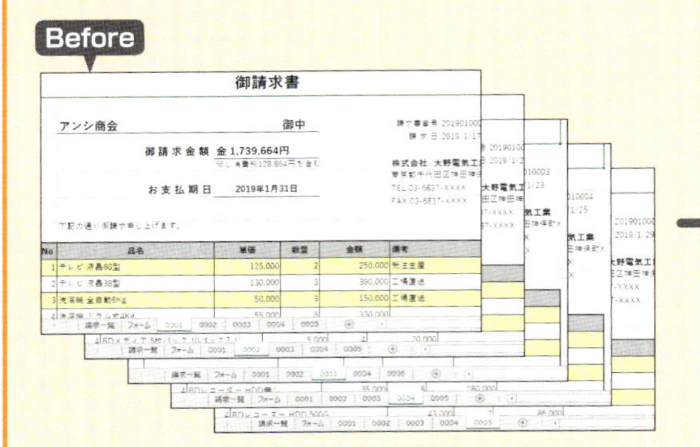

各ワークシートの値を集計する

After

	A	B	C	D	E
	請求書番号	請求先	請求日	請求金額	
	2019010001	アンシ商会	2019/01/17	1,739,664	
	2019010002	アンシ商会	2019/01/21	2,328,048	
	2019010003	アンシ商会	2019/01/23	162,540	
	2019010004	アンシ商会	2019/01/25	1,010,340	
	2019010005	アンシ商会	2019/01/29	1,491,480	

［0001］シートから［0005］シートにある「請求書番号」「請求先」「請求日」「請求金額」を集計した一覧表を作成できる

プログラムの内容

```
1  Sub 請求書一覧作成()
2  	Dim 請求一覧シート As Worksheet
3  	Dim 請求書シート As Worksheet
4  	Dim シート番号 As Integer
5  	Dim 行 As Integer
6  	Set 請求一覧シート = ThisWorkbook.Worksheets("請求一覧")
7  	請求一覧シート.Select
8  	行 = 2
9  	For シート番号 = 3 To Worksheets.Count
10 		Set 請求書シート = Worksheets(シート番号)
11 		With 請求一覧シート
12 			.Cells(行, 3).NumberFormatLocal = "yyyy/mm/dd"
13 			.Cells(行, 4).NumberFormatLocal = "#,##0"
14 			.Cells(行, 1) = CLng(請求書シート.Range("G3"))
15 			.Cells(行, 2) = 請求書シート.Range("B3")
16 			.Cells(行, 3) = 請求書シート.Range("G4")
17 			.Cells(行, 4) = 請求書シート.Range("E36")
18 		End With
19 		行 = 行 + 1
20 	Next シート番号
21 End Sub
```

【コード全文解説】

1 ここからマクロ［請求書一覧作成］を開始する
2 変数「請求一覧シート」をWorksheet型に定義する
3 変数「請求書シート」をWorksheet型に定義する
4 変数「シート番号」をInteger型に定義する
5 変数「行」をInteger型に定義する
6 ［請求一覧］シートを参照するために変数「請求一覧シート」に代入する
7 「請求一覧シート」を選択する
8 変数「行」の値に2を代入する
9 変数「シート番号」の値が3から最後のシートまで処理を繰り返す
10 ［シート番号］シートを参照するために変数「フォームシート」に［フォーム］を代入する
11 以下の構文の冒頭にある「請求一覧シート」を省略する（Withステートメントを開始する）
12 （［請求一覧］シートの）3列目は「"yyyy""/""mm""/""dd"」という書式にする
13 （［請求一覧］シートの）4列目は「"#,##0"」という書式にする
14 （操作しているブックの）［請求書］シートの1列目に各シートのセルG3の値を長整数型に変換して設定する
15 （操作しているブックの）［請求書］シートの2列目に各シートのセルG3の値を設定する
16 （操作しているブックの）［請求書］シートの3列目に各シートのセルG4の値を設定する
17 （操作しているブックの）［請求書］シートの4列目に各シートのセルE36の値を設定する
18 Withステートメントを終了する
19 変数「行」の値に、変数「行」自身の値に+1したものを設定する（変数「行」を1増やす）
20 変数「シート番号」のループカウンターを1つ増やして処理を繰り返す
21 マクロを終了する

1 モジュールを挿入する

［Worksheetsオブジェクト.xlsm］をExcelで開いておく

レッスン⓯を参考にマクロをVBEで表示しておく

モジュールの挿入先のブックを選択しておく

1 ［VBAProject（Worksheetsオブジェクト.xlsm）］をクリック

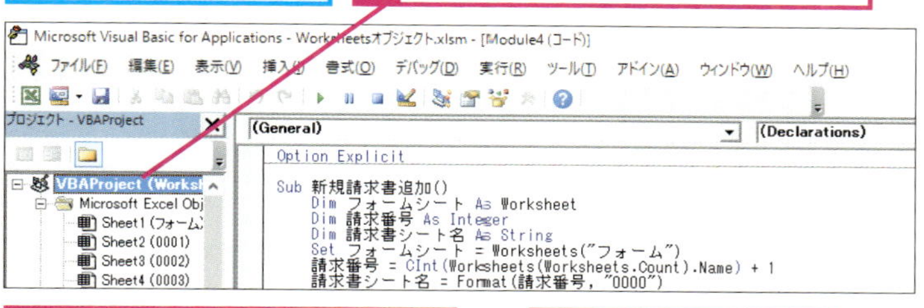

2 ［ユーザーフォームの挿入］のここをクリック

3 ［標準モジュール］をクリック

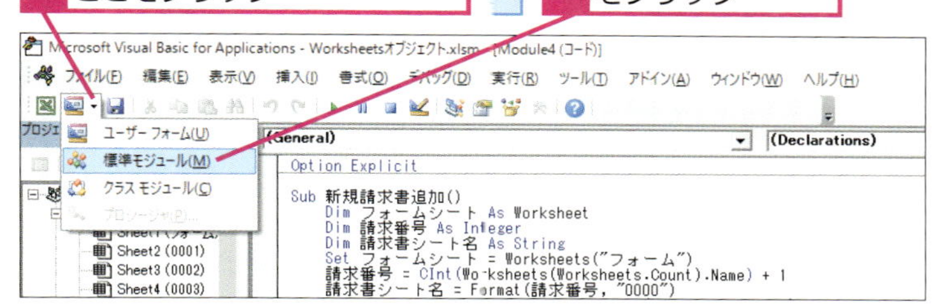

キーワード

ステートメント	p.324
プロシージャ	p.326
プロパティ	p.327
変数	p.327
モジュール	p.327
ループカウンター	p.327
ワークシート	p.327

レッスンで使う練習用ファイル
Worksheetsオブジェクト.xlsm

ショートカットキー

Alt + F8 ……
［マクロ］ダイアログボックスの表示

Alt + F11 ……
ExcelとVBEの表示切り替え

次のページに続く

2 マクロの開始を宣言する

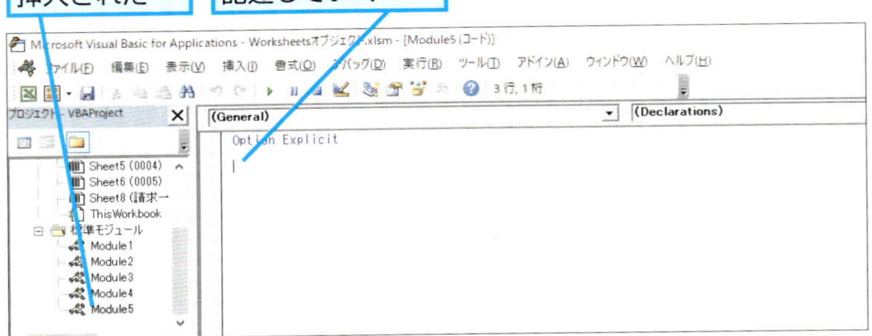
モジュールが挿入された
ここからコードを記述していく
Option Explicit

1 カーソルが移動した位置から以下のように入力
2 Enter キーを押す

```
sub␣請求書一覧表作成
```

3 変数を定義する

```
Sub 請求書一覧表作成()
    |
End Sub
```

1 Tab キーを押す
2 カーソルが移動した位置から以下のように入力
3 Enter キーを押す

```
dim␣請求一覧シート␣as␣worksheet
dim␣請求書シート␣as␣worksheet
dim␣シート番号␣as␣integer
dim␣行␣as␣integer
```

4 参照するワークシートを設定する

[請求一覧]シートを参照するために変数に代入する

```
Sub 請求書一覧表作成()
    Dim 請求一覧シート As Worksheet
    Dim 請求書シート As Worksheet
    Dim シート番号 As Integer
    Dim 行 As Integer
    |
End Sub
```

1 カーソルが移動した位置から以下のように入力
2 Enter キーを押す

```
set␣請求一覧シート=thisworkbook.worksheets("請求一覧")
```

◆ThisWorkbook
このマクロが記述されているワークブックという意味

HINT! 集計するワークシートのレイアウトは同じにしておく

複数のワークシートにあるデータを参照して一覧表にするには、項目の配置など、すべての行と列の内容を同じにしておきましょう。このレッスンで作成するマクロは、各ワークシートにある同じセル番号の内容を集計しているので、項目の配置が異なると集計ができなくなってしまいます。

HINT! ワークシートは番号で管理されている

Excelでは、左から順番にワークシートの番号が振られて管理されています。操作の対象とするワークシートに該当する番号を指定すれば、処理できます。手順3で、変数「シート番号」をInteger型（整数型）で定義しているのはそのためです。ワークシートを扱うにはWorksheetsプロパティを利用して、ワークシートの番号を指定します。なお、Worksheetsプロパティには、ワークシート名を直接指定することもできます。

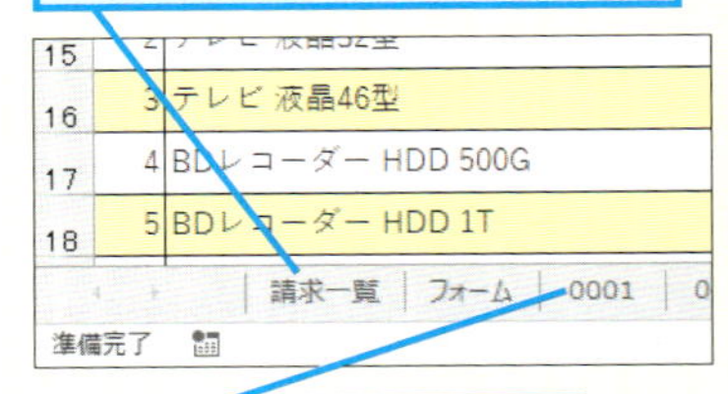
一番左にあるワークシートを「1」で表す
3 テレビ 液晶46型
4 BDレコーダー HDD 500G
5 BDレコーダー HDD 1T
請求一覧
フォーム
0001
準備完了
[0001]シートは「3」でシート番号を指定する

間違った場合は？

手順4で間違って「Worksheet」と入力すると、マクロの実行時に「コンパイルエラー」というエラーが発生します。正しく「Worksheets」と入力し直してください。

5 ［請求一覧］シートを選択する

［請求一覧］シートを選択してアクティブシートにする

```
Sub 請求書一覧表作成()
    Dim 請求一覧シート As Worksheet
    Dim 請求書シート As Worksheet
    Dim シート番号 As Integer
    Dim 行 As Integer
    Set 請求一覧シート = ThisWorkbook.Worksheets("請求一覧")
    |
End Sub
```

1 カーソルが移動した位置から以下のように入力

2 Enter キーを押す

```
請求一覧シート.select
```

変数「行」に値を設定する

転記を開始する行番号「2」を変数「行」に代入する

```
Sub 請求書一覧表作成()
    Dim 請求一覧シート As Worksheet
    Dim 請求書シート As Worksheet
    Dim シート番号 As Integer
    Dim 行 As Integer
    Set 請求一覧シート = ThisWorkbook.Worksheets("請求一覧")
    請求一覧シート.Select
    |
End Sub
```

1 カーソルが移動した位置から以下のように入力

2 Enter キーを押す

```
行=2
```

For ～ Nextステートメントを入力する

左から3番目のワークシートから集計するように条件を指定する

```
Sub 請求書一覧表作成()
    Dim 請求一覧シート As Worksheet
    Dim 請求書シート As Worksheet
    Dim シート番号 As Integer
    Dim 行 As Integer
    Set 請求一覧シート = ThisWorkbook.Worksheets("請求一覧")
    請求一覧シート.Select
    行 = 2
    |
End Sub
```

1 カーソルが移動した位置から以下のように入力

2 Enter キーを押す

```
for␣シート番号=3␣to␣worksheets.count
```

◆Count
オブジェクトの総数を表すプロパティ。「.worksheets.count」は「現在のブックに含まれるワークシートの総数」という意味

HINT!

ThisWorkbookプロパティは自分自身を表す

実行しているマクロがあるブックは、ThisWorkbookプロパティで表せます。ThisWorkbookプロパティは、実行中のマクロがあるワークブックオブジェクトを表すので、Workbooksプロパティの代わりに使用できます。Workbooksプロパティを使って自分自身のブックを指定していると、ブック名を変更したときにマクロを修正する必要がありますが、ThisWorkbookプロパティなら常に自分自身を表すので、修正の必要がありません。

HINT!

Sheetsプロパティでもワークシートを扱える

ブックにあるすべてのワークシートはWorksheetsプロパティで扱いますが、Sheetsプロパティを使うこともできます。Sheetsプロパティは、ワークシート以外にグラフだけを表示するグラフシートも含みます。どちらを使っても同じように処理ができますが、ブックにグラフシートが含まれているときは注意が必要です。

HINT!

「シート番号=3」と指定するのはなぜ？

手順7では、For ～ Nextステートメントの条件として「シート番号=3」と指定しています。これは、左から3番目以降のワークシートを集計するためです。ブックに含まれるワークシートは、左のシート見出しから順番に番号が振られて管理されており、左端のワークシートの番号は「1」になります。このレッスンで集計の対象とするワークシートは、「3」から始まるので、「シート番号=3」とします。

次のページに続く

8 参照するワークシートを設定する

変数「請求書シート」にシート番号のワークシートの参照を代入する

1 Tab キーを押す

```
For シート番号 = 3 To Worksheets.Count
    |
```

2 カーソルが移動した位置から以下のように入力

3 Enter キーを押す

```
set 請求書シート=worksheets(シート番号)
```

テクニック 書式指定文字で数値や日付の書式を自由に設定できる

このレッスンの手順10で入力するNumberFormatLocalプロパティやレッスン㊲の手順14で紹介するFormat関数では、以下のような書式指定文字を利用できます。書式指定文字を上手に組み合わせることで数値や日付の書式を自由に設定することができるので、ぜひ覚えて活用しましょう。なお、これらの書式指定文字はExcelのワークシートで設定する［セルの書式設定］ダイアログボックスにある［表示形式］タブの［ユーザー定義書式］でも使用できます。

●数値の主な書式指定文字

文字	内容	使用例	値	表示例
0	表示するけた数を指定する。数値がけた数より小さいときは「0」が表示される	"000"	1	001
#	表示するけた数を指定する。数値がけた数より小さいときは ""（空白）が表示される	"###"	1	1
.	「0」や「#」と組み合わせて、小数点の位置を指定	"#.0"	1	1.0
%	「0」や「#」と組み合わせて、パーセント表記に変換	"#%"	0.5	50%
,	3けたごとに「,」カンマで区切って表示	"#,###"	1000	1,000

●日付の主な書式指定文字

文字	内容	使用例	値	表示例
d	日付の日の書式を指定する。1けたの場合、先頭に0が付かない	"d"	2019/4/1	1
dd	日付の日の書式を指定する。1けたの場合、先頭に0が付く	"dd"	2019/4/1	01
aaa	曜日を日本語（省略形）で表示（日～土）	"aaa"	2019/4/1	月
aaaa	曜日を日本語で表示（日曜日～土曜日）	"aaaa"	2019/4/1	月曜日
m	日付の月を表す数値を表示する。1けたの場合、先頭に0が付かない。ただし、hやhhの直後にmを指定した場合、月ではなく分と解釈される	"m"	2019/4/1	4
mm	日付の月を表す数値を表示する。1けたの場合、先頭に0が付く。ただし、hやhhの直後にmを指定した場合、月ではなく分と解釈される	"mm"	2019/4/1	04
g	年号の頭文字を返す（M、T、S、H）	"g"	2019/4/1	H
gg	年号の先頭の1文字を漢字で表示（明、大、昭、平）	"gg"	2019/4/1	平
ggg	年号を表示（明治、大正、昭和、平成）	"ggg"	2019/4/1	平成
e	年号に基づく和暦の年を表示する。1けたの場合、先頭に0が付かない	"e"	2019/4/1	31
ee	年号に基づく和暦の年を2けたの数値で表示する。1けたの場合、先頭に0が付く	"ee"	2019/4/1	31
yy	西暦の年を下2けたの数値で表示	"yy"	2019/4/1	19
yyyy	西暦の年を4けたの数値で表示	"yyyy"	2019/4/1	2019
"文字"	文字列がそのまま表示される	"yyyy年"	2019/4/1	2019年

9 Withステートメントを入力する

```
For シート番号 = 3 To Worksheets.Count
    Set 請求書シート = Worksheets(シート番号)
    |
```

1 カーソルが移動した位置から以下のように入力

2 Enter キーを押す

```
with␣請求一覧シート
```

10 NumberFormatLocalプロパティを入力する

値を設定するセルの書式を設定する

1 Tab キーを押す

```
For シート番号 = 3 To Worksheets.Count
    Set 請求書シート = Worksheets(シート番号)
    With 請求一覧シート
        |
```

2 カーソルが移動した位置から以下のように入力

3 Enter キーを押す

```
.cells(行,3).numberformatlocal="yyyy/mm/dd"
```

◆NumberFormatLocal
セルの表示形式を指定するプロパティ

```
With 請求一覧シート
    .Cells(行, 3).NumberFormatLocal = "yyyy/mm/dd"
    |
```

4 カーソルが移動した位置から以下のように入力

5 Enter キーを押す

```
.cells(行,4).numberformatlocal="#,##0"
```

11 セルの位置を設定する

[請求一覧] シートのセルに各ワークシートのデータを設定する

```
With 請求一覧シート
    .Cells(行, 3).NumberFormatLocal = "yyyy/mm/dd"
    .Cells(行, 4).NumberFormatLocal = "#,##0"
    |
```

1 カーソルが移動した位置から以下のように入力

2 Enter キーを押す

```
.cells(行,1)=clng(請求書シート.range("G3"))
```

◆CLng
数値を表す文字列を長整数に変換する関数。請求番号の文字列を長整数に変換するという意味

HINT! NumberFormatLocalプロパティで日付の表示形式を指定できる

手順10で記述しているNumberFormatLocalプロパティを利用すれば、セルの表示形式を設定できます。詳しくは、前ページのテクニックを参照してください。表示形式を表す記号は、Excelの［セルの書式設定］ダイアログボックスの［表示形式］タブで、［分類］の［ユーザー定義］を選択したときに表示される記号と同じです。

1 セルを右クリック

2 ［セルの書式設定］をクリック

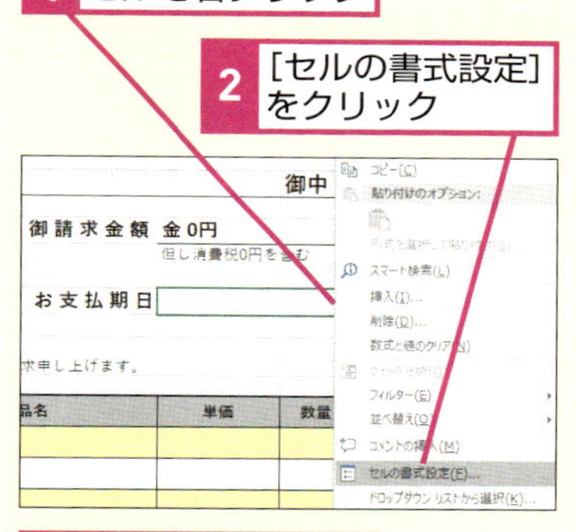

3 ［表示形式］タブをクリック

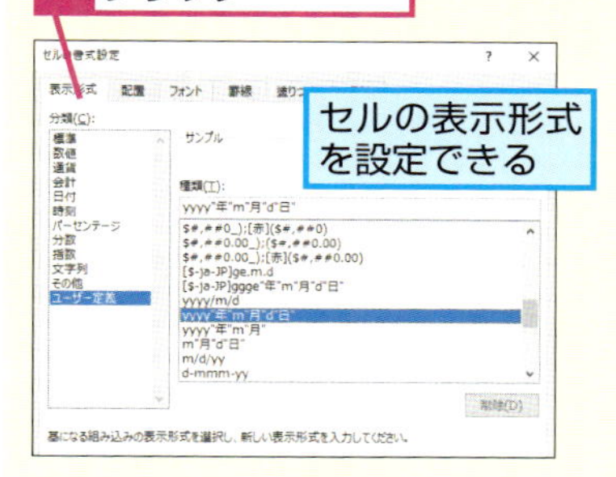

セルの表示形式を設定できる

間違った場合は？

NumberFormatLocalプロパティで指定する表示形式を間違えると、データがセルに正しく表示されません。「"」が抜けていないか、よく確認してください。

次のページに続く

12 続けてセルの位置を設定する

```
With 請求一覧シート
    .Cells(行, 3).NumberFormatLocal = "yyyy/mm/dd"
    .Cells(行, 4).NumberFormatLocal = "#,##0"
    .Cells(行, 1) = CLng(請求書シート.Range("G3"))
    |
```

1 カーソルが移動した位置から以下のように入力

2 Enter キーを押す

```
.cells(行,␣2)=請求書シート.range("B3")
.cells(行,␣3)=請求書シート.range("G4")
.cells(行,␣4)=請求書シート.range("E36")
```

13 Withステートメントを終了する

1 Back space キーを押す

```
With 請求一覧シート
    .Cells(行, 3).NumberFormatLocal = "yyyy/mm/dd"
    .Cells(行, 4).NumberFormatLocal = "#,##0"
    .Cells(行, 1) = CLng(請求書シート.Range("G3"))
    .Cells(行, 2) = 請求書シート.Range("B3")
    .Cells(行, 3) = 請求書シート.Range("G4")
    .Cells(行, 4) = 請求書シート.Range("E36")
|
```

2 カーソルが移動した位置から以下のように入力

3 Enter キーを押す

```
end␣with
```

14 変数「行番号」に値を設定する

次のループで今より1行下を参照するので、変数「行番号」に1を加算して設定する

```
Sub 請求書一覧表作成()
    Dim 請求一覧シート As Worksheet
    Dim 請求書シート As Worksheet
    Dim シート番号 As Integer
    Dim 行 As Integer
    Set 請求一覧シート = ThisWorkbook.Worksheets("請求一覧")
    請求一覧シート.Select
    行 = 2
    For シート番号 = 3 To Worksheets.Count
        Set 請求書シート = Worksheets(シート番号)
        With 請求一覧シート
            .Cells(行, 3).NumberFormatLocal = "yyyy/mm/dd"
            .Cells(行, 4).NumberFormatLocal = "#,##0"
            .Cells(行, 1) = CLng(請求書シート.Range("G3"))
            .Cells(行, 2) = 請求書シート.Range("B3")
            .Cells(行, 3) = 請求書シート.Range("G4")
            .Cells(行, 4) = 請求書シート.Range("E36")
        End With
        |
End Sub
```

1 カーソルが移動した位置から以下のように入力

2 Enter キーを押す

```
行=行+1
```

HINT! Worksheetsプロパティで参照したワークシートの名前は変更しない

このレッスンで作成するマクロでは、各ワークシートにあるデータを［請求一覧］シートに集計します。マクロの作成後にワークシート名を変更してしまうと、マクロの実行時にエラーとなります。また、集計の対象となるワークシートを、「3番目から最後まで」と指定しているので、［請求一覧］シートを移動しないようにしましょう。なお、集計するデータがある各ワークシートは、ワークシート名ではなくシート番号で参照しているので、ワークシート名を変更しても大丈夫です。

HINT! エラーを修正したら中断モードを解除しよう

マクロが実行時エラーで停止したとき、表示されたエラーダイアログボックスの［デバッグ］ボタンをクリックすると、実行したマクロは［中断モード］になります。エラーの原因になったコードを修正しても［中断モード］のままでは、Excelのウインドウに戻ってマクロを実行しても［中断モードでコードを実行することはできません］と表示されマクロを実行できません。コードを修正したら、レッスン㉔のテクニックを参考にVBEの［リセット］ボタンをクリックして、［中断モード］を解除しましょう。

15 For ～ Nextステートメントを終了する

For～Nextステートメントはここまでなので、インデントのレベルを1つ戻す

1 Back space キーを押す

```
        With 請求一覧シート
            .Cells(行, 3).NumberFormatLocal = "yyyy/mm/dd"
            .Cells(行, 4).NumberFormatLocal = "#,##0"
            .Cells(行, 1) = CLng(請求書シート.Range("G3"))
            .Cells(行, 2) = 請求書シート.Range("B3")
            .Cells(行, 3) = 請求書シート.Range("G4")
            .Cells(行, 4) = 請求書シート.Range("E36")
        End With
        行 = 行 + 1
    |
End Sub
```

2 カーソルが移動した位置から以下のように入力

```
next␣シート番号
```

16 入力したコードを確認する

```
Sub 請求書一覧表作成()
    Dim 請求一覧シート As Worksheet
    Dim 請求書シート As Worksheet
    Dim シート番号 As Integer
    Dim 行 As Integer
    Set 請求一覧シート = ThisWorkbook.Worksheets("請求一覧")
    請求一覧シート.Select
    行 = 2
    For シート番号 = 3 To Worksheets.Count
        Set 請求書シート = Worksheets(シート番号)
        With 請求一覧シート
            .Cells(行, 3).NumberFormatLocal = "yyyy/mm/dd"
            .Cells(行, 4).NumberFormatLocal = "#,##0"
            .Cells(行, 1) = CLng(請求書シート.Range("G3"))
            .Cells(行, 2) = 請求書シート.Range("B3")
            .Cells(行, 3) = 請求書シート.Range("G4")
            .Cells(行, 4) = 請求書シート.Range("E36")
        End With
        行 = 行 + 1
    Next シート番号
End Sub
|
```

1 ここをクリック

マクロを作成できた

2 コードが正しく入力できたかを確認

レッスン⑳を参考にマクロを上書き保存し、Excelに切り替えておく

レッスン⑳を参考に、［請求書一覧表作成］のマクロを実行しておく

→p.208 After の画面が表示される

HINT!

ワークシートを追加しても集計できる

このレッスンで作成したマクロは、ブックの3番目のシート（[0001]）から最後のシート（[0005]）までを集計するようになっています。マクロの作成後に新しいワークシートを追加しても、正しく集計できます。ただし、新しいワークシートは2番目の［フォーム］シートより右側に追加してください。

VBA 用語集

Point

ブックに含まれるすべてのワークシートを操作できる

マクロでブックに含まれるワークシートを参照するときは、Worksheetsプロパティを使用します。ワークシートには左端から順番に「1」から始まる番号が振られているので、Worksheetsプロパティでこの番号を順番に指定すれば、ブックに含まれるすべてのワークシートを参照できます。このレッスンで紹介しているように、各ワークシートの「請求書番号」や「請求日」などといった特定の項目だけを集計して一覧表を作成するときは、各ワークシートにあるデータを同じレイアウトにしておけば、簡単にデータを集計できます。

レッスン 37

別のブックを開くには

GetOpenFilenameメソッド

ワークシートの次は、ブックを操作してみましょう。このレッスンでは既存のブック名をダイアログボックスから選択して、別のブックを開く手順を解説します。

作成するマクロ

Before

3	テレビ 液晶46型	85,000	3
4	BDレコーダー HDD 500G	43,000	2
5	BDレコーダー HDD 1T	50,000	8

請求一覧 | フォーム | 0001 | 0002 | 0003 | 0004 | 0005

［請求書フォーム.xlsx］という別のブックの請求書フォームをコピーして新規シートを作成する

After

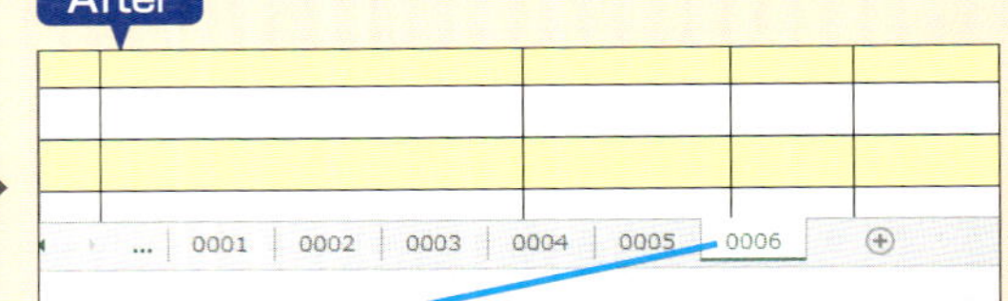

［請求書フォーム.xlsx］という別のブックの請求書フォームをコピーして「0006」という新規シートが作成された

プログラムの内容

```
Sub 新規請求書追加_2()
	Dim フォームブック As Workbook
	Dim フォームシート As Worksheet
	Dim 請求書ブック As Workbook
	Dim フォームブック名 As Variant
	Dim シート数 As Integer
	Dim 請求番号 As Integer
	Dim 請求書シート名 As String
	ChDir ThisWorkbook.Path
	フォームブック名 = Application. _
	GetOpenFilename("請求書フォーム(*.xlsx),*.xlsx" _
	, , "請求書フォーム.xlsxの選択")
	If フォームブック名 = False Then
		MsgBox "処理を中止します。"
		Exit Sub
	End If
	Set フォームブック = Workbooks.Open(フォームブック名)
	Set フォームシート = フォームブック.Worksheets("フォーム")
	Set 請求書ブック = ThisWorkbook
	シート数 = 請求書ブック.Worksheets.Count
	請求番号 = CInt(請求書ブック.Worksheets(シート数).Name) + 1
	請求書シート名 = Format(請求番号, "0000")
	フォームシート.Move After:=請求書ブック.Worksheets(シート数)
	ActiveSheet.Name = 請求書シート名
End Sub
```

【コード全文解説】

1 ここからマクロ［新規請求書追加_2］を開始する
2 変数「フォームブック」をWorkbook型に定義する
3 変数「フォームシート」をWorksheet型に定義する
4 変数「請求書ブック」をWorkbook型に定義する
5 変数「フォームブック名」をVariant型に定義する
6 変数「シート数」をInteger型に定義する
7 変数「請求番号」をInteger型に定義する
8 変数「請求書シート名」をString型に定義する
9 このマクロがあるブックのフォルダーに移動する
10 コピー元のファイル名を指定する
11 ［ファイルを開く］ダイアログボックスを開いて
12 「請求書フォーム.xlsx」を選択する
13 もし［キャンセル］ボタンがクリックされたときは
14 メッセージを表示する
15 マクロを終了する
16 If ～ Thenステートメントを終了する
17 フォームブックを開いて参照を「フォームブック」に代入する
18 フォームブックの参照を「フォームシート」に代入する
19 マクロに記述されているブックの参照を変数「請求書ブック」に代入する
20 コピー先のブックにあるワークシートの数を取得して変数「シート数」に代入する
21 コピー先のブックの右端にある最後のワークシートの請求番号に1を加算する
22 請求番号は数値なので、「0006」のように先頭に0を付けた文字列に変換する
23 コピー元のワークシートをコピー先のブックの右端に移動する
24 現在選択されているワークシートの名前を変更し、追加したワークシートをアクティブにする
25 マクロを終了する

1 モジュールを選択する

［GetOpenFilenameメソッド.xlsm］をExcelで開いておく

レッスン⓯を参考にマクロをVBEで表示しておく

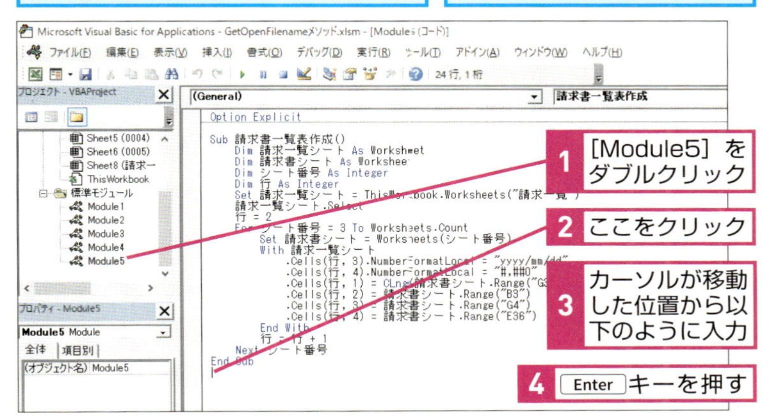

sub␣新規請求書追加_2

キーワード

関数	p.323
コンパイル	p.324
プロパティ	p.327
メソッド	p.327

レッスンで使う練習用ファイル
GetOpenFilenameメソッド.xlsm
請求書フォーム.xlsx

ショートカットキー

Alt + F8 ……［マクロ］ダイアログボックスの表示

Alt + F11 ……ExcelとVBEの表示切り替え

次のページに続く

2 変数を定義する

1 Tab キーを押す

```
End Sub
Sub 新規請求書追加_2()
    |
End Sub
```

2 カーソルが移動した位置から以下のように入力

3 Enter キーを押す

```
dim␣フォームブック␣as␣workbook
dim␣フォームシート␣as␣worksheet
dim␣請求書ブック␣as␣workbook
dim␣フォームブック名␣as␣variant
dim␣シート数␣as␣integer
dim␣請求番号␣as␣integer
dim␣請求書シート名␣as␣string
```

3 別のブックが保存されているフォルダーを指定する

[請求書フォーム.xlsx] が保存されているフォルダーを指定する

```
Sub 新規請求書追加_2()
    Dim フォームブック As Workbook
    Dim フォームシート As Worksheet
    Dim 請求書ブック As Workbook
    Dim フォームブック名 As Variant
    Dim シート数 As Integer
    Dim 請求番号 As Integer
    Dim 請求書シート名 As String
    |
End Sub
```

1 カーソルが移動した位置から以下のように入力

2 Enter キーを押す

```
chdir␣thisworkbook.path
```

◆ChDir
作業フォルダーを移動する命令。このマクロが記述されているブックと同じフォルダーに移動するという意味

HINT! ブックはWorkbook型の変数に格納する

このレッスンではブックを操作するために、操作の対象となるブックの参照を変数に代入しています。変数は格納する内容に合わせた型を指定するので、ブックを扱うときはWorkbook型の変数を用意します。ブックはオブジェクトなので、Workbook型の変数はWorksheet型と同様にオブジェクト変数と呼ばれます。

HINT! Variant型はすべてのデータ型を格納できる

変数は格納するデータの型に合わせて用意しますが、1つの変数に異なるデータ型を格納したいときはVariant型というデータ型を使用します。Variant型はすべてのデータ型の値を格納できる万能なデータ型です。ただし、Variant型を多用すると、間違ったデータ型を扱ってもエラーが発生しないため、トラブルの原因にもなります。またマクロの実行時に、格納されているデータに合わせて変換する必要があるため、若干処理速度が遅くなります。また、格納するために必要なメモリー領域を多く消費するなどのデメリットもあるので、どうしても必要なときだけ使うようにしましょう。

選択するファイル名を指定する

1行が長くなるので、行を分割して見やすくする

```
Sub 新規請求書追加_2()
    Dim フォームブック As Workbook
    Dim フォームシート As Worksheet
    Dim 請求書ブック As Workbook
    Dim フォームブック名 As Variant
    Dim シート数 As Integer
    Dim 請求番号 As Integer
    Dim 請求書シート名 As String
    ChDir ThisWorkbook.Path
    |
End Sub
```

1 カーソルが移動した位置から以下のように入力

2 Enter キーを押す

```
フォームブック名=application.␣_
```

◆Application
シートやブックを含めたExcel全体を表すもの。通常は省略できるが、一部のプロパティやメソッドを使用するときに必要となる

5 GetOpenFilenameメソッドを入力する

上の行から続いていることを表すために行頭を字下げする

1 Tab キーを押す

```
Sub 新規請求書追加_2()
    Dim フォームブック As Workbook
    Dim フォームシート As Worksheet
    Dim 請求書ブック As Workbook
    Dim フォームブック名 As Variant
    Dim シート数 As Integer
    Dim 請求番号 As Integer
    Dim 請求書シート名 As String
    ChDir ThisWorkbook.Path
    フォームブック名=application. _
        |
End Sub
```

2 カーソルが移動した位置から以下のように入力

3 Enter キーを押す

```
getopenfilename("請求書フォーム(*.xlsx),*.xlsx"␣_
```

◆GetOpenFilename
[ファイルを開く] ダイアログボックスを表示してファイル名を取得するApplicationオブジェクトのメソッド

4 Tab キーを押す

```
    ChDir ThisWorkbook.Path
    フォームブック名=application. _
        getopenfilename("請求書フォーム(*.xlsx),*.xlsx" _
            |
```

5 カーソルが移動した位置から以下のように入力

6 Enter キーを押す

```
,␣,"請求書フォーム.xlsxの選択")
```

HINT! Pathプロパティは保存先の場所を求める

Pathプロパティを使うと、ブックの保存先フォルダーの場所を調べることができます。実行中のマクロがあるブックと同じフォルダーに保存されているブックを操作するときなど、作業フォルダーを求めるときに使用するといいでしょう。

間違った場合は？

手順4や手順5で半角の空白と「_」(アンダーバー) の入力を忘れて Enter キーを押すとコンパイルエラーが表示されます。[OK] ボタンをクリックして入力し直してください。

次のページに続く

6 If 〜 Thenステートメントを入力する

1 Back Spaceキーを2回押す

```
ChDir ThisWorkbook.Path
フォームブック名 = Application. _
    GetOpenFilename("請求書フォーム(*.xlsx),*.xlsx" _
        , , "請求書フォーム.xlsxの選択")
|
```

2 カーソルが移動した位置から以下のように入力

3 Enterキーを押す

```
if␣フォームブック名=false␣then
```

7 条件を満たす場合の処理を設定する

1 Tabキーを押す

[キャンセル] のボタンがクリックされたときにメッセージを表示する処理を記述するので、行頭を字下げする

```
ChDir ThisWorkbook.Path
フォームブック名 = Application. _
    GetOpenFilename("請求書フォーム(*.xlsx),*.xlsx" _
        , , "請求書フォーム.xlsxの選択")
If フォームブック名 = False Then
    |
```

2 カーソルが移動した位置から以下のように入力

3 Enterキーを押す

```
msgbox␣"処理を中止します。"
```

◆MsgBox
メッセージボックスを表示する関数。ダイアログボックスを表示して「処理を中止します。」というメッセージを表示する

マクロを終了する

```
ChDir ThisWorkbook.Path
フォームブック名 = Application. _
    GetOpenFilename("請求書フォーム(*.xlsx),*.xlsx" _
        , , "請求書フォーム.xlsxの選択")
If フォームブック名 = False Then
    MsgBox "処理を中止します。"
    |
```

4 カーソルが移動した位置から以下のように入力

5 Enterキーを押す

```
exit␣sub
```

HINT! MsgBox関数でメッセージを表示できる

手順7で入力するMsgBox関数を使うと、マクロの実行中に画面にダイアログボックスを開いてメッセージを表示できます。MsgBox関数には、このレッスンで使っている方法以外に、さまざまなオプションが用意されています。詳細は次の第10章で紹介します。

メッセージボックス内に表示するメッセージを指定できる

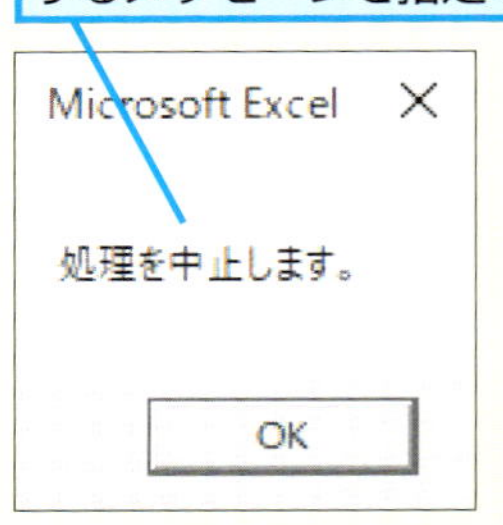

HINT! 入力したコードは行ごとに構文がチェックされる

コードを入力してEnterキーやマウスのクリックで別の行に移動すると、レッスン㉑のHINT!で紹介したように「自動構文チェック」機能で入力した行のコードを自動コンパイルします。コンパイルしたときに入力した行のコードに間違いが見つかると「コンパイルエラー」が表示されるので事前に間違いを発見することができます。113ページのHINT!「コードは小文字で入力する」でも解説していますが、小文字で入力したVBAの命令が自動的に大文字に変換されるのは、自動コンパイルによるものです。

8 If ～ Thenステートメントを終了する

1 Back spaceキーを押す

```
If フォームブック名 = False Then
    MsgBox "処理を中止します。"
    Exit Sub
|
```

2 カーソルが移動した位置から以下のように入力

3 Enterキーを押す

```
end_if
```

9 参照するコピー元のブックを設定する

```
If フォームブック名 = False Then
    MsgBox "処理を中止します。"
    Exit Sub
End If
|
```

1 カーソルが移動した位置から以下のように入力

2 Enterキーを押す

```
set_フォームブック=workbooks.open(フォームブック名)
```

◆Workbooks.Open
既存のブックを開くためのメソッド。ここでは変数「フォームブック名」に格納されているファイル名のブックを開く

10 参照するコピー元のワークシートを設定する

```
    Exit Sub
End If
Set フォームブック = Workbooks.Open(フォームブック名)
|
```

1 カーソルが移動した位置から以下のように入力

2 Enterキーを押す

```
set_フォームシート=フォームブック.worksheets("フォーム")
```

11 参照するコピー先のブックを設定する

```
    Exit Sub
End If
Set フォームブック = Workbooks.Open(フォームブック名)
Set フォームシート = フォームブック.Worksheets("フォーム")
|
```

1 カーソルが移動した位置から以下のように入力

2 Enterキーを押す

```
set_請求書ブック=thisworkbook
```

HINT!

Openメソッドでブックを開く

手順9で入力しているように別のブックを開くときはWorkbooksオブジェクトのOpenメソッドに開くブックのファイル名を指定します。Openメソッドを実行すると指定されたブックが開き、そのブックがアクティブになります。また同時に開いたブックの参照を受け取ることができます。このレッスンではブックを開くと同時に、Setキーワードで開いたブックの参照をWorkbook型のオブジェクト変数に代入しています。なお、ブックを開く操作とブックの参照を変数に代入する手順を分けて入力してもいいでしょう。

手順9でブックを開く操作と、ブックの参照を変数に代入する操作を分ける場合は、以下のように入力する

```
Workbooks.Open フォームブック名
Set フォームブック = ActiveWorkbook
```

次のページに続く

12 変数「シート数」に値を設定する

```
    Exit Sub
End If
Set フォームブック = Workbooks.Open(フォームブック名)
Set フォームシート = フォームブック.Worksheets("フォーム")
Set 請求書ブック = ThisWorkbook
|
```

1 カーソルが移動した位置から以下のように入力

2 Enter キーを押す

```
シート数=請求書ブック.worksheets.count
```

13 変数「請求番号」に値を設定する

変数「請求番号」に、ブックの右端にあるワークシートの請求番号に1を加算した数字を設定する

```
    Exit Sub
End If
Set フォームブック = Workbooks.Open(フォームブック名)
Set フォームシート = フォームブック.Worksheets("フォーム")
Set 請求書ブック = ThisWorkbook
シート数 = 請求書ブック.Worksheets.Count
|
```

1 カーソルが移動した位置から以下のように入力

2 Enter キーを押す

```
請求番号=cint(請求書ブック.worksheets(シート数).name)+1
```

14 変数「請求書シート名」に値を設定する

「0006」のように先頭に0を付けた文字列に請求番号を変換する

```
    Exit Sub
End If
Set フォームブック = Workbooks.Open(フォームブック名)
Set フォームシート = フォームブック.Worksheets("フォーム")
Set 請求書ブック = ThisWorkbook
シート数 = 請求書ブック.Worksheets.Count
請求番号 = CInt(請求書ブック.Worksheets(シート数).Name) + 1
|
```

1 カーソルが移動した位置から以下のように入力

2 Enter キーを押す

```
請求書シート名=format(請求番号,"0000")
```

HINT!

文字列を数値データに変換するには

数字の文字列は、そのままでは計算に使えないので数値データに変換する必要があります。VBAにはデータの型を変換するデータ型変換関数が用意されています。手順13では新しい請求書番号を生成するためにシート名を文字列から整数に変換するCInt関数を使って整数に変換しています。データ型を変換する関数は、CInt関数以外にも以下のような関数があります。なお、数値や日付に変換する関数では、変換できない文字列を指定するとエラーになるため注意してください。

●主なデータ型変換関数

関数名	変換内容
CCur	数値として解釈できる文字列や実数を通貨型に変換
CDate	日付として解釈できる数値や文字列を日付データに変換する。整数部で日付、小数部で時刻を表す。なお、Excelのワークシートでは1900年1月1日を1とした実数で管理しているが、VBAでは1889年12月31日を1とした実数で管理しているので注意
CInt	数値として解釈できる文字列や実数を整数型に変換する。整数に変換するので、小数以下を丸めるが、小数部が「0.5」ちょうどのときは最も近い偶数に丸められる
CLng	数値として解釈できる文字列や実数を長整数型に変換する。整数に変換するので、小数以下を丸めるが、小数部が「0.5」ちょうどのときは最も近い偶数に丸められる
CStr	数値を数値を表す文字列に変換する。変換するとき、数値に書式は設定できない。書式を指定するときはFormat関数を使用する

15 コピーしたワークシートの位置を指定する

フォームシートが請求書ブックの右端に移動するように設定する

```
Set フォームブック = Workbooks.Open(フォームブック名)
Set フォームシート = フォームブック.Worksheets("フォーム")
Set 請求書ブック = ThisWorkbook
シート数 = 請求書ブック.Worksheets.Count
請求番号 = CInt(請求書ブック.Worksheets(シート数).Name) + 1
請求書シート名 = Format(請求番号, "0000")
|
```

1 カーソルが移動した位置から以下のように入力

2 Enter キーを押す

```
フォームシート.move␣after:=請求書ブック.worksheets(シート数)
```

◆Move After
ワークシートを「After」で指定したシートの後ろに移動するメソッド。ここでは請求書ブックの右端に移動するように指定している

16 コピーしたワークシートの名前を指定する

追加したワークシートがアクティブになるので、アクティブシートを指定する

```
Set フォームブック = Workbooks.Open(フォームブック名)
Set フォームシート = フォームブック.Worksheets("フォーム")
Set 請求書ブック = ThisWorkbook
シート数 = 請求書ブック.Worksheets.Count
請求番号 = CInt(請求書ブック.Worksheets(シート数).Name) + 1
請求書シート名 = Format(請求番号, "0000")
フォームシート.Move after:=請求書ブック.Worksheets(シート数)
|
```

1 カーソルが移動した位置から以下のように入力

```
activesheet.name=請求書シート名
```

17 入力したコードを確認する

```
    Set フォームブック = Workbooks.Open(フォームブック名)
    Set フォームシート = フォームブック.Worksheets("フォーム")
    Set 請求書ブック = ThisWorkbook
    シート数 = 請求書ブック.Worksheets.Count
    請求番号 = CInt(請求書ブック.Worksheets(シート数).Name) + 1
    請求書シート名 = Format(請求番号, "0000")
    フォームシート.Move after:=請求書ブック.Worksheets(シート数)
    ActiveSheet.Name = 請求書シート名
End Sub
|
```

1 ここをクリック

マクロを作成できた

2 コードが正しく入力できたかを確認

レッスン⑳を参考にマクロを上書き保存し、Excelに切り替えておく

レッスン⑳を参考に、[新規請求書追加_2]のマクロを実行しておく

表示された［請求書フォーム.xlsxの選択］ダイアログボックスで［請求書フォーム.xlsx］を選択し[OK]をクリックする

→p.216 After の画面が表示される

HINT! 数値データを文字列に変換するには

「0006」のような先頭の「0」は、数値データのままでは表示できないので、文字列にする必要があります。このようなときは、データに書式を適用して文字列に変換するFormat関数を使いましょう。Format関数は日付や時刻、数値などのデータに書式を適用して文字列に変換する関数で、「Format(データ、"書式指定文字")」と記述します。手順14の「"0000"」は、全体が4けたで満たないときは「0」を付けるという意味です。書式指定文字については、212ページのテクニックを参照してください。

VBA 用語集

Point GetOpenFilenameは開くファイル名を取得する

GetOpenFilenameメソッドは、マクロの実行中に［ファイルを開く］ダイアログボックスを表示できます。このメソッドはブックを開くのではなく、選択したブックのファイル名を取得するだけです。実際には、その後に続くOpenメソッドで取得したブック名を指定して開きます。また、このメソッドを実行したときにフォルダーを変更すると、作業中のフォルダーも変更されます。

レッスン 38

新しいブックを作成するには

Workbooks.Addメソッド

マクロで新規のブックを作成することもできます。このレッスンでは請求一覧表を集計するために空白のブックを新たに作成して、セルの書式設定を行います。

作成するマクロ

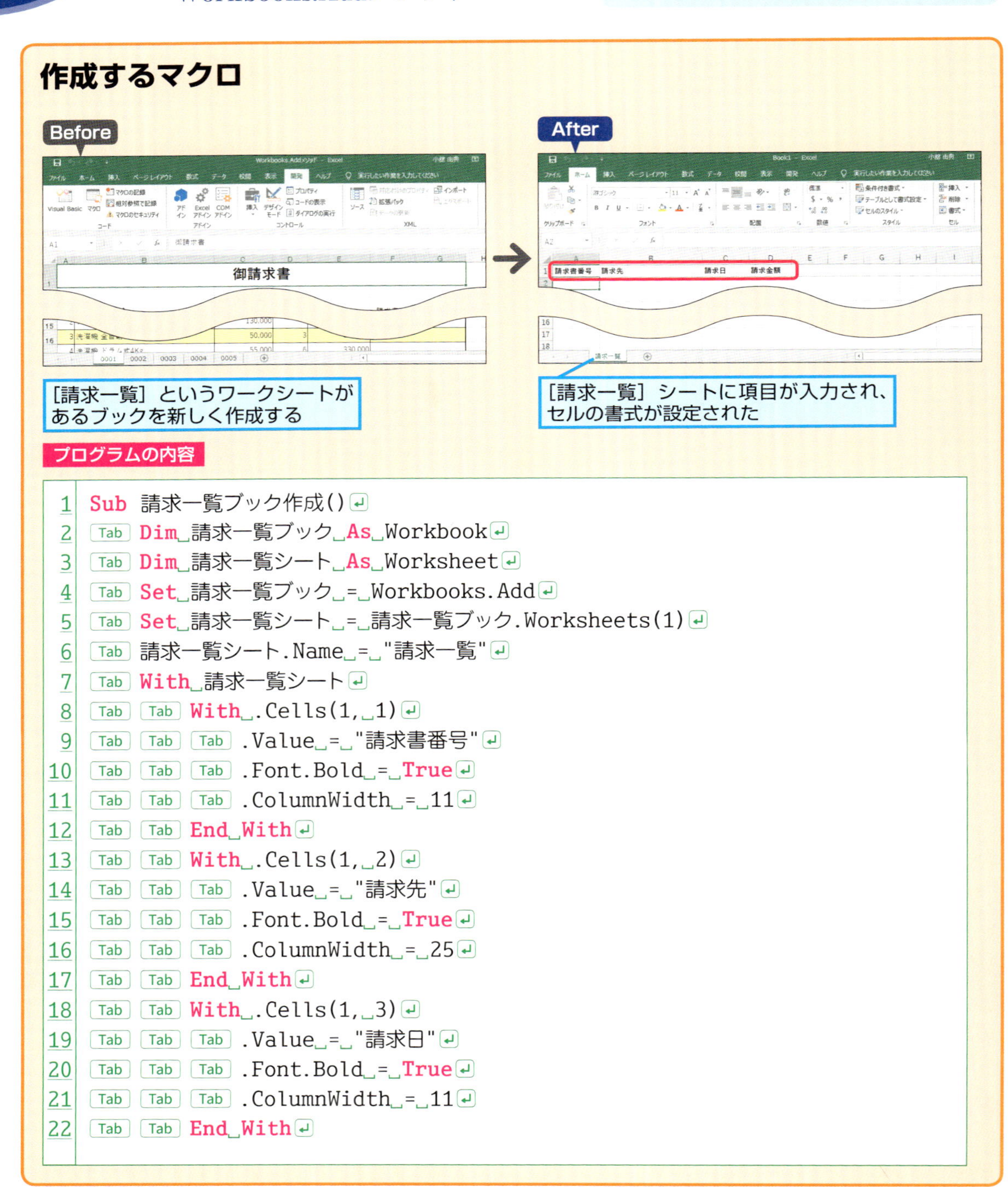

[請求一覧] というワークシートがあるブックを新しく作成する

[請求一覧] シートに項目が入力され、セルの書式が設定された

プログラムの内容

```
1  Sub 請求一覧ブック作成()
2  	Dim 請求一覧ブック As Workbook
3  	Dim 請求一覧シート As Worksheet
4  	Set 請求一覧ブック = Workbooks.Add
5  	Set 請求一覧シート = 請求一覧ブック.Worksheets(1)
6  	請求一覧シート.Name = "請求一覧"
7  	With 請求一覧シート
8  		With .Cells(1, 1)
9  			.Value = "請求書番号"
10 			.Font.Bold = True
11 			.ColumnWidth = 11
12 		End With
13 		With .Cells(1, 2)
14 			.Value = "請求先"
15 			.Font.Bold = True
16 			.ColumnWidth = 25
17 		End With
18 		With .Cells(1, 3)
19 			.Value = "請求日"
20 			.Font.Bold = True
21 			.ColumnWidth = 11
22 		End With
```

```
23 Tab Tab With␣.Cells(1,␣4)↵
24 Tab Tab Tab .Value␣=␣"請求金額"↵
25 Tab Tab Tab .Font.Bold␣=␣True↵
26 Tab Tab Tab .ColumnWidth␣=␣10↵
27 Tab Tab End␣With↵
28 Tab .Cells(2,␣1).Select↵
29 Tab ActiveWindow.FreezePanes␣=␣True↵
30 Tab End␣With↵
31 End␣Sub↵
```

【コード全文解説】

1 ここからマクロ［請求一覧ブック作成］を開始する
2 変数「請求一覧ブック」をWorkbook型に定義する
3 変数「請求一覧シート」をWorksheet型に定義する
4 空白のブックを新規作成してブックの参照を変数「請求一覧ブック」に代入
5 新規作成したブックの左端のシートの参照［請求一覧］シートを変数に格納
6 ［請求一覧］シートに名前を付ける
7 以下の構文の冒頭にある「請求一覧シート」を省略する（Withステートメントを開始する）
8 ［請求一覧］シートのA列を設定する
9 項目タイトルを「請求書番号」に設定する
10 太字に設定する
11 列幅を11に設定する
12 Withステートメントを終了する
13 ［請求一覧］シートのB列を設定する
14 項目タイトルを「請求先」に設定する
15 太字に設定する
16 列幅を25に設定する
17 Withステートメントを終了する
18 ［請求一覧］シートのC列を設定する
19 項目タイトルを「請求日」に設定する
20 太字に設定する
21 列幅を11に設定する
22 Withステートメントを終了する
23 ［請求一覧］シートのD列を設定する
24 項目タイトルを「請求金額」に設定する
25 太字に設定する
26 列幅を10に設定する
27 Withステートメントを終了する
28 ウィンドウ枠を固定する位置を選択する
29 ウィンドウ枠の固定を実行する
30 Withステートメントを終了する
31 マクロを終了する

次のページに続く

1 モジュールを追加する

[Workbooks.Addメソッド.xlsm] をExcelで開いておく

レッスン⑮を参考にマクロをVBEで表示しておく

モジュールを追加したいブックを選択しておく

1 [VBA Project (Workbooks.Addメソッド.xlsm)]をクリック

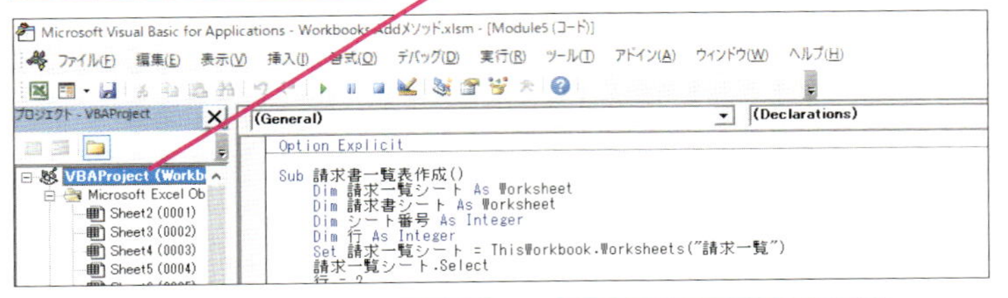

2 [ユーザーフォームの挿入]のここをクリック

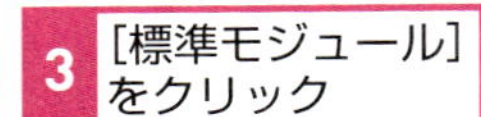

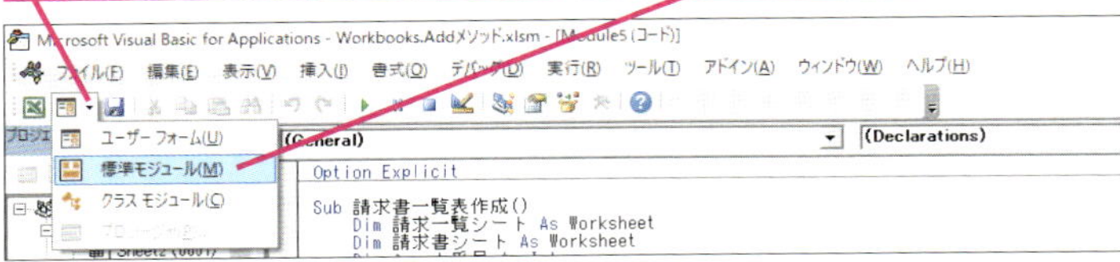

2 マクロの開始を宣言する

モジュールが挿入された

ここからコードを入力する

1 カーソルが移動した位置から以下のように入力

2 Enter キーを押す

```
sub␣請求一覧ブック作成
```

3 変数「請求一覧ブック」を定義する

1 Tab キーを押す

```
Sub 請求一覧ブック作成()
    |
End Sub
```

2 カーソルが移動した位置から以下のように入力

3 Enter キーを押す

```
dim␣請求一覧ブック␣as␣workbook
dim␣請求一覧シート␣as␣worksheet
```

キーワード

オブジェクト	p.323
プロパティ	p.327
メソッド	p.327

レッスンで使う練習用ファイル
Workbooks.Addメソッド.xlsm

ショートカットキー

Alt + F8 ……
[マクロ] ダイアログボックスの表示

Alt + F11 ……
ExcelとVBEの表示切り替え

HINT! モジュールの名前を変更できる

追加したモジュールには「Module～」と順番に番号の付いた名前が付きます。この名前は、レッスン⑬で紹介したVBEのプロパティウィンドウで変更できます。VBEのプロジェクトエクスプローラーで名前を変更したいモジュールを選択し、プロパティウィンドウの [(オブジェクト名)] に表示されている名前を変更します。

HINT! WorkbookとWorkbooksの違いとは?

Workbookは開いている1つのブックを表しますが、Workbooksは開いているすべてのブックのコレクションを表します。特定のブックの参照を格納する変数は、同時に1つしか参照しないので、Workbookを使って「Dim Bk as Workbook」と記述します。開いている複数のブックから1つを指定するときは、Workbooksを使って「Workbooks("book1")」と記述します。慣れるまでは違いが分かりにくいですが、英語の複数形を表す「s」が末尾に付いている方は複数のものを表していると覚えておきましょう。

Addメソッドを入力する

新しい空白のブックを開く

```
Sub 請求一覧ブック作成()
    Dim 請求一覧ブック As Workbook
    Dim 請求一覧シート As Worksheet
    |
End Sub
```

1 カーソルが移動した位置から以下のように入力

2 Enter キーを押す

```
set␣請求一覧ブック=workbooks.add
```

◆Add
オブジェクトを追加するメソッド。ここでは、新しい空白のブックを追加する

新しく作成するワークシートの参照を代入する

新規作成した請求一覧ブックの左端のシートを請求一覧シートに格納する

```
Sub 請求一覧ブック作成()
    Dim 請求一覧ブック As Workbook
    Dim 請求一覧シート As Worksheet
    Set 請求一覧ブック = Workbooks.Add
    |
End Sub
```

1 カーソルが移動した位置から以下のように入力

2 Enter キーを押す

```
set␣請求一覧シート=請求一覧ブック.worksheets(1)
```

6 新しく作成するワークシートの名前を設定する

```
Sub 請求一覧ブック作成()
    Dim 請求一覧ブック As Workbook
    Dim 請求一覧シート As Worksheet
    Set 請求一覧ブック = Workbooks.Add
    Set 請求一覧シート = 請求一覧ブック.Worksheets(1)
    |
End Sub
```

1 カーソルが移動した位置から以下のように入力

2 Enter キーを押す

```
請求一覧シート.name="請求一覧"
```

◆Name
オブジェクトの名前を表すプロパティ。新規に作成したブックの先頭のワークシートに「請求一覧」という名前を付ける

HINT! Addメソッドで新しいオブジェクトを追加する

Addメソッドは、コレクションに新しいオブジェクトを追加するメソッドです。このレッスンではブックのコレクションWorkbooksにAddメソッドを使用することで、新しいブックを追加しました。また、ブックにあるワークシートコレクションWorksheetsにAddメソッドを使用すれば、ブックに新しいワークシートを追加できます。

HINT! Nameプロパティでオブジェクトの名前を管理する

レッスン㉟で紹介したようにワークシートの名前は、Nameプロパティで調べたり変更したりすることができます。ブックの名前を調べるときにも同様にNameプロパティを使えますが、ブックの名前は保存するときに指定するので、Nameプロパティでは変更できません。ブックの保存についてはレッスン㊵で詳しく解説します。

間違った場合は？

手順6で追加した新規ブックのシートに付ける名前を間違えるとシート名が変わってしまいます。入力する内容を確認してください。

次のページに続く

7 Withステートメントを入力する

```
Sub 請求一覧ブック作成()
    Dim 請求一覧ブック As Workbook
    Dim 請求一覧シート As Worksheet
    Set 請求一覧ブック = Workbooks.Add
    Set 請求一覧シート = 請求一覧ブック.Worksheets(1)
    請求一覧シート.Name = "請求一覧"
    |
End Sub
```

1 カーソルが移動した位置から以下のように入力

2 Enter キーを押す

```
with␣請求一覧シート
```

8 1列目のセル（セルA1）の位置を設定する

1 Tab キーを押す

```
    Set 請求一覧ブック = Workbooks.Add
    Set 請求一覧シート = 請求一覧ブック.Worksheets(1)
    請求一覧シート.Name = "請求一覧"
    With 請求一覧シート
        |
End Sub
```

2 カーソルが移動した位置から以下のように入力

3 Enter キーを押す

```
with.cells(1,1)
```

9 セルの項目タイトルを設定する

1 Tab キーを押す

セルの1行目に「請求書番号」と表示する

```
With 請求一覧シート
    With Cells(1, 1)
        |
```

2 カーソルが移動した位置から以下のように入力

3 Enter キーを押す

```
.value="請求書番号"
```

10 セルの文字を太字に設定する

```
With 請求一覧シート
    With Cells(1, 1)
        .Value = "請求書番号"
        |
```

1 カーソルが移動した位置から以下のように入力

2 Enter キーを押す

```
.font.bold=true
```

◆Font
セルのフォントを表すプロパティ。Boldはセルのフォントを太字にするという意味

HINT! フォントを操作するFontオブジェクト

セルのフォントサイズや種類を変更するときは、Fontオブジェクトのプロパティで設定します。Fontオブジェクトの主なプロパティには、以下のものがあります。

●Fontオブジェクトのプロパティと対象

プロパティ	対象	例
Bold	太字	True
Color	色	255
Italic	斜体	False
Name	フォント名	MS P明朝
Size	フォントサイズ	12

11 セルの列幅を設定する

```
With 請求一覧シート
    With Cells(1, 1)
        .Value = "請求書番号"
        .Font.Bold = True
        |
```

1 カーソルが移動した位置から以下のように入力

2 Enter キーを押す

```
.columnwidth=11
```

◆ColumnWidth
列の幅を表すプロパティ。列幅を11に設定するという意味

12 1行目のWithステートメントを終了する

1 Back space キーを押す

```
With 請求一覧シート
    With Cells(1, 1)
        .Value = "請求書番号"
        .Font.Bold = True
        .ColumnWidth = 11
    |
```

2 カーソルが移動した位置から以下のように入力

3 Enter キーを押す

```
end_with
```

13 2列目のセル（セルB1）を設定する

同様にセル（セルB1）に太字で「請求先」と表示し、列幅を25に設定する

```
With 請求一覧シート
    With Cells(1, 1)
        .Value = "請求書番号"
        .Font.Bold = True
        .ColumnWidth = 11
    End With
    |
```

1 カーソルが移動した位置から以下のように入力

2 Enter キーを押す

見やすくするために行頭を字下げして入力する

```
with.cells(1,2)
    .value="請求先"
    .font.bold=true
    .columnwidth=25
end_with
```

HINT!

セルの操作はRangeオブジェクトを使う

セルやセル範囲を操作するときはRangeオブジェクトを使用します。Rangeオブジェクトを表す主なプロパティの使い方は、以下の表を参考にしてください。

●セルを指定するプロパティ

プロパティ例	意味
Range("A1")	セルA1
Range("A1:B5")	セル範囲A1～B5
Range("請求日")	「請求日」という名前の付いたセル範囲
Range(Cells(1,1), Cells(2,5))	セル範囲A1～E2
Cells(1,1)	セルA1
Cells	すべてのセル

次のページに続く

14 3列目のセル（セルC1）を設定する

同様にセル（セルC1）に太字で「請求日」と表示し、列幅を11に設定する

```
With 請求一覧シート
    With Cells(1, 1)
        .Value = "請求書番号"
        .Font.Bold = True
        .ColumnWidth = 11
    End With
    With .Cells(1, 2)
        .Value = "請求先"
        .Font.Bold = True
        .ColumnWidth = 25
    End With
    |
```

1 カーソルが移動した位置から以下のように入力

2 Enter キーを押す

見やすくするために行頭を字下げして入力する

```
with.cells(1,3)
    .value="請求日"
    .font.bold=true
    .columnwidth=11
end with
```

15 4列目のセル（セルD1）を設定する

同様にセル（セルD1）に太字で「請求金額」と表示し、列幅を10に設定する

```
End With
With .Cells(1, 2)
    .Value = "請求先"
    .Font.Bold = True
    .ColumnWidth = 25
End With
With .Cells(1, 3)
    .Value = "請求日"
    .Font.Bold = True
    .ColumnWidth = 11
End With
|
```

見やすくするために行頭を字下げして入力する

1 カーソルが移動した位置から以下のように入力

2 Enter キーを押す

```
with.cells(1,4)
    .value="請求金額"
    .font.bold=true
    .columnwidth=10
end with
```

HINT!

セルの列幅はColumnWidthプロパティで設定する

マクロでセルの列幅を設定するときは、RangeオブジェクトのColumnWidthプロパティを使います。列幅の単位は標準スタイルの1文字分の幅です。プロポーショナルフォントの場合は、数字の「0」の1文字分の幅が基準になります。また、ColumnWidthプロパティは、現在の設定値の確認もできます。以下のコードを実行すると、B列の現在の列幅がダイアログボックスに表示されます。

```
MsgBox "B列の列幅:" & Range
("B:B").ColumnWidth
```

HINT!

同じようなコードはコピーして貼り付けると効率的に作業できる

このレッスンのコードは、対象セルと設定値は異なりますが8行目のWithから12行目のEnd Withまでが4回繰り返されています。一部の内容が異なるだけで同じようなコードの並びを入力するときは、最初の並びをひな形としてコピーすると効率的で、入力ミスも防げるので便利です。このレッスンを例にすると、手順8～12を入力したらコピーして13行目以降に3回続けて貼り付けます。後はそれぞれ異なる部分だけ修正すれば、簡単に作業が進められます。ただし、くれぐれも修正する個所を間違えないようにしましょう。修正漏れがあると、実行時に思わぬエラーになってしまうことがあるので注意してください。

16 セルの位置を設定する

1 キーを押す

```
    With Cells(1, 4)
        .Value = "請求金額"
        .Font.Bold = True
        .ColumnWidth = 10
    End With
|
```

2 カーソルが移動した位置から以下のように入力

3 Enter キーを押す

```
.cells(2,1).select
```

17 ウィンドウ枠を固定する

```
    End With
.Cells(2, 1).Select
|
```

1 カーソルが移動した位置から以下のように入力

2 Enter キーを押す

```
activewindow.freezepanes=true
```

◆ActiveWindow
選択されているブックのウィンドウ

◆FreezePanes
ウィンドウ枠の固定の設定

18 Withステートメントを終了する

```
    End With
.Cells(2, 1).Select
ActiveWindow.FreezePanes = True
|
```

1 カーソルが移動した位置から以下のように入力

```
end␣with
```

19 入力したコードを確認する

```
            .Value = "請求金額"
            .Font.Bold = True
            .ColumnWidth = 10
        End With
    .Cells(2, 1).Select
    ActiveWindow.FreezePanes = True
    End With
End Sub
|
```

1 ここをクリック

マクロの作成が終了した

2 コードが正しく入力できたかを確認

レッスン⑳を参考にマクロを上書き保存し、Excelに切り替えておく

→p.224 After の画面が表示される

レッスン⑳を参考に、[請求書一覧ブック作成]のマクロを実行しておく

続いて、作成された[Book1]を閉じずにレッスン㊴に進む

HINT!

ブックウィンドウの体裁はWindowオブジェクトで操作する

手順17で設定している「ウィンドウ枠の固定」は、対象となるオブジェクトがWorkbookではなくWindowとなります。このようにウィンドウ枠の体裁に対する処理はブックではなく、それを含んでいるウィンドウが対象になります。ウィンドウ枠の固定以外にウィンドウの分割やズームなど、Excelの[表示]タブや[ウィンドウ]グループにあるコマンドをVBAで使うときは、Windowオブジェクトのプロパティやメソッドを使用します。

VBA 用語集

Point

新規ブックの作成はWorkbookオブジェクトを追加する

ブックを新たに作成するときは、このレッスンで紹介したようにWorkbooksのAddメソッドを使います。新しいブックを作成するので「Add」キーワードはイメージしにくいかもしれませんが、これは「Workbook」の集まりである「Workbooks」に新しいオブジェクトの「Workbook」を追加するということを表しています。また、Addメソッドで新しいブックを作成すると、作成されたブックが現在の作業中のブックActiveWorkbookになります。

レッスン

39 別のブックのワークシートを操作するには

Workbooksオブジェクト

別のブックを操作するときは、Workbooksプロパティで操作するブックを指定します。レッスン㊳で作成したブックに、データを転記してみましょう。

作成するマクロ

Before

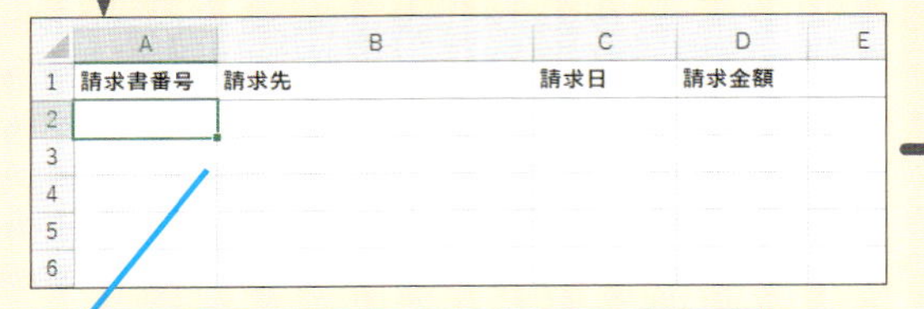

請求データの一覧表をレッスン㊳で作成した[Book1]というブックの[請求一覧]シートに転記する

After

	A	B	C	D	E
1	請求書番号	請求先	請求日	請求金額	
2	2019010001	アンシ商会	2019/01/17	1,739,664	
3	2019010002	アンシ商会	2019/01/21	2,328,048	
4	2019010003	アンシ商会	2019/01/23	162,540	
5	2019010004	アンシ商会	2019/01/25	1,010,340	
6	2019010005	アンシ商会	2019/01/29	1,491,480	

レッスン㊳で作成した[Book1]というブックに請求データの一覧表が転記された

プログラムの内容

```
1  Sub 請求書一覧データ転記()
2      Dim 請求書ブック As Workbook
3      Dim 請求書シート As Worksheet
4      Dim 請求一覧ブック As Workbook
5      Dim 請求一覧シート As Worksheet
6      Dim シート番号 As Integer
7      Dim 行 As Integer
8      Set 請求書ブック = ThisWorkbook
9      Set 請求一覧ブック = Workbooks("Book1")
10     Set 請求一覧シート = 請求一覧ブック.Worksheets("請求一覧")
11     行 = 2
12     For シート番号 = 1 To 請求書ブック.Worksheets.Count
13         Set 請求書シート = 請求書ブック.Worksheets(シート番号)
14         With 請求一覧シート
15             .Cells(行, 3).NumberFormatLocal = "yyyy/mm/dd"
16             .Cells(行, 4).NumberFormatLocal = "#,##0"
17             .Cells(行, 1) = CLng(請求書シート.Range("G3"))
18             .Cells(行, 2) = 請求書シート.Range("B3")
19             .Cells(行, 3) = 請求書シート.Range("G4")
20             .Cells(行, 4) = 請求書シート.Range("E36")
21         End With
22         行 = 行 + 1
23     Next シート番号
24 End Sub
```

【コード全文解説】

1 ここからマクロ［請求書一覧データ転記］を開始する
2 変数「請求書ブック」をWorkbook型に定義する
3 変数「請求書シート」をWorksheet型に定義する
4 変数「請求一覧ブック」をWorkbook型に定義する
5 変数「請求一覧シート」をWorksheet型に定義する
6 変数「シート番号」をInteger型に定義する
7 変数「行」をInteger型に定義する
8 マクロの記述されているブックの参照を変数「請求書ブック」に代入する
9 ［Book1］の参照を変数「請求一覧ブック」に代入する
10 変数「請求一覧ブック」のブックにある[請求一覧]シートの参照を変数「請求一覧シート」に代入する
11 変数「行」の値に2を代入する
12 変数「シート番号」の値が1から最後のシートまで処理を繰り返す
13 変数「請求書ブック」のブックにある変数「シート番号」のシートの参照を変数「請求書シート」に代入する
14 以下の構文の冒頭にある「請求一覧シート」を省略する（Withステートメントを開始する）
15 （［請求一覧］シートの）3列目は「"yyyy""/""mm""/""dd"」という書式にする
16 （［請求一覧］シートの）4列目は「"#,##0"」という書式にする
17 （操作しているブックの）［請求書］シートの1列目に各シートのセルG3の値を長整数型に変換して設定する
18 （操作しているブックの）［請求書］シートの2列目に各シートのセルB3の値を設定する
19 （操作しているブックの）［請求書］シートの3列目に各シートのセルG4の値を設定する
20 （操作しているブックの）［請求書］シートの4列目に各シートのセルE36の値を設定する
21 Withステートメントを終了する
22 変数「行」の値に、変数「行」目身の値に+1したものを設定する（変数「行」を1増やす）
23 変数「シート番号」のループカウンターを1つ増やして処理を繰り返す
24 マクロを終了する

1 ブックを選択する

レッスン㊳に続けて、作成した[Book1]というブックを開いておく

[Workbooksオブジェクト.xlsm]をExcelで開いておく

レッスン⑮を参考にマクロをVBEで表示しておく

モジュールを追加したいブックを選択しておく

1 [VBA Project (Workbooksオブジェクト.xlsm)]をクリック

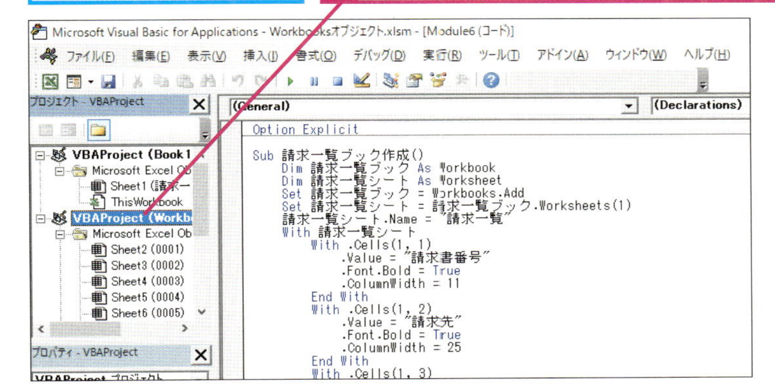

キーワード

オブジェクト	p.323
プロパティ	p.327
メソッド	p.327

レッスンで使う練習用ファイル
Workbooksオブジェクト.xlsm

ショートカットキー

Alt + F8 ……
［マクロ］ダイアログボックスの表示
Alt + F11 ……
ExcelとVBEの表示切り替え

次のページに続く

2 モジュールを追加する

1 [ユーザーフォームの挿入] のここをクリック

2 [標準モジュール] をクリック

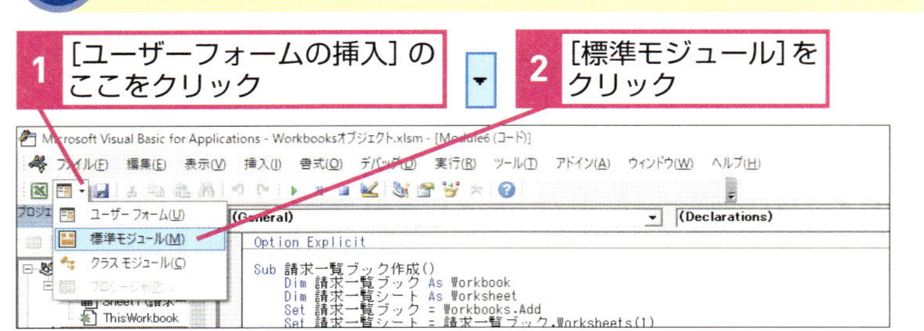

3 マクロの開始を宣言する

モジュールが挿入された

ここからコードを入力する

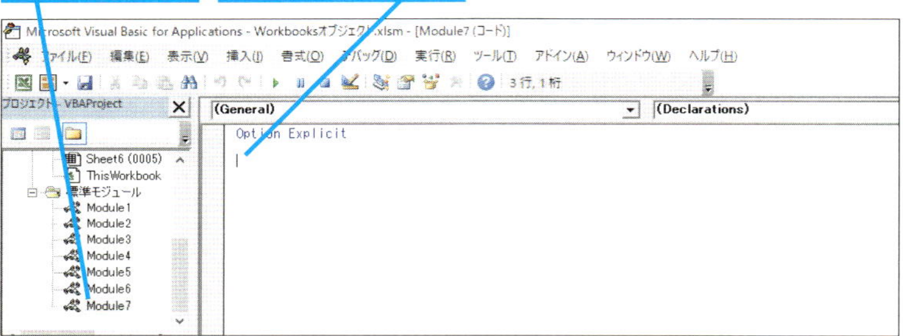

1 カーソルが移動した位置から以下のように入力

2 Enter キーを押す

```
sub␣請求書一覧データ転記
```

4 変数を定義する

1 Tab キーを押す

```
Sub 請求書一覧データ転記()
    |
End Sub
```

2 カーソルが移動した位置から以下のように入力

3 Enter キーを押す

```
dim␣請求書ブック␣as␣workbook
dim␣請求書シート␣as␣worksheet
dim␣請求一覧ブック␣as␣workbook
dim␣請求一覧シート␣as␣worksheet
dim␣シート番号␣as␣integer
dim␣行␣as␣integer
```

HINT! 操作するブックの数だけWorkbookオブジェクト変数を用意する

VBAでブックを扱うときは、Workbookオブジェクトを参照するWorkbookオブジェクト変数を使うとコードが見やすくなります。Workbookオブジェクト変数は操作の対象となるブックの数だけ用意します。このレッスンでは2つのブックを同時に操作するので、あらかじめ「請求書ブック」と「請求一覧ブック」の2つの変数を用意しています。

HINT! 操作するワークシートの数だけWorksheetオブジェクト変数を用意する

ブックと同様に、ワークシートを扱う変数も、同時に扱うワークシートの数だけ用意します。このレッスンでは、[請求一覧] シートと [請求書] ブックにある複数の [請求書] シートを処理の対象としますが、同時に操作するのはそれぞれ1つずつです。このようなときは、「請求一覧シート」の参照を格納する変数「請求書シート」は1つだけ用意すればいいでしょう。

HINT! 複数の変数を1行にまとめて宣言できる

本書では変数の宣言を1行ごとに記述していますが、複数の変数を1行にまとめて記述しても構いません。1行にまとめるときは、各変数の宣言を「,」で区切って記述します。例えば、2つの整数「i」と「j」を宣言するときは「Dim i As Integer,j As Integer」と記述します。間違えて「Dim i,j As Integer」と記述してしまうと、変数「i」がVariant型になってしまうので注意してください。

5 参照するブックを設定する

```
Sub 請求書一覧データ転記()
    Dim 請求書ブック As Workbook
    Dim 請求書シート As Worksheet
    Dim 請求一覧ブック As Workbook
    Dim 請求一覧シート As Worksheet
    Dim シート番号 As Integer
    Dim 行 As Integer
    |
End Sub
```

1 カーソルが移動した位置から以下のように入力

2 Enter キーを押す

```
set␣請求書ブック=thisworkbook
set␣請求一覧ブック=workbooks("Book1")
set␣請求一覧シート=請求一覧ブック.worksheets("請求一覧")
```

注意 ここではWorkbooksプロパティで「Book1」というブックを指定していますが、ブック名が異なっているとマクロを実行したときにエラーが表示されます。詳しくは右にあるHINT!「新規に作成したブックには「Book1」という名前が付く」を参照してください

6 変数「行」に値を設定する

2行目から転記するので開始行を2行目に設定する

```
    Dim 行 As Integer
    Set 請求書ブック = ThisWorkbook
    Set 請求一覧ブック = Workbooks("book1")
    Set 請求一覧シート = 請求一覧ブック.Worksheets("請求一覧")
    |
End Sub
```

1 カーソルが移動した位置から以下のように入力

2 Enter キーを押す

```
行=2
```

For ～ Nextステートメントを入力する

ブックの1番目のシートから最後のシートまで繰り返し処理をする

```
    Dim 行 As Integer
    Set 請求書ブック = ThisWorkbook
    Set 請求一覧ブック = Workbooks("book1")
    Set 請求一覧シート = 請求一覧ブック.Worksheets("請求一覧")
    行 = 2
    |
End Sub
```

1 カーソルが移動した位置から以下のように入力

2 Enter キーを押す

```
for␣シート番号=1␣to␣請求書ブック.worksheets.count
```

HINT! ブックを操作するときはWorkbookオブジェクト変数を使う

操作の対象になるブックをコードに記述するときはWorkbooksプロパティを使って「Workbooks("請求書")」などとしますが、Workbookオブジェクト変数にブックの参照を格納すれば、その変数名でブックを指定できます。

HINT! 新規に作成したブックには「Book1」という名前が付く

Excelの起動後に新しいブックを追加すると「Book1」という名前が付き、Excelを終了するまではブックを新しく追加するたびに「Book2」「Book3」という順番で名前が付きます。このレッスンでは前のレッスン㊳で初めて追加したブック「Book1」を処理の対象にしているので、手順6でブック名を「"Book1"」にしています。Excelを閉じないでレッスン㊳を繰り返すとブック名が「"Book1"」と異なります。レッスン㊳で追加した［請求一覧］ブックが「"Book1"」ではないとき、手順5で指定するブック名を修正してください。

間違った場合は？

手順6で変数「行」に代入する値を間違えると2行目から転記が開始されません。マクロを実行して、転記の位置がずれている場合は値を修正してください。

次のページに続く

8 参照するワークシートを設定する

1 Tab キーを押す

```
    行 = 2
    For シート番号 = 1 To 請求書ブック.Worksheets.Count
        |
End Sub
```

2 カーソルが移動した位置から以下のように入力

3 Enter キーを押す

```
set␣請求書シート=請求書ブック.worksheets(シート番号)
```

9 Withステートメントを開始する

```
    行 = 2
    For シート番号 = 1 To 請求書ブック.Worksheets.Count
        Set 請求書シート = 請求書ブック.Worksheets(シート番号)
        |
End Sub
```

1 カーソルが移動した位置から以下のように入力

2 Enter キーを押す

```
with␣請求一覧シート
```

10 転記先の書式設定と転記する内容を入力する

1 Tab キーを押す

1列目の請求番号を文字から数値に変換する

```
    行 = 2
    For シート番号 = 1 To 請求書ブック.Worksheets.Count
        Set 請求書シート = 請求書ブック.Worksheets(シート番号)
        With 請求一覧シート
            |
End Sub
```

2 カーソルが移動した位置から以下のように入力

3 Enter キーを押す

```
.cells(行,3).numberformatlocal="yyyy/mm/dd"
.cells(行,4).numberformatlocal="#,##0"
.cells(行,1)=clng(請求書シート.range("G3"))
.cells(行,2)=請求書シート.range("B3")
.cells(行,3)=請求書シート.range("G4")
.cells(行,4)=請求書シート.range("E36")
```

HINT! 表示形式を設定しないとどう表示されるの？

手順10ではC列とD列の表示形式を変更しています。これは転記される値によって、標準の書式では日付や金額が正しく表示されないためです。C列には日付のデータを転記しますが、日付の書式を設定しないとExcelが日付を管理しているシリアル値の数値がそのまま表示されてしまいます。また、D列は金額の数値が表示されますが、けた区切りの「,」などは付きません。

表示形式を設定しないと3けたごとの「,」が付かない

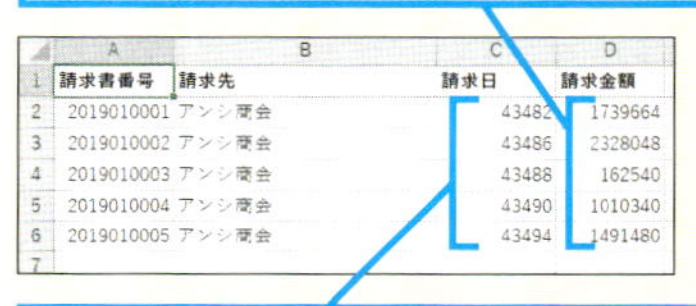

	A	B	C	D
1	請求書番号	請求先	請求日	請求金額
2	2019010001	アンシ商会	43482	1739664
3	2019010002	アンシ商会	43486	2328048
4	2019010003	アンシ商会	43488	162540
5	2019010004	アンシ商会	43490	1010340
6	2019010005	アンシ商会	43494	1491480
7				

表示形式を設定しないと、日付のシリアル値が表示される

HINT! ブックの名前はNameプロパティでは変えられない

ワークシートの名前は、Worksheetオブジェクトのnameプロパティに設定することで変更できますが、ブックの名前はNameプロパティでは変更できません。ブックの名前は、次のレッスン㊵で紹介しているように、ブックを保存するときに設定します。

11 Withステートメントを終了する

1 Back space キーを押す

```
        With 請求一覧シート
            .Cells(行, 3).NumberFormatLocal = "yyyy/mm/dd"
            .Cells(行, 4).NumberFormatLocal = "#,##0"
            .Cells(行, 1) = CLng(請求書シート.Range("G3"))
            .Cells(行, 2) = 請求書シート.Range("B3")
            .Cells(行, 3) = 請求書シート.Range("G4")
            .Cells(行, 4) = 請求書シート.Range("E36")
        |
End Sub
```

2 カーソルが移動した位置から以下のように入力

3 Enter キーを押す

```
end␣with
```

12 変数「行」の値を設定する

```
        End With
        |
End Sub
```

転送先の行を次の行にする

1 カーソルが移動した位置から以下のように入力

2 Enter キーを押す

```
行=行+1
```

13 For 〜 Nextステートメントを終了する

1 Back space キーを押す

```
        End With
        行 = 行 + 1
    |
End Sub
```

2 カーソルが移動した位置から以下のように入力

```
next␣シート番号
```

14 入力したコードを確認する

```
        End With
        行 = 行 + 1
    Next シート番号
End Sub
|
```

1 ここをクリック

マクロを作成できた

2 コードが正しく入力できたかを確認

レッスン⑳を参考にマクロを上書き保存し、Excelに切り替えておく

→p.232 After の画面が表示される

レッスン⑳を参考に、[請求書一覧データ転記] のマクロを実行しておく

転記された [Book1] を閉じずにレッスン㊵に進む

間違った場合は？

このレッスンでは前のレッスン㊳で新規に作成した [Book1] ブックが処理の対象です。[Book1] が開いていないとマクロの実行時にエラーになってしまいます。またブック名が [Book1] でないときは235ページの2つ目のHINT!を参考にマクロ内のブック名を修正してください。

VBA 用語集

Point

Worksheetオブジェクトにはブックの情報も含まれている

操作の対象になるワークシートはWorkbookオブジェクトのWorksheetsプロパティを利用して「Workbooks("請求書").Worksheets("請求一覧")」のように指定します。このWorksheetオブジェクトには、どのブックにあるワークシートなのかというブックの情報も含まれるので、Worksheetオブジェクトの変数にワークシートの参照を格納してもワークシートを特定できます。別のブックに同じ名前のワークシートがあっても間違ってそのワークシートが操作の対象になることはありません。

レッスン 40

ブックに名前を付けて保存するには

GetSaveAsFilenameメソッド

マクロで、[名前を付けて保存]ダイアログボックスを開く方法を紹介します。データを更新したブックに、別の名前を付けて保存することができるようになります。

作成するマクロ

Before

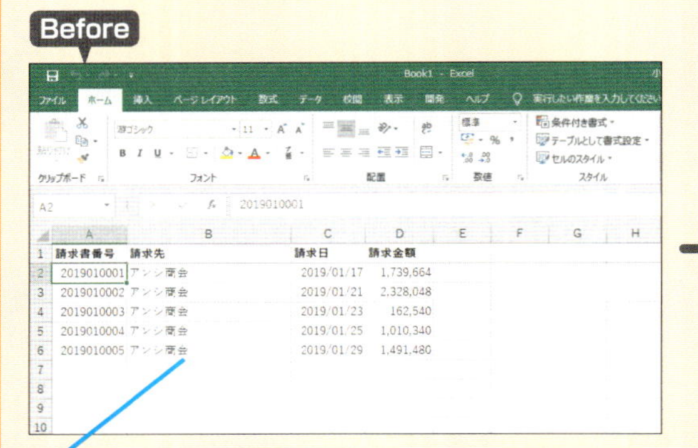

転記したブックに名前を付けて保存する

After

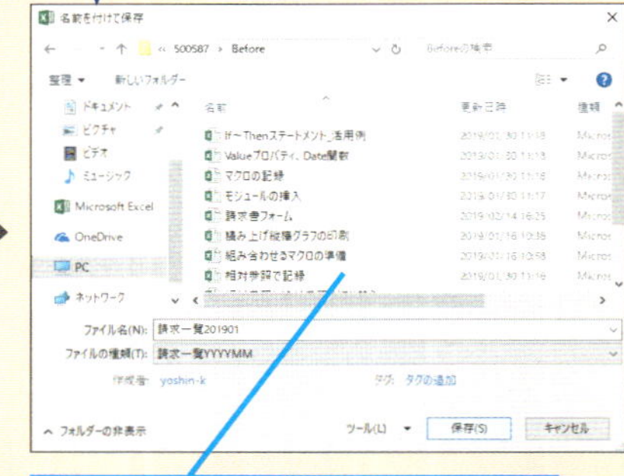

[名前を付けて保存]ダイアログボックスが表示される

プログラムの内容

```
1  Sub 請求書一覧ブック保存()
2      Dim 請求一覧ブック As Workbook
3      Dim 既定ファイル名 As String
4      Dim 保存ファイル名 As Variant
5      Set 請求一覧ブック = Workbooks("Book1")
6      既定ファイル名 = "請求一覧" & Format(Date, "yyyymm") & ".xlsx"
7      ChDir ThisWorkbook.Path
8      保存ファイル名 = Application.GetSaveAsFilename _
9          (既定ファイル名, "請求一覧YYYYMM(*.xlsx),*.xlsx")
10     If 保存ファイル名 = False Then
11         MsgBox "保存は中止されました。"
12     Else
13         請求一覧ブック.SaveAs 保存ファイル名
14     End If
15 End Sub
```

【コード全文解説】

1 ここからマクロ［請求書一覧ブック保存］を開始する
2 変数「請求一覧ブック」をWorkbook型に定義する
3 変数「既定ファイル名」をString型に定義する
4 変数「保存ファイル名」をVariant型に定義する
5 ［Book1］の参照を変数「請求一覧ブック」に代入する
6 変数「既定ファイル名」の値を「請求一覧」＋ 年4けた月2けたに設定する
7 このマクロがあるブックのフォルダに移動
8 ［名前を付けて保存］ダイアログボックスを開いて請求一覧ブックに付ける名前を入力する
9 引数のファイル名の既定値に変数「既定ファイル名」、ファイルフィルターに［Excelブック］（*.xlsx）を指定
10 もし［キャンセル］ボタンがクリックされたときは（保存ファイル名が［False］のとき）
11 処理中止のメッセージを表示する
12 キャンセルでなければ（ファイル名が入力されたとき）
13 ブックに名前を付けて保存する
14 If ～ Thenステートメントを終了する
15 マクロを終了する

1 マクロの開始を宣言する

レッスン㊵で転記された［Book1］というブックを開いておく

［GetSaveAsFilenameメソッド.xlsm］をExcelで開いておく

レッスン⑮を参考にマクロをVBEで表示しておく

1 ［Module7］をダブルクリック

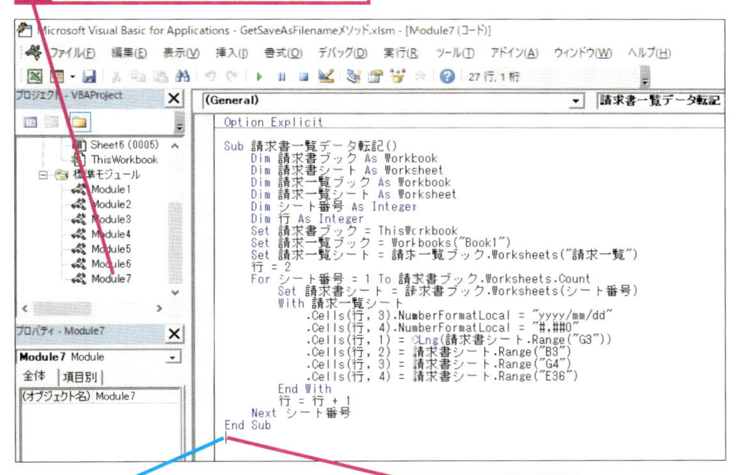

ここからコードを入力していく

2 ここをクリック

3 カーソルが移動した位置から以下のように入力

4 Enter キーを押す

```
sub␣請求書一覧ブック保存
```

キーワード

オブジェクト	p.323
コンパイル	p.324
変数	p.327
メソッド	p.327

レッスンで使う練習用ファイル
GetSaveAsFilenameメソッド.xlsm

ショートカットキー

Alt ＋ F8 ……
［マクロ］ダイアログボックスの表示

HINT!

変数「保存ファイル名」はVariant型にする

GetSaveAsFilenameメソッドはレッスン㊲で紹介したGetOpenFilenameメソッドと同様に、［キャンセル］ボタンがクリックされると、論理型の「False」が返されます。そのため変数「保存ファイル名」は、すべてのデータ型を受け取ることができるVariant型で用意します。

次のページに続く

2 変数を定義する

1 Tab キーを押す

```
Sub 請求書一覧ブック保存()
    |
End Sub
```

2 カーソルが移動した位置から以下のように入力

3 Enter キーを押す

```
dim␣請求一覧ブック␣as␣workbook
dim␣既定ファイル名␣as␣string
dim␣保存ファイル名␣as␣variant
```

3 変数「請求一覧ブック」を設定する

レッスン㊳で新しく作成したブックの名前を設定する

```
Sub 請求書一覧ブック保存()
    Dim 請求一覧ブック As Workbook
    Dim 既定ファイル名 As String
    Dim 保存ファイル名 As Variant
    |
End Sub
```

1 カーソルが移動した位置から以下のように入力

2 Enter キーを押す

```
set␣請求一覧ブック=workbooks("Book1")
```

4 変数「既定ファイル名」を設定する

```
Sub 請求書一覧ブック保存()
    Dim 請求一覧ブック As Workbook
    Dim 既定ファイル名 As String
    Dim 保存ファイル名 As Variant
    Set 請求一覧ブック = Workbooks("Book1")
    |
End Sub
```

ファイル名の初期値は「請求一覧+4けたの年+2けたの月」と設定する

1 カーソルが移動した位置から以下のように入力

2 Enter キーを押す

```
既定ファイル名="請求一覧"&format(date,"yyyymm")&".xlsx"
```

HINT! 「保存ファイル名 =False」って何？

GetSaveAsFilenameメソッドが表示する［名前を付けて保存］ダイアログボックスで［キャンセル］ボタンがクリックされると、論理型の「False」が返され、変数「保存ファイル名」に格納されます。「保存ファイル名 = False」はダイアログボックスで［キャンセル］ボタンがクリックされたかを確認しています。

HINT! 「Book1」とは

手順3で入力した「Book1」はレッスン㊳の［請求一覧ブック作成］マクロを実行したときに作成される新しいブックのことです。［請求一覧ブック作成］のマクロを続けて実行するとブック名が「Book2」や「Book3」に変わるので注意してください。

HINT! ［VBAProjectのコンパイル］で事前に入力ミスをチェックする

自動コンパイルは入力した1行だけの構文チェックなので、変数名の間違いなどはエラーにならないことがあります。このレッスンの手順4で定義した変数「既定ファイル名」を手順6で「規定ファイル名」と入力しても自動コンパイルではエラーと見なされません。以下の手順でコード全体を再度コンパイルして、入力ミスなどのエラーをチェックするようにしましょう。

1 ［デバッグ］をクリック

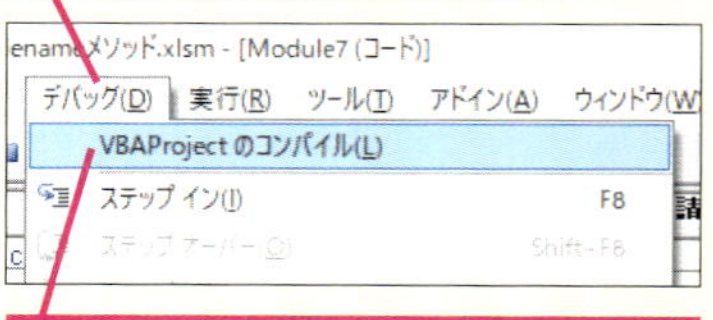

2 ［VBAProjectのコンパイル］をクリック

5 最初に表示されるフォルダーを設定する

ブックが保存されている
フォルダーを設定する

```
Sub 請求書一覧ブック保存()
    Dim 請求一覧ブック As Workbook
    Dim 既定ファイル名 As String
    Dim 保存ファイル名 As Variant
    Set 請求一覧ブック = Workbooks("Book1")
    既定ファイル名 = "請求一覧" & Format(Date, "yyyymm") & ".xlsx"
    |
End Sub
```

1 カーソルが移動した位置から以下のように入力

2 Enter キーを押す

```
chdir␣thisworkbook.path
```

6 GetSaveAsFilenameメソッドを入力する

「請求一覧YYYY（年4けた）MM（月2けた）」という
ファイル名を付けて保存するように設定する

```
Sub 請求書一覧ブック保存()
    Dim 請求一覧ブック As Workbook
    Dim 既定ファイル名 As String
    Dim 保存ファイル名 As Variant
    Set 請求一覧ブック = Workbooks("Book1")
    既定ファイル名 = "請求一覧" & Format(Date, "yyyymm") & ".xlsx"
    ChDir ThisWorkbook.Path
    |
End Sub
```

1 カーソルが移動した位置から以下のように入力

2 Enter キーを押す

```
保存ファイル名=application.getsaveasfilename␣_
```

◆GetSaveAsFilename
[名前を付けて保存] ダイアログボックスを表示して、ファイル名を取得するApplicationオブジェクトのメソッド

1行が長くなるので、行を
分割して見やすくする

3 Tab キーを押す

```
    ChDir ThisWorkbook.Path
    保存ファイル名=application.GetSaveAsFilename _
        |
End Sub
```

4 カーソルが移動した位置から以下のように入力

5 Enter キーを押す

```
(既定ファイル名,"請求一覧YYYYMM(*.xlsx),*.xlsx")
```

HINT!
GetSaveAsFilenameは作業フォルダーを最初の保存先として表示する

GetSaveAsFilenameメソッドで開くダイアログボックスでは、現在の作業フォルダーが最初の保存先フォルダーとして表示されます。手順5では、作業フォルダーをマクロがあるブックの保存先のフォルダーに変更しています。これは、作成した請求一覧のブックをマクロがあるブックと同じフォルダーに保存するためです。

HINT!
「既定ファイル名」って何？

このレッスンでは「GetSaveAsFilename」メソッドのいくつかの引数のうち、保存するファイル名の規定値とファイルの種類を指定するファイルフィルター文字列を使用しています。手順6で入力している「既定ファイル名」は、手順4のコードでファイル名の初期値が格納された変数で、ファイル名の規定値として引数に使用しています。また「"請求一覧YYYYMM(*.xlsx),*.xlsx"」は、ファイル名として「請求一覧+4けたの年+2けたの月」のように入力して欲しいことを表すと同時にファイルの種類を「Excelブック形式」(*.xlsx)とすることを指定しています。

間違った場合は？

手順4か手順6で間違って「.xlsm」と入力してしまった場合、マクロの実行時に［名前を付けて保存］ダイアログボックスで正しいファイル名が入力できなくなります。［キャンセル］ボタンをクリックしてマクロの実行を中止しして手順4と手順6で入力したコードを修正してください。

次のページに続く

7 If ～ Then ～ Elseステートメントを入力する

[名前を付けて保存] ダイアログボックスで [キャンセル] をクリックした場合の設定をする

1 Back space キーを押す

```
    ChDir ThisWorkbook.Path
    保存ファイル名 = Application.GetSaveAsFilename _
        (既定ファイル名, "請求一覧YYYYMM(*.xlsx),*.xlsx")
    |
End Sub
```

2 カーソルが移動した位置から以下のように入力

3 Enter キーを押す

```
if␣保存ファイル名=false␣then
```

8 1つ目の処理を入力する

[キャンセル] がクリックされたときに、メッセージが表示されるようにする

1 Tab キーを押す

```
    ChDir ThisWorkbook.Path
    保存ファイル名 = Application.GetSaveAsFilename _
        (既定ファイル名, "請求一覧YYYYMM(*.xlsx),*.xlsx")
    If 保存ファイル名 = False Then
        |
End Sub
```

2 カーソルが移動した位置から以下のように入力

3 Enter キーを押す

```
msgbox"保存は中止されました。"
```

9 If ～ Then ～ Eleseステートメントを入力する

[名前を付けて保存] ダイアログボックスでファイル名を入力した場合の設定をする

1 Back space キーを押す

```
    ChDir ThisWorkbook.Path
    保存ファイル名 = Application.GetSaveAsFilename _
        (既定ファイル名, "請求一覧YYYYMM(*.xlsx),*.xlsx")
    If 保存ファイル名 = False Then
        MsgBox "保存は中止されました。"
    |
End Sub
```

2 カーソルが移動した位置から以下のように入力

3 Enter キーを押す

```
else
```

HINT! SaveAsメソッドでブックに名前を付けて保存できる

ブックに名前を付けて保存するときは、手順10のようにSaveAsメソッドを使います。SaveAsメソッドでブックに名前を付けて保存すると、開いているブックの名前も変更されます。なお、SaveAsメソッドは名前を付けて保存するだけで、ブックは閉じません。

HINT! ブックを上書き保存するには

「Book1.xlsx」のように名前を付けていないブックを開いているときに、上書き保存を実行すると、[名前を付けて保存] ダイアログボックスが表示されます。しかし、Saveメソッドでブックを上書きすると、名前が付いていない新規のブックも、そのまま「Book1.xlsx」という名前で保存されます。

HINT! ブックを閉じるには

SaveAsメソッドやSaveメソッドでブックを保存しても、ブックは閉じません。ブックを閉じるにはCloseメソッドを使いましょう。なお、Closeメソッドでは、[閉じる] ボタンをクリックしたときと同じように、変更を加えたブックの場合は [名前を付けて保存] ダイアログボックスが表示されます。

10 続けて2つ目の処理を入力する

ブックに名前を付けて保存する

1 Tab キーを押す

```
    ChDir ThisWorkbook.Path
    保存ファイル名 = Application.GetSaveAsFilename _
        (既定ファイル名, "請求一覧YYYYMM(*.xlsx),*.xlsx")
    If 保存ファイル名 = False Then
        MsgBox "保存は中止されました。"
    Else
        |
End Sub
```

2 カーソルが移動した位置から以下のように入力

3 Enter キーを押す

請求一覧ブック.saveas␣保存ファイル名

11 If ～ Then ～ Elseステートメントを終了する

1 Back space キーを押す

```
    ChDir ThisWorkbook.Path
    保存ファイル名 = Application.GetSaveAsFilename _
        (既定ファイル名, "請求一覧YYYYMM(*.xlsx),*.xlsx")
    If 保存ファイル名 = False Then
        MsgBox "保存は中止されました。"
    Else
        請求一覧ブック.SaveAs 保存ファイル名
    |
End Sub
```

2 カーソルが移動した位置から以下のように入力

end␣if

12 入力したコードを確認する

```
Sub 請求書一覧ブック保存()
    Dim 請求一覧ブック As Workbook
    Dim 既定ファイル名 As String
    Dim 保存ファイル名 As Variant
    Set 請求一覧ブック = Workbooks("Book1")
    既定ファイル名 = "請求一覧" & Format(Date, "yyyymm") & ".xlsx"
    ChDir ThisWorkbook.Path
    保存ファイル名 = Application.GetSaveAsFilename _
        (既定ファイル名, "請求一覧YYYYMM(*.xlsx),*.xlsx")
    If 保存ファイル名 = False Then
        MsgBox "保存は中止されました。"
    Else
        請求一覧ブック.SaveAs 保存ファイル名
    End If
End Sub
|
```

1 ここをクリック

マクロを作成できた

2 コードが正しく入力できたかを確認

レッスン⓴を参考にマクロを上書き保存し、Excelに切り替えておく

レッスン⓴を参考に、[請求書一覧ブック保存] のマクロを実行しておく

→p.238 After の画面が表示される

HINT!

SaveCopyAsメソッドを使うとブックのコピーを保存できる

SaveCopyAsメソッドは、ブックのコピーに名前を付けて保存します。ブックのコピーに名前を付けて保存するので、開いているブックの名前はそのままで変更されません。元のブックを残して、新しく別のブックを作りたいときに便利です。

VBA 用語集

Point

GetSaveAsFilenameは保存するファイル名を取得する

このレッスンで紹介したGetSaveAsFilenameメソッドを使うと、マクロの実行中に［名前を付けて保存］ダイアログボックスを表示できます。このダイアログボックスを使うと保存するブックの名前を指定する以外にも、保存先のフォルダを指定できます。なお、このメソッドは実際にブックの保存は行わず、指定されたファイル名を取得するだけです。ブックの保存はその後のSaveAs命令で行っています。また、このメソッドを実行したときにフォルダーを変更すると、作業中のフォルダーも変更されます。

この章のまとめ

●ワークシートやブックの自動化で活用の幅が広がる

この章ではマクロでワークシートやブックを操作する方法を紹介しました。マクロでも、Excelの操作と同じようにワークシートのコピーや移動、挿入はもちろん、新規に空白のブックを作成できます。
またマクロを使えば、複数のブックを対象にした操作も簡単に行えます。レッスン㊴では、マクロを使って複数のブックにあるワークシートからデータを集計する方法を紹介しました。マクロで複数のブックを操作するときに重要なことは、操作の対象になるワークシートがどのブックにあるのかをコードの中で明確に指定することです。これを間違ってしまうと関係のないワークシートを操作してしまうので注意してください。
マクロでワークシートやブックを操作する方法を覚えればマクロの活用範囲がさらに広がるので、しっかりと理解しておきましょう。分かりにくいところはこの章を読み返しながら繰り返しExcelを操作するといいでしょう。

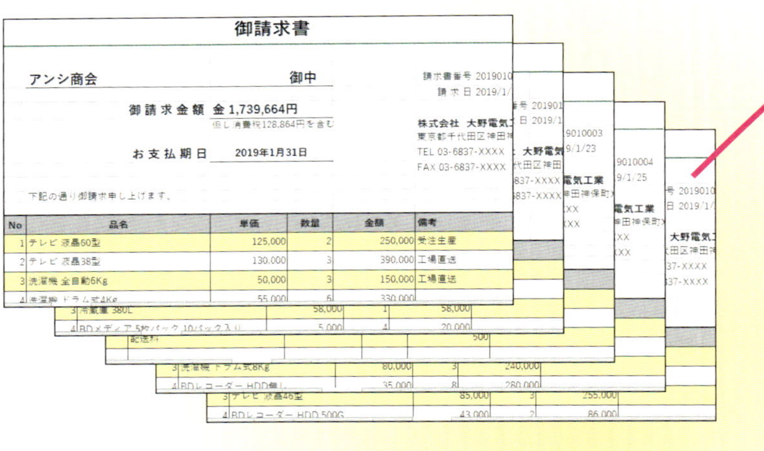

ワークシートやブックの操作も自動化できる

ワークシートのコピーや移動、挿入、新規ブックの作成など、マクロの活用の幅が広がる

A	B	C	D	E
請求書番号	請求先	請求日	請求金額	
2019010001	アンシ商会	2019/01/17	1,739,664	
2019010002	アンシ商会	2019/01/21	2,328,048	
2019010003	アンシ商会	2019/01/23	162,540	
2019010004	アンシ商会	2019/01/25	1,010,340	
2019010005	アンシ商会	2019/01/29	1,491,480	

練習問題

1

練習用ファイルの［第9章_練習問題_1.xlsm］の［請求書一覧表作成］マクロをVBEで表示し、［請求日］の日付を和暦で表示できるように修正してください。

●ヒント：「平成31年」は書式指定文字を「ggge年」と入力すると表示できます。

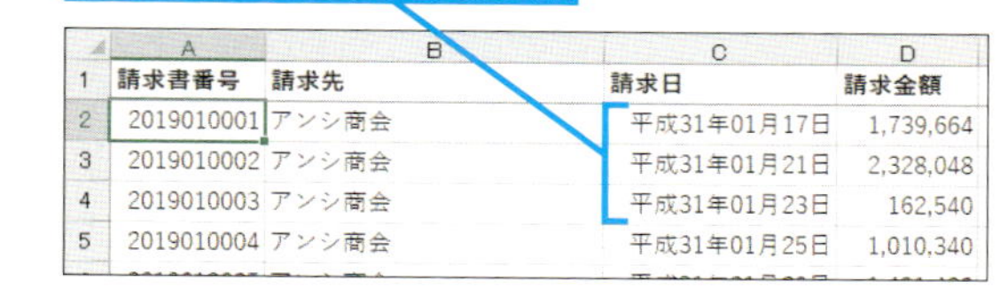

	A	B	C	D
1	請求書番号	請求先	請求日	請求金額
2	2019010001	アンシ商会	平成31年01月17日	1,739,664
3	2019010002	アンシ商会	平成31年01月21日	2,328,048
4	2019010003	アンシ商会	平成31年01月23日	162,540
5	2019010004	アンシ商会	平成31年01月25日	1,010,340

2

練習用ファイルの［第9章_練習問題_2.xlsm］の［新規請求書追加］マクロをVBEで表示し、［請求書フォーム.xlsx］の［フォーム］シートを［第9章_練習問題.xlsm］にコピーして、［請求書フォーム.xlsx］を閉じるように修正してください。

●ヒント：「After」で指定したシートの後ろにコピーするCopy Afterメソッドと、ブックを閉じるCloseメソッドを使って修正します。

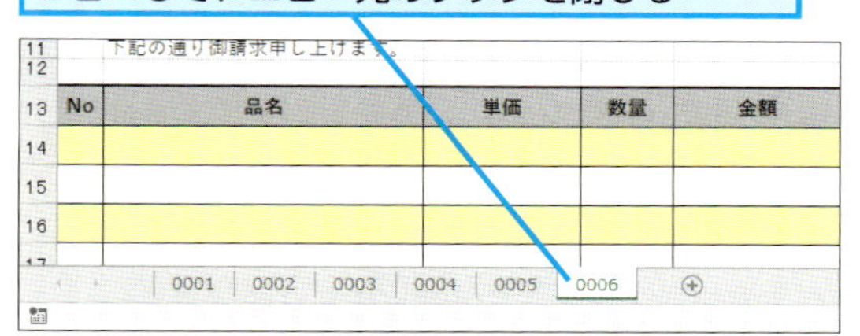

答えは次のページ

解　答

1

セルの表示形式を指定する［請求書一覧表作成］マクロのNumberFormatLocalプロパティを修正します。ここでは、和暦で表示するので「yyyy/mm/dd」を削除して、「ggge年mm月dd日」と修正します。

［第9章_練習問題_1.xlsm］を開いておく

1 ここにマウスポインターを合わせる

2 ここまでドラッグ

```
        With 請求一覧シート
            .Cells(行, 3).NumberFormatLocal = "yyyy/mm/dd"
            .Cells(行, 4).NumberFormatLocal = "#,##0"
            .Cells(行, 1) = CLng(請求書シート.Range("G3"))
            .Cells(行, 2) = 請求書シート.Range("B3")
            .Cells(行, 3) = 請求書シート.Range("G4")
            .Cells(行, 4) = 請求書シート.Range("E36")
        End With
        行 = 行 + 1
    Next シート番号
End Sub
```

3 Back space キーを押す

［請求日］が和暦で表示されるように設定する

4 「ggge年mm月dd日」と入力

```
        With 請求一覧シート
            .Cells(行, 3).NumberFormatLocal = "ggge年mm月dd日"
            .Cells(行, 4).NumberFormatLocal = "#,##0"
            .Cells(行, 1) = CLng(請求書シート.Range("G3"))
            .Cells(行, 2) = 請求書シート.Range("B3")
            .Cells(行, 3) = 請求書シート.Range("G4")
            .Cells(行, 4) = 請求書シート.Range("E36")
        End With
        行 = 行 + 1
    Next シート番号
End Sub
```

2

［新規請求書追加］マクロを修正します。ワークシートの移動を指定するMoveメソッドを削除して、Copyメソッドに修正します。その後に、Closeメソッドで［請求書フォーム.xlsx］を閉じるよう指定します。

［第9章_練習問題_2.xlsm］を開いておく

1 ここにマウスポインターを合わせる

2 ここまでドラッグ

```
    請求番号 = CInt(請求書ブック.Worksheets(シート数).Name) + 1
    請求書シート名 = Format(請求番号, "0000")
    フォームシート.Move After:=請求書ブック.Worksheets(シート数)
    ActiveSheet.Name = 請求書シート名
End Sub
```

3 Back space キーを押す

［請求書フォーム.xlsx］の［フォーム］シートが［第9章_練習問題.xlsm］の右端にコピーされるように設定する

```
    請求番号 = CInt(請求書ブック.Worksheets(シート数).Name) + 1
    請求書シート名 = Format(請求番号, "0000")
    フォームシート.Copy After:=請求書ブック.Worksheets(シート数)
    |
    ActiveSheet.Name = 請求書シート名
End Sub
```

4 「Copy」と入力

5 Enter キーを押す

［請求書フォーム.xlsx］を閉じるように設定する

```
    請求番号 = CInt(請求書ブック.Worksheets(シート数).Name) + 1
    請求書シート名 = Format(請求番号, "0000")
    フォームシート.Copy After:=請求書ブック.Worksheets(シート数)
    フォームブック.Close
    ActiveSheet.Name = 請求書シート名
End Sub
```

6 「フォームブック.Close」と入力

第10章 もっとマクロを使いこなす

この章ではVBAの応用編として、VBAをもっと便利に使うための方法をいくつか紹介します。ここで紹介している内容を覚えれば、マクロがより使いやすくなるでしょう。

●この章の内容

レッスン

41 VBAで作成したマクロを組み合わせるには

マクロの組み合わせ

VBAでも、複数のマクロを組み合わせて、一連の処理を行うマクロを簡単に作成できます。ここでは、VBAでマクロを組み合わせる方法を解説します。

作成するマクロ

Before

下記の通り御請求申し上げます。

No	品名	単価	数量	金額	備考
1	テレビ 液晶60型	125,000	2		受注生産
2	テレビ プラズマ38型	130,000	3		工場直送
3	洗濯機 全自動6Kg	50,000	3		工場直送
4	洗濯機 ドラム式4Kg	55,000	6		
5	洗濯機 ドラム式8Kg	80,000	3		
6	冷蔵庫 250L	40,000	3		
7	BDレコーダー HDD 500G	43,000	3		
8	BDメディア 5枚パック 10パック入り	5,000	2		サービス
	特別値引き				
	配送料				

第7章と第8章で作成した複数のマクロを連続して実行する

After

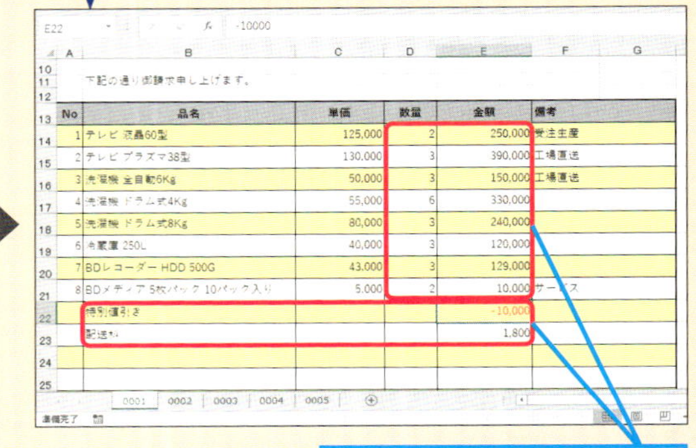
下記の通り御請求申し上げます。

No	品名	単価	数量	金額	備考
1	テレビ 液晶60型	125,000	2	250,000	受注生産
2	テレビ プラズマ38型	130,000	3	390,000	工場直送
3	洗濯機 全自動6Kg	50,000	3	150,000	工場直送
4	洗濯機 ドラム式4Kg	55,000	6	330,000	
5	洗濯機 ドラム式8Kg	80,000	3	240,000	
6	冷蔵庫 250L	40,000	3	120,000	
7	BDレコーダー HDD 500G	43,000	3	129,000	
8	BDメディア 5枚パック 10パック入り	5,000	2	10,000	サービス
	特別値引き			-10,000	
	配送料			1,800	

VBAで指定したマクロを一気に実行できる

プログラムの内容

```
1 Sub 請求書計算実行()
2     合計欄クリア
3     合計計算_2
4     総計計算
5     総計計算_値引き
6     総計計算_送料
7 End Sub
```

【コードの解説】

1 ここからマクロ［請求書計算実行］を開始する
2 マクロ［合計欄クリア］を実行する
3 マクロ［合計計算_2］を実行する
4 マクロ［総計計算］を実行する
5 マクロ［総計計算_値引き］を実行する
6 マクロ［総計計算_送料］を実行する
7 マクロを終了する

1 モジュールを挿入する

[マクロの組み合わせ.xlsm] をExcelで開いておく

レッスン⑮を参考にマクロをVBEで表示しておく

モジュールの挿入先のブックを選択しておく

1 [VBAProject（マクロの組み合わせ.xlsm)]をクリック

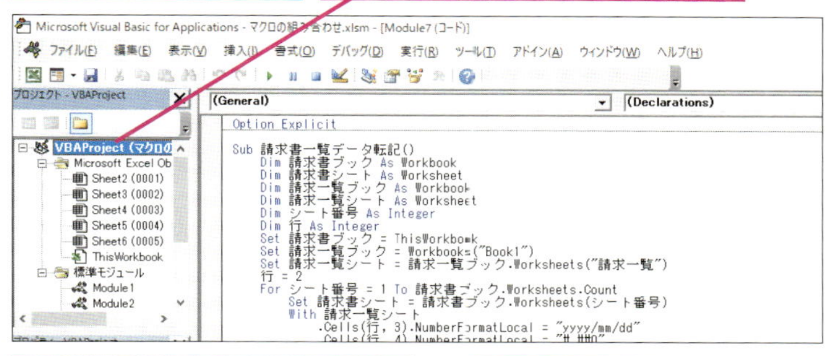

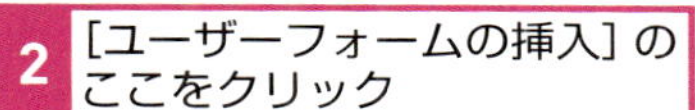

2 [ユーザーフォームの挿入] のここをクリック

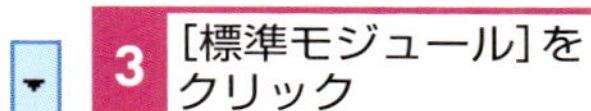

3 [標準モジュール]をクリック

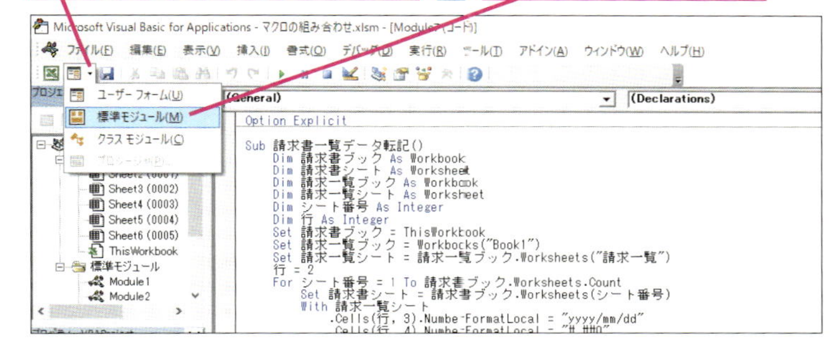

2 マクロの開始を宣言する

モジュールが挿入された

ここからコードを記述していく

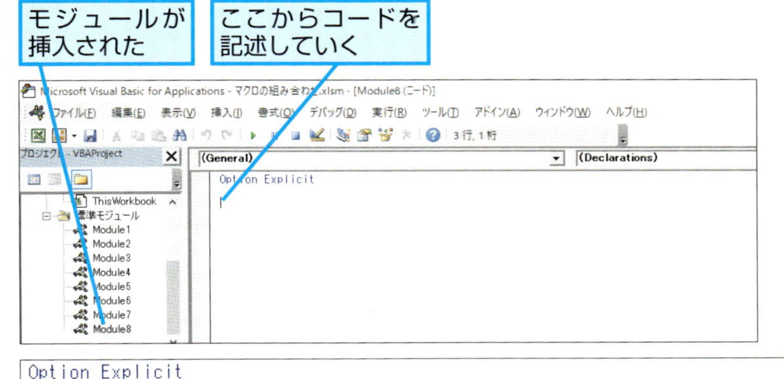

```
Option Explicit
|
```

1 カーソルが移動した位置から以下のように入力

2 Enter キーを押す

```
sub␣請求書計算実行
```

キーワード

ステートメント	p.324
プロシージャ	p.326
モジュール	p.327

レッスンで使う練習用ファイル
マクロの組み合わせ.xlsm

ショートカットキー

Alt + F8 ……
[マクロ] ダイアログボックスの表示

Alt + F11 ……
ExcelとVBEの表示切り替え

HINT!

マクロ名を記述すると別のマクロを呼び出せる

マクロの記録で行ったように、VBAでマクロを組み合わせるにはマクロ名をコードの中に記述します。マクロの実行時にマクロ名があると、そのマクロを呼び出して実行します。呼び出されたマクロが終了すると、元のマクロに戻り、マクロ名の次のコードが実行されます。

HINT!

Callステートメントを使ってもマクロを呼び出せる

ここではコードの中にマクロ名を記述してマクロを呼び出していますが、Callステートメントを使ってもマクロを呼び出せます。Callステートメントを使ってマクロを呼び出しても、実行時の処理に変わりはありません。Callステートメントは省略可能なので、通常は記述の必要がありません。

間違った場合は？

コードを半角の小文字で入力しているとき、Enter キーを押して改行しても入力したコードの頭文字が大文字に変わらないときは、入力したコードが間違っている場合があります。もう一度よく確認してみましょう。

次のページに続く

3 実行するマクロを指定する

実行したいマクロ名を記述していく

1 Tab キーを押す

```
Sub 請求書計算実行()
    |
End Sub
```

2 カーソルが移動した位置から以下のように入力

3 Enter キーを押す

```
合計欄クリア
```

4 続けて実行するマクロを指定する

```
Sub 請求書計算実行()
    合計欄クリア
    |
End Sub
```

1 カーソルが移動した位置から以下のように入力

```
合計計算_2
総計計算
総計計算_値引き
総計計算_送料
```

5 入力したコードを確認する

```
Sub 請求書計算実行()
    合計欄クリア
    合計計算_2
    総計計算
    総計計算_値引き
    総計計算_送料
End Sub
|
```

1 ここをクリック

マクロの作成が終了した

2 コードが正しく入力できたかを確認

レッスン⓴を参考にマクロを上書き保存し、Excelに切り替えておく

レッスン⓴を参考に、[請求書計算実行]のマクロを実行しておく

→p.248 After の画面が表示される

HINT! マクロには処理内容が分かりやすい名前を付ける

VBAで複数のマクロを組み合わせるには、作成済みのマクロ名(プロシージャ名)を記述するだけです。単純な機能のマクロを分割して作成しておけば、後でマクロを組み合わせるのも簡単です。ただし、マクロの数が多くなり過ぎて把握できない事態を避けるために、マクロの処理内容が分かるような適切な名前を付けておきましょう。

VBA 用語集

Sub ～ End Sub p.321

Point 処理に応じてマクロを分割できる

レッスン❻でも解説しましたが、マクロを作成するときは、1つのマクロで複数の処理を行わずに、単純な処理を行うマクロに分割しておくことがポイントです。1つ1つのマクロが少ないコードで記述してあれば、間違いを少なくできる上、コードを修正するのも簡単です。また、新しく別のマクロを作るときに、作成済みのマクロを「部品」のように再利用できます。まず、処理の内容をどのように分割できるかを考えてから、作業を始めることが大切です。マクロの分割と再利用を考えれば、よりプログラミングの世界が広がります。

活用例 呼び出したマクロから別のマクロを呼び出せる

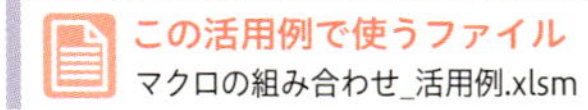

この活用例で使うファイル
マクロの組み合わせ_活用例.xlsm

呼び出されたマクロの中からさらに別のマクロを呼び出すことができます。このレッスンで実行する［請求書計算実行］マクロは、請求書の総合計欄を計算する処理が、総合計計算と値引き計算、送料計算の3つのマクロに分かれています。この3つのマクロを別のブックに分けて、［請求書計算実行］マクロから呼び出すように書き換えると、［請求書計算実行］マクロ全体の処理が合計欄クリア、明細行計算、合計欄計算の3つを行っていることが分かりやすくなります。下の例では［総計計算］と［総計計算_値引き］［総計計算_送料］という3つのマクロを［総計計算_2］というマクロに記述しています。こうしておけば必要に応じて［総計計算_2］のマクロ名を追加・削除することで［請求書計算実行_活用例］マクロの処理を仕分けできます。

マクロAがマクロBとマクロC、マクロDを呼び出す

```
Sub マクロA()
    マクロB
    マクロC
    マクロD
End Sub
```

```
Sub マクロD()
    マクロE
    マクロF
    マクロG
End Sub
```

マクロDがさらにマクロEとマクロF、マクロGを呼び出す

プログラムの内容

```
1 Sub 請求書計算実行_活用例()
2     合計欄クリア
3     合計計算_2
4     総計計算_2
5 End Sub
```

【コードの解説】

1 ここからマクロ［請求書計算実行_活用例］を開始する
2 マクロ［合計欄クリア］を実行して計算処理を実行する前に明細の金額欄をクリアする
3 マクロ［合計計算_2］を実行して明細行金額計算をする
4 マクロ［総計計算_2］を実行して総合計計算をする
5 マクロを終了する

プログラムの内容

```
1 Sub 総計計算_2()
2     総計計算
3     総計計算_値引き
4     総計計算_送料
5 End Sub
```

【コードの解説】

1 ここからマクロ［総計計算_2］を開始する
2 マクロ［総計計算］を実行して総計計算をする
3 マクロ［総計計算_値引き］を実行して値引き計算をする
4 マクロ［総計計算_送料］を実行して送料計算をする
5 マクロを終了する

レッスン
42 画面にメッセージを表示するには

MsgBox関数

MsgBox関数を使うと、マクロの実行中に処理を確認するメッセージボックスを表示できます。このレッスンでは、MsgBox関数を使ったマクロを紹介します。

作成するマクロ

Before

［請求書計算実行］マクロの実行時に確認のメッセージを表示する

Microsoft Excel

請求書の計算を実行します。

はい(Y)　いいえ(N)

After

［はい］をクリックした場合のみ、マクロが実行されるようにする

No	品名	単価	数量	金額	備考
1	テレビ 液晶60型	125,000	2	250,000	受注生産
2	テレビ 液晶38型	130,000	3	390,000	工場直送
3	洗濯機 全自動6Kg	50,000	3	150,000	工場直送
4	洗濯機 ドラム式4Kg	55,000	6	330,000	
5	洗濯機 ドラム式8Kg	80,000	3	240,000	
6	冷蔵庫 250L	40,000	3	120,000	
7	BDレコーダー HDD 500G	43,000	3	129,000	
8	BDメディア 5枚パック 10パック入り	5,000	2	10,000	サービス
	特別値引き			-10,000	
	配送料			1,000	

プログラムの内容

```
1  Sub 請求書計算実行()
2  	Dim 確認 As Integer
3  	確認 = MsgBox("請求書の計算を実行します。", vbYesNo)
4  	If 確認 = vbNo Then
5  		MsgBox"処理を中止します。"
6  		Exit Sub
7  	End If
8  	合計欄クリア
9  	合計計算_2
10 	総計計算
11 	総計計算_値引き
12 	総計計算_送料
13 End Sub
```

【コードの解説】

1 ここからマクロ［請求書計算実行］を開始する
2 変数「確認」をInteger型に定義する
3 メッセージボックスを表示して、変数「確認」に、クリックされたボタンの戻り値を設定する
4 もし変数「確認」の値がvbNo（［いいえ］ボタンの戻り値）であれば、
5 メッセージボックスを表示する
6 マクロを終了する
7 If ～ Thenステートメントを終了する
8 マクロ［合計欄クリア］を実行する
9 マクロ［合計計算_2］を実行する
10 マクロ［総計計算］を実行する
11 マクロ［総計計算_値引き］を実行する
12 マクロ［総計計算_送料］を実行する
13 マクロを終了する

1 改行を挿入する

[MsgBox関数.xlsm] をExcelで開いておく

レッスン⓯を参考にしてマクロをVBEで表示しておく

1 [Module8] をダブルクリック

2 ここをクリック

コードを修正するので、改行して行を挿入する

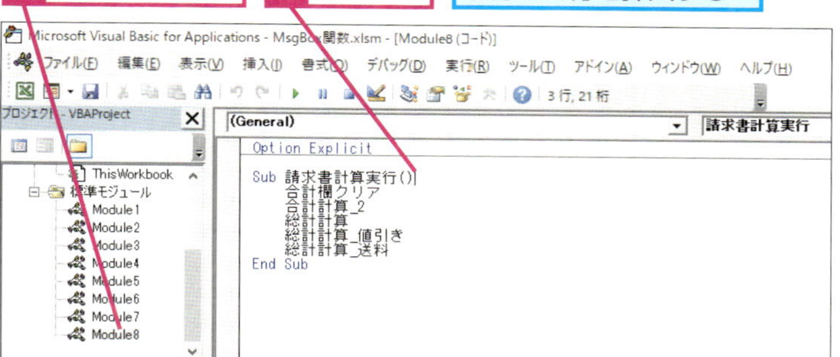

3 Enter キーを押す

2 変数「確認」を定義する

挿入した行にコードを入力していく

1 Tab キーを押す

```
Sub 請求書計算実行()
    |
    合計欄クリア
    合計計算_2
    総計計算
    総計計算_値引き
    総計計算_送料
End Sub
```

2 カーソルが移動した位置から以下のように入力

3 Enter キーを押す

```
dim␣確認␣as␣integer
```

3 MsgBox関数を入力する

メッセージボックスを表示して、クリックされたボタンの戻り値を変数「確認」に設定する

```
Sub 請求書計算実行()
    Dim 確認 As Integer
    |
    合計欄クリア
    合計計算_2
    総計計算
    総計計算_値引き
    総計計算_送料
End Sub
```

1 カーソルが移動した位置から以下のように入力

2 Enter キーを押す

```
確認=msgbox("請求書の計算を実行します。",vbyesno)
```

キーワード

コンパイル	p.324
ステートメント	p.324
定数	p.326
引数	p.326
プロシージャ	p.326
分岐	p.327
変数	p.327
メッセージボックス	p.327

レッスンで使う練習用ファイル
MsgBox関数.xlsm

ショートカットキー

Alt + F8 ……
[マクロ] ダイアログボックスの表示

Alt + F11 ……
ExcelとVBEの表示切り替え

HINT!

「vbYesNo」って何？

手順3で入力する「vbYesNo」とは、メッセージボックスに表示するボタンの種類を表します。「vbYesNo」と指定した場合、メッセージボックスには [はい] と [いいえ] の2つのボタンが表示されます。メッセージボックスの活用方法については、次ページのテクニックを参考にしてください。

HINT!

クリックされたボタンの値を判定する

手順3では、メッセージボックスでクリックされたボタンの戻り値を変数「確認」に設定しています。手順4で記述した「If 確認 = vbNo Then」のコードは、[いいえ] ボタンがクリックされたかどうか（変数「確認」の値がvbNoかどうか）を判定していることになります。

次のページに続く

If ～ Thenステートメントを入力する

メッセージボックスでクリックされたボタンが［いいえ］（vbNo）の場合のみ、Then以下の処理を行う

```
Sub 請求書計算実行()
    Dim 確認 As Integer
    確認 = MsgBox("請求書の計算を実行します。", vbYesNo)
    |
    合計欄クリア
    合計計算_2
    総計計算
    総計計算_値引き
    総計計算_送料
End Sub
```

1 カーソルが移動した位置から以下のように入力

2 Enter キーを押す

```
if␣確認=vbno␣then
```

HINT!

「Exit Sub」でマクロの処理を途中で終了する

手順6で入力している「Exit Sub」は、マクロの処理を終了する命令です。ここでは、［いいえ］ボタンがクリックされたときにマクロを終了するので、手順4で入力した変数「確認」の値が［いいえ］（vbNo）の場合に「Exit Sub」でマクロを終了します。

間違った場合は？

プロシージャ名の途中で改行してしまうと、エラーが表示されます。エラーメッセージが表示されたダイアログボックスで[OK]ボタンをクリックして、コードを修正してください。

テクニック

引数でメッセージボックスをカスタマイズできる

このレッスンで作成するメッセージボックスでは、「請求書の計算を実行します。」のメッセージと［はい］ボタン、［いいえ］ボタンを表示しますが、MsgBox関数の引数を変更すれば、さまざまなメッセージボックスを作成できます。メッセージの内容に関連したアイコンや処理に応じたボタンを用意してメッセージボックスをカスタマイズしてみましょう。
下の表の定数を利用して「MsgBox("(表示するメッセージ)", (ボタンの定数) + (アイコンの定数), "(タイトル)")」のように指定します。なお、ボタンとアイコンに割り当てられている値を利用すれば「MsgBox("請求書の計算を実行します。", 3 + 64, "確認")」と記述できます。

引数を変更すれば、メッセージボックスに表示するボタンやアイコンをカスタマイズできる

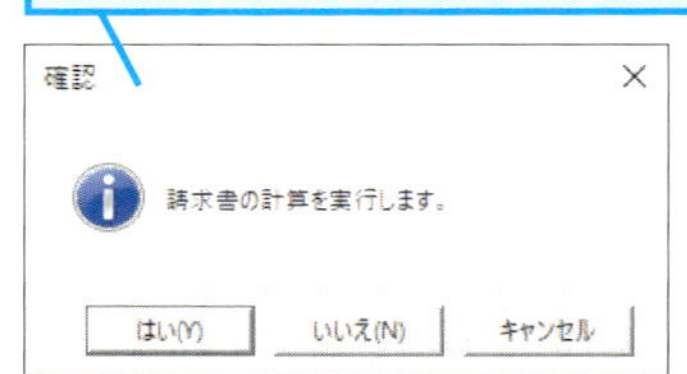

●ボタンを指定する定数

定数	ボタン	値
vbOKOnly	OK	0
vbOKCancel	OK キャンセル	1
vbAbortRetryIgnore	中止(A) 再試行(R) 無視(I)	2
vbYesNoCancel	はい(Y) いいえ(N) キャンセル	3
vbYesNo	はい(Y) いいえ(N)	4
vbRetryCancel	再試行(R) キャンセル	5

●アイコンを指定する定数

定数	アイコン	値
vbCritical		16
vbQuestion		32
vbExclamation		48
vbInformation		64

条件を満たす場合の処理を入力する

変数「確認」の値が「vbNo」だった場合に表示されるメッセージを設定するので、行頭を字下げする

1 Tab キーを押す

```
Sub 請求書計算実行()
    Dim 確認 As Integer
    確認 = MsgBox("請求書の計算を実行します。", vbYesNo)
    If 確認 = vbNo Then
        |
    合計欄クリア
    合計計算_2
    総計計算
    総計計算_値引き
    総計計算_送料
End Sub
```

2 カーソルが移動した位置から以下のように入力

3 Enter キーを押す

```
msgbox"処理を中止します。"
```

マクロを終了する

マクロが終了するように設定する

```
Sub 請求書計算実行()
    Dim 確認 As Integer
    確認 = MsgBox("請求書の計算を実行します。", vbYesNo)
    If 確認 = vbNo Then
        MsgBox "処理を中止します。"
        |
    合計欄クリア
    合計計算_2
    総計計算
    総計計算_値引き
    総計計算_送料
End Sub
```

1 カーソルが移動した位置から以下のように入力

2 Enter キーを押す

```
exit␣sub
```

◆Exit Sub
Subプロシージャを終了する（マクロを終了する）

HINT!

「戻り値」を覚えておこう

メッセージボックスのボタンには、あらかじめ「戻り値」と呼ばれる値が割り当てられています。ボタンにより戻り値が異なるため、クリックされたボタンによって処理を分岐できるわけです。なお、戻り値は「vbNo」や「vbCancel」の代わりに、「7」や「2」などの数値で判定することもできます。メッセージボックスで利用できるボタンの戻り値については、以下の表を参照してください。

●ボタンの戻り値

クリックしたボタン	戻り値	値
OK	vbOK	1
キャンセル	vbCancel	2
中止(A)	vbAbort	3
再試行(R)	vbRetry	4
無視(I)	vbIgnore	5
はい(Y)	vbYes	6
いいえ(N)	vbNo	7

HINT!

「&」は文字列を連結して1つの文字列にする演算子

MsgBox関数の引数に使っている「&」（アンパサンド）は、文字列や変数の値をつなげて1つの文字列にする「文字列連結演算子」と呼ばれるものです。複数の文字列や変数を「&」でつなげれば連結して1つの文字列として扱えます。実際の使用例は、262ページのテクニックを参照してください。なお、「&」を入力するときは前後に空白を入れないと「コンパイルエラー」になるときがあるので注意してください。

次のページに続く

7 If ～ Thenステートメントを終了する

If ～ Thenステートメントはここまでなので インデントのレベルを1つ戻す

1 Back space キーを押す

```
Sub 請求書計算実行()
    Dim 確認 As Integer
    確認 = MsgBox("請求書の計算を実行します。", vbYesNo)
    If 確認 = vbNo Then
        MsgBox "処理を中止します。"
        Exit Sub
    |
    合計欄クリア
    合計計算_2
    総計計算
    総計計算_値引き
    総計計算_送料
End Sub
```

2 カーソルが移動した位置から以下のように入力

```
end␣if
```

8 入力したコードを確認する

```
Sub 請求書計算実行()
    Dim 確認 As Integer
    確認 = MsgBox("請求書の計算を実行します。", vbYesNo)
    If 確認 = vbNo Then
        MsgBox "処理を中止します。"
        Exit Sub
    End If
    合計欄クリア
    合計計算_2
    総計計算
    総計計算_値引き
    総計計算_送料
End Sub
|
```

1 ここをクリック

マクロの作成が終了した

2 コードが正しく入力できたかを確認

レッスン⑳を参考にマクロを上書き保存し、Excelに切り替えておく

レッスン⑳を参考に、[請求書計算実行]のマクロを実行しておく

→p.252 After の画面が表示される

VBA 用語集

Point

ボタンのクリックで処理を選択できる

MsgBoxはいくつかの引数を伴う関数ですが、ここではメッセージボックス内に表示するメッセージとボタンの種類を設定しました。メッセージとタイトルは、指定した文字列がそのまま表示されます。ボタンの種類にはいくつかのパターンがあり、それらをVBAの組み込み定数で指定します。MsgBox関数を使って表示したメッセージボックスは、ユーザーがクリックしたボタンの種類によって組み込み定数の値が設定されます。このレッスンでは、その値を変数「確認」に代入し、その後If ～ Thenステートメントでメッセージを表示するかどうかの判定をしています。

テクニック 「標準ボタン」も指定できる

MsgBox関数で表示するボタンが複数になるときは、引数に次の値を加えることで、左から何番目のボタンを標準ボタンにするかを指定できます。標準ボタンとは、252ページの[Before]にある[はい]ボタンのように、太い枠線などで表示されるボタンです。なお、「vbDefaultButton1」の値は「0」なので、標準ボタンの指定がなくても「vbDefaultButton1」を指定した場合と同じになり、左から1番目のボタンが標準ボタンになります。

Microsoft Excel

請求書の計算を実行します。

はい(Y)　いいえ(N)

◆標準ボタン
太い枠線などで表示されるボタン

●標準ボタンを指定する定数

定数	値	標準となるボタン
vbDefaultButton1	0	1番目のボタン
vbDefaultButton2	256	2番目のボタン
vbDefaultButton3	512	3番目のボタン

活用例 マクロの実行を一時停止して状況を確認する

この活用例で使うファイル
MsgBox関数_活用例.xlsm

マクロをデバッグするときに実行中の変数やセルの内容を確認する方法として、186ページのHINT!ではDebug.Printを紹介しました。Debug.Printでは、マクロの実行が終わるまで状況を確認できませんが、MsgBox関数を使えばマクロの実行を一時停止して状況を確認できます。例えばレッスン㉞で作成した「総計計算_送料」のマクロに以下のような命令を追加すると、マクロを行ごとに一時停止してメッセージボックスに行番号や備考欄の内容、送料の合計を表示できます。Debug.PrintやMsgBoxを上手に使えば、マクロの問題点や処理の流れを把握しやすくなります。

After

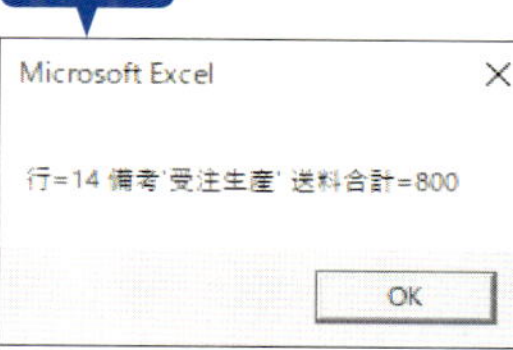

マクロを実行すると1行ごとに、内容を確認するダイアログボックスが表示される

レッスン㉞で作成したプログラム

```
Sub 総計計算_送料()
    Dim 行番号 As Integer
    Dim 工場直送送料 As Currency
    Dim 受注生産送料 As Currency
    Dim 送料合計 As Currency
    行番号 = 14
    送料合計 = 0
    工場直送送料 = 500
    受注生産送料 = 800
    Do Until Cells(行番号, 4).Value = ""
        If Cells(行番号, 6).Value = "工場直送" Then
            送料合計 = 送料合計 + 工場直送送料
        ElseIf Cells(行番号, 6).Value = "受注生産" Then
            送料合計 = 送料合計 + 受注生産送料
        End If
        行番号 = 行番号 + 1
    Loop
    If Cells(行番号, 5).Value <> "" Then
        行番号 = 行番号 + 1
    End If
    Cells(行番号, 2).Value = "配送料"
    Cells(行番号, 5).Value = 送料合計
    Range("E34").Value = Range("E34").Value + 送料合計
End Sub
```

15行目の後に以下のコードを追加する

追加するプログラムの内容

```
1 MsgBox␣"行="␣&␣行番号␣&␣"␣備考='"␣_↵
2 &␣Cells(行番号,␣6).Value␣&␣"'␣送料合計="␣&␣送料合計↵
3 行番号␣=␣行番号␣+␣1↵
```

【コードの解説】

1 メッセージボックスを表示して、「行=」という文字列と 変数［行番号］の現在の値、「 備考=」という文字列と

2 行番号が変数［行番号］、列番号が6（6列目、つまり［備考］列）のセルの内容と「 送料合計=」という文字列と変数「送料合計」の現在の値を表示する

3 変数［行番号］のループカウンターを1つ増やして処理を繰り返す

レッスン

43 ダイアログボックスからデータを入力するには

InputBox関数

マクロの実行中に、何らかの値をキーボードから入力したいときには、InputBox関数を使うといいでしょう。ここでは、InputBox関数の使い方を紹介します。

作成するマクロ

Before

ダイアログボックスから入力した請求日をセルに設定する

請求日の入力
請求日を入力してください。
OK
キャンセル
2019/01/29

After

入力した値から支払期日を表示する

ダイアログボックスから入力した値を表示できる

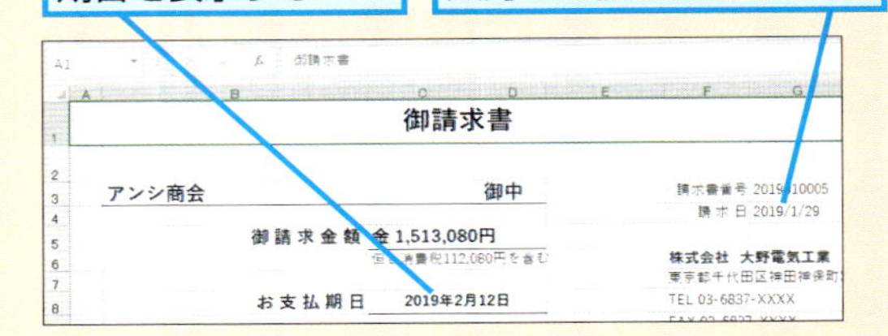

プログラムの内容

```
1  Sub 請求日入力()
2  	Dim 請求日 As Variant
3  	請求日 = InputBox("請求日を入力してください。", _
4  		"請求日の入力", Date)
5  	If Not IsDate(請求日) Then
6  		MsgBox _
7  			"入力された値は日付形式ではありません。処理を中止します。"
8  		Exit Sub
9  	End If
10 	ActiveSheet.Range("G4").Value = 請求日
11 	支払期日設定
12 End Sub
```

【コードの解説】

1. ここからマクロ［請求日入力］を開始する
2. 変数「請求日」をVariant型に定義する
3. ダイアログボックスにメッセージを表示する
4. マクロ実行時の日付をテキストボックスの初期値に設定して、入力された値を変数「請求日」に設定する
5. もし、変数「請求日」の値が日付形式でなければ、
6. メッセージを表示する
7. 表示するメッセージの内容
8. マクロを終了する
9. If ～ Thenステートメントを終了する
10. アクティブシートのセルG4に変数「請求日」の値を設定する
11. マクロ［支払期日設定］を実行する
12. マクロを終了する

1 マクロの開始を宣言する

[InputBox関数.xlsm] をExcelで開いておく

レッスン⑮を参考にしてマクロをVBEで表示しておく

1 [Module8] をダブルクリック

2 ここをクリック

ここからコードを入力していく

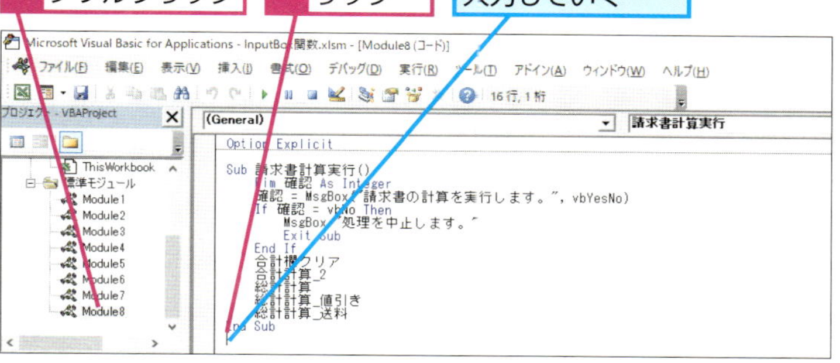

```
End Sub
|
```

3 カーソルが移動した位置から以下のように入力

4 Enter キーを押す

```
sub␣請求日入力
```

2 変数「請求日」を定義する

1 Tab キーを押す

```
Sub 請求日入力()
    |
End Sub
```

2 カーソルが移動した位置から以下のように入力

3 Enter キーを押す

```
dim␣請求日␣as␣variant
```

3 InputBox関数を入力する

表示されるダイアログボックスのメッセージを設定する

1行が長くなるので、行を分割して見やすくする

```
Sub 請求日入力()
    Dim 請求日 As Variant
    |
End Sub
```

1 カーソルが移動した位置から以下のように入力

2 Enter キーを押す

```
請求日=inputbox("請求日を入力してください。",␣_
```

◆InputBox（メッセージ,タイトル,初期値）
テキストボックス付きのダイアログボックスを表示する関数。表示するメッセージやタイトル、初期値を指定する

キーワード

レッスンで使う練習用ファイル
InputBox関数.xlsm

ショートカットキー

Alt + F8 ……
[マクロ] ダイアログボックスの表示

Alt + F11 ……
ExcelとVBEの表示切り替え

HINT!
なぜ「請求日」はVariant型で宣言するの？

変数「請求日」は日付型の「Date」ではなく、「Variant」で宣言しています。「請求日」は、InputBox関数で入力された請求日のデータを格納する変数です。間違って文字などの日付以外のデータが入力されてもエラーにならないために、どのようなデータ型でも格納できるVariantを使います。

間違った場合は？

コードを半角の小文字で入力しているとき、Enter キーを押して改行しても入力したコードの頭文字が大文字に変わらないときは、入力したコードが間違っている場合があります。もう一度よく確認してみましょう。

次のページに続く

InputBox関数の続きを入力する

表示されるダイアログボックスのタイトルと初期値を設定する

上の行から続いていることを表すために行頭を字下げする

1 Tab キーを押す

```
Sub 請求日入力()
    Dim 請求日 As Variant
    請求日=inputbox("請求日を入力してください。", _
        |
End Sub
```

2 カーソルが移動した位置から以下のように入力

3 Enter キーを押す

```
"請求日の入力",␣date)
```

5 If Not ～ Thenステートメントを入力する

入力された値が日付形式（yyyy/mm/dd）でない場合のみ、Then以下の処理を行う

1 Back space キーを押す

```
Sub 請求日入力()
    Dim 請求日 As Variant
    請求日 = InputBox("請求日を入力してください。", _
        "請求日の入力", Date)
    |
End Sub
```

2 カーソルが移動した位置から以下のように入力

3 Enter キーを押す

```
if␣not␣isdate(請求日)␣then
```

◆IsDate（○○）
○○が日付形式がどうかをチェックする関数

6 条件を満たす場合の処理を入力する

1 Tab キーを押す

1行が長くなるので、行を分割して見やすくする

```
Sub 請求日入力()
    Dim 請求日 As Variant
    請求日 = InputBox("請求日を入力してください。", _
        "請求日の入力", Date)
    If Not IsDate(請求日) Then
        |
End Sub
```

2 カーソルが移動した位置から以下のように入力

3 Enter キーを押す

```
msgbox␣_
```

HINT! IsDate関数で日付かどうかを調べる

IsDate関数は、変数に日付として有効なデータが格納されているか調べる関数です。有効な場合は「真（True）」、無効なときは「偽（False）」を返します。日付として有効なデータとは、「2019/11/1」や「11/1」、「11月1日」などのデータで、「-1/5」や「13/2」など日付として認識されないデータや文字などは、無効なデータとして「False」を返します。

HINT! 入力ミスを減らして効率的にコードを入力するには

入力するコードが多くなると、ミスも発生しやすくなります。メソッドの引数やプロパティのメンバーなどは、レッスン⑳のHINT!やテクニックで紹介した「自動クイックヒント」や「自動メンバー表示」などの入力サポート機能を活用しましょう。また、レッスン㊲のHINT!で紹介したように、入力した行は自動でチェックされますが、コード全体の整合性はチェックされません。マクロを実行する前にレッスン㊵のHINT!で紹介したように[VBAProjectのコンパイル]を行って、マクロ実行時のエラーが発生しないように事前に確認しましょう。

1 [デバッグ]をクリック

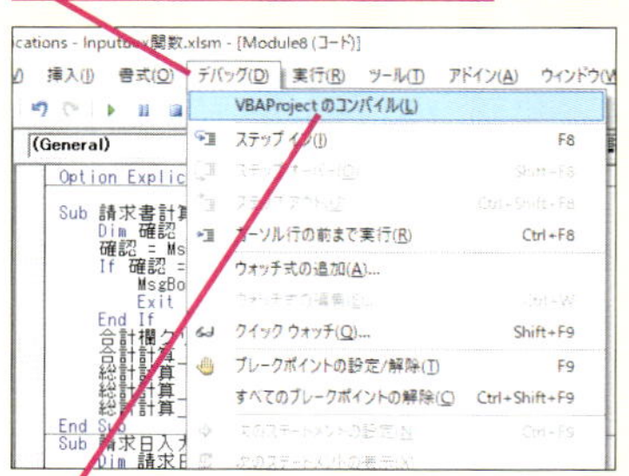

2 [VBAProjectのコンパイル]をクリック

コード全体がコンパイルされ、問題があるとエラーが表示される

もっとマクロを使いこなす 第10章

7 条件を満たす場合の処理の続きを入力する

上の行から続いていることを表すために行頭を字下げする

1 Tab キーを押す

```
Sub 請求日入力()
    Dim 請求日 As Variant
    請求日 = InputBox("請求日を入力してください。", _
        "請求日の入力", Date)
    If Not IsDate(請求日) Then
        msgbox _
            |
End Sub
```

2 カーソルが移動した位置から以下のように入力

3 Enter キーを押す

```
"入力された値は日付形式ではありません。処理を中止します。"
```

8 マクロを終了するように設定する

1 Back space キーを押す

```
Sub 請求日入力()
    Dim 請求日 As Variant
    請求日 = InputBox("請求日を入力してください。", _
        "請求日の入力", Date)
    If Not IsDate(請求日) Then
        MsgBox _
            "入力された値は日付形式ではありません。処理を中止します。"
        |
End Sub
```

2 カーソルが移動した位置から以下のように入力

3 Enter キーを押す

```
exit␣sub
```

9 If Not ～ Thenステートメントを終了する

If Not ～ Thenステートメントはここまでなのでインデントのレベルを1つ戻す

1 Back space キーを押す

```
Sub 請求日入力()
    Dim 請求日 As Variant
    請求日 = InputBox("請求日を入力してください。", _
        "請求日の入力", Date)
    If Not IsDate(請求日) Then
        MsgBox _
            "入力された値は日付形式ではありません。処理を中止します。"
        Exit Sub
    |
End Sub
```

2 カーソルが移動した位置から以下のように入力

3 Enter キーを押す

```
end␣if
```

HINT! アイコンでメッセージの重要度を表現する

254ページのテクニックで紹介したように、MsgBox関数の引数で、表示するアイコンを指定できます。手順7では、入力した値が日付形式でなかったときにメッセージを表示するためにMsgBox関数を使いました。このようなときには、注意を促すようなアイコンを指定することで、表示するメッセージの重要度を表現できます。

●アイコンを指定する定数

定数	アイコン
vbCritical	⊗
vbQuestion	?
vbExclamation	!
vbInformation	i

間違った場合は？

コードを半角の小文字で入力しているとき、Enter キーを押して改行しても入力したコードの頭文字が大文字に変わらないときは、入力したコードが間違っている場合があります。もう一度よく確認してみましょう。

次のページに続く

間違った場合は？

マクロが正しく実行されなかったときは、［マクロ］ダイアログボックスでマクロを選択後、［編集］ボタンをクリックして、VBEでコードを修正します。

10 変数「請求日」の値をセルに設定する

変数「請求日」の値をセルG4に設定する

```
Sub 請求日入力()
    Dim 請求日 As Variant
    請求日 = InputBox("請求日を入力してください。", _
        "請求日の入力", Date)
    If Not IsDate(請求日) Then
        MsgBox
            "入力された値は日付形式ではありません。処理を中止します。"
        Exit Sub
    End If
    |
End Sub
```

1 カーソルが移動した位置から以下のように入力

2 Enter キーを押す

```
activesheet.range("G4").value=請求日
```

テクニック InputBoxやMsgBoxの長い文字列を改行して表示する

InputBoxやMsgBoxを使うとメッセージを自由に表示できることはこれまでのレッスンで紹介しました。演算子の「&」（アンパサンド）や定数の「vbCrLf」を使うと、複数の文字列や変数の内容を連結したり、任意の位置で改行してメッセージを表示したりすることができます。255ページのHINT!でも紹介したように「&」は文字列を連結する演算子で、文字列や変数の内容を連結して1つの文字列にします。vbCrLfは、画面上で改行をするための「改行文字」という特別な文字を表すVBAの定数です。vbCrLfを連結した文字列を画面に表示すると、vbCrLfのところで改行されて、2行に分けてメッセージを表示できます。

Before

長い文字列を改行したい

請求日の入力

請求日を'YYYY/MM/DD'の形式で入力してください。表示されている'2019/01/29'で良いときは[OK]ボタンをクリックしてください。中止するときは[キャンセル]ボタンをクリックしてください。

OK キャンセル

2019/01/29

After

任意の位置で改行を入れてメッセージを表示できる

請求日の入力

請求日を'YYYY/MM/DD'の形式で入力して
ください。
表示されている'2019/01/29'で良いときは
[OK]ボタンをクリックしてください。
中止するときは[キャンセル]ボタンをクリック
してください。

OK キャンセル

2019/01/29

●入力例

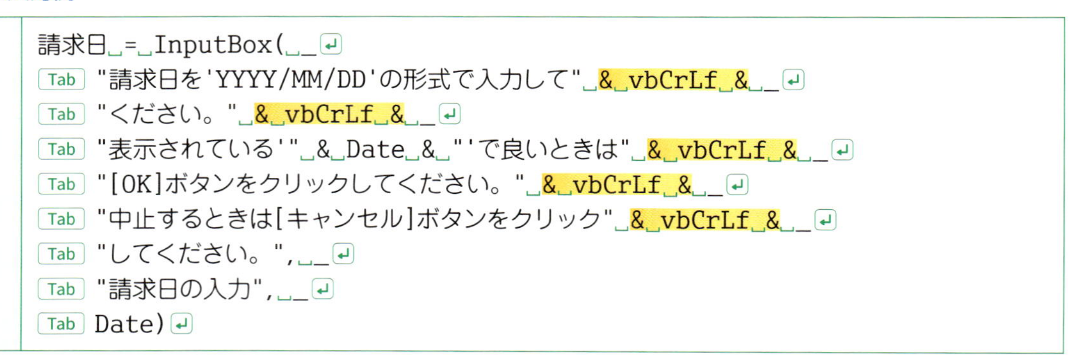

```
請求日 = InputBox( _
    "請求日を'YYYY/MM/DD'の形式で入力して" & vbCrLf & _
    "ください。" & vbCrLf & _
    "表示されている'" & Date & "'で良いときは" & vbCrLf & _
    "[OK]ボタンをクリックしてください。" & vbCrLf & _
    "中止するときは[キャンセル]ボタンをクリック" & vbCrLf & _
    "してください。", _
    "請求日の入力", _
    Date)
```

11 実行するマクロを指定する

セルG4に設定した日付データから支払期日を求めるため、[支払期日設定]のマクロを実行する

```
Sub 請求日入力()
    Dim 請求日 As Variant
    請求日 = InputBox("請求日を入力してください。", _
        "請求日の入力", Date)
    If Not IsDate(請求日) Then
        MsgBox _
            "入力された値は日付形式ではありません。処理を中止します。"
        Exit Sub
    End If
    ActiveSheet.Range("G4").Value = 請求日
    |
End Sub
```

1 カーソルが移動した位置から以下のように入力

```
支払期日設定
```

12 入力したコードを確認する

```
Sub 請求日入力()
    Dim 請求日 As Variant
    請求日 = InputBox("請求日を入力してください。", _
        "請求日の入力", Date)
    If Not IsDate(請求日) Then
        MsgBox _
            "入力された値は日付形式ではありません。処理を中止します。"
        Exit Sub
    End If
    ActiveSheet.Range("G4").Value = 請求日
    支払期日設定
End Sub
|
```

1 ここをクリック

マクロの作成が終了した

2 コードが正しく入力できたかを確認

レッスン⑳を参考にマクロを上書き保存し、Excelに切り替えておく

レッスン⑳を参考に、「請求日入力」のマクロを実行しておく

→p.258 After の画面が表示される

VBA 用語集

HINT!

マクロの実行前にコードを確認しておく

コードの入力時に、構文エラーなどは自動でチェックされますが、プログラムとして正しく動作するかはチェックされません。VBAの構文としては正しくても、条件文の設定や、ループの終了条件など、コードの内容に間違いがあれば、プログラムは正しく動作しません。コードの入力が完了したら、内容が正しいか、もう一度確認するようにしましょう。

Point

InputBox関数でデータの入力を受け付ける

InputBox関数を使えば、マクロの実行中に、データを入力できます。InputBox関数も、MsgBox関数と同じように、いくつかの引数とともに使用します。ここでは、タイトルと入力を促すメッセージ、テキストボックスの既定値を指定しました。InputBox関数は、Enter キーを押すか［OK］ボタンをクリックすると、テキストボックスの値を返します。［キャンセル］ボタンがクリックされると、長さが0の空の文字「""」を返します。このレッスンでは、返された値を、変数「請求日」で受け取って、IsDate関数で日付として正しい値が入力されているかを確認しています。

レッスン 44

呼び出すマクロに値を渡すには

マクロの分割、引数

マクロを呼び出すときに値を渡せば、呼び出し先のマクロでその値を使用できます。マクロに値を渡して、第9章で紹介したマクロを組み合わせてみましょう。

作成するマクロ

このレッスンでは、初めに第9章で作成したマクロを、マクロが実行するときに必要なワークシートやブックの参照を引数で受け取るように修正します。続いて、修正したマクロを呼び出すときに引数を渡す［請求書一覧表作成_2］マクロを作成します。

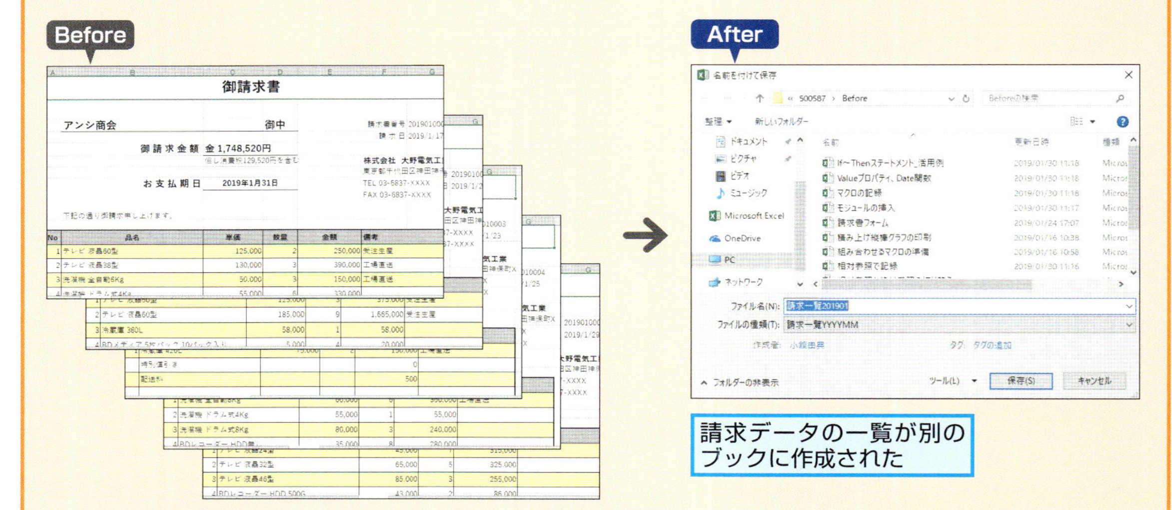

［請求書］ブックにある請求データの一覧を新規に作成した［請求一覧］ブックの［請求一覧］シートに作成する

● ［請求書一覧表作成_2］マクロ（このレッスンの手順13～手順20で作成）

プログラムの内容

```
1  Sub 請求書一覧表作成_2()
2      Dim 請求書ブック As Workbook
3      Dim 請求一覧ブック As Workbook
4      Dim 請求一覧シート As Worksheet
5      Set 請求書ブック = ThisWorkbook
6      Set 請求一覧ブック = Workbooks.Add
7      Set 請求一覧シート = 請求一覧ブック.Worksheets(1)
8      請求一覧ブック作成 請求一覧シート
9      請求書一覧データ転記 請求書ブック, 請求一覧シート
10     請求書一覧ブック保存 請求一覧ブック
11 End Sub
```

【コード全文解説】

1 ここからマクロ［請求書一覧表作成_2］を開始する
2 変数「請求書ブック」をWorkbook型に定義する
3 変数「請求一覧ブック」をWorkbook型に定義する
4 変数「請求一覧シート」をWorksheet型に定義する
5 このマクロがあるブックの参照を変数「請求書ブック」に代入
6 空白のブックを新規作成して参照を変数「請求書一覧ブック」に代入
7 請求一覧ブックのワークシート1の参照を変数「請求一覧シート」に代入
8 ［請求一覧ブック作成］マクロに変数「請求一覧シート」を渡して、請求一覧シートを設定する
9 ［請求書一覧データ転記］マクロに変数「請求書ブック」と「請求一覧シート」を渡して、ブック内の各シートの情報を新しく作成するブックに転記する
10 ［請求書一覧ブック保存］マクロに変数「請求一覧ブック」を渡して、新しく作成したブックに名前を付けて保存する
11 マクロを終了する

修正するマクロ

●［請求一覧ブック作成］マクロの修正（このレッスンの手順1～手順4で修正）

Before

```
Sub 請求一覧ブック作成()
    Dim 請求一覧ブック As Workbook
    Dim 請求一覧シート As Worksheet
    Set 請求一覧ブック = Workbooks.Add
    Set 請求一覧シート = 請求一覧ブック.Worksheets(1)
    請求一覧シート.Name = "請求一覧"
    With 請求一覧シート
```

マクロ名を変更する

不要な変数を削除する

After

```
Sub 請求一覧ブック作成(請求一覧シート As Worksheet)
    請求一覧シート.Name = "請求一覧"
    With 請求一覧シート
```

［請求一覧ブック作成］マクロの内容が変更された

プログラムの内容

```
1 Sub 請求一覧ブック作成(請求一覧シート As Worksheet)
```

【コードの解説】

1 請求一覧シートの情報を引数で受け取る

44 マクロの分割、引数

次のページに続く

● [請求書一覧データ転記] マクロの修正（このレッスンの手順5 ～手順8で修正）

Before

```
Sub 請求書一覧データ転記()
    Dim 請求書ブック As Workbook
    Dim 請求書シート As Worksheet
    Dim 請求一覧ブック As Workbook
    Dim 請求一覧シート As Worksheet
    Dim シート番号 As Integer
    Dim 行 As Integer
    Set 請求書ブック = ThisWorkbook
    Set 請求一覧ブック = Workbooks("Book1")
    Set 請求一覧シート = 請求一覧ブック.Worksheets("請求一覧")
    行 = 2
    For シート番号 = 1 To 請求書ブック.Worksheets.Count
```

マクロ名を変更する

不要な変数を削除する

After

```
Sub 請求書一覧データ転記(請求書ブック As Workbook, 請求一覧シート As Worksheet)
    Dim 請求書シート As Worksheet
    Dim シート番号 As Integer
    Dim 行 As Integer
    行 = 2
    For シート番号 = 1 To 請求書ブック.Worksheets.Count
```

[請求書一覧データ転記] マクロの内容が変更された

プログラムの内容

```
1  Sub 請求書一覧データ転記(請求書ブック As Workbook, 請求一覧シート As Worksheet)
```

【コードの解説】

1 請求書ブックと請求一覧シートの情報を引数で受け取る

● [請求書一覧ブック保存] マクロの修正（このレッスンの手順9 ～手順12で修正）

Before

```
Sub 請求書一覧ブック保存()
    Dim 請求一覧ブック As Workbook
    Dim 既定ファイル名 As String
    Dim 保存ファイル名 As Variant
    Set 請求一覧ブック = Workbooks("Book1")
    既定ファイル名 = "請求一覧" & Format(Date, "yyyymm") & ".xlsx"
    ChDir ThisWorkbook.Path
```

マクロ名を変更する

不要な変数を削除する

After

```
Sub 請求書一覧ブック保存(請求一覧ブック As Workbook)
    Dim 既定ファイル名 As String
    Dim 保存ファイル名 As Variant
    既定ファイル名 = "請求一覧" & Format(Date, "yyyymm") & ".xlsx"
    ChDir ThisWorkbook.Path
```

[請求書一覧ブック保存] マクロの内容が変更された

プログラムの内容

```
1  Sub 請求書一覧ブック保存(請求一覧ブック As Workbook)
```

【コードの解説】

1 請求一覧ブックの情報を引数で受け取る

[請求一覧ブック作成] マクロを修正する

1 [請求一覧ブック作成] マクロに仮引数を追加する

[マクロの分割、引数.xlsm] をExcelで開いておく

レッスン⓯を参考にマクロをVBEで表示しておく

1 [Module6] をダブルクリック

2 ここをクリック

「(」と「)」の間に仮引数を追加する

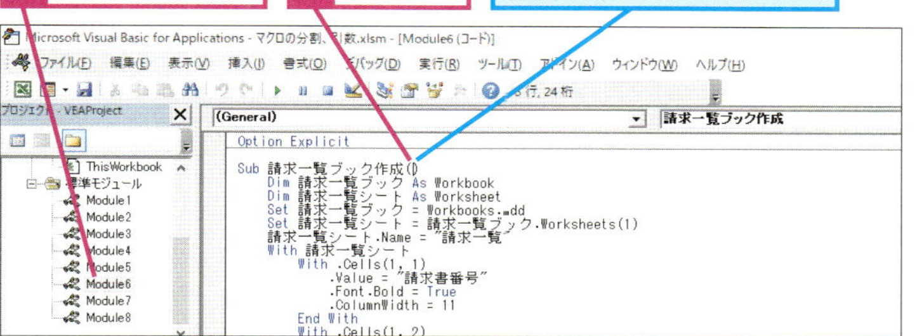

3 カーソルが移動した位置から以下のように入力

```
請求一覧シート␣as␣worksheet
```

2 [請求一覧ブック作成] マクロの変数を削除する

請求一覧シートの情報を引数で受け取るので、不要な変数を削除する

1 ここにマウスポインターを合わせる

2 ここまでドラッグ

3 Back space キーを2回押す

```
Sub 請求一覧ブック作成(請求一覧シート As Worksheet)
    Dim 請求一覧ブック As Workbook
    Dim 請求一覧シート As Worksheet
    Set 請求一覧ブック = Workbooks.Add
    Set 請求一覧シート = 請求一覧ブック.Worksheets(1)
    請求一覧シート.Name = "請求一覧"
    With 請求一覧シート
```

3 [請求一覧ブック作成] マクロの操作を削除する

請求一覧シートの情報を引数で受け取るので、不要な操作を削除する

1 ここにマウスポインターを合わせる

2 ここまでドラッグ

3 Back space キーを2回押す

```
Sub 請求一覧ブック作成(請求一覧シート As Worksheet)
    Set 請求一覧ブック = Workbooks.Add
    Set 請求一覧シート = 請求一覧ブック.Worksheets(1)
    請求一覧シート.Name = "請求一覧"
    With 請求一覧シート
```

キーワード

レッスンで使う練習用ファイル
マクロの分割、引数.xlsm

ショートカットキー

Alt + F8 …… [マクロ] ダイアログボックスの表示

Alt + F11 …… ExcelとVBEの表示切り替え

HINT! 「引数」って何？

マクロを呼び出すときに、呼び出される側のマクロに値を渡せます。呼び出されたマクロは受け取った値を使って処理を行います。このマクロの間で受け渡す値のことを「引数」と呼びます。

HINT! 「仮引数」と「実引数」って何？

マクロが呼び出されるときに値を受け取る引数を「仮引数」、呼び出すときに値を渡す引数を「実引数」といいます。手順1や手順5、手順9でマクロを修正するときにマクロ名の後ろの「()」に記述するのが仮引数となります。また手順17～手順19で呼び出すマクロの名前の後ろに記述している変数が実引数です。なお、受け渡す引数が複数あるときは、定義されている仮引数の順に、実引数を並べて記述します。

次のページに続く

4 修正した［請求一覧ブック作成］マクロのコードを確認する

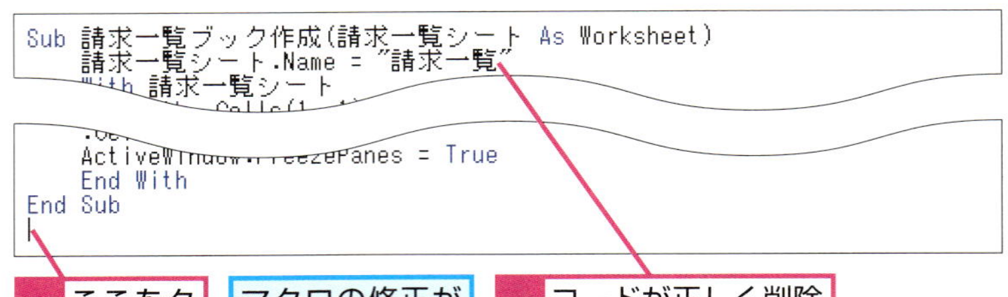

1 ここをクリック

マクロの修正が終了した

2 コードが正しく削除できたかを確認

［請求書一覧データ転記］マクロを修正する

5 ［請求書一覧データ転記］マクロに仮引数を追加する

1 ［Module7］をダブルクリック

2 ここをクリック

「(」と「)」の間に仮引数を追加する

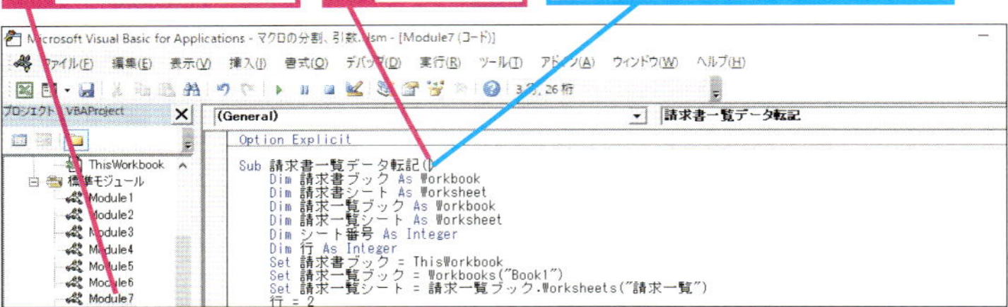

3 カーソルが移動した位置から以下のように入力

```
請求書ブック␣as␣workbook, 請求一覧シート␣as␣worksheet
```

6 ［請求書一覧データ転記］マクロの変数を削除する

請求一覧シートの情報を引数で受け取るので、不要な変数を削除する

1 ここにマウスポインターを合わせる

2 ここまでドラッグ

3 Back space キーを2回押す

```
Sub 請求書一覧データ転記(請求書ブック As Workbook, 請求一覧シート As Worksheet)
    Dim 請求書ブック As Workbook
    Dim 請求書シート As Worksheet
    Dim 請求一覧ブック As Workbook
    Dim 請求一覧シート As Worksheet
    Dim シート番号 As Integer
    Dim 行 As Integer
```

続けて不要な変数を削除する

4 ここにマウスポインターを合わせる

5 ここまでドラッグ

6 Back space キーを2回押す

```
Sub 請求書一覧データ転記(請求書ブック As Workbook, 請求一覧シート As Worksheet)
    Dim 請求書シート As Worksheet
    Dim 請求一覧ブック As Workbook
    Dim 請求一覧シート As Worksheet
    Dim シート番号 As Integer
    Dim 行 As Integer
    Set 請求書ブック = ThisWorkbook
```

HINT!

仮引数を記述するには

「仮引数」は、マクロ名の後ろの「()」の中に受け取る仮引数の名前とデータ型を記述します。複数の引数が必要なときは、仮引数の名前とデータ型の組を「,」（カンマ）で区切って定義します。

HINT!

仮引数は変数と同じように使える

マクロの実行時には、仮引数の中に呼び出し元から渡された値が格納されています。呼び出されたマクロの中では、変数と同じように仮引数を使って処理を記述できます。

間違った場合は？

削除するコードを間違った場合は、メニューバーの［元に戻す］ボタンをクリックして、削除を取り消しましょう。

7 ［請求書一覧データ転記］マクロの操作を削除する

請求一覧シートの情報を引数で受け取るので、不要な操作を削除する

1 ここにマウスポインターを合わせる
2 ここまでドラッグ
3 Back space キーを2回押す

```
Sub 請求書一覧データ転記(請求書ブック As Workbook, 請求一覧シート As Worksheet)
    Dim 請求書シート As Worksheet
    Dim シート番号 As Integer
    Dim 行 As Integer
    Set 請求書ブック = ThisWorkbook
    Set 請求一覧ブック = Workbooks("Book1")
    Set 請求一覧シート = 請求一覧ブック.Worksheets("請求一覧")
    行 = 2
    For シート番号 = 1 To 請求書ブック.Worksheets.Count
```

8 修正した［請求書一覧データ転記］マクロのコードを確認する

```
Sub 請求書一覧データ転記(請求書ブック As Workbook, 請求一覧シート As Worksheet)
    Dim 請求書シート As Worksheet
    Dim シート番号 As Integer
    Dim 行 As Integer
    行 = 2
    For シート番号 = 1 To 請求書ブック.Worksheets.Count
        Set 請求書シート = 請求書ブック.Worksheets(シート番号)
        With 請求一覧シート
            .Cells(行, 3).NumberFormatLocal = "yyyy/mm/dd"
            .Cells(行, 4).NumberFormatLocal = "#,##0"
            .Cells(行, 1) = CLng(請求書シート.Range("G3"))
            .Cells(行, 2) = 請求書シート.Range("B3")
            .Cells(行, 3) = 請求書シート.Range("G4")
            .Cells(行, 4) = 請求書シート.Range("E36")
        End With
        行 = 行 + 1
    Next シート番号
End Sub
```

1 ここをクリック
マクロの修正が終了した
2 コードが正しく入力できたかを確認

［請求書一覧ブック保存］マクロを修正する

9 ［請求書一覧ブック保存］マクロに仮引数を追加する

1 ここをクリック
「(」と「)」の間に仮引数を追加する

```
End Sub
Sub 請求書一覧ブック保存()
    Dim 請求一覧ブック As Workbook
    Dim 既定ファイル名 As String
    Dim 保存ファイル名 As Variant
    Set 請求一覧ブック = Workbooks("Book1")
    既定ファイル名 = "請求一覧" & Format(Date, "yyyymm") & ".xlsx"
```

2 カーソルが移動した位置から以下のように入力

```
請求一覧ブック␣as␣workbook
```

HINT! 仮引数の値を変更しないようにするには

受け取った仮引数は変数と同じように使えますが、受け取ったマクロの中で仮引数に値を代入しないようにしましょう。うっかり書き換えてしまうと、呼び出し元のマクロの処理が思わぬ結果になってしまうことがあります。なお、仮引数は「ByVal」キーワードを付けても定義ができます。ByValを付けて仮引数を定義すると、呼び出されたマクロの中で仮引数の内容を書き換えても実引数には影響が出ないので安全です。手順9でByValを付けて仮引数を定義するときは、以下のようになります。

```
Sub 請求一覧ブック保存 (ByVal
請求一覧ブック As Workbook)
```

次のページに続く

10 ［請求書一覧ブック保存］マクロの変数を削除する

請求一覧シートの情報を引数で受け取るので、不要な変数を削除する

1 ここにマウスポインターを合わせる

2 ここまでドラッグ

3  キーを2回押す

```
End Sub
Sub 請求書一覧ブック保存(請求一覧ブック As Workbook)
    Dim 請求一覧ブック As Workbook
    Dim 既定ファイル名 As String
    Dim 保存ファイル名 As Variant
    Set 請求一覧ブック = Workbooks("Book1")
    既定ファイル名 = "請求一覧" & Format(Date, "yyyymm") & ".xlsx"
```

11 ［請求書一覧ブック保存］マクロの操作を削除する

請求一覧シートの情報を引数で受け取るので、不要な操作を削除する

1 ここにマウスポインターを合わせる

2 ここまでドラッグ

3 Back space キーを2回押す

```
End Sub
Sub 請求書一覧ブック保存(請求一覧ブック As Workbook)
    Dim 既定ファイル名 As String
    Dim 保存ファイル名 As Variant
    Set 請求一覧ブック = Workbooks("Book1")
    既定ファイル名 = "請求一覧" & Format(Date, "yyyymm") & ".xlsx"
    ChDir ThisWorkbook.Path
```

12 修正した［請求書一覧ブック保存］マクロのコードを確認する

```
End Sub
Sub 請求書一覧ブック保存(請求一覧ブック As Workbook)
    Dim 既定ファイル名 As String
    Dim 保存ファイル名 As Variant
    既定ファイル名 = "請求一覧" & Format(Date, "yyyymm") & ".xlsx"
    ChDir ThisWorkbook.Path
    保存ファイル名 = Application.GetSaveAsFilename(既定ファイル名, "請求
    If 保存ファイル名 = False Then
        MsgBox "保存は中止されました"
    Else
        請求一覧ブック.SaveAs 保存ファイル名
    End If
End Sub
|
```

1 ここをクリック

マクロの作成が終了した

2 コードが正しく入力できたかを確認

HINT!
実引数の値を変更されたくないときは「()」でくくる

マクロの仮引数に「ByVal」がないときはマクロの中で仮引数の値を変更すると呼び出したときの実引数の値が変わってしまいます。実引数の値を変更されたくないときは、マクロを呼び出すときの実引数を「()」でくくります。こうすれば「ByVal」が付いているときと同じように実引数の内容が変更されなくなります。

間違った場合は？

削除するコードを間違った場合は、メニューバーの［元に戻す］ボタンをクリックして、削除を取り消しましょう。

13 モジュールを追加する

モジュールを追加したいブックを選択しておく

1 [VBA Project (マクロの分割、引数.xlsm)]をクリック

2 [ユーザーフォームの挿入] のここをクリック

3 [標準モジュール]をクリック

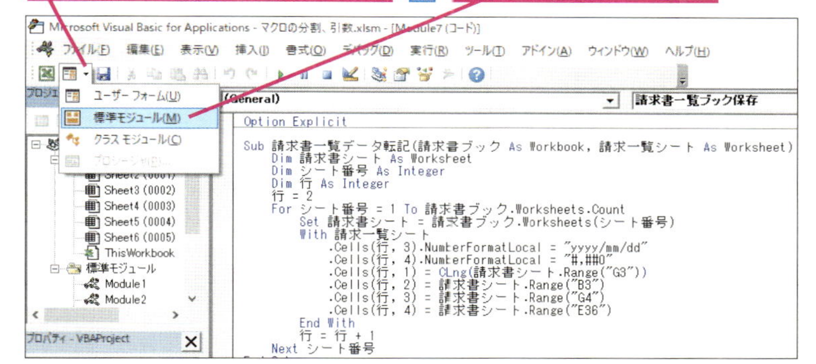

14 マクロの開始を宣言する

モジュールが挿入された

ここからコードを入力する

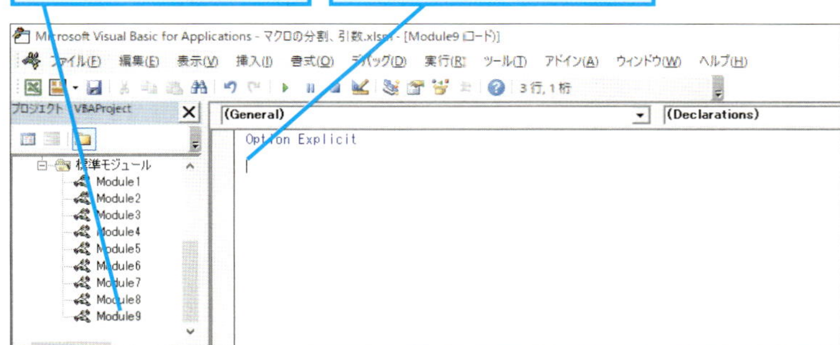

1 カーソルが移動した位置から以下のように入力

2 Enter キーを押す

```
sub␣請求書一覧表作成_2
```

HINT! シートを変更できないように保護するには

請求書のフォームは、間違って変更されては困ります。以下の手順でワークシートを保護すればロックされたセルは入力や書式変更ができなくなります。ただし、入力が必要なセルやマクロで変更するセルは、[セルの書式設定] ダイアログボックスの [保護] タブで [ロック] のチェックマークをはずしておきましょう。

1 セルB3を右クリック

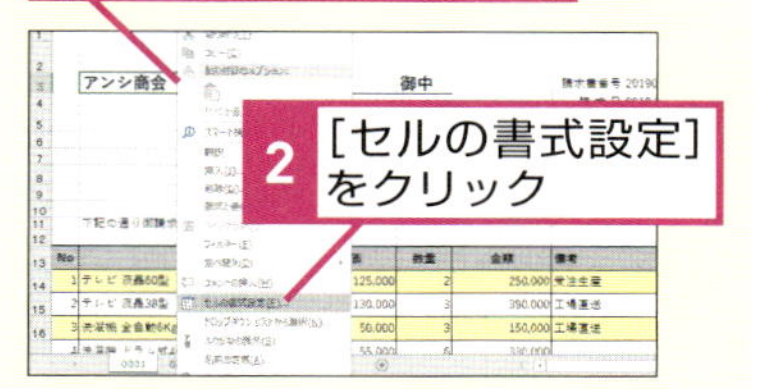

2 [セルの書式設定] をクリック

3 [保護] タブをクリック

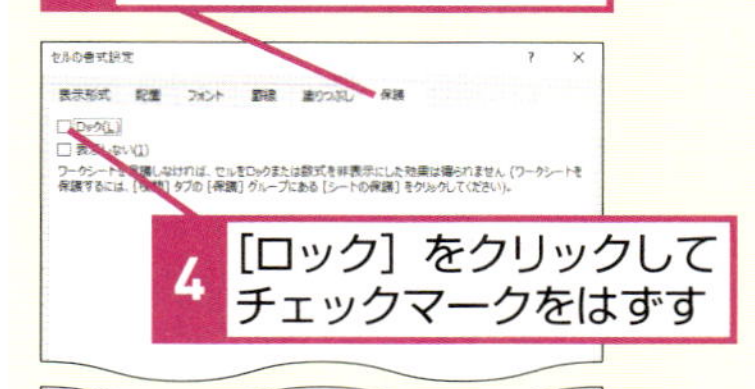

4 [ロック] をクリックしてチェックマークをはずす

5 [OK]をクリック

6 [校閲] タブをクリック

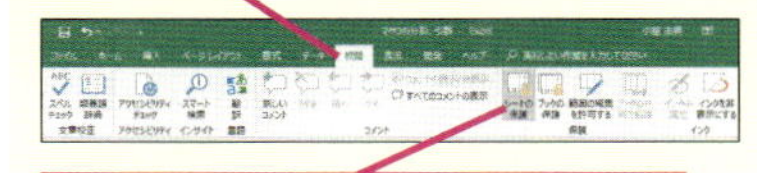

7 [シートの保護] をクリック

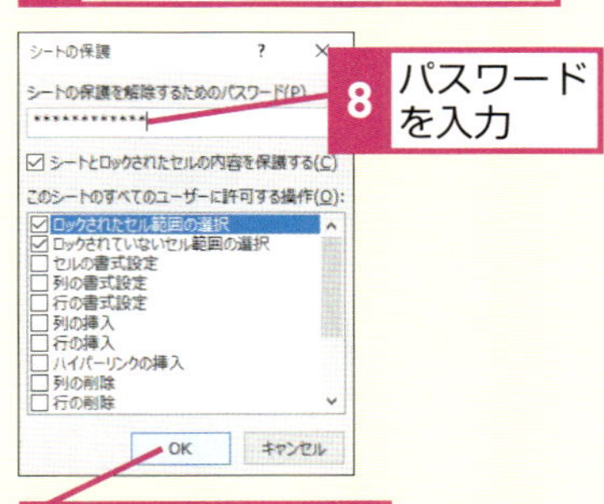

8 パスワードを入力

9 [OK]をクリック

次のページに続く

15 変数を定義する

1 Tab キーを押す

変数「請求書ブック」「請求一覧ブック」「請求一覧シート」をそれぞれ定義する

```
Sub 請求書一覧表作成_2()
|
End Sub
```

2 カーソルが移動した位置から以下のように入力

3 Enter キーを押す

```
dim␣請求書ブック␣as␣workbook
dim␣請求一覧ブック␣as␣workbook
dim␣請求一覧シート␣as␣worksheet
```

16 参照するブックを設定する

```
Sub 請求書一覧表作成_2()
    Dim 請求書ブック As Workbook
    Dim 請求一覧ブック As Workbook
    Dim 請求一覧シート As Worksheet
    |
End Sub
```

1 カーソルが移動した位置から以下のように入力

2 Enter キーを押す

```
set␣請求書ブック=thisworkbook
set␣請求一覧ブック=workbooks.add
set␣請求一覧シート=請求一覧ブック.worksheets(1)
```

17 [請求一覧ブック作成] マクロを呼び出す

[請求一覧ブック作成] マクロを呼び出すときに変数[請求一覧シート]を実引数として渡す

```
Sub 請求書一覧表作成_2()
    Dim 請求書ブック As Workbook
    Dim 請求一覧ブック As Workbook
    Dim 請求一覧シート As Worksheet
    Set 請求書ブック = ThisWorkbook
    Set 請求一覧ブック = Workbooks.Add
    Set 請求一覧シート = 請求一覧ブック.Worksheets(1)
    |
End Sub
```

1 カーソルが移動した位置から以下のように入力

2 Enter キーを押す

```
請求一覧ブック作成␣請求一覧シート
```

HINT!

VBEのウィンドウでもマクロを実行できる

マクロを実行するときはレッスン⑳で解説したようにExcelに切り替えて[開発]タブにある[マクロ]コマンドで実行していましたが、VBEのウィンドウから実行することもできます。実行したいマクロの「Sub」から「End Sub」の間のマクロの中にカーソルを移動します。続いてツールバーの[Sub/ユーザーフォームの実行]ボタンをクリックすれば選択されたマクロが実行されます。もしカーソルがモジュール先頭の「Option Explicit」などマクロの外にある場合は、[マクロ]ダイアログボックスが表示され、マクロの一覧が表示されます。なお、VBEからマクロを実行してもExcelには自動で切り替わりません。

1 実行するマクロの [Sub] と [End Sub] の間のコードをクリック

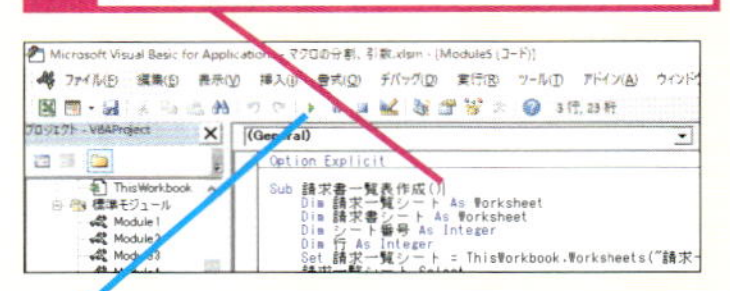

ツールバーの [Sub/ユーザーフォームの実行]をクリックしてもよい

2 [実行]をクリック

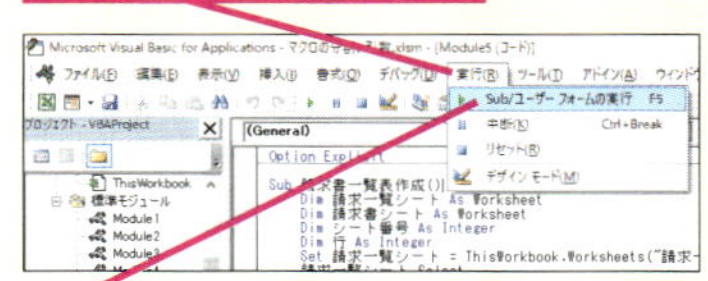

3 [Sub/ユーザーフォームの実行]をクリック

Excelに切り替わり、マクロが実行される

18 ［請求書一覧データ転記］マクロを呼び出す

［請求書一覧データ転記］マクロを呼び出すときに2つの変数「請求書ブック」と「請求一覧シート」を実引数として渡す

```
Sub 請求書一覧表作成_2()
    Dim 請求書ブック As Workbook
    Dim 請求一覧ブック As Workbook
    Dim 請求一覧シート As Worksheet
    Set 請求書ブック = ThisWorkbook
    Set 請求一覧ブック = Workbooks.Add
    Set 請求一覧シート = 請求一覧ブック.Worksheets(1)
    請求一覧ブック作成 請求一覧シート
    |
End Sub
```

1 カーソルが移動した位置から以下のように入力

2 Enter キーを押す

請求書一覧データ転記_請求書ブック,請求一覧シート

19 ［請求書一覧ブック保存］マクロを呼び出す

［請求書一覧ブック保存］マクロを呼び出すときに変数「請求一覧ブック」を実引数として渡す

```
Sub 請求書一覧表作成_2()
    Dim 請求書ブック As Workbook
    Dim 請求一覧ブック As Workbook
    Dim 請求一覧シート As Worksheet
    Set 請求書ブック = ThisWorkbook
    Set 請求一覧ブック = Workbooks.Add
    Set 請求一覧シート = 請求一覧ブック.Worksheets(1)
    請求一覧ブック作成 請求一覧シート
    請求書一覧データ転記 請求書ブック, 請求一覧シート
    |
End Sub
```

1 カーソルが移動した位置から以下のように入力

請求書一覧ブック保存_請求一覧ブック

20 入力したコードを確認する

```
Sub 請求書一覧表作成_2()
    Dim 請求書ブック As Workbook
    Dim 請求一覧ブック As Workbook
    Dim 請求一覧シート As Worksheet
    Set 請求書ブック = ThisWorkbook
    Set 請求一覧ブック = Workbooks.Add
    Set 請求一覧シート = 請求一覧ブック.Worksheets(1)
    請求一覧ブック作成 請求一覧シート
    請求書一覧データ転記 請求書ブック, 請求一覧シート
    請求書一覧ブック保存 請求一覧ブック
End Sub
|
```

1 ここをクリック

マクロの作成が終了した

2 コードが正しく入力できたかを確認

レッスン⑳を参考にマクロを上書き保存し、Excelに切り替えておく

→p.264 After の画面が表示される

レッスン⑳を参考に、［請求書一覧表作成_2］のマクロを実行しておく

HINT!

マクロを呼び出すときに実引数で値を渡す

引数が必要なマクロを呼び出すときは、マクロ名に続けて実引数を記述します。実引数には呼び出し側のマクロで使用している変数などを、仮引数で定義されている順に「,」（カンマ）で区切って記述します。なお、呼び出したマクロで実引数に指定した変数の値を変更されないようにするには、実引数を「()」でくくります。

Point

引数でマクロに値を渡せる

マクロを組み合わせるにはレッスン㊶で紹介しているように、呼び出すマクロの名前をコードに記述します。このレッスンで解説しているように、引数を使えば呼び出すマクロに値を渡すことができます。第9章で紹介した請求一覧マクロでは、繰り返して実行すると新しく作成したブック名が「Book1」や「Book2」のように変わるので、続けてマクロを実行するためにはマクロに記述してあるブック名を修正する必要があります。このようなマクロを組み合わせるときは、ブックの新規作成マクロで作成したブックを次のマクロに渡すことで、マクロを修正せず処理を続けて実行できます。

レッスン 45

ブックを開いたときにマクロを自動実行するには

Workbook.Openイベント

ブックやシートを操作したときに自動的にマクロを実行できます。このレッスンではブックを開いたときに自動で実行するマクロの作成方法を解説します。

作成するマクロ

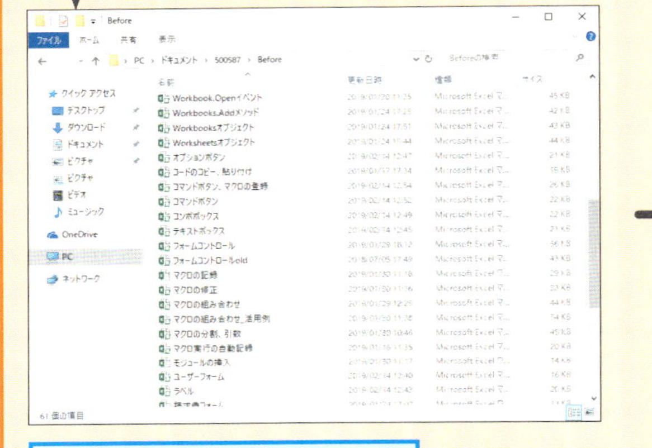

作業用のフォルダーにブックを保存する

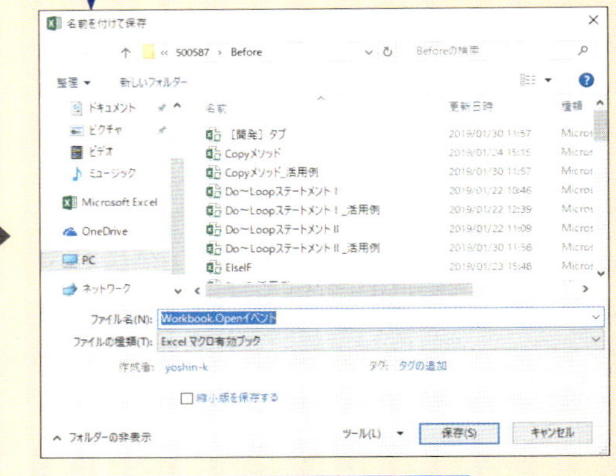

ブックを開くと、保存されているフォルダーが自動的に作業用のフォルダーに指定される

プログラムの内容

```
1 Private Sub Workbook_Open()
2     With ThisWorkbook
3         ChDrive .Path
4         ChDir .Path
5     End With
6 End Sub
```

【コードの解説】

1 ここからマクロ［Workbook_Open］を開始する
2 以下の構文の冒頭にある［ThisWorkbook］を省略する（Withステートメントを開始する）
3 このブックと同じディスクドライブに移動する
4 このブックと同じフォルダーに移動する
5 Withステートメントを終了する
6 マクロを終了する

1 モジュールを挿入する

[Workbook.Openイベント.xlsm] をExcelで開いておく

レッスン⓯を参考にマクロをVBEで表示しておく

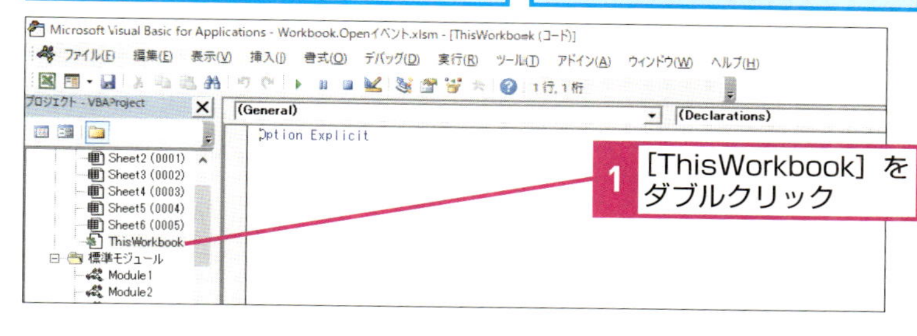
1 [ThisWorkbook] をダブルクリック

2 Openイベントを選択する

[ThisWorkbook] のコードウィンドウが表示された

1 ここをクリック

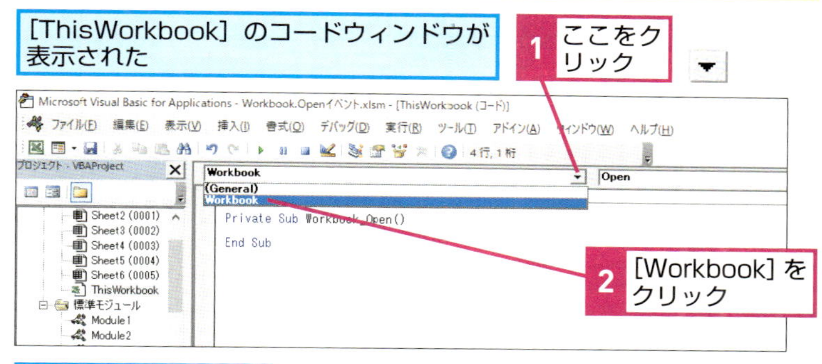
2 [Workbook] をクリック

[Open] と表示された

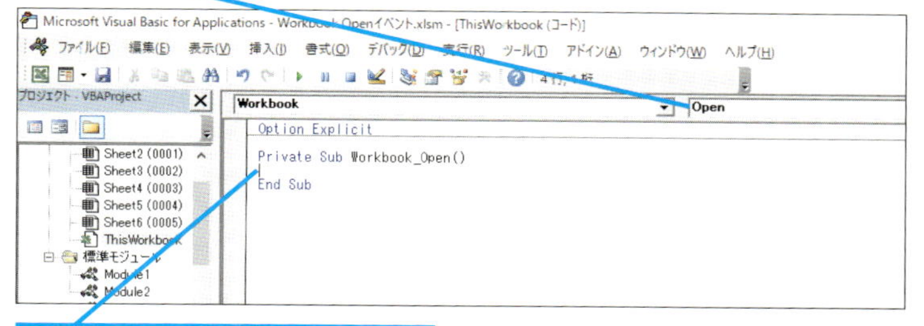

ここからコードを入力していく

3 Withステートメントを入力する

1 Tab キーを押す

自動的にマクロを実行するブックを開いたブックに設定する

```
Private Sub Workbook_Open()
|
End Sub
```

2 カーソルが移動した位置から以下のように入力

3 Enter キーを押す

```
with␣thisworkbook
```

キーワード

イベント	p.322
ステートメント	p.324

レッスンで使う練習用ファイル
Workbook.Openイベント.xlsm

ショートカットキー

Alt + F8 ……
[マクロ] ダイアログボックスの表示

HINT!

「イベント」って何？

「イベント」とは、ブックやシート、セルを操作したことをVBAに伝えるシグナルです。ブックを開いたり、シートやセルをクリックしたときなどにイベントが発生します。

HINT!

ブックのイベントマクロはブックのモジュールシートに記述する

マクロは［標準モジュール］に記述しましたが、イベントマクロはブックやシートのモジュールに記述します。ブックやブックのすべてのシートに関するイベントはブックのモジュール、特定のシートに関するイベントはそのシートのモジュールにマクロを記述します。

HINT!

ブックのOpenイベントは開くたびに実行される

Openイベントは、ブックを開くたびに自動実行されます。ブックを開いたときに日付を自動的に変更したり、参照する関連のブックを開くなど、いつも行う作業が自動的に実行されるので便利です。

次のページに続く

移動する作業フォルダーのドライブを設定する

1 Tab キーを押す

```
Private Sub Workbook_Open()
    With ThisWorkbook
        |
End Sub
```

2 カーソルが移動した位置から以下のように入力　3 Enter キーを押す

```
chdrive␣.path
```

◆ChDrive
作業ドライブを変更するメソッド。このマクロが記述されているブックと同じドライブに移動するという意味

5 移動する作業フォルダーを設定する

```
Private Sub Workbook_Open()
    With ThisWorkbook
        ChDrive .Path
        |
End Sub
```

1 カーソルが移動した位置から以下のように入力　2 Enter キーを押す

```
chdir␣.path
```

6 Withステートメントを終了する

1 Back space キーを押す

```
Private Sub Workbook_Open()
    With ThisWorkbook
        ChDrive .Path
        ChDir .Path
    |
End Sub
```

2 カーソルが移動した位置から以下のように入力

```
end␣with
```

7 入力したコードを確認する

```
Private Sub Workbook_Open()
    With ThisWorkbook
        ChDrive .Path
        ChDir .Path
    End With
End Sub
|
```

1 ここをクリック　マクロの作成が終了した　2 コードが正しく入力できたかを確認

レッスン⑳を参考にマクロを上書き保存し、Excelを終了しておく　ブックを開き、マクロを自動実行しておく

→p.274 After の画面が表示される

HINT! ブックのOpenイベントを実行したくないときは

Openイベントは、ブックを開くたびに必ず自動実行されます。Openイベントを実行したくないときは Shift キーを押しながらブックを開けばOpenイベントは実行されません。

HINT! ［マクロの記録］でも自動実行するマクロを記録できる

［マクロの記録］でも自動実行するマクロを作成できます。［マクロの記録］でマクロ名を「Auto_Open」にすると、ブックを開いたときに自動実行します。また、「Auto_Close」はブックを閉じるとき、「Auto_Activate」はブックが選択されたとき、「Auto_Deactivate」はほかのブックが選択されたときにそれぞれ自動実行します。

VBA 用語集

ChDir	p.315
ChDrive	p.315
ThisWorkbook	p.321

Point イベントプロシージャを使うとマクロを自動で実行できる

「ブックを開く」「ワークシートを選択する」「セルをダブルクリックする」など、Excelを操作すると「イベント」が発生します。VBAではイベントが発生すると、それに対する［イベントプロシージャ］というマクロが自動的に実行されます。ブックを開いたときに行う操作をOpenイベントに登録すれば、ブックを開くだけで自動的にマクロが実行されます。ここで解説したOpenイベントを以外にも、ブックやワークシートに関するさまざまなイベントが用意されています。詳しくは次ページのテクニックを参考にしてください。

テクニック 主なイベントを覚えておこう

Excelのイベントには以下のようなイベントがあります。ワークシートのイベントは、特定のワークシートだけのイベントマクロを作るときに使用します。ワークシートのモジュールに記述したイベントマクロは、そのワークシートで発生したイベント以外は実行されません。ブックのイベントは、ブックやブック内のシートを操作することで発生します。ブックのイベントで名前の先頭に「Sheet」が付いているものは、ブック内のシートで発生したイベントで実行されます。その場合、イベントマクロにはどのシートで発生したイベントか分かるように、シートオブジェクトの参照が通知されます。

●シート（Worksheet）の主なイベント

イベント名	イベントが発生するタイミング	受け取れる主な情報
Activate	記述されているワークシートを選択したとき	特になし
BeforeDoubleClick	記述されているワークシートのセルをダブルクリックしたとき	ダブルクリックしたセルの Range オブジェクト
BeforeRightClick	記述されているワークシートのセルを右クリックしたとき	右クリックしたセルの Range オブジェクト
Calculate	記述されているワークシートのセルの内容を再計算した後	特になし
Change	記述されているワークシートのセルの内容を変更したとき	変更したセルの Range オブジェクト
Deactivate	記述されている別のワークシートを選択したとき	特になし
SelectionChange	記述されているワークシートのセル範囲を選択したとき	選択したセル範囲の左上隅の Range オブジェクト

●ブック（Workbook）の主なイベント

Activate	記述されているブックを選択したとき	特になし
AfterSave	記述されているブックを保存するときに保存された後	特になし
BeforeClose	記述されているブックを閉じるときに閉じる前	特になし
BeforeSave	記述されているブックを保存するときに保存される前	特になし
Deactivate	別のブックを選択したとき	特になし
NewSheet	記述されているブックに新しいシートを追加したとき	新しく追加したシートのシートオブジェクト
Open	記述されているブックを開いたとき	特になし
SheetActivate	記述されているブック内にあるワークシートを選択したとき	選択したシートのシートオブジェクト
SheetBeforeDoubleClick	記述されているブック内にあるワークシートのセルをダブルクリックしたとき	ダブルクリックしたセルがあるシートのシートオブジェクトとダブルクリックしたセルの Range オブジェクト
SheetBeforeRightClick	記述されているブック内にあるワークシートのセルを右クリックしたとき	右クリックしたセルがあるシートのシートオブジェクトと右クリックしたセルの Range オブジェクト
SheetCalculate	記述されているブック内にあるワークシートのワークシートの再計算を行った後	特になし
SheetChange	記述されているブック内にあるワークシートのセルの内容を変更したとき	変更したセルがあるシートのシートオブジェクトと変更したセルの Range オブジェクト
SheetDeactivate	記述されているブック内にあるワークシートからブック内の別のワークシートを選択したとき	選択前のシートのシートオブジェクト
SheetSelectionChange	記述されているブック内にあるワークシートのセルの選択範囲を変更したとき	選択したセルがあるシートのシートオブジェクトと選択したセル範囲の左上隅の Range オブジェクト
WindowActivate	記述されているブックが選択されたときに Activate イベントの後	ブックの Window オブジェクト
WindowDeactivate	別のブックを選択したときに Deactivate イベントの後	ブックの Window オブジェクト

この章のまとめ

●もっとマクロを活用して作業効率を上げよう

この章では、これからVBAを使ってマクロを作成する上で、知っておくと便利なテクニックをいくつか紹介しました。MsgBox関数を使えば、メッセージを簡単に表示できるので、マクロが正しく実行されているか処理の確認ができる上、ほかの人がマクロを実行するときの手助けにもなります。また、InputBox関数では、マクロの実行中に必要なデータを入力できます。請求書一覧のようにブック内にあるワークシートの集計や、締め日の計算などは、すぐにでも仕事に応用ができるマクロです。この章はもちろん、本書全体を通して紹介している内容はVBAの入り口の一部でしかありませんが、それだけでも工夫次第で十分に実用的なマクロを作成できます。本書を参考に、さまざまなマクロを作成してみてください。それでも使いたい機能が分からないときは、まず［マクロの記録］ダイアログボックスで、Excelの操作を記録してから、VBEを表示して内容を確認してみましょう。

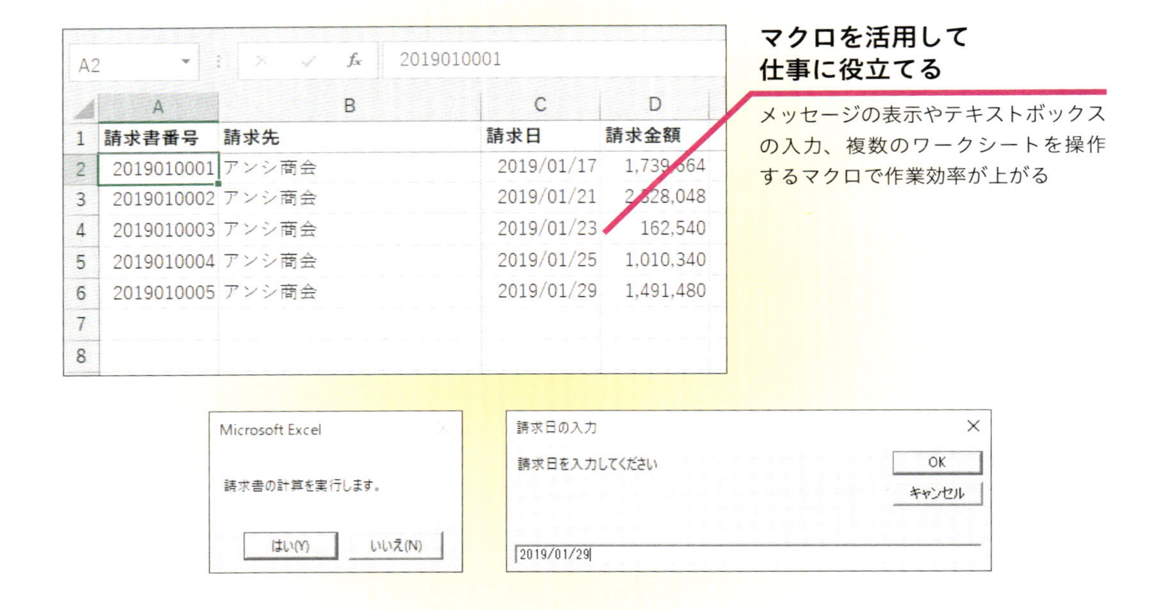

マクロを活用して仕事に役立てる

メッセージの表示やテキストボックスの入力、複数のワークシートを操作するマクロで作業効率が上がる

第11章 マクロでフォームを活用する

VBAにはオリジナルの入力画面やダイアログボックスが作成できる「ユーザーフォーム」という機能があります。この章では、入力画面を作りながら「ユーザーフォーム」の機能や使い方を解説していきます。オリジナルの入力画面を作れば、設定したデータだけを入力できるので、Excelに不慣れな人でも間違えることなく簡単にデータ入力ができます。フォームに入力したデータをワークシートに転記することもできるので、入力作業の効率化に役立ちます。また、マクロを実行するボタンも作れるので、マクロの実行が簡単になります。フォームを活用すれば、Excelの活用の幅が大きく広がります。

●この章の内容

レッスン
46 フォームとは

フォームでできること

VBAではユーザー独自の画面フォームを作成する機能「ユーザーフォーム」があります。ここでは、ユーザーフォームで何ができるのか解説します。

フォームって何？

フォームというのは、英語で書式やひな型、記入用紙といった意味の「form」からきていて、コンピュータのプログラムではデータの入出力を受け持つ画面のことを「フォーム」と言います。VBAには「ユーザーフォーム」というフォームを作成する機能が搭載されています。これまでのプログラムは、ワークシートに入力されているデータを処理するだけでしたが、フォームを使えばプログラムの実行中にさまざまなデータの入力ができるようになり、Excelの操作に慣れていない人でもデータ入力が簡単に行えるような入力画面が作れます。この章では、下にあるイベント来場者向けのアンケートの入力フォームを作ります。

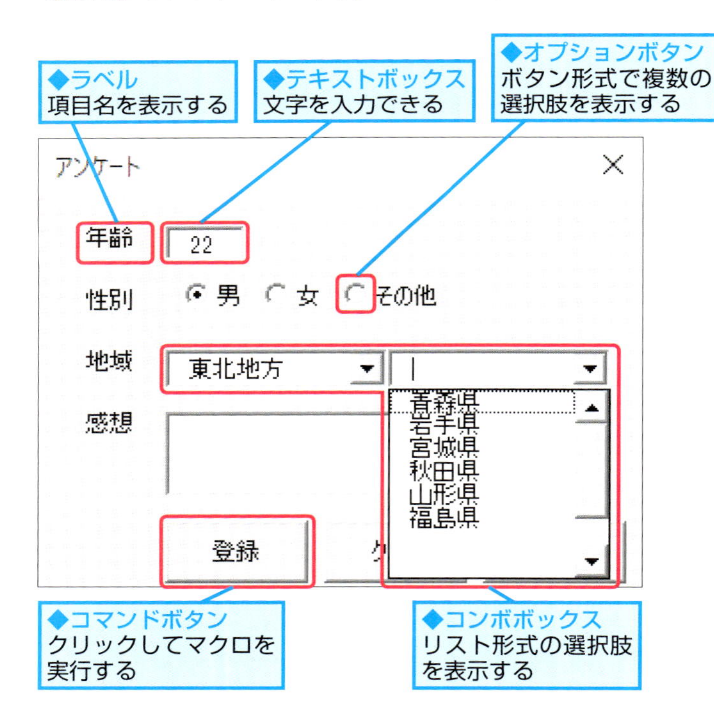

キーワード

VBA	p.322
フォーム	p.326
マクロ	p.327
ワークシート	p.327

HINT!

フォームをどんなときに使う？

名刺からExcelの住所録にデータを入力するとき、ワークシートに1行ずつ入力するよりも一人分の入力画面を用意したほうが項目を間違えずに入力できます。また会計伝票のデータ入力をするときには、伝票と同じような画面を用意すれば入力項目が分かりやすくなります。Excelに不慣れな人がデータ入力をするときに、フォームを使えば効率よくデータ入力ができます。

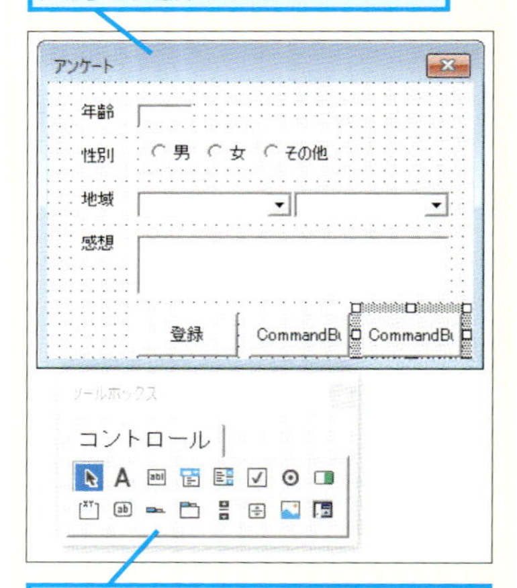

フォームとシートを連携できる

フォームに入力されたデータを指定したシートのセルにそのまま転記したり、VBAのコードを記述してデータを基に計算などの処理をしてセルに転記することもできます。例えばアンケートフォームに入力された年齢や性別、都道府県、感想をアンケート集計用のシートに追記できます。また逆にシートにあるデータをフォームの特定の位置に表示することも簡単にできます。

> **HINT!**
> **ボタンなどの部品が用意されている**
>
> フォームにはクリックできる「ボタン」やデータを入力する「テキストボックス」などさまざまな機能を持った「フォームコントロール」という部品が用意されています。フォームはこれらの部品をフォーム上に配置して作成します。詳しくはレッスン㊽で解説します。

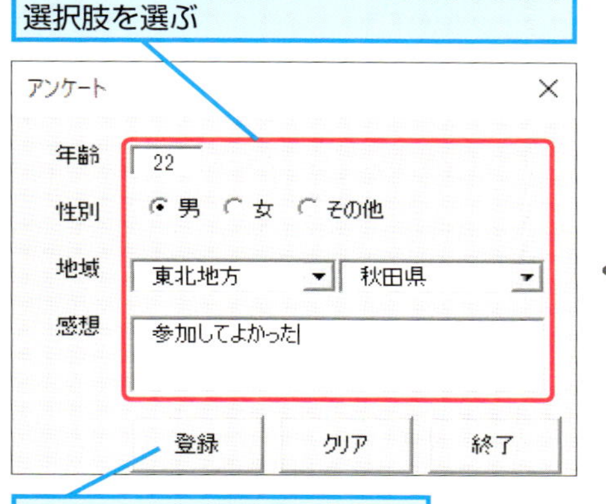

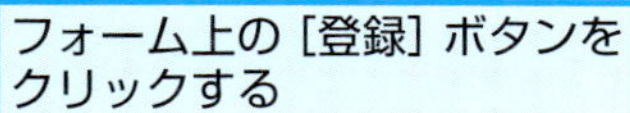

フォーム上の［登録］ボタンをクリックする

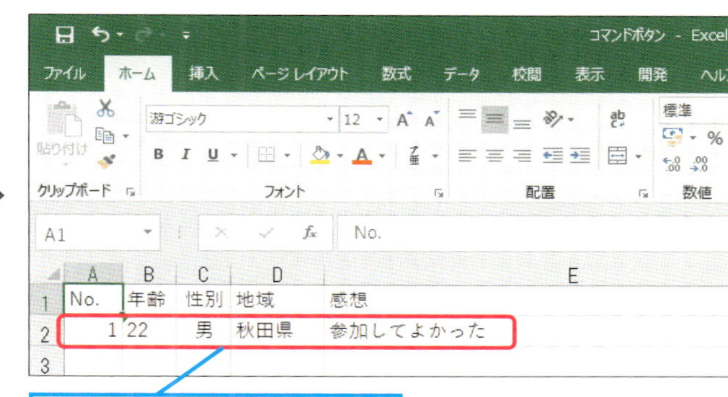

マクロを簡単に実行する用途にも使える

フォームの機能は入力画面を作成する以外に、フォームが持っている機能をもっと簡単に利用する方法があります。フォームのボタンは、クリックしたときに実行するマクロを登録しておくことができます。ボタンはワークシートに配置することもできるので、下の例のように、フォームを開くマクロを登録したボタンをワークシートに配置しておけば、ボタンをクリックするだけでフォームを開くことができます。ボタンを利用すれば、誰でもボタンをクリックするだけで簡単にマクロを実行できるようになります。

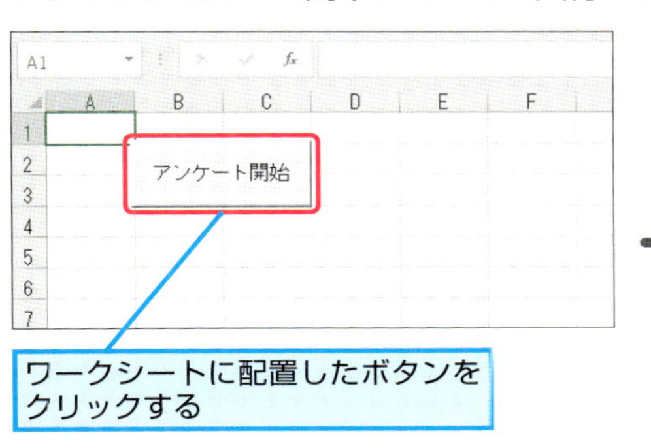

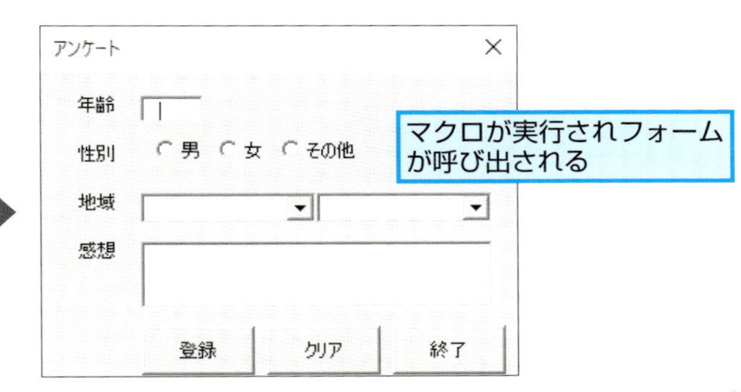

レッスン
47 フォームを追加するには

ユーザーフォーム

フォームを作成するには、まず最初にブックに新しくユーザーフォームを追加する必要があります。ここでユーザーフォームを新たに追加する方法を解説します。

1 ユーザーフォームを追加する

[ユーザーフォーム.xlsm] をExcelで開いておく

レッスン⓯を参考にVBEを表示しておく

ユーザーフォームを追加するブックを選択しておく

1 [VBA Project (ユーザーフォーム.xlsm)]をクリック

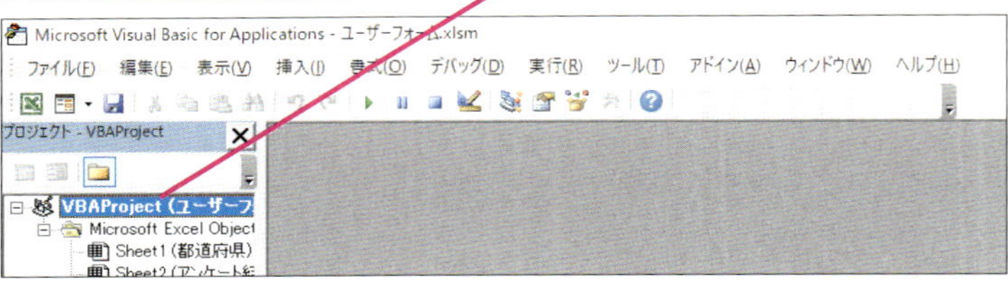

2 [ユーザーフォームの挿入] のここをクリック

3 [ユーザーフォーム] をクリック

2 ユーザーフォームのオブジェクト名を変更する

ユーザーフォームが追加された

1 [オブジェクト名] をドラッグして選択

◆ツールボックス

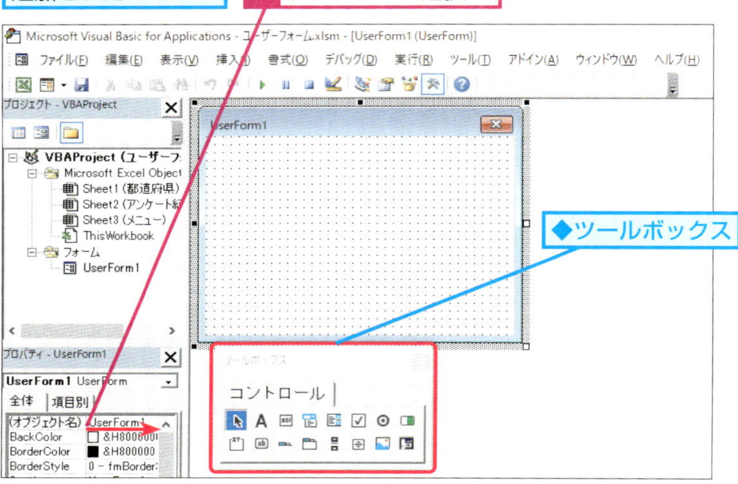

キーワード

VBE	p.323
オブジェクト	p.323
フォーム	p.326
プロパティ	p.327

レッスンで使う練習用ファイル
ユーザーフォーム.xlsm

HINT!
ツールボックスって何？

手順1でユーザーフォームを追加するとツールボックスが表示されます。ツールボックスにはフォームに配置するための部品が用意されています。この部品のことを「コントロール」と呼び、特にフォームに使うコントロールを「フォームコントロール」と呼んでいます。フォームを作成するときは、このツールボックスにあるコントロールを選択してフォーム上に配置します。

HINT!
フォームの大きさは自由に変更できる

フォームの大きさは、初期状態から自由に変更することができます。ここでは表示された大きさのままでサイズを変更していませんが、作成するフォームの目的に合わせて変更しましょう。フォームの大きさを変更するには、手順にあるようにフォームの周囲に表示されているハンドルをドラッグします。

3 オブジェクト名を入力する

1 「アンケートフォーム」と入力

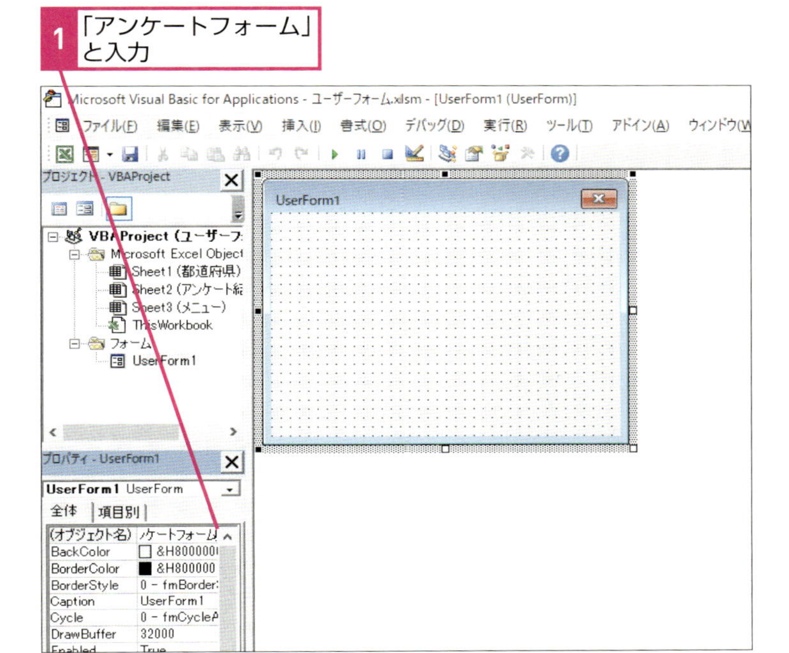

4 [Caption] プロパティを変更する

1 手順2と手順3を参考に、[Caption] プロパティに「アンケート」と入力

ユーザーフォームに表示されるタイトルが変更された

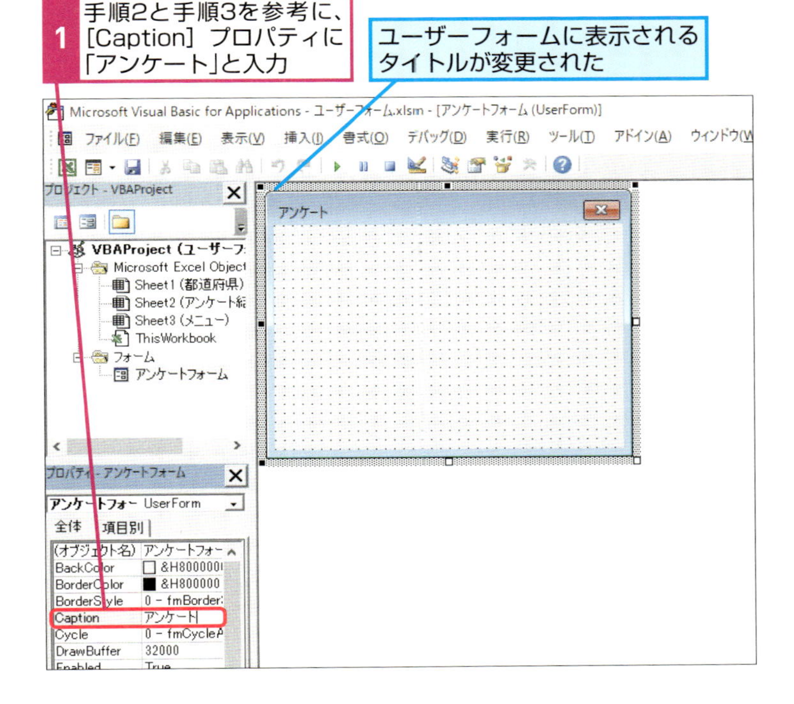

HINT! なぜオブジェクト名を変更するの？

フォームには既定で「UserForm1」という名前がオブジェクト名になります。プログラムでフォームを操作するときはコードにフォームのオブジェクト名を記述します。フォームが1つだけであれば既定の名前でもよいですが、コードを見たときに、何のためのフォームを操作しているのか区別しやすいように、フォームには分かりやすいオブジェクト名を付けるようにしましょう。

HINT! [Caption] プロパティって何？

手順4で設定している［Caption］プロパティの「Caption」とは、英語で「表題」や「説明文」という意味です。フォームの［Caption］プロパティは、フォームのウィンドウにあるタイトルバーに表示する文字列のことで、設定した内容がフォームのタイトルバーに表示されます。

Point 完成形をイメージしてから作り始める

ここでは、これから作成するフォームのベースとなるユーザーフォームを追加しました。フォームを作成するときは、どのような画面にするか全体のレイアウトを考えてから始めましょう。手書きでもよいので設計図になるものを準備しておくと、フォームの大きさをどの程度にしておけばよいのか目安になり、作業がスムーズに進みます。フォームの大きさはいつでも自由に変更できますが、部品を配置した後に変更すると、手直しの手間が増えるので注意しましょう。

レッスン

48 入力項目を表示するには

ラベル

ここではフォームに配置する入力欄の項目名になる「ラベル」を配置します。ツールボックスにあるコントロールをフォームに配置する手順を覚えておきましょう。

第11章 マクロでフォームを活用する

1 追加するコントロールを選択する

[ラベル.xlsm] をExcelで開いておく

レッスン⓯を参考にVBEを起動しておく

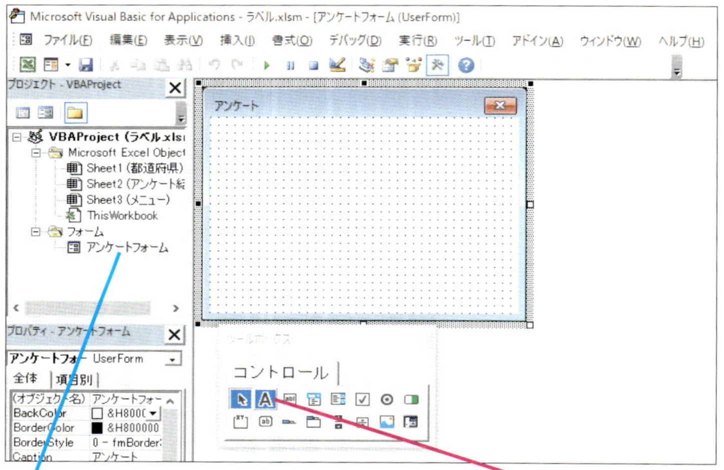

ユーザーフォームが表示されていないときは[アンケートフォーム]をダブルクリックする

1 [ラベル]を クリック

2 ラベルを追加する

ユーザーフォーム上にラベルを追加する

1 ラベルを配置する範囲をドラッグ

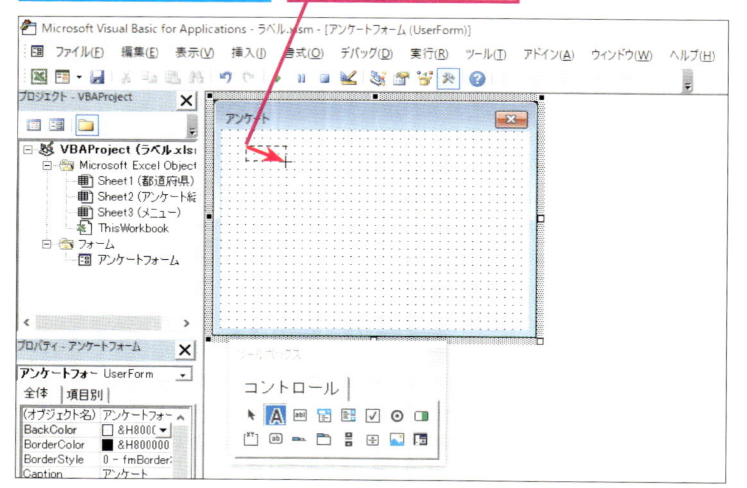

キーワード

VBE	p.322
プロパティ	p.327
プロパティウィンドウ	p.327

レッスンで使う練習用ファイル
ラベル.xlsm

HINT! ツールボックスを閉じてしまったときは

ツールボックスの右上にあるボタンをクリックするとツールボックスを閉じることができます。閉じてしまったツールボックスは、VBEの［表示］メニューにある[ツールボックス]をクリックして開けます。また、ツールボックスはプロジェクトウィンドウやモジュールウィンドウなどフォーム以外を選択すると一時的に非表示になりますが、フォームを選択すると再表示されます。

間違った場合は？

手順2でラベルの大きさを間違えてしまったときは、ラベルをクリックして選択し、ラベルのハンドルをドラッグして大きさを変更します。

3 ラベル名を入力する

ラベルが配置され、[Label1]と表示された

1 配置された[Label1]をクリック

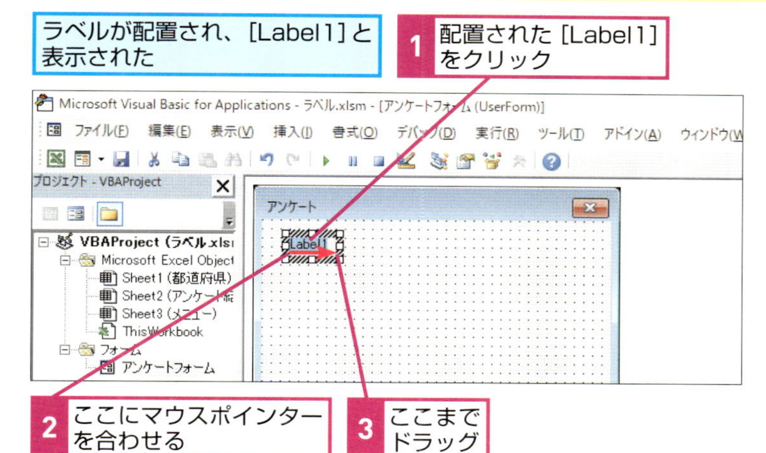

2 ここにマウスポインターを合わせる

3 ここまでドラッグ

4 「年齢」と入力

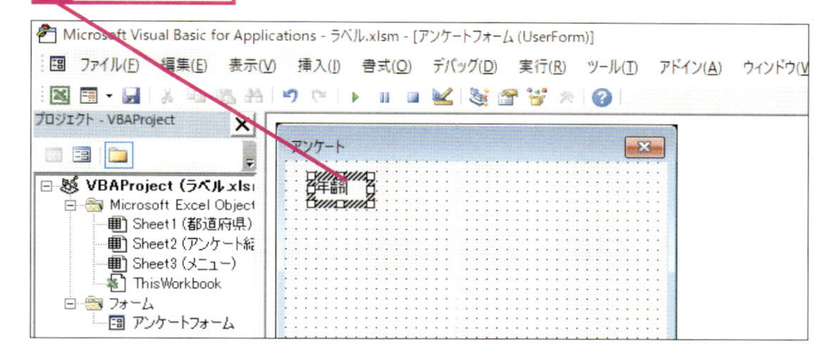

4 オブジェクト名を変更する

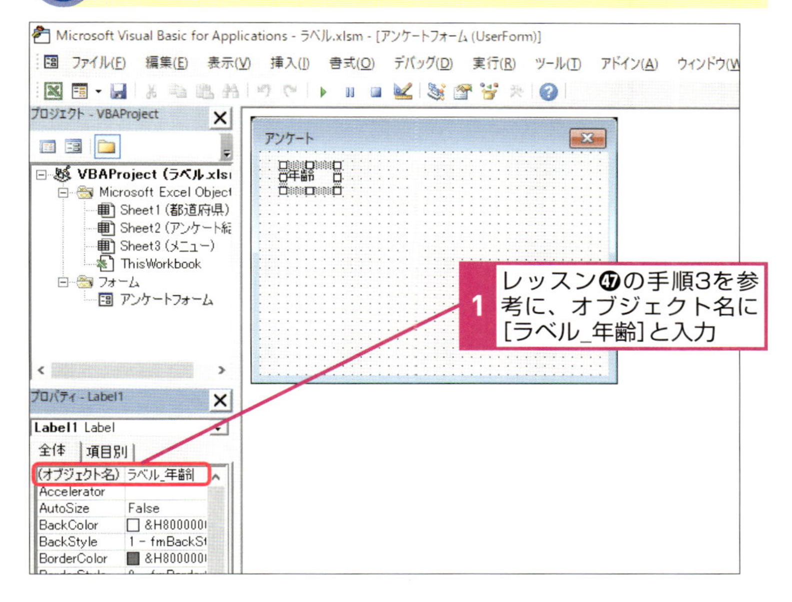

1 レッスン㊼の手順3を参考に、オブジェクト名に[ラベル_年齢]と入力

HINT! ラベルの書式を変更できる

ラベルに表示される文字のフォントやサイズ、色などの書式はプロパティウィンドウで変更できます。例えばフォントを変更するには、以下のようにプロパティウィンドウの[Font]プロパティで設定します。また、文字の色は[FontColor]プロパティで変更できます。さらに背景色や枠線なども変更することができます。

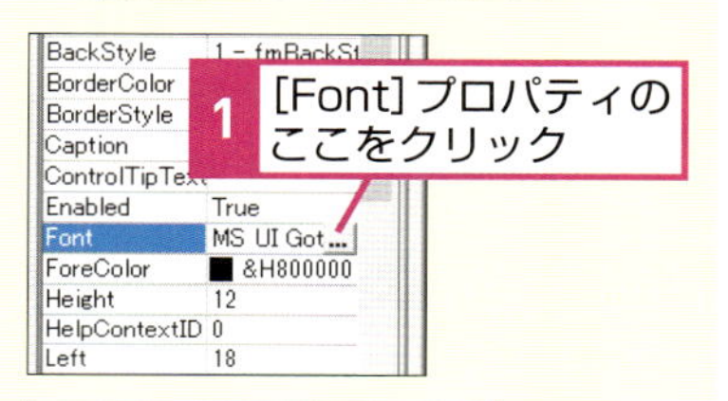

1 [Font]プロパティのここをクリック

[フォント]ダイアログボックスが表示された

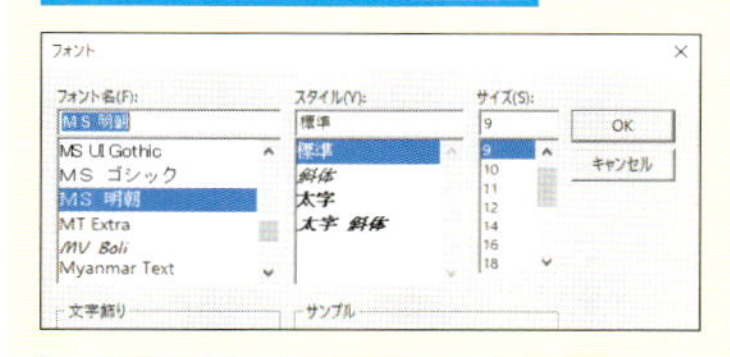

フォントやサイズを変更できる

Point フォーム上の部品はコントロールとして用意されている

ここではデータの入力欄に付ける項目名の「ラベル」をフォームに追加しました。フォームに配置する部品は「コントロール」と呼ぶことはレッスン㊻のHINT!で解説しましたが、フォームに配置できるコントロールは全部で8種類用意されています。ラベルはフォームに文字を表示するための最もシンプルなコントロールです。ラベルにも名前があるので、レッスン㊼でフォームに名前を付けたように、ここでも追加したラベルに分かりやすい名前を付けています。コードで使用することも考え、分かりやすい名前を忘れずに付けておきましょう。

レッスン

49 入力ボックスを表示するには

テキストボックス

ここではフォームからデータを入力するための「テキストボックス」を配置します。テキストボックスはよく使うコントロールなので使い方を理解しておきましょう。

1 追加するコントロールを選択する

[テキストボックス.xlsm]をExcelで開いておく

レッスン㊽を参考にユーザーフォームをVBEで表示しておく

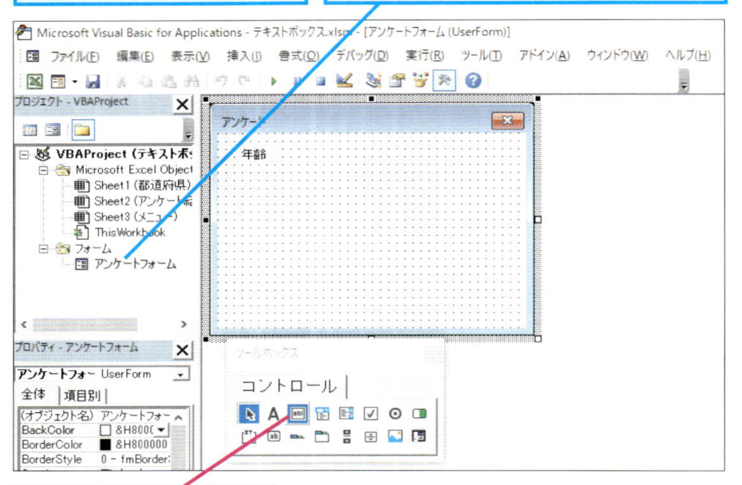

1 [テキストボックス]をクリック

2 テキストボックスを追加する

ユーザーフォーム上にテキストボックスを追加する

1 テキストボックスを追加する場所をクリック

キーワード
VBE p.322
フォーム p.326
プロパティ p.327
プロパティウィンドウ p.327

レッスンで使う練習用ファイル
テキストボックス.xlsm

HINT!

コントロールを整列できる

ここで配置した年齢のテキストボックスと、前のレッスンのラベル「年齢」は整列してあると見栄えが良くなります。マウスでドラッグすれば位置を調整できますが、整列するコントロールが多いときは面倒です。そのようなときは下の例にあるように、整列したいコントロールをまとめて選択して、メニューの［書式］-［整列］から整列する基準を選択すればまとめて整列できます。

整列するコントロールを選択しておく

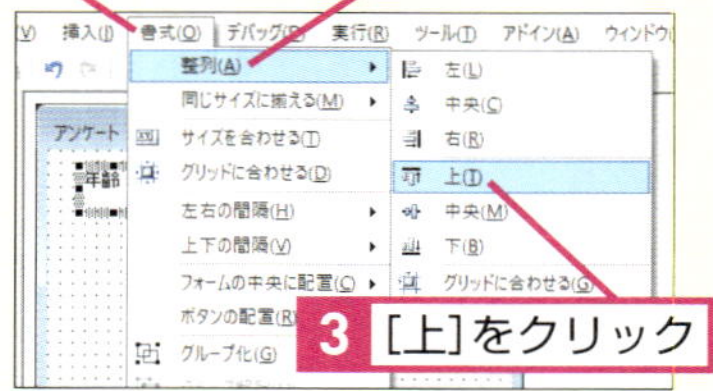

上端を基準にコントロールが整列された

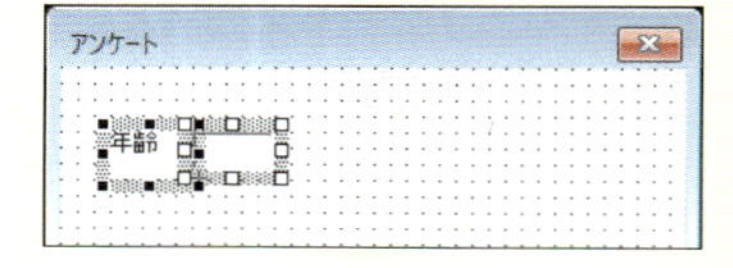

テキストボックスでよく使うプロパティを覚えよう

ここではではテキストボックスの［IMEMode］プロパティを設定していますが、これ以外にもさまざまなプロパティがあります。覚えておくと便利なプロパティには以下のようなものがあります。

●テキストボックスで利用する主なプロパティ

<table>
<tr><th>プロパティ名</th><th>機能</th><th colspan="3">設定値</th></tr>
<tr><td>ControlTipText</td><td>マウスポインタを重ねたときに文字列を表示できる</td><td colspan="3">表示する文字列</td></tr>
<tr><td>Font</td><td>フォントを指定できる</td><td colspan="3">フォント名、太字や下線、サイズの設定</td></tr>
<tr><td>ForeColor</td><td>文字列の色を指定できる</td><td colspan="3">システムの設定値またはカラーパレットの色番号、あるいは RGB 関数で指定する</td></tr>
<tr><td>MaxLength</td><td>入力できる最大文字数を指定できる</td><td colspan="3">既定値は「0」で、「0」にすると文字数の制限がなくなる</td></tr>
<tr><td rowspan="3">TabStop</td><td rowspan="3">Tab や Enter を押したときに移動できる</td><td>値</td><td colspan="2">内容</td></tr>
<tr><td>TRUE</td><td colspan="2">順番に従って選択される</td></tr>
<tr><td>FALSE</td><td colspan="2">選択されずに次が選択される。マウスで選択はできる</td></tr>
<tr><td rowspan="4">TextAlign</td><td rowspan="4">文字揃えを指定できる</td><td>定数</td><td>値</td><td>内容</td></tr>
<tr><td>fmTextAlignLeft</td><td>1</td><td>左揃え（既定値）</td></tr>
<tr><td>fmTextAlignCenter</td><td>2</td><td>中央揃え</td></tr>
<tr><td>fmTextAlignRight</td><td>3</td><td>右揃え</td></tr>
</table>

3 テキストボックスの大きさを変更する

テキストボックスが追加された

追加されたテキストボックスのサイズを変更する

1 ここにマウスポインターを合わせる

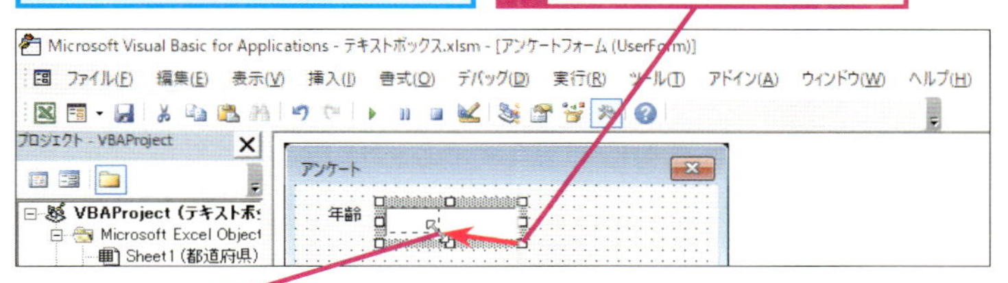

2 ここまでドラッグ

4 ［IMEMode］プロパティを設定する

テキストボックスに入力するときの入力モードを指定する

1 ［IMEMode］プロパティのここをクリック ▼

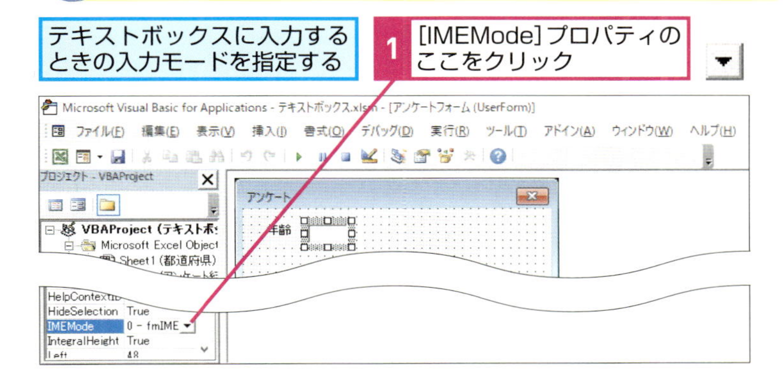

HINT!

テキストボックスの大きさはどうやって決めるの？

ラベルは文字列が決まっているのでサイズは簡単に決まりますが、テキストボックスは空の状態なのでサイズの判断が難しくなります。このようなときは、試しに入力する最大の文字列をテキストボックスに入力して確認しましょう。［Value］プロパティに文字列を入力すればテキストボックスに表示されるので簡単に確認することができます。

間違った場合は？

手順3で、テキストボックス以外をクリックしてハンドルが消えてしまったときは、もう一度テキストボックスをクリックします。クリックすればハンドルが表示されるのでサイズや位置が変更できるようになります。

次のページに続く

5 入力モードを選択する

入力モードの一覧が表示された

1 [8 - fmIMEModeAlpha]をクリック

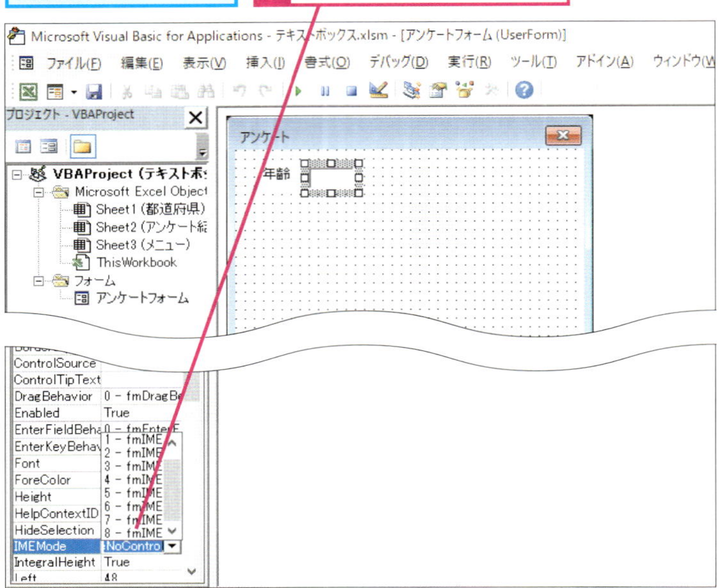

6 オブジェクト名を変更する

1 レッスン㊼の手順3を参考に、オブジェクト名に［テキストボックス_年齢］と入力

テキストボックスの入力モードが半角英数に設定された

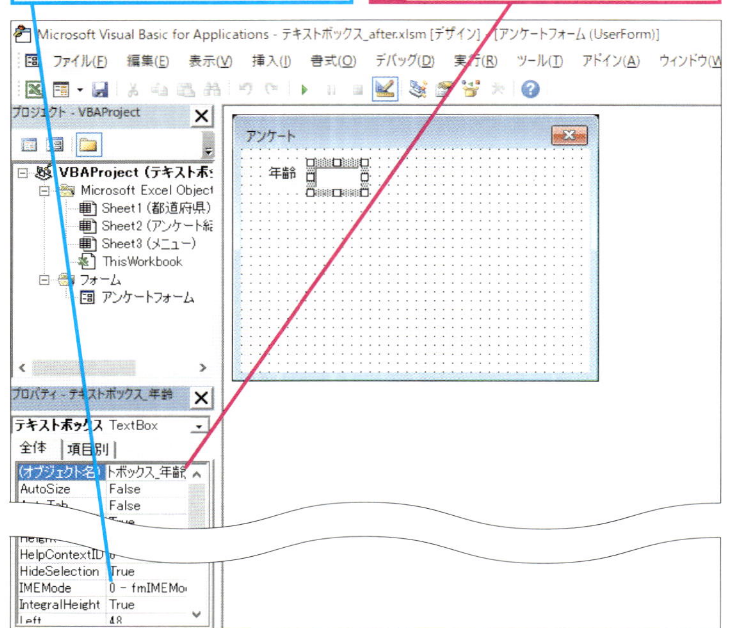

HINT! ［IMEMode］プロパティって何？

前ページの手順4で設定している［IMEMode］プロパティは、テキストボックスが選択されたときに自動で設定される日本語入力モードの指定です。入力する内容が日本語や英文字など決まっている場合は、あらかじめ設定しておくと便利です。入力するとき操作がスムーズに行えて、入力の間違いも減らせます。［IMEMode］プロパティに設定できる内容は以下になります。

●IMEModeの一覧

値	内容
0	IME のモードを変更しない(既定値)
1	IME をオンにする
2	IME をオフにして英語モードにする
3	IME をオフにしてキー操作でもオンにできない
4	全角ひらがなモードにする
5	全角カタカナモードにする
6	半角カタカナモードにする
7	全角英数モードにする
8	半角英数モードにする

Point 入力するデータに合わせて準備しよう

ここでは年齢を入力するためのテキストボックスをフォームに配置しました。テキストボックスは文字や数値を入力するので、入力するデータに合わせてサイズを決めましょう。年齢を入力するのであれば2けたの数字が入力できる長さがあれば十分です。また入力するデータの内容に合わせてIMEのオン／オフやモードを設定することも重要です。

活用例 入力データのチェック機能を付ける

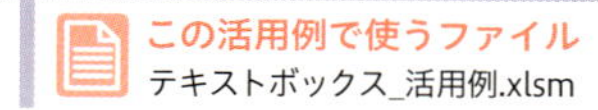

この活用例で使うファイル
テキストボックス_活用例.xlsm

この章で作成するアンケートフォームは入力データの整合性をチェックする機能はありません。整合性のチェックとは、入力データが正しいか確認することで、例えば年齢が0以上99以下で、数字以外が入力されていないか確認します。下は年齢の入力直後に整合性をチェックする処理で、入力直後に処理を実行するには「BeforeUpdate」イベントに記述します。また、9行目の「Cancel」はイベントの中止を設定します。年齢のBeforeUpdate（入力直後）イベントでは、既定値の「False」だと入力が終了し次の入力項目に移ります。「True」ではイベントが中止され再び年齢の入力に戻ります。

Before

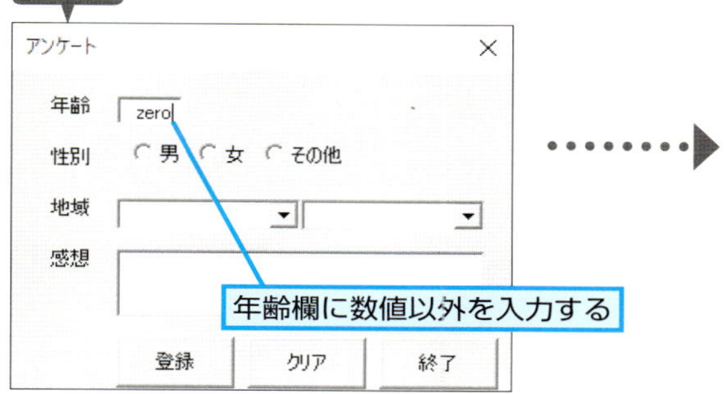

年齢欄に数値以外を入力する

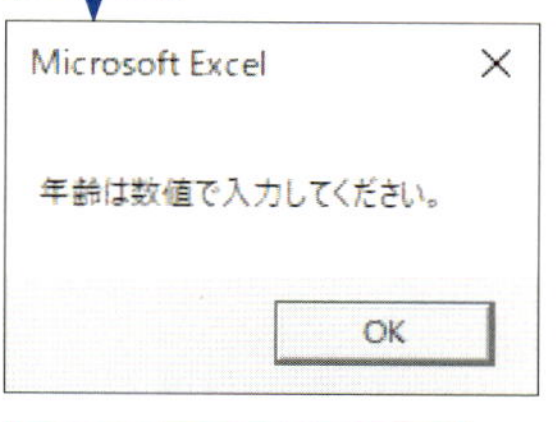

エラーメッセージが表示される

プログラムの内容

```
1  Private Sub テキストボックス_年齢_BeforeUpdate(ByVal Cancel As MSForms.ReturnBoolean)
2      If IsNumeric(テキストボックス_年齢.Value) Then
3          If テキストボックス_年齢.Value < 0 Or テキストボックス_年齢.Value >= 100 Then
4              MsgBox ("年齢は 0 ～ 99 の範囲で入力してください。")
5          End If
6      ElseIf テキストボックス_年齢.Value <> "" Then
7          MsgBox ("年齢は数値で入力してください。")
8          テキストボックス_年齢.Value = ""
9          Cancel = True
10     End If
11 End Sub
```

【コードの解説】

1 ここから「テキストボックス_年齢_BeforeUpdate」マクロの開始
2 テキストボックス［年齢］に入力された値が数値であるかを確認
3 ［年齢］の数値が0 ～ 99の範囲か確認
4 範囲外の場合はメッセージを表示
5 If ～ Thenステートメントを終了する
6 テキストボックス［年齢］が空でないか確認
7 数値でなく空でもない場合はメッセージを表示
8 テキストボックス［年齢］の内容を空にする
9 テキストボックス［年齢］の入力終了をキャンセルしてもう一度入力を開始するように設定
10 If ～ Thenステートメントを終了する
11 マクロを終了する

レッスン 50

複数の選択肢を用意するには

オプションボタン

性別の項目は複数の選択肢から1つだけ選びます。フォームで択一の選択項目には「オプションボタン」を使います。ここではオプションボタンの使い方を解説します。

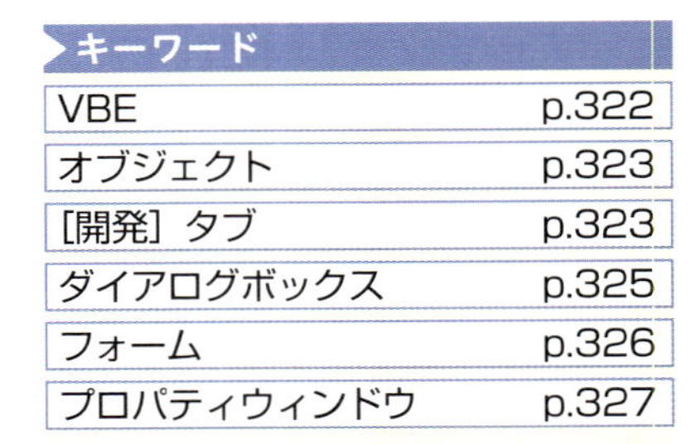

キーワード	
VBE	p.322
オブジェクト	p.323
[開発] タブ	p.323
ダイアログボックス	p.325
フォーム	p.326
プロパティウィンドウ	p.327

レッスンで使う練習用ファイル
オプションボタン.xlsm

1 追加するコントロールを選択する

[オプションボタン.xlsm] をExcelで開いておく

レッスン㊽を参考にユーザーフォームをVBEで表示しておく

レッスン㊽を参考に「性別」のラベルを追加しておく

1 [フレーム]をクリック

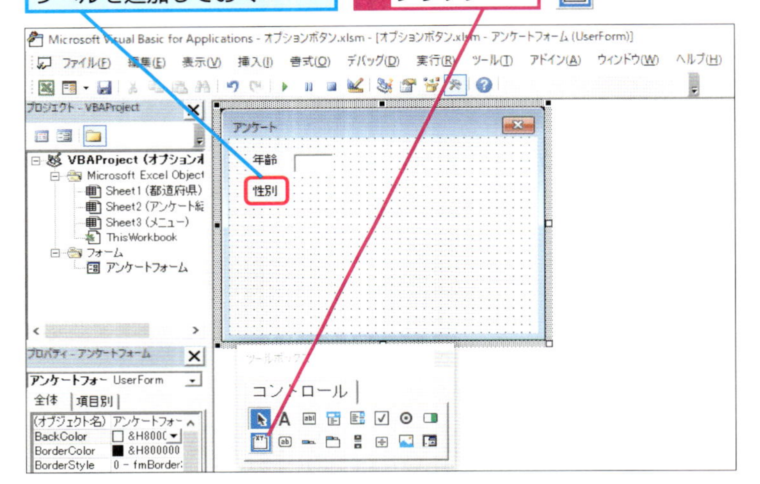

2 フレームを追加する

ユーザーフォーム上にフレームを追加する

1 フレームを配置する範囲をドラッグ

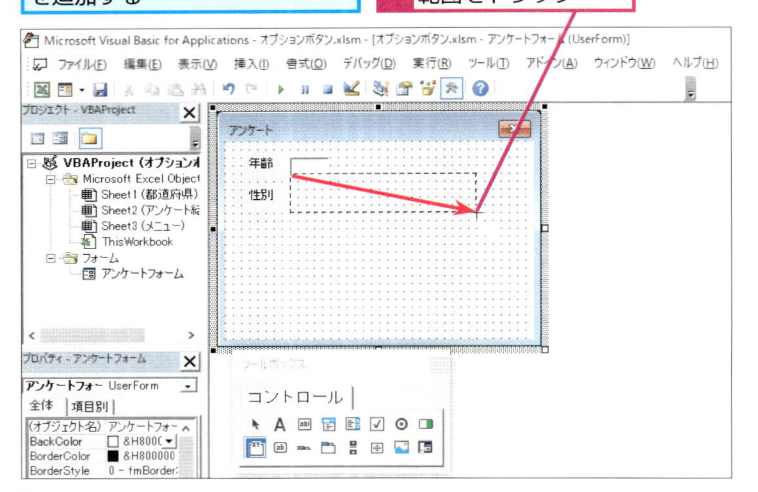

HINT!

なぜフレームを追加するの？

手順2で追加している「フレーム」コントロールは、コントロールを1つのグループにまとめてグループ化するコントロールです。ここでは、これから配置する性別のオプションボタンをグループ化するために使います。フォーム上にオプションボタンのグループが1つのときはフレームを使ってグループ化しなくても問題ありませんが、性別のグループであることを明確にするために使用しています。

間違った場合は？

手順2でフレームのサイズを大きくし過ぎてしまったときは、フレームを選択して表示されたハンドルをドラッグすればサイズを変更できます。

3 [Caption] プロパティを削除する

フレームに表示されるタイトルを削除する

1 [Caption] をドラッグして選択

2 Back space キーを押す

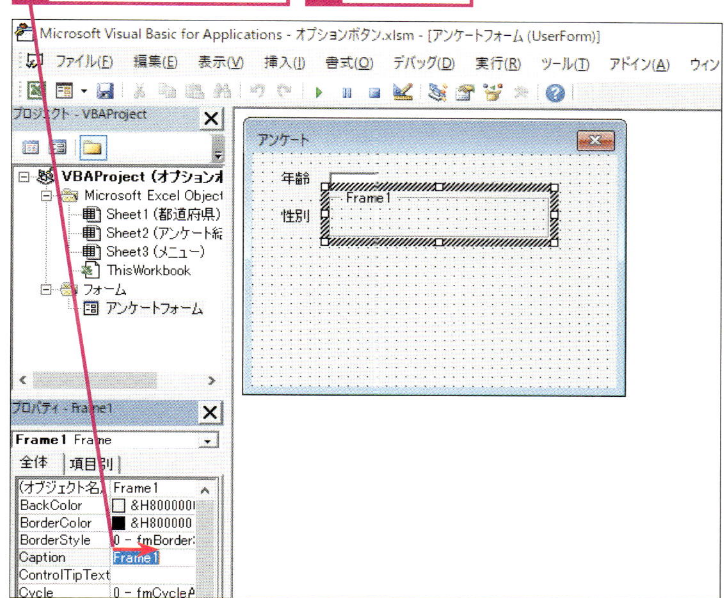

4 フレームの枠を削除する

フレームの枠線を見えないようにする

1 [SpecialEffect] プロパティのここをクリック

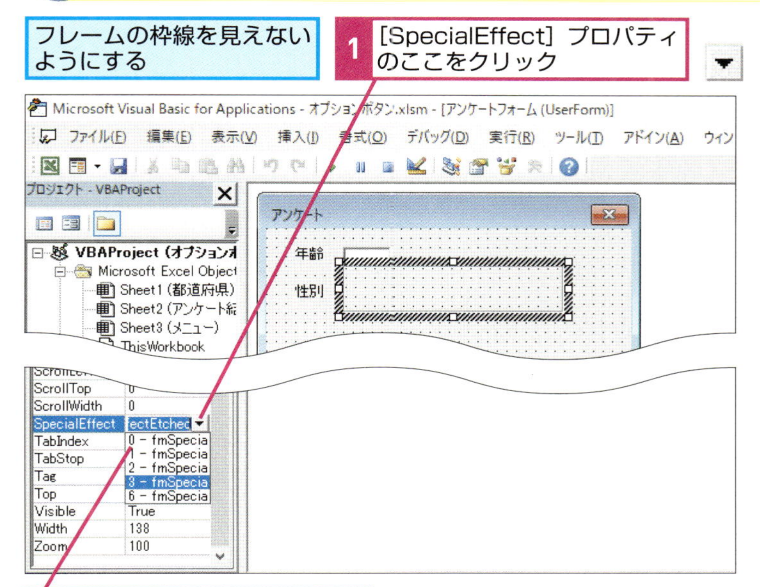

2 [0 - fmSpecialEffectFlat] をクリック

HINT! [SpecialEffect] プロパティって何？

手順4で設定している「SpecialEffect」プロパティは、配置したフレームの枠線の見せ方の設定です。それぞれの設定値による枠線は下のようになります。なお、ここでは最初に枠線を消しましたが、慣れるまでは先にフレーム内にオプションボタンなどのコントロールを配置してから設定したほうが分かりやすいでしょう。

● 「1」の設定例

アンケート
年齢
性別

● 「2」の設定例

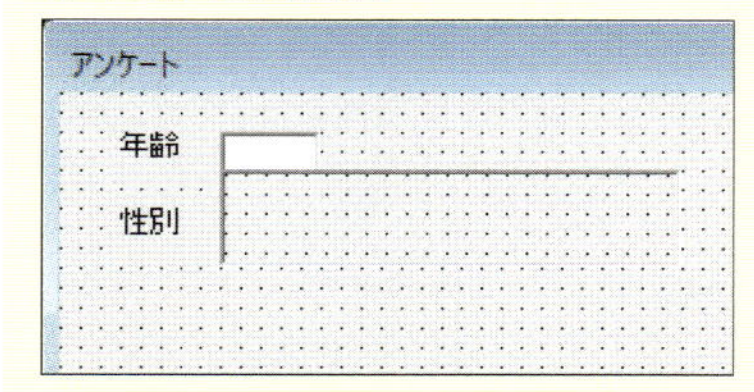

● 「3」の設定例

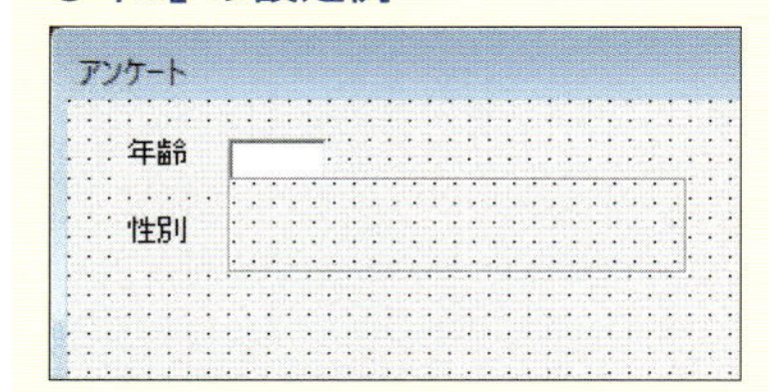

● 「6」の設定例

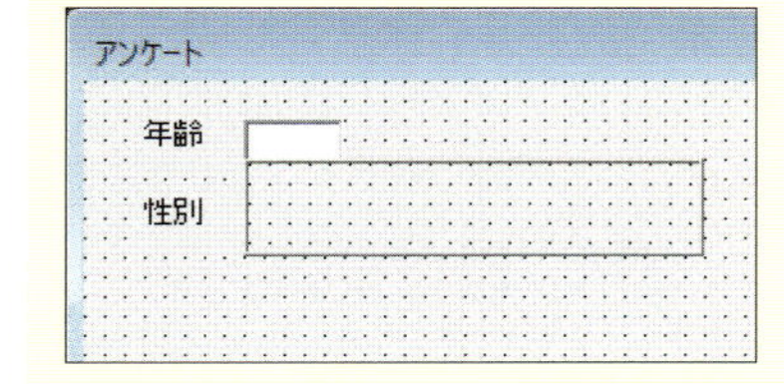

次のページに続く

5 オプションボタンを追加する

フレームの内側にオプションボタンを配置する

1 [オプションボタン]をクリック

2 オプションボタンを配置する場所をクリック

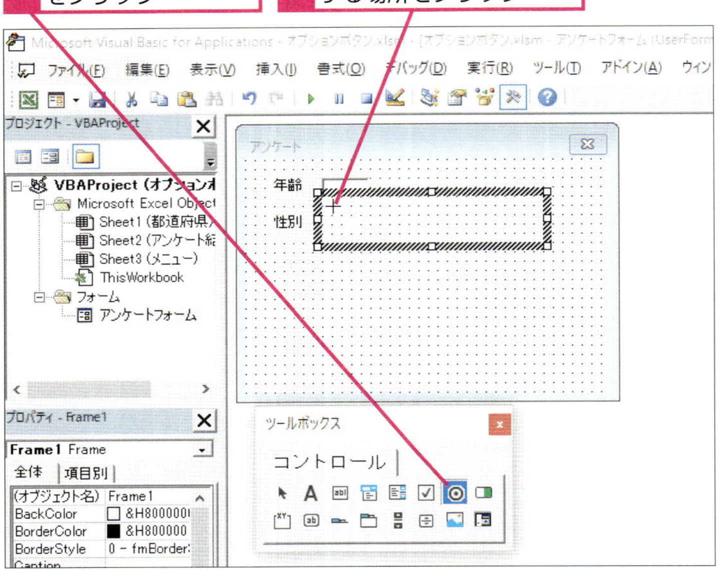

6 ボタン名を入力する

オプションボタンが追加された

1 レッスン㊽の手順3を参考に、[OptionButton1]を「男」に変更

オプションボタンのサイズを変更する

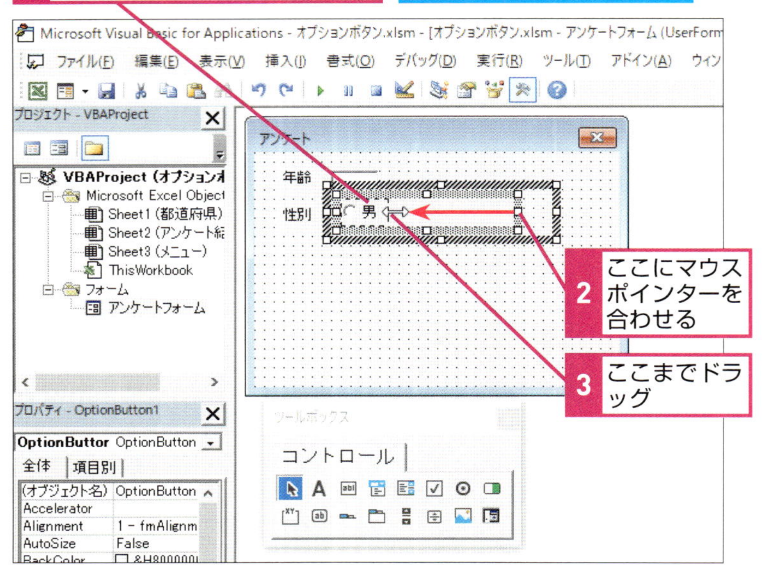

2 ここにマウスポインターを合わせる

3 ここまでドラッグ

HINT! 配置されているコントロールを確認するには

手順3で配置したフレームは枠線を消しているので、選択を解除するとハンドルが消えて見えなくなり、選択しにくくなります。このようなときは、プロパティウィンドウにある［オブジェクト］ボックスから配置してあるコントロールの一覧を表示して選択しましょう。なお、グループ化してあるコントロールの1つを選択するとフレームも同時に選択できます。

1 [オブジェクト]ボックスのここをクリック

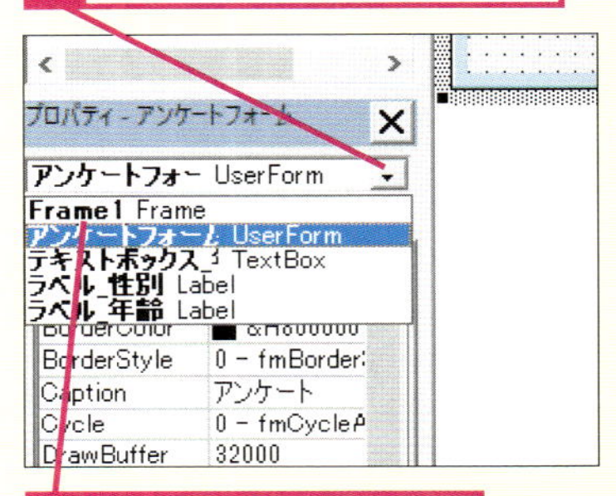

2 [Frame1]をクリック

フレームが選択された

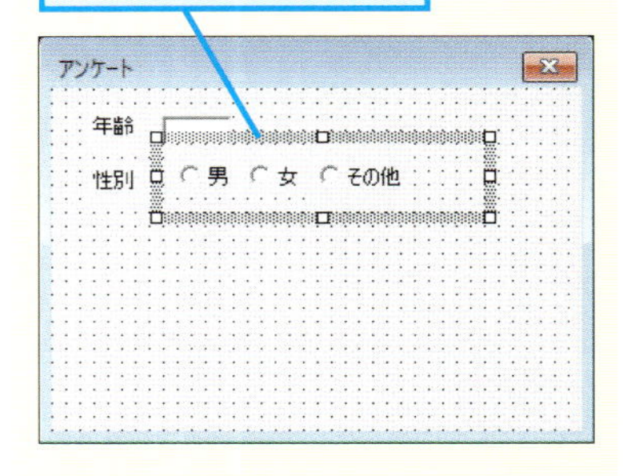

7 残りのボタンを追加する

1 手順5 ～ 6を参考にオプションボタンを配置し、「女」と入力

2 手順5 ～ 6を参考にオプションボタンを配置し、「その他」と入力

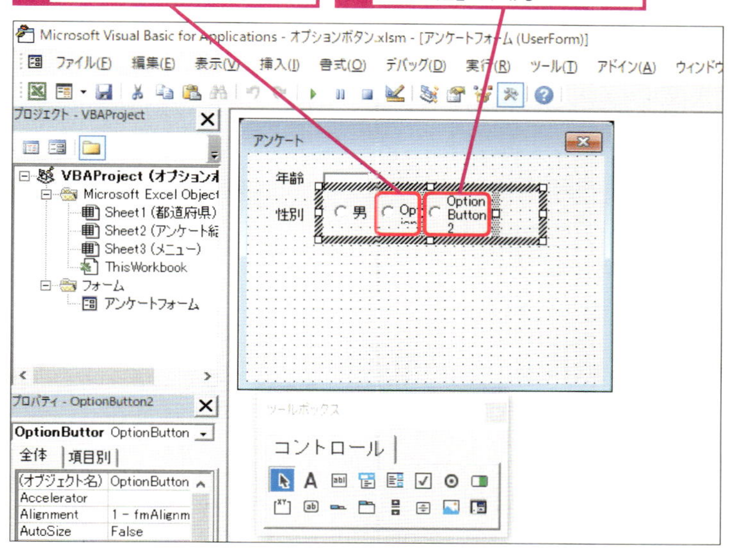

8 オプションボタンのオブジェクト名を変更する

手順5 ～ 7で追加したオプションボタンのオブジェクト名を変更する

1 レッスン㊼の手順3を参考にオブジェクト名を「オプション_男」に変更

2 レッスン㊼の手順3を参考にオブジェクト名を「オプション_女」に変更

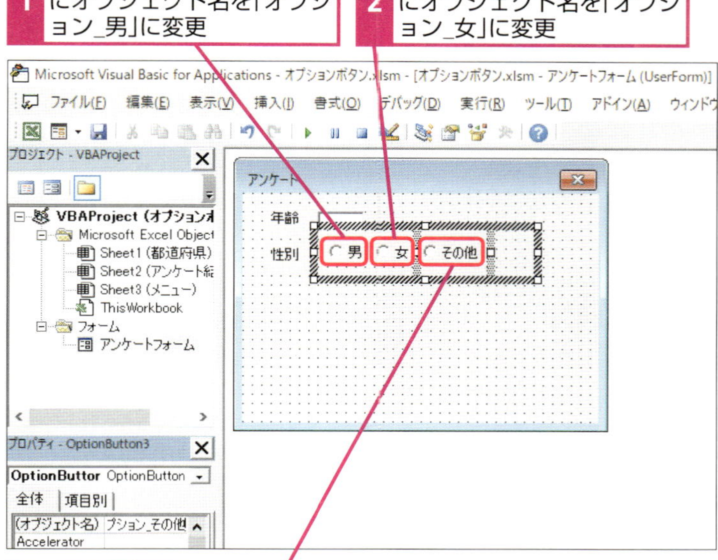

3 レッスン㊼の手順3を参考にオブジェクト名を「オプション_その他」に変更

HINT! チェックボックスとの違いは何？

ここで解説しているオプションボタンと似たようなコントロールに「チェックボックス」があります。チェックボックスもオプションボタンと同じように、クリックして選択ができます。しかし、オプションボタンは択一選択なので同時に1つだけしか選択できませんが、チェックボックスは同時に複数の選択ができます。選択肢の中で1つだけを選択するときはオプションボタン、複数選択するときはチェックボックスと使い分けましょう。

チェックボックスは同時に複数の選択肢を選べる

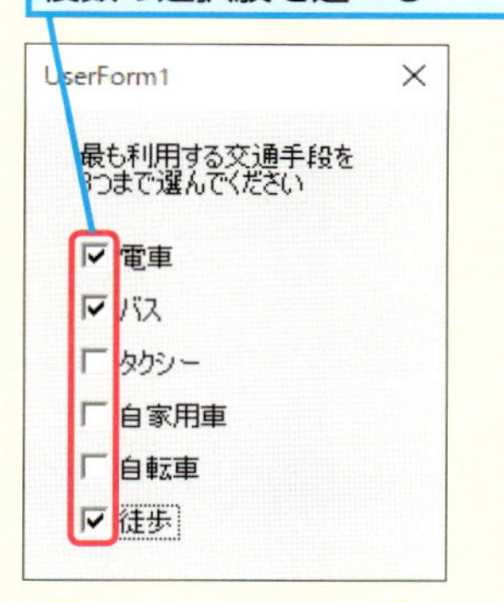

Point オプションボタンを活用すれば入力の手間を減らせる

例えば「そば」か「うどん」のどちらが好きかを選ぶとき、文字を入力するより選択肢を用意して選んだほうが入力ミスを減らせます。さらに選択肢を選ぶだけなので簡単で入力の手間が省けます。ここで解説したように、あらかじめいくつかの選択肢から1つだけを選択するときはオプションボタンを使いましょう。さらにフレームを使ってオプションボタンをグループ化すれば、1つのフォーム上に異なる複数のグループを配置できるので便利です。

レッスン

51 リスト形式の選択肢を用意するには

コンボボックス

択一の選択をする項目で選択肢の数が多いときは「コンボボックス」コントロールを使います。コンボボックスは選択肢の内容をワークシートと連携できます。

動画で見る 詳細は3ページへ

シートを参照してリストを表示できる

コンボボックスはクリックすると選択肢の一覧がリスト表示されるコントロールです。選択肢にはセル範囲が指定でき、フォームの表示中にセル範囲の内容を変更すると表示する選択肢を動的に変えることができます。ここではワークシートの関数を使って選択した地方に応じて選択肢の選都道府県を絞り込んで表示しています。

●都道府県シート

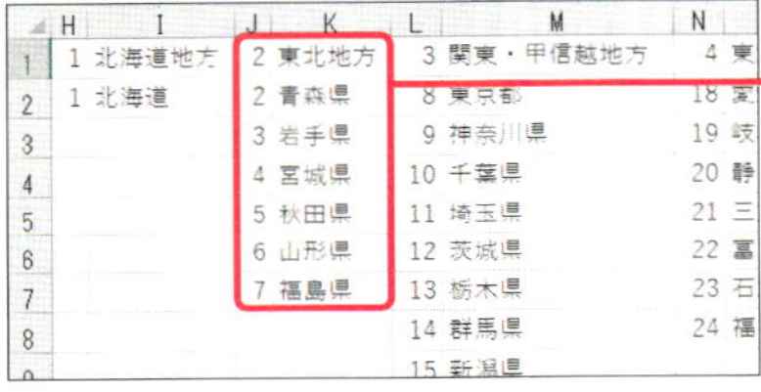

別シートに入力したデータをコンボボックスから参照する

●ユーザーフォーム

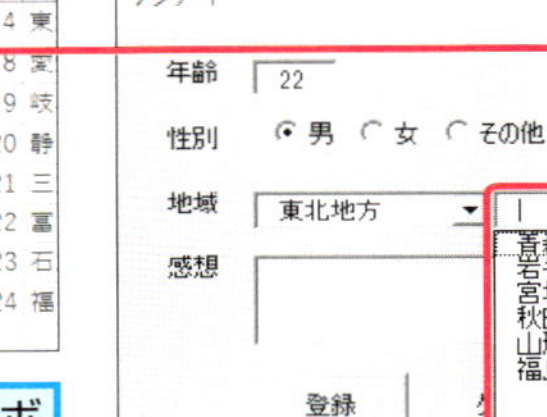

フォームにコンボボックスを追加する

1 コンボボックスを選択する

[コンボボックス.xlsm] をExcelで開いておく

レッスン㊽を参考にユーザーフォームをVBEで表示しておく

レッスン㊽を参考に「地域」のラベルを追加しておく

1 [コンボボックス] をクリック

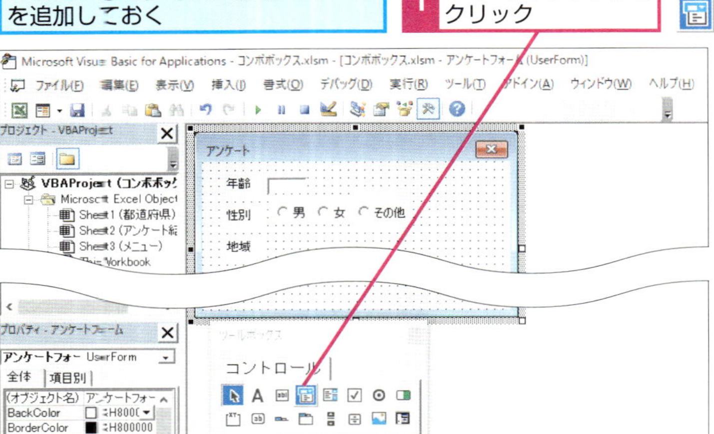

キーワード

VBE	p.322
オブジェクト	p.323
[開発] タブ	p.323
ダイアログボックス	p.325
フォーム	p.326
プロパティウィンドウ	p.327

レッスンで使う練習用ファイル
コンボボックス.xlsm

HINT!

シートを参照させると管理が楽になる

コンボボックスのリストに表示する選択肢の内容はVBAのコードで設定しますが、ワークシートのセル範囲を設定することもできます。選択肢の内容を後から追加したり、削除や変更したりすることを考えると、セル範囲を参照しておいたほうが便利です。

2 コンボボックスを追加する

ユーザーフォーム上にコンボボックスを追加する

1 コンボボックスを配置する範囲をドラッグ

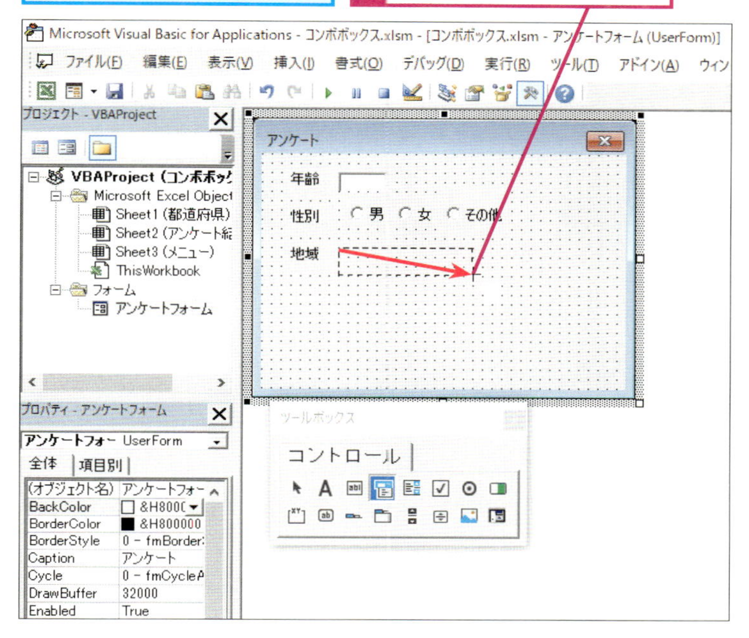

3 オブジェクト名を変更する

コンボボックスが配置された

1 レッスン㊼の手順3を参考に、オブジェクト名に「コンボボックス_地方」と入力

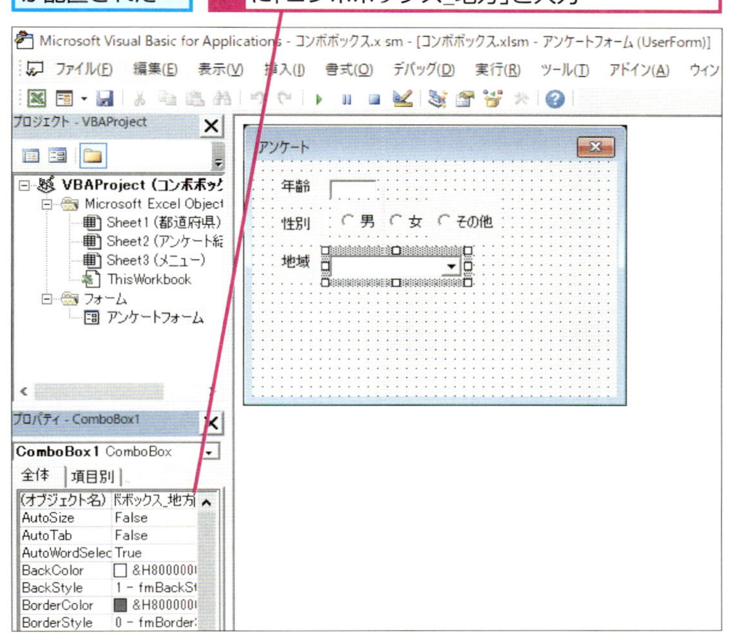

HINT!

リストボックスと使い分けるには

選択肢を一覧で表示するコントロールには「リストボックス」もあります。ここで解説しているコンボボックスは［▼］をクリックしてリストを表示しますが、リストボックスでは始めからリストを表示しておけるのが大きな違いです。また、コンボボックスで選択できるのは1つだけですが、リストボックスは設定により複数選択することもできます。

すべての選択肢を常に表示できる

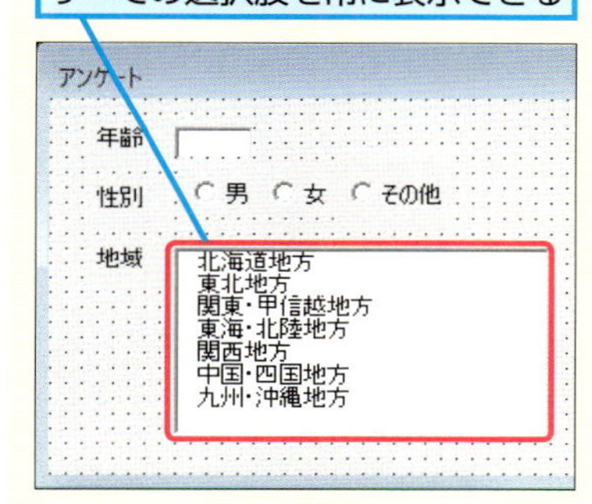

HINT!

コンボボックスの大きさはどう決めればいいの？

配置するコンボボックスの高さは、テキストボックスのように表示する文字列の1行分の高さがあればよいでしょう。幅は、リストに表示する選択肢で文字数が一番長い項目に合わせておきましょう。また、表示するリストの行数は既定値で「8」になっていますが、［ListRows］プロパティで変更することもできます。

次のページに続く

4 [ColumnCount] プロパティを設定する

コンボボックスに表示する
列数を設定する

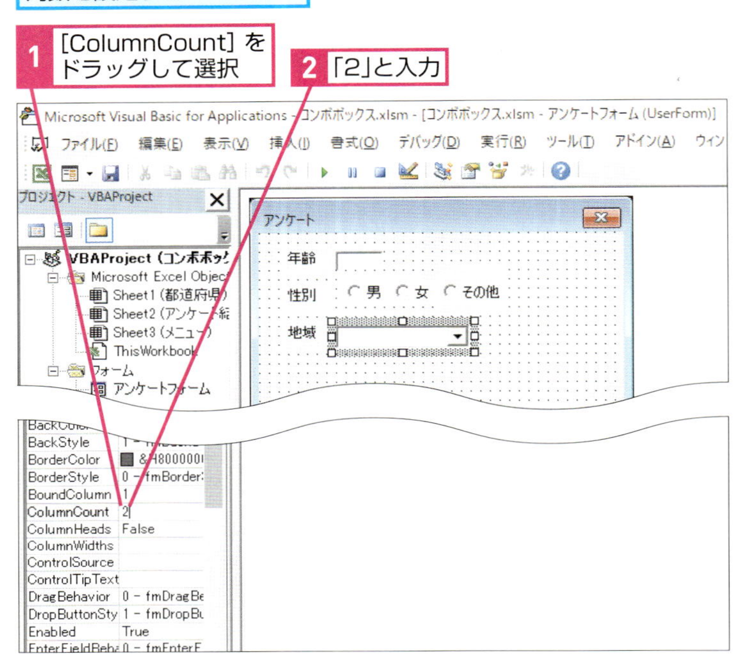

HINT!
[ColumnCount] プロパティって何？

手順4で設定している[ColumnCount]プロパティは、リストに表示する選択肢の列数です。ここでは「2」にしているので、リストは2列表示できるようになります。例えばこの値を「1」にすると、選択肢の内容が2列あってもリストには1列目だけが表示されます。

5 [ColumnWidths] プロパティを設定する

表示する各列の列幅を
設定する

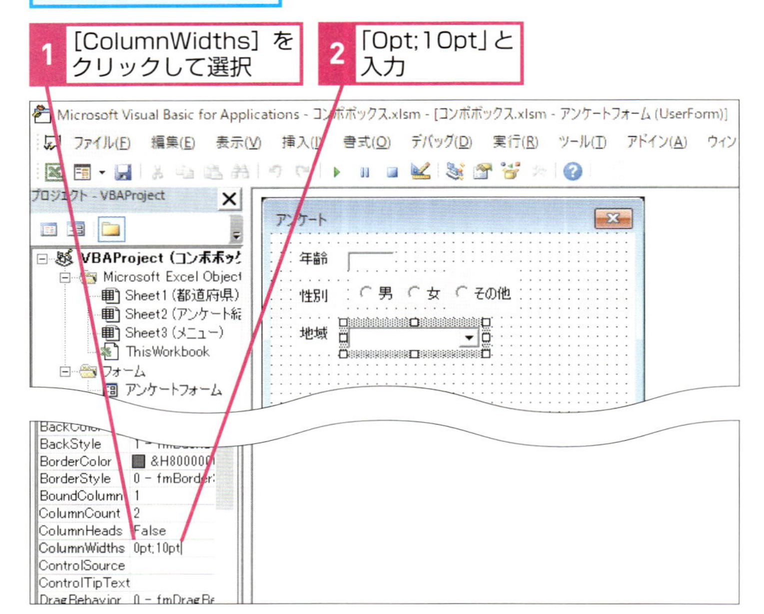

HINT!
[ColumnWidths] プロパティって何？

手順5で設定している[ColumnWidths]プロパティは、リストに表示する各列の列幅を「ポイント」を単位として、列ごとに「;」(セミコロン）で区切って設定します。列幅を「0」にすると、その列は表示されません。この後のレッスンで設定する選択肢の1列目は、VBAやワークシート関数で使用するだけで、利用時に表示する必要がないため、1列目を「0」にして非表示にしています。

6 [ControlSource] プロパティを設定する

コンボボックスに表示するExcelデータを指定する

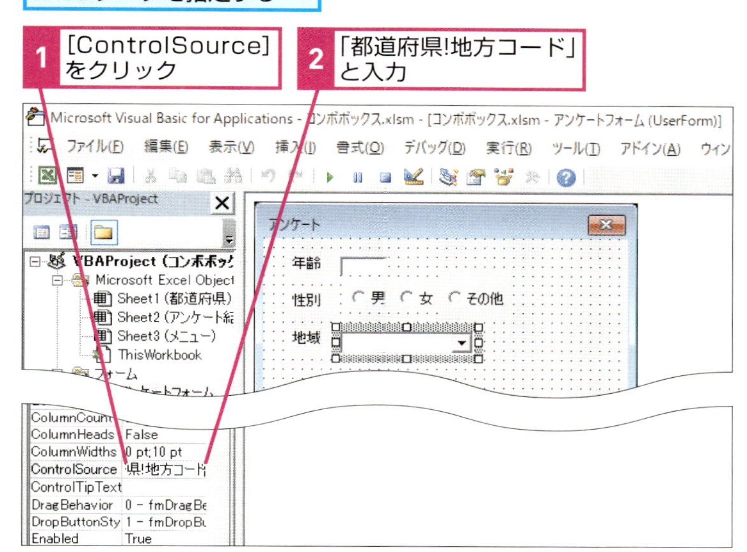

HINT! [ControlSource] プロパティって何？

手順6で設定している[ControlSource]プロパティは、コントロールに入力された値とワークシートのセルをリンクするためのプロパティです。このプロパティを設定しておけば、コンボボックスで選択した値が自動的にセルに入力されます。また逆にセルの値を変えると、コンボボックスに表示される内容も変更されます。

7 [RowSource] プロパティを設定する

引き続きコンボボックスに表示するデータを指定する

1 プロパティウィンドウを下にドラッグしてスクロール

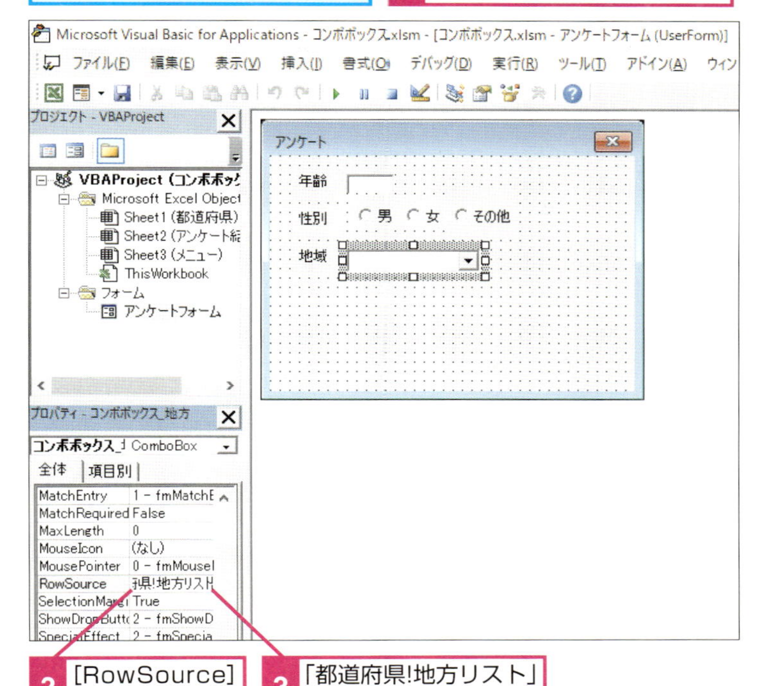

HINT! [RowSource] プロパティって何？

手順7で設定している [RowSource] プロパティは、リストに表示する選択肢にワークシートのセル範囲を設定するプロパティです。例えばワークシート「Sheet1」のB2セルからC9セルまでの範囲を設定する場合は「Sheet1!B2:C9」と記述します。またセル範囲に付けた名前を使用することもできます。

次のページに続く

8 コンボボックスを追加する

地方リストのコンボボックスが完成した

都道府県リストのコンボボックスを追加する

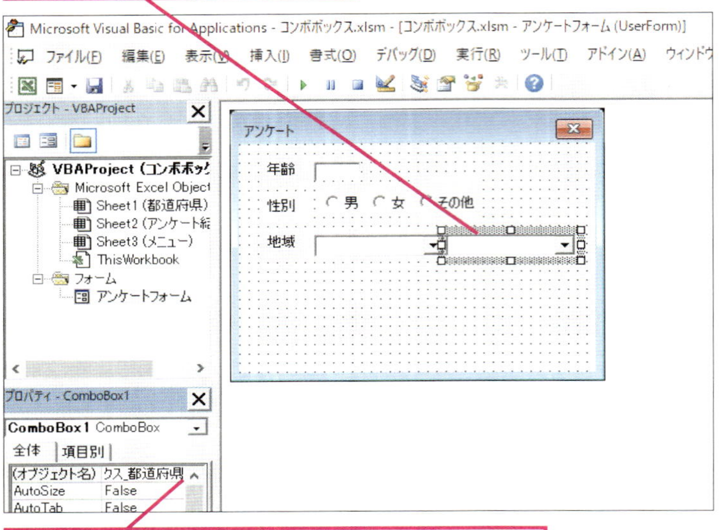

9 [BoundColumn] プロパティを設定する

コンボボックスのコントロール値とする列を指定します

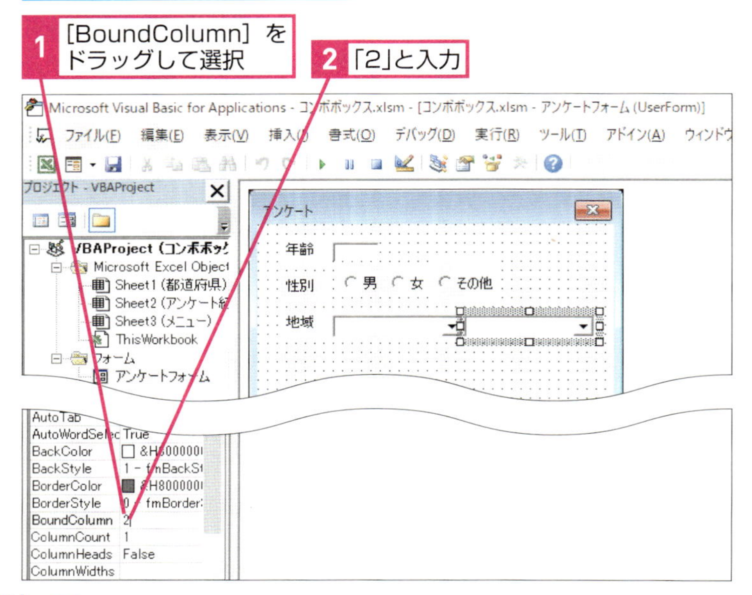

HINT! 参照するセル範囲に名前を付けておく

セルB2からC9までのセル範囲を参照するときは「B2:C9」ですが、このセル範囲に名前を付けて名前でセルを参照することができます。ここでは地区や都道府県のリストに表示する選択肢や、地区で選択した地区コードとリンクするセルの参照先に名前を付けています。セル参照でも問題はありませんが、名前のほうが何を参照しているのかが分かりやすくなります。

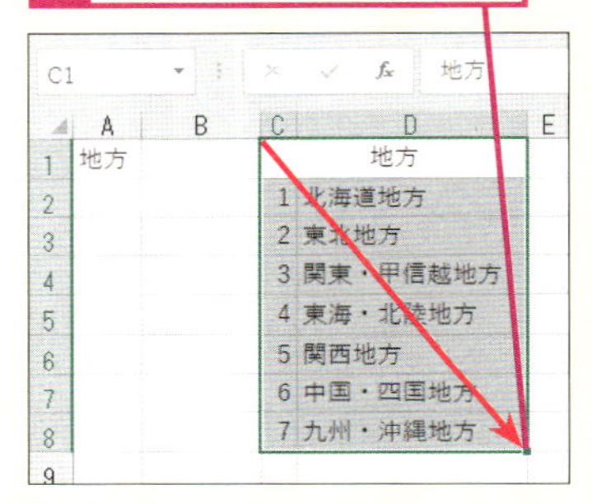

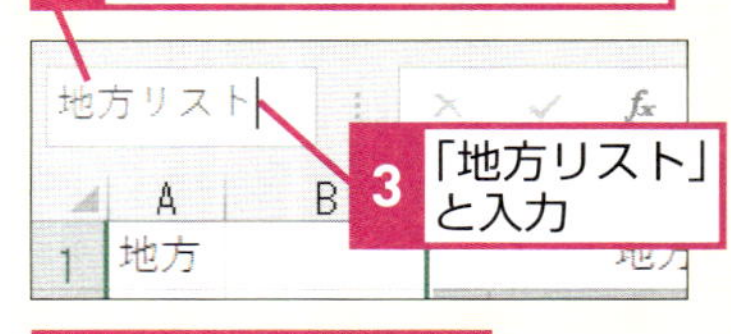

4 Enter キーを押す

HINT! [BoundColumn] プロパティって何？

手順9の [BoundColumn] プロパティは、リストで選択した行の何番目の列をコンボボックスの値とするかを設定します。既定値は「1」です。ここでは都道府県の [ControlSource] プロパティに設定したセル範囲の2列目の都道府県名をコンボボックスの値としたいので、[BoundColumn] プロパティを「2」にしています。

10 表示する列数と列幅を設定する

コンボボックスに表示する列数と列幅を設定する

1 手順4を参考に［ColumnCount］プロパティに「2」と入力

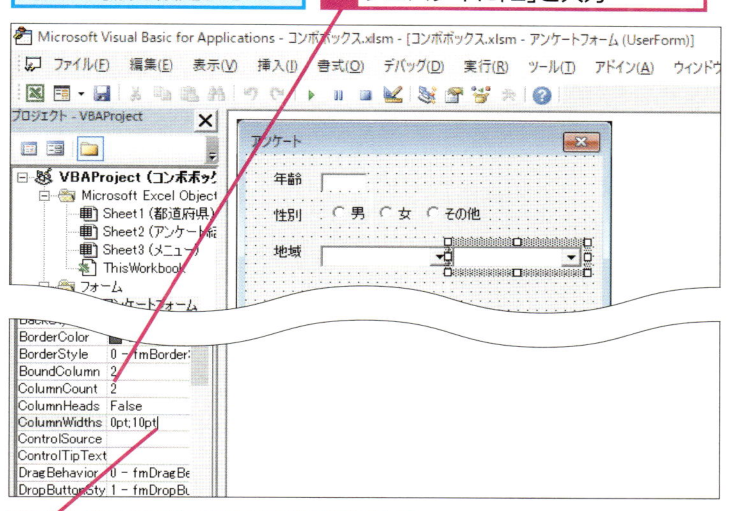

2 手順5を参考に［ColumnWidths］プロパティに「0pt;10pt」と入力

11 ［RowSource］プロパティを設定する

コンボボックスに表示するデータを指定する

1 プロパティウィンドウを下にドラッグしてスクロール

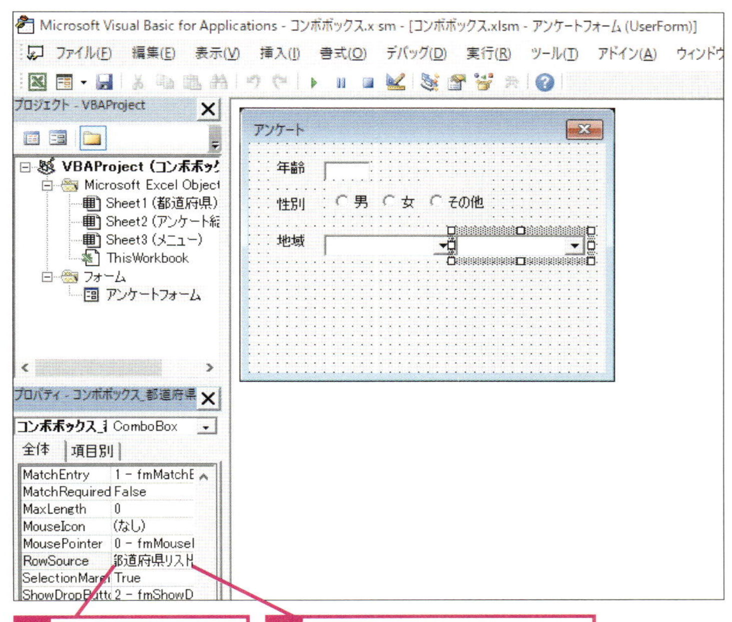

2 ［RowSource］をクリック

3 「都道府県!都道府県リスト」と入力

HINT! ［ControlSource］プロパティは必要に応じて設定する

［ControlSource］プロパティは、コントロールの値とワークシートのセルをリンクするプロパティです。手順2で配置した「コンボボックス_地方」は、選択した値をもとにワークシート関数を使って都道府県リストを生成するために必要なのでセルとリンクしています。手順8で配置した「コンボボックス_都道府県」は、セルとリンクする必要がないので［ControlSource］プロパティは設定しません。

HINT! リストにないデータも入力できるの？

コンボボックスはテキストボックスの機能も兼ね備えていて、既定ではリストにない値を入力することもできます。リスト以外の値を入力できないようにするには［Style］プロパティの値を既定値の［fmStyleDropDownCombo］から［fmStyleDropDownList］に変更します。

Point コンボボックスを活用すればより入力業務を効率化できる

レッスン㊿のオプションボタンは選択肢から1つ選ぶコントロールですが、選択肢の文字が長かったり数が増えると配置が大変です。そのようなときは限られたスペースで選択肢がリスト表示されるコンボボックスが最適です。また、ここでは2つのコンボボックスを連携しています。コンボボックスの選択肢はセルとリンクできるので、1つ目で選んだ値に応じて2つ目の選択肢のセルの内容を変えることで、2つ目の選択肢の内容を動的に変更できます。

レッスン
52 データ入力や終了のボタンを表示するには

コマンドボタン

フォームからデータ入力ができるようになったので、次に入力したデータの転記や入力のクリア、フォームの終了のマクロを実行するボタンを配置してみましょう。

作成するマクロ

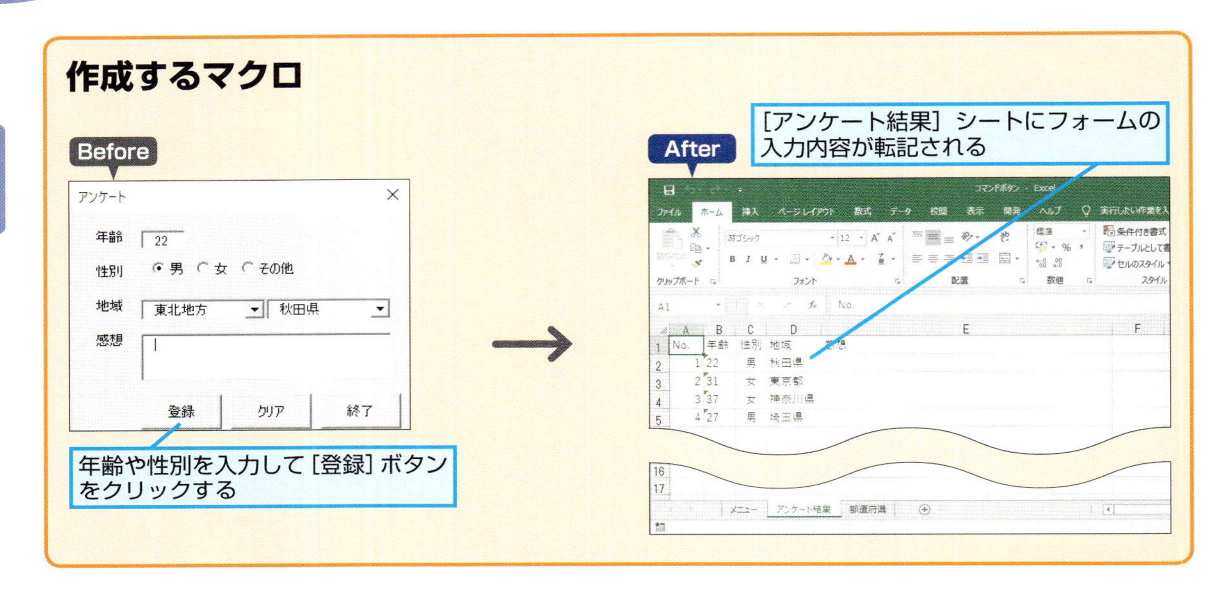

1 追加するコントロールを選択する

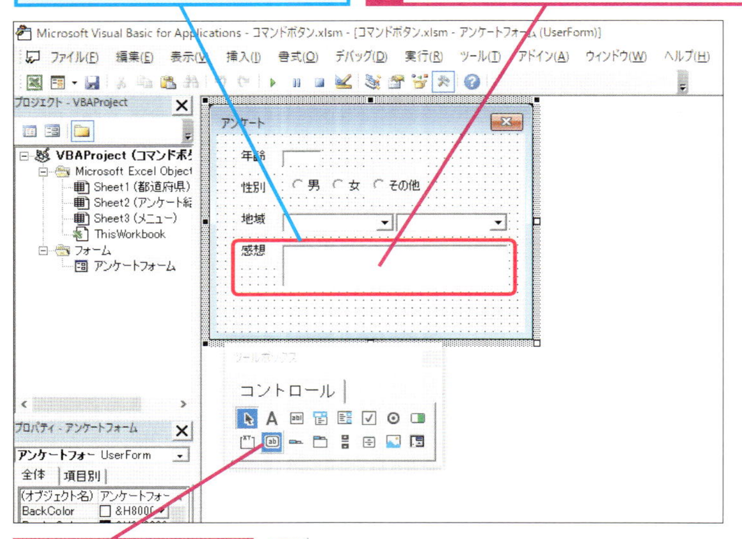

キーワード

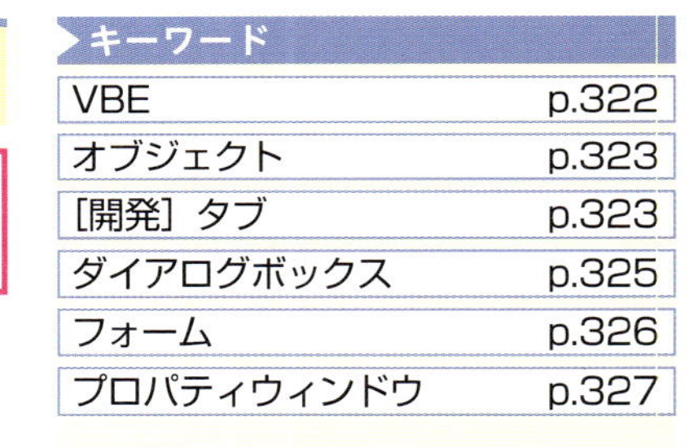

レッスンで使う練習用ファイル
コマンドボタン.xlsm

間違った場合は？

手順1で配置したコントロールの位置を整列させたいときは、286ページのHINT!を参考に整列させるコントロールをまとめて選択して、メニューの［書式］-［整列］から整列する基準を選択すればまとめて整列できます。

2 コマンドボタンを追加する

ユーザーフォーム上にコマンドボタンを追加する

1 コマンドボタンを表示する範囲をドラッグ

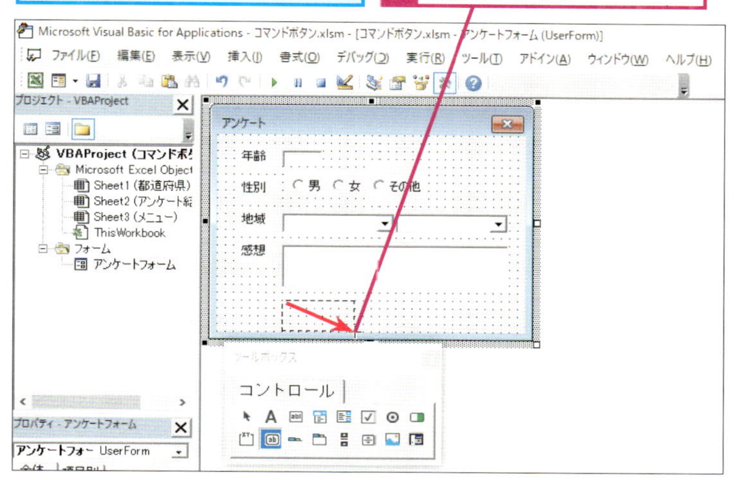

3 ボタン名を入力する

コマンドボタンが配置され、[CommandButton1]と表示された

1 配置された[CommandButton1]をクリック

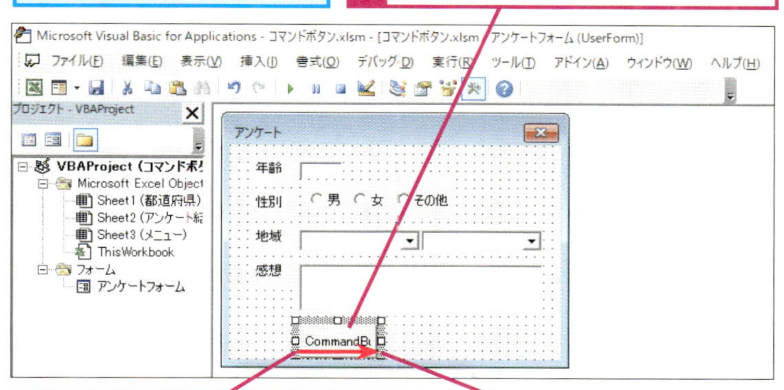

2 ここにマウスポインターを合わせる

3 ここまでドラッグ

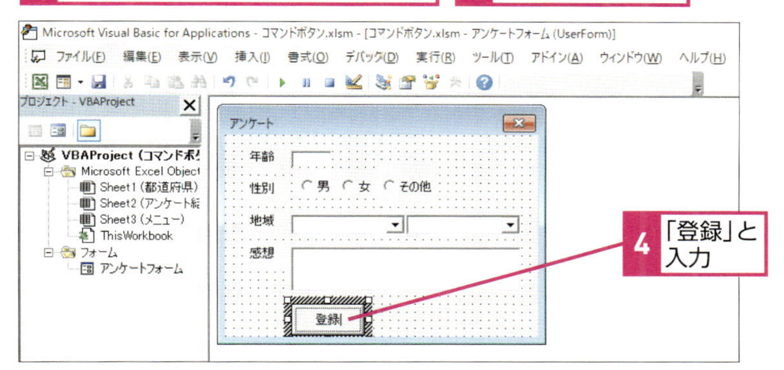

4 「登録」と入力

HINT!

ボタンにはひと目で分かる名前を表示する

ここでは「登録」「クリア」「終了」の3つのボタンを配置しますが、操作ミスを防ぐためにも、それぞれのボタンには役割が分かりやすい名前を付けましょう。また、名前だけでなく、ボタンの配置を工夫することでさらに使いやすくなります。ここでは同じ大きさのボタンを等間隔で並べて配置していますが、例えば登録ボタンを少し大きくして、ほかのボタンとの間隔を少し多めに空けておけばボタンの押し間違いを減らすことができます。

よく使用するボタンは押し間違えないように配置する

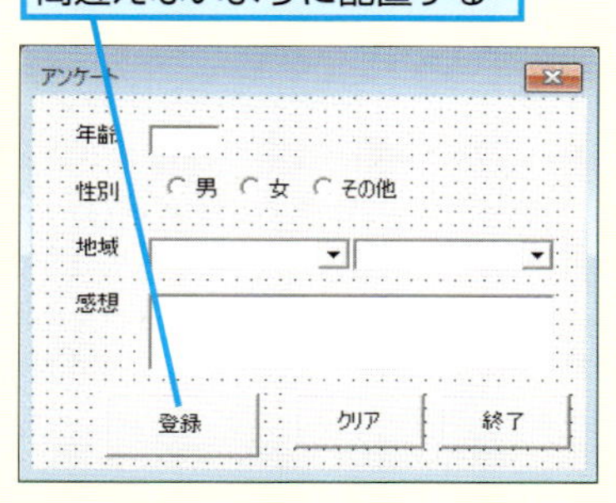

次のページに続く

4 残りのボタンを追加する

1 手順1～3を参考にコマンドボタンを配置し、「クリア」と入力

2 手順1～3を参考にコマンドボタンを配置し、「終了」と入力

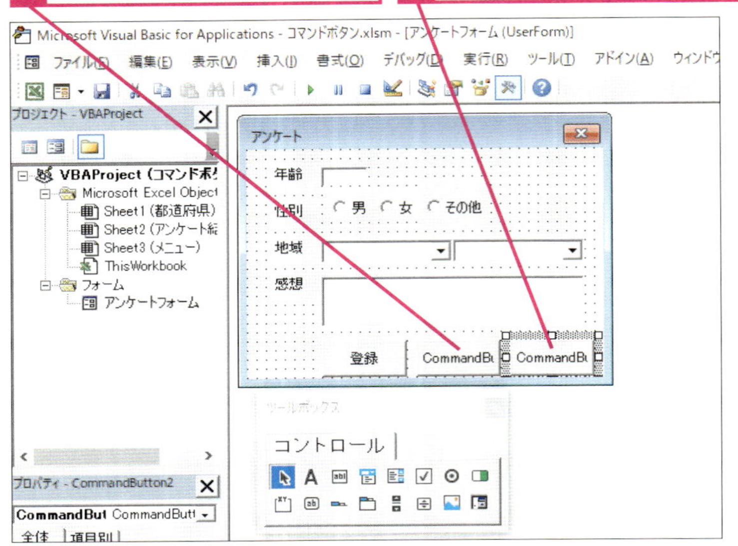

3 レッスン㊼の手順3を参考にオブジェクト名を「ボタン_登録」に変更

4 レッスン㊼の手順3を参考にオブジェクト名を「ボタン_クリア」に変更

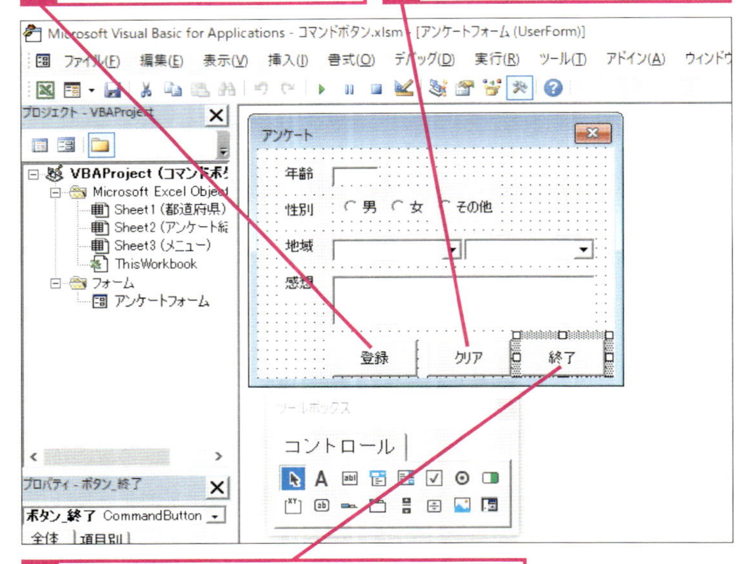

5 レッスン㊼の手順3を参考にオブジェクト名を「ボタン_終了」に変更

HINT! ボタンの文字を折り返して表示できる

ボタンに表示する文字列がボタンの幅より長くなると自動で折り返して表示されます。ただし、折り返した行数分の高さが必要になるので、表示できるように高さを調節しましょう。また、任意の場所で折り返したいときは折り返したいところで Ctrl キーを押しながら Enter キーを押します。

●コマンドボタンの主なプロパティ

プロパティ名	機能
AutoSize	入力された文字列に合わせてボタンの大きさが自動で調整される
ControlTipText	ボタンにマウスポインターを合わせたときに文字列を表示できる
Font	ボタンに表示される文字の種類を設定できる
TextAlign	文字揃えを指定できる
WordWrap	表示される文字がボタンの幅に合わせて自動で折り返して表示できる

HINT! コマンドボタンには特有のプロパティがある

コマンドボタンには特有の［Cancel］と［Default］プロパティがあります。［Cancel］プロパティは、不用意にクリックしては困るようなフォームのクリアや終了のボタンに設定します。設定すると Tab キーや Enter キーを押しても自動的に移動できないボタンになります。［Default］プロパティは、フォームを開くと選択されているボタンになります。そのまま Enter キーを押すだけでボタンに登録されたマクロが実行できるようになります。

5 [登録] ボタンのコードを表示する

[登録] ボタンの処理を入力する

1 [登録]をダブルクリック

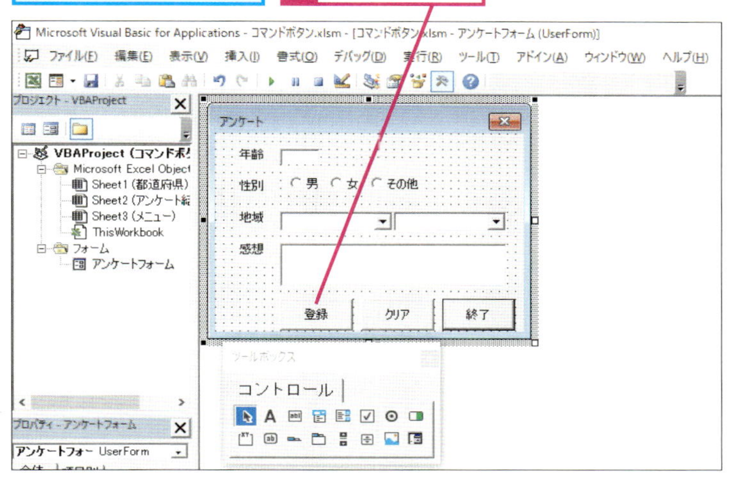

6 変数を定義する

[登録] ボタンのコードが表示された

1 Tab キーを押す

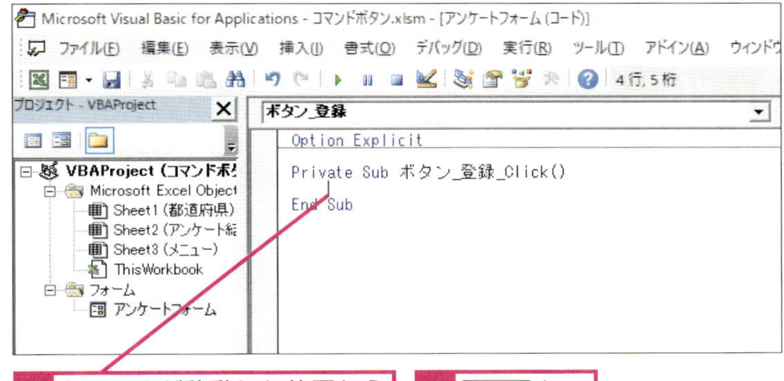

2 カーソルが移動した位置から以下のように入力

3 Enter キーを押す

```
dim␣行␣as␣integer
```

HINT! フォームを表示するには

手順5でコードウィンドウを表示すると手順6のようにフォームが隠れて消えてしまいます。フォームを表示し直すには、プロジェクトエクスプローラーの［フォーム］に表示されたフォームをダブルクリックします。また、パソコンの画面に余裕があれば、コードウィンドウをフルスクリーンで表示せずに、複数のウィンドウが同時に表示できるようにすると作業が進めやすくなります。

コードウィンドウが表示されている

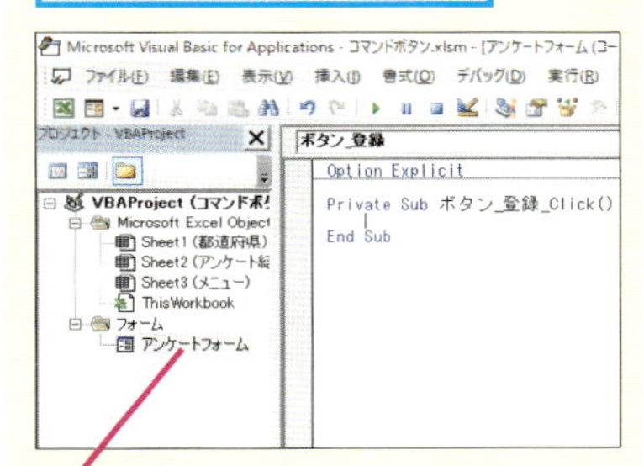

1 [(フォーム名)] をダブルクリック

フォームが表示された

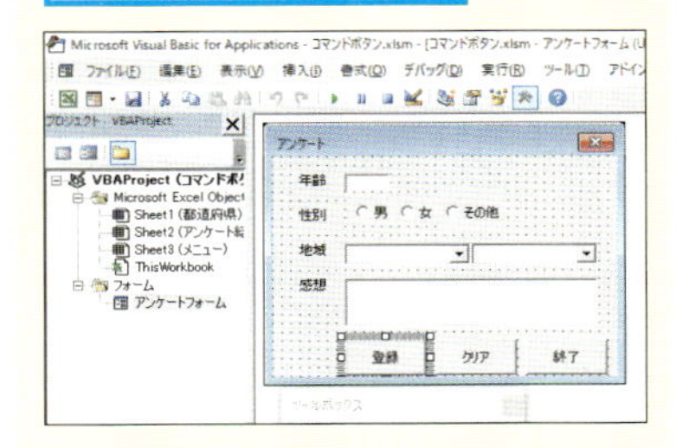

次のページに続く

7 Withステートメントを入力する

```
Private Sub ボタン_登録_Click()
    Dim 行 As Integer
    |
End Sub
```

1 カーソルが移動した位置から以下のように入力

2 Enter キーを押す

```
with␣worksheets("アンケート結果")
```

8 データの入力位置を設定する

1 Tab キーを押す

データを転記するセルを指定する

```
Private Sub ボタン_登録_Click()
    Dim 行 As Integer
    With Worksheets("アンケート結果")
        |
End Sub
```

2 カーソルが移動した位置から以下のように入力

3 Enter キーを押す

```
if␣.cells(2,1)=""␣then
    行=2
else
    行=.range("A1").end(xlDown).row+1
end␣if
.cells(行,1)=行-1
```

9 年齢データを転記する

年齢欄に入力されたデータを転記する

```
        If .Cells(2, 1) = "" Then
            行 = 2
        Else
            行 = .Range("A1").End(xlDown).Row + 1
        End If
        .Cells(行, 1) = 行 - 1
        |
End Sub
```

1 カーソルが移動した位置から以下のように入力

2 Enter キーを押す

```
.cells(行,2)=テキストボックス_年齢
```

HINT! 追記されるデータの位置を指定するには

手順8はデータを転記するワークシートの行番号を求める処理です。最初に1件目のデータが入る2行目が空でないか確認します。空なら転記する行を「2」にします。1行でもデータがあれば次の行に追記するので、既存データの最下行に「1」を加算して追加する行番号を求めます。最下行はRangeオブジェクトのEndプロパティに、下方向に探す「xlDown」を指定して最下行のRangeオブジェクトを取得します。取得したRangeオブジェクトの行番号を表す「Row」プロパティに「1」を加算すれば、新しく追加する行番号を取得できます。

10 性別データを転記する

オプションボタンで選択された性別を転記する

```
        End If
        .Cells(行, 1) = 行 - 1
        .Cells(行, 2) = テキストボックス_年齢
        |
End Sub
```

1 カーソルが移動した位置から以下のように入力

2 Enter キーを押す

```
if␣オプション_男.value␣then
    .cells(行,3)="男"
elseif␣オプション_女.value␣then
    .cells(行,3)="女"
elseif␣オプション_その他.value␣then
    .cells(行,3)="他"
end␣if
```

11 都道府県データを転記する

コンボボックスで選択された都道府県を転記する

```
        If オプション_男.Value Then
            .Cells(行, 3) = "男"
        ElseIf オプション_女.Value Then
            .Cells(行, 3) = "女"
        ElseIf オプション_その他.Value Then
            .Cells(行, 3) = "他"
        End If
        |
End Sub
```

1 カーソルが移動した位置から以下のように入力

2 Enter キーを押す

```
.cells(行,4)=コンボボックス_都道府県
.cells(行,5)=テキストボックス_感想
```

12 Withステートメントを終了する

1 Back space キーを押す

```
        .Cells(行, 4) = コンボボックス_都道府県
        .Cells(行, 5) = テキストボックス_感想
    |
End Sub
```

2 カーソルが移動した位置から以下のように入力

```
end␣with
```

HINT!

オブジェクト名に注意しよう

ここでは、これまで配置したコントロールをマクロで操作するためにVBAのコードを記述していきます。コードにはそれぞれのコントロールに付けたオブジェクト名を入力しますが、コントロールの名前が異なっているとマクロの実行時にエラーになってしまいます。以下のようにメニューの［デバッグ］-［VBAProjectのコンパイル］でコンパイルを実行して、オブジェクト名に間違いがないか確認しておきましょう。

1 ［デバッグ］をクリック

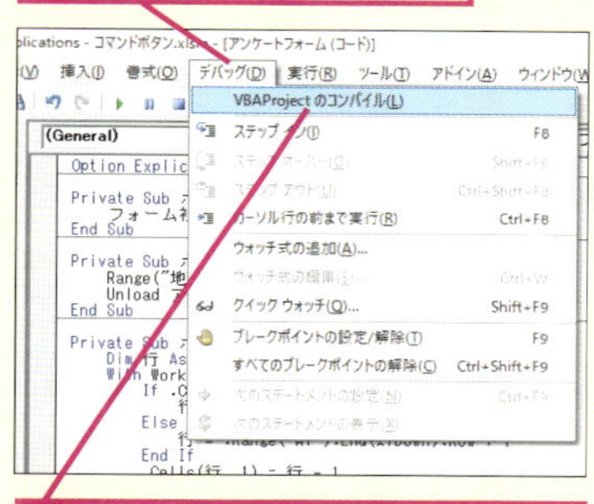

2 ［VBAProjectのコンパイル］をクリック

オブジェクト名が間違っているとエラーが表示される

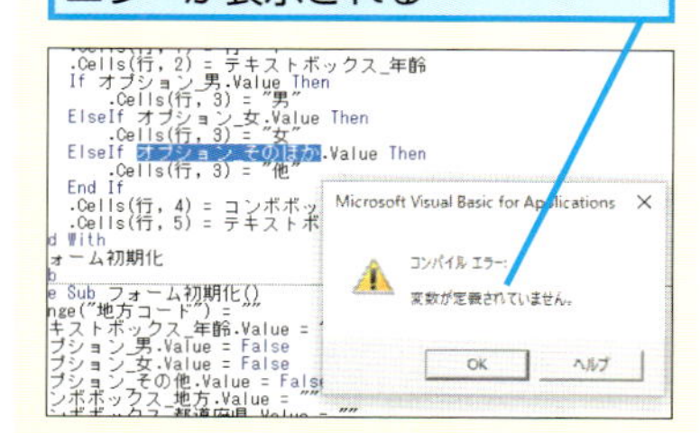

次のページに続く

52 コマンドボタン

13 マクロの開始を宣言する

[フォーム初期化]マクロを入力する

```
        .Cells(行, 4) = コンボボックス_都道府県
        .Cells(行, 5) = テキストボックス_感想
    End With
End Sub
|
```

1 カーソルが移動した位置から以下のように入力

2 Enter キーを押す

```
private␣sub␣フォーム初期化
```

HINT! 「Private」って何？

手順13で入力している「Private」は、このSubプロシージャをほかのモジュールから呼び出せないようにするためのSubステートメントのオプションです。同じモジュール内にあるほかのプロシージャからは呼び出すことができます。ここでSubステートメントにPrivateを使用しているのは、ユーザーフォームのモジュールにあるプロシージャを間違ってほかのモジュールから呼び出されることを防ぐためです。

14 入力値を初期化する

1 Tab キーを押す

```
Private Sub フォーム初期化()
    |
End Sub
```

2 カーソルが移動した位置から以下のように入力

3 Enter キーを押す

```
range("地方コード")=""
テキストボックス_年齢.value=""
オプション_男.value=false
オプション_女.value=false
オプション_その他.value=false
コンボボックス_地方.value=""
コンボボックス_都道府県.value=""
テキストボックス_感想.value=""
テキストボックス_年齢.setfocus
```

15 [クリア] ボタンのコードを表示する

1 [アンケートフォーム]をダブルクリック

フォームの画面が表示された

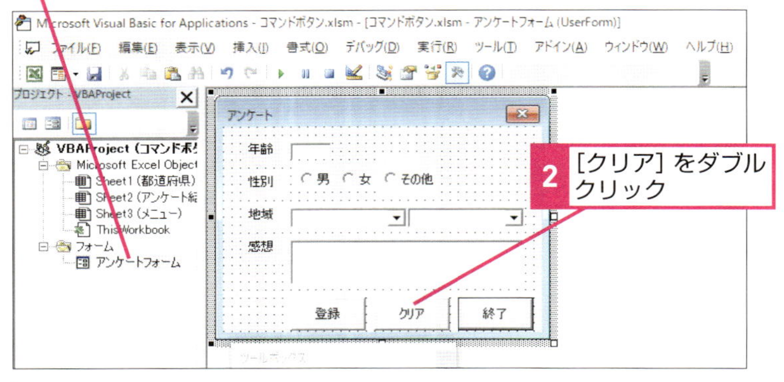

16 ［フォーム初期化］マクロを呼び出す

1 Tab キーを押す

```
Private Sub ボタン_クリア_Click()
    |
End Sub
```

2 カーソルが移動した位置から以下のように入力

```
フォーム初期化
```

3 ここをクリック

4 Enter キーを押す

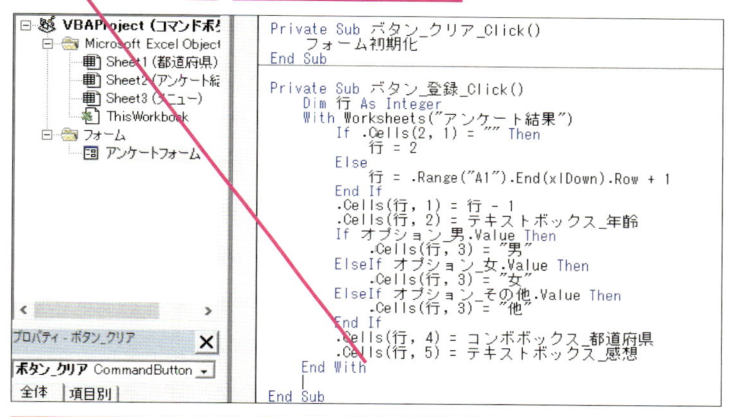

5 カーソルが移動した位置から以下のように入力

```
フォーム初期化
```

17 ［終了］ボタンにコードを入力する

手順15を参考に［終了］ボタンのコードを表示しておく

1 Tab キーを押す

```
Private Sub ボタン_終了_Click()
    |
End Sub
```

2 カーソルが移動した位置から以下のように入力

```
Range("地方コード")=""
Unload␣アンケートフォーム
```

18 入力したコードを確認する

```
Private Sub ボタン_終了_Click()
    Range("地方コード") = ""
    Unload アンケートフォーム
End Sub
```

1 コードが正しく入力されたかを確認

マクロの作成が完了した

HINT! フォームを終了するときは

手順17ではフォームを終了するマクロを記述しています。ユーザーフォームは、フォームのオブジェクトをメモリに読み込むことで表示されます。従って、フォームを閉じるには「Unload」ステートメントを使ってメモリから削除することでフォームが閉じられます。また、念のため、閉じる前に「Range("地方コード")=""」で、コンボボックス_地方とリンクしているワークシートのセルの値をクリアしておきましょう。

Point マクロでフォームの操作を記述する

このレッスンでは、これまで作成してきたフォームの総まとめとして、フォームのコントロールを操作するマクロを作成しました。ここではコマンドボタンを配置して、データをワークシートへ転記する処理、フォームのクリア処理、フォームの終了処理の3つのマクロを作成してボタンに登録しました。HINT!でも解説しましたが、VBAのコードでコントロールを操作するときはオブジェクト名を記述します。コードを見たときに操作しているコントロールがどれか、分かりやすい名前が重要です。もし分かりにくい名前があったら必ず付け直しておきましょう。

レッスン

53 フォームを表示するボタンを登録するには

コマンドボタン、マクロの登録

フォームコントロールはワークシート上に配置することができます。ここでは、コマンドボタンを配置してフォームを表示するマクロを登録します。

1 ボタンを選択する

[コマンドボタン、マクロの登録.xlsm]をExcelで開いておく

1 [開発] タブをクリック

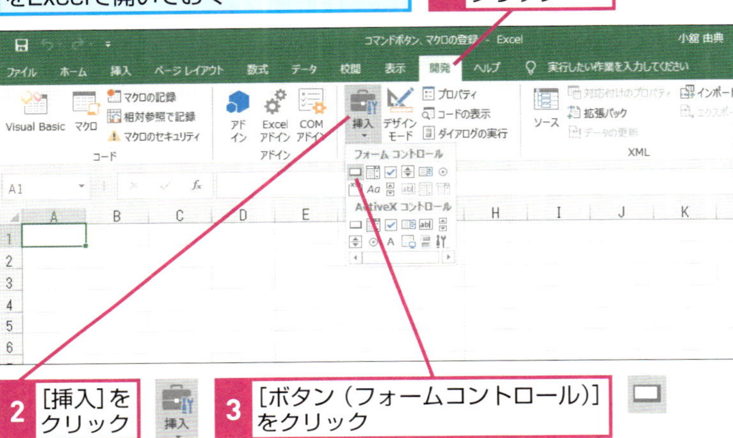

2 [挿入]をクリック

3 [ボタン（フォームコントロール）]をクリック

2 ボタンの大きさを設定する

マウスポインターの形が変わった

1 ここにマウスポインターを合わせる

2 ここまでドラッグ

メニュー　アンケート結果　都道府県

マウスをドラッグし、ボタンを作成します。

動画で見る
詳細は3ページへ

キーワード

レッスンで使う練習用ファイル
コマンドボタン、マクロの登録.xlsm

HINT!

オートシェイプの図形にもマクロを登録できる

マクロは、ボタンのほかにオートシェイプなどの図形にも登録できます。図形にマクロを登録するには、図形を右クリックしてから[マクロの登録]をクリックして［マクロの登録］ダイアログボックスを表示しましょう。

HINT!

ショートカットキーも設定できる

このレッスンではボタンにマクロを登録しますが、ショートカットキーにも設定できます。新規に記録するときは、［マクロの記録］ダイアログボックスの［ショートカットキー］に、設定したい半角アルファベットを1文字入力しましょう。詳しくは、30ページのテクニックを参照してください。

3 マクロを新規作成する

[マクロの登録] ダイアログボックスが表示された

[アンケート開始] マクロを新規作成する

1 「アンケート開始_Click」と入力

2 [新規作成] をクリック

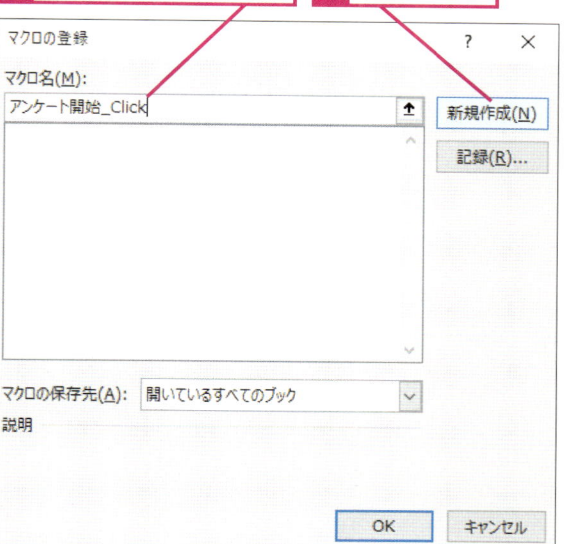

4 [アンケート開始] マクロを入力する

[アンケート開始] マクロがVBEで表示された

1 Tab キーを押す

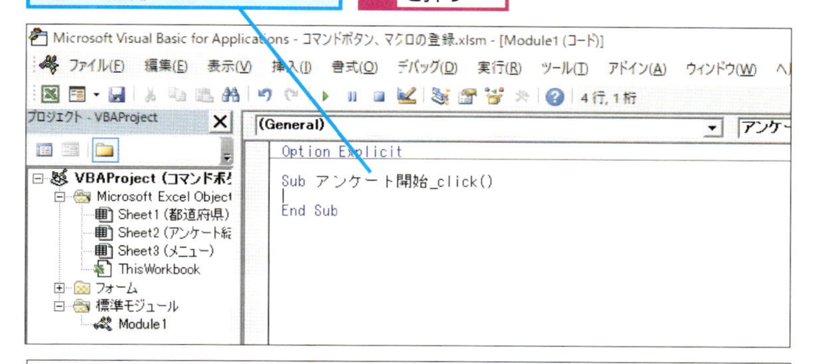


```
Sub アンケート開始_click()
    |
End Sub
```

2 カーソルが移動した位置から以下のように入力

```
range("地方コード")=""
アンケートフォーム.show
```

HINT! 常にボタンが表示されるようにするには

ワークシートに貼り付けたボタンは、ワークシートをスクロールすると見えなくなってしまいます。以下の手順でボタンがあるセルの表示を固定すれば、メニューバーのように使えます。

ボタンがある1つ下のセルをクリックしておく

1 [表示] タブをクリック

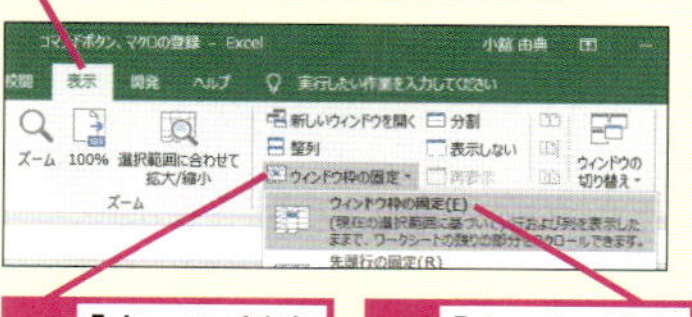

2 [ウィンドウ枠の固定] をクリック

3 [ウィンドウ枠の固定] をクリック

ウィンドウ枠の固定を示す線が表示された

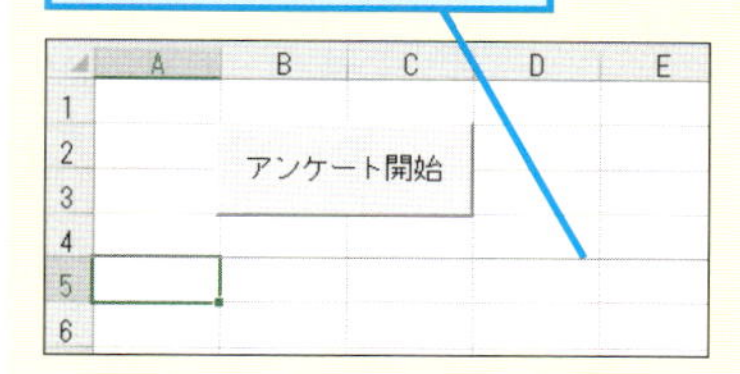

HINT! ボタンのサイズを固定するには

ワークシート上に配置したボタンは、配置したセルの高さや幅の変更、行や列の挿入でボタンのサイズが変更されます。ボタンのサイズが変更されないように固定するには、まず、ボタンを右クリックして [コントロールの書式設定] をクリックします。表示された [コントロールの書式設定] ダイアログボックスの [プロパティ] タブをクリックして、[オブジェクトの位置関係] にある [セルに合わせて移動やサイズ変更しない] にチェックマークを付けます。

次のページに続く

5 Excelの画面を表示する

マクロの作成が終了した

Excelの画面に表示を切り替える

1 [表示 Microsoft Excel]をクリック

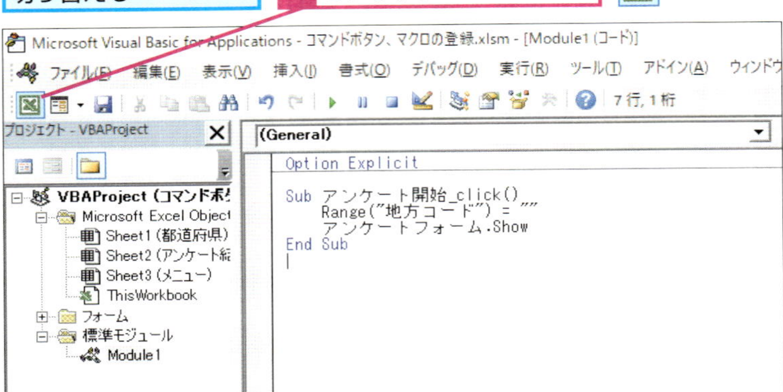

6 ボタン名を選択する

Excelの画面に表示が切り替わった

マクロを登録したボタンに名前を付ける

1 挿入したボタンの文字の部分をクリック

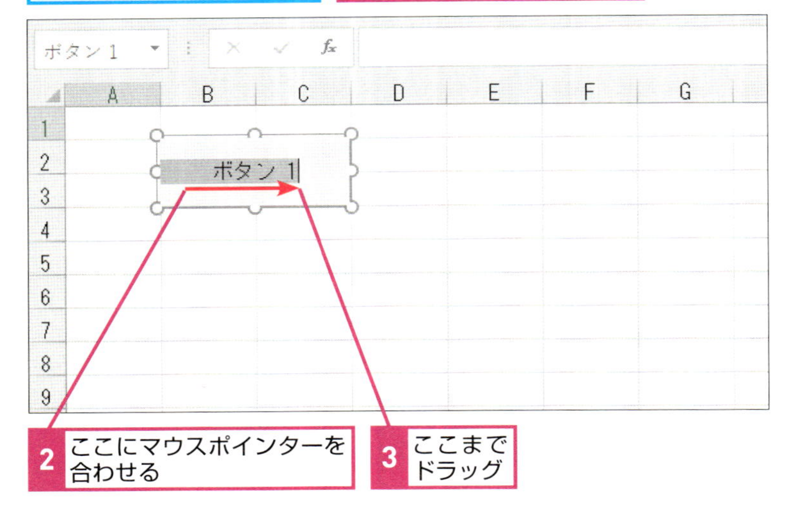

2 ここにマウスポインターを合わせる

3 ここまでドラッグ

HINT! ボタン配置用に行を挿入するとセル参照がずれることがある

ワークシートに空きがあれば、そこにボタンを配置できますが、スペースがないときはワークシートの最上部に新しい行を挿入して、ボタンを配置しましょう。ただし、行を挿入した分だけマクロに記録されているセル参照がずれてしまい、参照先が意図していた範囲と異なってしまいます。マクロの作成前に行を挿入しておくか、行の挿入後にセル参照を確認しましょう。

マクロの記録後に行を挿入すると、マクロに記録されているセル参照がずれてしまうことがある

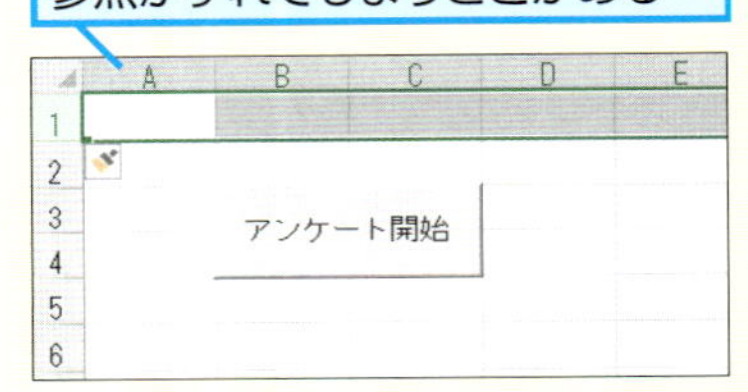

HINT! 作成済みのマクロにも後からショートカットキーを設定できる

[マクロの記録] ダイアログボックスでは、マクロを新規に記録するときにショートカットキーを設定できます。作成済みのマクロにショートカットキーを設定するには、[マクロ] ダイアログボックスでマクロを選択して [オプション] ボタンをクリックします。表示される[マクロオプション] ダイアログボックスでショートカットキーを設定しましょう。

間違った場合は？

ボタンの大きさや位置を間違えたときは、[マクロの登録] ダイアログボックスで [キャンセル] ボタンをクリックしてから、Delete キーを押してボタンを削除し、ボタンを作成し直します。

7 ボタン名を入力する

マクロを登録したボタンの名前を付ける

ボタン名はマクロ名と同じである必要はない

1 「アンケート開始」と入力

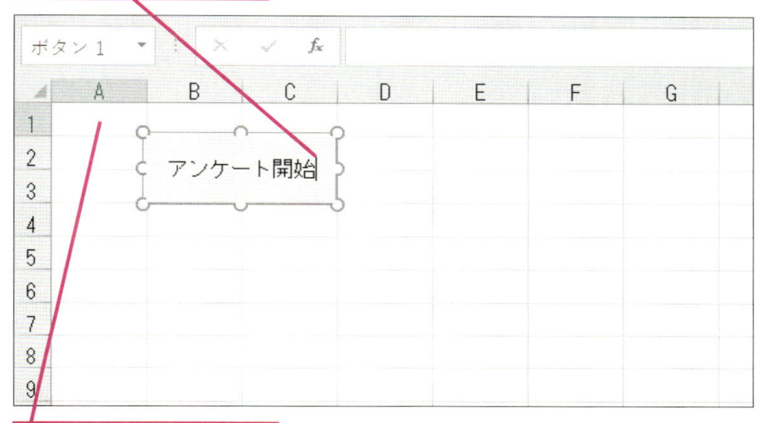

2 ボタン以外のセルをクリック

8 ボタンの選択が解除された

ボタンをクリックすると、[アンケート開始]のマクロが実行される

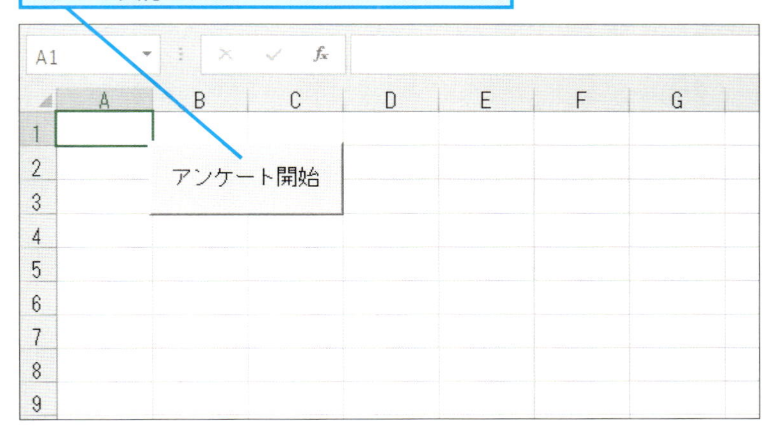

HINT!

[開発]タブを使ってマクロの一覧を表示できる

[開発]タブにある[マクロ]ボタンと[表示]タブにある[マクロ]ボタンはどちらも同じで、クリックすると[マクロ]ダイアログボックスを開いてマクロの一覧が表示できます。

[開発]タブを表示しておく

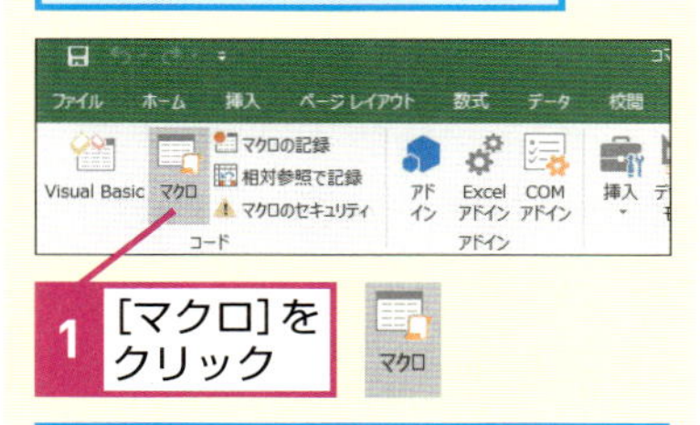

1 [マクロ]をクリック

[マクロ]ダイアログボックスが表示された

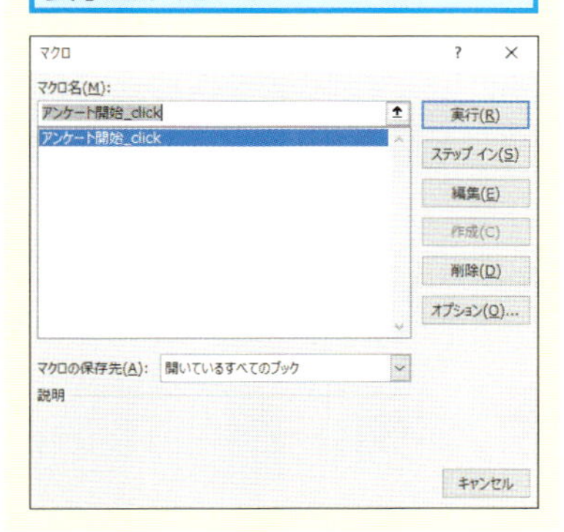

Point

シートにボタンがあれば素早くマクロを実行できる

これまでフォームに配置していたフォームコントロールはワークシート上にも配置することができます。ここではアンケートフォームを開くマクロを作成し、ワークシート上にコマンドボタンを配置してマクロを登録する手順を解説しました。ワークシートにコマンドボタンを配置すれば、マクロを実行するたびにマクロダイアログボックスを開く手間がないので簡単です。さらに、Excelに不慣れな人にマクロを実行してもらうときも分かりやすくて便利です。

この章のまとめ

フォームを使いこなせば入力作業が効率化できる

本書の最後となるこの章では、これまで紹介してきたVBAのさまざまな機能に加えて、マクロをさらに便利に使うユーザーフォームを解説しました。ユーザーフォームを使いこなせば、第10章で紹介したInputBox関数やMsgBox関数で表示するダイアログボックスを独自のデザインで作成することもできます。ユーザーフォームには文字列を入力するテキストボックスや複数の選択肢から1つを選ぶオプションボタン、コンボボックスなどさまざまなコントロールが用意されています。目的に応じてこれらのコントロールをフォーム上に配置すれば、専用の入力画面を簡単に作成できます。分かりやすいフォームを作成すれば、Excelに不慣れな人でもデータ入力を間違えることなくできるので、マクロの活用範囲がさらに広がります。また、フォームコントロールはワークシート上にも配置できるので、マクロの実行にコマンドボタンを使えばマクロをより簡単に実行できるようになります。

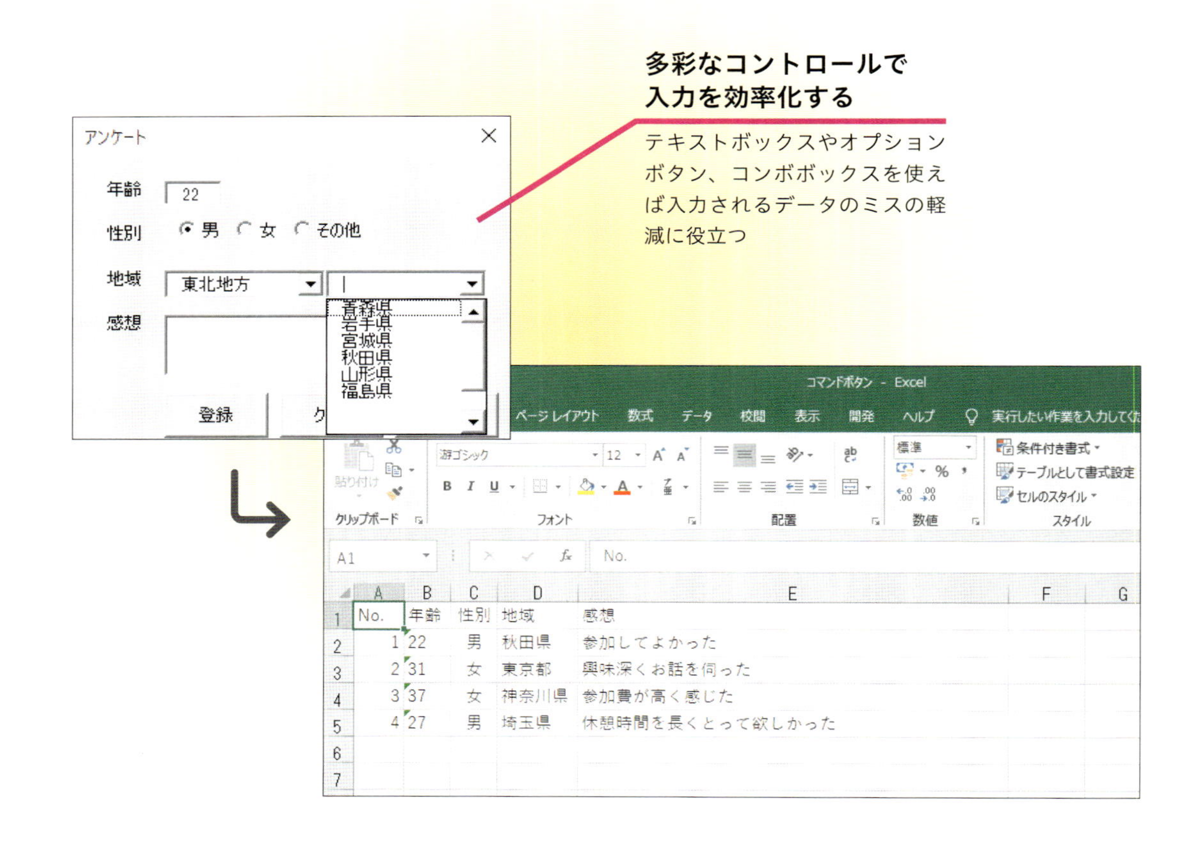

付録
1

ファイルの拡張子を表示するには

Windowsの標準の設定では、ファイルの種類を表す「.xlsx」や「.xls」などの拡張子が表示されません。古い形式で保存してある「*.xls」のブックも扱う場合、表示が小さいと違いをアイコンで区別するのは困難です。ここでは、拡張子を表示するための設定方法を紹介しましょう。

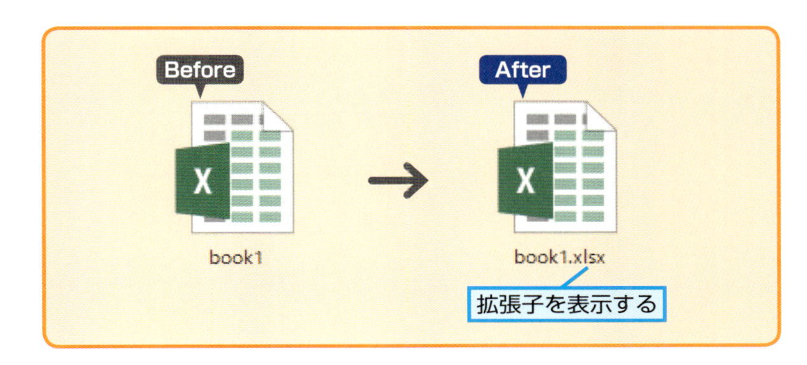

1 フォルダーウィンドウを表示する

フォルダーウィンドウを表示し、[ドキュメント]フォルダーを表示する

2 [ドキュメント]フォルダーを表示する

[フォルダーウィンドウ]が表示された

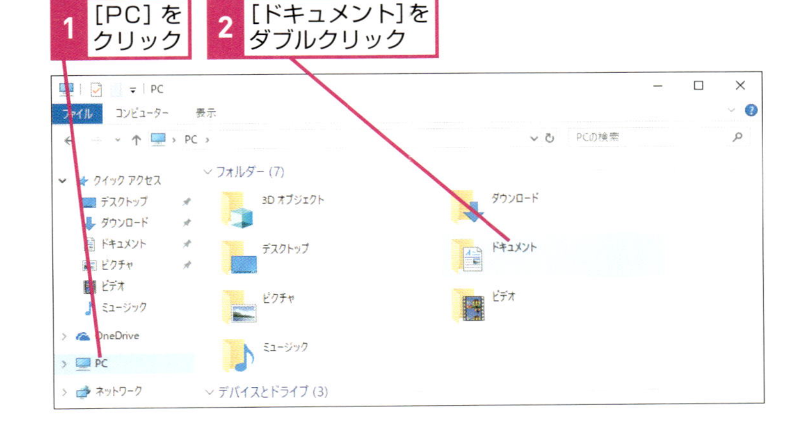

HINT! 設定するとすべてのフォルダーで拡張子が表示される

ここでは［ドキュメント］フォルダーを表示し、拡張子を設定する手順を解説しています。手順2で表示したフォルダーウィンドウでも、次ページで解説している手順3と手順4の手順を実行して設定できます。フォルダーごとに拡張子を表示したり、非表示にしたりすることはできないので注意しましょう。

間違った場合は？

手順1で［Microsoft Edge］のボタンをクリックしてしまったときは、［閉じる］ボタンをクリックしてから［エクスプローラー］をクリックし直します。

次のページに続く

3 [表示] タブを表示する

[ドキュメント] フォルダーが表示された

1 [表示] タブをクリック

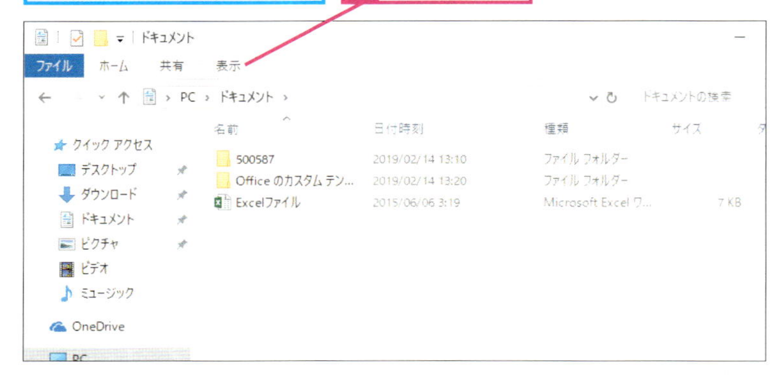

4 拡張子を表示する設定を行う

[表示] タブが表示された

1 [ファイル名拡張子] をクリックしてチェックマークを付ける

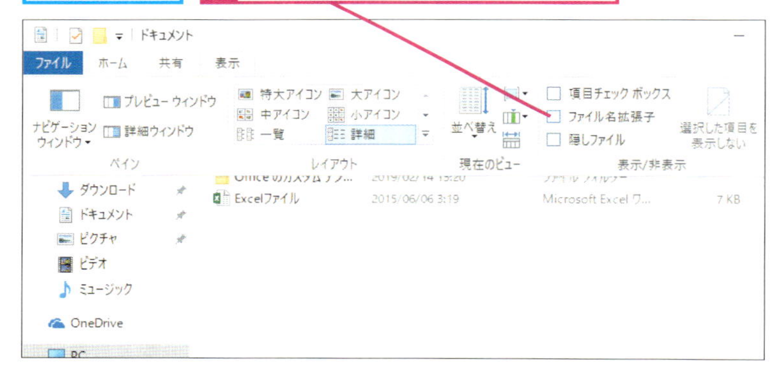

5 拡張子が表示された

ファイルの拡張子が表示された

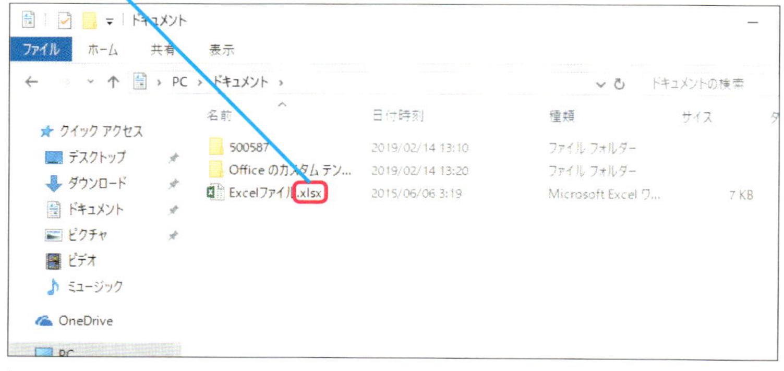

HINT! アイコンの大きさを変えても判別しやすくなる

レッスン❷のテクニックで解説しているように、「Excelブック」や「Excelマクロ有効ブック」、「Excel 97-2003ブック」はそれぞれアイコンの表示が異なります。アイコンのサイズを大きくすれば、アイコンの違いが分かりやすくなります。

1 手順4で [中アイコン] をクリック

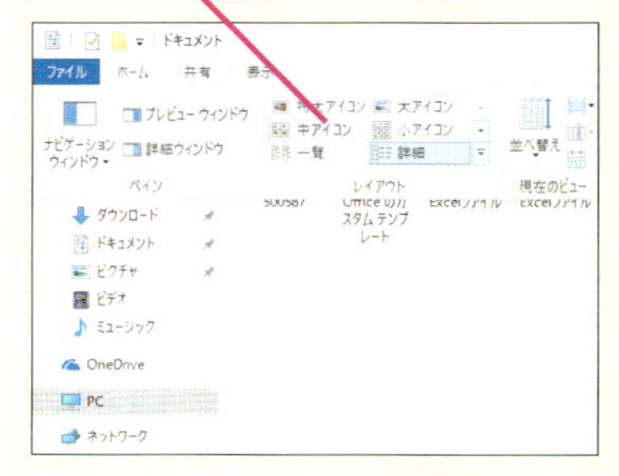

アイコンの大きさが変わった

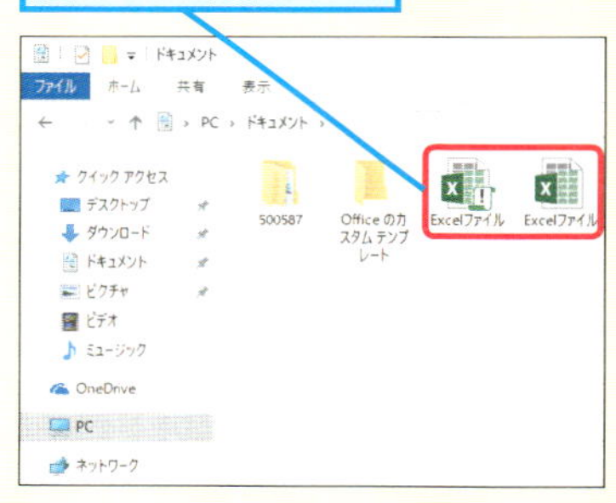

付録 2

VBA用語集

ここでは、本書で紹介したプロパティやメソッド、ステートメントといったVBAの用語をアルファベット順に並べています。各語のかっこ内には用語の種類、右には意味と使用例を掲載しています。VBEでコードを記述するときに参考にしてください。なお、VBAには多くの用語が用意されていますが、本書で紹介したようなマクロを作るには、まずはこれらの用語の意味と使用例を覚えておくといいでしょう。

用語	
A	
ActiveCell （プロパティ）	意 味 アクティブなセル 使用例 `ActiveCell.Value = 20` …アクティブセルの値に20を設定する
ActiveSheet （プロパティ）	意 味 アクティブなワークシート 使用例 `ActiveSheet.PrintOut` …アクティブなワークシートを印刷する
ActiveWindow （プロパティ）	意 味 アクティブなブックのウィンドウ 使用例 `ActiveWindow.Close` …アクティブなブックを閉じる
ActiveWorkbook （プロパティ）	意 味 アクティブなブック 使用例 `ActiveWorkbook.Save` …アクティブなブックを上書き保存する
Add （メソッド）	意 味 オブジェクトを新規に追加する 使用例 `WorkSheets.Add` …ワークシートを追加する
Application （オブジェクト）	意 味 Excelそのものを表す
C	
Cells （プロパティ）	意 味 セルの範囲 使用例 `Cells(3,2).Select` …セル(3,2)（＝セルB3)を選択する
ChDir （ステートメント）	意 味 作業フォルダーを変更する 使用例 `ChDir "サンプル"` …作業フォルダーを[サンプル]フォルダーに移動する

用語	
ChDrive （ステートメント）	意 味 作業ドライブを変更する 使用例 `ChDrive "D"` …作業ドライブをDドライブに変更する
CInt （関数）	意 味 数値を表す文字列をInteger型の整数に変換する 使用例 `CInt("123")` …文字列「123」を整数値 123 に変換する
ClearContents （メソッド）	意 味 数式や文字を削除する 使用例 `Range("A1").ClearContents` …セルA1の数式や文字を削除する
ColorIndex （プロパティ）	意 味 色 使用例 `Range("A1").Font.ColorIndex = 3` …セルA1の文字の色を赤（3）に設定する
ColumnWidth （プロパティ）	意 味 セルの幅を設定する 使用例 `Range("A:C").ColumnWidth = 20` …A列からC列の列幅を20に設定する
Copy （メソッド）	意 味 コピーする 使用例 `Selection.Copy` …選択された個所をコピーする
Count （プロパティ）	意 味 オブジェクトの総数 使用例 `Sheets.Count` …現在のブックにあるワークシートの数を表す
Currency （データ型）	意 味 通貨型のデータ 使用例 `Dim 送料合計 As Currency` …変数「送料合計」を通貨型の変数に定義する
D	
Date （関数）	意 味 その日の日付を設定する 使用例 `Range("A1").Value = Date` …セルA1 の値に今日の日付を設定する
Dim 変数名 As データ型 （ステートメント）	意 味 変数名と型の定義を宣言する 使用例 `Dim 行番号 As Integer` …変数「行番号」を整数型の変数に定義する

付録

用語	
Do Until ～ Loop （ステートメント）	意　味 Until以下の条件になるまで処理を繰り返す 使用例 Do Until ActiveCell.Value = 10 　処理 Loop …アクティブセルの値が10になるまで、処理を繰り返す
Do While ～ Loop （ステートメント）	意　味 While 以下の条件に合っている間、処理を繰り返す 使用例 Do While ActiveCell.Value = 10 　処理 Loop …アクティブセルの値が10の間、処理を繰り返す
E	
Exit （ステートメント）	意　味 マクロの処理を途中で抜ける 使用例 Exit Sub …Subプロシージャを途中で抜けて呼び出し元に戻る 使用例 Exit Do …Do ～ Loopを途中で抜ける
F	
Font （プロパティ）	意　味 文字 使用例 Range("A1").Font.FontSize = 10 …セルA1のフォントサイズを10に設定する
FontSize （プロパティ）	意　味 文字のサイズ 使用例 Selection.Font.FontSize = 10 …選択した個所のフォントサイズを10に設定する
For ～ Next （ステートメント）	意　味 指定した回数処理を繰り返す 使用例 For 行番号=　2 To 13 　処理 Next …変数「行番号」の値を2から1ずつ増やして、13になるまで処理を繰り返す
For ～ Step ～ Next （ステートメント）	意　味 Stepでループカウンターの増分を設定し、指定した回数分処理を繰り返す 使用例 For 行番号 = 2 To 13 Step 2 　処理 Next …変数「行番号」の値を2から2ずつ増やして、13になるまで処理を繰り返す

付録

用語	
Format (関数)	意　味 データに書式を適用して出力する 使用例 Format(Date, "ggee年m月d日") …今日の日付を「平成31年1月29日」などの元号付きの和暦で表示する
FreezePanes (プロパティ)	意　味 ウィンドウ枠を固定する 使用例 ActiveWindow.FreezePanes = True …アクティブウィンドウの現在のセル位置でウィンドウ枠を固定する
G	
GetOpenFilename (メソッド)	意　味 [ファイルを開く] ダイアログボックスを表示してファイル名を取得する 使用例 Application.GetOpenFilename("Excelファイル(*xlsx;*.xls),*.xlsx;*.xls") …すべてのExcelファイル(*.xlsx、*.xls)を選択のファイルの候補に指定して[ファイルを開く]ダイアログボックスを表示する
GetSaveAsFilename (メソッド)	意　味 [名前を付けて保存] ダイアログボックスを表示してファイル名を取得する 使用例 Application.GetSaveAsFilename("新しいブック.xlsx","Excelブック(*.xlsx),*.xlsx") …「新しいブック.xlsx」という名前をファイル名の候補に表示して[名前を付けて保存]ダイアログボックスを表示する
I	
If ～ Then (ステートメント)	意　味 条件によって処理を変える 使用例 If ActiveCell.Value ="できる" Then 　処理 End If …もし、アクティブセルの値が「できる」であれば、処理を実行する

If ～ Then ～ Else
(ステートメント)
	意　味 条件によって処理を変える
	使用例 If ActiveCell.Value ="できる" Then
	　処理1
	Else
	　処理2
	End If
	…もし、アクティブセルの値が「できる」であれば処理1を実行し、セルの値が「できる」でないときは、Else以下の処理2を実行する

用語	

If ～ Then ～ ElseIf
（ステートメント）
	意　味 複数の条件によって処理を変える
	使用例 `If ActiveCell.Value ="できる" Then`
	　処理1
	`ElseIf ActiveCell.Value ="マクロ" Then`
	　処理2
	`End If`
	…もし、アクティブセルの値が「できる」であれば処理1を実行し、「マクロ」であれば、処理2を実行する

InputBox （関数）	意　味 ダイアログボックスにメッセージとテキストボックスを表示してキーボードから文字列の入力を受け付ける 使用例 `InputBox("文字を入力してください","文字入力")` … 「文字入力」という名前のダイアログボックスを表示し、「文字を入力してください」とメッセージを表示して文字入力を待つ
Integer （データ型）	意　味 整数型のデータ 使用例 `Dim 列番号 As Integer` …変数「列番号」を整数型の変数に定義する
Interior （プロパティ）	意　味 背景、内部 使用例 `Selection.Interior.ColorIndex = 7` …選択された場所の内部の色をピンク（7）に設定する
IsDate （関数）	意　味 日付に変換できるデータか調べる 使用例 `IsDate("平成31年2月21日")` … 「平成31年2月21日」が日付として認識できるか調べる
M	
Move （メソッド）	意　味 ワークシートをブック内のほかの場所に移動する 使用例 `Worksheets("Sheet1").Move After:=Worksheets ("Sheet2")` … ［Sheet1］シートを［Sheet2］シートの後ろに移動する
MsgBox(メッセージ,ボタンの種類,タイトル) （関数）	意　味 メッセージボックスを表示する関数。メッセージボックス内に表示するメッセージ、ボタンの種類、タイトルバーに表示するタイトルを指定する 使用例 `MsgBox("マクロを実行しますか", vbDefaultButton1 + vbYesNo, "実行の確認")` … 「実行の確認」という名前のダイアログボックスで「マクロを実行しますか」というメッセージを表示する

付録

用語	
N	
Name （プロパティ）	意　味 ワークシートの名前を取得または設定する 使用例 `Worksheets("Sheet1").Name = "新しいシート"` … ［Sheet1］シートに「新しいシート」と名前を付ける
NumberFormatLocal （プロパティ）	意　味 セルの表示形式を設定する 使用例 `ActiveCell.NumberFormatLocal="yyyy/mm/dd (aaa)"` …アクティブセルを「2019/3/11（金）」といった表示形式に設定する
O	
Offset(数値 1, 数値 2) （プロパティ）	意　味 基準となるセルから下に(数値1)行、右に(数値2)列移動したセル 使用例 `ActiveCell.Offset(2,3).Select` …アクティブセルの2つ下、3つ右のセルを選択する
Open （メソッド）	意　味 ブックを開く 使用例 `Workbooks.Open "Book1.xlsx"` …現在の作業フォルダーにある「Book1.xlsx」というブックを開く
Option Explicit （ステートメント）	意　味 変数の宣言を強制する
P	
Pattern （プロパティ）	意　味 塗りつぶしのパターン 使用例 `Range("A1:B3").Interior.Pattern = xlVertical` …セルA1 ～ B3に塗りつぶしの［縦縞］（xlVertical）を設定する
PrintOut （メソッド）	意　味 印刷する 使用例 `Range("A1:C4").PrintOut` …セルA1 ～ C4のセル範囲を印刷する
R	
Range(" 数値 ") （プロパティ）	意　味 セルの範囲 使用例 `Range("A1").Select` …セルA1を選択する
S	
Select （メソッド）	意　味 選択する 使用例 `Range("A1:B3").Select` …セルA1 ～ B3を選択する
Set （ステートメント）	意　味 オブジェクトへの参照を変数に代入する 使用例 `Set フォームシート = Worksheets("フォーム")` …ワークシート参照変数「フォームシート」に［フォーム］シートの参照を代入する

付録

用語	
Sheets (プロパティ)	意　味 ブック内にあるシート(ワークシートやグラフシート)を表す 使用例 `Sheets(1).Activate` …左端にあるシートをアクティブにする
Sub ～ End Sub (ステートメント)	意　味 マクロの開始と終了を宣言する 使用例 `Sub 見積書作成()` … `End Sub` …ここからマクロ[見積書作成]を開始する … 終了する
T	
ThisWorkbook (プロパティ)	意　味 このマクロが記述されているブック 使用例 `ThisWorkbook.Worksheets("Sheet1").Activate` …このマクロが記述されているブックの[Sheet1]シートをアクティブにする
V	
Value (プロパティ)	意　味 値 使用例 `Range("A1").Value = 10` …セルA1の値に10を設定する
Variant (データ型)	意　味 バリアント型のデータ。あらゆるデータを扱える 使用例 `Dim データ番号 As Variant` …変数「データ番号」をVariant型の変数に定義する
W	
With ～ End With (ステートメント)	意　味 省略できる範囲を指定する 使用例 `With ActiveSheet` … `End With` …ここから「ActiveSheet」を省略する…省略を終了する
Workbooks (プロパティ)	意　味 ワークブックの参照を取得する 使用例 `Workbooks("請求書").Activate` …ブック[請求書]を選択する
Worksheets (プロパティ)	意　味 ワークシートの参照を取得する 使用例 `Worksheets("売上").select` … [売上]シートを選択する

付録

用語集

Option Explicit（オプション イクスプリシット）
マクロで変数を使うときに変数の宣言を強制するためのステートメント。プロシージャの先頭に記述する。「Option Explicit」が記述されているプロシージャでは宣言していない変数を記述するとエラーになる。
→ステートメント、宣言、プロシージャ、変数、マクロ

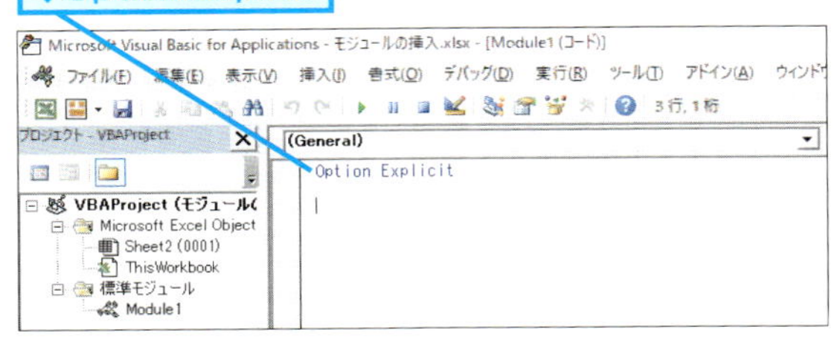

VBA（ブイビーエー）
「Visual Basic for Applications」（ビジュアル ベーシック フォー アプリケーションズ）の略。Visual Basicを基にしたプログラミング言語で、ExcelやWordなどのOffice製品でマクロを作成できる。ExcelやWordなど、Office製品で利用できる。
→Visual Basic、マクロ

VBE（ブイビーイー）
Visual Basic Editor（ビジュアル ベーシック エディター）の略。VBAを使って、マクロのプログラミングをするための、さまざまなツールを備えた統合開発環境のこと。VBAとともに、ExcelやWordなど、Office製品で利用できる。
→VBA、Visual Basic、マクロ

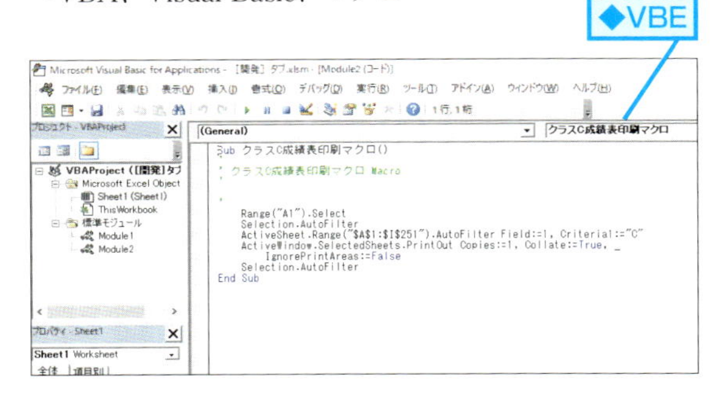

Visual Basic（ビジュアル ベーシック）
BASIC（ベーシック）言語を基にして作られた、マイクロソフトが提供するプログラミング言語の1つ。VB(ブイビー）と略される。VBAは、ExcelやWordなど、Office製品上で動作するアプリケーションしか作成できないが、VBはWindows上で動作するアプリケーションを開発できる。
→VBA

アクティブシート
ブックを開いているときに一番手前に表示される、作業対象のワークシートのこと。Excelの画面下に並んでいるシート見出しをクリックすれば、アクティブシートを切り替えることができる。
→ブック、ワークシート

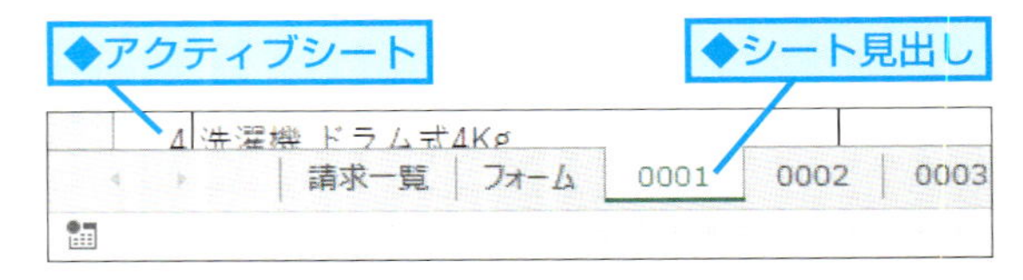

アクティブセル
ワークシート上で、入力や修正など処理の対象となっているセル。アクティブセルはワークシートに1つだけあり、太枠で表示される。アクティブセルの位置はExcelの画面左上にある名前ボックスに表示される。
→ワークシート

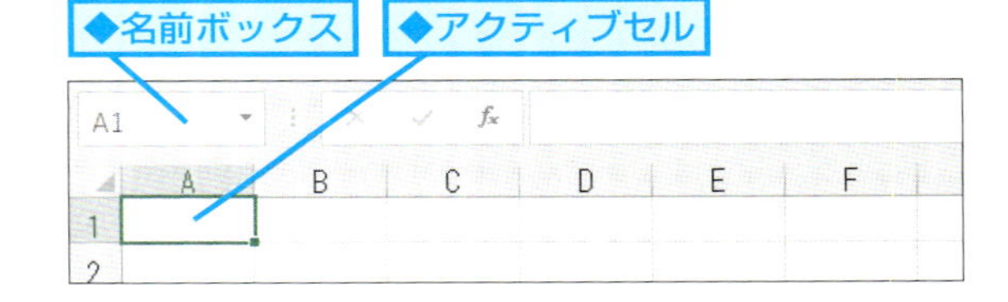

イベント
Excelを操作しているときに、何らかの特定の出来事が発生したことをVBAに伝えるシグナル。ブックを開いたりワークシートを選択したときや、セルをダブルクリックしたときなど特定の操作したときに発生する。
→VBA、ブック、ワークシート

イミディエイト ウィンドウ
VBEでマクロのデバッグ時の情報を表示したり命令を直接入力したりして実行を確認するためのウィンドウ。Debug.Print命令を使うと、マクロの実行中に情報が表示される。
→VBE、デバッグ、変数、マクロ

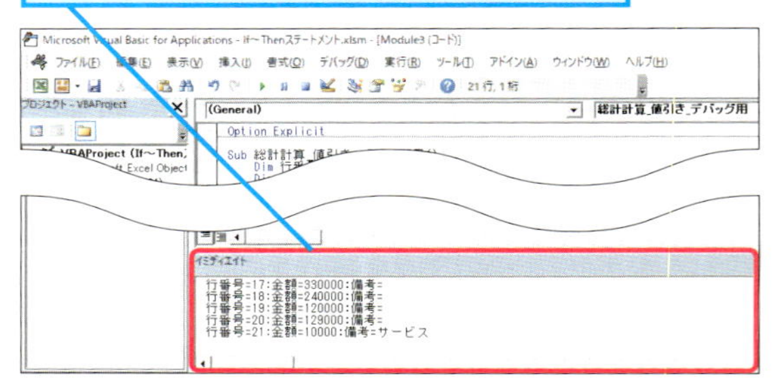

色番号
Office製品の［カラーパレット］にある56色を識別する番号のこと。Excelでは、光の三原色である「R」「G」「B」を0～255の256段階で表し、約1670万色の色を扱うことができるが、よく使う色を簡単に扱えるように用意されている。コード中で色番号を指定することで、セルの塗りつぶしやフォントの色などを変更できる。
→コード

インデント
行頭に空白を入れて、行の開始位置を下げること。ループや条件文など、処理のまとまりの行にインデントを設定しておけば、コードが見やすくなる。
→行、コード、条件、ループ

◆インデント

```
Sub 行の背景色設定()
    Dim 行番号 As Integer
    For 行番号 = 14 To 33 Step 2
        Range(Cells(行番号, 1), Cells(行番号, 6)).Interior. _
        ColorIndex = 36
    Next 行番号
End Sub
```

演算子
数式の中で使う、計算などの処理の種類を指定する記号のこと。Excelの演算子には、算術演算子、比較演算子、文字列演算子、参照演算子の4種類がある。例えば、数学の四則演算に使う「＋」「－」「×」「÷」が算術演算子。コンピューターでは算術演算子を「+」「-」「*」「/」で表す。
→数式、比較演算子

オーバーフロー
変数の型で扱うことのできる限界値を超えた状態。例えば整数型の変数では、-32768～32767の範囲の値を扱えるが、これに「-32769」や「32768」など範囲を超えた値を格納すると、オーバーフローしてエラーが発生する。
→エラー、型、変数

オブジェクト
VBAで処理の対象になる要素のこと。VBEでは、Excelのブックやワークシート、セル、さらにセルのフォントや背景色などを「オブジェクト」と呼ぶ。
→VBE、コード、ブック、ワークシート

［開発］タブ
マクロの記録やマクロの実行、VBEの起動などのコマンドが配置されたリボンのタブ。
→VBE、マクロ、リボン

拡張子
Windowsがファイルの種類を識別するために利用するファイル名の最後にある「.」以降の文字。Excelブック形式の「xlsx」や「xls」、Excelマクロ有効ブック形式の「xlsm」などを指す。ファイルをダブルクリックすると、拡張子に関連付けされたソフトウェアが起動する。
→ブック、マクロ

関数
複雑な計算や、手間のかかる計算を簡単に行えるように、あらかじめその計算方法が定義してある命令のこと。計算に必要なセル範囲の数値や定数、値などを引数として与えると、その計算結果が表示される。
→セル範囲、定数、引数

行
ワークシートの横方向へのセルの並び。Excelでは「1」から始まる数字で「行番号」を使って位置を指定する。
→行番号、ワークシート

行番号
「1」から始まる、ワークシート内のセルの縦方向の位置を表す数字。
→ワークシート

コード
情報を表現する記号や符号のこと。コンピューターに処理を指示するための情報を、人間が分かりやすい形で表現するコードの集合体は、プログラムコードとも呼ばれる。マクロの内容（コード）を修正するには、VBEを利用する。
→VBE、マクロ

コードウィンドウ
VBEで、VBAのコードを表示するためのウィンドウ。モジュールごとに表示され、モジュールに含まれるVBAのコードが表示される。
→VBE、VBA、コード、モジュール

◆コードウィンドウ

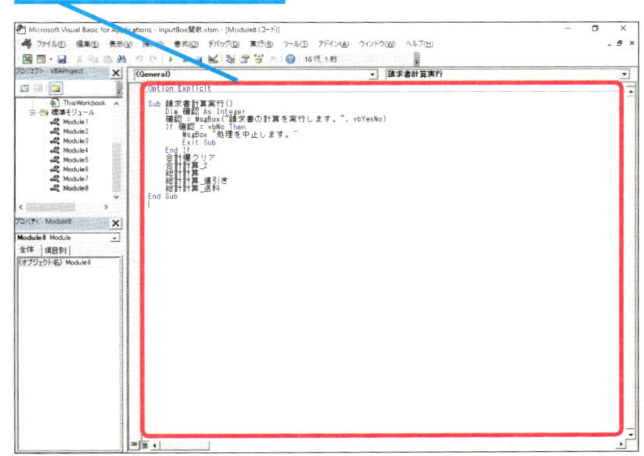

コメント

コードの中に記述する説明文のこと。VBAでは、「'」以降が、コメントとして識別される。コメントは、マクロの実行には影響を与えないので、コードの処理内容を分かりやすく説明するために使う。
→VBA、コード、マクロ

コンパイル

入力したプログラムコードをコンピュータが実行できる命令のマシンコードに翻訳する手続き。マシンコードは人間が理解しにくいのでVBAなどのプログラム言語が用意されている。コンパイル時にプログラムの構文チェックが行われ、間違いが見つかるとコンパイルエラーが表示される。VBAはコードを入力するたびに1行ずつ自動コンパイルを行う。
→VBA、エラー

自動クイックヒント

プロシージャでプロパティや関数を入力すると自動で引数やオプションの候補が表示される機能。
→関数、引数、プロシージャ、プロパティ

◆自動クイックヒント

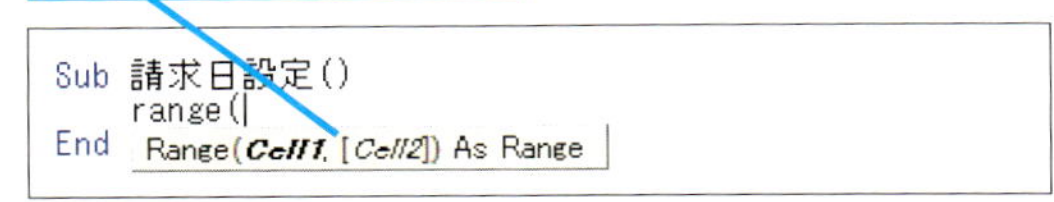

自動構文チェック

VBAでコードの記述時に行われる自動コンパイルでコードの入力間違いなど、構文を自動で確認する機能。ステートメントが入力されるごとに構文のエラーを確認して間違いがあるとメッセージを表示する。
→VBA、エラー、コード、コンパイル、
ステートメント

◆自動構文チェック

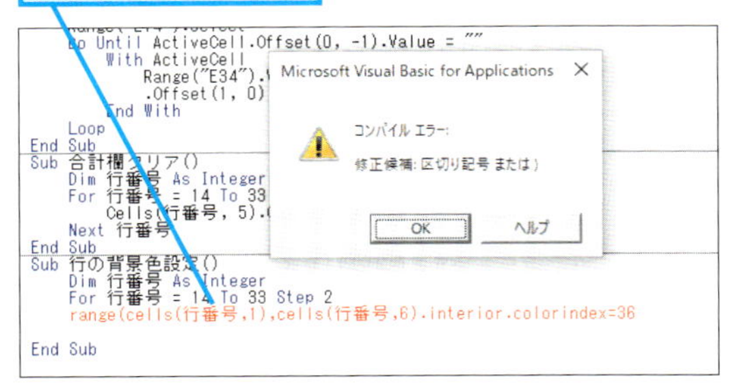

条件

マクロの処理の流れを変えるときに判定する基準。If ～ ThenステートメントやDo ～ Loopステートメントなど、条件を指定して処理を分岐する。
→ステートメント、分岐、マクロ

初期値

マクロの開始時点で変数に格納されている最初の値。累計の値を格納する変数には初期値として「0」を格納しておく。また、繰り返しの回数をカウントする変数には、処理を開始するときの行番号や列番号を初期値にすることもある。
→行番号、変数、マクロ、列番号

シリアル値

1900年1月1日を「1」として、Excelが管理する日付や時刻の値。時刻は小数点以下の値で管理している。

数式

計算をするためにセルやコードウィンドウなどに入力する計算式のこと。
→コードウィンドウ

ステータスバー

Excelの画面下端にある領域のこと。Excelの状態や、表示モードの切り替えボタン、表示画面の拡大や縮小ができるズームスライダーが配置されている。マクロの記録や開始は、ステータスバー左にあるボタンからも実行できる。
→マクロ

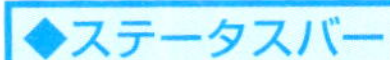

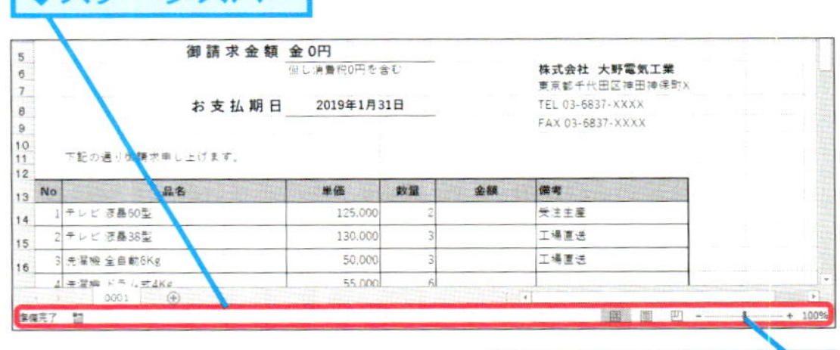

◆ズームスライダー

ステートメント

プログラムの中で宣言や定義、制御、操作などを行う完結した構文の最小単位。変数宣言の「Dim」ステートメントやプロシージャを定義する「Sub ～ End Sub」や繰り返しの「For ～ Next」ステートメント、分岐の「If ～ End If」ステートメントなどがある。
→宣言、プロシージャ、分岐、変数

この場合、各行は構文として完結しているので、1行1行を「ステートメント」と呼ぶ

```
Sub 繰り返し()
    Dim count As Integer
    For count = 1 To 10
        MsgBox "今は" & count & "回目です。"
    Next count
End Sub
```

セキュリティの警告

ウイルスなどが含まれたマクロを間違って実行してしまわないように、Excelでは、マクロを含んだブックを開くとセキュリティの警告が表示される。

→ブック、マクロ

標準の設定で、マクロを含むブックを開いたときに表示される

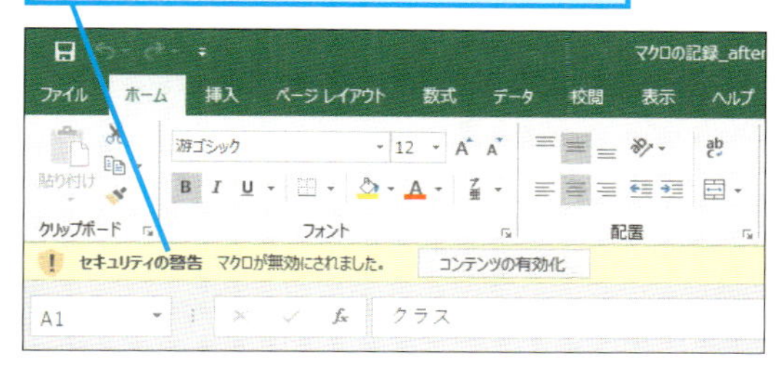

絶対参照

セルの参照方法の1つで、常に特定のセルを参照する方法。

セル参照

ワークシート内のセルの位置を表す、「A」から始まる列番号のアルファベットと、「1」から始まる行番号の数字を組み合わせたもの。VBAのコードでは、Rangeプロパティの引数に「"」でくくって使用する。Cellsプロパティを使うと、行と列を数字で指定できる。

→VBA、行番号、コード、引数、プロパティ、ワークシート、列番号

セル範囲

「セルA1～C5」や「セルA1、B2、C1～E7」のように、複数のセルを含む範囲をセル範囲と呼ぶ。コード中では、1つ以上のセルのまとまりを処理の対象にする。連続したセル範囲は対角にあるセル参照を「:」（コロン）で区切り、複数のセルやセル範囲を「A3:C5,B6,D2:D4」のように、「,」（カンマ）で区切って表す。

→コード、セル参照

宣言

マクロで使用する変数などをコードの中で使用する前にVBAに表明しておくこと。変数を宣言しておくことで、VBAがマクロを実行するときに、変数名の入力間違いやデータ型の使い方の間違いをチェックできるので、ミスを防げる。

→VBA、型、コード、データ型、変数、マクロ

相対参照

セルの参照方法の1つで、アクティブセルを起点として、相対的な位置のセルを参照する方法。セルの参照先を固定したいときは絶対参照を利用する。

→アクティブセル、絶対参照

ダイアログボックス

Excelで対話的な操作が必要なときに開く設定画面。セルの書式設定やファイルを保存するときに表示される。

◆ダイアログボックス

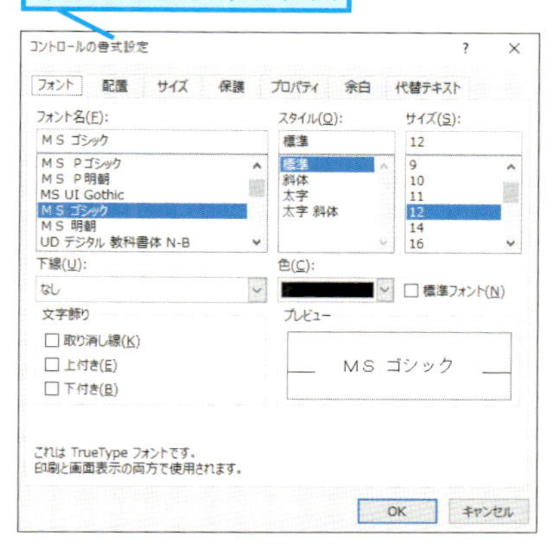

タイトルバー

ExcelやVBEの画面のほか、フォルダーウィンドウの上端にあるバーのこと。Excelでは、「Book1」「Book2」などのファイル名がタイトルバーに表示される。

→VBE

中断モード

マクロの実行中にプログラムのバグなどで実行が一時中断している状態。

→バグ、マクロ

中断モードになると、VBEのタイトルバーに[中断]と表示される

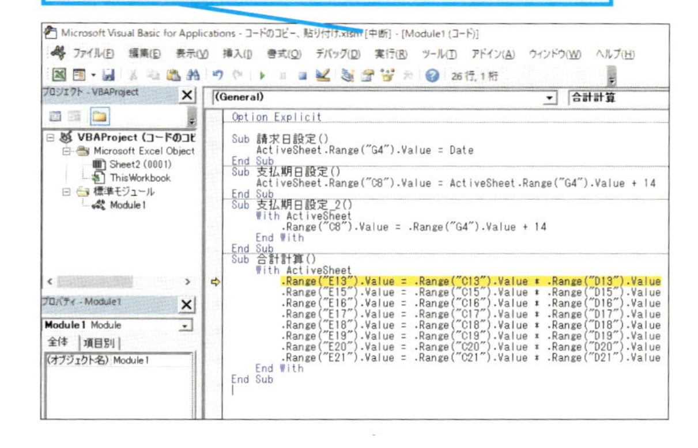

データ型

変数や定数などの値の種類。変数は格納する値に応じてあらかじめデータ型を指定しておく。整数型（Integer）、長整数型（Long）、通貨型（Currency）、日付型（Date）、文字列型（String）など。

→型、定数、変数

定数
コードの中で変化することなく決まった値のこと。例えば、コードの中で消費税率の「8%」を変更しない値として変数に設定し、定数として利用する。
→コード、変数

デバッグ
コードからエラーを探し出して修正すること。VBEでは、コードの入力時に発生する構文エラーは、その都度検出してくれるので簡単に修正できるが、条件分岐などの論理的なバグは見つけることが難しい。
→VBE、エラー、コード、条件、バグ、分岐

等号
「=」の記号のこと。Excelの画面でセルの先頭にあるときは代入演算子となり、続いて入力されている内容は数式と判断される。数式の途中にあると等号の両辺が等しいかを判断する論理演算子となる。VBEのコードの中では、値を設定したり、条件分岐の論理式を判定するときに使う。
→VBE、演算子、コード、条件、数式、分岐

バグ
コードの中に潜んでいるエラーのこと。開発環境によっては構文エラーもバグに含まれるが、VBEは自動で構文エラーを検出して報告してくれる。バグを修正する作業をデバッグと呼ぶ。
→VBE、エラー、コード、デバッグ

比較演算子
2つの値を比較する演算子。比較演算子には、より小さい(<)、以下(<=)、より大きい(>)、以上(>=)、等しくない(<>)、等しい(=)がある。
→演算子

引数
関数などで計算するために必要な値のこと。特定のセルやセル範囲が引数として利用される。関数の種類によって必要な引数は異なる。VBEでは、コードの入力中に自動クイックヒントを利用して命令に必要な引数の内容や順序を確認できる。
→VBE、関数、コード、自動クイックヒント、セル範囲

フォーム
VBAで独自のウィンドウやダイアログボックスを作成する機能。テキストボックスやリストボックス、コマンドボタンなどを配置して、データの入力画面やメニュー画面などを作成できる。
→VBA、ダイアログボックス、テキストボックス

コマンドボタンはフォームで追加できる機能の1つ

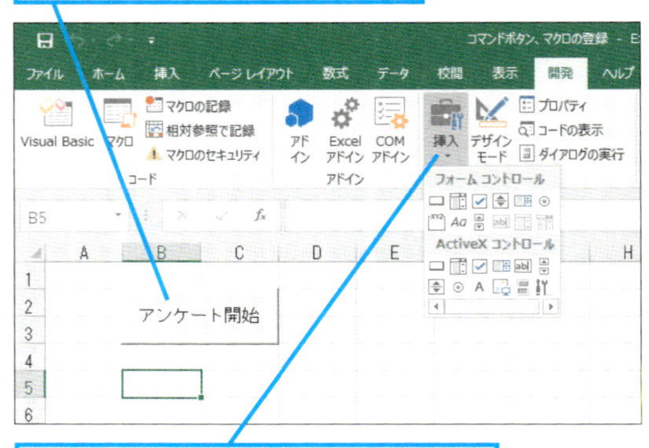

[開発]タブの[挿入]からボタンなどのフォームを配置できる

ブック
ワークシートが複数集まったもの。Excelでは1つのブックにワークシートを束ね、それをファイルとして管理できる。Excelの標準の設定では、ブックの新規作成時にワークシートが1つだけ表示される。
→ワークシート

プロシージャ
マクロとして実行できるコードの最小の単位。VBEのコードウィンドウで、「Sub」のキーワードから「End Sub」のキーワードでくくられたもの。
→VBE、コード、コードウィンドウ、マクロ

プロシージャは「Sub」と「End Sub」でくくられる

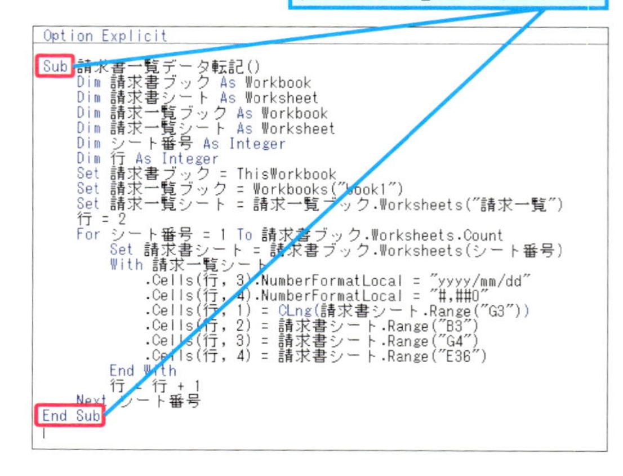

プロジェクトエクスプローラー

ブックに含まれるワークシートやモジュールの一覧を表示するウィンドウ。VBAでは、ブックに含まれているワークシートやモジュールを、ブックごとに1つのプロジェクトとして管理している。
→VBA、ブック、モジュール、ワークシート

◆プロジェクトエクスプローラー

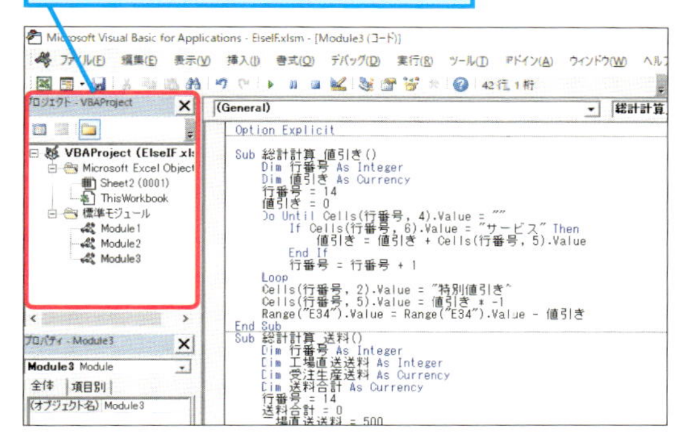

プロパティ

対象となるものが所有している情報。ブックは各ワークシートを表す「WorkSheets」プロパティを持ち、ワークシートはセル範囲の情報として「Range」プロパティを持っている。
→ブック、ワークシート

プロパティウィンドウ

プロジェクト内にある、ブックやワークシート、モジュールに関する、名前などの情報を表示するウィンドウ。プロジェクトエクスプローラーで選択した対象のプロパティを表示する。
→ブック、プロジェクトエクスプローラー、プロパティ、モジュール、ワークシート

分岐

コードの処理の流れを条件によって分けること。
→コード、条件

変数

コードで扱う数値や文字などのデータを格納するための入れ物。変数は格納できるデータの種類をあらかじめ宣言して、名前を付けて管理する。
→コード、宣言

マクロ

一連の作業の手順を記録して、同じ作業を再現するための機能。一度記録しておけば、複雑な作業手順を覚えなくても、繰り返し同じ作業ができる。Excelでは、実際に行った手順を記録するか、VBEでプログラミングしてマクロを作成する。
→VBE、記録

メソッド

対象となるオブジェクトに対して操作をする命令のこと。例えば、セル範囲を選択する操作は、セル範囲を表すRangeプロパティにSelectメソッドを使う。
→オブジェクト、セル範囲、プロパティ

メッセージボックス

マクロの実行中にダイアログボックスを表示してメッセージを表示するVBAの関数。メッセージを表示するだけでなく、［はい］ボタンや［いいえ］ボタン、［キャンセル］ボタンを表示して処理を選択できる。
→VBA、関数、ダイアログボックス、マクロ

任意のメッセージを表示できる

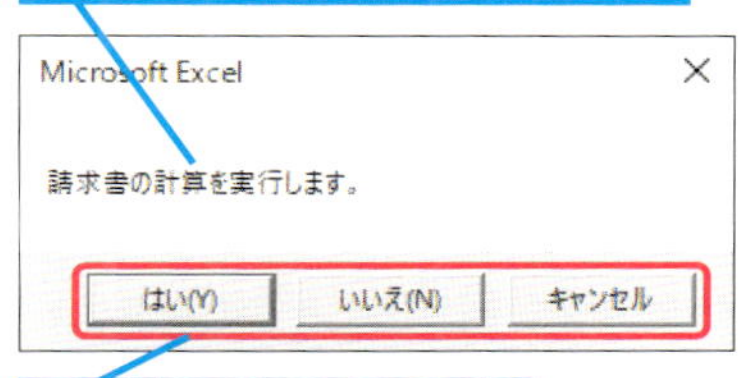

クリックするボタンで、処理内容を変更できる

モジュール

複数の関連したプロシージャを1つにまとめたコードの管理単位。
→コード、プロシージャ

ループ

一連の処理をある条件に基づいて繰り返し行うこと。
→条件

ループカウンター

ループを繰り返す回数をカウントするために用意した変数。
→変数、ループ

列

ワークシートの縦方向へのセルの並び。Excelではアルファベットの「A」から始まる「列番号」を使って位置を指定する。
→列番号、ワークシート

列番号

ワークシート内のセルの横方向の位置を表す「A」から始まるアルファベット。「Z」の次は「AA」「AB」と増える。
→ワークシート

ワークシート

縦横にセルと呼ばれるマス目に区切られた、Excelでデータの入力や表示を行う場所。

用語集

索　引

アルファベット

索引

マ

ラ

できるサポートのご案内

できるシリーズの書籍の記載内容に関する質問を下記の方法で受け付けております。

電話　**FAX**　**インターネット**　**封書によるお問い合わせ**

質問の際は以下の情報をお知らせください

①**書籍名・ページ**
②書籍の裏表紙にある**書籍サポート番号**
③お名前　④電話番号
⑤質問内容（なるべく詳細に）
⑥ご使用のパソコンメーカー、機種名、使用OS
⑦ご住所　⑧FAX番号　⑨メールアドレス

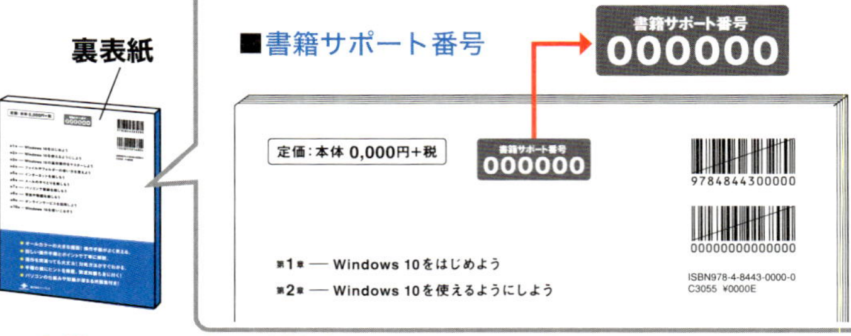

※電話の場合、上記の①～⑤をお聞きします。
FAXやインターネット、封書での問い合わせについては、各サポートの欄をご覧ください。

※裏表紙にサポート番号が記載されていない書籍は、サポート対象外です。なにとぞご了承ください。

回答ができないケースについて（下記のような質問にはお答えしかねますので、あらかじめご了承ください。）

●書籍の記載内容の範囲を超える質問
書籍に記載していない操作や機能、ご自分で作成されたデータの扱いなどについてはお答えできない場合があります。

●できるサポート対象外書籍に対する質問

●ハードウェアやソフトウェアの不具合に対する質問
書籍に記載している動作環境と異なる場合、適切なサポートができない場合があります。

●インターネットやメールの接続設定に関する質問
プロバイダーや通信事業者、サービスを提供している団体に問い合わせください。

サービスの範囲と内容の変更について

●該当書籍の奥付に記載されている初版発行日から3年が経過した場合、もしくは該当書籍で紹介している製品やサービスについて提供会社によるサポートが終了した場合は、ご質問にお答えしかねる場合があります。

●なお、都合により「できるサポート」のサービス内容の変更や「できるサポート」のサービスを終了させていただく場合があります。あらかじめご了承ください。

電話サポート 0570-000-078（月～金 10:00～18:00、土・日・祝休み）

・**対象書籍をお手元に用意**いただき、**書籍名**と**書籍サポート番号**、**ページ数**、**レッスン番号**をオペレーターにお知らせください。確認のため、お客さまのお名前と電話番号も確認させていただく場合があります
・サポートセンターの対応品質向上のため、通話を録音させていただくことをご了承ください
・多くの方からの質問を受け付けられるよう、1回の質問受付時間はおよそ15分までとさせていただきます
・質問内容によっては、その場ですぐに回答できない場合があることをご了承ください
※本サービスは無料ですが、**通話料はお客さま負担**となります。あらかじめご了承ください
※午前中や休日明けは、お問い合わせが混み合う場合があります

FAXサポート 0570-000-079（24時間受付・回答は2営業日以内）

・必ず上記①～⑧までの情報をご記入ください。メールアドレスをお持ちの場合は、メールアドレスも記入してください
（A4の用紙サイズを推奨いたします。記入漏れがある場合、お答えしかねる場合がありますので、ご注意ください）
・質問の内容によっては、折り返しオペレーターからご連絡をする場合もございます。あらかじめご了承ください
・FAX用質問用紙を用意しております。下記のWebページからダウンロードしてお使いください
https://book.impress.co.jp/support/dekiru/

インターネットサポート https://book.impress.co.jp/support/dekiru/（24時間受付・回答は2営業日以内）

・上記のWebページにある「できるサポートお問い合わせフォーム」に項目をご記入ください
・お問い合わせの返信メールが届かない場合、迷惑メールフォルダーに仕分けされていないかをご確認ください

封書によるお問い合わせ
（郵便事情によって、回答に数日かかる場合があります）

〒101-0051
東京都千代田区神田神保町一丁目105番地
株式会社インプレス できるサポート質問受付係

・必ず上記①～⑦までの情報をご記入ください。FAXやメールアドレスをお持ちの場合は、ご記入をお願いいたします
（記入漏れがある場合、お答えしかねる場合がありますので、ご注意ください）
・質問の内容によっては、折り返しオペレーターからご連絡をする場合もございます。あらかじめご了承ください

本書を読み終えた方へ

できるシリーズのご案内

シリーズ累計7500万部突破※1
ベストセラー
売上No.1※2

※1：当社調べ　※2：大手書店チェーン調べ

Office 関連書籍

できるイラストで学ぶ 入社1年目からのExcel VBA

きたみあきこ＆
できるシリーズ編集部
定価：本体1,980円＋税

Excel VBAの「基礎文法」「語彙」「作文力」がこの1冊で効率的に身に付けられる！ 業務効率化に役立つマクロの作り方が分かる！

できるExcel VBA プログラミング入門

仕事がサクサク進む
自動化プログラムが
作れる本

小舘由典＆
できるシリーズ編集部
定価：本体1,980円＋税

Excel VBAを使って、プログラミングの基礎が学べる！ 仕事の効率化に役立つExcelの自動化プログラムも作成できます。

できるWord 2019

Office 2019/Office 365両対応

田中 亘＆
できるシリーズ編集部
定価：本体1,180円＋税

文字を中心とした文書はもちろん、表や写真を使った文書の作り方も丁寧に解説。はがき印刷にも対応しています。翻訳機能など最新機能も解説！

できるPowerPoint 2019

Office 2019/
Office 365両対応

井上香緒里＆
できるシリーズ編集部
定価：本体1,180円＋税

見やすい資料の作り方と伝わるプレゼンの手法が身に付く、PowerPoint入門書の決定版！ PowerPoint 2019の最新機能も詳説。

できるWord&Excel 2019

Office 2019/
Office 365両対応

田中 亘・小舘由典＆
できるシリーズ編集部
定価：本体1,980円＋税

「文書作成」と「表計算」の基本を1冊に集約！ Excelで作った表をWordで作った文書に貼り付けるなど、2つのアプリを連携して使う方法も解説。

Windows 関連書籍

できるWindows 10 改訂4版

特別版小冊子付き

法林岳之・一ヶ谷兼乃・
清水理史＆
できるシリーズ編集部
定価：本体1,000円＋税

生まれ変わったWindows 10の新機能と便利な操作をくまなく紹介。詳しい用語集とQ&A、無料電話サポート付きで困ったときでも安心

できるWindows 10 パーフェクトブック 困った！&便利ワザ大全 改訂4版

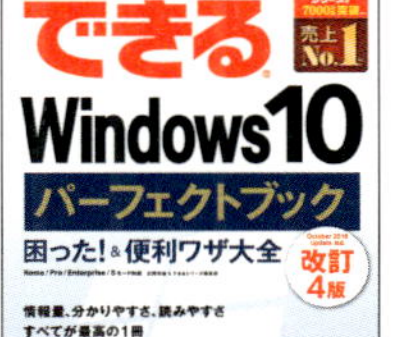

広野忠敏＆
できるシリーズ編集部
定価：本体1,480円＋税

Windows 10の基本操作から最新機能、便利ワザまで詳細に解説。ワザ&キーワード合計971の圧倒的な情報量で、知りたいことがすべて分かる！

読者アンケートにご協力ください！

https://book.impress.co.jp/books/1118101148

このたびは「できるシリーズ」をご購入いただき、ありがとうございます。
本書はWebサイトにおいて皆さまのご意見・ご感想を承っております。
気になったことやお気に召さなかった点、役に立った点など、
皆さまからのご意見・ご感想をお聞かせいただき、
今後の商品企画・制作に生かしていきたいと考えています。
お手数ですが以下の方法で読者アンケートにご回答ください。
ご協力いただいた方には抽選で毎月プレゼントをお送りします！

※プレゼントの内容については、「CLUB Impress」のWebサイト（https://book.impress.co.jp/）をご確認ください。

1 URLを入力して Enter キーを押す

2 ［アンケートに答える］をクリック

https://book.impress.co.jp/books/1118101148

アンケートに答える

※Webサイトのデザインやレイアウトは変更になる場合があります。

◆会員登録がお済みの方
会員IDと会員パスワードを入力して、［ログインする］をクリックする

◆会員登録をされていない方
［こちら］をクリックして会員規約に同意してからメールアドレスや希望のパスワードを入力し、登録確認メールのURLをクリックする

本書の内容に関するお問い合わせは、無料電話サポートサービス「できるサポート」をご利用ください。詳しくは332ページをご覧ください。

■著者
小舘由典（こたて よしのり）

株式会社イワイシステム開発部に所属。ExcelやAccessを使ったパソコン向けの業務アプリケーション開発から、UNIX系データベース構築まで幅広く手がける。できるシリーズのExcel関連書籍を長年執筆している。表計算ソフトとの出会いは、1983年にExcelの元祖となるMultiplanに触れたとき。以来Excelとは、1985年発売のMac用初代Excelから現在までの付き合い。主な著書に『できるExcel 2019 Office 2019/Office 365両対応』『できるExcel VBAプログラミング入門 仕事がサクサク進む自動化プログラミングが作れる本』『できるExcel&PowerPoint 仕事で役立つ集計・プレゼンの基礎が身に付く本 Windows 10/8.1/7対応』『できるWord&Excel 2019 Office 2019/Office 365両対応』（共著）（以上、インプレス）などがある。

STAFF

本文オリジナルデザイン　川戸明子
シリーズロゴデザイン　山岡デザイン事務所<yamaoka@mail.yama.co.jp>
カバーデザイン　株式会社ドリームデザイン
カバーモデル写真　PIXTA
本文イメージイラスト　廣島　潤・フクイヒロシ
本文イラスト　松原ふみこ・福地祐子
DTP制作　町田有美・田中麻衣子

編集協力　今井　孝
デザイン制作室　今津幸弘<imazu@impress.co.jp>
鈴木　薫<suzu-kao@impress.co.jp>
制作担当デスク　柏倉真理子<kasiwa-m@impress.co.jp>

編集制作　株式会社トップスタジオ

デスク　小野孝行<ono-t@impress.co.jp>
編集長　藤原泰之<fujiwara@impress.co.jp>

オリジナルコンセプト　山下憲治

■落丁・乱丁本などの問い合わせ先
TEL　03-6837-5016　FAX　03-6837-5023
service@impress.co.jp
受付時間　10:00～12:00 ／ 13:00～17:30
（土日・祝祭日を除く）
●古書店で購入されたものについてはお取り替えできません。

■書店／販売店の窓口
株式会社インプレス 受注センター
TEL　048-449-8040　FAX　048-449-8041

株式会社インプレス 出版営業部
TEL　03-6837-4635

できるExcel マクロ＆VBA Office 365/2019/2016/2013/2010対応 作業の効率化 & 時短に役立つ本

2019年3月21日　初版発行

著　者　小舘由典＆できるシリーズ編集部
発行人　小川 亨
編集人　高橋隆志
発行所　株式会社インプレス
〒101-0051　東京都千代田区神田神保町一丁目105番地
ホームページ　https://book.impress.co.jp/

印刷所　図書印刷株式会社
ISBN978-4-295-00587-2 C3055
Printed in Japan

正誤表

『知識を広げ、保育実践に活かす 表現（造形）』初版第一刷に、下記の誤りがございました。下記の通り訂正し、お詫び申し上げます。

p. 041　図表 2-3　標準 12 色相環

誤）中間色　⇒　正）中性色　※2 か所

p. 045　（1）補色　色見本

誤）

赤と緑青　　紫と緑

⇓

正）

赤と青緑　　紫と黄緑

p. 046　6．色の感情　5 行目

誤）このどちらにも属さない色を中間色といいます（標準 12 色相環参照）。

⇓

正）このどちらにも属さない色を中性色といいます（標準 12 色相環参照）。

株式会社萌文書林

知識を広げ、保育実践に活かす

表現（造形）

吉田 収

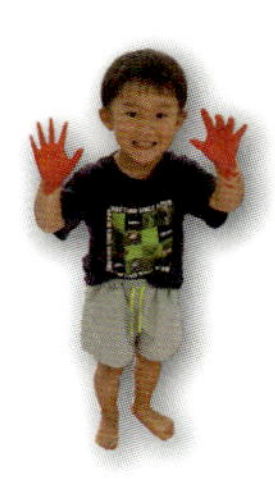

萌文書林

はじめに

我々人間は、行為や言葉で意思を伝えようとします。人が行う表現とは、心を意図的に外に表し、誰かに伝達しようとする行為や形です。それを受け止める人がいるからこそ表現する気持ちが生まれ、表現と成り得るのです。

子どもの豊かな表現を育む人は、子どもの素直な気持ちを伝えることができる人でなければなりません。子どもは心を汲み、共感してくれる人にこそ本心を表現します。受け手がいるからこそ表現は成り立ちます。そのためにはまず、心豊かな受け手でいなければなりません。そのような受け手になるためには、豊かな感受性が必要です。保育者に求められるものは、子どもの表現を引きだし、尊重し、共感し、楽しさを共有できる感性です。

本書は、講義科目である「表現（造形）」の教科書として作成しました。しかしながら、演習系科目である「造形」を講義科目としてその内容を修得するためには、演習の内容を知る必要があります。つまり、単なる知識としてではなく、実践を伴った知識の方が実感としての経験となり、実践する力とともにより深い学びが得られます。

保育に関しては、実践的なものから専門的な知識まで踏み込んだ内容となっています。保育の専門的な実践では、＜実践＞として現場でも役立つ内容を入れています。そして、個人から集団へと発展できる内容も入れてあります。専門的な知識としては、自分で手に取って使ってみないと分からないことまで含めています。これらを保育者として知っておくことで、実践するときに必ず役立つ内容となっています。また、保育者の資質の向上にまで踏み込んだ内容も入れています。しかしながら、造形の内容は幅広く、授業期間では網羅することに難しく、まだまだ足りない内容もありますが、本書を手に取られた皆さんがここから派生して、自分らしい表現を見つけてくれたらと思います。

最後に、遅筆な筆者に最後までお付き合いいただいた萌文書林の服部直人社長、編集の鈴木志野様、デザイナーの土門如央様には大変お世話になりました。そして、取材に協力いただき造形実践から写真撮影までご協力いただいたこども園の園長先生や先生方と子どもたち、また、過去に取材した保育所や幼稚園からも写真資料をご提供いただきました。

本書の作成にご協力いただいた全ての皆様に心より感謝申し上げます。

2024年11月　吉田 収

もくじ

幼児期の造形について

第2章 造形の原理

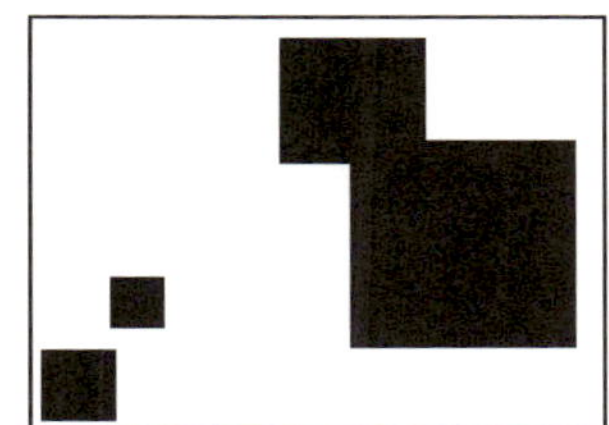

第３章　子どもの表現としての造形の種類

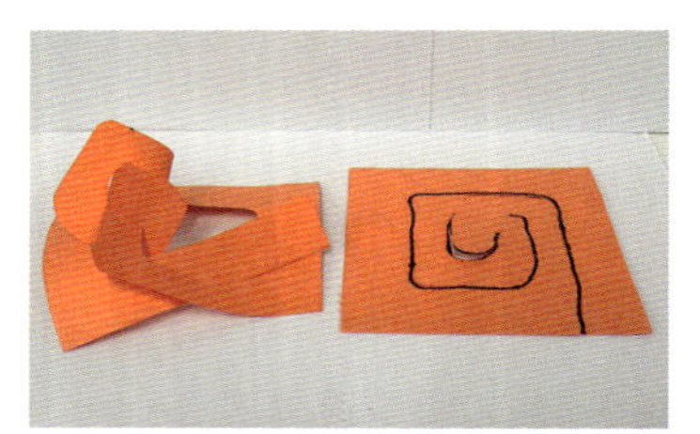

おかしのいえ

第4章 保育現場での実践

第1章 幼児期の造形について

幼児期の造形は、子どもの視点から見ると、遊びの一環になります。絵を描いたり、粘土をいじったり、空箱を使って工作することは、園庭で友達と遊ぶのと何の変わりのない保育施設での行動の1つです。では、それを見守る保育者はどうでしょう。子どもの成長の過程を考え、子ども一人一人の表情や行為を捉え、子どもがいかに興味をもって臨んでくれるかを考えて取り組まなければなりません。ここでは、そのような保育者の視点を考えていきます。

§ 1. 幼児期の造形の表現

1. 表現とは

天候のよい日、とある保育施設を訪ねたとき、子どもたちは園庭で自由遊びの最中でした。その光景を眺めていると、1人の園児がこちらに歩み寄ってきました。私に気付いているのか、気付いていないのか、近くにしゃがみ、地面に向かって指で何か描き始めました。私に見せるでもなく、また、他の誰かに見せるでもなく、さらっと描いて、すぐに立ち去りました。その子どもがどうしてそこに描いたのかは、聞き取ったわけではないので分かりません。描きたいという衝動が生まれたため、そこに描画という形で表現したのだと思います。そして、傍でその光景を目撃した私がいて記録に残したので、はじめてそこに表現が成立したのです。

今ここで「表現」という言葉を使いましたが、では表現とは何でしょう。表現とは、「心理的、感情的、精神的などの内面的なものを外面的、感性的形象として客観化すること」であり、「その客観的形象としての、表情・身振り・言語・記号・造形物など」をいいます。簡単にいってしまえば、心の中を外に表しだすことであり、それを表情や体、言葉やものを作って表すことです。

そして、熟語としての表現を見てみると、「表」と「現」に分けることができます。「表」は表現の行為である「表し」、そして「現」は表現されたものである「現れ」の意味とすることができます。「表し」は体験し、感じ、心が動く過程を経て外側に出てくるもので、その結果として外側に出てきたものが「現れ」となります。

また、「現れ」も受け手を意識した意図があれば「表現」、意図がなければ「表出」と区別することができます。ここで、「表出」という言葉を出しましたが、その意味について解説します。「表出」とは「心の中にあるものが外にあらわれ出ること。また、あらわし出すこと」をいいます。具体例を示しますと、赤ちゃんの泣き声は伝達意図がないので「表出」と捉えることができます。しかし、受け手があらわれることで、「表現」と捉えることができます。意図がなくても、受け手は感情を読み取ろうとします。前述した私が見た光景、園庭で子どもが地面に描いた行為は、受け手を意識したわけではないので「表出」と捉えることはできますが、その行為や痕跡を目撃した私がいたので「表現」として成立したのです。何気ない子どもの「表出」の行為かもしれませんが、誰も気付かなければ何もなかったことになります。そこに目を留めて認めてあげる、気付きが必要です。気付きがあってこそ、「表現」と成り得るのです。そして、それを受け止める人こそ、親などの近親者であるかもしれませんし、保育者かもしれません。

では、保育者は「表現」の受け手として何を意識すべきなのでしょう。先に、「表現」を「表し」と「現れ」に分類しました。「表し」は表現の行為が出てくるまでの過程、そして「現れ」は表現されたもの、つまり作品となります。もちろん、保育者とすればよい作品が出てくるのを期待しますが、あくまで結果であって、本来の目的ではありません。子どもにとってよい作品ができ、褒められるのはうれしく、自己肯定につながりますが、成長の過程で重要なのは、表現の過程である「表し」であり、子どもがどのように体験して、それをどのように感じ、心が動いていく過程を見据えられるかです。それが保育者の課題となるでしょう。作品は体験や意欲が培われた表現力によって、結果として豊かになるでしょう。

2. 造形とは

続いて、「造形」という言葉に着目してみます。「造形」というのは、絵を描いたり、ものを作ったりすることをいいます。このことは絵画制作や工作と何ら変わるところではありません。ただし、絵画制作や工作というイメージでは、単に絵を描いたり、ものを作ったりする以上のことは感じられませんが、「造形」から受ける印象だと形を造るということから、絵画制作や工作だけではなく、人間形成という面の形を造るという意味も含まれます。

そして、表現の方法としては、「身体」「音楽」「言語」があり、そして「造形」があります。体を媒体にしたものが「身体」、音や声を媒体にしたものが「音楽」、言語を媒体としたものが「言葉」となり、絵画制作や工作、つまり絵やものを媒体にしたのが「造形」となります。これらは、子どもの発達の過程において、それぞれを独立して育むのではなく、それぞれが密接につながって総合的に育んでいくことが重要になってきます。

3. 造形の意義

先にも述べましたが、「造形」は絵やものを媒体とする表現です。そして、絵やものを成り立たせるための用具や素材など、表現する方法が「造形」には数多くあります。その多くの用具や表現方法は、子どもにとってははじめて触れるもの、体験することになります。その出会いが子どもの意欲を高め、表現を支える機能を向上させることにつながっています。また、表現した結果が残るのも「造形」の特徴といえるでしょう。用具や素材経験だけでなく、過程を共有するだけではなく、結果として形が残り、後からでも共感できるのも造形特有のものです。このように、造形としての表現は、自分の手を使って体と心を育て、発達の手助けになるとともに、過程や結果が周りとの関わりを深め、生きる力の基礎を形成する一助となるのです。

また、造形の表現は発達だけに有効ではなく、心の解放にも働きかけます。太古の昔、まだ言葉がない時代より、人は造形という方法で形を残してきました。これには根源的な部分で意味があるはずです。ものを見て、あるいは体験して、心で感じ、それを伝えようとする衝動、心が突き動かされたからこそ表れた表現です。心の解放に限らず、何かしらの形で心に働きかける要素が含まれているのでしょう。大人は経験があるので、こうしなければいけないという規制を自分自身でかけてしまい、心の赴くままに表現することがうまくできないことがままあります。子どもだったらどうでしょう。もちろん、子どもだって大人と同じ環境にいるわけですから、大人の規制の中で生活しています。ストレスも抱えているでしょう。しかし、保育の現場では子どもの発達を最優先に考えましょう。規制から解放する、つまり心の解放につながるのが造形の活動になるのではないでしょうか。

ただし、気を付けたいのは、造形は結果が残るということです。子どもの造形は結果を求めているわけではありません。その結果にいたる源や過程が重要になってきます。結果だけを見てしまうと、自信をもつ可能性もありますが、失う可能性を秘めていることを忘れないでください。源や可能性を見ていけば、優劣ではなく多様性があることが分かるはずです。そうした多様性を肯定し認めることで、自信をもつ子どもを育て可能性を開くことができます。これが造形の意義といえるでしょう。

4. 保育者として意識すること

では、保育者を目指している皆さんにとって、造形とはどういうものでしょう。保育所や幼稚園から高校まで、遊びや教科の１つとして、造形活動、図画工作、美術として経験してきたと思います。絵を描いたり、ものを作ったりすることが得意で大好きな人もいるでしょう。その反面、苦手や大嫌いという人もいるでしょう。

まず考えていただきたいのは、なぜ好きになったか、嫌いになったかです。先生や親に褒められて続けていくうちに積極性が出て、ますます好きになった。または、親や友達に言われた心ない一言で傷付き、表現することに消極的になって苦手意識が出てしまった、など要因は様々だと思います。

次に考えていただきたいのは、どういう言葉で傷付いたかです。「へたくそ」「変な絵」「〇〇ちゃんは上手なのに、こんな絵しか描けないの」などの言葉が要因になっていると思います。苦手な人は、また心ない言葉をかけられるのが嫌で消極的になり、制作意欲がなくなり、機会が減り、最終的に表現しなくなってしまいます。大好きな人は、褒められたことがきっかけとなり、積極的に描き進めるうちに上手に描けるようにな

り、周りに褒められ、ますます好きになり、さらに制作を進めるでしょう。ただし、うまい下手の違いは、経験を積んだか、積まなかったかです。うまい下手は技術力の差であると考えてください。技術は経験を積めばあるレベルまでは達すると思います。うまくなりたい人は意識して経験を積んでください。しかし、保育現場で求められるのは技術力ではありません。前の項目でも述べましたが、子どもの造形は結果を求めているわけではありません。結果にいたる源や過程が重要なのです。保育者として重要なのは、子どもの感情や気持ちを受け取れる人であることです。

まず、皆さんが学ばなければいけないのは、技術や技法ではなく、表現を引きだし、尊重し、共感して楽しさを共有できる感性です。そのためには、表現に対する皆さん自身のためらいや構えを克服していきましょう。表現に対する保育者の専門性は、自分の気持ちを素直に表現でき、なおかつ他者の表現も受け入れることです。

§２. 領域＜表現＞のねらい及び内容と造形

1. 保育者の視点から

2018 年 4 月から、文部科学省の「幼稚園教育要領」、厚生労働省の「保育所保育指針」、内閣府の「幼保連携型認定こども園 教育・保育要領」が改訂（定）、施行されました。ここでは、「領域「表現」のねらい及び内容」を見ていきますが、幼稚園教育要領のねらいの（1）～（3）と内容の①～⑧の項目は、3 歳児以上の保育所保育指針や幼保連携型認定こども園教育・保育要領にも同じものが記載されています。

まずは「領域「表現」のねらい」から見ていきます。学校教育法（第３章　第 23 条）では、「幼稚園のおける教育は、前条に規定する目的を実現するため、次に掲げる目標を達成するように行われるものとする。」とし、5 で「音楽、身体による表現、造形等に親しむことを通じて、豊かな感性と表現力の芽生えを養うこと。」と表現の領域に関して記しています。また、保育所保育指針（第 1 章総則　3 保育の原理（1）保育の目標）にも同様に、「様々な体験を通して、豊かな感性や表現力を育み、創造性の芽生えを培うこと」と記されています。

この目標に即して、保育内容の表現の領域では「生きる力の基礎となる心情・意欲・態度」に対応して、以下の 3 つがねらいになっています。

“

（1）いろいろなものの美しさなどに対する豊かな感性をもつ。
（2）感じたことや考えたことを自分なりに表現して楽しむ。
（3）生活の中でイメージを豊かにし、様々な表現を楽しむ。

（1）の「いろいろなものの美しさなどに対する豊かな感性をもつ。」では、感受性の育成が求められています。ものが美しいと感じることができるようになるには、身近にいる保育者が美しい基準を子どもに指し示すことで育まれると考えます。そのためには、自らの感性を磨く必要が求められます。ただし、芸術家的な際立った感性ではなく、日常の何気ない光景の美しさを感じる感性で構いません。子どもと一緒になって美しさを共感できる感性を養っていきましょう。
（2）の「感じたことや考えたことを自分なりに表現して楽しむ。」では、子どもの経験の幅の広さによって表現の楽しみ方が変わると思います。それには保育者が、どのような方法で子どもに経験させたかで決まってくるかもしれません。ただし、無闇やたらに数多くの方法を与えてしまうと、混乱を招き、収拾がつかなくなりかねませんので、発達に即して子どもの主体性に向き合った体験が求められるでしょう。
（3）の「生活の中でイメージを豊かにし、様々な表現を楽しむ。」では、イメージするためには経験によって身に付くことが重要で、与えられるだけだと身に付いたことにはならず、経験したことを自分なりに工夫して表現できてこそ身に付いたこととなります。そのために、子どもが興味をもち自発的に表現できるように、繰り返し印象深い体験をすることが求められるでしょう。これらを実践するには、子どもならではの表現を認め、子ども自身が充実感を味わうことのできる環境が大切であり、園生活の中で友達や保育者と共有・共感し合うことで創造力がさらに豊かになっていくで

しょう。幼児期は直接的で具体的な経験がもととなり、知的な好奇心や創造性につながっていきます。実際に自分の体で感じ取る中で、喜びや楽しみなど感情も育まれ、感性が豊かになっていくのです。

続いて、「領域「表現」の内容」についてですが、具体的に子どもたちが経験するとよいこと、経験してほしいこととして、以下となります。

①生活の中で様々な音、形、色、手触り、動きなどに気付いたり、感じたりするなどして楽しむ。
②生活の中で美しいものや心を動かす出来事に触れ、イメージを豊かにする。
③様々な出来事の中で、感動したことを伝え合う楽しさを味わう。
④感じたこと、考えたことなどを音や動きなどで表現したり、自由にかいたり、つくったりなどする。
⑤いろいろな素材に親しみ、工夫して遊ぶ。
⑥音楽に親しみ、歌を歌ったり、簡単なリズム楽器を使ったりなどする楽しさを味わう。
⑦かいたり、つくったりすることを楽しみ、遊びに使ったり、飾ったりなどする。
⑧自分のイメージを動きや言葉などで表現したり、演じて遊んだりするなどの楽しさを味わう。

また、内容の取扱いでも、以下のように保育者に求められる援助や配慮について述べられています。

①豊かな感性は、自然などの身近な環境と十分にかかわる中で美しいもの、優れたもの、心を動かす出来事などに出会い、そこから得た感動を他の幼児や教師と共有し、様々に表現することなどを通して養われるようにすること。
②幼児の自己表現は素朴な形で行われることが多いので、教師はそのような表現を受容し、幼児自身の表現しようとする意欲を受け止めて、幼児が生活の中で幼児らしい様々な表現を楽しむことができるようにすること。
③生活経験や発達に応じ、自ら様々な表現を楽しみ、表現する意欲を十分に発揮させることができるように、遊具や用具などを整えたり、他の幼児の表現に触れられるように配慮したりし、表現する過程を大切にして自己表現を楽しめるようにすること。

2. 幼児期の終わりまでに育ってほしい 10 の姿

保育所・幼稚園・こども園それぞれに「3 歳からは同じ教育」の機能があることや、「子ども主体の学びが重要」であること、そして「幼児期の終わりまでに育ってほしい 10 の姿」が示されています。「10 の姿」は、保育所・幼稚園・こども園にとって、共通の新しい指針となったのです。卒園までに育まれてほしい子どもの姿を 5 領域(健康・人間関係・環境・言葉・表現)をもとに 10 個の具体的な視点から捉えて明確化したもので、以下の項目を設定しています。

① 健康な心と体
② 自立心
③ 協同性
④ 道徳性・規範意識の芽生え
⑤ 社会生活との関わり
⑥ 思考力の芽生え
⑦ 自然との関わり・生命尊重
⑧ 数量や図形、標識や文字などへの関心・感覚
⑨ 言葉による伝え合い
⑩ 豊かな感性と表現

この 10 の姿のうち、「健康な心と体」「自然との関わり・生命尊重」「豊かな感性と表現」の 3 つのジャンルが造形に関わるところだと思われます。体をうまく使うことや手先が器用になることなど、様々な技術を覚えていくことが運動にとどまらず、自然や生命を感じることも体を使う力の 1 つです。そして、豊かな感性と表現をもつことも重要であると考えられます。しかし、広く捉えてみると、この 10 の姿全てにおいて、造形に関わってくることかもしれません。

10 の姿は、あくまで育ってほしい姿の「方向性」です。育つべき「能力」や「到達点」のように、達成しないといけない課題ではありません。 10 の姿は別々に育てるものではなく、子どもたちが夢中に遊ぶことを通して、子どもたちの興味・関心が育まれ、それぞれが連動し合って達成に近づいていく目安であると捉えましょう。

§３．幼児の絵画表現の発達段階

子どもの成長や発達の段階が一様ではないように、絵画や造形の発達段階も身体的な成長や取り巻く環境によって様々です。必ずしも全ての子どもに当てはまるものではありませんが、発達の過程の共通性が高く、子ども特有の表現と受け止めて理解して、見通しをもった援助に活かすことができると考えられます。

保育では発達に即した援助が求められますが、子どもに絵の活動を支援する前にも、発達の段階を把握しておくのは保育者として責任といえるでしょう。ここにあげた発達の段階は子どもの置かれた環境に大きく左右され、個人差があります。必ずしも段階を踏まないと、健全な発達であると決めつけることはできませんし、人それぞれの表現があると柔軟に受け止めて、温かい気持ちで表現を受け止めてください。

１．なぐりがき期（１〜２歳半ごろ）

（１）描画の特徴：なぐりがき（スクリブル）

まずはじめに、子どもの身体能力の発達と取り巻く環境が重要になってきます。自発的な試し行動や模倣の行為が結果としての描画になる場合もありますし、環境が設定された場合もあります。子どもには描画の認識はなく、描画材を手に持った行為が痕跡として紙に残った結果であろうと思われます。その行為を続けるうちに経験として、手に取ったものが描けるものであることの認識ができ、描画活動につながっていきます。はじめは叩き付けるような点から始まるでしょう。そして腕力の獲得から、方向のない無秩序な線（無統制スクリブル）から、左右や上下の往復線が描かれ、横線や縦線が描かれ、やがて関節や筋肉の発達に伴い、曲線やうず巻き線が描かれ、手を回転しながらリズム感のある円形スクリブル（統制スクリブル）が描かれます。

無統制スクリブル

統制スクリブル

（２）援助

１）環境

心地よく、汚れを気にすることなく取り組める環境にします。

2）用具

カラフルで見立てがしやすい、形が安全な遊具、口に入れても安全な描画材、水や粘土、砂など情緒的な安定を促す素材を用意します。

3）支援

探索的な関わりとして「つぶす」「こわす」行為もあるので、情緒的な表出か挑戦的な探索かを見て対応します。「無統制スクリブル」から「統制スクリブル」に移行して「形」が描かれるためには、身体機能の発達が出現します。機能の発達に求められるのは、視覚と手の関係を深める体験です。そのためには、描いた線を子どもが認識するように、保育者が声をかけて意識させることが必要となります。

2．象徴期・意味付け期（2～3歳ごろ）

（1）描画の特徴：擬声語、意味付けや命名、円

イメージ化していく能力は2歳ごろから始まりますが、「ブーブ」とか「シューシュー」など擬声語を発しながら描き、「ママ」とか「ワンワン」というように、描いたものに意味付けや命名をするようになります。筋肉の発達に伴った表現の円形スクリブルから、腕の力が制御できるようになると、円が描かれるようになります。円は幼児にとって根源的な形であるといわれるように、全てのものを円で表そうとし、次第に他の図形が描かれるようになります。

意味付けや命名された作品

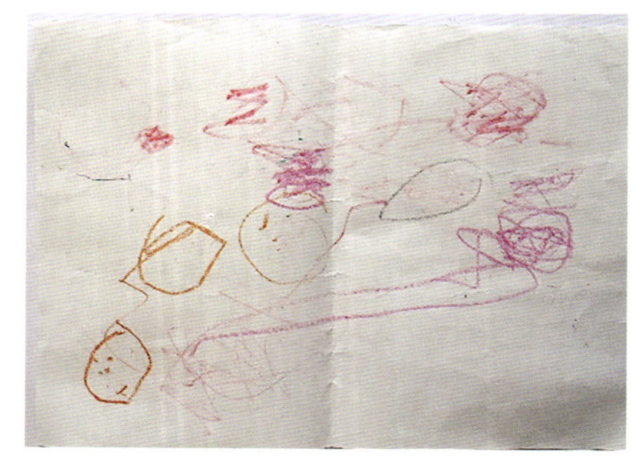

円が描かれた作品

（2）援助

1）環境

並行遊びが見られる時期ですが、同じイメージで遊ぶことを急がさず、それぞれが探索できるよう同じ種類のものを複数用意して、情緒的なつながりが出てくるようにします。そして、自然体験と絵本に親しむことで、イメージと言葉を豊かにし、ゆるやかに造形活動と関連付けることができます。

2）用具

積み木などの見立てが生まれるシンプルな形の遊具、偶然性が楽しめる水彩絵の具や紙、砂、粘土など、形態が変化しやすい素材などを用意します。

3）支援

積み木などの見立てが生まれるシンプルな形の遊具で、形とイメージをつなげられるようにします。水彩絵の具やちぎった紙で素材に触れるとともに、偶然性を楽しみ、見立てて加筆して形とイメージをつなげ、形態が変化しやすい素材（砂、粘土、絵の具など）を扱って言葉で表させると、イメージや言葉の多様性を楽しむことができます。形は描けてもイメージが伝わりにくい時期であるので、温かく受け止め、形や言葉を引きだします。そして、遊びへと展開する過程を励まします。形を言葉で意味付けることは、考える言葉となり、次の発達への移行を促します。

3. 前図式期・カタログ期（3～5歳ごろ）

（1）描画の特徴：同心円、頭足人、カタログ的表現

このころになると何を描いたのか少しずつ理解できるようになり、円の中に小さな円を並べて描く同心円、円形を十字形で分割、円の周囲に放射状に線を描く太陽図形などが描かれ、最初の人物表現といわれる頭足人も描かれるようになります。

円のほかに、四角形や三角形などを使って絵画的図形を組み立てますが、単色で輪郭だけで描かれることが多く、それぞれの形の位置関係がバラバラでカタログのように見えるのでカタログ的表現ともいわれています。

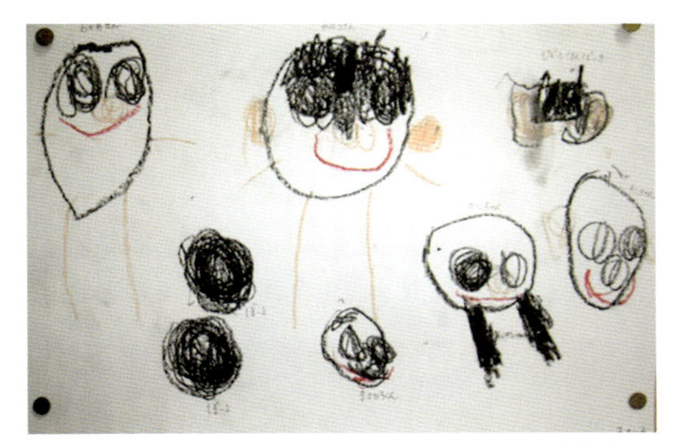

頭足人、カタログ的表現

（2）援助

図式期と合わせて設定しますので、30ページを参照してください。

4. 図式期（4～9歳ごろ）

一般的に子どもが描いた絵として認識できる絵の表現が、この時期に一気に現れてきます。画面を構成しようとする意識が芽生える時期で、二次元の空間認識が見られるようになります。羅列ではなく上下左右の区別ができ、子どもの絵の代表的な特徴が多く現れてきます。

（1）描画の特徴

図式期には以下のような特徴があります。

1）基底線

画面の下部の直線もしくは、紙の下端の直線を地面として描かれる表現です。そこを基準に描かれたものが横並び（並列表現）に描かれていきます。ただし、この基底線は山の稜線上に描かれたりもして、直線のみではなく曲線上に描かれることもあります。

基底線

2）拡大誇張表現

自分が描きたいものを中心にして大きく描く表現です。現実の大小は関係なく、興味や関心のあるものを意図的ではなく、自然に大きく描きます。

拡大誇張表現

3）アニミズム（擬人化）
※異時同存表現も含む

子どもの認識として自然現象や生き物、ものを人格化しようとする表現です。それらのもの全てに顔が描かれ、登場人物と同等の扱いがなされます。

アニミズム

4）異時同存表現

子どもは経験したものを、時間の経過に関係なく1つにまとめて表現しようとします。ですから、時間の経過を断片的に描き連ねて、1つの画面に連続させて描きます。

5）レントゲン（透視）描法表現

子どもは描きたいものが主であり、その周りを取り巻く設定は従であると捉えようとします。乗り物に乗っている光景や家にいる光景は、あくまで人物が主体ですので、乗り物や家は付属物でしかありません。結果、乗り物や家の表現は外郭のみの表現となり、あたかも透けて見えるように描かれます。

レントゲン（透視）描法表現

6）展開図的表現 ※視点移動表現も含む

並列表現と重なりますが、直線もしくは曲線、あるいは円形に描かれたものが並列になった場合、あたかも展開図のように描かれる表現です。

展開図的表現

7）視点移動表現

子どもは見たままの現実ではなく、知ったことや経験を描こうとします。たとえば、机の上にある花瓶の光景を描こうとした場合、机の脚は4本であることを知っている場合は4本を広げたように描き、花瓶を横から見た経験しかない場合は横からの形しか描きません。結果、2つの視点がそこに表現されます。

8）積み上げ式遠近描法表現

遠い近いという遠近表現を子どもの絵で見た場合、近くのものは画面の下に、遠くのものは画面の上に描かれていきます。これがあたかも積み上がって見えることから、この名称が使われています。

9）代償行為

感情の起伏がそのまま絵画表現に出ることがあります。怒りなど感情が昂っていれば、赤や黒などの色を使い、感情的に塗りつぶしたりする行為をします。絵を描くタッチもそのまま起伏が反映され、その強さは感情の激しさの表れです。

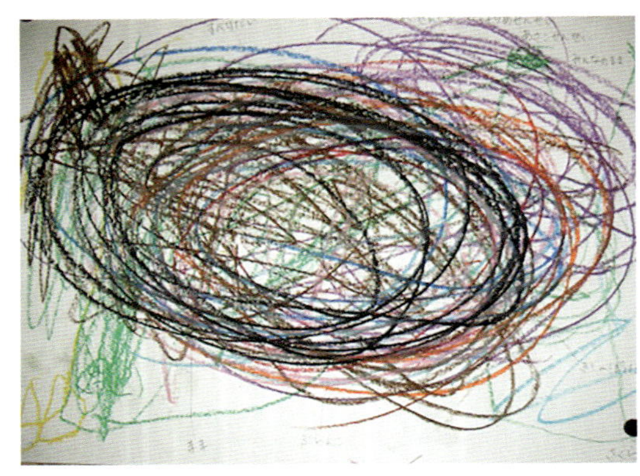

代償行為

（2）援助

ここでは、3～5歳までの設定で援助を設定しますので、前図式期と合わせて記します。

1）環境

園の造形に対しての意識や造形活動の内容、保育者の指導法で環境設定は変わります。造形に積極的に取り組む園では、造形活動の作例や活動ができる環境を用意したコーナーを設定して、各教室に道具が自由に使えるように道具箱や素材箱を設置すると、子どもの自発性が誘導される環境となるでしょう。

2）用具

3歳から、園児は各自で道具箱をもつことができますので、粘土やクレヨン、ハサミやのりなどの使用が始まります。共有する絵の具や筆なども同様で、造形に関する素材や用具は、ほとんどものを扱うことができますが、安全に配慮することが重要です。

3）支援

保育者の指導形態で変わってきますが、まずは伸び伸びと造形活動ができる環境設定が求められます。そして、指導形態も保育者が活動を主導したり、提示して誘導する形態、そして子どもの主導に任せる指導形態があります。いずれにしても重要なのは、子どもの自発性を尊重し、主体的な表現活動を通して心身の発達が促されるようにすることです。

Column
コラム1

子どもの絵の発達段階を系統的に示した壁面展示

この写真は園内研究の展示発表で、園児の作品を年齢の順を追って展示したものです。左の写真から始まり、年齢を重ね、右の写真に移行します。

同年齢でも兄弟がいるかいないかで表現の発達が早くなる場合もあります。

▶

▶

▶

▶

▶

▶

上段写真の３枚目中央から始まり、らせん状に発達段階が進んでいく展示方法

§ 4．幼児の造形活動の発達段階

造形活動の発達段階に関する研究は描画と比較すると少なく、表現媒体も多様なので、ここでは一般的な順序と大まかな発達の段階を示しておきます。援助は扱える素材や道具を示しますが、絵画の発達段階の援助を参考にしてください。

ものを媒体とする作る活動の発達段階は、絵画の発達段階と同じように、置かれた環境や経験によって大きな差が生まれるので、個人差があることは認識して保育に臨むことが重要です。

図表 1-1　造形活動の発達段階

発達段階の時期	発達の内容	援助（扱える素材）
もて遊びをする時期／感覚的運動期（1～2歳ごろ）	いろいろなものに興味や関心をもち、投げたり、叩いたり、破いたりする破壊的な行為が多いが、作る活動への芽生えの時期となる。	小麦粉粘土、油粘土、新聞紙、折り紙、画用紙
意味付けをする時期／象徴的思考期（3～4歳ごろ）	砂遊びや積み木遊びの中で、意味付けをしてものに見立てて遊ぶことができるようになる。	油粘土、紙粘土、土粘土、木っ端、木の枝、新聞紙、折り紙、画用紙、ハサミ、のり、木工用ボンド、ホットボンド
作ったもので遊ぶ時期／創作的活動期（4～7歳ごろ）	いろいろな道具が使えるようになり、想像的思考が働き、作ることへの興味が増し、作ったもので遊んだり、飾ったりするようになる。	油粘土、紙粘土、土粘土、木っ端、木の枝、金槌、釘、木工用ボンド、ホットボンド、新聞紙、折り紙、画用紙、段ボール、ハサミ、段ボールカッター

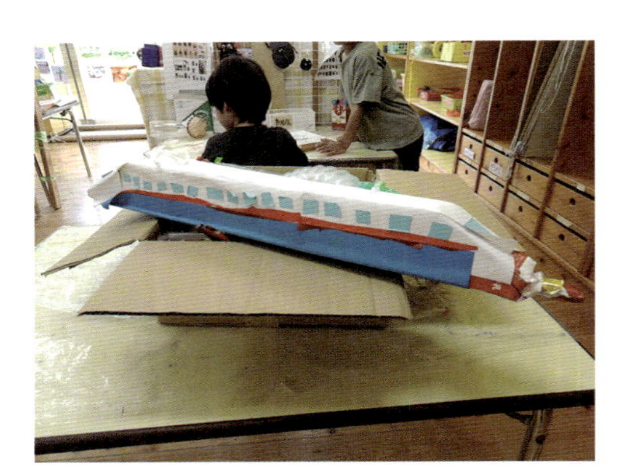

創作的活動期の5歳児が自発的に作った造形作品

創作的活動期の園内展示

第２章 造形の原理

我々が日常的に使っているものは、ものを形作っている要素で成り立っています。形であったり、色であったり、材質であったり、それらの要素を視覚や触覚で認識し、ものとして把握するわけです。本章でその要素を取りあげることは、何気なく使っている色や形、構成の要素や単語の意味を再認識し、造形の幅を広げる意味合いをもっています。色や形の組み合わせを自分自身の表現に役立ててください。

§ 1. 造形の要素

1. 造形要素とは

皆さんは日常生活の中で、多くのものに囲まれて生活していると思います。家の中では主に人工のもの、そして一歩外に出ると自然のものと人工のものが混じり合った世界が目に飛び込んできます。自分の部屋を見回してみると、自分が気に入って選んだものや思い出の品々に囲まれる一方、外に目を向けると、時間の移り変わりや天候、そして四季の移り変わりで様々な表情を見せる自然や建物、車、そして人が動き回っている光景を目にします。

そんな中、心を動かされる光景や場面に出会うことがあると思います。斬新なデザインの建物や車、雄大な海や山の風景、若葉や紅葉の樹木。お気に入りの洋服やものを見つけた瞬間などは、美しさを手に入れた満足感を得るでしょう。では、どうして美しさを感じたり、お気に入りになったりして心を動かされるのでしょう。客観的に見ると、何か感じるものがあったからこそ心が動かされたのだと思います。しかし、美しさやお気に入りなどの観点は、性格が違うように感じ方も少しずつ違ってきます。たとえば、自分のお気に入りのものは、それの何がお気に入りなのでしょう。形であったり、色であったり、はたまた材質感であったり、それらの要素が複合的に重なり合ったりして要因は様々です。そして、好みや美的感覚は人それぞれですから、感じる要素が違うことが分かると思います。

2. 造形の三要素

では、ここで出てきた要素とは何でしょう。つまり、ものを構成している要素となり、ものを形作っている造形要素となります。その成り立ちを個々で見てみると、まず自然の形態や人工の形態、丸、三角、四角などの抽象的な形態、赤や青、明るい色、暗い色、鮮やかな色、鈍い色、さらにツルツルした材質、ザラザラした材質等、様々な要素でものは構成されています。この要素を整理すると、形態と色彩、そしてテクスチャー（材質、質感）の３つの要素に分けることができます。そして、この３つの要素を造形の三要素といいます。

保育所保育指針、幼稚園教育要領、幼保連携型認定こども園教育・保育要領の領域「表現」の内容の（１）でも、「生活の中で様々な音、形、色、手触り、動きなどに気付いたり、感じたりするなどして楽しむ」とあります。この中にある形、色、手触りを改めて考えてみることで、保育者としての資質に厚みを増すことができるでしょう。

図表 2-1　造形の三要素

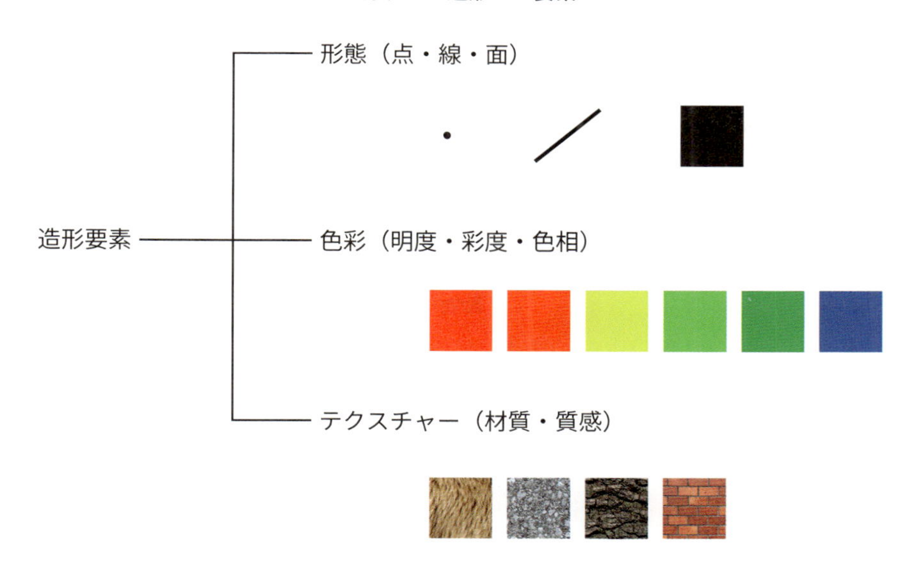

§ 2．形態

1. 形態の区分

まず、形態について考えていきたいと思います。形態とは形、つまり外見に現れている姿で、目で見ることや触ることができ、大きさや範囲の感じられるものをいいます。我々が目にする形は色や材質感をもっていますが、形態を分類してみると次のようになります。

ここでは、形態の大きな区分けとして、実際に物質として存在する形態、つまり目で見ることのできる現実的形態と、目で見ることのできない頭の中で組み立てられたイメージの観念的形態とに分けています。現実的形態は自然にこの世の中に存在する自然的形態と、人の手で生みだされた人工的形態に区分でき、また自然的形態は生物が誕生し成長して変化していく生物形態と、鉱物が結晶化して生みだされる鉱物形態に分けられます。さらに、観念的形態は抽象的形態と派生していきます。

図表 2-2　形態の分類

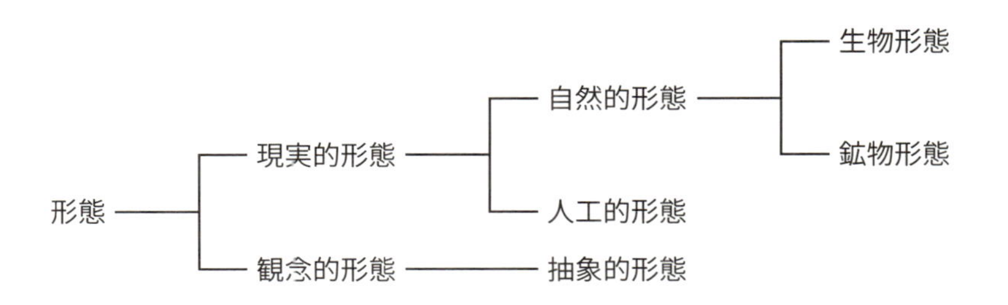

（1）現実的形態

1）自然的形態（生物形態）

生物が誕生して、成長することで変化していく形態をいいます。

樹木

動物

草花

2）自然的形態（鉱物形態）

鉱物や化学物質が結晶化することで生みだされる形態をいいます。

水晶

雪の結晶

黄鉄鉱原石

3）人工的形態

人の手で生みだされることでできる形態をいいます。

建築物

車両

電化製品

（2）観念的形態（抽象的形態）

目で見ることはできませんが、頭の中で組み立てられた形態をいいます。

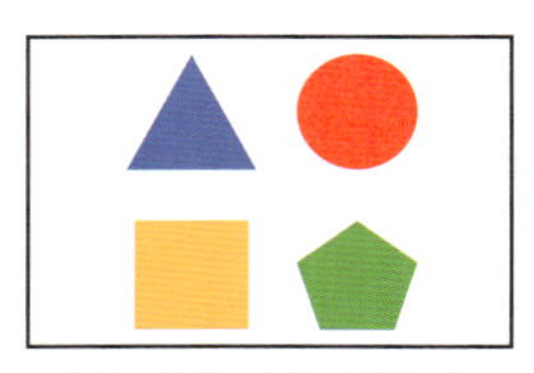

幾何学的形体（平面）

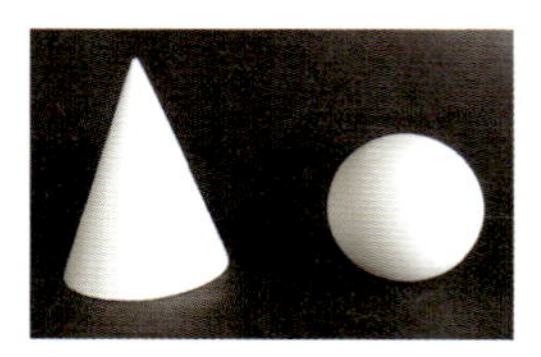

幾何学的形体（立体）

2．形態の要素

ものの形を思い浮かべると、様々な形を思い浮かべることができると思いますが、純粋に形が構成されている要素を突き詰めていくと、点・線・面の3つの要素に集約することができます。点・線・面はそれぞれが2つ以上組み合わさることで、構成が成立します。それではここで、形の組み合わせと構成の特徴にはどのようなものがあるかを見ていきましょう。

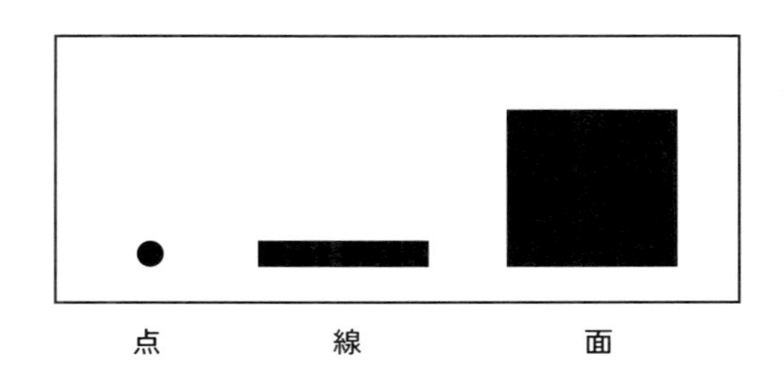

点　線　面

（1）点

点とは、位置だけをもち、長さ・面積・体積をもたない図形のことをいいます。造形では、視覚の要素として捉えるためにも、点は形をもち、面積のあるものとします。点の大きさは見る側の主観によるので大きさは決められませんが、一般的なイメージから正円のイメージをもっています。しかし、面積が小さければどのような形でも点として捉えることができます。

点は単体では位置の意味しかありませんので、静的なイメージとなってしまいます。しかし、数が増えるほどに意味は変わっていきます。造形的な要素の面積を得た時点でも点としての意味は変わっていきますが、数が増え密になるほど形をもち、動きももちます。点が連続すれば線になり、さらに増えると面に変容します。

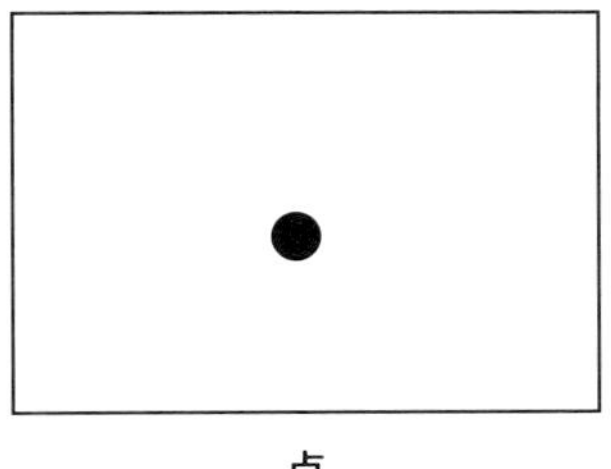

点

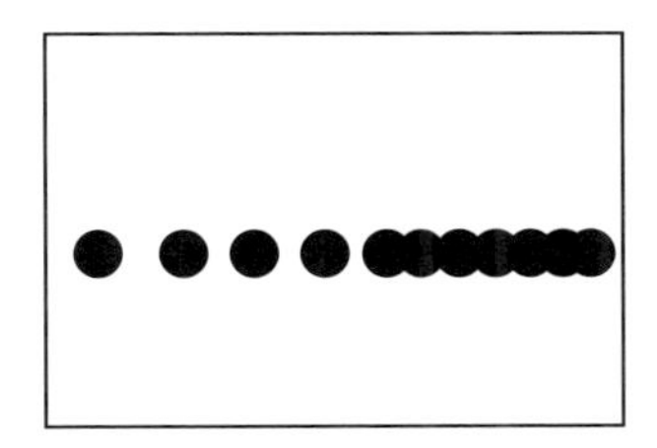

点の連続

点の集合

（2）線

線とは、点の軌跡であり、細長く描かれたものや連続して細長いものをいいますが、長さがあって幅のないものです。しかし、造形では点と同じように幅をもったものと考えます。なお、点により断続して描かれるものを点線といい、点線などに対して切れ目のない普通の線を実線と呼びます。線の種類としては、直線、折れ線、曲線やこれらを組み合わせた線があります。直線は方向性を、曲線はリズム感を感じさせる特徴があります。また、密と疎で奥行を表すこともできます。

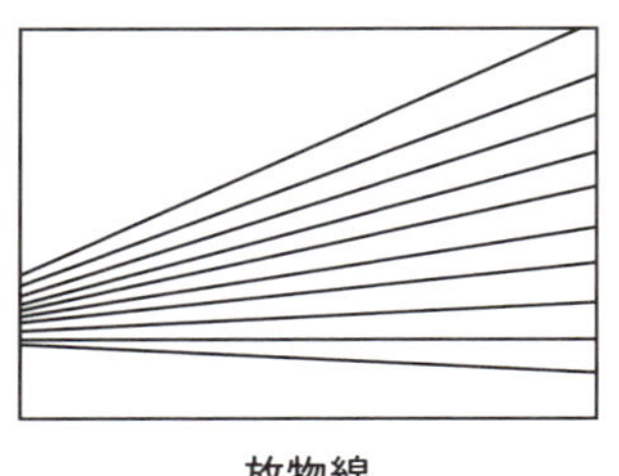

放物線

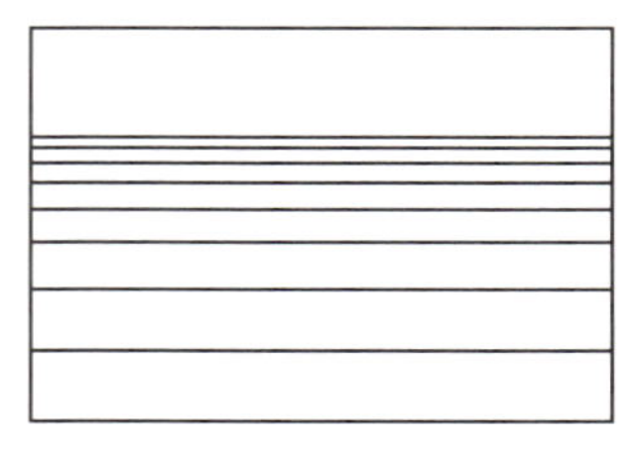

線のグラデーション

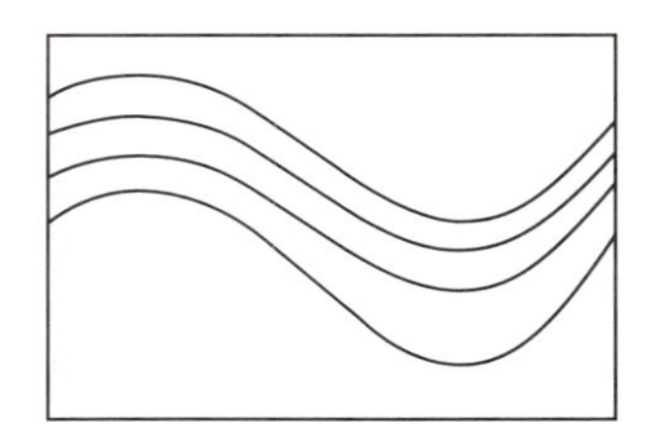

曲線の連続

（3）面

面とは、点や線の集合で形成されます。面は様々な形をもっており、矩形（4つの角がすべて等しい四角形）、三角形、円があげられ、幾何学的なものや自然的なもの、人工的なものがあります。

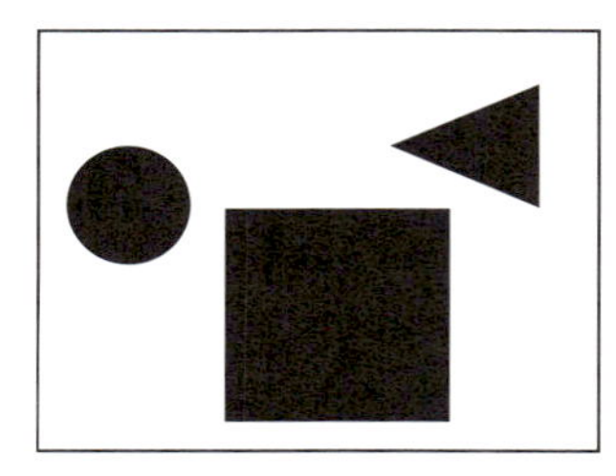

幾何学的形体の面

自然的形体の面

§3.色彩

色とは何でしょう。我々は日常、様々な色彩の中で生活しています。ここでは改めて色について考えてみます。色を認識するには、我々がもっている目でものを見る能力が必要となります。目でものを見るために必要なのは光です。光がない世界では色は存在しません。つまり、光を目で認識するからこそ、色が存在するのです。太陽や電球などの光源から出た光がものに当たり、反射したり通過したりして目に入ってきます。その光が視神経を刺激して色を認識するのです。

光は物理学的にいうと電磁波というエネルギーの一種で、目で感じることのできるエネルギーです。電磁波はほかにX線（エックス）やγ線（ガンマー）、赤外線、遠赤外線、紫外線、電波などがあり、電磁波というくらいですから、波のように

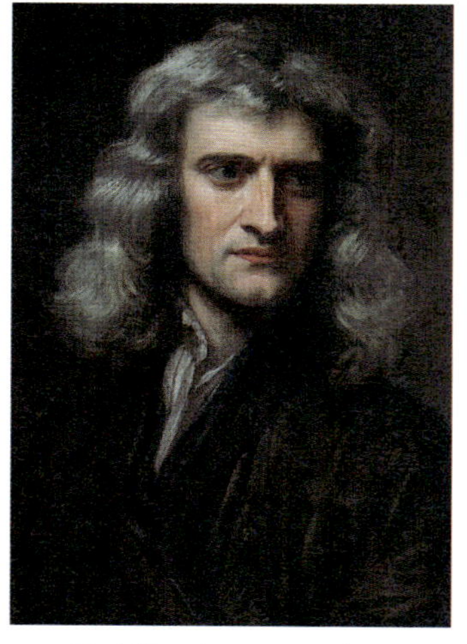

アイザック・ニュートン

プリズムとスペクトル

振動しながら進んでいます。

　そして、太陽の光は白色光と呼ばれ、17世紀にニュートンによって7つの色をもった集合であることが発表されました。白色光をプリズムに透かすと、赤、橙、黄、緑、青、藍、紫の光の帯（スペクトル）、虹ができます。つまり、白色光の中に色の要素があるということです。そして、このスペクトルの中で波長が短い光は紫色に近く、波長が長い光は赤色に近くなっています。

色の見え方

　では、なぜものには色があるのでしょう。ものを構成している要素の中に特定の色を反射する要素が含まれ、それが私たちの目に入って色として認識します。光がないと色が認識できないのはそのためです。赤いものは赤の要素を反射するために赤と認識できます。では、白や黒はどうしてそう見えるのでしょう。白は光の全てを反射するので白く、黒は全ての光を吸収するため黒く見えるのです。

　では、なぜ色彩について学ばなければいけないのでしょう。色彩は我々の生活を豊かにしているものであり、欠かせない要因の1つです。もちろん保育の現場でも環境構成や造形においてもなくてはならないものです。ここで色彩の原理や対比を学ぶことは、保育者には必要不可欠なことだといえます。普段、何気なく見ている色でもいろいろな意味があり、生活の中で使われている色の組み合わせがあることを学んでください。

Column
コラム2

空が青いのは、夕焼けが赤いのは

空の色は、太陽の光が空気層を通る長さに関係しています。空が青いのは、地球の大気成分が7色のうちの緑と青の波長を散乱させるからです。青と緑が散乱することによって、空は混合した水色となります。夕焼けが赤いのは、太陽が西に傾き、横からの太陽の光が入り、昼間よりも大気層の中を長い距離を通るからです。途中で青い光は散乱されきってしまい、赤い光だけが残るので、夕焼けは赤くなるのです。

青い空

赤い夕焼け

1. 色の区分

私たち人間が識別できる色は個人差がありますが、通常の色感をもっていれば、およそ100万の色が識別できるといわれています。これらの色は大きく無彩色と有彩色の2つに分けられます。無彩色は白と黒と灰色をいいます。有彩色は無彩色を除いたほかの全ての色をいいます。

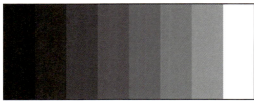

無彩色

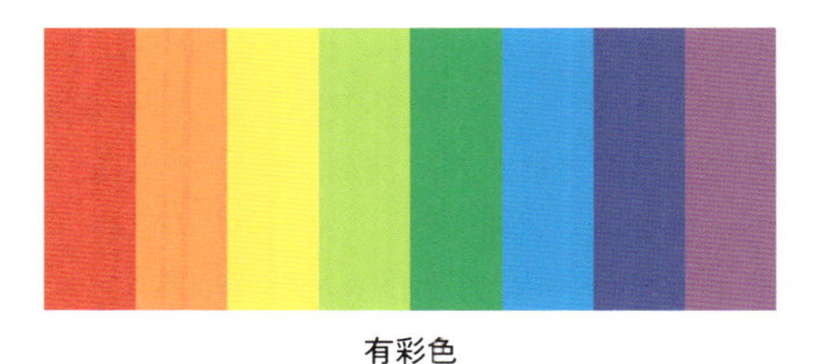

有彩色

2. 色の三要素

(1) 明度

色の明るさの度合いを明度といいます。明るい色を明度が高いといい、暗い色を明度が低いといいます。明度が高くなれば白に近づき、明度が低くなれば黒に近づきます。

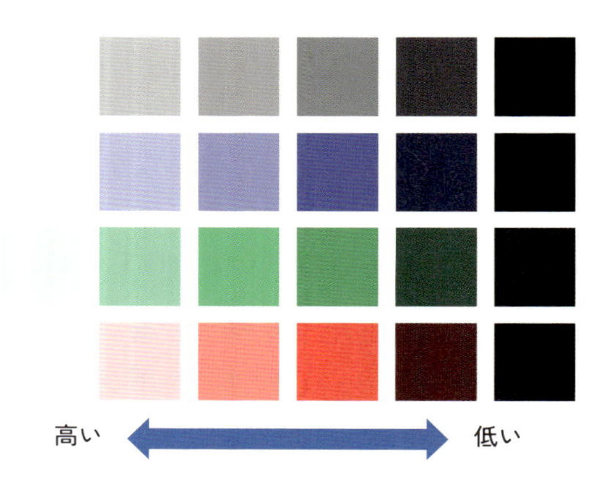

(2) 彩度

色の鮮やかさの度合いを彩度といいます。鮮やかな色を彩度が高いといい、濁った色を彩度が低いといいます。

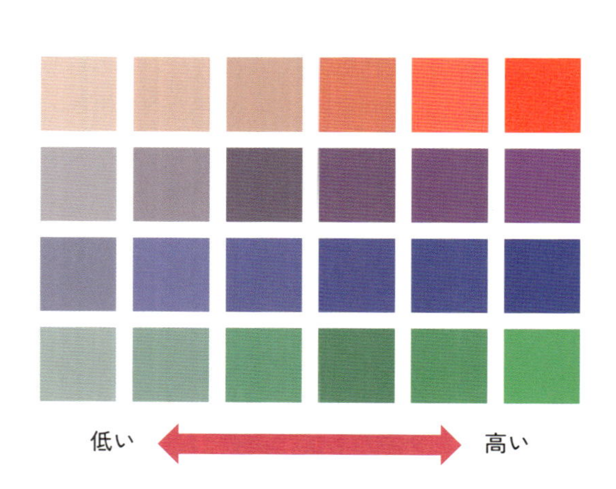

（3）色相

赤み、青みなどの色みを指すもので、これらの色合いを色相といいます。この色相は赤、橙、黄橙、黄、黄緑、緑、青緑、緑青、青、青紫、紫、赤紫とスペクトルのように変化にしていき、赤紫から赤に循環していきます。この環状の配列を色相環といいます。この色相環は、代表的な色相でいうと、12色相と24色相に分けることができますが、ここでは12色相環を提示します。

12色相環

図表2-3 標準12色相環

3．色の三原色

色の中には混色することでできる色とできない色があり、その混色で作りだせない3色を三原色といいます。そして、色の混色には混色すればするほど明度と彩度ともに低くなる場合と高くなる場合、明度と彩度ともに変わらない場合があります。

図表2-4 三原色の種類と色

三原色の種類	色
色料	緑青（シアン）、赤紫（マゼンタ）、黄（イエロー）
光	青、赤、緑

（1）減算混合（色料の三原色）

色料は混色すればするほど、明度と彩度ともに低くなります。この混色を減算混合といいます。

※厳密な物質の三原色として、ここでは色料をあげていますが、絵の具の三原色もあります。赤、青、黄の3色で、赤と青で紫、青と黄で緑、黄と赤で橙になり、3色を混ぜると黒となります。

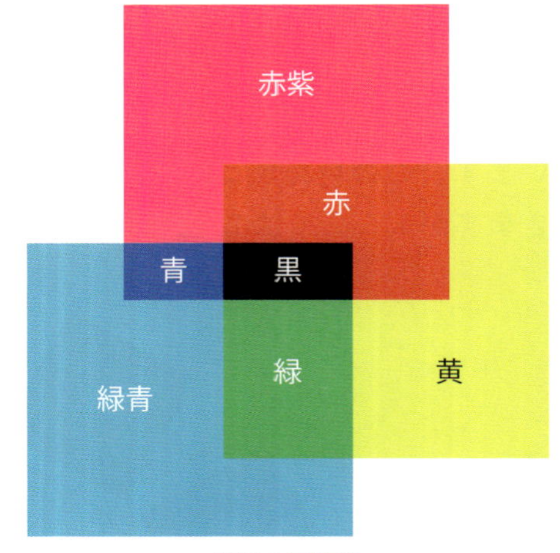

色料の三原色

（2）加算混合（光の三原色）

光を重ねて混合すると、明度が高くなります。この混色を加算混合といいます。

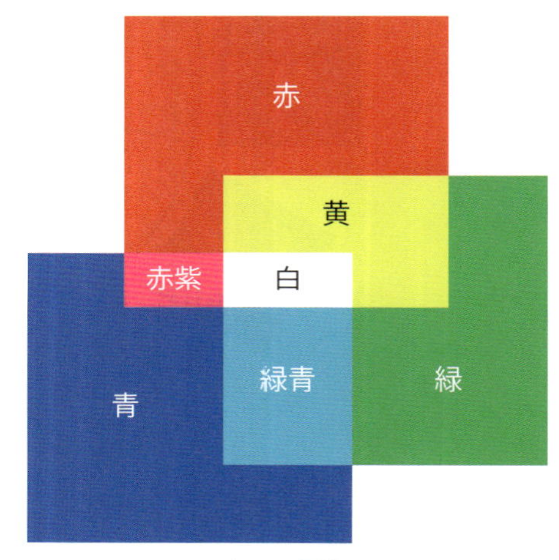

光の三原色

（3）中間混合

明度が低くならず、彩度も鮮やかさがなくならずに明るく保たれる混色を中間混合といいます。この混合には回転混合と並置混合の2種類があります。

1）回転混合

円盤の半分をそれぞれ黄と赤に塗り分け高速で回転させると、回転の速度に目が追い付かず混色した色が現れます。回転させることで現れる色ですので、回転混合といいます。次の図のように、黄と赤で塗り分けた円盤を回すと橙の色が現れます。

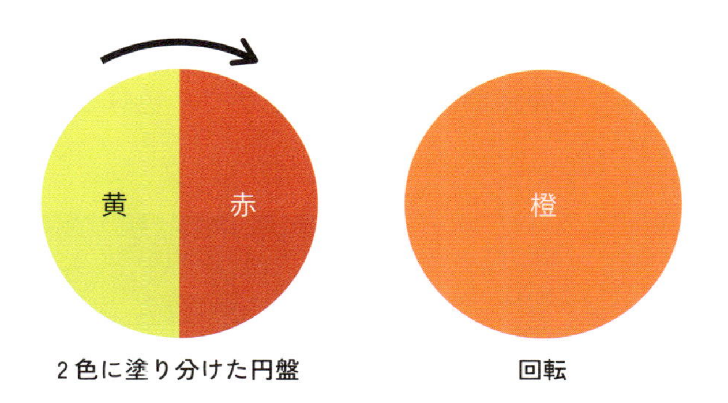

2色に塗り分けた円盤　　回転

2）並置混合

2色以上の色を隙間なく細かく並べることによって得られる混色方法です。下の図は赤と青のチェックの柄ですが、細かくなればなるほど混色され、紫に見えます。ほかの例としては、織物の縦糸と横糸をそれぞれ違う色で織ったとき、一定の距離から見ると混合して見えます。

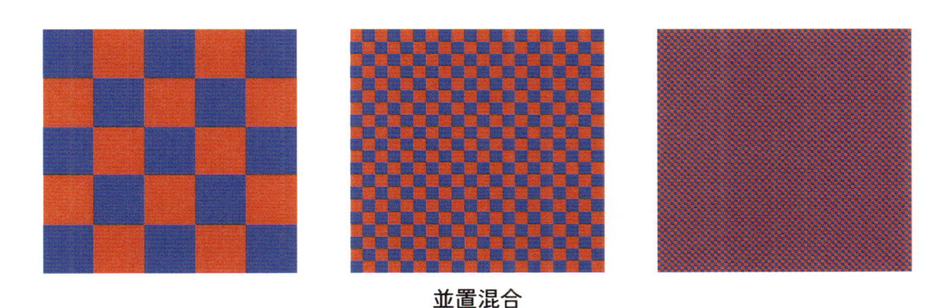
並置混合

4. 色の対比

アメなど甘いものを食べた後でみかんを食べるとみかんが大変すっぱく感じられたり、体の大きな人が小さな人の横に並ぶとより大きく感じられます。このような現象を対比といい、色にも当てはまります。

（1）明度対比

周囲に配置した色を変えると、その影響を受けて、中の色が本来より明るく見える、あるいは暗く見える現象を明度対比といいます。

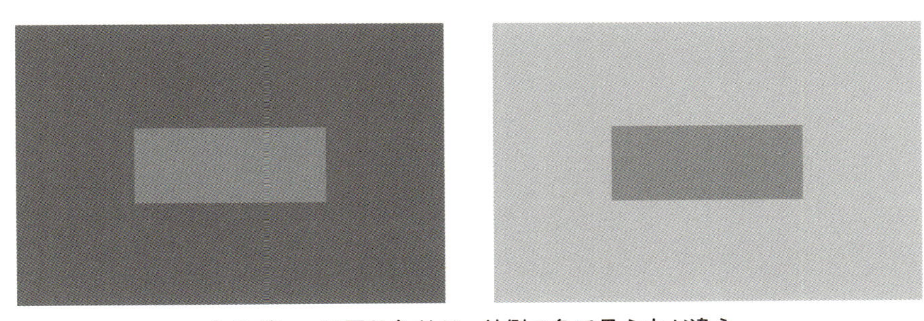
中のグレーは同じ色だが、外側の色で見え方が違う

（2）色相対比

同じ色を使用しているのに周囲の色の影響を受けて、色味が少しずれて見える現象のことを色相対比といいます。

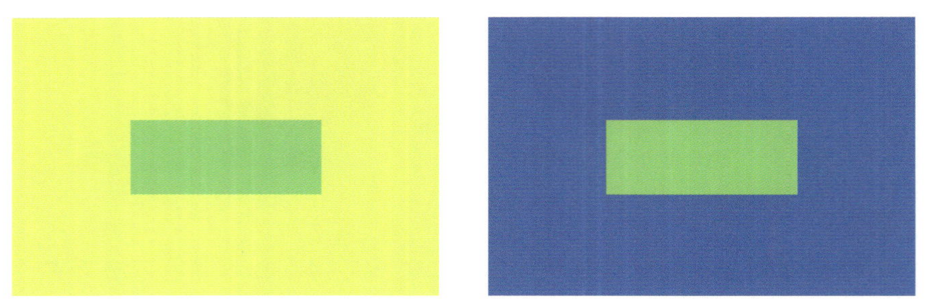

中の黄緑は同じ色だが、周りが黄の場合は青っぽい黄緑に見え、
周りが青の場合は黄っぽい黄緑に見える

（3）彩度対比

同じ明度の色でも、周囲に存在する色の彩度によって、同じ色でも異なって見える現象を彩度対比といいます。同じ色でも周りの色の彩度が高ければ濁って感じられ、低ければより鮮やかに感じられます。

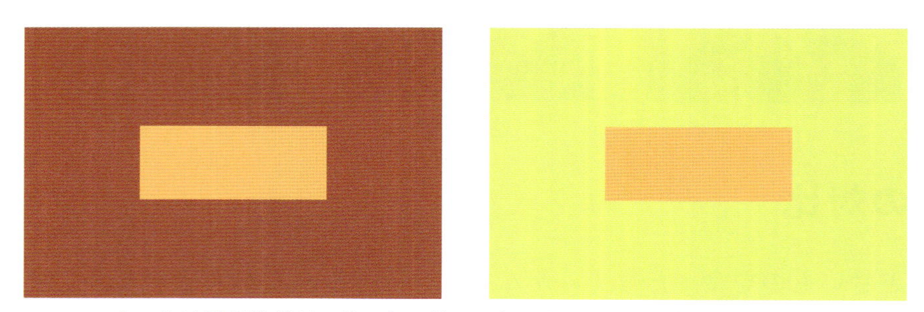

中の色は同じ橙だが、外の色が茶のように濁っていると鮮やかに見え、
外の色が黄のように鮮やかな色だとくすんだように見える

（4）補色対比

補色関係にある色を接して並べると、お互いの色みを強調し合ってより鮮やかに見えることを補色対比といいます。

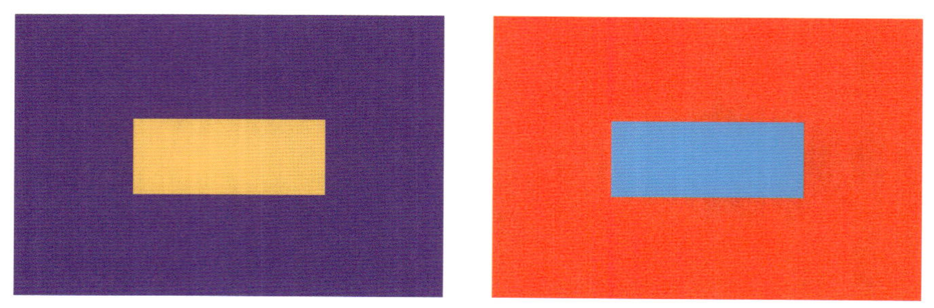

青紫と黄（左）、橙と緑青（右）は補色の関係であり、お互いの色味を強調し合っている

5. 色の関係

（1）補色

ある色をしばらく見つめた後、白い場所を見ると、うっすらと補色の色が残像として見えてきます。この関係を補色といい、標準12色相環上では、相対する2色が補色の関係にあります。この組み合わせは、お互いを最も引き立たせる効果があります。

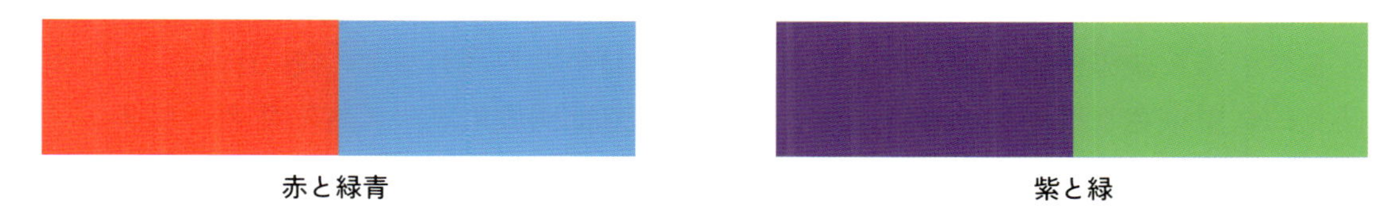

赤と緑青　　紫と緑

（2）反対色

補色以外の最も遠い色相同士を反対色といいます。この組み合わせは補色ほどではないにしろ、お互いを引き立たせる効果があります。

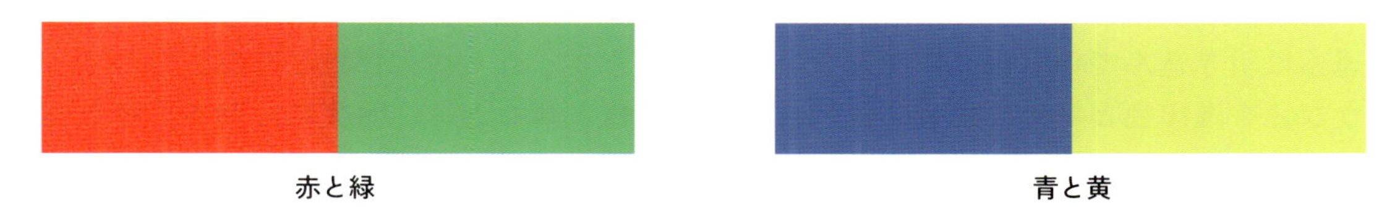

赤と緑　　青と黄

（3）同系色

同じ色相同士や青や水色などの寒色系、オレンジや黄色などの暖色系といった似通った色のことを同系色といいます。この組み合わせには、静かでまとまった調和があります。

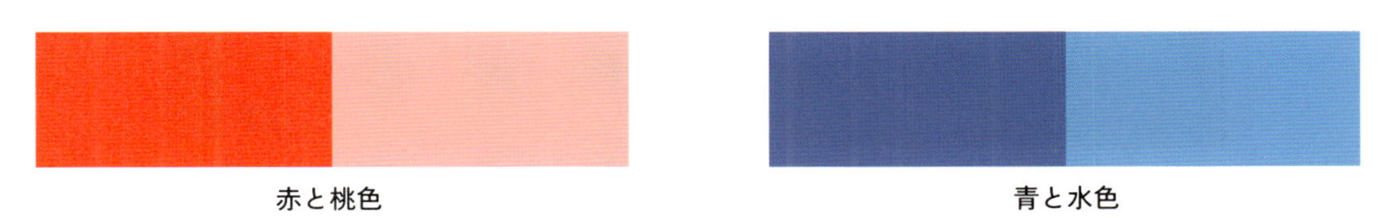

赤と桃色　　青と水色

（4）類似色

近い色相同士のことを類似色といいます。標準12色相環でいうと、隣り合っている色、または近い色の組み合わせで、彩度や明度が似通っている組み合わせをいいます。この色の組み合わせには、やわらかい融和のある調和があります。

黄と橙　　青と青紫

6. 色の感情

色は感情を起こさせる性質があります。この感情は見る側の主観的なものではありますが、一般的には共通した面が多く、日常生活の中ではこの感情効果を考慮した色の使われ方が多く見受けられます。火を連想させる赤系統の黄橙、橙、赤のような色は暖かさを感じられる色で暖色、水の冷たさを思わせる青系統の青、緑青、青緑の色を寒色、このどちらにも属さない色を中間色といいます（標準12色相環参照）。

また、赤系統の色は興奮色、青系統の色は沈静色と呼ばれます。そのほか、色には感覚的に重い色と軽い色があります。この感じ方は明度によって左右され、明るい色は軽く、暗い色は重く感じられます。

7. 色の機能

（1）進出色と後退色

色によっては、同じ距離から見ているのに近くに飛びだしてくるように感じる色と、遠くに引き込んでいるように感じる色とがあります。近くに飛びだして感じられるような色を進出色といい、色相では暖色系の赤、橙、黄などで、明度では明るい色が当てはまります。遠くに引き込んで感じられる色は後退色といい、色相では寒色系の青緑、緑青、青などで、明度では暗い色が当てはまります。

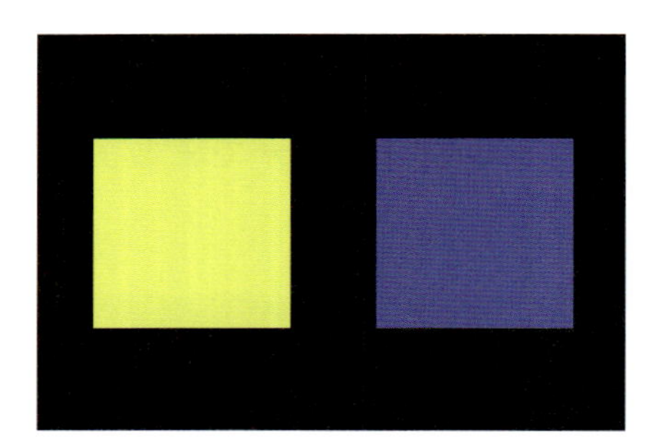
進出色と後退色

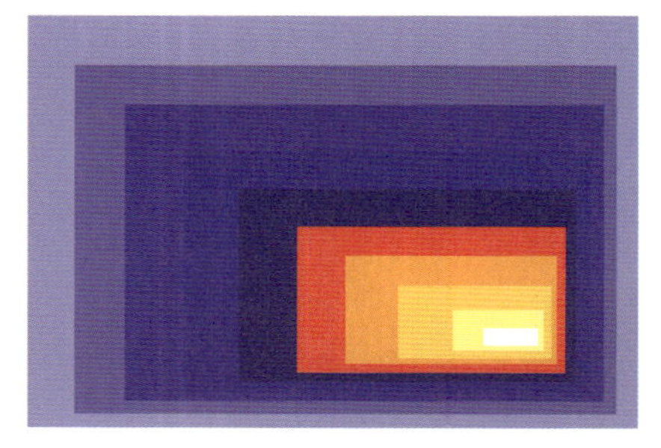
進出色と後退色の組み合わせ

（2）膨張色と収縮色

色には実際の面積より大きく感じられる色と小さく感じられる色があります。大きく感じられる色のことを膨張色といい、色相では暖色系で、明度では明るい色です。小さく感じられる色を収縮色といい、色相では寒色系で、明度では暗い色が該当します。

膨張色

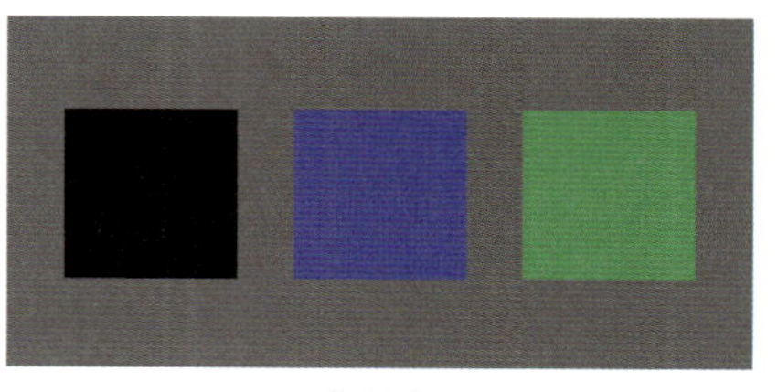
収縮色

§4. テクスチャー（材質・質感）

四季のある日本で生活する我々にとって、季節によって着るものを変えるのは生活の一部になっています。寒い季節では暖かいもの、防寒の用途もありますが、毛糸などの柔らかめで厚手な素材を選びます。暑い季節だと薄手でサラサラした涼しげな素材を選ぶでしょう。このように、布地1つを取ってみても、素材によって質感は変わってきます。また、窓の外に目をやったとき、様々な建物が目に飛び込んできます。コンクリートのビルディング、木の板材が張られた家、レンガ造りの家など、外壁の素材によって印象は変わってきます。家の中を見回してみても、木や布や紙でできた壁や家具など様々な素材でできたもので囲まれ、素材の違いによって室内の印象は大きく変わってきます。

造形に目を向けてみると、絵の具の種類でも違いはありますが、同じ色でも薄く塗ったり厚く塗ったりしただけでも印象は変わってきます。そして、光沢の有無や、滑らかな面やざらついた面に塗られた場合でもまったく違った見え方になります。

材質や質感から受ける感覚は、形や色と同じように強いものであり、ものを構成していく中で印象を大きく変えていく要素となっています。彫刻作品など実際に触れられる作品は素材の違いや材質感が大きな意味をもちます。一方、絵画などの平面の作品は、近年においては使われる材質や質感が大きな意味をもつものも多いですが、中に描かれるものに意味のある絵画では触れて感じる感覚よりも見た目で感じられる表面が大きな意味をもちます。

以上、2章では形態、色彩、テクスチャーと3つの要素を説明してきましたが、これらの要素が組み合わさってものができており、造形が成り立ちます。作ることを考えることは、おのずとこの要素を考えていることになるのです。

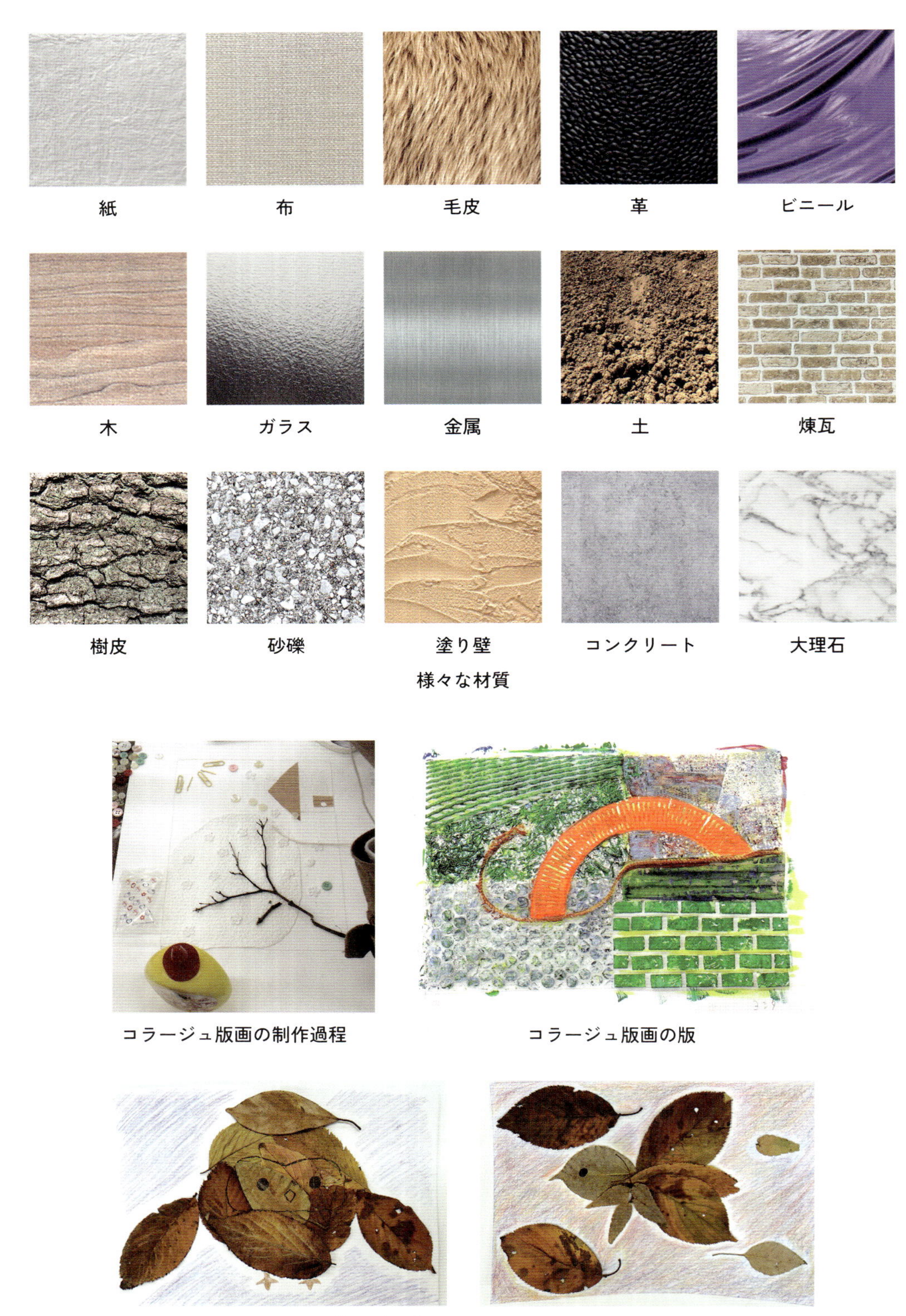

様々な材質

コラージュ版画の制作過程

コラージュ版画の版

葉っぱを使ったコラージュ作品

様々な素材で作られたコラージュ作品。切り貼りのできる素材は、凹凸のある素材を版の材料に使ったり、コラージュの素材にすることができる

§5. 美の構成要素

私たちの周囲に見られる形の中に、いろいろな美しさを見出すことができる要素があります。この美しさを形作るものを美の構成要素と呼びます。その中で、主なものをあげます。単語や名称は知っていても意味自体を把握していないものもあるかもしれませんので、単語と意味を合わせて認識してください。また、構成要素の中にも色彩構成の組み合わせに当てはまるものがあります。

1. シンメトリー（左右対称）

ある形を真ん中からたて割りすると、左右の形が同じもの（対称）になる形があります。これをシンメトリーといいます。安定とまとまりをもった形となる一方、動きのないものになります（非対称はアンシンメトリー）。

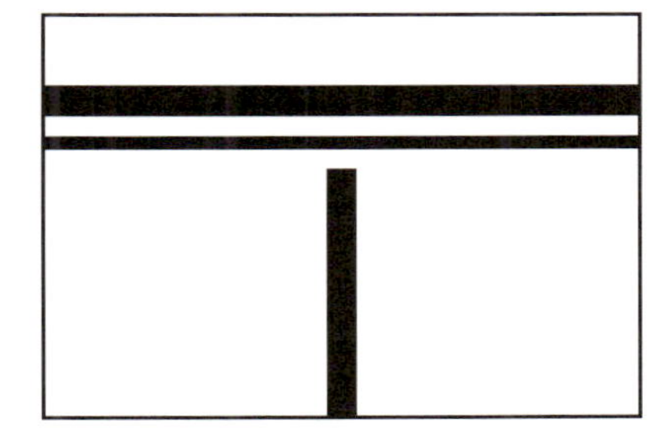

シンメトリー

2. バランス（均衡）

左右の形や色が同じでなく、対立関係にあるもので、基本的に重力の感じが釣り合っているものをバランスといいます。変化があり、動きの中に静けさを感じられます。

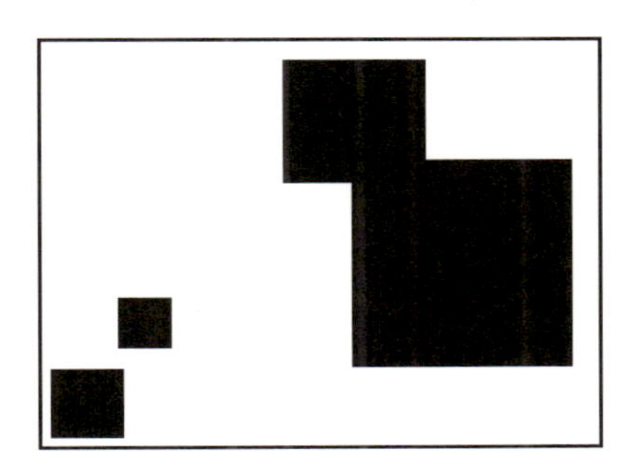

バランス

3. プロポーション（比例・比率）

バランスとも関係がありますが、ある形の全体や部分、また長さや広さの関係を数的な捉え方で表現したものをプロポーションといいます。人体の全身と頭との比率をかつては美人度（8頭身など）と言ったりしました。美しい比の1つとして、1：1.618の値で表わされる黄金比（黄金分割）があります。

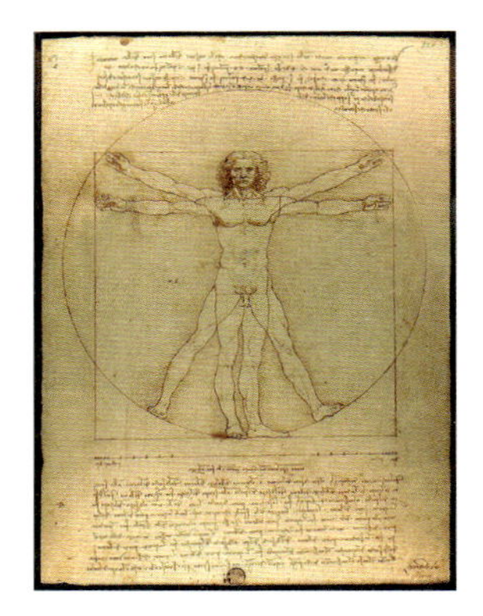

レオナルド・ダ・ヴィンチ
「プロポーションの法則」

Column
コラム3

黄金比

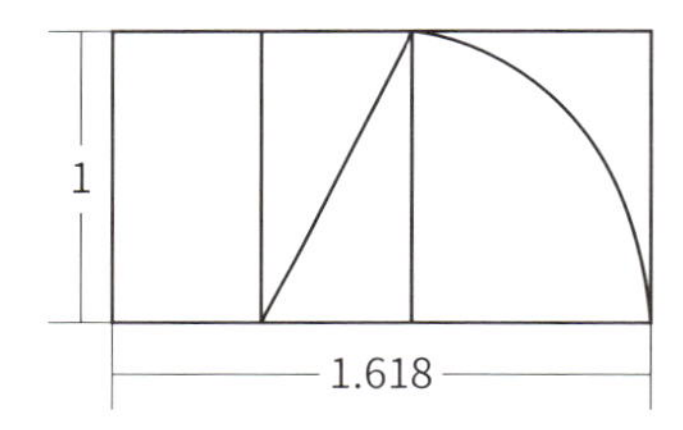

黄金比でできた矩形

黄金比のパルテノン神殿

黄金比のピラミッド

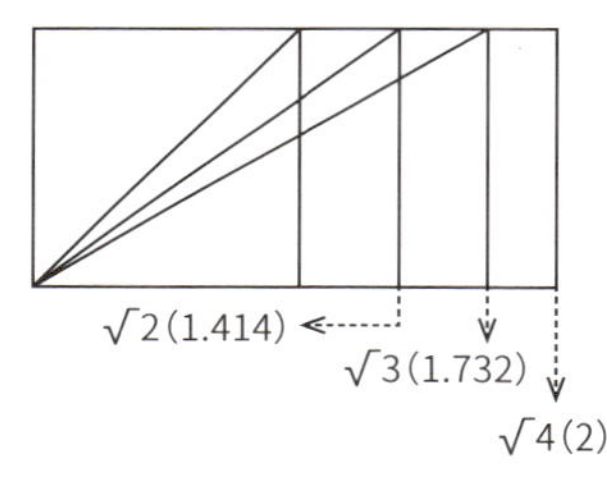

√ 2矩形、√ 3矩形、√ 4矩形

√ 4矩形の畳

黄金比というと、最近よく耳にする言葉で、料理などの味付けで黄金比の組み合わせなどと使われ、最高の組み合わせであるという意味合いで使われています。使い方に間違いはないのですが、本来は四角形の比率のことをいいます。1：1.618の比率でできた矩形が最も美しい四角形といわれ、この比率でできた工業品は多く、またギリシャのパルテノン神殿やエジプトのピラミッドもこの比率で作られています。ほかに、ルーブル美術館所蔵のミロのビーナス、パリの凱旋門などにも黄金比の比率が使われています。さらに、日常に使われるA判、B判の紙や画用紙の八つ切り四つ切のサイズは√（ルート）2矩形といい、1：1.414の比率となっています。また、√ 4矩形は1：2の比率で、畳やベニヤ板などの日本建築の基準となっています。

4．リズム（律動）

色や形が段々と変化したり、繰り返しなどの連続的な秩序のある動きをリズムといいます。ある一定の周期によって繰り返すリズムをレピテーション（繰り返し）、規則的な比例のもとに段々と変化するリズムをグラデーション（階調）といいます。

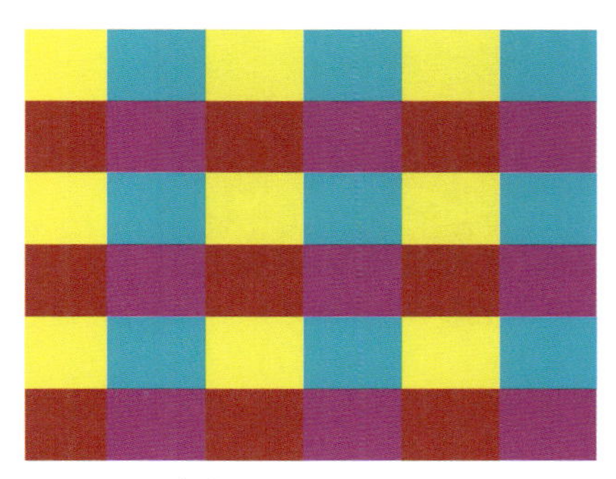
色彩のレピテーション

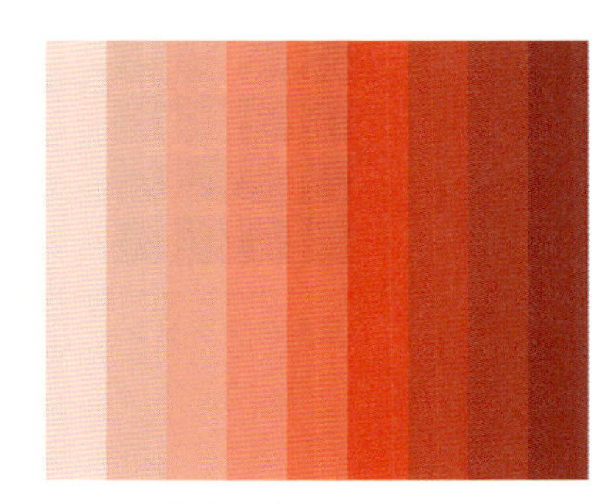
色彩のグラデーション

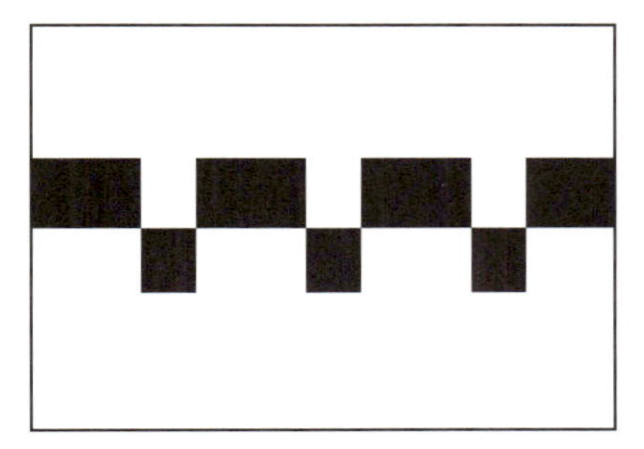
形態のレピテーション

形態のグラデーション

5．コントラスト（対照）

互いに相反する色や形を、同一画面において、それぞれの特性を強め合う組み合わせ（対比）の効果をコントラストといいます。明度の高い色と低い色の配色などを一般にコントラストが強いといいます。

形態のコントラスト（三角と円）

色彩のコントラスト（左が強い、右が弱い）

6. アクセント（強調）

秩序ある形や画面の一部分に趣の違う色や形を置くことで、形や画面に変化を付ける効果をアクセントといいます。この方法は、形や画面に緊張感をもたせるために用いられます。

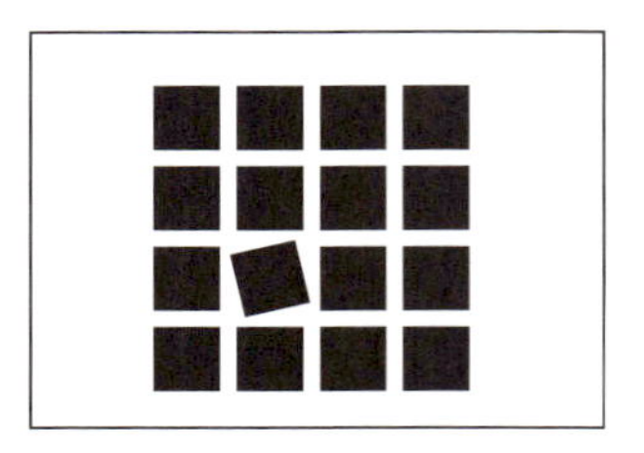
形態のアクセント

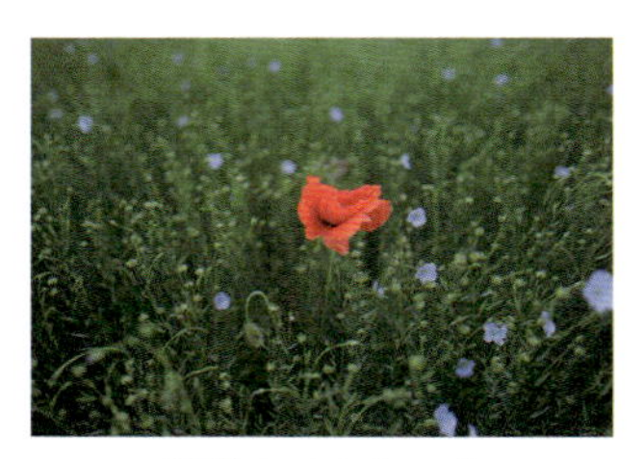
色彩のアクセント

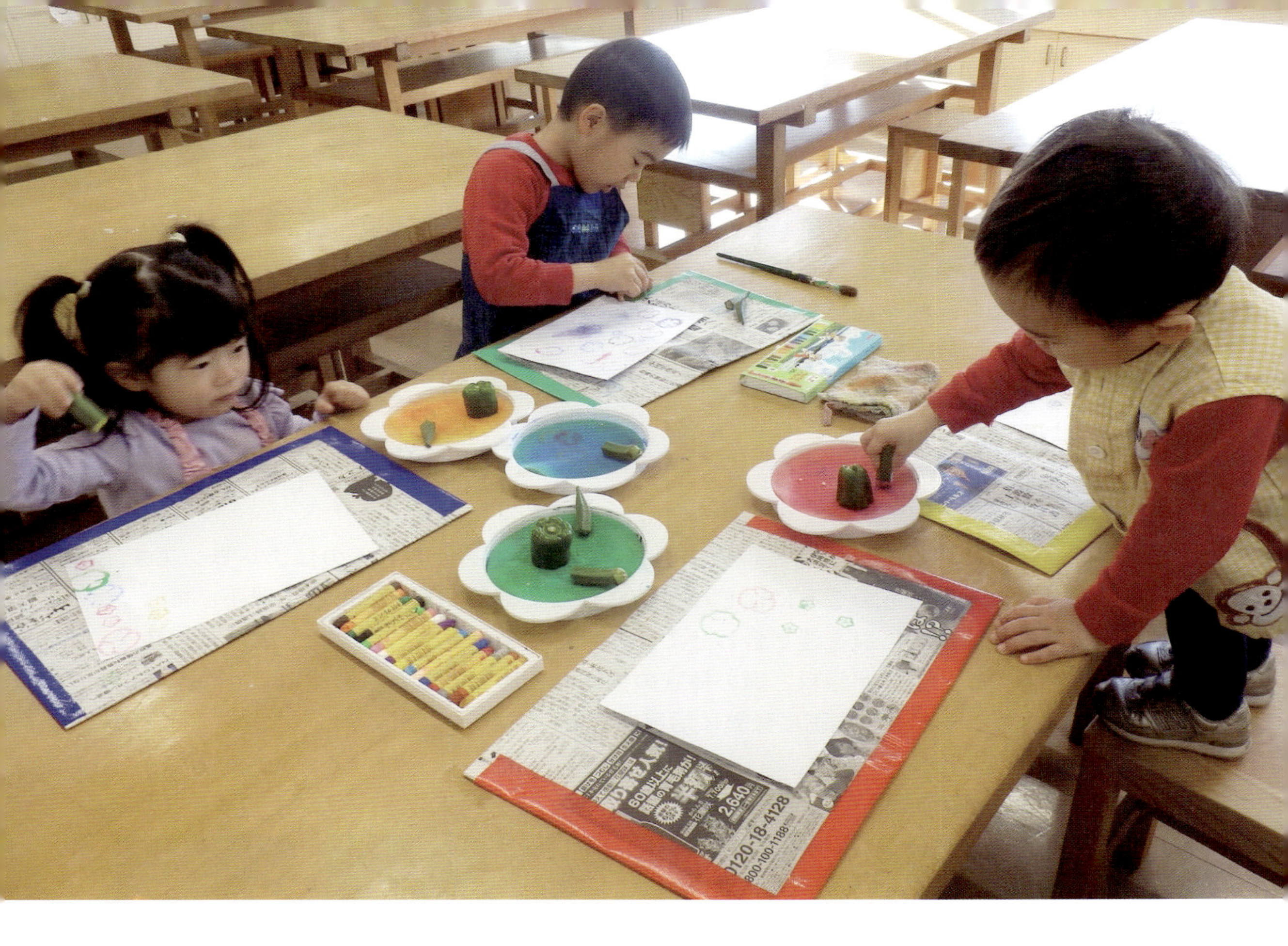

第3章 子どもの表現としての造形の種類

子どもの表現としての造形について考えると、クレヨンや絵の具、粘土や画用紙など様々な素材を思い浮かべることができます。保育現場を意識すると扱える素材が限定されますが、ここでは保育者の立場として知っておいていただきたいものを取りあげます。平面と立体という大きな括りに分け、さらに細かい表現を素材別に示していきます。知識だけではなく実際に扱う経験を蓄えて、保育者としての可能性を広げてください。

§ 1. 平面的表現から

平面と聞くと少し難しく感じるかもしれませんが、平面的表現とは主に紙などの二次元の基底材に描画材や版画的な技法を使って表現されること全てを指します。つまり、子どもたちが絵を描いたり、絵の具で遊んだ痕跡を紙の上に残したり、転写したりして行う活動全般を総称して平面表現としています。

1. 描画材

（1）クレヨン

幼児の造形において、平面表現の描画材としてまずあげられるのはクレヨンです。ほとんどの人が子どものころにはじめて手にした素材で、真っ先に頭に浮かぶでしょう。クレヨンは顔料に蝋を混ぜ合わせて作られた描画材です。手を汚さず手軽に色を塗ることができ、全体が顔料と蝋の棒状の描画材であることから鉛筆のように削る必要がないため、子どもの描画に頻繁に活用されています。

1）クレヨンの種類

クレヨンが描画材として普及した当初は、蝋の成分が多く、硬質で塗り重ねが困難なものもありました。その後、クレヨンよりも柔らかく塗り重ねや混色など応用の効くオイルパステル（クレヨンの成分に油脂を加えたもの）が作られました。

一般的なクレヨン

色数の多い
大人向けのクレヨン

Column コラム4 クレヨンの変遷

エンカウスティーク（ドイツ語：Enkaustik）は、着色した蜜蝋を溶融し、表面に焼き付ける絵画技法（蝋画ともいわれる）で、クレヨンの起源といわれています。2000 年以上前のエジプトやローマ帝国の時代には、すでに描画材として使われていました。現在の形になったのは、19 世紀にフランスで発明され、2C 世紀初頭にアメリカで生産されるようになってからです。日本では大正期に普及しました。

アメリカ・ビニー＆スミスの「クレヨラ」の箱。伊藤呉服店（現松坂屋）の組み合わせ文具に入っていた大正時代のもの。中に１本だけ「AMERICA」と書かれた紙にまかれたクレヨンが入っていたが、おそらくこれはクレヨラのクレヨンとは異なる。

出典：たいみち「文具のとびら」
https://www.buntobi.com/articles/entry/series/taimichi/010760/

2）年齢に合わせたクレヨンの選び方

クレヨンの起源のエンカウスティークの主成分である蜜蝋は、現代でも安全に配慮した素材として注目されています。蜜蝋とはミツバチの巣の材料で、古くからお菓子やリップクリームにも使われるほど安全な素材です。それをクレヨンの蝋分としています。

子どもがはじめて使うクレヨンの形態としては、握りやすい太めのものや、手のひら全体で掴める丸みを帯びたクレヨンを選ぶと使いやすいでしょう。

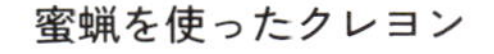
蜜蝋を使ったクレヨン

握りやすい形状のクレヨン

3）幼児造形におけるクレヨンを使った表現（描画材の実践）

① 塗り広げ、塗り狭め

塗り広げと塗り狭めは、はじめてクレヨンを使うときに、描画材の性質を知ることのできる技法です。

塗り広げは、紙の中心から始め外側に塗り広げ、徐々に紙全体をクレヨンで塗りつぶしていく技法です。そして、塗り狭めは、塗り広げの逆で、紙の縁から塗り始め、中心に向かって塗り進めていく技法です。

このどちらの技法も1色ではなく別の色と組み合わせ、重ね合わせて塗ることで、色の混色を知ることができる技法となるでしょう。どちらの技法も子どもには紙からはみ出るくらい思いきり塗ってもらいたいので、あらかじめ新聞紙などで机や床を養生してから制作に臨みましょう。

（上）塗り広げ、（下）塗り狭め

② スクラッチ（ひっかき絵）

クレヨンの柔らかさを活かした技法です。まずは鮮やかな色のクレヨンから塗り始めます。形を決めないで無作為に塗りつぶす、四角く区切って塗りつぶす、同心円状に塗りつぶすなど、最初の塗り方は自由です。子どもが困ってしまっているようなら、先にあげた塗り広げや塗り狭めの技法を使って始めてみましょう。塗りつぶす部分は、紙全体でも部分的でも自由でいいでしょう。

鮮やかに色を塗り終えたら、色を置いた部分を全て黒で塗りつぶします。完全に覆いつくすまで塗り込みます。クレヨンが滑るようなら、指を使って黒のクレヨンを塗り込みましょう。次に、先が尖ったもの、釘や割り箸（角や腹を使うと線に変化が出せる）を使って黒のクレヨンを引っ掻いて下の色を出していきましょう。

このときに注意したいのは、クレヨンの削りカスです。削りカスが机や床に落ちてこびりついてしまうと落とすのが大変ですので、作品の横にティッシュペーパーを置き、削る道具の先に付いたクレヨンをぬぐい取るようにしましょう。もし削りカスが机や床に落ちてしまったら、すぐに拾うようにしましょう。万が一こびりついてしまった場合は、食器用洗剤をペーパータオルに付けてこすり取れば除去できます。

この技法の準備で留意することは、まずはクレヨンの柔らかさです。次に、凹凸のない平坦な画用紙を準備することが重要になってきます。そして、塗り込む

スクラッチ

力強さが求められます。また、黒のクレヨンを多く使うので、頻繁に折れたりなくなったりしますが、大手の画材メーカーのクレヨンでしたら色ごとのバラ売りをしていますので、まとめて買っておくのがいいでしょう。

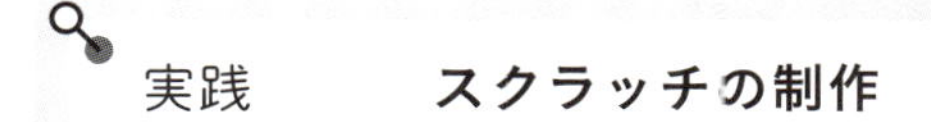

実践　スクラッチの制作

① 新聞紙の上に平らな紙を用意し、鮮やかな色のクレヨンを塗る。

② 鮮やかなクレヨンの上から、黒いクレヨンで塗りつぶす。

③ 全て黒く塗りつぶしたら、先の尖ったもので黒のクレヨンを引っかき、下の色を出していく。

<ポイント>
トレッシングペーパーを敷くと、他の紙などへの色移りを防げる。

③ バチック（はじき絵）

バチックは、クレヨンの油脂や蝋の成分に撥水性があるためにできる技法です。まずはクレヨンで絵を描いていきますが、題材は最終的にクレヨンの色を際立たせるために暗い色（青や黒）の水彩絵の具で塗りつぶすので、自ずと決まってくると思います。

具体的なものを描くのなら、夜や水中などがイメージしやすいでしょう。抽象的とするなら自由な発想で描いてみてもよいでしょう。また、クレヨンの色に関しては、明るい色を多めに使って描くことを意識してください。背景が黒や青になることを想定して描きましょう。

クレヨンの描画が完了したら、画面全体を水彩絵の具で塗りつぶしていきます。このときに注意したいのは、絵の具の濃さです。絵の具が濃すぎると、クレヨンで塗った部分をはじかないで塗りつぶしてしまいます。絵の具をパレットで溶くときに水気を多くするように溶いてください。また、水彩絵の具には様々な種類がありますが、アクリル絵の具にははじかないタイプのものもありますので、使用には注意してください。

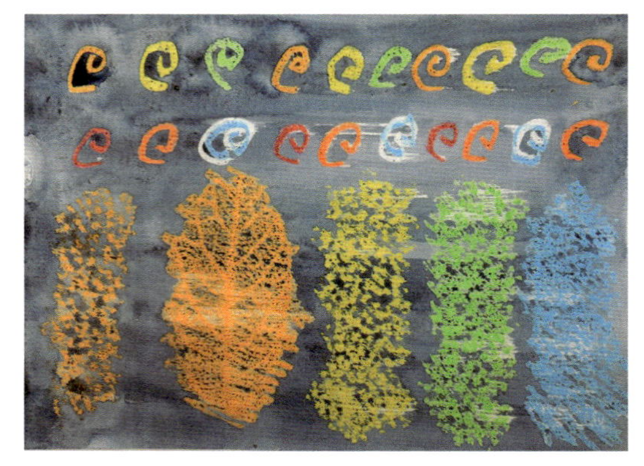

バチック

実践　バチックの制作

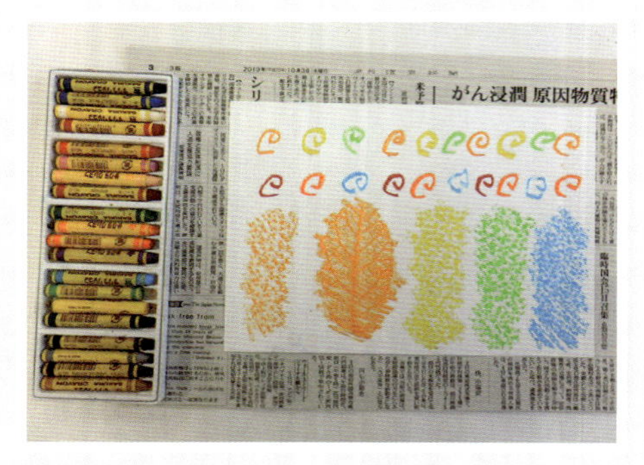

① 明るい色のクレヨンで絵を描く。

② クレヨンで描き終わったら、画面全体を水彩絵の具で塗っていく。

④ フロッタージュ（擦りだし）

フロッタージュは、凹凸があるものの上に紙を当て、その上からクレヨンなどの描画材を擦り、凹凸を擦りだす技法です。擦りだすものは、自然物（樹皮や岩など）よりも人工物の方が形がしっかりとしているのでよく浮きでます。また、クレヨンを使って擦る場合は、最初から強く擦りだすよりもはじめは弱く擦り、形が浮きでる様子を見ながら徐々に強く擦りだし、形の出具合を加減してみてください。クレヨンの先を使うよりも、やや斜めにして、紙との接地面が広くなるように擦ってください。

使う紙は、厚い紙よりも薄い紙、固い紙よりも柔らかい紙が適しています。コピー紙でも十分対応できますが、以上の適性を考えると和紙が最適です。正式の和紙ならではの丈夫さやよさがあり、積極的に使っていただきたいですが、高価だと感じたら安価な障子紙でもいいでしょう。

また、クレヨンに関しても、柔らかめのクレヨンがいいでしょう。使う色は１色よりも複数色使ってみると、表現の幅が広がり、作品に深みが感じられます。

表現の展開の可能性としては、様々な形のフロッタージュを採取し、それぞれの形を具体的なものに見立ててハサミで切り、再構成するコラージュの作品に展開できます。

見立て活動のコラージュ

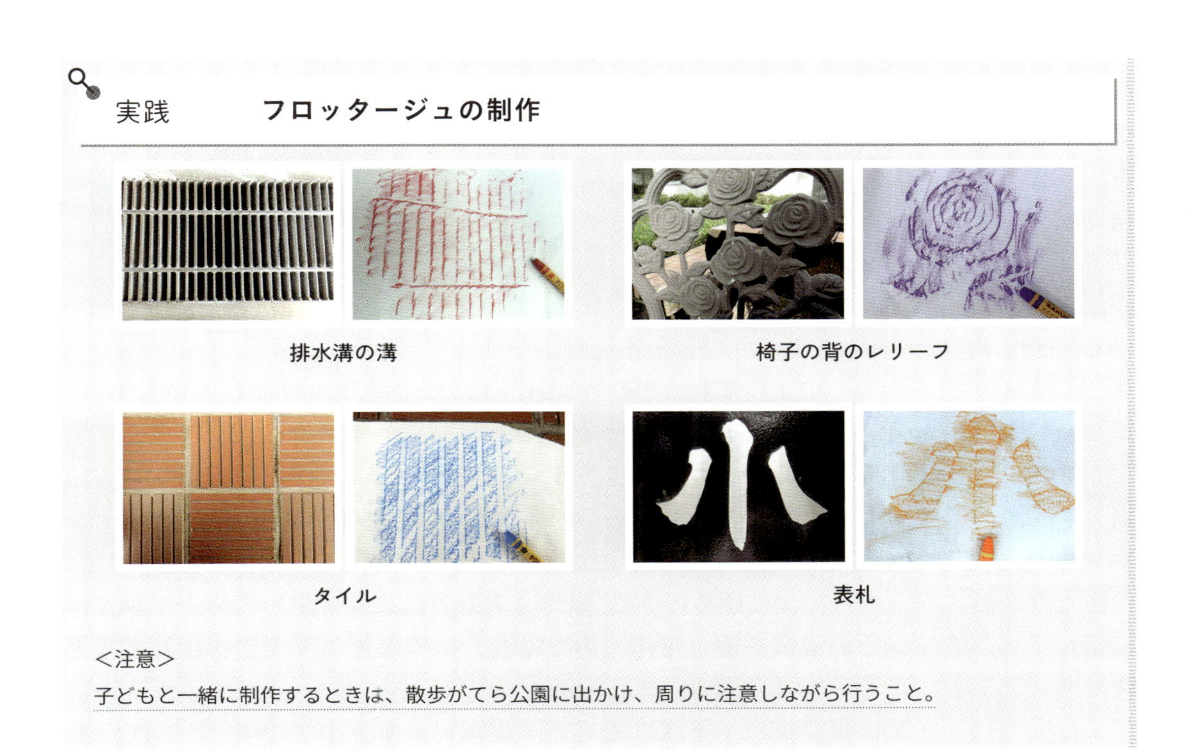

実践　フロッタージュの制作

排水溝の溝

椅子の背のレリーフ

タイル

表札

<注意>
子どもと一緒に制作するときは、散歩がてら公園に出かけ、周りに注意しながら行うこと。

⑤ 混色

ここまでクレヨンを使った表現をいくつか紹介してきました。クレヨンは扱いやすい観点から子ども用の描画材として注目されがちですが、オイルパステルの1種類としての使い方を意識すれば、子どもならずとも、プロにも対応する描画材です。クレヨンを使った技法の中に塗り広げや塗り狭めがありましたが、そのときに色を混色することを考えてみて、1色で塗るのではなく、もう1色を使い、重なり合う部分を作って混色できることを確認してみましょう。

混色

また、クレヨンの中で余りがちな白色クレヨンは、塗った色クレヨンの上に重ねて塗ると明るい表現にすることができます。そのときに重要なのは、指先を使い、塗ったクレヨンを擦って伸ばすことです。混色の具合やクレヨンの素材が伸びることが確認できるでしょう。そうすることで、クレヨンの可能性を広げることができます。

（2）鉛筆

鉛筆は黒鉛（グラスファイト）と粘土を練り合わせ、細長い線状に成形した芯を作り、1000℃の熱で焼き固めたものを木の軸で挟み込んだものです。粘土の分量が多いほど芯は硬くなり、色も薄くなります。鉛筆の軸に刻印されている記号表記は、JIS規格だと柔らかい方から6B～B、HB、F、H～9Hまでの17種類が存在しますが、メーカーによっては10B～10Hまでの22種類が存在しています。BはBlack、HはHard、FはFirm/Fine（しっかりした／細い）を意味しています。B数字が大きくなるほど芯は柔らかくなり減りやすいですが、紙の目が出て、消しゴムで消しやすいので描画用として用いられます。美術を学ぶ学生には馴染みの画材で、デッサンの描画材として用いられます。はじめは柔らかめの4Bでモチーフ（描く対象）の当たりを紙に取ったら、次に硬めの2B（描く人の好みによります）で徐々に具体的に描いていきます。色の濃淡を擦って描くのではなく、線を重ねて濃淡を出して描き進めていきます。

黒鉛（グラスファイト）

このように、鉛筆は専門家のニーズにも応える描画材です。小学校に上がって、文字を覚えるために手書き用の筆記用具としてはじめて手にする用具ですが、用途は幅広くあります。かつては製図の筆記用具としても用いられました。時代の偉人、伊達政宗や徳川家康は、鉛筆と一緒に墓に埋葬されたとされ、鉛筆を大事にしていたようです。

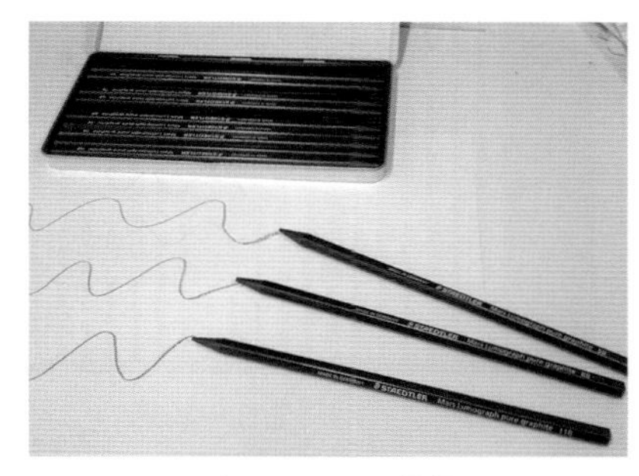

グラファイト鉛筆

鉛筆

鉛筆デッサン

（3）色鉛筆

現在、色鉛筆は芯の素材によって様々な種類がありますが、元になるのは顔料を蝋で練り込んで固めた芯でできているものです。高温で焼成される黒鉛の芯と違い、50℃程度の乾燥で固められるので、多くの顔料が使用でき、柔らかい描き心地が特徴です。蝋分を含むため、紙への定着力が強く、消しゴムでは消しにくいものとなります。芯の材料こそ違いますが、色鉛筆というくらいですから、芯を木の軸で挟み込まれています。黒鉛の鉛筆は木の軸の部分が六角形なのに対し、色鉛筆は丸く成形されているところが形態の大きな違いといえるでしょう。

なぜ丸いかというと、色鉛筆の芯は折れやすいからです。黒鉛鉛筆が六角形なのは、握りやすさを配慮したからです。鉛筆を握るには親指、人差し指、中指と３本の指で支えるので、３の倍数の六角形が手に馴染むからです。また、転がりにくく、机からの落下防止になっています。黒鉛鉛筆でほかに見られる形では、三角形か色鉛筆と同じ丸いものが多く見られます。色鉛筆が丸いのは、はじめにもいいましたが、芯が折れやすいのでそれを防止するためです。六角形の場合、握ったときに力が一点に集中しますが、円形だと芯の周りに同じ厚さの木があるため芯にかかる力が均一になり折れにくいのです。また、黒鉛鉛筆は基本は文字を書くために使われることが多く、同じ持ち方をしますが、色鉛筆は絵を描くために使うので様々な持ち方をするため、円形の方が使いやすいのです。

1）色鉛筆の種類

① 油性色鉛筆

従来の色鉛筆は油性です。芯の部分が顔料と蝋を成型材として細く固めた芯であるため、水では溶けだすことはありません。油かテレピン、ペトロールなどの揮発性油でしか溶けないので油性色鉛筆といわれます。

油性色鉛筆

長所はなめらかでしっとりとした描き心地です。隠蔽性が高く、色を重ねて描くことができます。発色もよく、しっかり描き込みたいときにぴったりな画材です。短所は摩擦に弱く、印刷に出にくく、芯同士の混色が難しいことがあげられます。

② 水彩色鉛筆

色鉛筆で描いた後、水で湿らした筆でなぞると水彩状ににじみます。普通の色鉛筆は油性で水に溶けませんが、水彩色鉛筆は水溶性をもたせる成分が含まれます。水を使うことなくそのまま描いた場合は、油性色鉛筆で描くのと変わらない色鉛筆画らしい仕上がりとなります。このため、色鉛筆と水彩画風の両方のタッチで描くことができるのが水彩色鉛筆の特徴です。

水彩色鉛筆

③ パステル色鉛筆

材が硬めのパステルで作られているため、描いた後に指などで擦ると、ぼかすことができます。鉛筆状になっているため携帯性に優れますが、固着力が弱いのでフィキサチィーフ（定着液）で定着させる必要があります。

パステル色鉛筆

④ クーピーペンシル

サクラクレパスの登録商標製品で、軸全体が芯でできている色鉛筆です。ポリエチレン樹脂を使用するため融点が高く、芯に直接触れても手が汚れないつくりになっています。折れにくい、消しやすい、削りやすい、手に付着しにくいなどの特徴をもっています。既存の色鉛筆やクレヨンなどと違い、消しゴムで消すことが可能です。

クーピーペンシル

2） 色鉛筆の扱い方

鉛筆は全般的に軸が細く、持ち方や描き方に慣れる必要があるため、子どもに扱い方を教える必要があります。黒鉛鉛筆は芯が硬く先が尖っているため、保育者が見守る必要があります。硬い芯よりも柔らかい芯が描きやすいので、子どもには向いています。実際、書き方用の鉛筆は 2B の芯の鉛筆がよく使われています。2B 程度だと柔らかくて書きやすいですが、適度の硬さがあり折れにくいのが理由だと考えられます。力の加減の調整が難しい子どもに向いているからでしょう。

色鉛筆は芯が柔らかく塗りやすい分、折れやすくなります。そのため、芯を長く出さないように削る必要があります。軸全体が芯のクーピーペンシルは折れにくく、頻繁に削る必要がないので、保育の現場ではよく見かける色鉛筆です。塗り絵の色を塗るのに使われている光景を目にします。

実践　油性色鉛筆を使って

油性色鉛筆は単色の濃淡で表現しても十分美しく表現できますが、色同士を直接混色するのは困難です。しかし、線描の組み合わせで混色を見せる方法はあります。たとえば、赤と青の線描を重ね合わせれば紫になりますし、緑色に黄色を重ねれば黄緑になります。このように類似色の色同士を組み合わせることで、混色の表現にすることができます。単色のみならず混色の技法を使うことで、作品に深みが増し、表現の幅が広がります。

油性色鉛筆の混色

油性色鉛筆の作品

実践　水性色鉛筆を使って

水性色鉛筆は描画した後、筆で水分を加えると描いた部分が溶けだし、水彩のようになる色鉛筆です。水彩の技法と色鉛筆の技法が混合した表現ができます。水性色鉛筆と紙と筆と水さえあれば、どこでも水彩画を描くことができます。しかし、あくまで色鉛筆ですので、色鉛筆の描画の個性を最大限に引きだして使うのが、この画材の利点だということ忘れないでください。水彩画と色鉛筆画を同一画面上に1つの画材で表現できるのが、この画材の最大の魅力です。
使い方は大まかに色を置いていき、筆で水彩画としての色の配分を決めていきます。そして、水彩が乾いたら、再度色鉛筆で色を置いていき、画面を引き締めます。そうすることで、この画材の魅力を最大限に引きだすことができるでしょう。

① 色の配分を決めながら大まかに描画する。

② 筆で水彩状にして画面構成をする。

③ 乾いたら再度色鉛筆で描画し、画面を引き締める。

（４）その他の描画材

１）コンテ

コンテは名前にもなっていますが、画家であり化学者でもあったニコラ＝ジャック・コンテにより発明されました。発明当初は、鉛筆の素材と同じグラファイトが使われていましたが、現在は顔料に粘土や蝋などを混ぜた材料を押し固めたり、焼き固めて作られている角形で棒状の画材です。

白、黒、赤褐色、茶色、灰色のほか、様々な色相のものが作られるようになっています。色味が限られるので、素描やスケッチ、クロッキーに用いられます。形状が角型の棒状ですので、線を描きたければ角を、広く塗りたければ腹を使って描いてみましょう。

描画材の形状に合わせた使い方をして描画法を工夫すれば、コンテならではの表現ができるでしょう。

コンテ

コンテの作品

2）パステル

パステルは、粉末状の顔料を粘着剤で固めたものです。直接手で持って塗ったり、ナイフ等で削って粉末状にしてスポンジ等で塗ったりできます。色を塗った後、指や擦筆（さっぴつ）[1]などでパステルを擦り付けて表現すると淡い色になり、この淡い色がパステルカラーの総称となっています。粉末性質で固着力が弱いので、作品完成後はフィキサチーフなどで粉を定着させる必要があります。

パステル

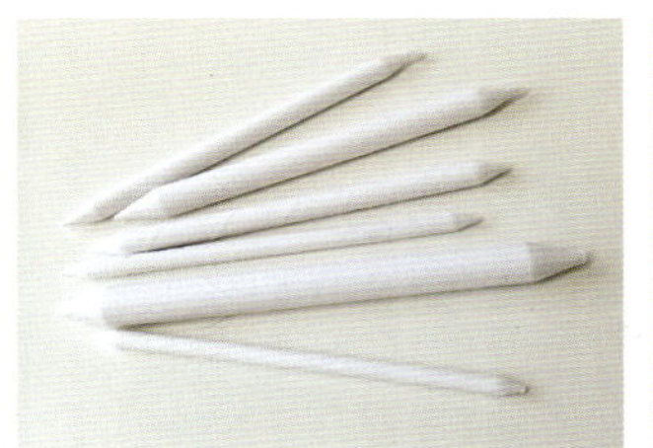
擦筆

ルドン「花の中のオフィーリア」

学生作品

1） 紙、革、フェルトなどを細長く巻くなどして鉛筆状に形を作ったドローイング用具。描線を擦ってぼかしたり、濃淡を馴染ませたりするのに使う。

パステルの名称の付いた画材は数多くありますが、ここであげたものはソフトパステルと呼ばれています。他の近い仲間にはセミハードパステルがあります。ソフトパステルよりも硬く固着力の強いパステルとなります。さらにオイルパステルがあります。オイルパステル（クレヨンの項目で前述）は顔料をワックスと油で練られており、柔らかく色の伸びが非常にいい画材です。どちらかというと、クレヨンの方が近い画材といえるでしょう。現在、子ども用にもクレヨンの仲間でパステルの名称が付いている製品もありますが、オイルパステルに近く、普通のクレヨンより擦ったときの伸びがいいように感じられますが、ここであげたパステルとは別物と捉えるといいでしょう。

3）木炭

木炭は、樹木の枝や幹を炭化させ、デッサン用の描画材としたものです。材質が柔らかいため、繊細な調子や濃淡表現、ぼかしなどの描画効果が容易で、単色の色材ながら豊かな表現が可能です。原料となる木材は、柳や桑などの枝部分、栗や樺の木、榛（はん）の木の幹を小割にしたものなどがあります。木炭は支持体に定着させる成分を含まないため、描画した部分は非常に剥落しやすくなっています。しかし、定着が弱いことで布や指などを使って木炭の重ね具合を微調整でき、繊細な表現が可能になります。そして、木炭紙と呼ばれる専用紙に描くと、紙肌に溝状の凹凸があるので、木炭の定着をよくし、様々な表情を効果的に引きだせます。描画した部分を消すときは、消しゴムや指で強く擦り過ぎると紙面の凹凸がつぶれてしまうため、食パンや柔らかい布を使用します。

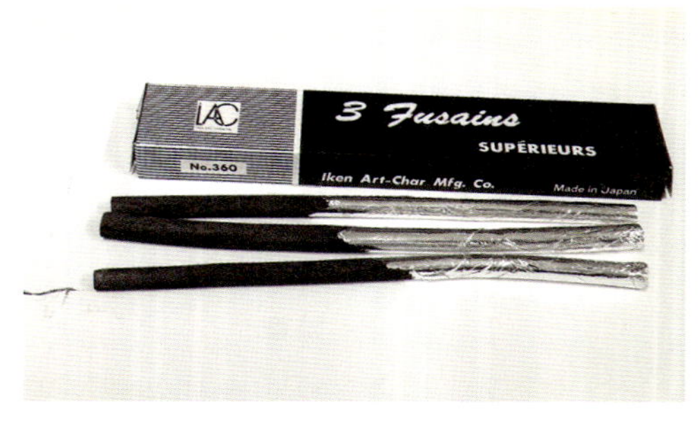

木炭

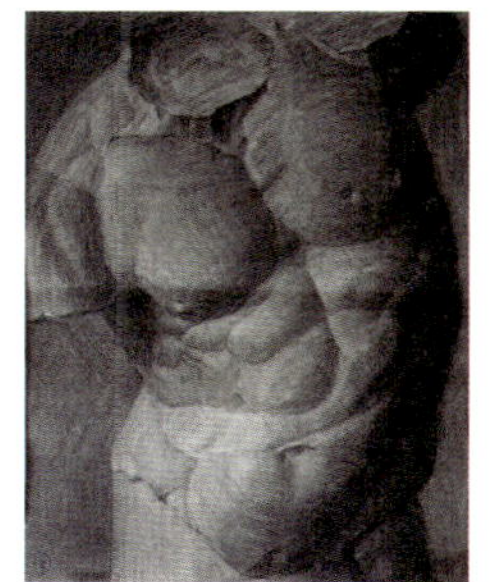
木炭の作品

4）ペン類

① フェルトペン

ペン先がフェルトで、そこにインクがにじみ出ることで描くことができるペンです。インクは油性と水性があります。ペン先は細いものから太いものまであります。色彩も豊富で、子どもから大人まで年齢を問わず使え、様々な表現に対応できます。油性ペンは何にでも描くことができ速乾性ですが、にじ

フェルトペン

みが強いので薄い紙だと裏移りするので注意しましょう。水性ペンは水に溶けやすい性質があり、にじみ絵への応用ができます。

② 割りばしペン

割りばしに使われている木材は柔らかめで若干の吸水性があります。割りばしを墨汁に漬けておくと墨汁が染み込み、持続的に線が描けるようになります。角を使えば細く、腹を使えば太く描けます。正規のペンではないので、均一な線が描けず、かえってそれが面白みのある表現になります。

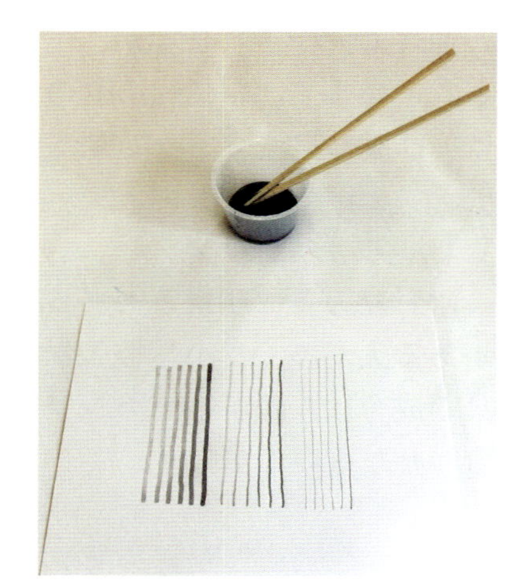
割りばしペン

5）ローラー

ローラーは均一に絵の具やインクを平面上に乗せるのに使われる道具です。用途によって形状や材質は変わります。筆がうまく使えない子どもでも、転がすだけで幅広く塗ることができます。

① スチレンローラー

ローラー部分が発泡スチロールでできており、軽くて扱いやすいローラーです。ローラーのサイズが様々で、幅 3cm のものから 10cm のものまであります。版画のインク付け用や描画用の用具としても使用できます。使用後の乾燥時にローラー部分が変形しやすいので、ローラー部分が付かないように浮かせて乾燥させましょう。

② ゴムローラー

ローラー部分がゴムでできており、基本的に版画の版にインクを付ける道具として扱われます。ローラー部分が硬いので、転写用のローラーとして応用します。ローラーの要はローラー部分の平滑さです。スチレンローラーの使用後と同じように丁寧に扱いましょう。

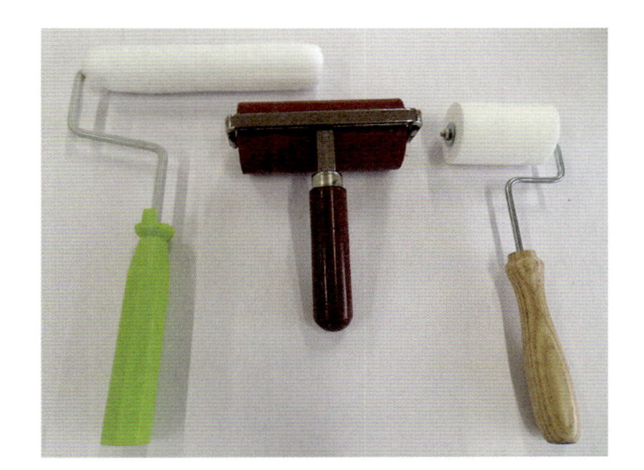
(左から) マイクロファイバーローラー、ゴムローラー、スチレンローラー

③ 塗料用ローラー

ローラーにも塗料専用のものが取り揃えられており、マイクロファイバーのローラーもあります。マイクロファイバーだと塗料を多く含ませることができるので、少し凹凸があっても均一に塗るのに有効な道具として幅広く使われています。

2．絵の具

平面表現の素材としてあげられるのが絵の具でしょう。大きな区分とすれば、水性と油性に分けられますが、子どもの造形では準備や後始末が容易な水性絵の具が活用されています。水性絵の具の特徴を知ることで、様々な表現に活用できます。知識だけではなく実際に使って実践することで、学びをさらに深められます。

（1）水彩絵の具

水彩絵の具は馴染みのある絵の具でしょう。早ければ保育所や幼稚園で扱った経験がある人が多く、小学校入学後に手にする画材として一番にあげられます。水彩絵の具の成分は、顔料とアカシア系の樹木から採れる水溶性の樹脂のアラビアゴムを混ぜ合わせたものです。

顔料

アラビアゴム

1）透明水彩絵の具と不透明水彩絵の具

水彩絵の具は、透明水彩絵の具と不透明水彩絵の具とに大きく分類されます。この2種類の絵の具は、アラビアゴムの含有量の違いによって性質が変わってきます。透明水彩は色の透明性を活かすため顔料の量を減らし、水気が多くても定着力を増やすため、アラビアゴムの含有量は多くなります。不透明水彩は重ね塗りの被覆力を強くするため、顔料の量を増やしてアラビアゴムの量を減らしています。ただし、この量の配合では絵の具の伸びが減るため、水分を加えなくても絵の具の伸びを維持するために増粘剤が加えられています。

使い方としては、透明水彩絵の具は紙の白さを活かすために多めの水で絵の具を溶き、重ね塗りで濃淡や混色を表現します。不透明水彩絵の具の場合は、白色の絵の具を他の色の絵の具に混ぜることで濃淡を変化させて表現します。絵の具を混ぜて表現することから、思いっきり扱うことができるので、はじめて手にする絵の具は不透明水彩絵の具となります。なお、本章の〈実践〉で扱う絵の具は、ほぼ全てが不透明水彩絵の具です。

透明水彩絵の具

透明水彩

不透明水彩絵の具

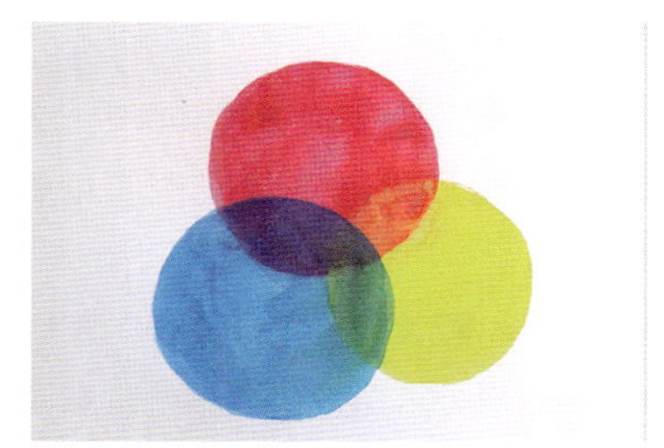

不透明水彩

2）ポスターカラーと粉絵の具

不透明水彩絵の具の仲間に、ポスターカラーと粉絵の具があります。

ポスターカラーは不透明水彩絵の具より被覆力が強いため、体質顔料や固着剤が絵の具の成分となります。不透明で高彩度の発色が特徴です。下地が乾いた状態で重ね塗りをすると、下地の色をほぼ完全に隠すことができます。水分量を増やしても不透明さは失われず、広い面でもムラなく塗れます。アニメーションの背景画の絵の具としても使われています。低価格で大量に使う場面で活用されていますが、耐水性がないので、屋外など水に濡れる場面では使うことができません。

粉絵の具はポスターカラーを粉末状にした絵の具で、水で溶いて使います。廉価で大量に絵の具を使いたいときに活用されていましたが、水で練らなければならない手間がかかるので、活躍の場面は少なくなっています。

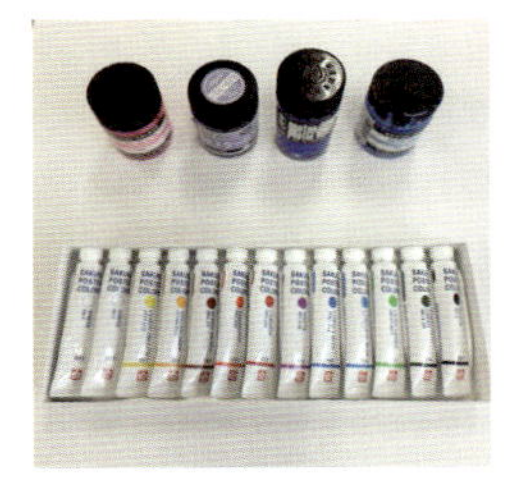

ポスターカラー

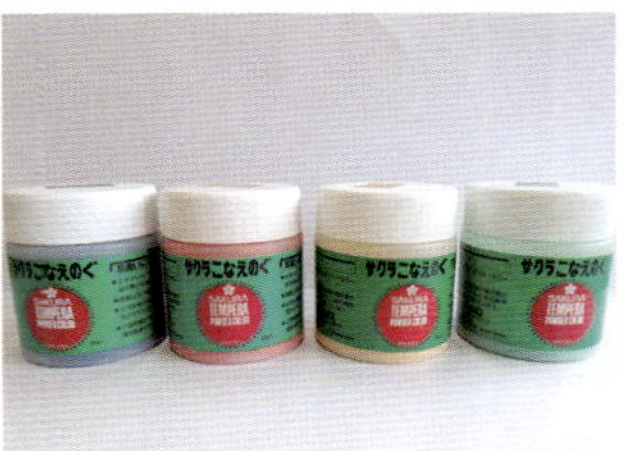

粉絵の具

（2）アクリル絵の具

水彩絵の具と同じように水で溶いて使います。ただし、普通の水彩絵の具と違うところは、乾くと耐水性になることです。また、水溶性ですので乾きが早いことが長所です。乾くと耐水性になる同じ性質の絵の具には油絵の具がありますが、油絵の具は乾燥に時間がかかるので、速乾性を求めて開発されたものがアクリル絵の具です。扱う際の注意点は、乾くと耐水性になるところです。つまり、乾く前は洗い流すことができますが、乾いてしまうと洗い流せないので、筆やパレットなどの用具は乾かないように注意しましょう。以下、アクリル絵の具の長所を列挙します。

・乾きが速い（薄く塗布すると 10 ～ 12 分、厚みによってはもう少し時間がかかる）。
・アクリルの主成分である合成樹脂は乾燥しても柔軟性があるので、画面を曲げることができる。
・水溶性なので、乾く前は水で洗い流せる。
・乾けば恒久的（水に溶けない）になるので塗り重ねができ、屋外展示の作品にも活用ができる。しかし、継続して作業を続けたい場合、パレット上の絵の具が乾かないよう常に湿らせておく必要があり、作業には計画性が求められる。
・アクリル絵の具のタイプに、ソフトなものやハードなもの、被覆力の強いもの（アクリルガッシュ）がある。
・紙や布、ガラスや金属、石や陶磁器製のものなど、ほぼ全ての支持体に定着する。
・揮発性の成分は使用されてないので、低臭性で有害な揮発が発生せず不燃性である。
・つやあり、つやなし、盛りあげ材など様々な種類のメディウムがあり、それを加えたり下地に塗っておくことで特性の調整が可能である。

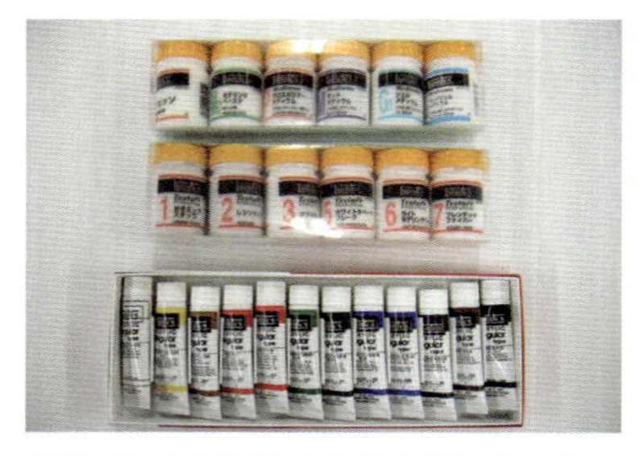
アクリル絵の具（上がメディウム）

アクリル絵の具の混色

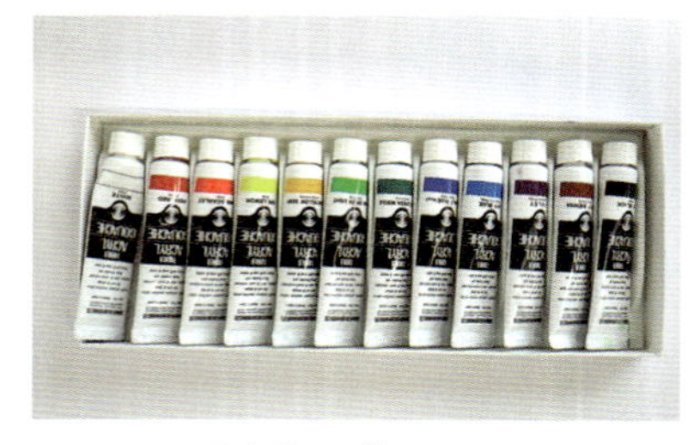
アクリルガッシュ

アクリルガッシュの混色

アクリル系塗料

アクリル系塗料の作品（ニス塗付）

（3）油絵の具

油絵の具は、顔料と亜麻仁油、けし油を練り合わせたものです。絵の具を画溶油で溶いて硬さを調整して描きます。乾燥の速度は遅いですが、乾くと塗り重ねが可能です。絵の具をチューブから出して画溶油で溶いて描くので、絵の具が乾いた後は塗れ色と呼ばれる深い色を出すことができます。描き方には手順があるため、幼児の造形には取り入れることは難しいですが、500年以上の古い歴史があります。国内外とも数多くの作品があり、絵画の素材の代名詞といえるでしょう。画材として知っておくとよいでしょう。

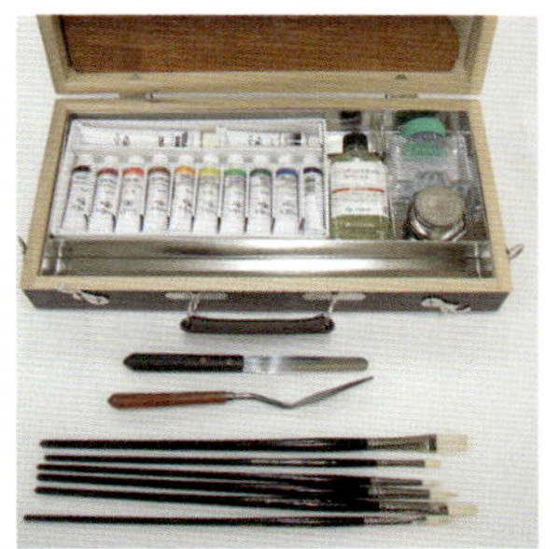

油絵の具の道具

パレット

フェルメール
「真珠の耳飾りの少女」

ゴッホ
「ひまわり」

学生作品

（４）その他の絵の具

ここで説明するのは小麦粉で作った絵の具です。正規の絵の具ではありませんが、小麦粉を水で溶いて中火で熱してのり状に仕上げたもので、食紅を使って色を付けています。用途は、直接指や手を使って絵の具の触感を感じるフィンガーペインティングに使います。絵の具ではありませんので着色は弱いですが、食品ですので口に入れても安全な絵の具となっています。市販品で、同じ用途で用いる指絵の具があります。

小麦粉で作った絵の具

フィンガーペインティング

実践　小麦粉絵の具の作り方

小麦粉１に対して水４、食紅を混ぜ合わせ、中火で半透明になるまで煮ていく。このとき、ヘラで混ぜ合わせないと鍋底から固まってしまうので注意する。

<注意>
あくまで食品で腐敗するので、必ず冷蔵庫で保管し、２～３日中に使い切ること。また、小麦成分が皮膚に付いて反応するので、小麦アレルギーには注意すること。

（５）水彩絵の具の用具

１）筆

筆には水彩、油彩、デザイン、書道と用途によって様々な形状や種類がありますが、ここでは水彩絵の具を扱う筆を中心に解説します。

形状で丸筆と平筆に分けられます。丸筆は描画や面塗りなど様々な用途に対応できる筆です。平筆は広い面を塗るのに適しており、向きを変えれば直線描きも可能です。平筆のさらに広い面を塗る仲間として刷毛があります。広い面を一気に塗るのに有効です。

穂先は柔らかく、茶色いものは馬の毛が多く、白く硬めのものは豚など家畜のものが多いでしょう。今は合成繊維で作られた、扱いやすいものがあります。筆の大きさは柄の部分に番号で刻印されており、数字が大きくなれば大きくなるほど太くなります。子どもが使うには、No.12 ～ 16 程度の太さが扱いやすく、穂先は馬毛や合成繊維のものがよいでしょう。

扱う際の注意事項は、穂先を紙に強く押し当てないよう伝える必要があります。また、水洗いの際は根元を丁寧に洗い穂先が曲がらないように整え、しっかりと乾燥させてから保管しましょう。万が一、曲がってしまった場合は、水分を含ませ指で真っ直ぐになるように整えて乾燥させます。

左から 2 本は彩色筆、続いて 3 本は丸筆、中央 2 本は平筆、右 4 本はナイロン筆

刷毛

2）パレット

パレットには金属製やプラスチック製があります。ほかにも、使い終わったらめくって捨てる紙製の使い捨てパレットもあります。それぞれ絵の具の種類により使い分けますが、金属やプラスチックは透明・不透明水彩絵の具用として、紙製の使い捨てパレットはアクリル絵の具が適しています。子どもには細かく区分されているパレットより深い形状の絵の具溶き容器や、菊皿のような広くて浅い容器が適しています。大量に絵の具を扱わせる場合は、牛乳パックなどを活用してもよいでしょう。

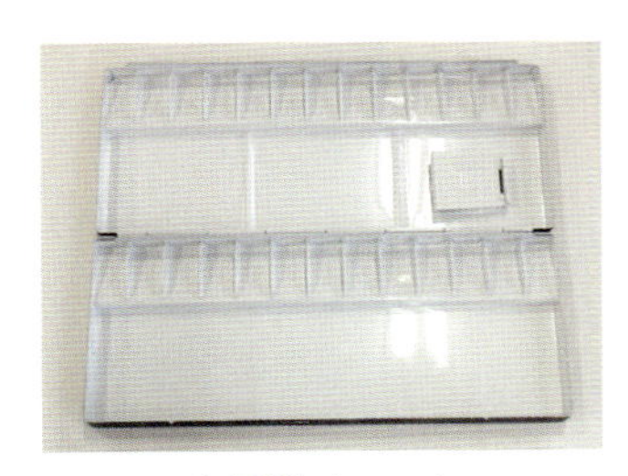
金属製パレット

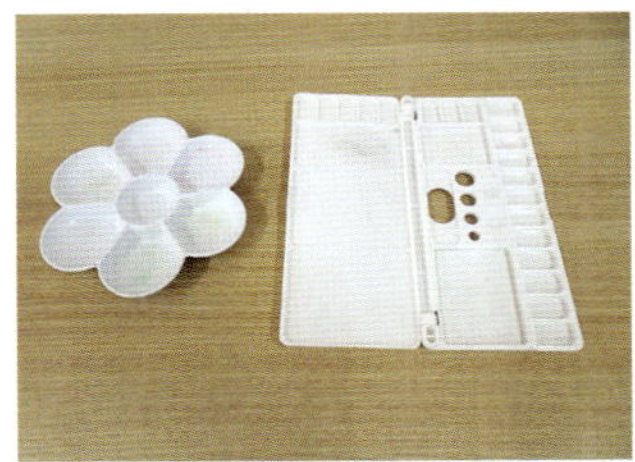
菊皿とプラスチック製パレット

絵の具溶き容器

3）筆洗器

筆洗器は、携帯用の空気で膨らませるものから入れ子になっているもの、バケツ状で内側が区分されているものまで様々な種類があります。子どもが扱うなら、大きめ

のバケツが安定感があり適していますが、水を入れて安定感があれば何でも活用できます。

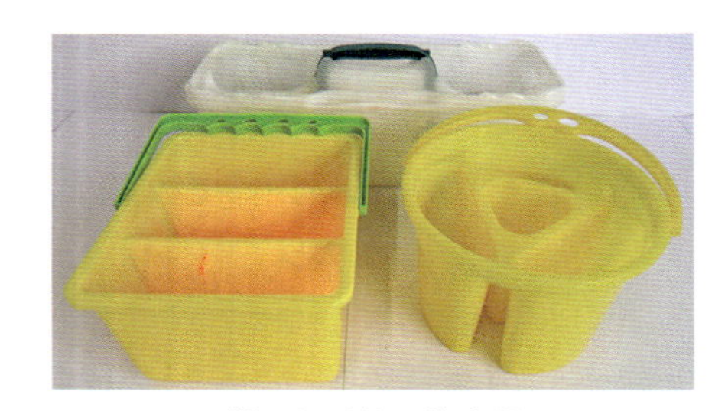
様々な形状の筆洗器

4）雑巾

雑巾は、筆の穂先に付いた水や絵の具の調整や、水や絵の具をこぼしてしまった場合の清掃などに必要不可欠です。木綿、タオル地など家庭にある不要となった布などでよいでしょう。雑巾として縫製されているものや、ウエスとして布切れを販売しているものもあります。自分で要らなくなった布を縫製して雑巾を作成してみるのも、保育者の心構えになります。

5）その他（描画に活用できる用具）

タンポは、布もしくは綿を布で包み、包み口を糸で縛ったものです。持ちやすいように割り箸等で軸を付けてもよいでしょう。布の質によって、表現される色の出方が多種多様です。目の細かい木綿や粗いタオル地、麻布等で工夫してみましょう。中に入れる布や綿は硬めのほうが適しています。

スポンジは、立体表現の素材のページでも出てきますが、描画にも用いることもできます。吸水性が高いので絵の具もよく吸い込みます。柔らかいので切るのも容易で自由に形を作ることができます。

このように本来は描画材でないものでも、吸水性があるものは何でも描画材にすることができるので応用してみましょう。

タンポ

スポンジ

（6）水彩絵の具の扱い方

子どもが水彩絵の具の道具を個人的にもち始めるのは、小学校に入学してからになりますが、保育施設によっては4歳児くらいからもつところもあります。しかし、多くの保育施設では共同で使うのが一般的です。絵の具溶き容器に事前に絵の具を適度な濃さに溶いておき、専用の筆を絵の具入れに入れておいて共用で使います。はじめは、色数もむやみやたらに多く提供するのではなく、色数を限定して使う方が混乱が生じずにうまくいくでしょう。ただし、混色を学ぶなら、個人用のパレットを使って絵の具を溶く練習もいいでしょう。いずれにしても、絵の具を使うときのルールの事前指導は必要となります。

1）個人使用時の道具の配置

子どもに分かりやすいように、道具の配置図を準備します。左利きの場合は、右利き用の配置の逆になります。

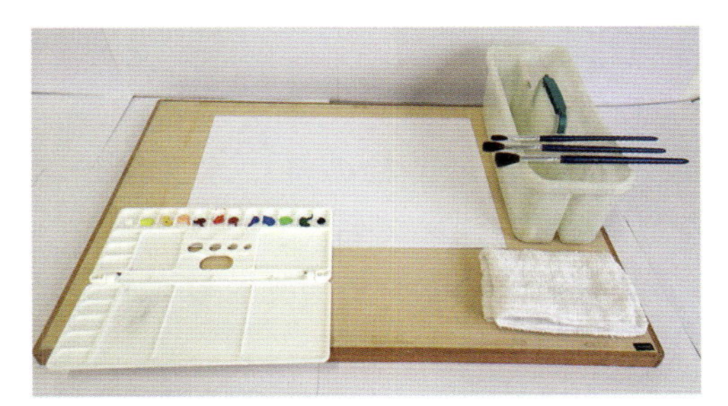

右利きの道具の配置（左利きは逆にする）

2）パレットへの絵の具の出し方

① 絵の具のチューブを斜めに倒し、つまむようにして持ち、軽く押しだす。

② 絵の具を箱に入っている順番に左（白色）から取りだし、パレットの小さい部屋に少量（小指の爪ぐらい）を出す。

③ 絵の具を出し終わった後、パレットは右利きは左手前、左利きは右手前に配置する。

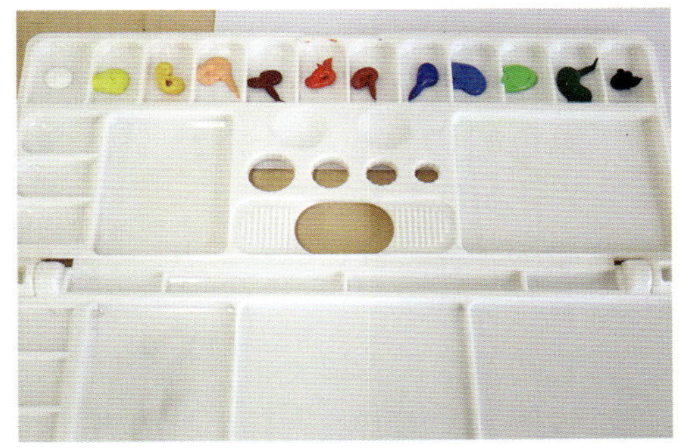

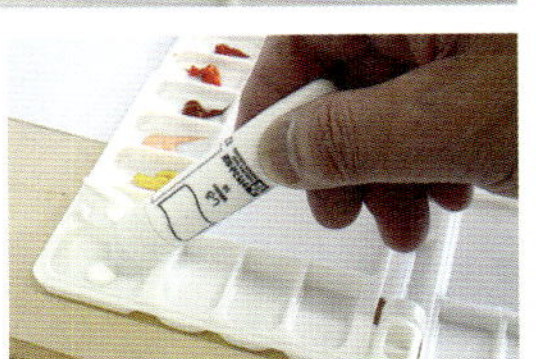

3）筆の扱い方

① 筆の穂先に水を含ませ、筆洗器のフチで余分な水分を取り、穂先を整える。

② 右利きは左手前、左利きは右手前の筆洗器の上に置く（横置きなど）。

＜注意＞

穂先が痛むので、筆を筆洗器の中に入れっぱなしにしない。

③ 肘をあげ、腕を動かして描く練習をする。

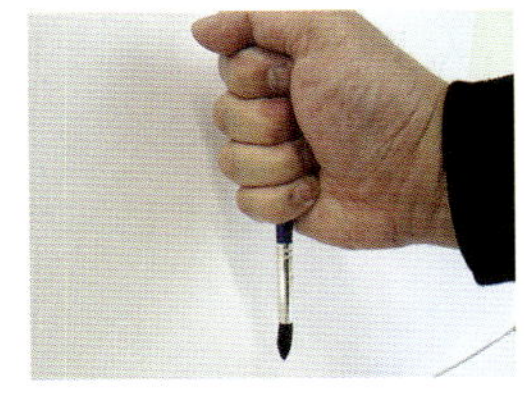

○　筆の持ち方　×

○　絵の具の分量　

4）筆洗器の扱い方

筆洗器には、水を使い分けられるように3分割から4分割に仕切られているものもあります。水はそれぞれの部屋に半分ぐらい入れ、筆を洗う部屋と、絵の具を溶くためのきれいな水の部屋として使い分けます。

① 筆洗器の区画で筆を洗う部屋、すすぐ部屋、絵の具に水を供給する部屋を決めておく。
② 筆洗器のフチで穂先を整え、余計な水気を落としておく。

①

②

5）単色絵の具を塗る練習

① 好きな色を1色選ぶ。
② 筆の穂先に絵の具を取り、大きな広場に入れる。
③ 絵の具を円を描くように伸ばす。筆を立てて混ぜると絵の具の濃さを調節できる。パレットは大きな広場の全体ではなく、一部だけを使うことを説明する。

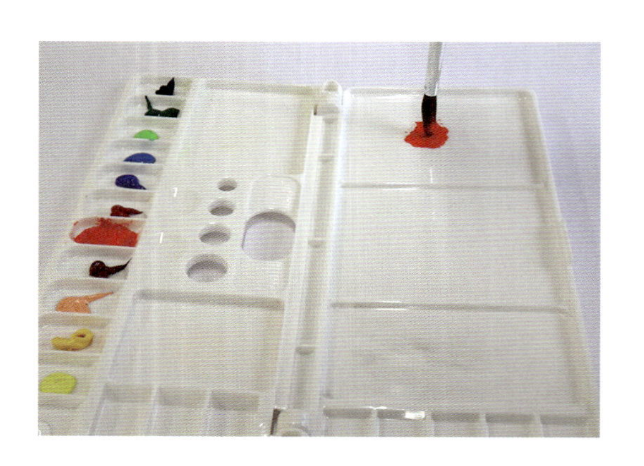

6）色の濃淡を作る練習

① 筆に絵の具を付けたら、画用紙に濃い小さい点を描くように絵の具を落とす。
② 同じ筆に水を含ませ、濃い小さい点を円を描くように広げていく。
③ 水の量で色に濃淡が付くことを説明する。

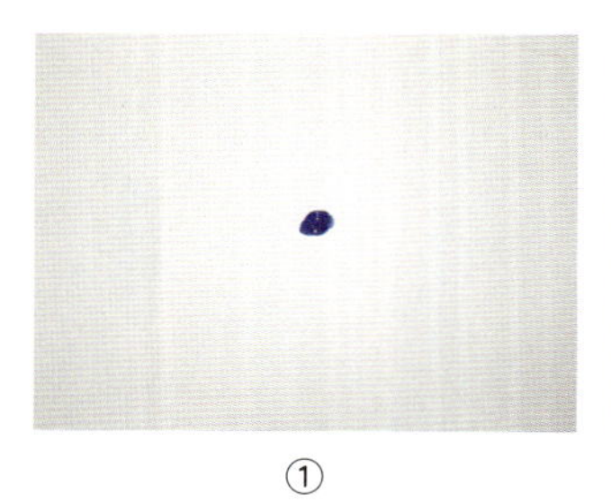

①

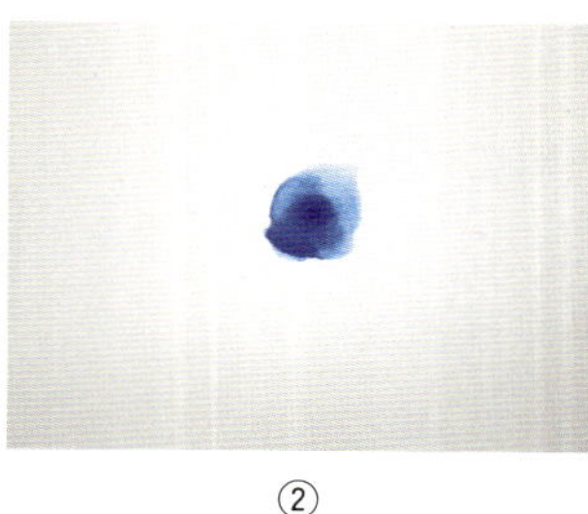

②

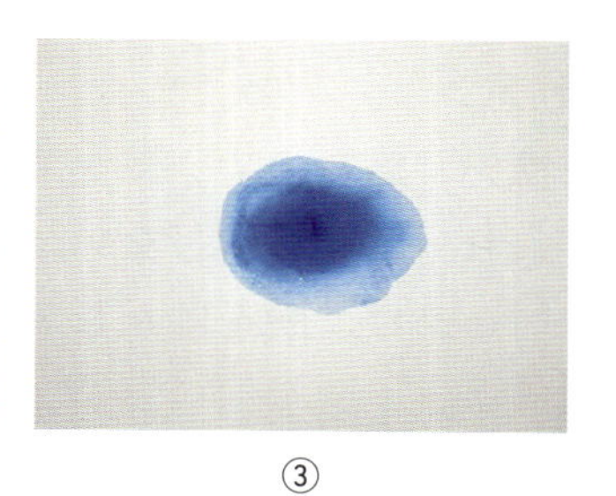

③

7）混色の練習

① 好きな色を1色、パレットの大きな広場の一部に入れる。
② もう1色選び、先に入れた色の少し離れた横に入れる。色に重ねて「目玉焼き」のように入れると色の調節ができないので注意する。
③ 円を描くように2色を混ぜ合わせる。色が濁らないように、混色は2色または3色までにすること。
④ 好きなものを描かせる。混色でできた色に名前を付けたり、様々な色ができることを説明する。

混色

8）片付け

① 水道が少ない場合は、筆洗器の水でパレットの小部屋に残っている絵の具をまず洗う。その後、パレットを筆洗器の中に入れ、水道や洗い場に行く。
② パレットを筆で洗い、雑巾で水分を拭き取る。
③ 筆洗器を筆で洗い、雑巾で水分を拭い取る。

＜注意＞

筆の穂先が濡れた状態でキャップをすると毛が傷む原因となるため、筆にキャップはしないようにすること。濡れたまま道具をしまうとカビが生えることがある。また、動物の毛の筆の場合、毛が抜ける原因となるのでよく乾燥させてからしまうこと。筆を乾かすときは、必ず穂先が上になるように筆を立てて乾かすこと。

（7）水彩絵の具の実践

1）ドリッピング

ドリッピングとは、紙やキャンバスに絵の具を垂らして表現する技法で、アメリカの抽象表現主義の画家ジャクソン・ポロック（1912‐1956）が最初に用いました。はじめは缶に入った絵の具を垂らしただけの手法で制作していたため、「したたる」という意味のドリップ（drip）からドリッピングという表現名になりました。

ドリッピングを使った技法には、次ページの通り、「絵の具流し」や「吹き流し」があります。

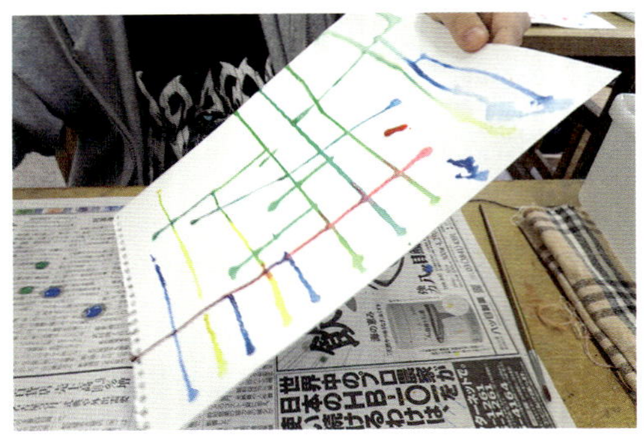

絵の具流し

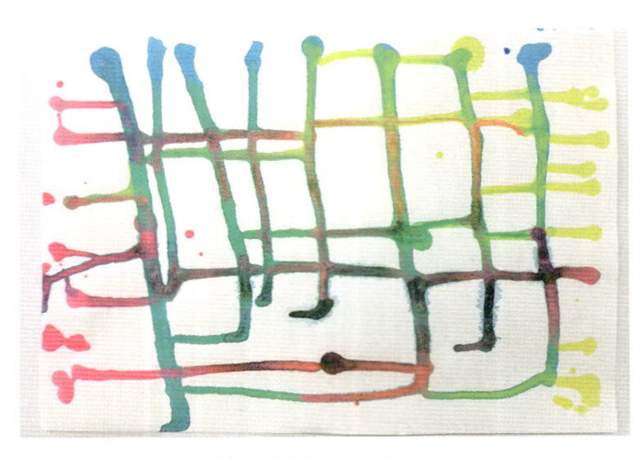

絵の具流しの作品

吹き流し

吹き流しの作品

次に、筆から落ちる絵の具で表現する技法として、筆を動かさないで絵の具を垂らすだけの技法「絵の具落とし」と、筆をふって絵の具を垂らす「筆ふり」の技法を紹介します。筆をふる勢いを変えてみると、形の違う絵の具の飛沫の変化が現れるでしょう。紙の周りに新聞紙等で養生し、少々絵の具が飛びだしてもいいようにしておくと、勢いのある表現ができます。また、穂先の根元の金属の部分を爪で弾くと細かい飛沫ができ、星のような表現ができます。

実践　絵の具落としの制作

水分の多い絵の具を紙の上から落下させ、雫の飛沫の形を組み合わせる表現です。筆の高さを変えて行うと、雫の形の変化が表現できます。

① 筆の穂先に絵の具をたっぷりと含ませる。
② その筆を紙の上に持っていき、絵の具の雫を落とす。
③ ②の作業を色を変えて繰り返し行う。

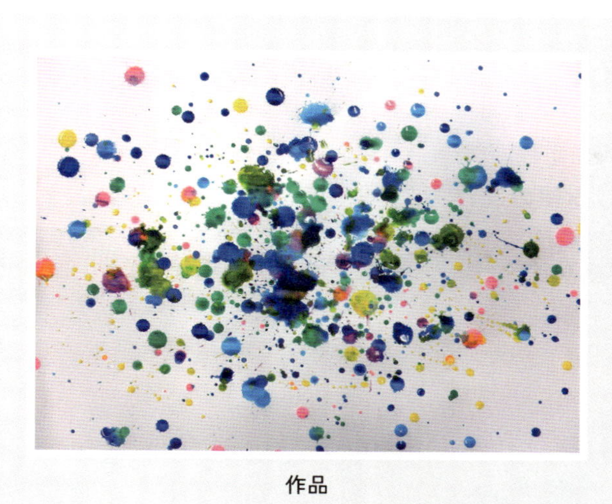

作品

実践　筆ふりの制作

水分の多い絵の具を筆に付け、様々な勢いで紙の上で筆をふり、その飛沫の痕跡を組み合わせる表現です。

① 筆の穂先に絵の具を含ませる。
② その筆を紙の上に持っていき、手首のスナップを利かせて筆をふる。

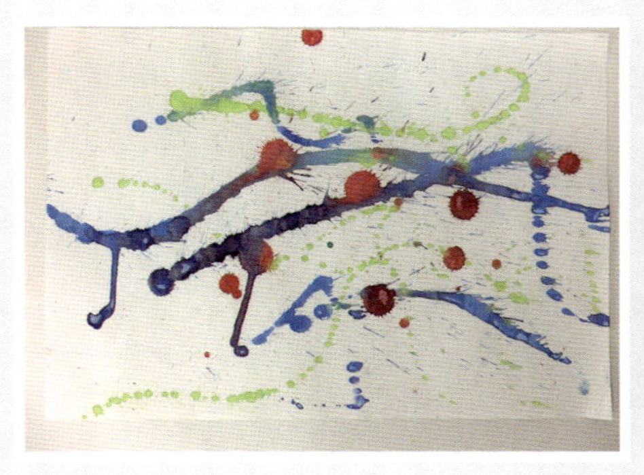

作品

2）にじみ絵

湿った紙の上で水分の多い絵の具が流れ、にじんで組み合わさってできる表現です。

実践　にじみ絵の制作

紙と絵の具の水分が組み合わさり偶然にできる表現を楽しみましょう。

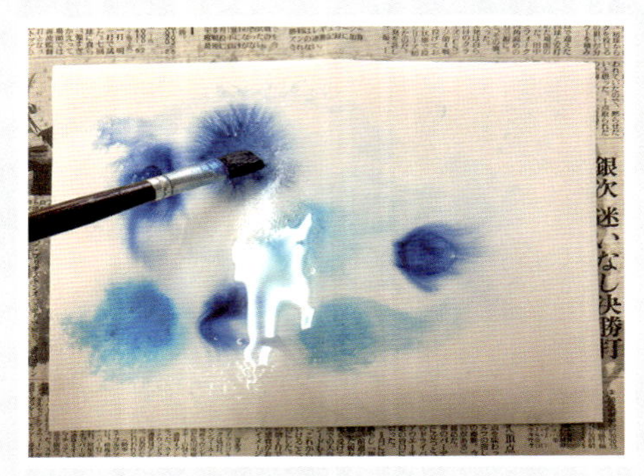

① あらかじめ画用紙を霧吹きで湿らしておく。

② 水分が多く色が薄めの絵の具を湿らせた画用紙の上に置いていく。

③ 絵の具が乾燥するまで画用紙が動かないようにすること。

＜注意＞

制作中に紙が乾いてにじみがなくなってきたら、霧吹きで水を供給する。画用紙のほか、和紙を使用すると効果的ににじませることができる。

実践　にじみの応用：折り染めの制作

和紙を折り、そこに絵の具をにじませる技法です。折った辺が全て表に出るように折りましょう。

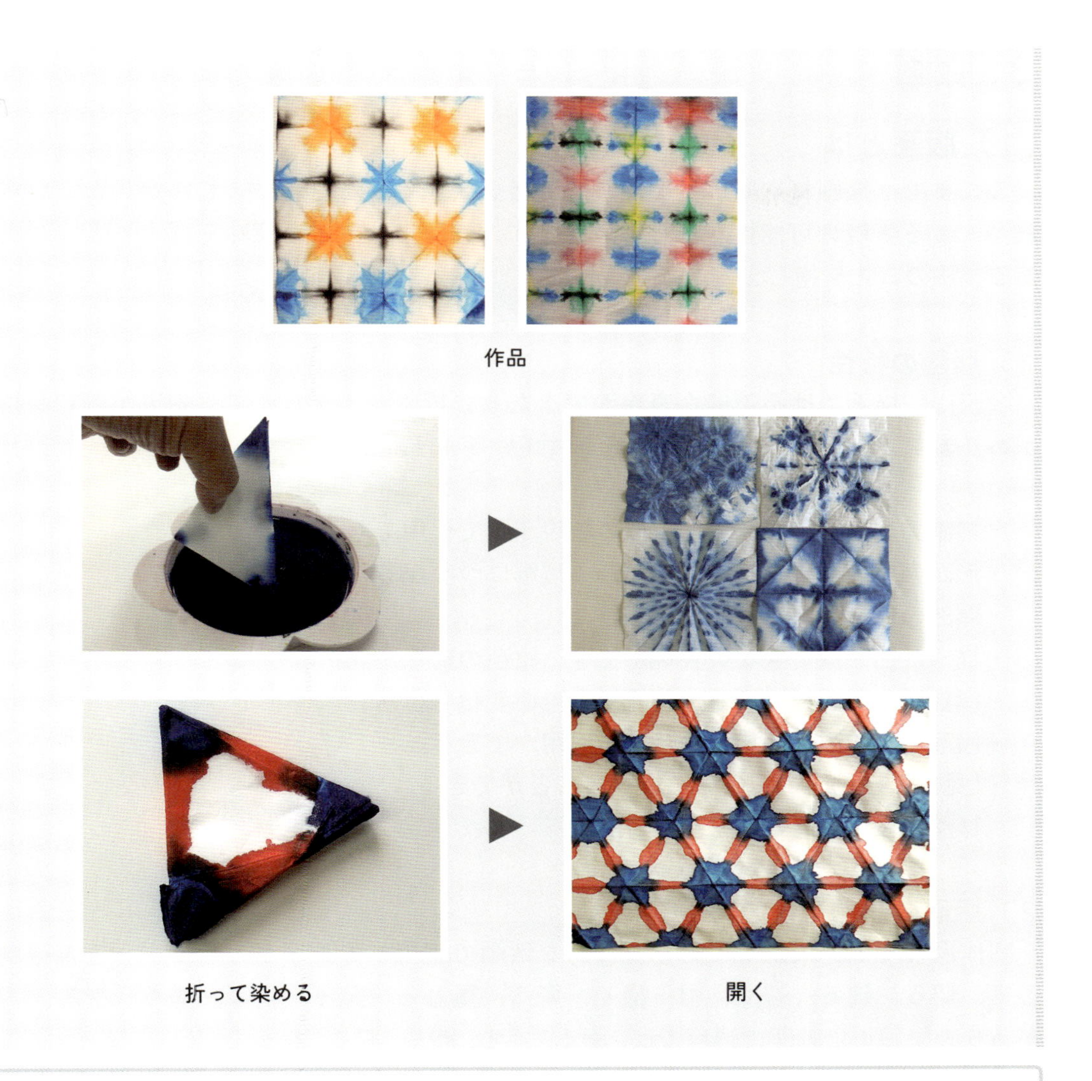

作品

折って染める　開く

Column

コラム5 筋目描き

伊藤若冲 (1716 - 1800、江戸時代の絵師) が水墨画に使った技法です。それまでの水墨画は、輪郭で黒く縁取って表現していました。しかし、若冲は墨をにじませることでそれを表現しました。墨 (ここでは薄墨) を和紙に置くと墨が染み込んで周りに水が染み込んでいきます。そこにずらしながら重ね塗りすると水を含んだところには墨が入らず、白く線が残ります。この原理を利用した表現で、輪郭を使わず、にじみだけで描く技法です。

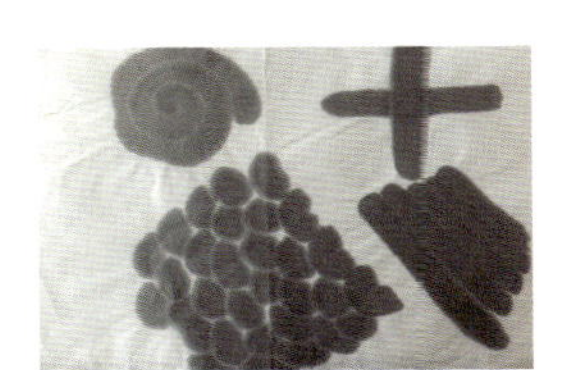

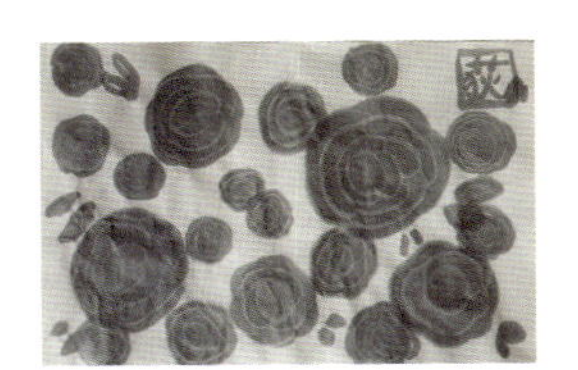

作品

3.版画

(1)版画とは

ここまでは描画材や絵の具を使って直接表現する方法を示しましたが、ここからは転写による表現の可能性を示していきます。転写とは、広い意味で捉えると、版画による技法のことを指します。

1)版画の特性

版画は、描画では不可能な表現ができたり、描画ができなくても表現が可能な技法があります。以下に、版画の特性をあげていきます。

・描画が未熟な子どもでも、形の表現が版で代用できる。
・形が素早く表現でき、単純な形の理解につながる。
・偶然の形や色彩を表現できる。
・描くことではできない表現ができ、重色の変化が豊か。
・複数回の同じ形の表現が可能で、色の変化も容易。
・複写できるので、集団生活での活用ができる。
・「見立て活動」で想像力を広げることができる。
・様々な表現形態との融合が可能。

2)版画の制作過程の特徴

制作過程では、人が手で行う身体的な活動で表現することができます。その行為として、切る、破る、裂く、引っ掻く、彫る、重ねる、貼る、折る、描く、塗る、叩くがあります。また転写の過程では、刷る、押す、擦る、叩く、転がす、回す、落とす、引っ張る行為があります。このように、転写の表現は様々な身体的な活動を含めた表現となります。

(2)版画の種類

転写は広い意味で版画と捉えることができると述べましたが、次に版画とはどのようなものなのかを説明していきます。版画とは、印刷する紙以外に、彫刻や細工を施した版を作り、インクの転写や浸透により複数枚の作品を制作する技法や、それによりできる作品のことを指します。版画はその版の形態から大きく4つに分類されます。凸版画、凹版画、平版画、孔版画です。

1)凸版画

凸版画は、ローラーでインクなどを出っ張っているところに付着させ、バレンやプレス(プレス機)で圧力をかけて紙に写し取ります。種類としては、木版画、紙版画、ゴム版画、スチレン版画、粘土版画、芋版画などがあります。凸版の製版では、版の出っ張った部分を作る作業を行うので、それを簡単にできるように版の材料として加工がしやすい材質のものが多いです。どの素材も比較的安価で、販売されている場所も比較的多く入手が容易です。そして、製版の作業も比較的簡単です。

① 木版画

彫刻刀で木を彫って作りだす版画で、出っ張っている部分のインクが写し取られます。浮世絵もこの技法で印刷されています。浮世絵は色ごとに版を制作し、薄い色から順に刷りあげる多版多色刷りの技法が使われています。

木版画　葛飾北斎「冨嶽三十六景　凱風快晴」

② 紙版画

紙を貼り合わせることでできる段差の部分が、白く抜けることで形が現れる版画です。全体的に黒っぽくなりますが、貼り合わせることで版ができるので、紙を手でちぎったり、ハサミで切ったりしてのり付けすれば、誰でもできる版画です。

紙版画　学生作品

③ ゴム版画、スチレン版画、粘土版画、スタンピング

ゴム版画は木版画と同じように彫刻刀で彫りますが、スチレン版画や粘土版画は版材が柔らかいため、先の尖ったもので描いたり、スタンピングの要領で形のある硬いものを押し当ててへこませることで刻印を作りだします。ちなみに、スタンピングも凸版画の仲間になります。

ゴム版画

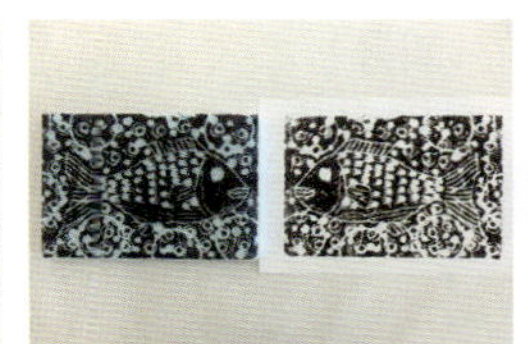

スチレン版画

粘土版画

スタンピング

2）凹版画

凹版画は、版のローラーでインクを乗せた後、布でぬぐい取り、プレス機で圧力をかけ、凹んだところに残ったインクを紙に写し取る版画です。その版の材料は、金属の中でも柔らかい銅が用いられます。銅は金属中でも高価なため、ポリ塩化ビニール板なども用いられますが、作品を作る場合には銅が使われるのが一般的です。

西洋絵画の世界では、19 世紀になって様々な技法の版画の技術が生みだされるまでは、版画といえば銅板による凹版画の銅版画のことを指していました。ルネッサンス期以降、様々な技法が生みだされ、銅版画を進化させてきました。ビュランやニードルで銅板を彫って版を作る技法や、版に防食剤を施し防食剤をニードルで削って描画し腐食させ、防食剤を除去して版を作る技法が代表的です。

凹版画　アルブレヒト・デューラー
「騎士と死と悪魔」（愛知県美術館蔵）

3）平版画

平版画とは、平坦な版の上にインクを乗せ、それを写し取りことをいいます。版の素材は主に石灰岩の石板が用いられますが、近年はアルミ板が多く使われています。そして、広い意味で平版画を捉えると、モノプリント（デカルコマニー、マーブリング）は複製は叶いませんが、この仲間になるでしょう。

① 石版画（リトグラフ）

平版画とは石版画（リトグラフ）のことで、油が水をはじく原理を利用する版画です。石版画は文字の通り、石（石灰岩）の板を版の材料としています。近年は扱いやすいアルミ板が使われることもあります。製作過程は「描画」「製版」「刷り」の 3 工程に分かれます。他の版画に比べると複雑で時間も多く必要としますが、クレヨンの独特のテクスチャーや、強い線やきめ細かい線、筆の効果、インクを飛ばした効果など、描写したものをそのまま紙に刷ることができ、多色刷りも可能で、版を重ねるにつれて艶を有した独特の質感が出てくるのが特徴です。

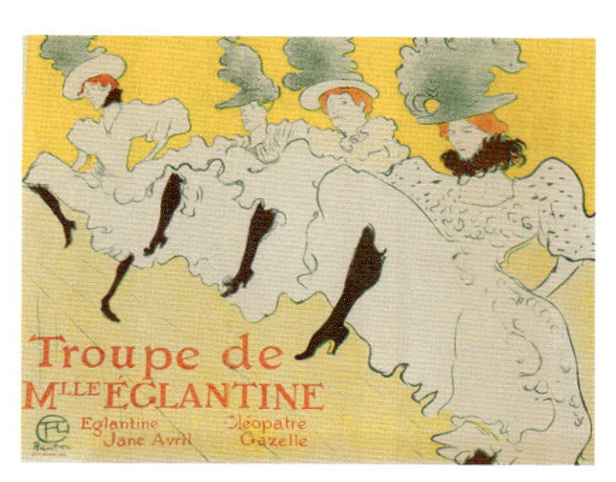

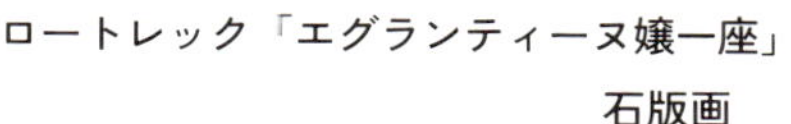
ロートレック「エグランティーヌ嬢一座」 石版画　　ミュシャ「パリ・1900年」

② デカルコマニー、マーブリング

まずデカルコマニーですが、意味は「写し絵」「転写画」です。複写する、転写する、のフランス語が由来となります。元来は紙に描いた絵を陶器やガラスに転写するために用いられていた手法を、絵画技法として転用したものです。ここでは、絵の具を平滑な紙などに置いて、二つ折りにした紙の間に挟んで写し取り表現のことをいいます。

次にマーブリングですが、水よりも比重の軽い絵の具（油性の絵の具など）を水面に垂らし、水面にできた模様を写し取る技法です。

どちらも偶然にできる模様を見立て活動に活かすことのできる表現です。

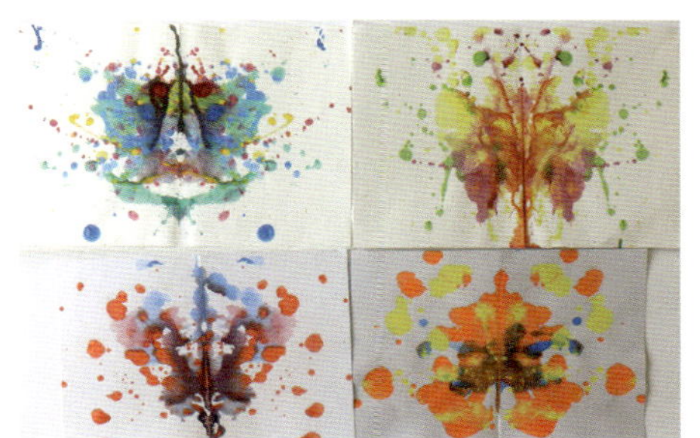
デカルコマニー

マーブリング

4）孔版画

孔版画は、シルクスクリーンとステンシルが知られています。インクが通過する穴とインクが通過しない箇所を作ることで製版し、印刷する版画です。

① シルクスクリーン

シルクスクリーンの典型的な印刷方法は、製版された版のスクリーンと紙を密着させ、スクイージー（ゴムやプラスチックのへら）でインクをスクリーンの穴を通して紙へ押しだすというものです。

シルクスクリーン簡易版セット
（左）シルク版、（右）スクイージー

シルクスクリーン作品

② ステンシル

ステンシルは、切り抜いた版を印刷面に乗せて版と紙を密着させ、インクや絵の具の付いたローラーを版の上から転がして紙にインクや絵の具を写し取るものです。

ステンシル作品

（3）版画の実践

これまで版画の様々な種類を紹介してきましたが、ここでは保育現場で実践されている版画類を紹介します。

実践　紙版画の制作

<用具>
画用紙、のり、ハサミ、版画用インク、バット、ゴムローラー、バレン、薄手の紙

①（版の制作）画用紙をハサミで切ったり、手でちぎったりし、表現したいものの下描きをもとに、奥の部分を下から順番にのりで貼っていく。この場合、台紙に貼ると背景は黒くなり、台紙がない場合は背景が白くなる。

②（版の刷り）版ののりが乾いたら刷りの工程に入る。版の下には新聞紙を敷く。バットにインクを出し、ローラーに万遍なく伸ばす。このとき、インクを付けすぎると版の凹凸がつぶれるので注意すること。

③ 版にローラーでインクを乗せる。はじめは紙がインクをよく吸収するので、全体にしっかりと乗せる。ただし、段差のところまで黒くしなくてもよい。

④ インクの付いた版に薄い紙を置き、バレンで弧を描くように擦りだす。背景を白くするのなら、下敷きの新聞紙はインクを乗せるときと刷るときのものは交換する。

⑤ 紙を静かに取れば完成。

作品

＜注意＞
インクの種類には油性と水性があるが、水性の方が水で洗い流せるので取り扱いは容易。

実践　野菜のスタンピングの制作

絵の具を使いだすのは、筆を使う力の調整ができる年齢が望ましいですが、ローラーなどで転がすだけで表現できるものや、「野菜のスタンピング」のように捺すだけで表現できるものもあります。小さい子どもには、むやみやたらに多くの色を与えるのではなく、色が少ないほうが用具や画材への理解が進むでしょう。その場合、スタンプ台や絵の具入れに絵の具を適度な濃さで溶くなどの事前の準備が保育者に求められます。

スタンプ皿

パレットを使ったスタンプ皿

スタンプの材料
（蓋や野菜など）

野菜スタンピングの印章
（左からピーマン、オクラ、カブ）

<用具>

切断面が面白い野菜、スタンプ皿（浅くて口の広い容器、その容器に入る薄いスポンジ）、水彩絵の具一式

① 絵の具はスポンジを取ったスタンプ皿に多めに溶く。
② スタンプ皿に湿らせたスポンジを乗せ、絵の具を染み込ませる。
③ 切った野菜のスポンジ（作業直前に切った方がいい）の切断面をスタンプ皿に当て、絵の具をつける。
④ 用意した紙に絵の具を付けた野菜を押していく。

スタンピングの環境設定

壁面への応用。葉っぱの部分が手形になっている

<注意>
絵の具を1回付けたら、紙に複数回押すことで、グラデーションの表現ができる。また、野菜の形を何かに見立てて表現してもよい。スタンピング材は野菜のほかに形があり平たい部分があれば何でもよく、ペットボトルの蓋やブロックなど、玩具や身の回りのものが使用可能。スポンジなどを様々な形に切ってもそれ自体で吸水性があるので、スタンプ台のいらないスタンピング材になる。

実践　マーブリング（墨流し）の制作

水面に浮かんだ絵の具の流れる様を紙に写し取る表現です。本来は水墨画の技法の一種で、濃淡を付けた墨で行いました。

<用具>
水溶性顔料（彩液）、口の広く浅いバット、竹串

<注意>
水溶性顔料がない場合は油性塗料でも代用できる。この場合、原液のままだと塗料が重く沈んでしまうので、油性塗料1：塗料専用の薄め液（溶剤）8で薄めて使うこと。

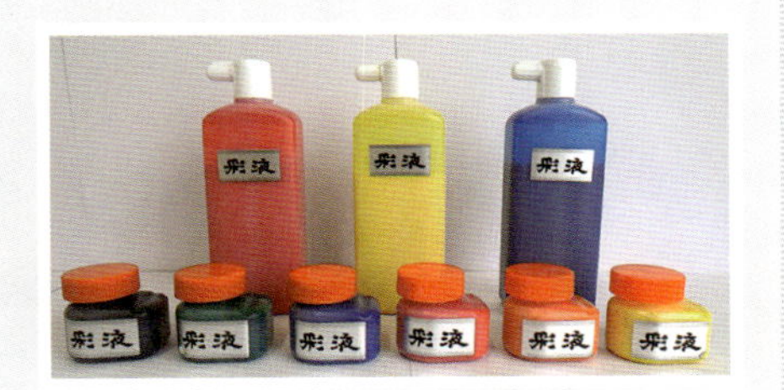

水溶性顔料

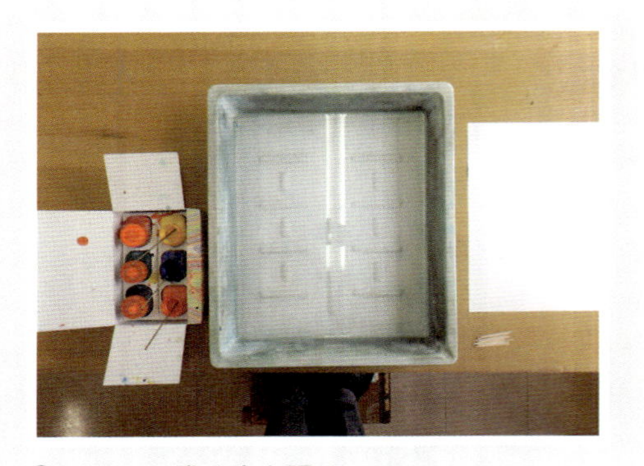

① バットに浅く水を張る。

② 竹串の先に付けた水溶性顔料を水面に落とす。複数回、同じ色の組み合わせで行う。きれいな竹串で水面に浮いている水溶性顔料をなぞり、模様を作る。

③ 水面に浮いている模様に空気が入らないように紙を静かに置き、すぐさま紙を取りだす。

作品

実践　ステンシルの制作

切り抜かれた部分に絵の具の色が付くことでできる版画です。

<用具>
版材：薄手の紙（アート紙など吸水性の低い紙が最適）、カッターナイフ、カッターマット、タンポまたはスチレンローラー、水彩絵の具または版画用インク

①（版の制作）カッターマットに薄い紙を置き、カッターナイフで任意の形に切り抜いていく。

<注意>
カッターナイフを使うので、子どもに版を作らせるのは難しいが、二つ折りにした紙の中をハサミで切り抜いてできる簡単な形の版であれば可能。中にインクを入れないで白く残す場合、端を設定しておかないと切り抜かれてしまうので注意が必要。

②（版の刷り）刷る紙に版を置き、絵の具やインクを付けたスチレンローラーまたはタンポで色を置いていく。このとき、水彩絵の具ならば水気を少なくしないとにじんでしまうので気を付ける。タンポやローラーに色を付ける際、複数の色を同時に付けると作品の表情が豊かになる。

作品

§ 2. 立体的表現から

私たちは様々なものに囲まれて生活しています。そのものの中に造形に使える素材は数多くあります。ここでは素材として、3 次元に成り立つものを立体的表現の素材として捉えています。まずは、粘土や木材、そして紙など造形の中心となる素材や用具です。さらに、生活の中で日常的な素材についても触れています。それぞれの性質や特性を理解し、表現に活かしていきましょう。

1. 粘土

（1）粘土遊びの意義

立体素材の代表である粘土には様々な種類があり、その用途によって使う粘土を選びます。造形における粘土の意義は、粘土の柔軟な触感があげられます。手のひらや指を使い、粘土独特の柔らかさに得も言われぬ心地よさを体感することから始めましょう。形が自由に変化する面白さ、満足がいくまで何回も作り直せる柔軟さが魅力です。柔らかい質感で、どんな形にも変化してくれます。この柔軟性が子どもの五感（特に触覚）を刺激し、指先や脳の発達を促します。粘土の種類と特性を学ぶことで、保育での造形に活かすことができます。

（2）粘土の種類

1）土粘土（水粘土）

本来の粘土の大元になるもので、塑像彫刻や陶芸に使われています。水気を含んでいれば柔らかく、乾燥すれば硬くなります。可塑性（力を加えると変形して元に戻らない性質）を維持するならば乾燥しない保管方法が必要です。保管庫は湿度が一定の半地下の環境が望ましいですが、それが望めなければ、バスタブのような底から水が抜ける容器を用意し、底に湿らした煉瓦を敷き詰め、手のサイズに丸めた団子状の粘土を入れ、湿った布（木綿のさらし）、ビニール、蓋の順で覆い、水分蒸発を防ぐ状態にしておけば柔らかさは持続できます。ただし、どちらも一定時期ごとの水分の補給が必要となります。土粘土は完全に乾燥して硬くなっても、粉砕して水を加え練れば可塑性は復元します（次の実践を参照）。

実践　　粘土の再生

完全に乾燥した粘土をハンマー等で粉砕します。そして、ひたひたになる程度の水を加えて一昼夜程度放置し、粉粘土を加えて適度の硬さになるまで粉粘土を加えつつ練っていきます。耳たぶの硬さ、もしくは手に付着しなくなったら粘土の再生の完了です。

① 粉砕する

② 水を加える

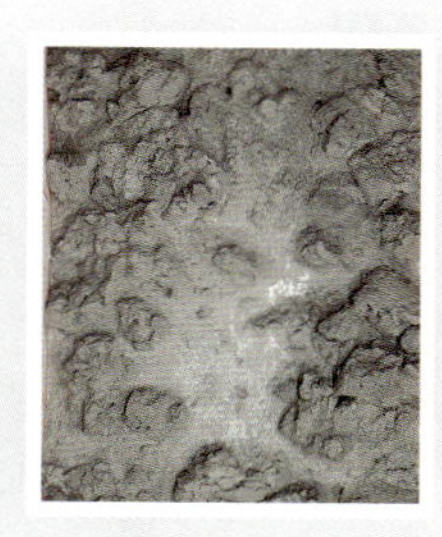
③ 一昼夜置いて柔らかくなった状態

④ 粉粘土を加える

⑤ 練る

⑥ 粘土板で調整して、さらに練る

⑦ 再生した状態

土粘土の用途といえば、陶芸用の粘土があります。塑像用の粘土と陶芸用の粘土は産する土地により成分の違いはありますが、どちらも焼成が可能です。ただし、塑像用の粘土は細かく丁寧な仕上げに対応できるようなきめの細かな粘土なので、乾燥や焼成による変形や割れがおきやすくなります。

それに対し、陶芸用の粘土は焼成することを前提としていますので、焼成したときに収縮が少なく割れない性質が求められます。産する土地によって、成分が違い焼きあがりの状態も様々です。成形後に完全乾燥させてから 700 ～ 800°C で焼成すると素焼きとなります。その後、釉薬を付け 1200°C で焼成すると強固な焼き物として変窯します。焼成した場合は、粘土への復元は不可能となります。

グループでの作品

Column
コラム6

土粘土の生成過程

火成岩が風や水など自然の影響を受けて風化し分解されてできたものを「一次粘土」といいます。鉄分や有機物質をほとんど含まない、白色で耐久性の高いものです。風化したものが水に流されて堆積したものを「二次粘土」といいます。水に流されて堆積されるまでに鉄分や木の炭化した粉末などを含み、色は灰色や褐色です。また、中間的なものに白色または灰色で耐久性が高く、焼き物に適しています。このようにできた粘土は粘りがあり、可塑性（力を加えると変形して元に戻らない性質）があります。

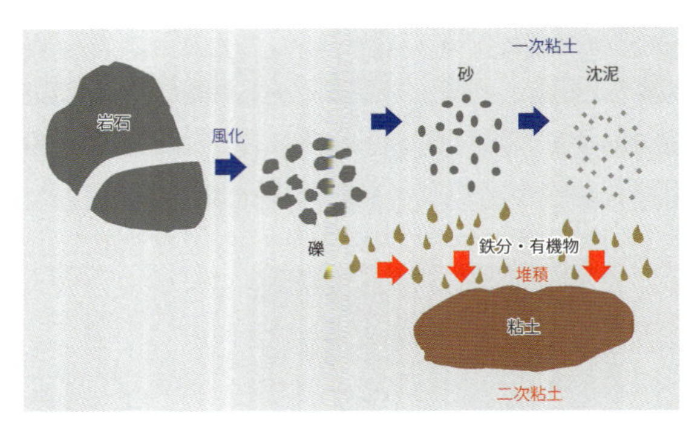

実践　泥団子の作り方

皆さんも幼少期に夢中になった経験があるかもしれませんが、泥団子の作り方について説明します。泥団子は特別な粘土などは必要なく、身近にある砂や土から作ることができます。

<材料>
公園にあるようなさらさらの砂（ふるいを使って均一にしておく）、水、ビニール袋、タオル、ストッキング

<作り方>
①さらさらの砂に水を加えて団子を作る。
②乾いた砂をかけ、親指で擦るように30分くらいかけて形を整えていく。
③ビニール袋に入れ、封をしてタオルに包み、日陰で1時間くらい静かに置いておく。
④乾いた手で砂の上を擦り、手に付いた砂で泥団子を磨いていく。全体が砂で白くなるまで磨き続ける。
⑤ストッキングで泥団子を磨いていき、艶が出てきたら完成。

2）油粘土

油粘土は、油（植物油や鉱物油）と鉱物（カオリン）の粉を混ぜ合わせたものです。油土（ゆど）とも呼ばれ、子どもの造形や彫刻、工業用立体デザイン（インダストリアルクレイ[2]）など幅広い用途に活用されています。土粘土が乾燥すると硬くなる要素をなく

2）　工業用デザインに使われる油粘土。常温では硬いので、オーブンで加熱してから扱う。60°C前後で軟らかくなり、温まれば成形作業を行うことが可能。冷めればツール類を使って手作業による切削ができる。

します。取り扱いが容易で保育の現場でもよく用いられます。

難点とすれば、永続的な可塑性ゆえですが、作品を粘土の状態で永続的に保存するのが難しいことがあげられます。形に永続性をもたせたいのであれば、石膏などで型取りして、石膏や樹脂などで型抜きをしなければなりません。

また、工業デザインに使われるものには、熱により可塑性をもたせ、成型後硬化したものを削りだして成形できる特性をもつものもあります。かつては、人工素材による油粘土が主流でしたが、現在は安全性を配慮した自然素材を主としたものや匂いを抑えたもの、そしてカラフルなものがあり、保育現場で活用されています。

油粘土各種

油粘土の制作

3）紙粘土

様々な種類があり、幼児の造形から工芸作品の制作まで活用されています。紙パルプと糊でできているので、軽量で、彩色することが容易です。また、他の素材との併用も可能で、木材や金属との併用もできます。粘着力があるので、様々なものを芯材とすることができます。

種類として、微小中空球樹脂というプラスチック製の非常に細やかな粉を混ぜた色を練り込んだ軽いものや、絵の具を練り込んで色を付けることができるものもあります。乾燥後でも彩色が容易です。また、乾燥後の切削も可能なものもあります。成形後の彩色の場合、水彩で彩色すると色落ちする場合があるので、ニスを上塗りするか、アクリル絵の具を使うとよいでしょう。

紙粘土は一度乾燥すると可塑性の復元ができません。開封したら空気に触れないように密封袋に入れて保管してください。ただし、早めに使い切るようにしましょう。

紙粘土

学生作品
上部が紙粘土を使った部分。下部は木工用ボンドに絵の具を混ぜて海を表現

4）小麦粉粘土

小麦粉粘土は小麦粉と水（小麦粉 3：水１程度）で作る粘土で、可塑性は低いですが、柔らかい感触を楽しめ、はじめての粘土として保育現場に適しています（小麦アレルギーには注意が必要）。

あくまで食品なので腐敗しないように冷蔵庫で保管し、2～3日中に使い切りましょう。色粘土にする場合は食紅を使用します。乾燥後は壊れやすくカビも生えるので、作品保持をする場合は焦げない程度にトースターで焼くとよいでしょう。

小麦粉粘土

小麦粉粘土の作品

5）樹脂粘土

樹脂粘土は湯煎することで可塑性が生まれ、成形することができます。冷却すると硬くなり、形の保持ができるもの、空気乾燥で硬化するもの、電子レンジで加熱することで硬化を進めるものがあります。色彩が豊富なので、クレイアニメーションの人形制作に用いられています。

樹脂粘土

硬化後、プラスチック並の硬さが得られるので、ボタンやアクセサリー制作にも活用できます。樹脂粘土は廉価ではないので小物など少量でできる制作に向いているでしょう。

（3）粘土を扱うための道具

粘土を扱うためには道具が必要です。まず、粘土をこねたりするための粘土板です。粘土板は粘土の種類によって変えます。土粘土は水分を含ませるのに向いている木製の粘土板、油粘土や紙粘土、樹脂粘土は塩化ビニル製やプラスチック製の粘土板が向いているでしょう。

（粘土板・下から）木製、塩化ビニル製、プラスチック製（ヘラ・左から）木製ヘラ（4本）、金属ヘラ（4本）

そして、ヘラは木製と金属製、プラス

チック製の３種類の素材でできています。それぞれ好みがあると思いますが、シャープな形態に作ったり力いっぱい扱うなら金属のヘラが向いています。粘土をヘラで初めて扱う人には、素材が優しくケガをしにくい木製やプラスチック製のヘラが向いています。

2．木材

（1）木材の意義

ここからは粘土以外の素材、木と紙に着目しています。それぞれが生活に密着していますが、造形においても大いに活用できます。まず、木に目を向けていきます。

我々日本人にとって、木という素材はなくてはならないものといえます。住んでいる家を構成する素材として、家具や道具の素材として、生活の中の身近な素材です。そして、造形の表現素材としても扱われています。平面に目を向けると、木版画の版材として、立体では建築物や彫刻の素材として扱われ、扱い方は脈々と受け継がれています。

保育に目を向けてみても、積み木や遊具にと、そこかしこに木が使われています。丈夫で硬いけれども温かみがあって、普段手に触れる場面に存在しています。そんな身近な素材である木を表現の素材として取り入れることは、素材を知るとともに木の優しさや温かみを知ることになります。木を扱うには木工道具も必要となりますので、用途をしっかりと学び、保育の支援に役立てましょう。

（2）木材の種類

木材には、自然木と製材された材木があります。自然木は立木から伐採された木のままの状態で丸く樹皮が残っているものや枝が残っているものなど、形態・種類は様々です。一般には流通していませんが、廃材として入手も可能です。材木は建築用の製材された木材のことです。木の種類は針葉樹が多く、建築で使われる部分によって名称があり、製材の規格が決まっています。

様々な材木
（左から）2 × 4（ツーバイフォー）材、垂木 3 × 4cm、小割 2 × 3cm、貫板 1 × 9cm、半貫 1 × 4.5cm

（3）木材を扱うための道具

木を扱うためには木工道具は不可欠です。ここでは主となる道具の解説と使い方を説明します。木工道具は刃物であったり、重さがあったりしますので、扱い方をしっかりと学んでください。

1）切る道具

木を切る道具は、鋸（のこぎり）があげられます。木というのは繊維がありますので、繊維を削ったり、断ち切ったりして、木材を切っていく機能があります。鋸には、主に以下の種類がありますので、用途によって使い分けましょう。

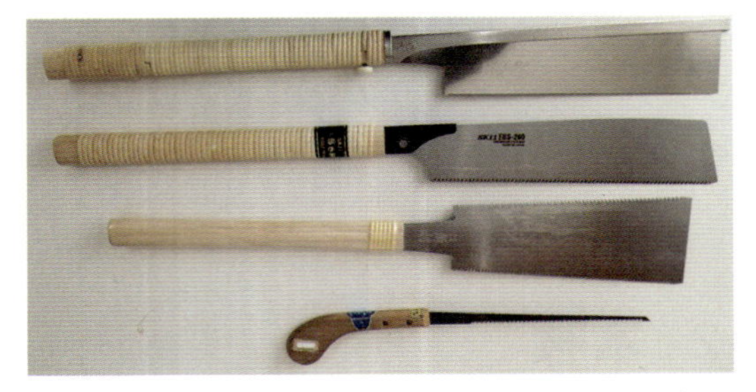

（上から）胴付鋸、片刃鋸、両刃鋸、引き回し鋸

図表 3-1　鋸の種類

名称	用途
胴付鋸	片刃鋸の一種で、薄くて細かい目の刃が付いている。指物道具など細かい細工を作るために使う。刃が薄いため背の部分に厚めの金板が付いているので胴付という。
片刃鋸	片方に刃が付いている。刃の種類は縦挽き、横挽き、または縦横兼用の刃がある。
両刃鋸	縦挽きと横挽きの刃が片方ずつ両側に付いている。縦挽きは木目に対して水平に、横挽きは木目に対して垂直に切る。
引き回し鋸	細い鋸刃をもつ鋸で、曲線を挽き回す鋸。

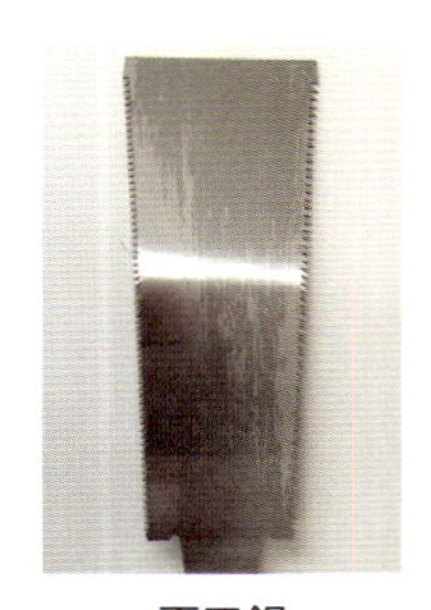

両刃鋸

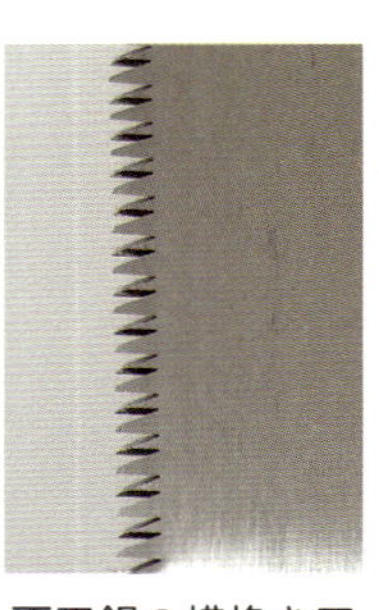

両刃鋸の横挽き刃

両刃鋸の縦挽き刃

鋸は刃物です。刃が欠けたり、摩耗したりしていると切れにくく余計な力が入り、怪我のもとになります。刃が摩耗した場合は、「目立て」といって鋸の刃を研ぎますが、現在は替え刃方式のものが普及しています。また、現代は電動工具が広く普及しており、素早く木材を切るために電動工具は欠かせないものとなっています。ただし、電動ですので、高速で刃が回転したり、上下の移動で切断しますので、扱い方には十分に注意してください。以下、代表的な電動木工道具を紹介しておきます。直線切り用には電動丸ノコ、板の曲線切りには電動ジグソーがあります。ジグソーは刃を変えることで、木材以外にも、プラスチックや金属板も切ることができます。

（左）電動丸ノコ、（右）電動ジグソー

実践　　鋸の扱い方

①鋸を挽く箇所は、ボールペンなどの筆記用具で線を引いておく（けがき）。
②木材を万力で固定したり、もしくは水平に保持するために左足で踏むなどし、しっかりと固定する。手前に挽くときに鋸の重さを利用して軽く挽く、押し戻すときは力を入れないで戻す。
③線の外側に鋸の刃先を当て、最初は細かく挽き、徐々に大きく刃渡り一杯に挽く。挽き終わりはまた細かく挽いて木が割れないように注意する（両刃鋸の場合は、木の切る方向に合わせて刃を選ぶ）。
④大きな角材の場合は、回し切るように四方から切っていけばよい。

2）固定・接合する道具

金槌（かなづち）は釘を打ち付けるための道具です。木の柄の先に金属製の打撃部分が取り付けられています。打撃部分は用途によって様々ですが、円柱の形をしているもの（玄能）や片方が釘抜き状の二股に割れているもの（ハンマー）があります。他の槌（つち）の仲間では、打撃部分が木になっているものを木槌（きづち）といい、鑿（のみ）に打撃を与えて彫ったりするのに使います。また、木を傷つけないように打撃を与えるゴム槌や樹脂製の槌があります。

玄能の頭には平らな面（打撃面）と丸みのある面（木殺し面）があり、平らな面で釘を打ち、丸みのある面は釘の頭と木の表面を平らにするときに木を傷つけずに釘を打つために使います。また、ほぞ組み[3]をするときに、この丸みのある面でほぞ穴の周りを軽く叩いて木の表面をへこませ、接合面に隙間ができないようにします。このことを木殺しといいます。

（左から）玄能、金槌、ハンマー、木槌２種

玄能

平らな面（打撃面）

丸みがある面（木殺し面）

ほぞ組み

3）　ほぞ組みとは、ほぞ穴（凹部）をほぞ（凸部）に差し込むことで、木材を接合する工法。強固な接合ができ、木材のねじれなどを防ぐ。木造の建築にも使われている、最も一般的な木組みの技術。

実践　　玄能の扱い方

①打ちたい箇所に釘を手で持って固定し、平らな面で細かく打ち始める。釘が木材に少し固定されたら手を放し、強く玄能の重みで打つ。
②玄能であれば、釘の打ち終わりは、木殺しの面でしっかりと打ち込む。また、普通の金槌であれば、最後まで同じ面で釘の頭の面が木の面と同じ面になるようにしっかりと打ち込む。

3）穴を開ける道具

木材に穴を開けるには、錐（きり）やドリルを使います。錐は刃先の形状により開けることのできる穴の大きさが違いますので、穴の大きさに合わせて使ってください。ドリルは電動ドリルで刃先を交換して使います。ドリルはミリ単位で太さを選べますので、自分が開けたい穴に合わせて使ってみましょう。刃先も木工用、金属用とあります。

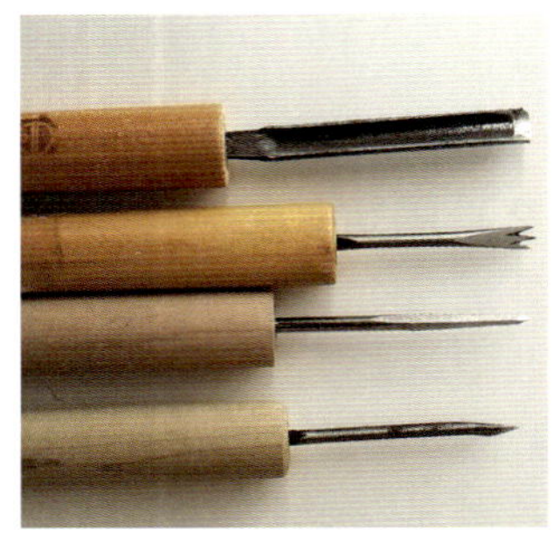
（上から）壺錐、鼠歯錐、四つ目錐、三つ目錐

4）削る道具

① 彫刻刀

彫刻刀は、彫刻や版画など、木材の素材に繊細な切削作業を行うための道具です。木製の柄の先端に鋼鉄の刃が付いています。それぞれの刃先の形状から名前が付けられており、一般的に切り出し刀、三角刀、丸刀、平刀の4種類が多く使用されています。

（上から）切り出し刀、三角刀、丸刀、平刀

② やすり

やすりには、紙やすりと金属製やすりの2種類があります。やすりは本来大きく削るのではなく、ある程度、形ができてから表面を磨くなど、角を整えるために使います。大きく削るのであれば鉋（かんな）や鑿（のみ）、彫刻道具を使いましょう。

金やすりには木工用と金属用があり、木工用のものは金属用のものに比べ粗いつくりになっています。木工用金属製やすりには表と裏両方が使え、粗い面と細かい面があるタイプもあります。はじめは粗い方で削り、次に細かい方で削っていきます。

紙やすりは紙でできているものと、布でできているものがあります。基本的には木工用が紙で、金属用が布です。紙やすりの裏側には番号が印刷されており、番号が高くなるほど目は細かくなります。木工用では40～60番までが粗目、80～120番までが中目、150～240番までが細目、320番以降が仕上げ用として使われています。紙やすりは使いたいサイズに切って使いますが、そのままで使うよりも、やすり台とのセットで使った方が使いやすいでしょう。

現在は、スポンジ状で細かい凹凸にも対応できるやすりもあります。用途によって選びましょう。

木工用金属製片面やすり各種

木工用紙やすり各種

5）接合・接着する道具

木材同士を接合するのに釘は一般的です。釘を木材に打ち付けるのには、先にあげた金槌を使います。釘の他に木工用ねじがあります。釘でも十分固定できますが、強固に固定したいのならば木工用ねじがよいでしょう。木工用ねじはドライバーを使って木材にねじ込むので、より強固に接合することができます。そして、釘、木工用ねじとも、長さや大きさを使う木材に合わせて選びましょう。

次に接着ですが、木材を接着するのに最も一般的なのが木工用ボンドです。酢酸ビニル樹脂で水性です。一般的なものは、切削可能な完全乾燥には半日程度かかります。速乾性のものは 30 分程度で乾きます。このように木工用ボンドの乾燥にはある程度の時間がかかるので、静置しておくか、万力などを使って固定する必要があります。ほかにも、万能接着剤も接着は可能でしょう。さらに、様々なものを瞬間的に接着したいのならホットボンドが有効的に使えるでしょう。ホットボンドは電気の熱で接着剤を溶かして冷えることで硬化し、接着するものです。接着時間は短時間なので場所、形、材質を問わず接着することができます。しかし、器具が高温になりますので、使用には注意が必要です。

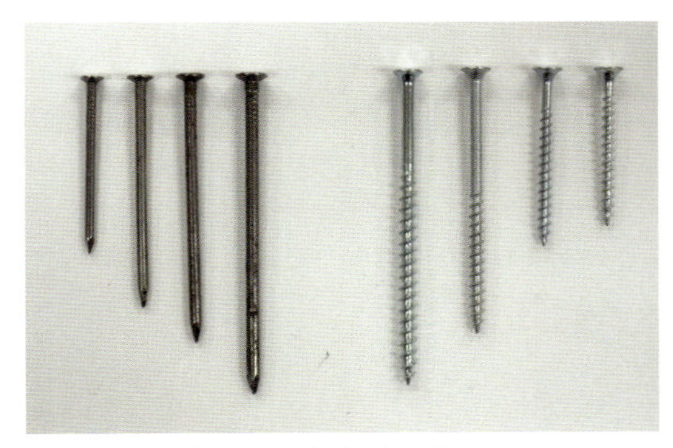

（左）釘、（右）木工用ねじ

接着剤各種
（左から）木工用ボンド 2 種、万能接着剤、ホットボンド

Column
コラム7

昔の接着剤、膠と続飯

膠は、動物の骨や皮脂を煮詰めたものです。絵の具の軟化剤としても使われますが、接着剤としても使われました。固形のものを軟化するには水でふやかした後、湯煎の必要があります。続飯は、炊いたご飯粒をすり潰したもので、でんぷんのりの原型です。家庭用の糊として、障子紙を貼るのによく使われました。

膠

実践　釘打ち

釘を木材に打ち付けるのは木材を使った造形の第一歩です。木の板や角材に釘を打つ練習をしてみましょう。

＜用具＞
釘、金槌、木の板

＜作り方＞
①木の板を準備する。
②釘は子どもでも持ちやすく、木にも打ち付けやすい 4cm 程度のものがよい。
③指で釘を持ち、打ちたい箇所に固定する。（玄能なら平たい面で）細かく打ち始める。
④釘が固定されたら手を放し、金槌を両手で持ち、強く打ち付ける。木材を貫通しないように注意する。
⑤釘が固定できたら、別の釘で場所を変えて打ち付けてみる。

作品

実践　木っ端を使った見立て遊び

建築現場などで出る木っ端は、形が四角や三角など大きさも様々で想像力を広げます。積木遊びの延長で建物や乗り物、動物を見立てて作ってみましょう。

＜用具＞
木っ端、釘、金槌、木工用ボンド、ホットボンド、油性もしくはアクリル絵の具、クレヨン、パス類

<作り方>
①まずは木っ端を使って積木遊びを楽しむ。
②木っ端同士を釘や接着剤を使って接合・接着していく。
③接着剤が乾くまで静置する。
④形の接合・接着が完成したら色付けをし、見立てたものに近づける。

<注意>
木っ端のささくれにはよく注意すること。気になる場合は紙やすりを使い、ささくれを取ってから扱うこと。

作品

実践　自然木を使った造形

樹木は園庭や公園、自宅の庭にあり、いつも目にする身近な存在です。公共のものは年に１回選定作業があり、木の枝などが廃材として出されますが、そのような木の枝なども造形の材料として十分活用することができます。また、海や川、湖が近くにあったら、流木を探しましょう。流木は形が摩耗し有機的な形が出ていることがありますので、流木ならではの面白さがあるでしょう。

<用具>
木の枝、木っ端、ホットボンド、布、鋸、針金、紙粘土、紐、絵の具

<作り方>
①木の枝を用意し、細かい枝をある程度残しつつ、鋸で適度の長さに切る。
②木の枝を見ながら生き物の形を見つけだす。形で足りない部分があれば、さらに木の枝を加えるか、木っ端や布、紙粘土等で付け加える。枝同士の接合はホットボンドや針金、紐を使っても面白い表現になる。
③ある程度の形ができたら、絵の具などで色を加える。

<注意>
うまく立たないようなら、木っ端や粘土を土台にしてもよい。

木の枝

作品

3. 紙

（1）紙の意義

紙は、日々触れないことがないくらい身近な素材です。種類も多く、紙で作られているものにも様々な種類があります。ペーパーレスを叫ばれていたとしても、生活に切り離せない素材で、造形でも大いに活用できます。素材形態のままでも活用できますし、ちぎったり、粉砕したりしてのりで固めたりと、変化は自在の素材です。

皆さんも子どものころに紙に触れ、何かしらを作った記憶があるでしょう。大いに造形の材料として活用してみましょう。まずは手に取って素材の存在感を確かめて、様々な可能性を実感してみましょう。

（2）紙について

1）紙の定義

紙は、直径 0.001mm 以下の細長い繊維状であれば、鉱物、金属、動物由来の物質、または合成樹脂など、ほぼあらゆる種類の原料を用いて作ることができます。しかし、一般的には、植物繊維を原料にしているものを指します。植物繊維を紙の原料とする以前は、粘土板やパピルス、羊皮（羊皮紙）、木や竹（木簡、竹簡）が文字を残す材料として使われていました。

現在の紙製品の原料は、木材と古紙がほとんどを占めています。木材が紙の原料になる以前は、非木材植物原料が主流でした。非木材原料とは、麻や竹、藁、木綿です。木材が紙の原料として使われるようになったのは、1840 年にパルプの製造方法が確立されてからです。パルプとは木材から抽出した繊維のことです。

2）紙の種類

紙には様々種類があることは、皆さん自身が生活の中で密着している素材なので分かると思います。まず大きくは、洋紙と和紙に分類できます。

洋紙は木材を主原料に機械を使って製造する紙のことです。続いて、和紙は中国から伝来した紙が独自に発展したもので、雁皮（がんぴ）、楮（こうぞ）、三椏（みつまた）などが原料の紙のことをいいます。現在でも手漉きで作られ、機械漉き和紙も製造されています。洋紙は酸性紙で

図表 3-2　紙の種類

分類	素材	用途
洋紙	木材系植物繊維 （針葉樹、広葉樹）	新聞用紙、印刷用紙（アート紙、模造紙）、画用紙（水彩画用紙、ケント紙、木炭紙、画用紙など）、包装紙（クラフト紙、ハトロン紙、ロール紙）、板紙（ボール紙）、段ボール
和紙	非木材系植物繊維 （雁皮、楮、三叉）	障子などの建材、書道用紙、工芸品（傘、衣類、鼻紙など）

耐久性が100年程度で劣化するといわれていますが、和紙は中性紙で繊維が丈夫で、数百年の耐久性があるといわれます。

古紙の回収は江戸時代から行われており、貴重品であった紙は繰り返し漉き直して使われていました。

（3）紙を扱うための道具

1）ハサミ

紙は薄いものであれば、手で裂いたり破ったりすることができますが、正確に切るためにはハサミは欠かせません。ハサミの扱い方や子どもへの導入を示していきます。

ハサミは切る用途や素材によっても種類は様々ですが、ここでは紙を切る道具としてのハサミを説明していきます。

まず、人には右利き、左利きと利き手があります。市場に流通するハサミの多くは右利き用が大半を占めますが、左利き用も売られていますので、左利きの人は左利き用のハサミを選択してください。また、子ども用には両利き用のハサミがありますので、利き手を気にせずに使うことができます。

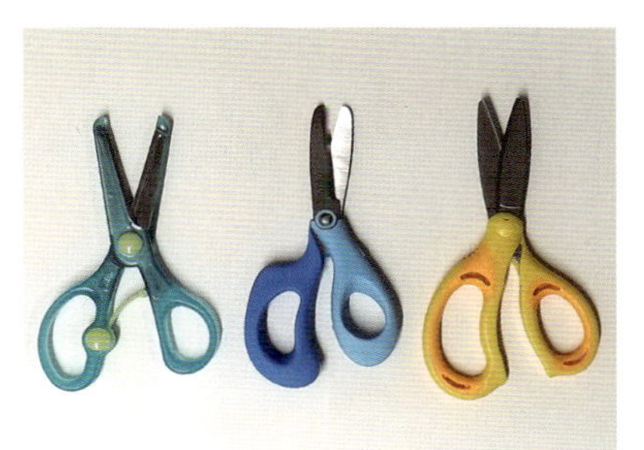

子ども用のハサミ
指を入れる穴が小さい

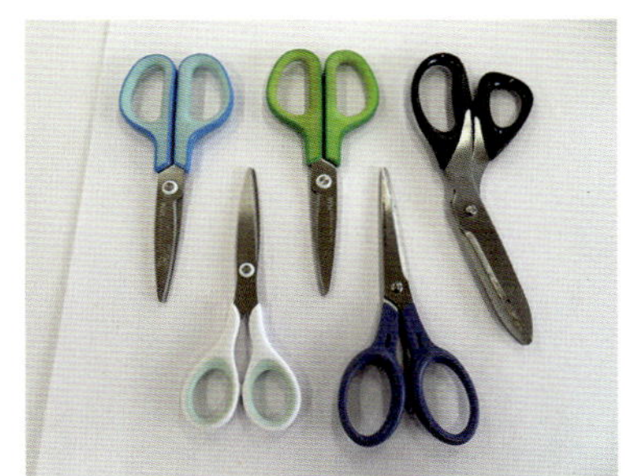

大人用のハサミ
（一番右）厚紙やペットボトル用

① ハサミのルール・マナー

ハサミの使い始めは、ルールやマナーが理解できる3～4歳以降から教えるのがよいとされています。小さな子ども用のハサミもありますが、保育者も子どもも使えるハサミを使うとよいでしょう。使用前の声かけは、ハサミを持たせる前に、「座って使う」「持ったまま歩かない」「人に向けない、振り回さない」「使ったら刃を閉じる」「必ずテーブルの上に置く（床に置かない）」「先生がいるときに使う」「人に渡すときは、刃先を自分に向けてから渡す」といったルールやマナーを伝えましょう。

② ハサミの持ち方

次に、ハサミの持ち方ですが、まず保育者が使い方の手本を示しましょう。2つの穴のうち1つに親指を入れ、もう1つの穴に中指と薬指（穴の大きさに合わせて小指も入れても構わない）を入れ、人差し指は輪の前に添えるのがハサミを安定して持つことができる正しい持ち方です。ハサミの種類によっては、もう1つの穴には人差し指、中指、薬指が入るように設計されたものもありますので、ハサミの種類を見極めて教えるようにしてください。

③ 紙の持ち方

はじめてハサミを使うときはハサミを水平に持ってしまうことが多いので、切る紙を水平に持ち、ハサミは垂直に立てて刃を閉じ開きして切ることを教えてください。紙の持つ部分は、危なくない部分を保ちながら切る部分に近いところを持ち、紙がたるまないように持つことを教えましょう。

実践　ハサミを使った切り方3種の練習

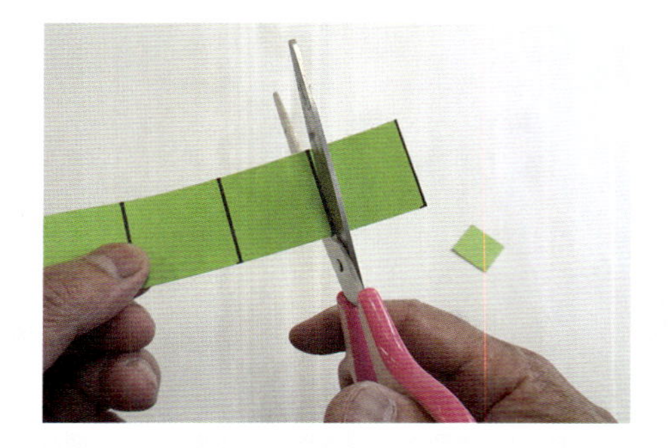

①1回切り
1回の閉じ開きで切れる幅の紙を用意して、1回で切る練習をする。

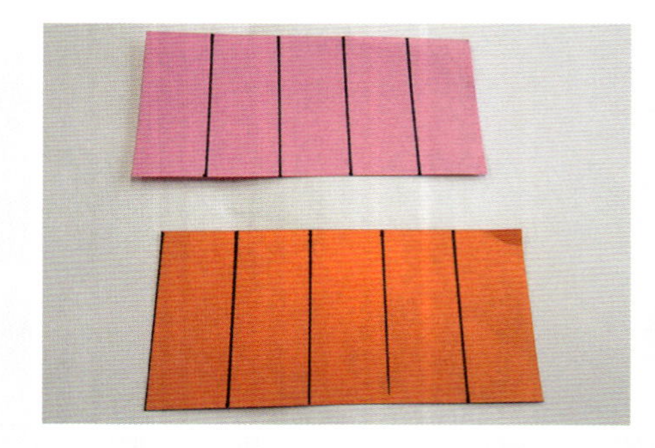

②2回切り（連続切り）
2回の閉じ開きの連続で切れる幅の紙を用意して、切り離したり、切り込みを入れる練習をする。

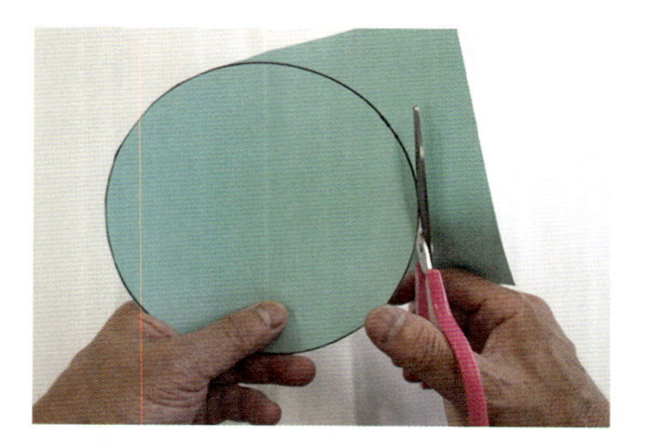

③曲線切り
曲線を切る下書き（円形など）を描いた紙を用意して、ハサミを回すのではなく紙を回して切る練習をする。

実践　ハサミの切り方３種の応用

①１回切り「床屋さんになろう」

型紙と髪の毛に縦のスリットを入れるところまでを保育者が準備する。髪の毛の間隔は 1.5cm 程度になるように切り込みを入れておく。前髪カットができたら、顔のパーツと重ねて（のり付けして）完成。

②２回切り（連続切り）「半分こにしよう」

食べ物の描かれた絵や、折り込み広告の食べ物の絵を切り抜いておく。皿も用意すると楽しさが高まる。

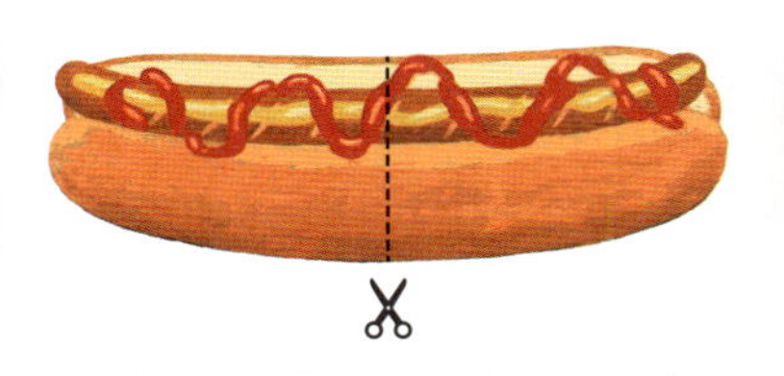
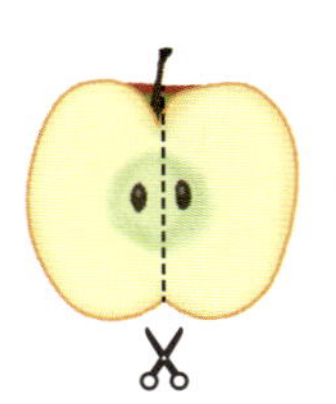
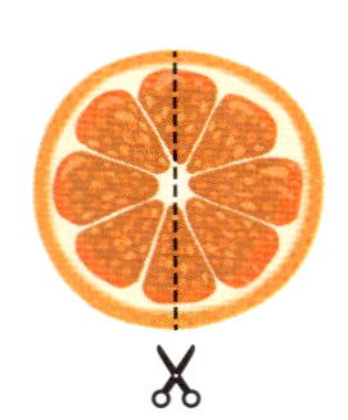

③ 曲線切り、自由切り「パン屋さんを開こう」

ドーナツやハンバーガーなどの曲線が多い食べ物を描いた絵を描き、ハサミで切る遊び。ほかには、教室の壁に木の絵を用意し、てんとう虫やだんご虫の絵を切り抜いて貼っていくなどの活動も楽しい。

<注意>

曲線を切るときに子どもたちに伝えるのは、「ハサミを回すのではなく、紙を回して切る」こと。月齢の違いなどで難しい子どもがいれば、始めのうちは保育者が紙を回してあげてもよい。少しずつ、両手を使って自分で切れるように教える。

2）紙を接着する素材

（左から）スティックのり、でんぷんのり、液体のり、木工用ボンド（接着剤を出しやすくするために逆さで保管できる仕組みになっている）

紙同士を接着するのに用いられる素材で、すぐに思いつくのは、のりでしょう。はじめて使ったのりは、指で付けるでんぷんのり、そして筆箱に必ず入っていたスティックのり、しっかりと接着したいときに使った液体のりが思い浮かぶでしょう。また、木材の接着でも説明しましたが、木工用ボンドも紙の接着にも使え、厚紙や段ボールなど強固に接着したいときに適しています。接着剤ではありませんが、テープ類も紙同士を接合する材料となります。

① でんぷんのり

でんぷんのりは一番馴染みがあり、はじめて使った接着剤といえるでしょう。主成分はコーンスターチ（トウモロコシのでんぷん）、キャッサバの根茎（タピオカの原料）です。でんぷんを水で溶き加熱することで粘着力を高めています。水溶性であり水分が蒸発することででんぷんが硬化し、接着します。水溶性なので水で希釈することができ、張り子の薄い和紙を貼り込むことに使えます。

② スティックのり

筒状のプラスチック容器に棒状の固形に近い状態ののりが入っており、容器の下の部分を回すことでのりが押しだされる仕組みになっています。手を汚さずにのりを付けることができるので、必須の文房具です。のりの成分は、ポリビニルピロリドン（PVP）などの合成樹脂の水溶性です。主に、紙を接着する際に用いることが多く、事務的作業や一般的な工作に使用されます。

③ 液体のり

主に、紙などの素材をしっかりと接着したいときに使うのりです。でんぷんのりよりも液状で流れやすく、容器の上部の網目状のスポンジから染みだして使うため、手を使わなくてものりを付けることができます。乾燥が早く、乾燥すれば強い固着力があります。主原料はポリビニールアルコールで、原料は日本で開発されました。

④ テープ類

テープといえば、セロハンテープ、マスキングテープ、ガムテープが思いつくでしょう。また、接着剤とテープが一体となったテープのりがあります。そして、テープのりのもとになった両面テープがあります。

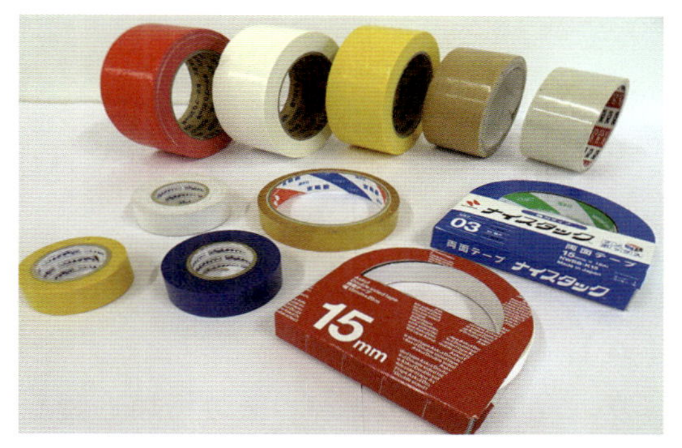

様々なテープ

セロハンテープはセロハンに粘着剤を付けて巻き取ったものです。セロハンは木材パルプを原料にしたフィルムです。透明で手で切りやすく、手で馴染みやすい質感をもっています。現在、一番馴染みのある粘着テープといえるでしょう。仲間として、両面テープやテープのりがあげられます。

マスキングテープは、塗装をはじめとするシーリングやコーキングの際に、塗装箇所以外を汚さない目的で使用される保護用の粘着テープです。粘着力が弱く剥がしやすく切りやすいため、仮止めにも使われます。近年は、装飾用に様々な柄が印刷されたクラフトテープが流通しています。

ガムテープは、本来はクラフト紙に再湿のり（切手ののり）を塗布したもので、接着するときに水で濡らして貼っていたものでした。現在は、梱包用のテープにガムテープの名称が使われています。本来の名称は、紙製がクラフト粘着テープ、布製が布粘着テープ、そして透明なフイルム（OPP）粘着テープがあります。安価なうえ頑丈なので、造形物の制作には大いに役立つでしょう。

実践　　のりの扱い方の教え方

先にも紹介しましたが、のりには様々な種類があります。では、どののりを使えばいいのでしょう。皆さんがはじめて使って道具箱に入っていた「でんぷんのり」が適しているでしょう。扱い方を正しく伝えやすく、体内に入っても安全です。
でんぷんのりはチューブ状かカップ状の容器に入っており、指やヘラですくって使います。使う量の加減ができることが利点ですが、使う量や扱い方を教えなければなりません。使う量を自分で判断できるのは5歳くらいからといわれていますが、丁寧に教えれば3歳からでも使えるようになります。では、どのように教えればよいでしょうか。まずは、保育者が指に取って量を見せること、少ない量を「アリさんの量」、多い量を「ゾウさんの量」と、子どもが量を想像できる具体的なものに例えるとよいでしょう。指は人差し指（お母さん指）[4] を指定し、他の指に付けないように注意しましょう。のりを付ける紙には、真ん中から塗りはじめ、白い部分は透明になるように伸ばし、

4）　慣れてきたら人差し指より中指で塗るように指示する。中指で塗ることにより、人差し指が使えるようになるので、紙を持つときや貼るときなど次の動作に移行しやすくなる。

端まで優しく塗るように指示します。そして、塗り終えたら紙をつまんで貼る場所に持っていき、のりが付いていない手のひらで押さえましょう。中にはのりの感触を嫌がる子がいますが、保護者と相談したり、ヘラを使うなどで対応しましょう。

（4）紙の活用法

先にもあげましたが、紙の種類も製品も様々あります。紙は日常生活の中で欠かすことのできない重要な素材ですが、子どもはいろいろな種類があることや質の違いがあることには、あまり関心をもって理解しようとしないようです。

いろいろな紙を集めてどんな名前がついているのか、触るとどんな感じがするのか、何に使われているのかなどを遊びの中で理解していくようにするとよいでしょう。ここでは種類別に活用法を取りあげていきます。

1）印刷紙（新聞紙、包装紙、雑誌など）

ペーパーレスが叫ばれる昨今、新聞紙は定期購読している家庭が少なくなり、身近な素材とはいえなくなってきましたが、柔らかさや破りやすさから考えると扱いやすい紙だといえます。また、包装紙は製品に包まれている紙で、気を付けていなければ破り捨ててしまうような紙です。しかし、製品を販売している企業にとってはその製品の顔であり、柄のデザインに気を使っているものでもありますので、素敵な柄が多いと思います。少しだけ、ものを大事にしようとする気持ちがあれば、丁寧にはがして取っておくと、後々で造形などに活用できる素材です。また、雑誌や広告の紙もカラーのものが多く、切り貼りするときに活用できます。

① 破く、ちぎる

日常では禁止されている行為である、紙を破いたり、ちぎったりして遊びましょう。子どもははじめはなかなか破こうとはしませんが、破いてよいことを話すと、破き始めます。これを行うことで、紙の特性（紙の目）を知ることや、破いた紙で形を見つけたりすることができますし、見つけた形をつなげて新たな形を生みだすことができるでしょう。そして、最後は花吹雪にしてもよいでしょう。

実践　じゃんけん新聞

新聞紙に乗って、「じゃんけんぽん！負けるとどんどん大変になっていく！」というドキドキ感が楽しい遊びです。 新聞紙１枚で手軽にでき、白熱する新聞遊びは、１対１だけでなく、先生対クラスの皆で行うのもいいでしょう。

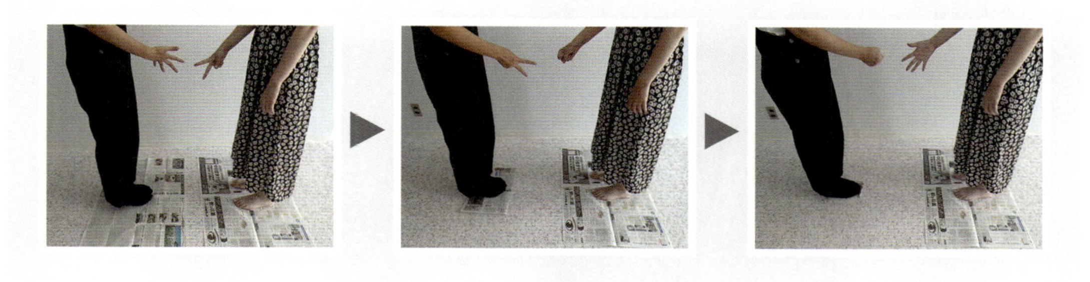

実践　長くできるかな

紙の特性を活かし、右端から２～3cm のところを上から縦に裂きます。このとき、下まで全部裂かずに 2cm ほど残しておきましょう。これを左右繰り返し、いかに長く裂けるかを競う遊びです。

② 丸める

紙を破く遊びは平面的ですが、ねじったり、丸めたり、折ったりすると立体的な発想に発展することができます。新聞紙や包装紙は薄く柔らかいので、子どもの力でも十分に丸めたり、破ったりすることができます。ただ、ある程度密度が重なっていくと、紙に弾力ができ、戻ろうとしますので、セロハンテープや輪ゴムを使って留めましょう。

実践　新聞紙を使った遊び

① ペーパーツリー

新聞紙を棒状に丸め、持ち手側半分を数か所セロハンテープで留める。テープで留めていない方の先から 10cm ほどに 4 本の切り込みを入れる。切り込みの一番内側の新聞を引っ張ると、スルスルと伸びる。

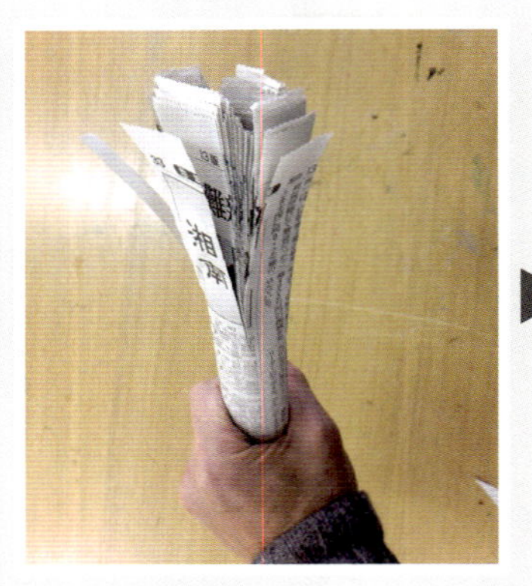

② 新聞紙ぐるみ

新聞紙の中に新聞紙を詰めると、新聞紙ぐるみになる。くしゃくしゃにしたり、ねじったり、作る過程も面白い。まず、広げた新聞紙の上に丸めた新聞紙を作りたい形に置いていく。その上にもう 1 枚新聞紙をかぶせ、端を 2 枚一緒に折ってテープで留める。新聞紙をねじり、形を整えながら留めていく。絵の具で色を塗ったり、折り紙を貼ったりして飾り付けたらできあがり。新聞紙をつなげて大きな紙にすれば、もっと大きな新聞紙ぐるみができる。

2）画用紙

次に、少し厚手の画用紙などの紙に着目していきましょう。薄い紙なら丸めたりすることでも立体になりますが、丸めることが困難な画用紙などの少し厚手の紙なら、折ったり、曲げたり、切ったりすると平面の紙を立体に変えることができます。折り紙を一番に思い浮かべるかもしれませんが、厚手の紙なら複雑に折らなくても簡単に立体物に変えることができます。

① 折る

a. 二つ折り

画用紙を真ん中で 2 つに折って開くと、一番簡単な立体物となります。左右対称ですので、動物を表現するがよいでしょう。切るときは２つに合わせて背中(折った部分)は切らないようにしましょう。

b. 四つ折り

四角い画用紙の四隅を折ると、４本の足ができ、机のようにも動物のようにもなります。短い足の動物をイメージして作ってみましょう。

二つ折り

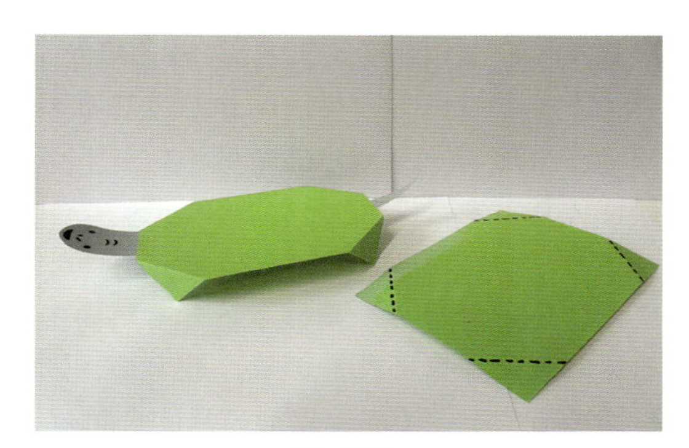

四つ折り

② 切り込みを入れる

画用紙のいろいろな方向から切り込みを入れ、折ったり曲げたりします。直線の切り込みなら有機的な建物をイメージできるでしょう。曲線のうずまき状に切り、丸めたりくぐらせたりすると、有機的な生物のような形になります。セロハンテープやホチキスを使ってつなげたり、色紙で彩色して装飾をしてみましょう。

切り込み作品 1

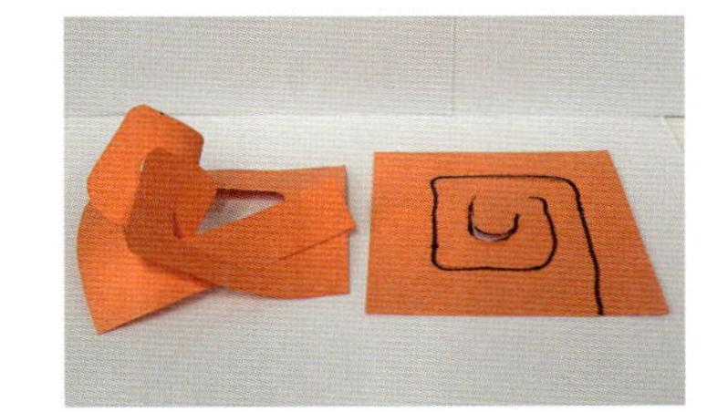

切り込み作品 2

③丸める

紙から立体にする方法で、折る以外に、丸めて円筒形や円錐形にする方法があります。円筒形は形の基本で、紙の強度が上がる（縦方向）ので、様々なものに応用できます。丸めるときは机の角でこすり、くせをつけたり、円筒形のもの（紙筒や丸缶）などで丸めておきましょう。円錐形は紙の角を中心にして丸めていきます。のり付けは難しいので、セロハンテープやホチキスを使って留めましょう。この方法で円錐形を作ると、開いている部分が揃っていないので、平らに切って揃えるようにしましょう。

3）空き容器

我々が日常生活を送る中で、紙箱を必ず目にします。簡易包装の商品が増えたといっても、商品を保護する意味合いや販売上の広告的要素、陳列のしやすさなどから、買いものをすれば必ず手にする素材です。ただし、商品を消費すれば、その紙箱はごみとなってしまいますが、造形においてはこの紙箱は切っても切れない材料です。子どもにとっては創造の源になる材料となります。1つの紙箱でもいろいろな遊びを生みだします。箱を切り開いたり、のり付けしたりして組み合わせながら、動物や乗り物など様々な形に作り変えます。1枚の紙から作りだすよりも簡単に作りだすことができるので、子どもにとっては制作意欲を高める魅力ある材料といえるでしょう。また、箱のほかに紙コップや紙皿、トイレットペーパーやラップの芯の丸筒等も空き容器の部類に入ります。

これらの材料は家庭に収集を依頼したり、園で事前に意識して集めておきましょう。また、子ども自らが集めることも重要で、集めるところから造形遊びが始まるといえるでしょう。集めたものは、教室の片隅に材料コーナーを作っておくといつでも遊びを始めることができ、造形の意欲を高めることになります。

様々な空き容器

牛乳パックを使って

4）段ボール箱

通信販売が全盛の今、その家庭においても段ボール箱は身近なものになっているでしょう。主に、運搬用の外箱で使われているため、丈夫ですぐに手に入る材料で、造形の活動にも大いに用いられています。子どもにとっても安全で、大きいものだと中に入って遊んだり、乗り物に見立てて遊んだりしてイメージがどんどん広がっていきます。段ボール箱は大きさも様々で、厚さの種類もいろいろあります。一般的な引っ越しや宅配便に使われる段ボールは3mm厚の両面段ボールです。梱包用の片面段ボールや大型家電用の複面段ボールなどもあります。

段ボールを切るときは大型のカッターナイフが必要です。子どもが使うのは危険ですので、保育者が安全に配慮して使うのがよいでしょう。どうしても子どもに切らせたい場合、段ボールカッターはのこぎりのように使いますので、使い方を教えましょう。

段ボール箱を並べたり、積みあげたり

段ボールカッターで切る様子

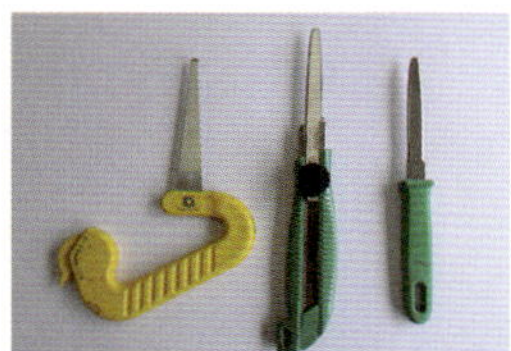

段ボールカッター

<参考>カッターナイフ

カッターナイフは切る素材によってサイズは様々です。大きいものは薄手のベニヤ板を切れるもの、刃以外はプラスチックでできている安価なものなど、用途によって様々です。共通点は、歯に付いている斜めの溝です。この斜めの線は折れ線といい、付属の溝の付いた折れ具を使うと簡単に折れ、新品同様の切れ味の刃を常に出すことができます。切り方は、少しだけ刃を出して使います。多くの刃を出して無理な力を入れて切ろうとすると、刃が折れ線から折れてしまうのでとても危険です。注意して使ってください。

5）和紙

和紙は、中国から伝来した紙漉きの技術が日本で独自に発展した紙です。雁皮、三椏、楮の3つの植物の樹皮が原材料です。和紙が身近に使われているのは日本家屋の襖や障子です。また、書道の紙や民芸品の張り子の人形などに使われています。和紙の三大生産地は、福井の「越前和紙」、岐阜県の「美濃和紙」、高知県の「土佐和紙」です。

しかし、日本の各地には和紙を産出するところが多く、全国津々浦々に存在しています。あえて選ばないと手にすることは少ないですが、日本古来の紙で身近に存在しますので、使ってみて和紙の温かさに触れるのもよいと思います。

実践　張り子の技法を使って

ここでは障子紙を和紙として扱い、丈夫さと温かさを知ってもらえたらと思います。和紙は手でちぎり、のりは通常のでんぷんのりを同量のぬるま湯で希釈しておきます。

① 風船を使って「和紙のランプシェード」

① 膨らました風船に和紙を重なるように貼っていく。

② 二重程度に貼ったら、押し花の花や葉っぱを貼り、さらに和紙を貼っていくとポイントになる。

③ のりが乾いたら、風船を割って取りだせば完成。

風船の光源用 LED ライト

LED ライトを使ったランプシェード

② 厚紙で骨組みを作って「お面」

① 厚紙で 2 ㎝程度の帯を作り、骨組みを作る。

② 新聞紙をちぎって二重程度に貼っていく。

③ 和紙を三重程度に貼っていく。

④ のりが乾いたら、絵の具で色付けをし、ニスを塗って完成。

張り子の民芸品のように原型を粘土で作ってその上に和紙を貼る技法や、達磨のように木型に和紙を貼って作る技法もあります。

4. その他の材料（廃材）

今までは、粘土や紙など基本的な材料から取りあげましたが、ここからはそれ以外の生活で出る廃材に視点を向けてみましょう。

（1） ペットボトル

皆さんも触ることがない日がないくらい、飲料水の容器として当たり前にあるものです。集めやすくサイズも様々で、造形の材料として活用されています。そのままの形で使う場合もありますが、ハサミなどで切断して使う場合もあるでしょう。しかし、切る場合は力が必要ですので、保育者があらかじめ切断しておくのがよいでしょう。この場合のハサミはキッチンバサミやペットボトル用のハサミを使うか、大型のカッターナイフを使います。また、切断面は鋭角な形になるので、事前にテープを貼るなど保護をしておきます。色を付けたければ、油性のマーカーかアクリル絵の具（原液）、ビニールテープ、布製の粘着テープを使います。

ペットボトル工作

（2）食品トレイ

水気のある食品などの包装容器として使われているものです。素材は目の細かい発泡スチロールでできており、四角い皿状の形態をしています。白色や黒色、笹がプリントしてあるものなど、使われる食品によって様々あります。発泡スチロールでできているので柔らかく、薄いものならハサミでも十分に切ることができます。軽いですから水に浮かせることができ、防水なので水を入れたりするような遊びにも活用できます。

食品トレイ工作

（3）エアーキャップ

運搬用に運ぶものが傷つかないように緩衝材として使われています。通称「プチプチ」とも呼ばれていますが、正式名称は「気泡緩衝材」といい、馴染みのある材料です。素材はポリエチレンです。気泡のサイズが大・中・小と3種類あり、一般的なのが中のサイズです。色は水性マーカーや水気が多い絵の具は弾いてしまうため描くことはできませんが、ペットボトルと一緒で油性のマーカーやペンキ、アクリル絵の具（原液）なら乗せることができます。規則的に細かい気泡が並んでいるので、それを活かして版画の材料として使えるでしょう。

エアーキャップを活かした工作

（4）スポンジ

スポンジというと、洗浄等の用途の印象が強いと思います。細かい孔が開いた柔らかい物質ですので、液体を孔内に吸い取る性質があり、スタンプ台や刷毛の代わりとして塗料を塗布する用具としても使われています。また、薄手のものは繊細な果物や壊れやすいものを運搬する緩衝材としても使われています。柔らかい素材ですので、ハサミでの切断が容易で、造形の材料としても工夫次第で大いに活用できます。

スポンジで作ったパペット

（5）発泡スチロール

緩衝材や保温冷容器に使われる素材で、軽いのが特徴です。食品トレイと同じ原材料となります。薄板状のものなら切断は容易ですが、梱包された製品によって形状は様々で、塊の形態になっているものが多いでしょう。この状態を切断するためには、ニクロム線を電気で加熱して溶かして切る電熱カッターが有効ですが、扱いに慣れる必要があります。また、カッターナイフなどの鋭利な刃物で削り切る方法があります。接着は専用の接着剤か木工用ボンドが適しています。色を付けたければ、水性のペンキやアクリル絵の具が適しています。油性のペンキやマーカーは、塗料の溶剤によって発泡スチロールが溶けてしまいますので、十分に注意してください。

発泡スチロールの仲間のスタイロフォームを使って

（6）ポリ袋、ビニール紐

ポリ袋は日常的に目にする素材です。一般には、最終的に燃焼することを配慮してダイオキシンが出ないといわれる原材料のポリ袋が使われていますが、白色のものが多いでしょう。

ここにあげているポリ袋やテープは日常品ではありませんが、造形や装飾用の素材として流通しているものです。もちろん、用途として本来の使い方もできますが、扱いやすさは造形の素材として魅力的です。あえて準備しなければいけませんが紹介しておきます。

カラーポリ袋

ビニール紐（スズランテープ）

園での子どもの作品

学生作品

第4章　保育現場での実践

造形には知識は大事ですが、知識を得た後には実践も重要になってきます。本書は養成校へ向けての内容ですので、この章では保育現場での実習を意識した実践を取りあげます。また、保育施設での１年の流れや協同で行う実践例も取りあげます。そして、保育者の資質を意識した授業例も取りあげます。この授業例は保育者の資質向上のみならず、工夫次第では子どもの造形活動にも取り入れることができます。

§ 1. 保育現場での造形活動

1. 保育現場での造形活動とは

幼保連携型認定こども園教育・保育要領、幼稚園教育要領、保育所保育指針において、「表現」領域では、「感じたことや考えたことを自分なりに表現することを通して、豊かな感性や表現する力を養い、想像力を豊かにする」として、生活の中で様々なものに触れ、心を動かし、イメージを豊かにし、自由に表現する術を経験することが「ねらい」とされています。「内容」に関しても、特別なことでなく、生活の中で接する様々なものに気付いたり、楽しんだり、イメージを膨らませて表現する体験をすることがあげられています。

保育の現場に目を向けてみると、実際の保育は、長期の指導計画（年・期・月など）と短期の指導計画（週案・日案）に沿って行われています。季節の行事などは、園であらかじめ時間をかけて継続的に企画されて時間をかけて取り組むものです。また、夏祭り（夕涼み会）、運動会、生活発表会などは園全体の取り組みとなるでしょう。そして、時期によっては学年の取り組みもあります。入園間もないクラスの4月から5月にかけての取り組み、3月の卒園に向けての5歳児クラスの取り組みなど、子どもの発達や時期によっても取り組みは変わっていきます。皆さんが実習で入るときには、園ではどのような取り組みを行っているかを把握して、実習に向かう心構えをしておきましょう。

次に、ある園の年間計画を紹介します。自分が実習に入る時期と照らし合わせて実習に対するイメージをもっておきましょう。

図表4-1　ある園の年間計画

月	毎月ある行事	園の行事	季節の行事
4	誕生会・避難訓練	入園式、保護者会	お花見
5	誕生会・避難訓練	健康診断、家庭訪問	端午の節句
6	誕生会・避難訓練	春の遠足	衣替え
7	誕生会・避難訓練	夏祭り	七夕
8	誕生会・避難訓練	（夏休み）	お盆
9	誕生会・避難訓練	引き取り訓練、祖父母の会	お月見
10	誕生会・避難訓練	運動会、芋ほり、遠足	収穫祭
11	誕生会・避難訓練	5歳児遠足	七五三
12	誕生会・避難訓練	生活発表会	クリスマス
1	誕生会・避難訓練	もちつき、正月遊び	正月、どんど焼き
2	誕生会・避難訓練	お店屋さん	節分
3	誕生会・避難訓練	お別れ会、卒園式	ひな祭り

2.造形を主活動とする指導計画

ここからは、保育の現場に主活動として造形を取り入れることを念頭に入れて進めていきます。

もちろん、保育者自身も造形に対して好き嫌いは当然あるでしょう。しかし、保育の現場では好き嫌いよりも、それらを使っていかに表現することを楽しめる場にするのかが重要になってきます。子どもにとってもはじめての経験であるかもしれませんし、ワクワク・ドキドキしている時間ですし、はじめて道具や表現に触れられる時間です。そういう新鮮な場面に立ち会えることこそ、保育者という仕事の醍醐味です。保育者自身も楽しいと思える内容を考えていきましょう。子どものころに感じたワクワク・ドキドキ感を思い出してください。その気持ちを大事にして、子どもの表現に向き合いましょう。

これまでは、造形を自分自身が実践して保育にどのように活かすかを中心に考えてきましたが、ここでは子どもと向き合う表現の時間として、部分実習の主活動として制作を取り入れた場合を述べていきます。はじめに伝えておきたいのは、自分で制作するのと、人に制作方法を教えるのは、まったく別物であるということです。自分で制作するときは、何を作るかを考え、素材や用具を決めていき、時間の制約がなければ自分のペースで思う存分に作ることができるでしょう。しかし、人に制作を教えるとなると、実際に経験してみれば分かりますが、いくら入念に計画してもうまくはいきません。予想外の出来事は必ず起こります。これをカバーするのが経験です。自分がすることをイメージできるようになるまで、経験を積むことが重要になってきます。しかし、経験といっても学生である皆さんにとっては、これまで育ってきた経験と、養成校で学んだ経験しかないと思います。そして、実践での経験といっても、実習などの期間が決められている中での短い期間で経験を積むことは困難でしょう。

これを補うのが入念な教材研究です。繰り返し実践して、様々な状況を想像できるように準備をしてみましょう。経験の少ない実習生にとってはままならないことと思われますが、イメージがある程度浮かぶようになったら思い切って実践に臨んでみましょう。はじめからうまくいくことは、ほとんどあり得ないと思っていてください。失敗は付きものです。失敗を繰り返すうちに、「次はこうしよう」「ここはこうだったからこうしてみようかな」などと反省が経験となり、次につながっていきます。

3. 造形活動の流れを計画する

続いて、子どもと一緒に制作する場面を想定して、流れを計画してみましょう。造形活動は以下の順になります。

発想 ▶ 計画 ▶ 材料・用具の選択 ▶ 制作 ▶ 完成 ▶ 使用（使って遊ぶ）

「発想」の段階では次の2通りがあります。

a. 作りたい欲求や目的があって、それを作る材料を選択する（発想から材料を選ぶ）
b. はじめに材料があって、それを使って何ができるか考える（材料から発想する）

しかしながら、実習での主活動として実習生が内容を考えた場合は、aの「発想から材料を選ぶ」活動となるでしょう。そして、対象の年齢、発達の段階、経験、実践の時間、そして季節などを勘案してテーマを決めなければいけません。テーマが決まったら、各条件に照らし合わせた材料や用具を選定します。養成校の学生でしたら、実習期間の時期によって内容を考える必要があります。同じ3歳児でも、6月と2月では子どもの成長は違います。まずは、クラスの様子を実際に見て、雰囲気を把握しましょう。それが叶わないようでしたら、担任の保育者に聞くことが重要になってきます。クラスの様子を把握でき、担任保育者と話ができたら指導計画を作成していきます。

4．指導計画の立案のポイント

（1）発達に合っているか

入ったクラスの年齢の発達段階の把握、そして実習の時期にもよりますが、造形活動に関する用具の教授状況を把握する必要があります。実習の時期を6月と2月と設定すると、子どもの経験から8か月の差があり発達の過程を考えると大きな開きがありますので、事前に相談して子どもの状況を把握する必要があります。これができてはじめて発達に合った内容を考えることができます。

（2）得意・不得意の個人差

指導案作成に求められるのは、まずは子どもの発達実態を捉えることです。同じクラスでも、発達の段階や育ちの環境による個人差があります。また、これらを起因とする得手・不得手の意識をもち始めている時期でもありますので、機会があれば実習前の個々の作品を見せていただくか、担任保育者に個人の状況を把握しておくことをお勧めします。この聞き取りで子どもの実態を把握してください。それが叶わないようであれば、偶然性を期待でき、うまい下手が表れ難い内容の立案をする配慮が必要となります。

（3）集団の活動か、個の活動か

造形活動のグルーピングは内容にもよりますが、実習での主活動を考えたら、個人での活動がよいでしょう。発達段階から考えたら、制作の場合は4歳児以降がグループ活動に適しており、3歳児までは個人の世界に入ることが多く、他者と関わろうという意識はまだ芽生えていません。しかしながら、制作の内容によっては、個のものが集まって1つの作品とすることもできますので、内容の発展形としての集団活動も要素に入れておいてもよいでしょう。

（4）事前準備の必要性

実習での活動の準備は、月具以外は基本全てを実習生が準備しなければなりません。用意しなければならない材料は、クラスの人数を把握し、入手方法を確認する必要があります。生活廃材であれば家族や友達に協力を仰ぐとか、購入できるものでしたらお店で数が揃うかなどの事前準備が必要となります。これは日頃からの意識のもち方で変わってきますので、造形を主活動に取り入れたいなら、実習前には準備を意識して、造形の引き出しを多くもっておきましょう。

（5）導入・展開・発展になっているか

物語の流れの起承転結と同じように、活動内容にも流れがあります。導入・展開・発展の流れが活動内容には求められます。対象が子どもですから、なおのこと丁寧な流れが求められます。導入は子どもが心を動かされ、活動に取り組む意欲が芽生える働きかけです。思い出の込められた素話や活動の内容に関連した絵本の読み聞かせなど、工夫してみてください。展開はこの活動のメインとなるところです。ねらいを達成するために必要な援助を考え、様々な状況を予測し、子どもが起こし得る場面を想像して考えてください。発展はまとめであり、造形の場合は作品が完成すれば終わりと考えがちですが、作って終わりではなく、ゲーム形式にして作ったもので遊ぶとか、作った作品を集合させてクラスの壁面に仕立てるとか、次の活動への期待が高まる締めくくりになるように考えてみましょう。このように指導案は、活動の流れを考えて組み立ててください。

5．造形活動を教材にした部分実習指導案の例

（1）指導案の造形表現のねらい

自然物や人工物などの様々な素材に親しみ、色や形、手触りに気付き、描写が未熟な年齢の子どもに対して版での代用で形の表現を容易にして、かつ写る楽しさを経験させることがねらいになります。まずは子ども自身が自分でできる喜びを味わうことが大きなねらいとなるでしょう。

（2）指導案を立てるときのポイント

この年齢の子どもは月齢によって身体能力の発達段階での差は見られますが、表現の能力的にはほぼ横一線に並んでいます。しかしながら、家庭環境により年上のきょうだいがいた場合や、経験の有無によっての差が見られるでしょう。そこで、表現としての差は見られず、身体的な活動が造形表現につながる内容が好ましいです。指先を使った遊び、ちぎったり、切ったり、貼ったり、折ったり、造形の基本となる活動の前段階となる内容を取り入れるように配慮してください。

図表 4-2　3歳児対象の部分実習指導案

3歳児（6）月の部分実習指導案	
実施日（6）月（12）日（水）曜日	
対象児（3）歳児（16）名（男9名　女7名）	
〈主な活動内容〉 身近にある野菜や道具でスタンピングを楽しむ「アジサイを作ってみよう」	
〈子どもの実態把握〉 ・絵本を楽しく聞くことができ、内容に興味を示し、感想を口にしている。 ・季節の花に興味をもっており、園庭で色付いているアジサイの花の色に関心をもっている。	**〈部分実習のねらい〉** ・切断面の面白い野菜や身近にある段ボールなどの素材の形を絵の具の色で写ることを楽しむ。 ・野菜の名称と形を知り、それらの形を活かして自分なりに豊かに表現することを楽しむ。 ・自分で版の材料や色を選びスタンピングすることを楽しむ。

時間	環境構成	予想される子どもの活動	保護者（実習生）の援助・配慮点
10:00	●準備物 ・新聞紙（事前に机の下に敷いておく） ・アジサイの見立て作品（アジサイの実物と画用紙で作ったもの） ・緑の色画用紙で作った葉っぱ ・水彩絵の具 ・浅いバット ・薄いスポンジ ・スタンピング材野菜（オクラ、ピーマン）	●「何をするの？」と言いながら実習生の周りに集まる。 ●声かけに応じず、走り回っている子どもがいる。	●実習生の周りに集まるように声をかける。 ●声かけに応じない子どもの名前を呼び、「今から何が始まるのかな？一緒に手遊びをしよう」と興味を惹かせる。
10:05	［保育室］ 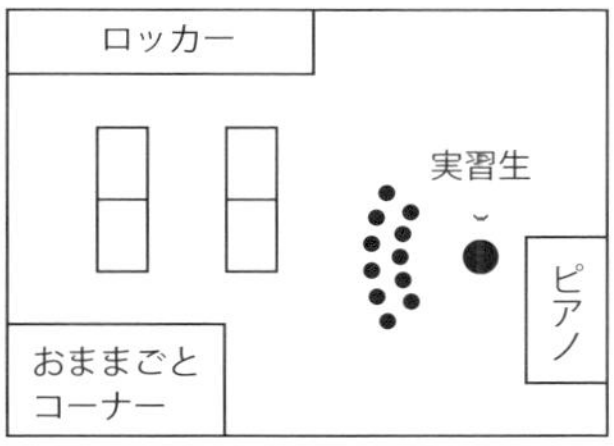 ●子どもは床に座り、実習生は子どもの前に座る。	●実習生の手の動きを真似る。	●手遊び「はじまるよ」を子どもが真似できるようにゆっくりと行い、制作の始まりの雰囲気をつくる。
10:10		●絵本『ポンコちゃんポン！』の絵本を聞きながら、実習生の手振りを真似る子どももいる。	●活動につなげられる内容の絵本『ポンコちゃんポン！』を身振り手振りを付けて読む。
10:15		●野菜の名称を知っている子どもは質問に答えて名称を口にする。	●スタンピング材野（オクラ、ピーマン）を見せながら、「これは何だろう？」と質問しながら紹介する。

時間	環境構成	予想される子どもの活動	保護者(実習生)の援助・配慮点
		●「花！青色！紫色！アジサイ！」と口々に質問に答え、近くで見た感想を述べる。	●アジサイのイメージが湧くように、実物の花を見せ「この花は何の花かな？」と質問を投げかけ、よく見えるように配慮して近くに置く。
		●順番に画用紙と葉っぱを取りに来る。受け取った子どもは席に座る。	●あらかじめ用意しておいた画用紙と色画用紙で作った葉っぱを取りに来るように促す。受け取った子どもから席に座るように促す。
		●スタンピングの材料を見て、実習生と一緒になって手や体を動かして、押す動作を表現する子どもがいる。	●全員が取りに来たことを確認したら、子どもの目の前で様々なものを使って「チョンチョンペッタン」と言葉を添えてスタンピングの実演を行う。
10:20	[保育室] 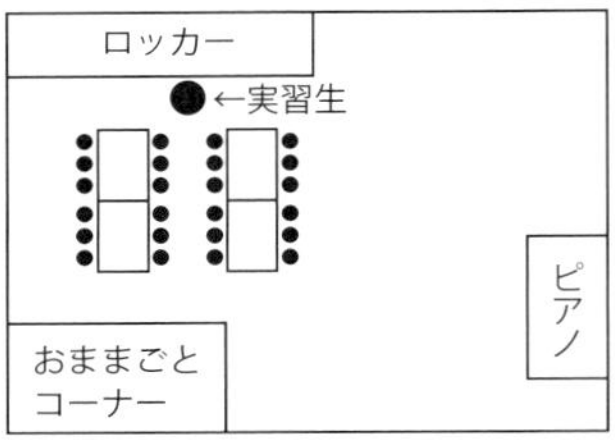 ロッカー ●←実習生 ピアノ おままごとコーナー ●子どもは椅子に座る。実習生は子どもの前に立つ。	◎様々な絵の具が出されたスタンプ台に興味をもち、意欲的な発言をする子どもがいる。	◎「それではみんなでやってみよう」と伝え、用意したスタンプ台を出す。
		●アジサイの形になるようにオクラを繰り返し押してスタンピングを楽しむ。	●スタンプ皿は2人に1個、スタンプ材は1人に1個ずつあるように、子どもの届くところに配置する。
		●たくさんの色のスタンピングを楽しみ、カラフルなアジサイを作る。	●「たくさん色を使っていいよ」と伝え、隣のテーブルのスタンプ皿と交換する。
		●「チョンチョンペッタン」のリズムに合わせて模様を付けていく。	●「チョンチョンペッタン」と言いながら子どものスタンピングにリズムをもたせながら制作過程を見守り、状況に応じて支援する。
		●色が混ざることに戸惑っている子どもがいる。	●「使ったものは返してね」と伝え、それぞれの表現が楽しめるように配慮をする。
		●自分の指や手でもスタンピングができることに気付く子どもがおり、実習生に促されると喜んで表現を楽しむ。	●最後に指や手でも写すことができることに気付いた子どもがいたら、制止しないで押したい子どもができるように見本を示しながら働きかける。
		●完成した作品を掲げて実習生に見せる子どもがいる。	●完成した子どもから、順次手洗いに行くように伝える。
		●手洗いを済ませ、完成した作品を見せる子どももいる。	●全員が手洗いを終えたことを確認し、席に着かせる。
		●完成した作品を掲げ、実習生に見せる。また、お互いの作品を見せ合いながら口々に感想を述べ興味を示す。	●「みんなの作ったアジサイを見せてください」と伝え、作品を掲げさせる。「園庭のアジサイみたいで素敵だよ」と自信のもてる声かけをする。
10:35		●実習生に作品を手渡す。	●子どもの作品は乾燥のため、いったん預かり、乾燥棚で保管する。
		●「楽しかった」等、感想を話す子どももいる。	●子どもの言葉を拾い取って子どもの投げかけに対応する。

（３）指導案の特徴

細かな内容まで設定されており、この学生の綿密さが伺えます。主活動の過程の中で話す言葉も決められているので、入念な下準備がされたことを感じ取れる指導案になっています。

（４）指導案を実施するときのポイント

造形にとって教材研究は特に十分に行わなければならず、実際に主活動で行ってみてはじめて分かることですが、自分でやるのと教えてやるのではまったく違うことを実感できます。ゆえに綿密な教材研究は必要です。また、シミュレーションも重要になります。はじめのうちはなかなかできませんが、経験を積んでできるようになっていきます。よって、経験の浅いうちは、この指導案のように話すセリフを決めておいた方がスムーズに取り組むことができるでしょう。

実習では緊張してしまい、頭の中だけにあったことですと、予測しないことが起こると記憶から飛んでしまいがちです。子どもの動きは予測不能で何が起こるか分かりません。急な行動で驚いてしまって慌ててしまうと元も子もありません。丁寧な指導案こそ我が身を助ける術となるでしょう。

§２．保育現場での制作活動事例

ここからは筆者が保育施設を訪問したり、在籍する養成校で園児を招いて学生とともに造形活動を行った制作事例を紹介します。個々で制作するよりも、協同で行う活動が中心となりますが、参考にしていただけたらと思います。

１．子どもに向けての制作活動

事例　ローラーと刷毛を使って（大きな紙に向き合う）

<対象クラス>
5歳児（12名）、4歳児（8名）、3歳児（6名）

<準備物>
3×4ｍの画用紙×1枚、7×1.2m の画用紙×2枚、養生用ビニールシート、スチレンローラー（3cm幅、6cm幅）×人数分、5cm幅の刷毛、指絵の具（赤、青、黄、緑）、金属バット×8枚、補給用の水（2ℓ ペットボトル）×2本

① 準備する。導入はローラーと刷毛の紹介のみで子どもの主体性に任せる。

② 制作開始だがまだ抵抗感があり、大きな展開までにはならない。

③ ようやく中央に動きが広がり始める。

④ ローラーのみならず、手や足も使い始める。

⑤ 徐々に外に広がっていく。

⑥ 色の領土が侵食し始める。

⑦ ローラーや刷毛では飽き足らず、手や足で紙の上を動き回る。

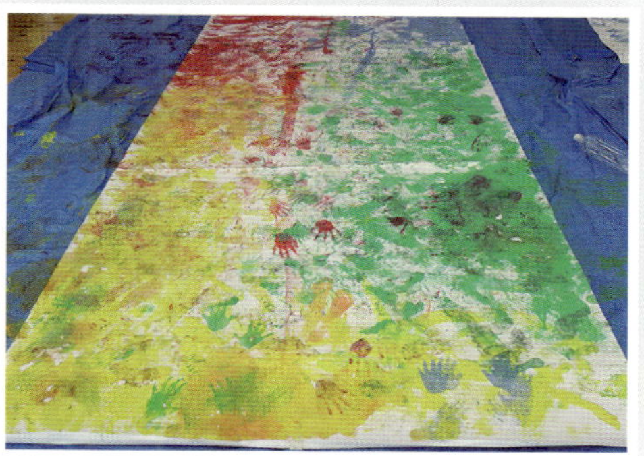

⑧ 制作終了。子どもたちは手足の洗浄のため、洗い場へ。

<活動のねらい>

これまでコロナ禍の期間を経たことで、協同で行う活動が少なく、表現が小さくなっている傾向が見られました。この体験的な造形活動として、大きな紙に向かうことで開放的な気持ちをもってもらい、表現に対する抵抗感をなくし、大きな気持ちをもって表現してもらおうとのねらいがあります。

<活動の振り返り>

この園の子どもたちはこれまでこのような経験がなかったので、この機会で表現に対する気持ちが大きくなってくれたのではないかと思います。今後、この体験で子どもたちにどのような変化があったかを聞き取る予定です。反省点としては、コーナーごとに色分けをした配置にしたので、色の混じり合いが消極的になってしまったように感じました。色を交互に配置したら、混色が進んだ可能性がありました。

事例　足型を使って（園バスを表現する）

<対象クラス>

3歳児（13名）

<準備物>

3×5ｍの模造紙×1枚（マスキングテープと模造紙で窓と園名のマスキング済）、絵の具（赤、青、緑、黄色）、スタンプ台（金属バット、薄いスポンジ）×3セット、足洗い用のバケツと雑巾

① スタンプ台に足を乗せて、絵の具を足の裏に付ける。最初は足に付いた絵具が滑るので、子どもを誘導して注意深く紙の上を歩かせる。

② 慣れてきたら、各自に色を選ばせ自由に歩かせる。

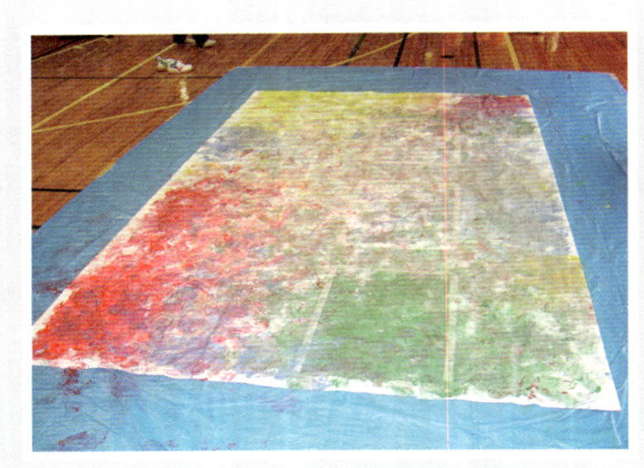

③ 全体に色が付いたら完了。絵の具が乾いたら、マスキングをした部分をはがし、タイヤを付けたら園バス作品の完成。最後は壁に貼り付けて鑑賞する。

＜活動のねらい＞

まだ表現活動が発展途上の子どもが、何気ない行為（絵の具を付けた足で歩き回ること）で表現できることを体験するとともに、色を絵の具の三原色（赤、青、黄）＋緑に限定することで混色できることを知ってもらう意味があります。

＜活動の振り返り＞

この活動のポイントは、大きな紙に協同で行うことの楽しさと単純な活動で表現できること、そしてマスキングをはがすことで現れる形の面白さだと思います。大きな空間だからできること、普段できないことを経験することで、子どもたちの記憶に残すことに意味があったと思います。

2．保育者の資質向上に向けての表現活動 ～五感を表現する～

五感とは、視覚、聴覚、触覚、味覚、嗅覚をいいます。この５つの感覚を意識した表現を取り入れることで、改めて自分の五感を意識するとともに、表現の可能性を探ることになります。ここでは、あえて保育者または養成校の学生の資質向上を意識して取りあげますが、子どもの表現としても取り入れることができる実践の造形活動になります。

（1）聴覚

単体の音を聴いて、折り紙で表現します。ただし、表現する約束として具体的な形ではなく、抽象的な形限定で表現してもらいます。そのために、導入として色のイメージと形のイメージを提示してから取り組みます。

事例　五感を表現する～聴覚～

<準備物>
画用紙（八つ切り）、折り紙、のり、ハサミ

<音の材料>
トライアングル、ビニール袋、ビー玉、ガラスの容器、金属缶の蓋、新聞の束等（素材によって音の違いが出るもの）

〔導入〕パワーポイントスライド

五感を表現する～聴覚

① タイトル

② オーストリアの画家ハンス・マカルトが五感を象徴的に表現した絵画を紹介して、昔から五感の重要性があったことを紹介する。

かたちで表現

硬さ

柔らかさ

③ 形によって柔らかい、硬いのイメージをもつことを再認識する。

④色によって性格があり、色のもつイメージで赤、橙、黄色などは暖色で暖かく熱いイメージ、そして青、緑青、青緑などは寒色で寒くて冷たいイメージがあることを再認識する。そして、緑や紫は暖かさや寒さを感じない中間色であることを知る。

⑤色の印象をイメージしてもらう。重いと軽い、柔らかいと硬い、同じく暖色と寒色による柔らかい、硬いを解説する。

⑥折り紙による材質の変化でも表現が変わることを解説する。

【課題】音を聴いて表現する

材料：折り紙、のり、ハサミ、画用紙(八つ切り)

《お約束事》
- **具体的なものは表現しない**
- **直感で頭に浮かんだ色で組み合わせて**
- **音のイメージを折り紙の色と質で**
- **手でちぎる、ハサミで切るでも質感は変化する**
- **平面、立体はこだわらない**
- **一画面で５つの音を表現するので配置を考えて**

⑦課題の内容。これより活動の制作開始。

〔実践〕パワーポイントスライド
見えない場所または目を瞑ってもらい、音を聴いて表現する。音は風船が割れる音（パン！）、水が流れる音・レインスティック（サラサラサラ）、トライアングルの音（チン！）、重いものが床に落ちる音（ドサッ！）、金属缶の蓋が回りながら床に伏せる音（シャワンシャワンシャワンシャ〜〜〜ッ！）の5種類。それぞれの音を聴いたら各10分程度で折り紙を使って、八つ切り画用紙に5つの音を表現する。

<活動の振り返り>

以下は学生の作品です。やや具体的な表現が出ているものもありますが、伸び伸びとした表現ができたと思います。折り紙を貼っての表現は、貼ることで表現できるので、うまい下手が出にくいことがあげられます。また、質の変化や平面のみならず立体にも変化することができるので、表現の幅が広がります。この表現の発展形は、紙を大きくして曲を聴いて表現することができるでしょう。この場合の曲は、曲名でイメージが出てしまいますが、クラッシックの曲が適していると思います。

<発展：サウンドスケープとサウンドマップ>

「サウンドスケープ」のスケッチ（①）をもとに折り紙で音を表現（②）した後、事前に用意した実施現場の白地図（拡大版）に折り紙で表現した音を地図上に配置して「サウンドマップ」（③）を作成します。

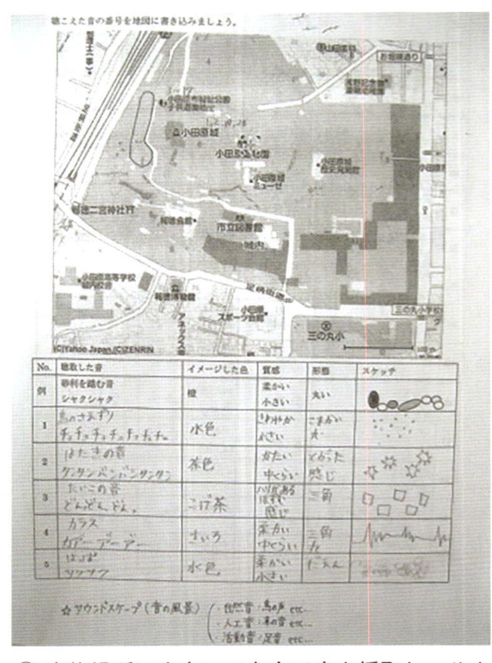

聴こえた音の番号を地図に書き込みましょう。

No.	聴取した音	イメージした色	質感	形態	スケッチ
例	砂利を踏む音 シャクシャク	橙	柔かい 小さい	丸い	
1	鳥のさえずり チュチュチュチュチュトゥチュチュ	水色	さわやか 小さい	こまかい 丸	
2	はたきの音 [illegible]	茶色	かたい 中くらい	とがった 感じ	
3	たいこの音 どんどんどん。	こげ茶	八ク力ある ほすむ 感じ	三角	
4	カラス カアーアーアー	はいいろ	柔かい 中くらい	三角 丸	
5	はっぱ サワサワ	水色	柔かい 小さい	だえん	

☆サウンドスケープ（音の風景）
・自然音：鳥の声 etc...
・人工音：車の音 etc...
・活動音：足音 etc...

① 実施場所に出向いて各自で音を採取し、サウンドスケープのスケッチを作成する。

② スケッチを折り紙で表現する。

③ 地図上に採取した音を入れていく。

（2）触覚と視覚

手の触覚のみでものを触り、描画にて触ったものを表現します。この場合の描画材はクレヨンを使用します。理由としては、クレヨンを使うことで、クレヨンの混色や可能性を知ってもらうためでもあります。導入としては、描画のシステム、明暗や線描きの方向性意味などを知ってもらいます。線描を選んだ理由は指や手のひらで感じた感覚を直接的に表現できると考えたからです。そして、触覚で表現した後は、ものを直接見て描画してもらいます。あえて見て描いてもらうことで、視覚の曖昧さを感じてもらいたいという意図を含んでいます。

事例　五感を表現する～触覚・視覚～

<準備物>

黒いビニール袋、画用紙、クレヨン

〔導入〕パワーポイントスライド

五感を表現する・触覚
～描写すること～

①タイトル

描写とは

三次元の二次元化

陰影による表現

②三次元を二次元に表すには陰影の表現が必要。

陰影で表現できない場合

線描きでの表現で形を表現

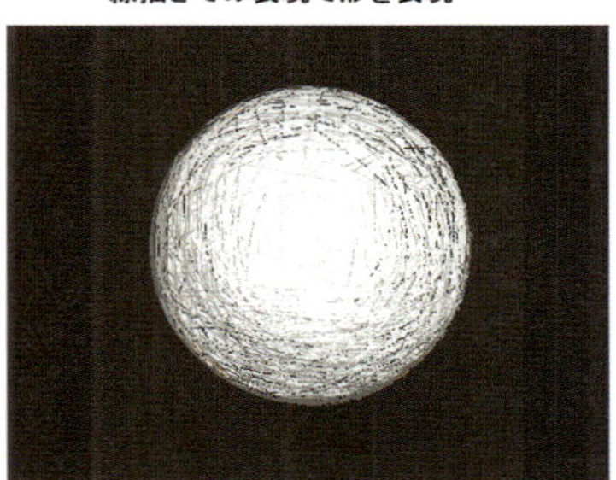

③全光で影がない場合の表現は？形を線の描写で表すと形の表現は出やすい。

線で描く効果

①形(面)の方向性を線で表現することができる

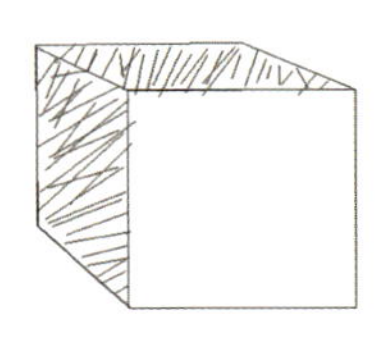

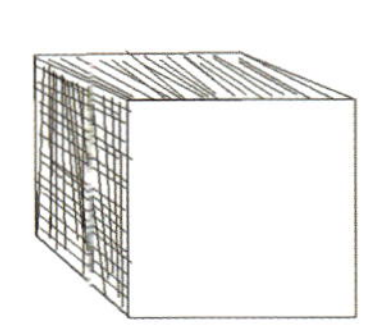

②線が重なり合うと面になる

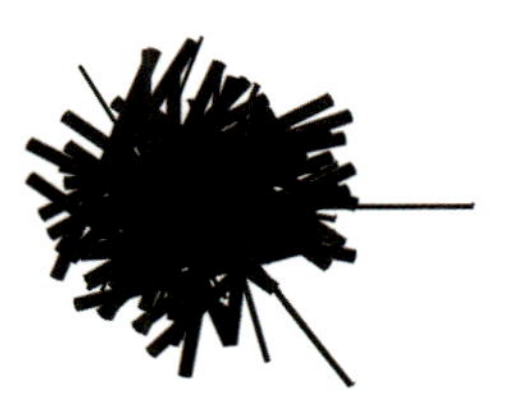

④描写の線は方向によって形を表すことができる。そして線が集まると面ができる。

③触った感覚(方向)を直接描写につなげられる

⑤ 見ないで描くので、触った形を線で表してみる。触った感じをそのまま描写で表す。

④質感を表現できる

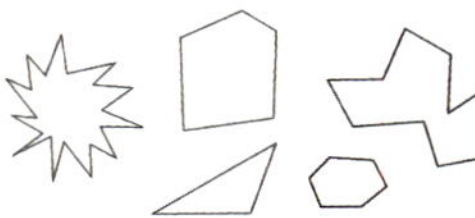

④線で質感を表現できる

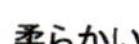

⑥ 線も形や質の変化で現れる印象は変わる。

⑤線で色の塗り重ねをすると深みが出で色の幅が広がる

⑦ クレヨンは単色ではなく補色や同系色を組み合わせることで深みが出る。

「見」ないで、「触」って描く

【お約束】
- 名称を口外しない
- 概念(イメージ)で描かない
- 色彩は頭に浮かんだ色で表現してみる
- 色を使う場合は多くの色を使ってみる
- 触った手から描く手、描画材(クレヨン、鉛筆)に直接伝えて描く
- 鉛筆の場合、極力消さない
- 実際よりも大きく描く

苦手意識を持たないために

- 上手い下手を意識しない
- 人の作品を気にしない
- 概念(イメージ)を捨てる
- 諦めず、根気強く描く
- 楽しもうとする意識を持つ
- 最後までやり切る

⑧ 課題の内容と苦手意識克服のための動機付け。

〔実践〕

黒いビニール袋に入ったもの（ジャガイモやピーマン）を各自受け取り、袋の中に手を入れ触る。触りながら利き手でクレヨンを使って表現する。経験があるので、触れば何かが分かってしまうが、極力触覚だけで感じる感覚を色や形をできるだけ大きく表現してみる（20分程度)。次に、袋から出して目で見て表現する。

＜活動の振り返り＞

以下の学生の作品は、それぞれ左が初めに触って表現したもの、右が次に袋から出して実際に見て表現したものです。上段の※印の作品2点のように触覚をそのまま表現してくれた学生もいますが、他の作品はやや概念に捉われている印象を受けます。しかし、見て表現した作品よりも触って表現した作品の方がより実感がこもっているように思えます。この表現の発展形としては「ブラインドウォーク」があります。

※　※

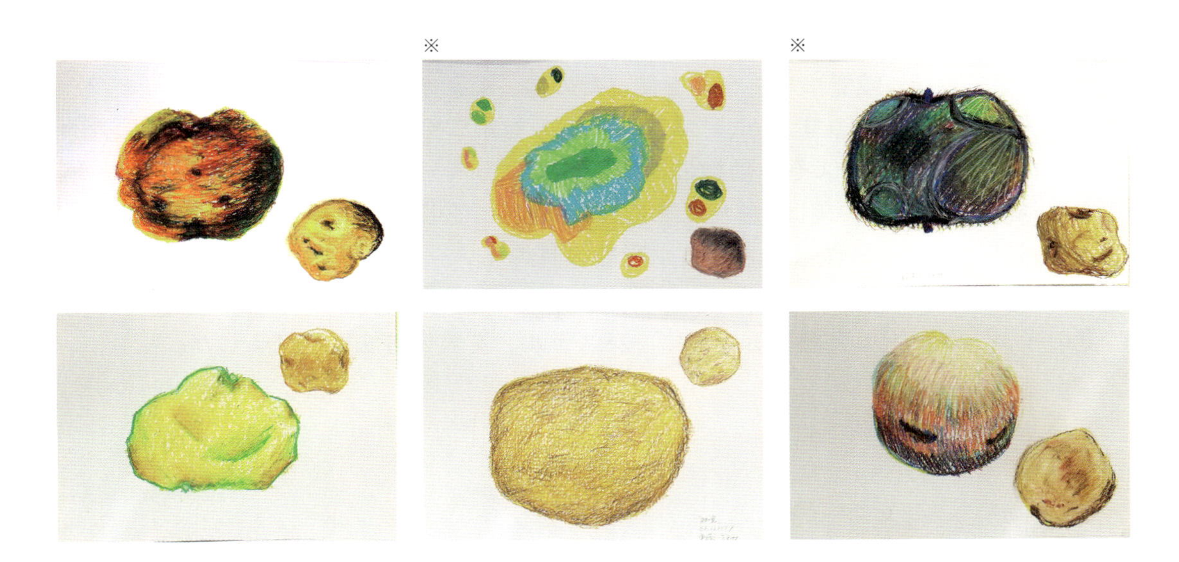

<発展：ブラインドウォーク>

3人1組となり1人は目隠しし、もう1人の誘導者の指示に従って中庭（芝生のある庭）を素足で歩いて、植物やものに触れたりして触覚を全身で感じます。その後、幅9㎝、長さ2ｍの模造紙に触覚の記憶を基にクレヨン、パス、鉛筆等で線による表現をします。細長い紙を用意し、時間の経過を意識表現しやすいよう考慮しました。

ブラインドウオークの光景

ブラインドウオークの表現

（3）味覚と嗅覚

実際に食べものを味わってもらって味覚を表現します。味覚には、甘い、辛い、酸っぱい、苦い、そして旨味がありますが、ここでは甘い、酸っぱい、苦いに限定して表現してもらいます。甘いはキャンディー、辛いは塩、酸っぱいはレモンなど、味覚に嫌悪感がないものを選びました。そして、表現方法にはにじみ絵を選びました。

次に嗅覚ですが、匂いは表現する立場から不快ではない匂いを選びました。ここでは、数種類の香水を用意して、脱脂綿に含ませたものをビニール袋に入れて、匂いを嗅いで表現します。表現方法はパステルを選びました。

味覚ににじみ絵、嗅覚にパステルを使ったのは、筆者のイメージです。導入のパワーポイントの文章にもありますが、「味覚が特定の対象に接触し、その接触面で受容が行われるのに対し、嗅覚はその動物の周辺に散らばっているものを受け取る点である。つまり、味覚と嗅覚との差は、触れて感じるか、離れて感じるかの差である。」を受けて、触れて感じるものを紙に吸収される水彩絵の具のイメージが味覚に近いと感じるために「にじみ絵」を、そして、離れて感じるものを紙に浮かせてから密着させるものを嗅覚のイメージに近いと感じるために「パステル」を表現方法に選びました。

事例　五感を表現する～味覚・嗅覚～

＜準備物＞
味覚用の食品（みかん、レモン等）、嗅覚用の香るもの（香水、お香等）、水彩絵の具一式、パステル、画用紙、霧吹き

〔導入〕パワーポイントスライド

五感を表現する
～味覚・嗅覚～

①タイトル

味覚と嗅覚について

- 味覚と嗅覚は、特定の化学物質の分子を受容体で受け取ることで生ずる感覚である。味覚が特定の対象に接触し、その接触面で受容が行われるのに対し、嗅覚はその動物の周辺に散らばっているものを受け取る点である。つまり、味覚と嗅覚との差は、離れて感じるか、触れて感じるかの差である。

②味覚と嗅覚の科学的見解

味覚

- 味覚は生理学的には、甘味、酸味、塩味、苦味、うま味の5つが基本味に位置づけられる。味覚の受容器は人の場合おもに舌にある。味覚は単独では存在しえず、大なり小なり嗅覚あるいは視覚や記憶など影響を受ける。

③味覚についての解説

味覚の表現　～絵の具のにじみで表現してみる～

④にじみ絵の抽象表現

嗅覚

- 嗅覚は揮発性物質が嗅覚器の感覚細胞を化学的に刺激することで生じる感覚である。鼻腔の奥にある嗅細胞により電気信号に変換し、脳でそれを認識する。

⑤嗅覚についての解説

嗅覚の表現～パステルのぼかしを使って～

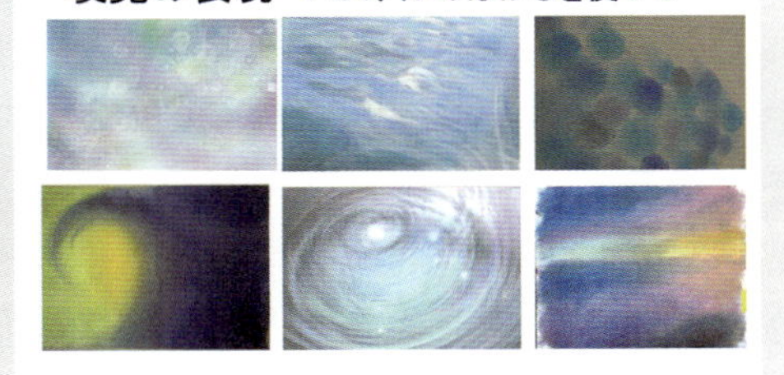

⑥パステルによる抽象的表現

〔実践〕
味覚と嗅覚それぞれを感じて表現する。まずは味覚の場合は「みかん」を味わい、その味覚を表現する。次に匂いの場合は脱脂綿に含ませた香水をビニール袋に入れ嗅いでもらい、表現する。

＜活動の振り返り＞

味覚や嗅覚は経験により修得する感覚ですので、個人差が生まれるのは当然だと思います。それが表現の違いに表れ、面白い結果になりました。ただし、味覚の場合は視覚に影響されることが大きいので、目隠しをして味わうのも面白い結果が出るかもしれません。

画面内の 2 つの表現は、左が味覚、右が嗅覚。1 つのみの表現は味覚。

§ 3 . 保育現場での環境構成や展示活動

造形の現場では、日々子どもたちが過ごす場所として、教室や園内の環境構成に工夫が凝らされています。季節を感じる壁面や子どもたちが制作した作品を壁に掲示して、壁面によって季節感を感じたり、展示された自分の作品や友達の作品を見ることで、お互いの表現を認め合い感動を共有する機会となります。領域「表現」の内容（幼稚園教育要領から抜粋）⑦「かい

たり、作ったりすることを楽しみ、遊びに使ったり、飾ったりなどする。」と書かれ、また内容の取扱いでも、保育者に求められる援助や配慮が以下のように述べられます(①、③抜粋)。「①豊かな感性は、自然などの身近な環境と十分にかかわる中で美しいもの、優れたもの、心を動かす出来事などに出会い、そこから得た感動を他の幼児や教師と共有し様々に表現することを通して、養われるようにする。」「③生活経験や発達に応じ、自ら様々な表現を楽しみ、表現する意欲を十分に発揮させることができるように、遊具や用具などを整えたり、他の幼児の表現に触れられるように配慮したりし、表現する過程を大切にして自己表現を楽しめるようにすること。」

ここからも保育者の援助や配慮からも、園内や教室内の環境構成や子どもの作品を室内に展示することの重要性が分かると思います。

1. 環境構成「壁面装飾」

(1) 季節や行事をテーマとした壁面装飾

日本には、春夏秋冬の四季があります。保育の年間計画でも四季を感じさせる活動を取り入れます。環境構成でも、四季を感じる装飾を保育者や子どもの制作物を使って壁面を構成し、園内やクラスの教室に貼ることで、四季を実感するとともにお互いの作品を鑑賞し認め合ったりして、感動を共有するいい機会となります。季節を感じる壁面にはどのようなものがあるかを、例をあげて解説していきます。

1) 保育者による「海の生き物」

青を中心とした素材で、透ける素材のスズランテープや不織布を使って海の世界を表現しています。暑い夏を忘れるような涼やかな背景を基に、「リュウグウノツカイ」や「大ダコ」を主役として、ホールの大きな壁を構成しており、ダイナミックさを感じます。

2) 子どもたちの作品を使った「梅雨の一場面」

子どもたちの個々の作品から、にじみを使ったアジサイの花びら、思い思いに描写した殻を使ったカタツムリ、スタンピングをした葉っぱを保育者が構成した壁面です。この作品には、個の制作から協同の作品へと活動の発展があります。

3）子どもたちの折り紙と描画での異年齢の合作「どんぐりの木」

3、4歳児が折り紙で折ったどんぐりに顔を描いて1人1つの作品にしています。5歳児はそれぞれが画用紙に自分の姿を描いて、どんぐり拾いの人物にします。背景の紅葉した葉っぱは子どもたちの手型で表現しました。木の幹は子どもたちがクレヨンで幹の筋を描いた後、茶色い水彩絵の具で塗り、はじき絵で幹と落ち葉を切って貼り付けました。最後に保育者が画面を構成しました。

4）子どもたちのカボチャバッグを使った「ハロウィーン」

事前に保育者が制作したカボチャのランタンバッグを準備します。子どもたちはそれぞれでバッグのカボチャにクレヨンで顔を描きます。園の催しのハロウィーンを行い、お菓子を入れるバッグとします。終了後、バッグを回収して壁面に再構成しました。

（2）お話や歌をテーマにした壁面装飾

1）「猿蟹合戦」

これは折り紙で折った子蟹と栗で表現しています。柿は白い紙を丸めてボールにしてオレンジ色のセロハンで包み、緑の色画用紙でへたを作っています。猿や柿の木の幹は協同作業で、皆で色を塗って作りました。柿の幹は段ボールが下地になっています。

2）「雨降りクマの子」

「雨降りクマの子」が背景となっています。中央には紙皿を半分に折ったものにカタツムリの顔を描き、色画用紙に貼り絵で殻を作り、紐でつなげました。左右下方ににじみ絵とクレヨンで作ったアジサイが貼ってあります。

2．環境構成「用具や材料」

造形に欠かせないのは用具や材料です。それぞれの園で管理や場所を工夫されていると思います。それぞれの子どもは３歳児から油粘土や粘土板、クレヨン、ハサミ、のりなどが入っている道具箱を持っていると思いますが、共用で使う道具や材料は台車付きの移動のしやすいキャスターに整理しておくとよいでしょう。また、材料があると造形のイメージを膨らませることができるので、日々の生活の中で集めておき、材料を置く場所を決め、子どもたちが日々持参して貯めておく場所を作っておくとよいでしょう。

3．展示活動

これまで壁面を使って子どもたちが制作した作品を装飾する方法を述べましたが、ここでは作品の形態の違いによる展示方法を示していきます。

（1）一人一人で制作した作品の展示

園によっては生活発表会と合わせて、幼稚園などは普段親が園に行く機会が少ないところは造形展を大々的に行っているところもあります。子どもたちの造形活動と子どもの１年の成長を確認するいい機会になると思います。保育所など日常的に親が園を訪れる場合は、教室の壁面に展示することで日々の成長を確認することができるので、個別に展示すると、保護者が確認するいい機会になると思います。どちらにしても、最終的には年度末に子どもが作成した作品をまとめて持ち帰らせるので、子どもの成長過程は知ることができます。

マリーゴールドの観察画

そら豆の観察画

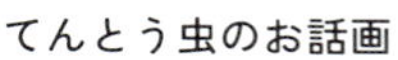

てんとう虫のお話画

自由画

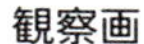

観察画

フロッタージュ作品

フィンガーペインティング

（2）園によるテーマ設定をした作品の展示

園によっては、園内研究やクラスごとのテーマ設定により展示を行い、親に鑑賞してもらう機会があります。個別の作品というよりも、子どもたちが主体的に話し合いクラスごとにテーマを決めて、教室全体をテーマの造形物として展示する方法です。個別ではないので、段ボールや大きい紙を使って自分たちの世界を作りあげるので、ダイナミックさを感じる展示となります。

1）「サファリパーク」

室内を段ボールで制作し、動物でサファリパークを構成しました。キリンやワニ、ゾウが段ボール箱ならではの大きさによって、表現できていると思います。

2）「恐竜の部屋」

段ボールの箱の形を活かして恐竜を制作しました。床に置くのではなく天井から吊るすことで浮遊感が生じ、動きのある展示となっています。

3）「プラネタリウムの部屋」

段ボールの箱形態を使って壁を作成し、外はカラフルに中は真っ暗にして、蛍光塗料で星を表現しています。ブラックライトで照らすことでプラネタリウムの世界を表現しています。子どもたちで話し合い、箱のプラネタリウムだけだと寂しいので、張り子でパンダやコアラなどの動物も作りました。

（3）作品展示の意義

作品展示は、子どもたちの園での日常の生活と子どもの成長を親に知ってもらうよい機会になり、保育施設での見せ場となると思います。保育者として制作にもっていく過程や展示までの計画を作成するのは大変かもしれませんが、子どもが親に向かって自分の作品を自慢する光景を思い浮かべてみてください。なんて、微笑ましい光景でしょうか。それでこそ、展示を準備して実施した甲斐があると思います。

参考文献

【第1章】
・槇英子『保育をひらく造形表現』萌文書林, 2008
・文部科学省(編)『幼稚園教育要領解説』フレーベル館, 2018
・厚生労働省(編)『保育所保育指針解説』フレーベル館, 2018
・林健造ほか『幼児教育法シリーズ 絵画製作・造形』東京書籍,1986
・林健造・岡田憼吾『保育の中の造形表現:豊かな感性を育てる実践と援助』サクラクレパス出版部, 1992
・吉田収・宮川萬寿美・野津直樹『生活事例からはじめる造形表現』青踏社, 2015

【第2章】
・岩田健一郎『図画工作Ⅰ』近畿大学豊岡短期大学通信教育学部, 1994

【第3章】
・たいみち「文具のとびら」
https://www.buntobi.com/articles/entry/series/taimichi/010760/(2024.11.05閲覧)
・吉田収・宮川萬寿美・野津直樹『生活事例からはじめる造形表現』青踏社, 2015
・『水彩絵の具の使い方』株式会社サクラクレパス
https://www.craypas.co.jp/teacher/class-proposal/001/index.html(2024.11.05閲覧)
・林健三・岡田憼吾『保育の中の造形表現:豊かな感性を育てる実践と援助一』サクラクレパス出版部, 1992
・福井昭雄『ぞうけいあそび:感動ある実践への導き』サクラクレパス出版部, 1980

【第4章】
・吉田収・宮川萬寿美・野津直樹『生活事例からはじめる造形表現』青踏社, 2015
・宮川萬寿美(編著)『保育の計画と評価:豊富な例で 1からわかる』萌文書林, 2018
・有村さやか・吉田収「保育者養成における表現の教育についての一考察〜「五感を使った表現」の授業の試み〜」
小田原女子短期大学研究紀要, 2011

MEMO

著者略歴

吉田　収
よしだ　おさむ

1960 年鳥取県生まれ
小田原短期大学保育学科教授
武蔵美術大学造形学部卒業
武蔵野美術大学共通絵画研究室助手、講師
和泉短期大学講師を経て現職

主著：（共著）『生活事例からはじめる造形表現』青踏社 , 2015
（共著）『保育の計画と評価：豊富な例で 1 からわかる』萌文書林 , 2018
個展：ギャラリーなつか , 2021、北栄町立みらい伝承館 , 2024

｜撮影協力｜
箱根町立湯本幼児学園

｜写真提供｜
箱根町立宮城野保育園
箱根町立仙石原幼児学園
小田原市立酒匂幼稚園
小田原短期大学

｜制作スタッフ｜
デザイン・DTP　土門如央
編集　鈴木志野

知識を広げ、保育実践に活かす
表現（造形）

2025 年 2 月 8 日　初版第一刷発行

著者　吉田収
発行者　服部直人
発行所　株式会社 萌文書林
〒113-0021
東京都文京区本駒込 6-15-11
TEL 03-3943-0576 FAX 03-3943-0567
http://www.houbun.com
info@houbun.com
印刷　シナノ印刷 株式会社

ISBN978-4-89347-439-1